稀土材料导论

严 密 闫慧忠 等 著

科 学 出 版 社
北 京

内 容 简 介

稀土材料是关系到国民经济社会发展、产业结构优化升级和高新技术创新迭代的新兴产业，对开辟未来产业新赛道具有重要的支撑作用。本书在概述稀土元素概念、结构、性质、资源、应用的基础上较系统地介绍了稀土永磁材料、稀土光功能材料、稀土催化材料、稀土储氢材料以及稀土抛光材料、稀土陶瓷材料、稀土功能助剂、稀土颜料、稀土热障涂层材料、稀土超导材料、稀土发热材料、稀土配合物、稀土合金材料等其他稀土材料的组成、结构、性能、制备、应用知识及其最新研究成果。

本书可供稀土材料科研人员、稀土企业工程技术人员、稀土行业管理人员和相关领域从业人员以及高等院校相关专业的师生学习和参考。

图书在版编目（CIP）数据

稀土材料导论 / 严密等著. — 北京 ：科学出版社，2024. 9. — ISBN 978-7-03-079405-5

Ⅰ. TG146.4

中国国家版本馆 CIP 数据核字第 20242VM325 号

责任编辑：杨　震　刘　冉 / 责任校对：杜子昂

责任印制：吴兆东 / 封面设计：北京图阅盛世

科学出版社出版

北京东黄城根北街 16 号

邮政编码：100717

http://www.sciencep.com

北京中科印刷有限公司印刷

科学出版社发行　各地新华书店经销

*

2024 年 9 月第　一　版　开本：787×1092　1/16

2025 年 1 月第二次印刷　印张：22 1/4

字数：530 000

定价：198.00 元

（如有印装质量问题，我社负责调换）

前　言

稀土材料是大国博弈和国际竞争的重要领域，对国家安全和国民经济意义重大，一直得到党和政府的高度关心和支持。稀土元素因其特有的原子结构及其特殊的光、电、磁、热效应，长期用于各类高性能新材料的生产制造，支撑着高新技术创新迭代和产业结构优化升级，应用极为广泛。新一代信息技术、新能源、高端装备、航空航天、海洋工程以及新兴的生命科学、人工智能等未来产业新赛道，越来越依赖于稀土新材料的发展及其创新性应用。

本书系统介绍了稀土永磁材料、稀土光功能材料、稀土催化材料、稀土储氢材料以及稀土抛光材料、稀土陶瓷材料、稀土功能助剂、稀土颜料、稀土热障涂层材料、稀土超导材料、稀土发热材料、稀土配合物和稀土合金材料，旨在服务国家战略，提高集成创新能力。全书共 6 章，力图既全面阐述各类材料的组成、结构、制备、性能和应用，又聚焦基本原理、关键工艺和最新成果，尽量简明扼要，方便阅读。浙江大学和包头稀土研究院很多同志参与了本书编写，谨向他们表示衷心感谢，并对本书所引文献的作者致以诚挚敬意！

稀土材料涉及多学科和多领域。由于著者水平有限，加上时间较紧，本书难免存在疏漏和不足之处，恳请广大读者批评指正，著者将于再版时一并修改完善。

谨以此书致敬耕耘于稀土新材料科技和产业的所有中国稀土人！

著　者

2024 年 6 月

目　录

第1章

稀土概述

1.1 稀土元素概念

1.1.1 发现历程

稀土元素的发现最早可以追溯到 18 世纪末期。1787 年，业余矿物学家、瑞典陆军中尉阿伦尼乌斯（S. A. Arrhenius）在瑞典首都斯德哥尔摩附近的伊特比村（Ytterby）发现一种黑石（后称为硅铍钇矿）。1794 年，芬兰著名化学家加多林（J. Gadolin）从此矿中发现“钇土（Yttria）”，即氧化钇，其中含有稀土元素钇（Y），标志着稀土的首次发现。18 世纪发现的稀土矿物“稀”少，受技术水平所限，很难把它们分离成单一的元素，只能作为混合氧化物分离出来。当时习惯上将不溶于水的固体氧化物称为“土”，如将氧化铝称为“陶土”、氧化钙称为“碱土”等，因此也将钇和其他稀土元素的氧化物称为“稀土”。其实，稀土既不“稀少”，也不像“土”，而是典型的金属元素，其活泼性仅次于碱金属和碱土金属。从 1794 年发现钇土开始，到 1947 年马林斯基（J. A. Marinsky）、格伦丹宁（L. E. Glendenin）等从核反应堆铀裂变产物中发现的最后一个稀土元素钷（原子序数 61，半衰期 2.6 年），再到 1972 年在天然铀矿提取物中发现钷，跨越了 3 个世纪，经历近 180 年从自然界中发现了全部稀土元素。

1.1.2 定义和分类

稀土是元素周期表中ⅢB 族钪（Sc）、钇（Y）和 15 个镧系元素（用 Ln 表示）的总称，通常用符号“RE”（Rare Earth 首字母）表示。原子序数 57～71 的镧系元素包括镧（La）、铈（Ce）、镨（Pr）、钕（Nd）、钷（Pm）、钐（Sm）、铕（Eu）、钆（Gd）、铽（Tb）、镝（Dy）、钬（Ho）、铒（Er）、铥（Tm）、镱（Yb）和镥（Lu）。图 1-1 显示了稀土在元素周期表中的位置。在 17 个稀土元素中，钪由于原子结构中没有 4f 电子且离子半径小得多，与其他 16 个稀土元素的性质有较大差别，即使镧系矿物有钪伴生也难以集中回收。钷是一种放射性元素，在自然界存在极少，稀土矿物中一般都不含钷[1]。

稀土元素可按其结构、性质和分离特性进行分类，如表 1-1 所示。除钪以外的 16 个稀土元素，依据其电子结构以及物理、化学性质的差别，可以分成铈组稀土和钇组稀土，习惯上也分别称为轻稀土和重稀土，其中镧、铈、镨、钕、钐、铕为铈组稀土，钆、铽、镝、钬、铒、铥、镱、镥和钇为钇组稀土。尽管钇的原子量（89）小于镧系元素，但由于镧系收缩的原因，钇的原子半径在重稀土元素范围内，化学性质与重稀土更相似，而且在自然界中常与重稀土共生共存，所以把钇归为重稀土组。根据稀土的分离工艺以及稀土硫酸复盐溶解度的差异，又可将稀土元素分为三组：铈组稀土（硫酸复盐难溶）、铽组稀土（硫酸复盐微溶）和钇组稀土（硫酸复盐可溶），又分别称为轻稀土、中稀土、重稀土。三组间的界限随稀土分离工艺的不同而稍有差别：按照硫酸复盐的溶解度差异，铈组和铽组间的界限是钐/铕，铽组和钇组间的界限是镝/钇；按照二(2-乙基己基)膦酸（即 P_{204}）萃取分离工艺，轻稀土和中稀土间的界线是钕/钐，中稀土和重稀土间的界线是钆/铽，如此，镧、铈、镨、钕为轻稀土，钐、铕、钆为中稀土，铽、镝、钬、铒、铥、镱、镥、钇为重稀土，这是目前常用的分类方法，但轻中重稀土之间的界限并不绝对严格。

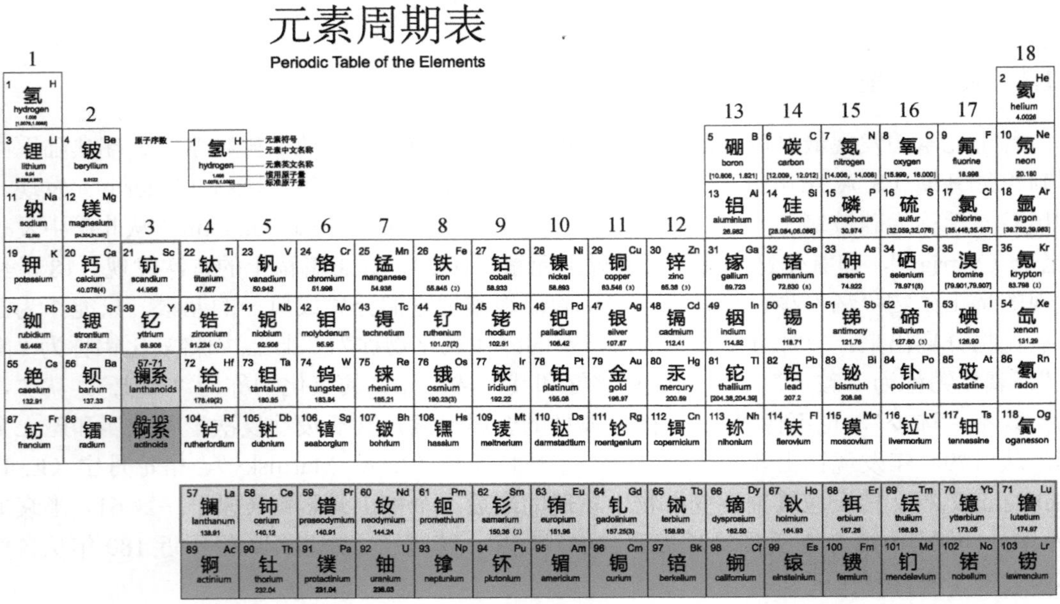

图 1-1　稀土在元素周期表中的位置

引自：IUPAC，中国化学会译制

表 1-1　稀土元素的分组[2]

57 镧 La	58 铈 Ce	59 镨 Pr	60 钕 Nd	62 钐 Sm	63 铕 Eu	64 钆 Gd	65 铽 Tb	66 镝 Dy	39 钇 Y	67 钬 Ho	68 铒 Er	69 铥 Tm	70 镱 Yb	71 镥 Lu
轻稀土（铈组）						重稀土（钇组）								
铈组（硫酸复盐难溶）					铽组（硫酸复盐微溶）				钇组（硫酸复盐可溶）					
轻稀土（P_{204} 弱酸萃取）				中稀土（P_{204} 低酸度萃取）			重稀土（P_{204} 中酸度萃取）							

注：由于稀土矿中一般不含 Pm 元素，故表中未将其列入，Pm 可归类为轻稀土

1.2 稀土元素结构

1.2.1 电子组态

在量子力学中，需要引入3个量子数*n*、*l*、*m*描述电子运动的波函数，即$\Psi(n、l、m)$，*n*、*l*、*m*分别称为主量子数、角量子数、磁量子数。由*n*和*l*决定的一种原子（或离子）中的电子排布方式，称为电子组态。电子组态用符号$nl^a n'l'^b\cdots$表示，*a*和*b*分别代表占据能量为ε_{nl}和$\varepsilon_{n'l'}$的单电子数，例如镧的一种电子组态为$1s^2 2s^2 2p^6 3s^2 3p^6 3d^{10} 4s^2 4p^6 4d^{10} 5s^2 5p^6 5d^1 6s^2$。

从表1-2可以看出，在17个稀土元素中，钪和钇的电子组态分别为[Ar]$3d^1 4s^2$和[Kr]$4d^1 5s^2$，镧系元素原子的电子组态为[Xe]$4f^{0\sim14} 5d^{0\sim1} 6s^2$，其中[Ar]、[Kr]、[Xe]分别为惰性气体氩、氪、氙的电子组态。镧系元素原子电子组态的特点是：原子的最外层电子结构相同（s层2个电子的全充态），次外电子层结构相似（$d^{0\sim1}$），倒数第3层4f轨道上的电子数从0到14个电子的全充态，随着原子序数的增加，新增加的电子填充到内层4f轨道，由于4f电子云的弥散（图1-2），其部分分布在内部的5s、5p壳层，因此，当原子序数增加1时，核电荷增加1，4f电子虽然也增加1，但是4f电子只能屏蔽所增加核电荷

表1-2 稀土元素基态原子和离子的电子组态[3]

原子序数	元素名称	元素符号	电子组态（只列出[Xe]壳层外的价层电子）			
			原子	M^{2+}	M^{3+}	M^{4+}
57	镧	La	[Xe] $5d^1 6s^2$	$5d^1$	[Xe]	—
58	铈	Ce	[Xe] $4f^1 5d^1 6s^2$	$4s^2$	$4s^1$	[Xe]
59	镨	Pr	[Xe] $4f^3 6s^2$	$4s^3$	$4s^2$	$4s^1$
60	钕	Nd	[Xe] $4f^4 6s^2$	$4s^4$	$4s^3$	$4s^2$
61	钷	Pm	[Xe] $4f^5 6s^2$	—	$4s^4$	—
62	钐	Sm	[Xe] $4f^6 6s^2$	$4s^6$	$4s^5$	—
63	铕	Eu	[Xe] $4f^7 6s^2$	$4s^7$	$4s^6$	—
64	钆	Gd	[Xe] $4f^7 5d^1 6s^2$	$4s^7 5d^1$	$4d^7$	—
65	铽	Tb	[Xe] $4f^9 6s^2$	$4s^9$	$4s^8$	$4s^7$
66	镝	Dy	[Xe] $4f^{10} 6s^2$	$4s^{10}$	40^9	40^8
67	钬	Ho	[Xe] $4f^{11} 6s^2$	$4s^{11}$	41^{10}	—
68	铒	Er	[Xe] $4f^{12} 6s^2$	$4s^{12}$	42^{11}	—
69	铥	Tm	[Xe] $4f^{13} 6s^2$	$4s^{13}$	43^{12}	—
70	镱	Yb	[Xe] $4f^{14} 6s^2$	$4s^{14}$	44^{13}	—
71	镥	Lu	[Xe] $4f^{14} 5d^1 6s^2$	—	$4s^{14}$	—
21	钪	Sc	[Ar] $3d^1 4s^2$	—	[Ar]	—
39	钇	Y	[Kr] $4d^1 5s^2$	—	[Kr]	—

中的一部分（约 85%），而且原子中 4f 电子云的弥散没有离子中大，故屏蔽系数略大。镧系元素的原子半径和+3 价离子半径随原子序数增加而减小的现象称为“镧系收缩”，镧系收缩导致两个重要的影响：一是使元素钇的+3 价离子半径位于镧系元素系列中（铒的附近），钇的化学性质与镧系元素非常相似，钇和镧系元素常共生于同一矿物中，彼此分离困难；二是使镧系元素后面ⅣB 族中的 Zr 和 Hf、ⅤB 族中的 Nb 和 Ta、ⅥB 族中的 Mo 和 W 在原子半径和离子半径上较接近，化学性质相似，因此这三对元素常常在矿物中共生且分离困难。此外，Ⅷ族中铂系元素在性质上极为相似，也与镧系收缩有关。钪与钇原子的电子组态相似，没有 4f 电子，化学性质与镧系元素相似，因此被划归为稀土元素。

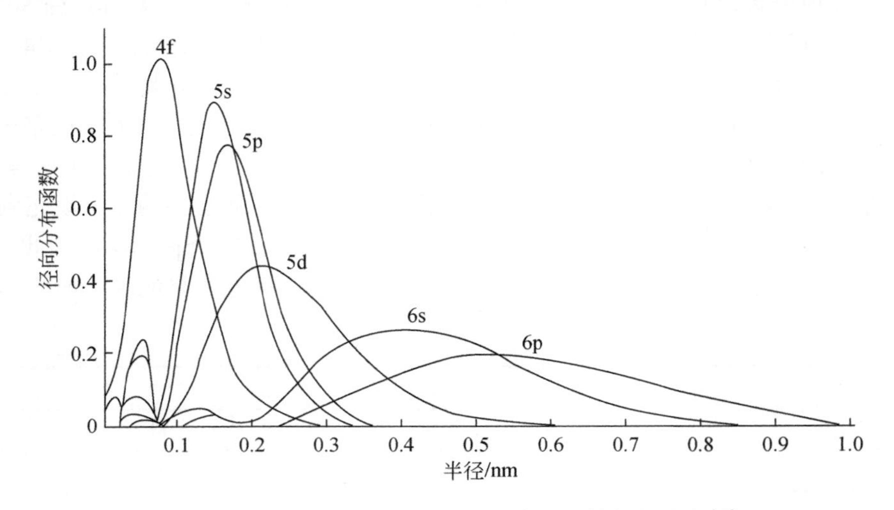

图 1-2　4f，5s，5p，5d，6s，6p 电子云的径向分布[4]

镧系收缩导致镧系元素的性质随原子序数的增大而有规律地递变，例如某些配位体与镧系元素离子的配位能力递增，金属离子的碱度减弱，氢氧化物开始沉淀的 pH 值渐降等。

1.2.2　离子价态

稀土元素的正常氧化态是+3 价，即稀土元素在化学反应中易于在 5d、6s 和 4f 亚层失去 3 个电子，呈+3 价。活泼性由钪→钇→镧递增，由镧→镥递减，即镧最活泼。根据洪德（Hund）定则，在原子或离子的电子结构中，对于同一亚层，当电子分布为全空、全满或半充满的状态时，电子云的分布呈球形，原子或离子体系比较稳定，因此，$La^{3+}(4f^0)$、$Gd^{3+}(4f^7)$和 $Lu^{3+}(4f^{14})$比较稳定。Ce^{3+}比 La^{3+}多一个 4f 电子，Pr^{3+}比 La^{3+}多两个 4f 电子，Tb^{3+}比 Gd^{3+}多一个 4f 电子，它们有进一步被氧化成+4 价的趋势，而 Eu^{3+}比 Gd^{3+}少一个 4f 电子，Yb^{3+}比 Lu^{3+}少一个 4f 电子，它们有获得电子而被还原为+2 价态的趋势。事实上，铈、镨、铽和镝等可呈+4 氧化态，即［Xe］$4f^{n-1}$，钐、铕、铥和镱等更易呈+2 氧化态，即［Xe］$4f^{n+1}$，其中+4 价铈和+2 价铕具有一定的稳定性，可在水溶液中存在。

稀土元素之间的分离可利用价态变化呈现的氧化还原特性，即可用氧化方法使 Ce，Tb，Pr 变成+4 价状态，用还原法使 Eu，Yb，Sm 变成+2 价状态，通过+4 价、+2 价与+3 价稀土元素在性质上的差异性促使分离。许多有使用价值的+2 价及+4 价稀土化合物都被成功制得，EuO 是目前得到的最稳定的+2 价稀土氧化物，铈、镨和铽有+4 价的氧化物 REO_2，并形成一系列组成在 RE_2O_3 和 REO_2 之间的化合物，非+3 价稀土化合物有很多特殊性质，可用作磁性材料、发光材料等。

颜色是物质对光能的一种表现形式。由于稀土离子的 4f 电子在 f-f 组内或 f-d 组态间的跃迁而产生吸收光谱、反射光谱和荧光光谱特性，晶体或溶液中的稀土离子对白光的某些波长吸收，且对其他波长有强烈的散射，从而呈现不同的颜色，如 CeO_2 吸收紫光，散射出黄色的光，所以 CeO_2 为黄色。具有 f^1 和 f^{13} 结构的离子一般有颜色，而 f^7 很稳定，不易激发，所以 $Gd^{3+}(f^7)$无色。当+3 价离子具有 f^n 和 f^{14-n} 电子构型时，它们的颜色相同或相近。在 17 个稀土元素中，Ce，Pr，Nd，Sm，Eu，Tb，Dy，Tm 和 Yb 等 9 个元素具有可变价态，从而都有颜色，见表 1-3。因此许多稀土化合物已被广泛应用于玻璃陶瓷着色、发光材料及激光材料等领域。

表 1-3 稀土离子在晶体或水溶液中的颜色[4]

原子序数	离子	4f 电子数	颜色	原子序数	离子	4f 电子数	颜色
57	La^{3+}	0	无	71	Lu^{3+}	14	无
58	Ce^{3+}	1	无	70	Yb^{3+}	13	无
59	Pr^{3+}	2	黄绿	69	Tm^{3+}	12	淡绿
60	Nd^{3+}	3	红紫	68	Er^{3+}	11	淡红
61	Pm^{3+}	4	粉红	67	Ho^{3+}	10	淡黄
62	Sm^{3+}	5	淡黄	66	Dy^{3+}	9	淡黄绿
63	Eu^{3+}	6	淡粉红	65	Tb^{3+}	8	微淡粉红
64	Gd^{3+}	7	无	64	Gd^{3+}	7	无

1.3 稀土元素性质

1.3.1 物理性质

稀土元素表现出典型的金属性质，其金属活性仅次于碱金属和碱土金属。除了镨、钕呈淡黄色外，其余均为银灰色有光泽的金属，通常由于稀土金属易被氧化而呈暗灰色。稀土金属的基本物理性质列于表 1-4。

表 1-4 稀土金属的一般物理性质[4]

元素	熔点 /℃	沸点 /℃	金属原子半径/nm	原子体积 /(cm^3/mol)	密度 /(g/cm^3)	电阻率（25℃）/(Ω·cm)	升华热（25℃）/(kJ/mol)	线膨胀系数（多晶）/$℃^{-1}$
Sc	1541	2836	0.16406	15.039	2.989	50.9	377.8	10.2×10^{-6}
Y	1522	3338	0.18012	19.893	4.469	59.6	424.7	10.6×10^{-6}
La	918	3464	0.18791	22.602	6.146	79.8	431.0	12.1×10^{-6}

续表

元素	熔点/℃	沸点/℃	金属原子半径/nm	原子体积/(cm^3/mol)	密度/(g/cm^3)	电阻率（25℃）/(Ω·cm)	升华热（25℃）/(kJ/mol)	线膨胀系数（多晶）/$℃^{-1}$
Ce	798	3433	0.18247	20.696	6.770	75.3	422.6	6.3×10^{-6}
Pr	931	3520	0.18279	20.803	6.773	68.0	355.6	6.7×10^{-6}
Nd	1021	3074	0.18214	20.583	7.008	64.3	327.6	9.6×10^{-6}
Pm	1042	(3000)	0.1811	20.24	7.264	—	(348)	(11×10^{-6})
Sm	1074	1794	0.18041	20.000	7.520	105.0	206.7	12.7×10^{-6}
Eu	822	1529	0.20418	28.979	5.244	91.0	144.7	35.0×10^{-6}
Gd	1313	3273	0.18013	19.903	7.901	131.0	397.5	9.4×10^{-6}(100℃)
Tb	1365	3230	0.17833	19.310	8.230	114.5	388.7	10.3×10^{-6}
Dy	1412	2567	0.17740	19.004	8.551	92.6	290.4	9.9×10^{-6}
Ho	1474	2700	0.17661	18.752	8.795	81.4	300.8	11.2×10^{-6}
Er	1529	2868	0.17566	18.449	9.066	86.0	317.1	12.2×10^{-6}
Tm	1545	1950	0.17462	18.124	9.321	67.6	232.2	13.3×10^{-6}
Yb	819	1196	0.19392	24.841	6.966	25.1	152.1	26.3×10^{-6}
Lu	1663	3402	0.17349	17.779	9.841	58.2	427.6	9.9×10^{-6}

注：表中括号内数字为估计值

总体上，镧系元素的物理性质变化有一定规律，其原子半径、原子体积随原子序数增加而减少，密度随原子序数增加而增加。钪、钇、镧三种元素的原子半径、原子体积随原子序数增大而增大，密度也增加。铕和镱由于4f亚层的电子处于半充满或全充满状态，电子屏蔽效应好，原子核对6s电子吸引力减小，因此出现原子体积增大、密度减小的异常现象，而且铕和镱原子参与金属键的电子数也与其他稀土元素不同，导致其许多异常的性质。稀土金属的硬度不大，镧、铈与锡相似。

稀土金属都具有较高的熔点和沸点，其熔点大体上随原子序数的增加而增高，但铕和镱的原子化热较低，熔点较相邻元素低得多。稀土金属的沸点和蒸发热与原子序数之间没有明确的关系。除镱外，钇组稀土的熔点都高于铈组稀土，而铈组稀土（钐、铕除外）的沸点又高于钇组稀土（镥例外）。除镧、铥不生成汞齐，钇较为困难外，其余稀土金属均易生成汞齐。

1. 光学性质

稀土元素具有未充满的4f亚层和4f电子被外层的$5s^25p^6$电子屏蔽的特性。除了$La^{3+}(4f^0)$和$Lu^{3+}(4f^{14})$外，其余镧系元素的4f电子可在7个4f轨道之间任意排布，从而产生各种光谱项和能级。当4f电子在不同能级之间跃迁时，它们可以吸收或发射从紫外、可见到红外光区各种波长的光。无论吸收或发射光谱都为稀土分析以及稀土发光材料的研制和应用提供了依据。

1）镧系元素的光谱项

镧系离子在化合物中一般呈现+3 价，在可见光区或红外光区的跃迁都属于 $4f^n$ 组态内的跃迁，即 f-f 跃迁，$4f^n$ 组态和其他组态之间的跃迁一般在紫外区。由于 4f 壳层的轨道角量子数 l=3，在同一壳层内 n 个等价电子所形成的光谱项数目非常庞大，按确定光谱项的一般方法处理相当烦琐且容易出错。

Judd 利用 Racah 群链分支法推出了 f 组态的全部光谱项，通常用大写的英文字母 S, P, D, F, G, H, I, K, L, …分别表示总轨道量子数，L=0, 1, 2, 3, 4, 5, 6, 7, 8, …，用 $2s$+1 表示光谱项的多重性，用符号 ^{2s+1}L 表示光谱项。若 L 与 S 产生偶合作用，光谱项将按总角动量量子数 J 分裂成具有一定状态或能级的光谱支项，用符号 $^{2s+1}L_J$ 表示，其中 L 是原子或离子的总磁量子数的最大值，$L=\sum m$；S 为原子或离子的总自旋量子数沿 x 轴磁场方向分量的最大值，$S=\sum ms$；J 是原子或离子的总内量子数，表示轨道和自旋角动量总和的大小，即 $J=L\pm S$，若 4f 电子数<7（从 La^{3+} 到 Eu^{3+} 的前 7 个离子），其 $J=L-S$；若 4f 电子数≥7（从 Gd^{3+} 到 Lu^{3+} 的后 8 个离子），其 $J=L+S$。

根据光谱项和量子力学知识可以计算出各种镧系离子 $4f^n$ 组态的能级数目，几个最低激发态组态 $4f^{n-1}5d$、$4f^{n-1}6s$、$4f^{n-1}6p$ 的能级数目见表 1-5。

表 1-5　稀土离子各组态的能级数目[4]

RE^{2+}	RE^{3+}	N	基态	能级数目				总和
				$4f^n$	$4f^{n-1}5d$	$4f^{n-1}6s$	$4f^{n-1}6p$	
	La	0	$^1S_0$	1	—	—	—	1
La	Ce	1	$^2F_{5/2}$	2	2	1	2	7
Ce	Pr	2	$^3H_4$	13	20	4	12	49
Pr	Nd	3	$^4I_{9/2}$	41	107	24	69	241
Nd	Pm	4	5I4	107	386	82	242	817
Pm	Sm	5	$^6H_{5/2}$	198	977	208	611	1994
Sm	Eu	6	$^7F_0$	295	1878	396	1168	3737
Eu	Gd	7	$^8S_{7/2}$	327	2725	576	1095	4723
Gd	Tb	8	$^7F_6$	295	3006	654	1928	5883
Tb	Dy	9	$^6H_{15/2}$	198	2725	576	1095	4594
Dy	Ho	10	$^6I_8$	107	1878	396	1168	3549
Ho	Er	11	$^4I_{15/2}$	41	977	208	611	1837
Er	Tm	12	$^3H_6$	13	386	82	242	723
Tm	Yb	13	$^2F_{7/2}$	2	107	24	69	202
Yb	Lu	14	$^1S_0$	1	20	4	12	37

2）稀土离子的能级

首先得到+3 价稀土离子能级位置的科学家是 Bieke，根据+3 价稀土离子在晶体中的光谱性质，计算得到+3 价稀土离子的 4f 轨道能级分布图，又称能级图。

稀土元素电子的能级有如下特点：

（1）稀土元素 4f 轨道上的电子运动状态与能量的相互关系可用光谱项来表示，每一光谱项（$^{2s+1}L_J$）对应一定的能量状态。

（2）在+3 价镧系离子的 $4f^n$ 组态中共有 1639 个能级，能级之间可能的跃迁数目高达 199177 个，但由于能级之间的跃迁受光谱选律的限制，所以实际观察到的光谱线还没有达到无法估计的程度。通常具有未充满 4f 电子亚层的原子或离子的光谱大约有 30000 条可被观察到的谱线；具有未充满 d 电子亚层的过渡元素的谱线约有 7000 条；具有未充满 p 电子亚层的主族元素的光谱线仅有 1000 条。由此可见，稀土元素的电子能级和谱线要比普通元素丰富得多，稀土元素可以吸收或发射从紫外光、可见光到红外光区多种波长的电磁辐射，从而为人们提供多种多样的发光材料。

（3）在镧系离子的 4f 亚层外面还有 $5s^2$、$5p^6$ 电子层，由于后者的屏蔽作用，4f 亚层受化合物中其他元素的势场（晶体场或配位体场）影响较小，因此镧系元素化合物的吸收光谱和自由离子的吸收光谱基本都是线状光谱。而 d 区过渡元素化合物的光谱是由 3d 渡元素的跃迁产生的，nd 亚层处于过渡金属离子的最外层，没有外层电子屏蔽，受晶体场或配位体场的影响较大，所以同一元素在不同化合物中的吸收光谱往往不同，而且由于谱线位移，吸收光谱由气体自由离子的线状光谱变为化合物和溶液中的带状光谱。

（4）有些稀土离子激发态的平均寿命长达 10^{-6}～10^{-2}s，这种长寿命激发态又叫做亚稳态，而一般原子或离子的激发态平均寿命只有 10^{-10}～10^{-8}s。稀土离子有许多亚稳态，对应于 4f-4f 电子能级之间的跃迁，由于这种自发跃迁是禁阻跃迁，所以跃迁概率很小，因此激发态的寿命就较长，这是稀土作为激光荧光材料的理论依据。

2. *电学性质*

常温下稀土金属的电阻率较高，导电性较差。除镱外，常温下稀土金属的电阻率为 50×10^{-4}～135×10^{-4} Ω/cm，比铜、铝的电阻率高 1～2 个数量级，并有正的温度系数。镧非常特别，α-镧在 4.6 K 时和β-镧在 5.85 K 时出现超导电性，某些稀土的铟和铂合金也发现有超导性。

稀土元素的离子半径较其他元素大，对阴离子的吸引力比较小，加之 4f 电子被外层的 $5s^25p^6$ 电子所屏蔽，难以参加化学键作用，因此稀土元素的化合物大多数是离子键型，导电性能好，可以用电解法制备稀土金属。

3. *磁学性质*

磁性来源于物质内部电子和原子核的电性质，由于核比电子的磁效应小了约一个数量级，因此常予以忽略。铁、钴、镍等过渡族元素是众所周知的磁性材料，而稀土元素却有很多特异的磁学性质，其中有些比过渡族元素还要优越。

在镧系元素 7 个 4f 轨道中，最多可容纳 7 个未成对电子，而在过渡元素的 5 个 d 轨道中最多只能容纳 5 个未成对电子，因此在周期表中镧系元素是顺磁磁化率最大的一族元素（不含未成对 4f 电子的 La 和 Lu 元素具有抗磁性）。

有些稀土化合物在磁化时，沿着磁化方向会发生长度的伸长或缩短的现象，即磁致伸缩效应，用磁致伸缩系数λ描述该效应的强弱。稀土化合物通常具有较大的λ，100 K 时 Tb

的$\lambda \approx 5.3 \times 10^{-3}$，Dy 的$\lambda = 8.0 \times 10^{-3}$，比 Ni 的$\lambda$（$4.0 \times 10^{-5}$）大 2 个数量级，这是稀土永磁材料获得矫顽力的基础。

对于纯稀土合金，4f 电子层受到外层电子的屏蔽，稀土原子间 4f-4f 电子交换作用较弱，交换积分常数较小，因此合金的居里温度（磁性材料中自发磁化强度降到零时的温度）较低，大部分在室温以下，如金属 Gd，Tb，Dy，Ho，Er，Tm 的居里温度分别是 293.2 K、221 K、85 K、20 K、19.6 K、22 K，而 Fe，Co，Ni 的居里温度分别是 1043 K、1403 K、631 K，远高于稀土金属。

有些稀土化合物具有很高的饱和磁化强度（磁性材料在外加磁场中被磁化时所能够达到的最大磁化强度）。在研究稀土超导材料时发现一些超导性不是与抗磁性共存，而是与铁磁性（Er-Rh_4B_4、$HoMo_6S_8$）或反铁磁性（$RERh_4B_4$，RE=Nd，Sm，Tm；$REMo_6S_8$，RE=Gd，Tb，Dy，Er）共存的化合物以及液氮温区高临界温度的 BaYCuO 超导体。还有一些稀土化合物具有很高的磁光旋转能力等许多优异的磁学性质。

稀土元素的自旋-轨道相互作用较强，其有效磁矩μ_{eff}不但取决于基态的自旋量子数 S，而且还取决于轨道量子数 L，即取决于总量子数 J。稀土元素的磁矩、磁化率、奈尔温度（反铁磁性材料变成顺磁性的温度）、居里温度等磁性能列于表 1-6。

表 1-6　稀土元素的磁性能[4]

元素	基态	磁矩μ_{eff}/(A·m^2)		磁化率	奈尔温度	居里温度
		理论值	实测值	$X_{原} \times 10^3$	T_N/K	T_c/K
La	$^1S_0$	0.00	0.49	0.093	—	—
Ce	$^2F_{5/2}$	2.54	2.51	2.43	12.5	—
Pr	$^3H_4$	3.58	3.56	5.32	25	—
Nd	$^4I_{9/2}$	3.62	3.0	5.62	20.75	—
Pm	$5I_4$	3.68	—	—	—	—
Sm	$^6H_{5/2}$	0.84	1.74	1.27	14.5	—
Eu	$^7F_0$	0.00	1.72	33.1	90	—
Gd	$^8S_{7/2}$	7.94	1.98	356.0	—	293.2
Tb	$^7F_6$	9.72	9.77	193.0	229	221
Dy	$^6H_{15/2}$	10.6	10.67	99.8	178.5	85
Ho	$^5I_8$	10.6	10.8	70.2	132	20
Er	$^4I_{15/2}$	9.6	9.8	44.1	85	19.6
Tm	$^3H_6$	7.6	7.6	26.2	15～60	22
Yb	$^2F_{7/2}$	4.5	0.41	0.071	—	—
Lu	$^1S_0$	0.00	0.21	0.018	—	—
Y	$^1S_0$	0.00	1.34	0.186	—	—
Sc	$^1S_0$	0.00	1.67	0.25	—	—

将稀土离子的磁矩对原子序数作图，如图 1-3 所示，磁矩随着 4f 电子数的变化而出现

周期性变化：镧至钐为第 1 周期，铕至镥为第 2 周期，与轻重稀土分组正好相符。两个周期内各出现一个极大值，第 1 周期的极大值是镨和钕，第 2 周期的极大值是镝和钬，这些极大值与 Hund 及 van Vleck 的计算值和一些实验数据一致。从表 1-6 还可以看出铈组元素的顺磁性比钇组元素小得多，非+3 价稀土离子与等电子+3 价稀土离子的磁矩基本相同或接近（个别例外）。

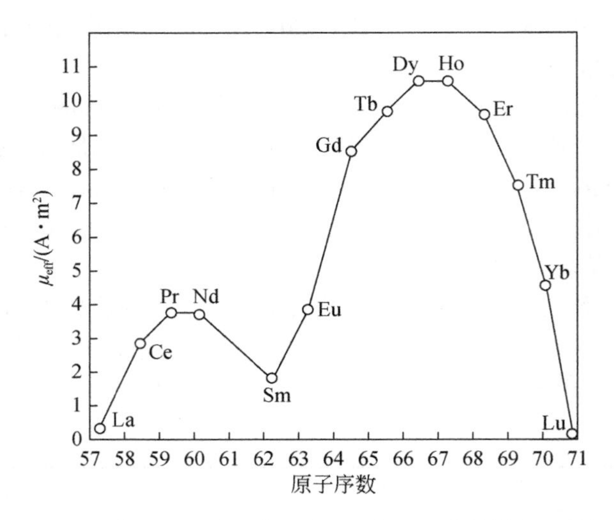

图 1-3 稀土离子（RE^{3+}）的磁矩与原子序数的关系[4]

稀土元素的磁性主要与其未充满的 4f 壳层有关，金属的晶体结构也影响着它们的磁性变化。稀土金属的 4f 电子处于内层，且金属态的 $5d^16s^2$ 电子为传导电子，因此大多数稀土金属（除 Sm，Eu，Yb 外）的有效磁矩与失去 $5d^16s^2$ 电子的+3 价稀土离子磁矩几乎相同。

常温下稀土金属大多为顺磁物质，其中 La，Yb，Lu 的$\mu_{eff}<1$。随着温度降低，会发生由顺磁性变为铁磁性或反铁磁性的有序变化，居里温度和奈尔温度低于常温（Gd 的居里温度最高为 293.2 K）。一些重稀土金属，如 Tb，Dy，Ho，Er，Tm 等在较低温度时由反铁磁性转变为铁磁性，而 Gd 则由顺磁性直接转变为铁磁性。

1.3.2 化学性质

稀土元素的原子半径大，又极易失掉外层的 6s 电子和 5d 或 4f 电子，所以化学活性很强。稀土金属极易与氧、氢、卤族元素、硫、氮、碳等生成稳定的化合物。稀土金属可使水分解，能溶于无机酸，但不与碱发生作用。稀土金属能同多种金属元素生成金属间化合物或合金[5]。

1. 稀土与氧作用

稀土金属在空气中随着原子序数的增加其稳定性也逐渐增加。镧、铈、铕在空气中很快会失去金属光泽，被氧化腐蚀。当加热至 200℃以上时，稀土金属都能迅速被氧化，生成氧化物。铈先氧化成氧化铈（Ce_2O_3），接着又被氧化成二氧化铈（CeO_2），金属铈具有自燃性质。致密的铈在320℃下能燃烧，放出的热量足以使氧化铈熔化。金属钇在空气中放置数月仅表面生成一层灰白色的氧化物薄膜，钇在空气中加热至900℃也只有表面生成氧化物。稀土（特别是轻稀土）金属必须做表面保护处理，否则与潮湿空气接触，极易氧化。

2. 稀土与卤素作用

在高于200℃的温度下，稀土金属均能与卤素（X）发生强烈反应，主要生成REX_3，Eu和Sm还可以生成REX_2，Ce还可以生成REX_4，但都不稳定。除氟化物外，稀土卤化物均有很强的吸湿性，且易水解成REO_x。

3. 稀土与硫、氮等作用

稀土金属与硫族元素、氮、磷等在一定温度下都能直接形成二元化合物。在硫族元素沸点温度下，可生成RES、RE_2S_3、RE_3S_4、RES_2等硫化物，硫化物的特点是熔点高、化学稳定性强和耐腐蚀。在1000℃以上与氮、磷生成REN、REP。高温时与碳形成RE_4C_3、RE_2C_3、REC_2等碳化物。室温下，稀土金属可吸收氢气，加热到250～300℃时，可与氢气作用生成REH_n（n为2、3）的氢化物，在真空、加热到1000℃以上时，氢化物分解释放出氢。

4. 稀土与水、酸作用

稀土金属遇水反应放出氢气，冷水中反应较慢，热水中反应较快。稀土金属能与稀盐酸、硝酸、硫酸作用，生成相应的盐，难溶于浓硫酸。遇氢氟酸、磷酸可在金属表面形成难溶的氟化物和磷酸盐保护膜，覆盖在稀土金属表面阻止它们继续反应。

5. 稀土与金属作用

稀土金属能与大部分金属元素作用，生成不同组成的金属间化合物。与镁可生成REMg、$REMg_2$、$REMg_4$等化合物；与铝生成RE_3Al、RE_3Al_2、REAl、$REAl_2$、$REAl_3$、$REAl_4$等化合物；与钴生成$RECo_2$、$RECo_3$、$RECo_4$、$RECo_5$、$RECo_7$等磁性化合物；与镍生成LaNi、$LaNi_5$、La_3Ni_5等化合物，其中$LaNi_5$是一种储氢材料；与铜生成YCu、YCu_2、YCu_4、YCu_6、$NdCu_5$、CeCu、$CeCu_2$、$CeCu_4$、$CeCu_6$等化合物；与铁生成$CeFe_3$、$CeFe_2$、Ce_2Fe_3、CeFe、YFe_2等化合物，但镧与铁只生成低共熔体，镧铁合金的延展性很好。由于稀土元素的原子体积比较大，因此与其他金属元素不能形成固溶体。稀土金属与碱金属及钙、钡等均不形成固溶体，稀土在锆、铪、钽、铌中溶解度很小，一般只形成低共熔体，与钨、钼不能生成化合物。

6. 稀土与碱作用

向稀土盐溶液中加入氨水或碱，可立刻形成颗粒细小的氢氧化物胶状体沉淀，加热后可聚沉。温度高于200℃时，$RE(OH)_3$将转变成脱水的氢氧化物REO(OH)，可进一步脱水生成氧化物RE_2O_3。

镧系元素的碱性随着原子序数的增大而逐渐减弱。轻稀土金属氧化物的碱性比碱土金属氧化物的碱性稍弱，因此，乙酸等有机酸能溶解轻稀土氧化物，却不能溶解重稀土氧化物。+2 价稀土氢氧化物由于离子电荷较少、半径较大，碱性均强于+3 价、+4 价稀土氢氧化物，溶解度也较大。+4 价稀土氢氧化物的碱性比+3 价的氢氧化物强。稀土氢氧化物不溶于水，但能溶于酸生成盐，可以从空气中吸收二氧化碳生成碳酸盐。

1.4 稀土资源概况

稀土元素在地壳中的含量相对丰富，稀土并不“稀”，截至 2019 年，全球稀土储备量为 1.2 亿吨。作为一个元素组合体，稀土在地壳中总丰度为 0.0206%，高于铜、锌、锡、镍等常见金属元素。就单一的稀土元素而言，镧、铈、钕、钇等的地壳丰度一般大于 10×10^{-6}，高于其他稀土元素，丰度最高的铈与铜接近，丰度最低的铥也比金高出 100 多倍。稀土元素超常富集成具有经济开采价值的矿藏，需要特定的地质作用和各种地质条件使其富集。稀土元素在地壳及各类岩石中的丰度见表 1-7。

表 1-7　稀土元素在地壳及各类岩石中的丰度（$\times10^{-6}$）

元素	地壳	玄武岩	花岗岩	正长岩	碳酸盐岩	砂岩	深海沉积物-黏土质	球粒陨石	大陆地壳	大洋地壳
La	30	15	55	70	—	30	115	30	30	3.7
Ce	60	48	92	161	11.5	92	345	50	60	11.5
Pr	8.2	46	8	15	1.1	8.8	33	10	8.2	1.8
Nd	28	20	37	65	4.7	37	140	60	28	10.0
Pm*	—	—	—	—	—	—	—	—	—	—
Sm	6	5.3	10	18	1.3	10	38	20	6	3.3
Eu	1.2	0.8	1.6	2.8	0.2	1.6	6	8	1.2	1.3
Gd	5.4	5.3	10	18	1.3	10	38	40	5.4	4.6
Tb	0.9	0.8	1.6	2.8	0.2	1.6	6	5	0.9	0.87
Dy	3	3.8	7.2	13	0.9	7.2	27	35	3	5.7
Ho	1.2	1.1	2	3.5	0.3	2	7.5	7	1.2	1.3
Er	2.8	2.1	—	7	0.5	4	15	20	2.8	3.7
Tm	0.48	0.2	0.3	0.6	0.4	0.3	12	4	0.48	0.54
Yb	3	2.1	4	7	0.5	4	15	20	3.0	5.1
Lu	0.5	0.6	1.2	2.1	0.2	1.2	4.5	3.5	0.50	0.56
Y	33	21	40	20	42	40	90	80	33	32
Sc	22	30	7	3	1	1	19	60	22	38

* 自然界尚未发现该元素

稀土元素在自然界中主要以三种形式存在：独立矿物、类质同象和离子状态。稀土元素进入矿物晶格，成为矿物必不可少的组成部分，形成独立矿物，如独居石、氟碳铈矿、磷钇矿等；稀土元素以类质同象置换某些矿物中 Ca，Sr，Ba，Mn，Zr 等元素，特别是分散在含 Ca 的造岩矿物中，通常称为含稀土矿物，然而稀土含量较低，如含稀土的萤石、磷灰石、烧绿石和褐帘石等；稀土元素以离子态吸附在高岭石、埃洛石等黏土矿物的表面或颗粒之间，在特定地理环境的风化壳中富集，在这种赋存状态下，pH 值对稀土元素在黏土矿物表面的附着性能有显著影响。

1.4.1　稀土矿物特征

世界上已知的稀土矿物及含稀土元素的矿物（REO 含量 0.5%～5.0%）有 250 多种，其中主要稀土矿物有 20 余种，最常见的有氟碳铈矿、独居石、磷钇矿、铈铌钙钛矿。稀土元素含量较高的矿物有 60 多种，各类稀土矿物的稀土含量差别很大。世界上最具经济利用价值的稀土矿物主要是氟碳铈矿，其次是独居石，其他稀土矿物有磷灰石、磷钇矿、褐钇铌矿、易解石、铈铌钙钛矿等。表 1-8 列出了一些具有工业价值的常见稀土矿物及其晶体化学式。

表 1-8　主要稀土矿物及晶体化学式

稀土矿物	晶体化学式	矿物类型	REO 理论含量/%
易解石	$(Ce,Y,Th,Na,Ca,Fe^{2+})[Ti,Nb,Fe^{3+}]_2O_6$	氧化物	32.47～39.89
褐帘石	$(Ca,Mn,Ce,La,Ca,Y,Th)_2(Fe^{2+},Fe^{3+},Ti)(Al,Fe)_2[Si_2O_7][SiO_4](O,OH)$	硅酸盐	20～23
碳锶铈矿	$(Sr,Ca)Ce[CO_3]_2(OH)(H_2O)$	碳酸盐	46
氟碳铈矿	$(Ce,La,Y)[CO_3]F$	氟碳酸盐	74.77
磷灰石	$(Ca,Ce,Y)_5[PO_4]_3(OH,F,Cl)$	磷酸盐	12
方铈矿	$(Ce,Th)O_2$	氧化物	81
铈硅石	$(Ce,La,Ca,Fe^{2+})_4[SiO_4]_2(OH)$	硅酸盐	65
黑稀金矿	$(Y,Ca,Ce,Th,U,Fe^{2+})(Nb,Ta,Ti)_2O_6$	氧化物	25.73
褐钇铌矿	$(Y,Ce,U,Th)(Nb,Ta,Ti)O_4$	氧化物	36～42
磷铝铈矿	$CeAl_3[PO_4]_2(OH)_6$	磷酸盐	35
氟铈镧矿	$(La,Ce)F_3$	氟化物	70
硅铍钇矿	$Fe(Y,Ce,La,Nd)_2[Be_2Si_2O_{10}]$	硅酸盐	52
黄河矿	$BaCe[CO_3]_2F$	碳酸盐	39.39
铈铌钙钛矿	$(Na,Ce,Ca)(Ti,Nb)O_3$	氧化物	30
独居石	$(Ce,La,Pr,Nd,Th,Y)[PO_4]$	磷酸盐	69.73
氟碳钙铈矿	$Ca(Ce,La)_2(CO_3)_3F_2$	碳酸盐	63
烧绿石	$(Ca,Na,Ce)_2Nb_2O_6(OH,F)$	氧化物	6
铌钇矿	$Y(Ce,Fe,U,Th,Ca)(Nb,Ta,Ti)_2O_8$	氧化物	16
氟碳钙铈矿	$Ca(Ce,La)_2[CO_3]_3F$	碳酸盐	51.25
磷钇矿	YPO_4	磷酸盐	61.40
复稀金矿	$Y(Ti,Nb)_2O_6$	氧化物	33

具有工业利用价值的氟碳铈矿、独居石、磷钇矿占稀土产量的90%以上，其中磷钇矿储量较少，所含稀土主要是高价值的重稀土元素和钇。

稀土矿物总的特点：缺少硫酸盐和硫化物，表明稀土元素具有亲氧性；部分稀土矿物，特别是氧化物和硅酸盐类稀土矿物，呈现非晶质状态；在岩浆岩、伟晶岩及与其有关的热液脉中，稀土矿物主要以硅酸盐及氧化物形式存在，在风化壳矿床中，稀土矿物以氟碳酸盐类为主，富钇的矿物多赋存在花岗岩及与其有关的热液脉中。

1.4.2 稀土矿床类型

全球范围内已经识别出来的稀土矿床（点）约有760处[6]。根据稀土富集过程中的地质作用不同，可以将稀土矿床分为两大类：与岩浆熔融、分离结晶等过程和岩浆期后热液作用有关的内生矿床；受地表风化作用和其他表生过程富集形成的外生矿床。在这两类稀土矿床中，根据其产出方式、矿物特征及成因组合可进一步细分，其中内生矿床中有少量伴生的稀土矿床，由于成因不明或受多期次地质作用叠加影响难以归入明确的类型中，因此单独列示于表1-9。

表1-9 稀土矿床主要类型及实例[7]

矿床类型		简要描述	矿床规模和品位	典型矿床实例
内生矿床	碳酸岩型	与富碱碳酸岩有关，位于碱性岩带或深大断裂附近	几万吨到几亿吨，0.1%～10%REO	美国Mt Pass，中国白云鄂博，马拉维Kangankunde，纳米比亚Okorusu
	碱性火成岩型	与碱性火成岩有关	一般小于亿吨，品位一般在0.5%~5%REO	格陵兰岛Ilimaussaq，俄罗斯科拉半岛Khibina和Lovozero，中国湖北庙娅，沙特Jabal Tawalah
	热液脉型	与不同成因的石英、萤石多金属脉或伟晶岩脉有关	一般小于百万吨，品位在0.5%～4%REO	中国山东微山和攀西牦牛坪，布隆迪Karonge，南非Naboomsprit，美国Lemhi Pass，加拿大Hoidas Lake
	其他	稀土伴生在富铁氧化物-铜-金-铀矿床中	一般几百万吨到几亿吨，品位在0.1%～1%REO	澳大利亚Olympic Dam，加拿大Elliot Lake
外生矿床	砂矿型	沿海岸线、河道分布，富集重砂矿物，少量为古海岸或古河道砂矿	变化大，几百万吨到几亿吨，品位一般<0.1%REO	澳大利亚东、西海岸，印度西海岸，美国西南海岸，马来半岛海岸，中国东南沿海海岸
	风化壳型	富稀土的碳酸岩-碱性火成岩经历强烈的化学风化作用后的地表残留矿	几万吨到几亿吨，0.1%～10%REO	澳大利亚Mt Weld，巴西Araxa和Catalao I，俄罗斯Tomtor
	离子吸附型	富稀土花岗岩经历风化作用后残留的黏土型矿床	大多数小于百万吨，品位在0.05%～0.5%REO，富含中重稀土	中国江西、福建、广西等地

稀土矿床具有明显的成矿专属性，即绝大部分内生稀土矿床与岩浆岩-碳酸岩密切相关，而外生矿床中的风化壳型稀土矿床的成矿母岩也多为碳酸岩或碳酸岩-碱性杂岩体。碳酸岩是碳酸盐矿物含量超过50%的侵入岩，产出方式多样，除了呈独立的岩墙/岩床、岩脉外，常以不规则侵入体方式与碱性岩（如正长岩、霞石正长岩和霞石岩等）共同构成碳酸

岩-碱性杂岩体，其中碳酸岩常出现在杂岩体的中心，结晶于晚期岩浆。目前在全球已识别出碳酸岩体共 527 处，主要分布于俄罗斯科拉半岛、加拿大地盾东部、巴西南部、华北克拉通等古老的前寒武纪克拉通内，以及东非裂谷、贝加尔裂谷、美国西部盆山裂谷、加拿大圣劳伦斯裂谷等克拉通内部的深大断裂和大陆裂谷内部。绝大多数（90%以上）的岩浆型或热液型稀土矿床与识别出的碳酸岩体空间上重合，分布在俄罗斯、澳大利亚、巴西、中国、美国和非洲东部等国家和地区。

碳酸岩中常富集稀土、铌、铀、钍、磷、氟等有用元素，而碳酸岩型稀土矿床以轻稀土为主，稀土元素主要赋存在氟碳铈矿、独居石和磷灰石等矿物中。碱性火成岩来源于富碱性金属 Na，Ca，K 的岩浆，形成一些在其他岩石中不常见的钠钾含量高的碱性矿物，如似长石、碱性辉石和碱性角闪石，碱性火成岩的硅含量变化较大，从超镁铁质到长英质都有分布。相比碳酸岩型稀土矿床，与碱性火成岩有关的稀土矿床品位较低，稀土元素主要赋存在异性石、铈铌钙钛矿和磷灰石等矿物中[8]。热液脉型稀土矿床是以伟晶岩大脉或细网脉状穿插于碳酸岩-碱性杂岩体内外接触带及其围岩中为特点，稀土矿物常与方解石、萤石、重晶石、石英等矿物共生，或者以裂隙或空洞充填物的形式交代早期形成的矿物。这类矿床数量较多，稀土矿物较为简单，以氟碳（钙）铈矿为主。虽然碳酸岩型或碱性火成岩型稀土矿床的矿化特征与热液脉型不同，但它们之间的差别并非绝对，一些矿床通常具有两种矿化特征，只是以某一种为主。例如美国 Mountain Pass 稀土矿床，稀土矿化既赋存在碳酸岩体内，也在岩体外围的含氟碳铈矿的方解石-重晶石（萤石）热液脉中出现。马拉维的 Kangankunde 热液脉型矿床也兼具一些原生岩浆型矿化特征。

外生稀土矿床主要包括砂矿型（含稀土矿物的残-坡积、河流冲积和海滨砂矿床）、特定原岩和地理气候下形成的风化壳型以及中国南方独有的离子吸附型 3 种。砂矿型分布较为广泛，在全球范围内识别出了 360 多处砂矿型稀土矿床，以海滨砂矿床为主，沿现代海岸线分布，如美国东南部海岸、中国东南沿海海岸、印度西南海岸、澳大利亚东西海岸以及马来西亚海岸等地。它们是在河流/海水冲积作用下，抗风化的重矿物与砂砾石一起被搬运、沉积并富集形成的，其中主要的稀土矿物是独居石和磷钇矿，常伴生金红石、钛铁矿和锆石等重矿物。历史上海滨砂矿床曾经是稀土的主要来源，但由于砂矿的钍含量高具有放射性，且一般砂矿床的稀土品位低，只有与共伴生矿产一起综合利用才具有经济价值，因此现在只有极少量的稀土资源从砂矿床获取。风化壳型稀土矿的原岩一般是富稀土元素的碳酸岩-碱性火成岩，在热带气候条件下经历强烈的化学风化作用，富钙镁的矿物淋滤丢失，稀土元素赋存在红土层中残余的岩浆成因烧绿石或磷灰石中，或在次生的磷酸盐矿物中富集，典型实例有澳大利亚的 Mt Weld 稀土-铌-磷矿床、巴西的 Araxa 铌-稀土-磷矿床。离子吸附型稀土矿床主要在中国南方江西、福建、广东、广西、湖南等地产出，近期在东南亚一些国家也有发现的报道[9-11]。这类矿床虽然也产在风化壳内，但由于其独特的成矿母岩、形成条件，稀土赋存状态与风化壳型稀土矿床也有明显差异，一般将这类矿床从风化壳型稀土矿床中分离出来，单独分类。外生稀土矿床除了上述 3 类外，在中国贵州、云南等地的磷块岩和山西铝土矿中也富含稀土元素[12,13]，俄罗斯远东的一些新生代盆地的煤层中发现异常高的稀土含量（REO 0.03%～0.1%）。日本学者在太平洋、东印度洋 3500～6000 m 的深海海底泥中发现含有大量的稀土资源[14,15]，据体积推算其稀土资源量巨大，但这些稀土资源在可预见的未来不具备开采利用的可能。

从经济地质角度看，内生地质作用下的碳酸岩型稀土矿床和碱性火成岩型稀土矿床、外生的风化壳型和离子吸附型稀土矿床是稀土资源的主要利用对象。

1.4.3 稀土资源分布

世界稀土资源广泛分布在除南极洲外的各大洲。除了中国、美国和澳大利亚，俄罗斯远东地区、印度、土耳其、加拿大、越南、挪威、缅甸、老挝，以至北极圈内的格陵兰、阿富汗沙漠及非洲国家都陆续发现了稀土矿。

中国的稀土资源主要分布于内蒙古包头白云鄂博、四川冕宁以及江西南部、广东、广西和福建等地。白云鄂博铁-铌-稀土矿床是中国乃至全球查明资源量最大的矿床，资源储量占全国总量的96%左右，以轻稀土为主，镧、铈、镨和钕四种元素占98%左右。我国华南地区广泛分布的风化壳淋积型矿床虽然查明资源总量不大，但因更为稀缺的重稀土含量相对较高（个别矿区重稀土含量超过60%），是全球稀土资源的重要组成部分。

独联体国家的稀土资源极为丰富，主要分布于俄罗斯的科拉半岛和吉尔吉斯斯坦、哈萨克斯坦等国家，但其开发利用情况很少为外界所知。

截止到2011年，美国的稀土储量（REO）估计为1300万吨，约占全球总量的11%左右。美国稀土资源分布广泛，目前有17个矿床（矿产地）分布在加利福尼亚、怀俄明、爱达荷和阿拉斯加等12个州。这17个矿床勘查程度相差较大，只有Mountain Pass和Bear Lodge估算有储量和资源量，其他矿床仅有估计的资源量。加利福尼亚的Mountain Pass矿在20世纪60年代中期至80年代是全球最重要的稀土供应地，后因种种原因关闭。Mountain Pass已查明的资源量（REO）为207万吨，以轻稀土为主，镧、铈、镨和钕四种元素占稀土总量98.75%。美国估计资源量最大的矿床是位于科罗拉多州的Iron Hill，估计资源量（REO）为969.6万吨，但该矿勘查程度较低，开发前景不明朗。

印度的稀土储量（REO）约为310万吨，占全球的比例为2.7%。稀土资源主要赋存于海滩冲积砂矿的独居石矿物中，主要分布在安德拉邦，约占36.5%，其次为泰米尔纳德邦、奥里萨邦和喀拉拉邦，占比分别为18.1%、17.8%和13.4%。印度独居石矿以轻稀土为主，其中镧、铈、镨和钕四种元素占稀土总量约92.5%。

据澳大利亚地学科学局公布的数据，截至2010年底，澳大利亚稀土储量（REO）约160万吨，占全球总量的1.4%。全球稀土资源分布不均，高度集中在中国、越南、巴西和俄罗斯四个国家。根据美国地质调查局（USGS）数据显示，至2022年末，全球已探明稀土资源储量1.3亿吨，其中，中国稀土资源储量4400万吨，是世界最大稀土资源国，越南稀土储量位列第二，为2200万吨，其次是巴西和俄罗斯，稀土资源均为2100万吨。中国、越南、巴西和俄罗斯的稀土资源储量占比合计超过全球稀土资源储量的83%。

全球主要大型稀土矿及矿石类型见表1-10。

表1-10 全球主要大型稀土矿及矿石类型[7]

国家	主要矿床	矿石类型
中国	内蒙古白云鄂博矿	铁-铌-稀土（氟碳铈矿、独居石）矿石
	四川冕宁、德昌稀土矿	单一氟碳铈矿型稀土矿石
	山东微山稀土矿	单一氟碳铈矿型稀土矿石
	江西、广东等地稀土矿	风化淋积型稀土矿石
澳大利亚	韦尔德山稀土矿	碳酸岩风化壳型稀土矿石
	东、西海岸砂矿	独居石砂矿型稀土矿石
美国	芒廷帕斯矿	碳酸岩型氟碳铈矿矿石
巴西	阿腊夏、寨斯拉古什稀土矿	碳酸岩风化壳型稀土矿石
俄罗斯	托姆托尔	碳酸岩风化壳型稀土矿石
	希宾稀土矿	
越南	茂塞稀土矿	碳酸岩型稀土矿石
加拿大	圣霍诺雷稀土矿	碳酸岩风化壳型稀土矿石

美国地质调查局报告中稀土储量数据来源于各国政府公开的信息，近年来有些国家公布稀土储量发生大幅变化，如2012年之前巴西稀土储量为4.8万吨，但是2014年后巴西政府数据陡增至2200万吨；2013年之前澳大利亚稀土储量为160万吨，2014年增加至210万吨，2016年增长至320万吨；美国稀土储量一直为1300万吨，但是2015年后美国稀土储量仅包括几个符合标准的储量数据，因此储量骤减至180万吨；2013年后，独联体储量合并入其他国家中，不再单独公布。2017年报告中，加拿大、美国、印度、俄罗斯、南非、越南以及美国的储量再次进行了增加或者修改，并将往年合并入其他国家稀土储量进行细分。美国地质调查局公布的2009～2016年世界稀土资源储量见表1-11。

表1-11 2009～2016年世界稀土储量表（REO/万吨）

年份	中国	美国	澳大利亚	印度	巴西	马来西亚	独联体	其他国家	合计（取整）
2009	3600	1300	540	310	4.8	3	1900	2200	9900
2010	5500	1300	160	310	4.8	3	1900	2200	11000
2011	5500	1300	160	310	4.8	3	1900	2200	11000
2012	5500	1300	160	310	3.6	3	—	4100	11000
2013	5500	1300	210	310	2200	3	—	4100	14000
2014	5500	180	320	310	2200	3	—	4100	13000
2015	5500	180	320	310	2200	3	—	4100	13000
2016	4400	140	340	690	2200	3	1800	2450	12000

注：数据来源于历年美国地质调查局年评资料

2022年全球稀土资源分布见图1-4。

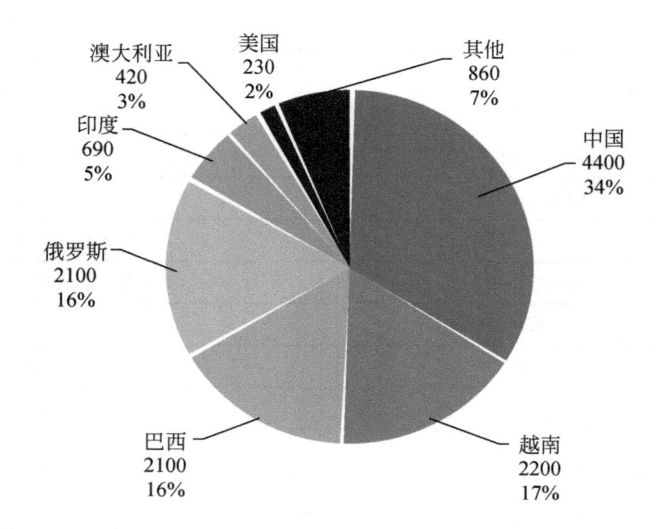

图 1-4 2022 年全球稀土资源分布

有关我国稀土储量的数据，数出多门，说法不一，国际上也有不同的看法，美国地质调查局公布我国储量数据与我国公布数据有较大差异。2012 年前，主要依据中国稀土学会地质矿山选矿专业委员会主任侯宗林教授 2001 年发表的《中国稀土资源知多少》一文，中国稀土储量 5200 万吨。2012 年后，国务院新闻办发布《中国的稀土状况与政策》白皮书显示，我国稀土储量为 1859 万吨，占全球储量的 23%左右。

美国能源政策分析家 Marc Humphries 曾于 2010 年 7 月向美国国会提交了一份名为《稀土元素：全球供应链条》的报告，详细列举了各国 2011 年的稀土相关数据，中国稀土储量为 5500 万吨，占世界 50%；美国稀土储量为 1300 万吨，占世界 13%；俄罗斯储量为 1900 万吨，占世界 17%；澳大利亚储量为 160 万吨；印度储量为 310 万吨，占世界 2.8%。

1.5 稀土元素应用

独特的电子层结构和优异的磁、光、电等特性为稀土元素的广泛应用提供了基础，稀土永磁、光功能、催化、储氢、抛光材料已经成为世界稀土工业的主要产品。稀土元素及其化合物已广泛用于改进传统材料、制造高技术新材料，并在国民经济和现代科学技术的各个领域仍有广阔的拓展空间。

根据稀土元素在材料中所起的作用大致可分为两大类：一类是利用 4f 电子特征；另一类不与 4f 电子直接相关，主要利用稀土离子半径、电荷或化学性质上的相关特性。自 20 世纪 80 年代以来，稀土新材料以 15%～30%的年增长率迅猛发展。

稀土磁性材料包括稀土永磁材料、磁致伸缩材料、巨磁阻材料、稀土磁光材料和磁致冷材料等，其中稀土永磁材料是稀土磁性材料研究开发和产业化的重点。迄今，人们已经发展了三代永磁材料，即第一代 $SmCo_5$，第二代 Sm_2Co_{17}，第三代 NdFeB，目前正在开发稀土永磁体 SmFeN。与传统磁体相比，稀土永磁材料具备优异的综合性能，剩余磁感应强度大，矫顽力和最大磁能积高，且具有低能耗、低密度、机械强度高等适于小型化生产的特点，尤其是钕铁硼永磁材料，已广泛应用于能源、交通、机械、医疗、计算机、家电等领域，如风电电机、汽车中的各种电机和传感器、电动车辆、全自动高速公路系统（AHS）、计算机和微电脑的音圈电机（VCM）、软盘驱动器、主轴驱动器、手机、复印机、传真机、CD/VCD/DVD 主轴驱动、电动工具、空调机、冰箱、洗衣机、机床数控系统、电梯驱动机器人及各类新型节能电机、磁选机、核磁共振仪、磁悬浮列车、磁传动、磁吸盘、磁起重器等。本书第 2 章将进一步介绍。

稀土发光材料是单一稀土高纯化合物的主要应用领域，如高纯氧化钇、氧化铕、氧化铈、氧化铽等。以稀土离子（元素）为激活剂、共激活剂、敏化剂或掺杂剂的稀土发光材料，可发射从紫外到红外的光谱，在可见光区有很强的发射能力，具有吸收能力强，转换率高，色纯度高且物理性能稳定等优点。稀土发光材料广泛应用于信息显示、照明、光器件等领域。目前，LED 荧光粉、长余辉荧光粉是发光材料的主要产品。此外，稀土上转换发光材料已用于红外探测、军用夜视仪等方面。稀土也是激光工作物质中很重要的元素，在固体、液体和气体三类激光材料中，以稀土固体（晶体、玻璃、光纤等）激光材料应用最广。稀土激光材料广泛用于通信、信息储存、医疗、机械加工以及核聚变等方面。稀土玻璃激光器输出脉冲能量大，输出功率高，可用于热核聚变研究，也可用于打孔、焊接等方面。稀土光纤激光材料在现代光纤通信发展中起着重要的作用，掺铒光纤放大器已大量用于无须中间放大的光通信系统，使光纤通信更加方便快捷。稀土闪烁晶体在吸收 X 射线、γ射线或其他高能粒子后能转换成快衰减紫外或者可见光。本书第 3 章将进一步介绍。

稀土在石油化工领域主要用于制造稀土分子筛裂化催化剂，是石油化工催化剂中最大的一个种类，大分子量原油必须经过稀土分子筛催化剂催化裂化后，才能变成小分子量、短链的烃类。轻稀土镧、铈等元素在化学反应中具有良好的助催化性能，在催化裂化催化剂中有重要作用，可增强沸石催化剂的活性、选择性和热稳定性。将稀土分子筛裂化催化剂用于石油裂解，不仅使用寿命成倍提高，且原油转化率可由35%～40%提高到70%～80%，汽油转化率提高 10%，出油率增加 25%～50%。稀土催化剂中使用的是 Ce 和 La 的化合物，Ce 具有储氧功能，并能稳定催化剂表面上铂和铑等贵金属的分散性，La 在铂基催化剂中可替代铑，降低成本。在催化剂载体中加入 La，Ce，Y 等稀土元素还能提高载体的高温稳定性、机械强度、抗高温氧化能力。目前，我国研制的稀土催化净化装置对尾气的转化率较高，接近美、日等发达国家水平。本书第 4 章将进一步介绍。

稀土储氢材料是在稀土金属中加入其他金属形成合金后可吸/放氢气的能源储存和转换材料。按照组成和结构类型，稀土储氢材料分为两大类，AB_5 型储氢合金（$LaNi_5$）、超晶格 $AB_{3\text{-}4}$ 型储氢合金（La-Mg-Ni 系、La-Y-Ni 系）。稀土储氢材料主要应用于电化学、固态储氢和化工领域，其中 90%以上用于镍氢电池的负极活性材料。镍氢电池主要应用于混合电动汽车和民用市场，如移动通信、笔记本电脑、摄像机、收录机、数码相机、电动工具等各种便携式电器。目前，储氢材料在氢能领域的应用正在开发和产业化过程中，如氢压缩机的氢压缩材料、分布式热电联供系统和某些交通工具的固态储氢材料、氢气的净化与回收等，随着氢能产业的快速发展将会为稀土储氢材料带来广阔的应用场景。本书第 5 章将进一步介绍。

稀土抛光材料特别是铈系稀土抛光粉具有较优异的化学与物理性能，以其粒度均匀、硬度适中、抛光效率高、抛光质量好、使用寿命长以及清洁环保等优点，广泛应用于光学玻璃、液晶玻璃基板、触摸屏玻璃盖板、ITO 镀膜玻璃以及水晶水钻等领域。

现已发现许多单一稀土氧化物及某些混合稀土氧化物都是制备高温超导材料的原料。美国、中国和日本几乎同时于 20 世纪 80 年代中后期发现 $LnBa_2Cu_3O_{7-x}$ 系列稀土氧化物超导材料，我国在高温超导研究方面取得了不同程度的进展。超导材料应用广泛，可制作超导磁体而用于磁悬浮列车以及用于发电机、发动机、动力传输、微波及传感器等方面。

稀土金属具有不同的热中子俘获截面和许多其他特殊性能，可用于反应堆的结构材料和控制材料。如金属钇的热中子俘获截面小，而且它的熔点高（1550℃）、密度小（4.47 g/cm^3）、不与液体铀和钚起反应、吸氢能力很强，是很好的反应堆热强性结构材料。另一些稀土元素的热中子俘获截面很大，如钆、铕、钐，是优良的核反应堆的控制材料，这些稀土金属及其化合物可用作反应堆的控制棒、可燃毒物的抑制剂以及防护层的中子吸收剂。某些稀土氧化物、硫化物和硼化物可以用作熔炼金属铀的耐高辐射坩埚。本书第 6 章将对其他稀土材料作进一步介绍。

近些年，还开发了稀土红外辐射节能涂层、稀土基红外升温服装面料、稀土隔热玻璃、稀土抗菌材料等，逐步拓宽稀土应用领域。

未来，我国稀土工业的重大责任和使命是面向新一代信息技术、新能源、现代交通、新一代照明及显示、集成电路、国防军工、生物医药等领域的强大发展需求，掌握和突破一些关键材料制备及应用技术，提升我国在全球产业价值链的地位，实现稀土产业由跟跑、并跑到领跑的逐级跨越。

（严 密 仝燕茹 彭 飞 王其伟 杨士宽）

参考文献

[1] 徐光宪. 稀土[M]. 北京: 冶金工业出版社, 1995
[2] 刘光华. 稀土材料学[M]. 北京: 化学工业出版社, 2007
[3] 叶信宇. 稀土元素化学[M]. 北京: 冶金工业出版社, 2019
[4] 王常珍. 稀土材料理论及应用[M]. 北京: 科学出版社, 2016
[5] 洪广言. 稀土化学导论[M]. 北京: 科学出版社, 2014
[6] 刘国平, 胡鹏, 江思宏, 等. 全球稀土资源分布规律与找矿战略区研究[M]. 北京: 中国有色矿业集团有限公司, 2014
[7] 胡鹏, 刘国平, 江思宏. 全球稀土矿床的主要类型和成因研究进展[J]. 矿产勘查, 2023, 14(5): 694
[8] Castor S B. Rare earth deposits of North America[J]. Resource Geology, 2008(4): 131-146; Orris G J, Grauch R I. Rare Earth Element Mines, Depositand Occurrences[R]. Reston: US Geological Survey, 2002
[9] 杨铁铮, 胡良吉. 广西离子吸附型稀土矿分布规律研究及找矿选区预测[J]. 矿产勘查, 2018, 9(6): 1179-1184
[10] 张民, 谭伟, 何显川, 等. 云南省澜沧县离子吸附型稀土矿床地质特征分析与成矿过程探讨[J]. 矿床地质, 2022, 41(3): 567-584

[11] 陈小平, 郑燕, 彭江波, 等. 老挝 MK 离子吸附型稀土矿床成矿及其矿化分布特征[J]. 地质与勘探, 2022, 58 (6): 1341-1352

[12] 张杰, 张覃, 陈代良. 贵州织金新华含稀土磷矿床地球化学及生物成矿基本特点[J]. 矿床地质, 2002, 21(S1): 930-933

[13] 许成, 宋文磊, 何晨, 等. 外生稀土矿床的分布、类型和成因概述[J]. 矿物岩石地球化学通报, 2015, 34(2): 234-241

[14] Kato Y, Fujinaga K, Nakamura K, et al. Deep sea mud in the Pacific Ocean as a potential resource for rare-earth elements[J]. Nature Geoscience, 2011, 4: 535-539

[15] Yasukama K, Liu H, Fujinaga K, et al. Geochemisty and mineralogy of REY-rich mud in the eastern Indian Ocean[J]. Journal of AsianEarth Sciences, 2014, 93: 25-36

第2章

稀土永磁材料

2.1 概　　述

稀土永磁材料是以稀土元素和过渡族金属元素化合物为基的永磁材料，主要包括钐钴永磁材料和钕铁硼永磁材料。稀土元素在4f组态中最多可以有7个未成对电子数，多于3d族过渡元素在d层最多5个的未成对电子数，这些4f电子的自旋运动和轨道运动以及较强的自旋-轨道耦合作用使其具有很大的磁晶各向异性，从而成为创制高性能磁性材料的组成元素。在稀土与过渡金属化合物中，4f和3d金属原子磁矩都对化合物的磁矩有贡献，即存在4f金属原子磁矩、3d金属原子磁矩以及3d和4f金属原子磁矩的耦合。

永磁材料磁性能最重要的指标有：剩余磁感应强度B_r（又称剩磁）、磁感矫顽力H_{cb}、内禀矫顽力H_{cj}和最大磁能积$(BH)_{max}$。剩磁B_r是指磁体被磁化到饱和，去掉外磁场后，在外磁场方向上仍能残留的磁化强度。永磁体的剩磁与永磁体中磁性相的体积分数、永磁体的密度及取向度相关，体积分数大、永磁体的密度及取向度高，则永磁体的剩磁高。磁感矫顽力H_{cb}是指对永磁体施加反向磁场时，使磁体剩余磁感应强度达到零时的磁场强度；而内禀矫顽力H_{cj}则是使磁体剩余磁化强度降低到零时施加的反向磁场强度。磁能积是磁体退磁曲线上任何一点的磁感应强度B和磁场强度H的乘积，其最大值为最大磁能积$(BH)_{max}$。磁能积和剩磁密切相关，剩磁越大，则磁能积越大。

在20世纪50年代末发现的具有$CaCu_5$型晶体结构的稀土-钴化合物因为优异的磁性能引起了人们的关注[1]。1967年，通过粉末冶金法制备出磁能积$(BH)_{max}$=40.6 kJ/m^{3}的$SmCo_5$磁体，称为第一代$SmCo_5$稀土永磁材料[2]。为了进一步提高钐钴稀土永磁材料的磁性能，研究人员把研究方向转向了饱和磁化强度更高的2∶17型Sm-Co合金。20世纪70年代初，研究人员[3]对Sm_2Co_{17}化合物进行了细致而深入的研究，制备出了$Sm_2(Fe,Co)_{17}$稀土永磁体，即所谓的第二代2∶17型稀土永磁材料。Sm_2Co_{17}稀土化合物具有很强的单轴各向异性，但是磁体矫顽力较低。直到在Sm(Co,Cu,Fe)中引入了Zr元素[4]，并利用固溶时效和脱溶硬化等方法，得到胞状相与胞壁相分隔的结构，矫顽力大幅度提高，磁能积最终达到263.3 kJ/m^3。

1983年，日本住友特殊金属公司Sagawa等[5]开发出有史以来磁性能最高的永磁材料：剩磁B_r=1.23 T、内禀矫顽力H_{cj}=960 kA/m、磁感矫顽力H_{cb}=880 kA/m和最大磁能积$(BH)_{max}$=290 kJ/m^{3}的钕铁硼（Nd-Fe-B）稀土永磁体。与此同时，Croat等[6]用熔体快淬方法制备出了具有优异磁性能的 Nd-Fe-B 永磁合金磁粉末，至此，诞生了第三代钕铁硼稀土永磁体。Nd-Fe-B 永磁体既有较高的饱和磁化强度，又有较高的磁晶各向异性，综合磁性能十分优异。作为铁基永磁材料，原料来源广泛，不含有战略金属元素 Co，因此成本较低，自问世以来发展十分迅速。

具有优异磁性能的 1∶5 型、2∶17 型钐钴磁体和钕铁硼永磁体的出现有力地促进了航空航天、机械、电子、电力、信息等高科技产业的发展，已经成为现代高科技产业重要的关键新材料。近年来，科技工作者开展了钐铁氮化合物磁性材料的研究，经过努力取得了很大进步，开发出的钐铁氮粘结稀土永磁材料进入了产业化初期的小批量生产阶段。

2.2　钐钴永磁材料

早期的研究表明，Sm-Co 二元系合金存在 8 个不同物相：Sm_3Co、Sm_9Co_4、$SmCo_2$、$SmCo_3$、Sm_2Co_7、Sm_5Co_{19}、$SmCo_5$、Sm_2Co_{17} [7]。其中，$SmCo_5$、Sm_2Co_{17} 两种相因为具有优异的内禀磁性能，从而受到人们的关注。图 2-1 为 Sm-Co 二元合金相图 [8]。

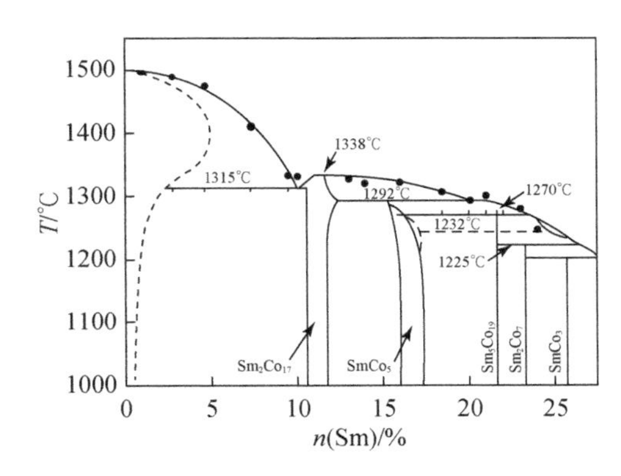

图 2-1　Sm-Co 合金相图 [8]

具有 $CaCu_5$ 型结构的六方相 $SmCo_5$ 化合物具有良好的磁性能，例如大的单轴磁晶各向异性（μ_0H_a 大约为 31840 kA/m），相对较高的饱和磁化强度（J_s 大约为 1.14 T）和高居里温度（T_c 大约为 720℃）。为了生产具有更高磁化强度的化合物，增加 Co 含量得到了 Sm_2Co_{17} 化合物。Sm_2Co_{17} 化合物比 $SmCo_5$ 化合物具有更高的饱和磁化强度（J_s 大约为 1.56 T）和更高的居里温度（T_c 大约为 900℃），但其磁晶各向异性场小于 $SmCo_5$。

2.2.1　结构与性能

1. 1∶5 型化合物

RCo_5 化合物（R 为 Sm、Pr 或者混合稀土）具有高单轴各向异性、六方对称 $CaCu_5$ 晶体结构，如图 2-2 所示 [9]，空间群为 *P6/mmm*，晶格常数 a=0.4998 nm，c=0.3976 nm [10]。按照成分可分为 $SmCo_5$、$(SmPr)Co_5$、$MMCo_5$ 以及 $Ce(Co, Cu, Fe)_5$ 等系列。

$SmCo_5$ 化合物的室温饱和磁化强度 M_s=1.14 T，最大磁能积$(BH)_{max}$ 的理论极限值

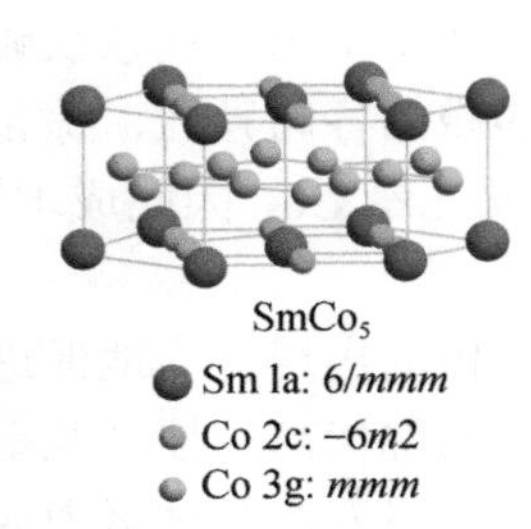

图 2-2 $SmCo_5$ 化合物晶体结构图[9]

$(\mu_0 M_s)^2/4\mu_0$=245 kJ/m^3。商业化 $SmCo_5$ 磁体磁性能通常为：B_r=0.8～1.10 T，H_{cj}=2387～1512 kA/m，H_{cb}=557.2～756.2 kA/m，$(BH)_{max}$=135.3～198.9 kJ/m^3，其性能与理论值相比还有较大差距。在实验室中的极端工艺条件下（强磁场取向、低氧工艺等），$SmCo_5$ 磁体的永磁性能可以达到：B_r=1.07 T，H_{cj}=1273.6 kA/m，H_{cb}=851.7 kA/m，$(BH)_{max}$=227.6 kJ/m^3 [11]。

2. $SmCo_5$ 永磁体的矫顽力机制

$SmCo_5$ 永磁材料的矫顽力理论值为 31840 kA/m，而实际值仅为十分之一左右。关于对 $SmCo_5$ 永磁体矫顽力机制的认识目前尚不统一，目前主要有以下几种观点：

（1）位错、畴壁的钉扎。$SmCo_5$ 中的棱柱位错对畴壁的钉扎对提高矫顽力起主要作用。另外，晶界处的 Sm_2Co_7 相对畴壁也有钉扎效应。

（2）沉淀相形核。沉淀相既可以对畴壁起到钉扎作用，提高矫顽力，又可以作为反磁化畴的形核中心。在反磁化畴的形核场小于钉扎场的情况下，矫顽力就会降低。

（3）反磁化畴扩张的临界场。计算表明，临界场远小于其形核场[12]。

$SmCo_5$ 磁体的矫顽力与回火温度密切相关。在 750℃回火时，$SmCo_5$ 磁体的矫顽力会急剧下降，这可能与 $SmCo_5$ 相的分解有关。研究发现，750℃回火时，由 $SmCo_5$ 析出的 Sm_2Co_{17} 相出现了具有低各向异性场的缺陷[13]，在反向磁场的作用下，反磁化畴易形核。当温度升高到 950℃时，这些缺陷区域数量减少，矫顽力逐渐恢复。

3. 2∶17 型化合物

Sm_2Co_{17} 的晶体结构为菱形 Th_2Zn_{17}（其空间群为 $R\bar{3}m$）和六方 Th_2Ni_{17}（其空间群为 $P6_3/mmc$）[14]。其中，菱形结构的 Sm_2Co_{17} 相在室温下稳定存在，而六方结构的 Sm_2Co_{17} 相在高温下稳定存在。图 2-3 为 Sm_2Co_{17} 晶体结构示意图。Sm_2Co_{17} 型晶体晶格常数见表 2-1。

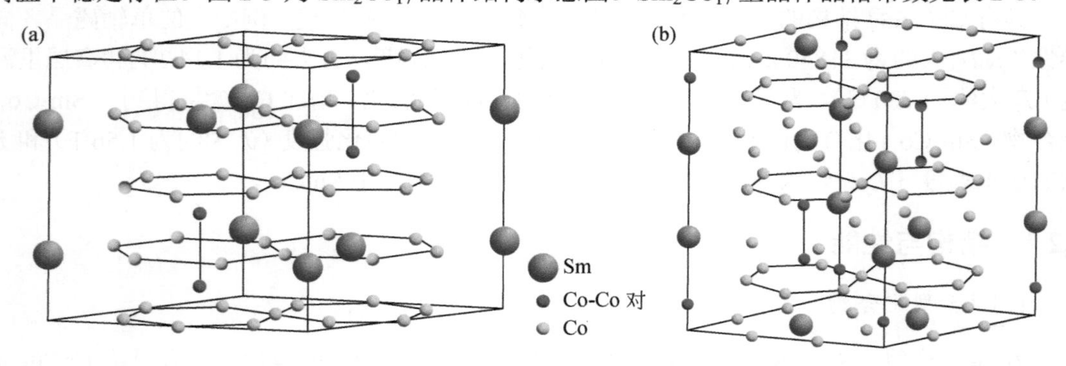

图 2-3 Sm_2Co_{17} 化合物晶体结构[15]

（a）六方晶系；（b）菱方晶系

烧结 2∶17 型钐钴永磁体最大磁能积$(BH)_{max}$ 理论值=525.4 kJ/m^3，饱和磁化强度

M_s=1.3 T，高于 1∶5 型永磁体，居里温度 T_c 高达 1100 K，远高于 1∶5 系 Sm-Co 合金和 Nd-Fe-B 系合金，但是其各向异性场 H_a 较低，仅约为 6.5 T，这主要是纯的 Sm_2Co_{17} 合金为易磁化面而非易磁化轴导致的[16]。

表 2-1　Sm_2Co_{17} 型晶体晶格常数[10]

化合物	空间群	晶格常数 a/nm	晶格常数 c/nm
Sm_2Co_{17}	$P6_3/mmc$	0.836	0.852
Sm_2Co_{17}	$R\bar{3}m$	0.838	1.223

稀土永磁 2∶17 型 Sm-Co 材料中 Co 元素所占比例高于 1∶5 型 Sm-Co 材料。Co 作为一种战略金属元素，价格昂贵，因此在提高材料永磁性能的同时如何降低 Co 的消耗一直是研究热点。通常而言，商业化 2∶17 型 Sm-Co 永磁体主要是由 Sm，Co，Fe，Cu，Zr 五种元素组成，通过调控各元素的配比以及制备工艺获得理想的磁性能。

Sm 元素化学性质活泼，在熔炼阶段易挥发，合金中 Sm 的含量将直接影响各相（1∶5 相、2∶17 相）的比例，进而影响最终的磁性能。对于 Sm(Co, Fe, Cu, Zr)$_z$(z=6.7～9.1)合金，结果表明，随着 Sm 含量的降低，合金的饱和磁化强度逐渐提高[17]。不同 Sm 含量的磁体在室温下均具有较高的 H_{cj}，Sm 含量越高，合金的矫顽力温度系数越小。因此，为了获得在高温下可靠服役的磁体，许多研究者试图通过增加 Sm 含量来降低矫顽力温度系数，但是当 Sm 含量增加到一定程度时，将会出现 Cu-Co 固溶相，从而导致合金的室温磁性能明显下降，这并不利于获得较为理想的高温磁性能[18]，如图 2-4 所示。

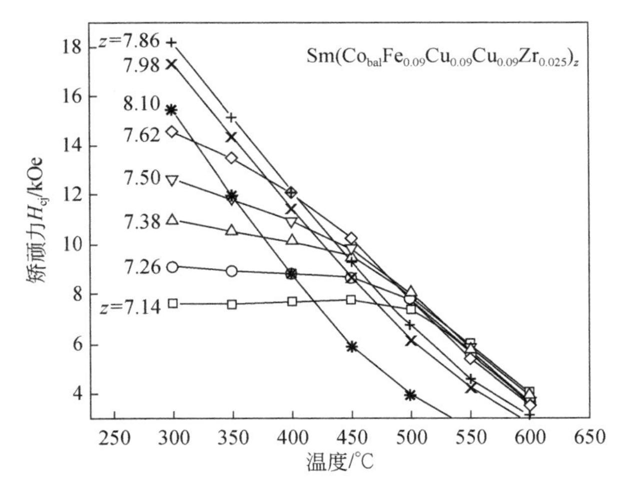

图 2-4　$Sm(Co_{bal}Fe_{0.09}Cu_{0.09}Zr_{0.025})_z$ 合金在 300～600℃范围内矫顽力变化趋势[18]

Oe 为 CGS 制单位，4πOe=1000 A/m

Fe 在 Sm(Co, Fe, Cu, Zr)$_z$ 五元合金中主要起到稳定 $Sm_2(Fe, Co)_{17}$ 相的作用。有研究表明[19]，在 Cu 的作用下，Fe 稳定了 2∶17R 相。如不添加 Fe 元素，在 800℃时效处理时，将得到 1∶5 相和 Co-Cu 固溶体。Fe 部分取代 Co 能够有效提高磁体的饱和磁化强度和剩余磁化强度。随着 Fe 含量的增加，虽然饱和磁化强度和剩余磁化强度均有所增加，但是对矫顽力的影响却比较复杂[20]。图 2-5 为 $Sm(Co_{bal}Fe_xCu_{0.08}Zr_{0.033})_{8.3}$ 合金矫顽力随温度变化的趋势。室温下，在 $Sm(Co_{bal}Fe_xCu_{0.08}Zr_{0.033})_{8.3}$ 合金中，当 x=0.1 时，合金的矫顽力达到一个最大值。随着 Fe 含量的进一步提高，矫顽力反而呈现下降的趋势。在高温性能方面，添加少量的 Fe 元素后，随着温度的升高，合金的矫顽力下降较快，主要是由于 Fe 元素的引入降低了 2∶17 相的居里温度。

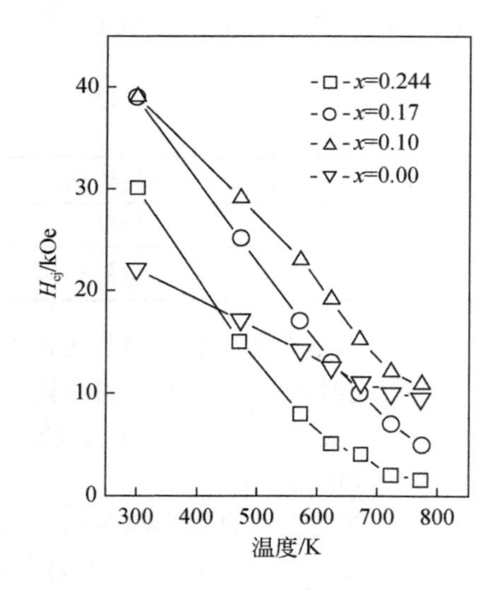

图 2-5 $Sm(Co_{bal}Fe_xCu_{0.08}Zr_{0.033})_{8.3}$ 合金矫顽力随温度变化的趋势[20]

2∶17 型 Sm(Co, Fe, Cu, Zr)$_z$ 合金中，对高温性能影响最大的是 Sm 和 Cu 的含量，Sm 化学性质活泼，易氧化，而 Fe，Cu，Zr 对合金组织与性能的影响严重依赖于 Sm 含量，Sm 含量对组织与性能的影响更依赖于热处理工艺[21]。控制好合金中 Sm 的含量是制备高温 2∶17 型 Sm-Co 合金的关键。Cu 对 2∶17 型 Sm-Co 合金矫顽力的影响同样显著，尤其是室温下的矫顽力。合金中胞状组织的形成关键取决于 Cu 的含量，Cu 元素的加入同时能够促进矫顽力机制由形核机制向钉扎机制转变。Cu 元素能够促进 1∶5 相在胞壁的析出，增强对主相畴壁的钉扎效应，从而提高室温矫顽力[22]。通过对 $Sm(Co_{bal}Fe_{0.28}Cu_yZr_{0.02})_{7.6}$($y$=0.05～0.08)合金的研究发现[23]，适量的 Cu 显著提高合金的矫顽力，但是过量的 Cu 会破坏胞状相和胞壁相的相干关系，导致胞壁相变得不清晰。另外，过量的 Cu 也会使得 Cu 在胞状相富集，导致胞壁相与胞状相之间的畴壁能差值降低，使得矫顽力和方形度下降，如图 2-6 所示。

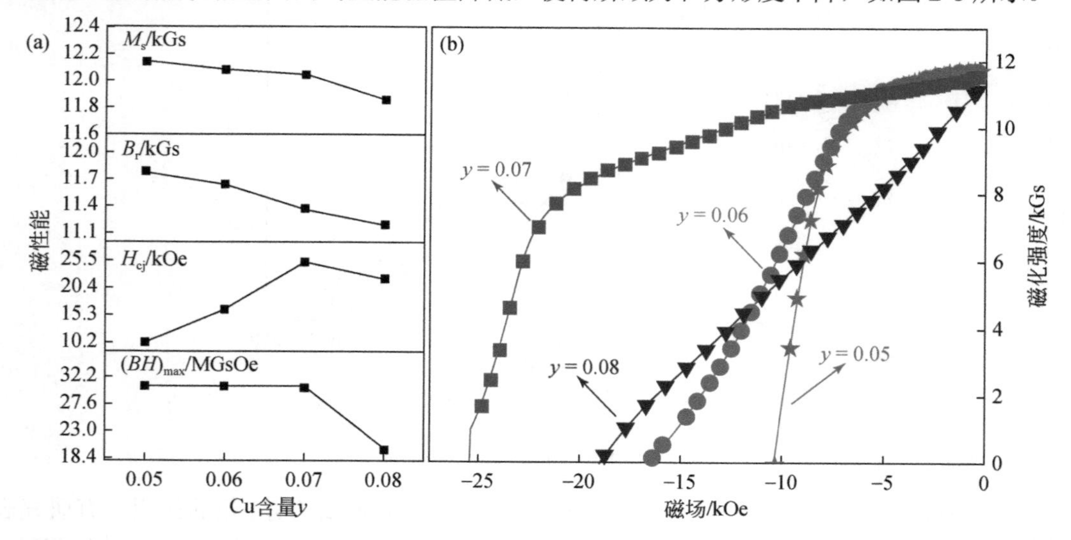

图 2-6 $Sm(Co_{bal}Fe_{0.28}Cu_yZr_{0.02})_{7.6}$($y$=0.05～0.08)合金[23]

（a）Cu 含量与磁性能的关系；（b）退磁曲线

1 Gs=10^{-4} T

Zr 元素在 Sm(CoFeCuZr)$_z$ 合金中属于微量元素，但是对于合金的组织和磁性能的影响却非常显著。为了使 Sm_2Co_{17} 型磁体成为在高温环境下可靠服役的磁体，许多研究者尝试各种方法降低矫顽力温度系数β，如通过调整过渡族元素 Fe，Cu，Co 的含量与分布来影响β值[24]。Zr 元素则显著影响这些过渡元素的再分布。据报道，在高温下 Zr 元素有利于稳定 1∶7H 相，1∶7H 单相是获得均匀的胞状结构和相应的优异磁性能的先决条件。Zr 元素的加入也有助于抑制杂相的生成，稳定胞状结构[25]。对 $Sm(Co_{bal}Fe_{0.09}Cu_{0.09}Zr_x)_{7.2}$（$x$=0.025～0.04）成分合金的研究表明[26]，室温下 Zr 含量 x=0.025 时，合金的矫顽力达到最大值，随着 Zr 含量的增加，室温矫顽力呈现单调递减的趋势；另外，矫顽力温度系数的绝对值也逐渐降低。在高温（500℃）下，矫顽力与 Zr 含量的关系呈现出与室温下相反的趋势，即随着 Zr 含量的增加，矫顽力逐渐提高。从 *B-H* 曲线也可以看出，当 x=0.030、0.035、0.040 时的 *B-H* 呈现出线性特征，这也说明 Zr 的添加有利于提高温度稳定性，如图 2-7 所示。

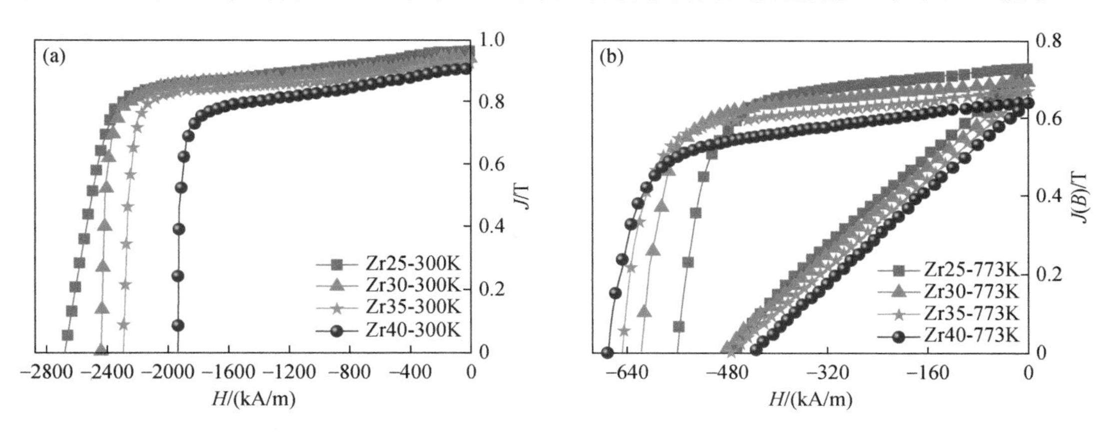

图 2-7 $Sm(Co_{bal}Fe_{0.09}Cu_{0.09}Zr_x)_{7.2}$($x$=0.025, 0.030, 0.035, 0.040)合金

（a）室温下的退磁曲线；（b）773 K 下的退磁曲线及 *B-H* 曲线[26]

4. Sm_2Co_{17} 永磁体的矫顽力机制

关于烧结 Sm_2Co_{17} 永磁体的矫顽力机制，普遍认为是沉淀相对畴壁的钉扎作用决定的，即富 Cu 的 1∶5 胞壁相通过对畴壁的钉扎作用形成高的内禀矫顽力。但是对于钉扎中心的认识却有不同的观点，部分学者认为 1∶5 胞壁相对畴壁是排斥的[27]，部分学者却认为 1∶5 胞壁相对畴壁是吸引的[28]。

除了胞壁相对畴壁的钉扎作用外，温度变化也会影响矫顽力的机制。畴壁钉扎机制和形核机制在一定的温度区间内共存[29]。当温度升高时，形核机制逐渐起到主导作用，畴壁钉扎机制逐渐弱化，温度高于 200℃时，形核机制占据主导地位，温度高于 500℃时，畴壁钉扎机制完全退出，形核机制完全控制矫顽力。这主要是由于 1∶5 相的居里温度低于 2∶17 相的居里温度，随着温度的升高，1∶5 相的磁晶各向异性常数比 2∶17 相的磁晶各向异性常数下降得快。目前，关于温度对 1∶5 相和 2∶17 相的各项磁性能参数的影响研究尚不能确定规律。

2.2.2 制备工艺

Sm-Co 永磁体的制备主要采用粉末冶金法，制备工艺包括熔炼、制粉、成型、热处理四个阶段。

1. 熔炼

熔炼之前进行原料的配制。各原料的纯度应尽可能高，同时为了减少氧化物、表面污垢以及其他杂质的引入，应对原料进行打磨处理。配料时应考虑稀土的挥发性因素，稀土 Sm 一般比计量成分过量 0.5wt%①[30]。将处理好的原料按照一定的顺序放入坩埚内。装放原料时要防止出现熔炼过程中可能出现的搭桥现象。装料结束后，抽真空并用高纯氩气洗气，在氩气氛围下高温熔炼，控制合金熔液的流速浇注到水冷铜模中，最终获得合金铸片。

2. 制粉

制粉主要包括氢破工艺制备粗粉和气流磨工艺制备细粉两个阶段。氢破碎是一种效率较高的制粉方式，其主要原理是利用合金吸氢后膨胀破裂的特性。氢原子以间隙原子的方式进入合金，使得合金的晶格膨胀，在合金内部产生内应力，当内应力超过合金中各相之间的结合力时，合金破裂，最终破碎成 50～200 μm 的粉末。

氢破制备的粗粉放入气流磨进一步研磨。气流磨主要是利用合金非常脆的特性。其基本原理是利用高速氮气流带动粗粉，使得粗粉颗粒之间猛烈相互撞击、破碎，最终得到 3～5 μm 的细粉。

3. 成型

磁场取向成型是合金获得高剩磁最重要的方法之一。磁体的剩磁和取向度之间高度关联，在其他条件相同的情况下，取向度越高，则剩磁越高。为了获得较大的取向度，合金粉末一般在 2 T 的取向磁场下压制成型。成型后需要在氮气环境下进行真空包装。为了进一步提高压坯的密度，真空包装后的压坯需要进行等静压处理，压力一般为 150～200 MPa，等静压处理后的压坯密度一般在 5.0 g/cm^3 左右。值得说明的是，由于粉末颗粒之间的静磁作用、颗粒之间的相互摩擦以及粉末易氧化特性，在取向之前，通常需要向粉末中添加一定量的粉末改性添加剂（抗氧化剂、润滑剂）。

4. 热处理

压坯的热处理工艺主要包括三个步骤：烧结、固溶和时效。

经过等静压处理后的压坯密度仅为全密度时的 60%左右，因此粉末颗粒之间的结合度较低，压坯内部的孔隙较多，烧结过程本质上是压坯的致密化过程。烧结过程包含低温脱气、预烧结和最终烧结三个阶段。在低温阶段（300～500℃），主要是排除压坯表面的水汽杂质以及压坯内部的挥发性油脂；预烧结温度一般为(0.85～0.95)T_m（T_m 为合金的熔点），在此温度预烧结将发生明显的扩散传质过程，其主要目的是增加烧结颈，减少空位；烧结

① 本书以 wt%表示质量分数，vol%表示体积分数，mol%表示摩尔分数

温度一般比预烧结温度高 10～20℃。这个过程主要发生晶界移动，并伴随着晶粒长大，合金得以迅速致密化并接近全密度。

固溶处理的目的主要是获得 1∶7 型固溶体，为后续时效阶段相的分解和元素扩散提供有利的环境。$SmCo_7$ 固溶体属于高温亚稳相，因此只能通过快冷来获得其稳定的相结构。

时效处理的目的是使得 1∶7 相分解成 2∶17 型胞内相和 1∶5 型胞壁相，从而使 Sm-Co 合金获得良好的磁性能。等温时效温度一般在 800～850℃。

2.2.3　2∶17 型永磁材料

永磁体一般不可能在恒温下工作，随着温度的变化，永磁体的磁性能也会出现波动。为了保持永磁体材料制造的仪器或者器件的工作稳定性，应尽可能降低永磁体的温度系数。与烧结钐钴 1∶5 型永磁体类似，2∶17 型烧结钐钴磁体也可以通过重稀土置换 Sm 制备出低温度系数磁体。已有研究表明[31]，在成分一定的情况下，相比于提高永磁材料室温下的矫顽力，降低矫顽力温度系数的绝对值更能有效地提高材料的工作温度，同时还发现，矫顽力的温度系数与烧结钐钴 2∶17 型永磁体的胞状组织尺寸大小关系紧密，胞状组织的尺寸越小，矫顽力温度系数越低。当 Sm，Cu 含量增加时，胞壁相（1∶5 相）增多，更有利于形成尺寸细小的胞状组织，进而降低矫顽力的温度系数。

随着航天和军工事业的发展，具有超高工作温度、低温度系数的稀土永磁体需求越来越多，开发此类稀土永磁体的关键是通过优化成分和热处理工艺，构建最佳结构的胞状组织。对于成分为 $Sm(Co_{bal}Fe_{0.1}Cu_{0.128}Zr_{0.033})_7$ 的磁体[17]，在室温下矫顽力高达 3200 kA/m，矫顽力的温度系数达到了−0.03%/℃，即使在 500℃的高温下，矫顽力依然有 864 kA/m。对于成分为 $Sm(Co_{bal}Fe_{0.09}Cu_{0.09}Zr_{0.025})_{7.14}$ 和 $Sm(Co_{bal}Fe_{0.09}Cu_{0.09}Zr_{0.027})_{7.26}$ 的磁体，已实现了高温区矫顽力温度系数大于零[20]。从这两种磁体的成分中也可以看出，超高使用温度的 2∶17 型钐钴永磁体的发展方向为低 Fe 高 Sm 和高 Cu。在高使用温度 Sm-Co 磁体的基础上，利用稀土 Gd 进行温度补偿，美国 EEC 公司开发出了最高使用温度达到 400℃的低温度系数永磁体，其成分为 $(Sm_{1-x}Gd_x)(Co_{0.71}Fe_{0.18}Cu_{0.08}Zr_{0.027})_7(0\leqslant x\leqslant 0.55)$。随着 Gd 含量的增加，永磁体的剩磁和最大磁能积逐渐下降，剩磁可逆温度系数也从−0.03%/℃接近 0，当 x=0.55 时，剩磁可逆温度系数转变为正值，达到 0.002%/℃[32]。

2.2.4　1∶7 型永磁材料

虽然 1∶5 和 2∶17 型 SmCo 合金已经在市场得到了广泛的应用，但是依然不能满足在高温下服役的要求，例如 1∶5 型 SmCo 永磁体的磁能积较低，2∶17 型的 SmCo 合金虽然磁能积较高，但是矫顽力较低。为了充分发挥 SmCo 合金的优势，具有 $TbCu_7$ 型结构的 1∶7 型 SmCo 合金进入了人们的视野。

1. 磁性能及制备方法

$SmCo_7$ 为 $TbCu_7$ 型结构，其空间群与 $CaCu_5$ 型相同，均为 *P6/mmm*，晶格常数 a=0.4856 nm，c=0.4081 nm。$SmCo_7$ 合金在室温下的各向异性场 H_a 可达 7200～9600 kA/m，饱和磁化强度 M_s 约为 110 emu/g，居里温度约为 780℃，内禀矫顽力温度系数 β 为−0.11 %/℃。

另外，相比于 $SmCo_5$ 和 Sm_2Co_{17} 合金复杂的热处理工艺，$SmCo_7$ 合金的永磁体制备工艺较为简单，有利于低成本工业化生产。

$SmCo_7$ 相是一种亚稳相，其结构并不稳定，在 700℃附近就会分解为 $SmCo_5$ 相和 Sm_2Co_{17} 相，因此块状致密的烧结 $SmCo_7$ 永磁体并不能用常规的烧结工艺制备。采用电弧熔炼是制备 $SmCo_7$ 永磁体最常用的技术，但是制备的晶粒较为粗大，因此矫顽力较低，并不能体现出 $SmCo_7$ 相高各向异性场的优势。利用熔体快淬法或高能球磨法可以获得纳米晶合金，纳米晶晶粒细小具有较高的矫顽力，通过将纳米晶合金粉末致密化，可以制备出具有高磁性能的块状永磁体。

放电等离子烧结技术具有加热速度快、烧结时间短、加热均匀的特点，烧结过程中能够抑制晶粒长大，可以制备出均质、致密的块状磁体，这一烧结技术已经在块状 $SmCo_7$ 永磁合金的制备上获得了成功的应用。

2. 成分优化

1）元素部分取代 Co

已有报道表明，通过第三元素部分取代 Co 元素，可以改变 Co 在 $SmCo_7$ 相电子结构中的晶格环境，降低系统自由能，稳定 $SmCo_7$ 相[33]。针对 Sm-Co-Nb 合金体系的研究表明[34]，Nb 与 Co 之间的熔解焓为负值，并且两者之间的电负性相差较大，说明 Nb 与 Co 更容易结合，Nb 在晶体结构中占据 2e 晶位。除了 Nb 以外，Zr，Hf，Ta，Mo，Cr，Ti，V 等部分替代 Co 后，同样占据 2e 晶位[35]，Ge，Ga，Cu，Ag，Al，Si 等则占据 3g 晶位。根据电负性判断晶位，提供了一个简单的判定方法[36]，当替代元素的电负性小于 Co 原子电负性时倾向于占据 2e 晶位；反之则占据 3g 晶位[37,38]。处于 2c 晶位的 Co-Co 原子之间的作用贡献了各向异性场，因此当替代元素位于 2e 或 3g 晶位时有助于提高 1∶7 型 Sm-Co 化合物的各向异性场，位于 2c 晶位时则降低各向异性场[35]。

部分元素对 Co 的取代将显著影响 $SmCo_7$ 合金的内禀磁性能。通常部分 Co 被取代后会降低 $SmCo_7$ 合金的居里温度。$SmCo_{7-x}Zr_x(x=0\sim0.8)$系列合金的研究结果表明[39]，随着 Zr 元素含量的增加，$SmCo_7$ 合金的居里温度逐渐降低。Ga[40]，Ti[41] 的添加也呈现出相同的趋势，但是 Cu 元素的影响却不完全相同。在 $SmCo_{7-x}Cu_x(x=0\sim0.7)$系列合金中发现[42]，随着 Cu 含量的增加，合金的居里温度先增大后减小，当 $x=0.2$ 时达到最大值。

Co 元素被部分取代后，室温下的饱和磁化强度 M_S 也会降低。在 $SmCo_{7-x}Zr_x(x=0\sim0.8)$ 合金中，随着 Zr 含量的增加，合金的饱和磁化强度呈线性下降趋势[39]。基于熔体快淬工艺制备的 $SmCo_{7-x}Nb_x$ 薄带中也发现了相同的规律[43]。

Co 元素被部分取代后虽然降低了居里温度和饱和磁化强度，但是却可以提高各向异性场，例如，在 $SmCo_{7-x}Zr_x(x=0\sim0.8)$合金中，当 $x=0.25$ 时，室温下的各向异性场增加了 5600 kA/m，矫顽力提升十分显著[39]。表 2-2 汇总了不同替代元素的添加量对应的磁性能[35]。

2）元素部分取代 Sm

对于高温永磁材料而言，温度系数是一项重要的性能指标。轻稀土元素与 Fe，Co 等过渡族之间为铁磁性耦合，重稀土则为反铁磁性耦合，基于此可以通过重稀土部分替代 Sm 元素来改善合金的温度系数[44]。已有报道，通过 Lu 元素部分取代 Sm 元素[45]，利用球磨

工艺制备了成分为 $Sm_{1-x}Lu_xCo_{6.8}Zr_{0.2}$ 的合金，结果表明，合金的磁能积大幅度提高，但是没有对热稳定性深入研究。重稀土 Er 完全取代 Sm 的研究结果表明[46]，成分为 $ErCo_{7-x}Zr_x$(x=0～0.8)的合金，当 x≥0.1 时即可形成 1∶7 相，但是当热处理温度高于 750℃时，则会发生分解。

表 2-2 $SmCo_{7-x}M_x$ 合金的居里温度、各向异性场和饱和磁化强度[35]

替代元素 M	x	T_c/℃	各向异性场 H_a/kOe	饱和磁化强度 M_s/(emu/g)
Zr	0.2	762	215	103
Ti	0.21	756	156	96
Cu	2.0	810	—	—
Si	0.9	445	15	71
Hf	0.2	802	282	102

利用 Gd 元素取代部分 Sm 元素制备 $Sm_{1-x}Gd_xCo_{6.4}Si_{0.3}Zr_{0.3}$(0≤$x$≤0.4)合金[47]，研究结果表明，Gd 的加入没有影响合金的晶体结构，依然保持了 $TbCu_7$ 构型，形成了单相的 1∶7 相合金，如图 2-8(a)所示。随着 Gd 取代量的增加，合金的矫顽力呈现先增加后下降的特点，矫顽力峰值出现在 x=0.3 时。剩磁随着 Gd 的增加逐渐下降，主要是 Gd 与 Co 之间的反铁磁性耦合性质所致，如图 2-8(b)所示。Gd 的引入对合金的温度系数也有显著影响。随着 Gd 含量的增加，剩磁温度系数α的绝对值逐渐减小，当 x 大于 0.2 后，剩磁温度系数逐渐稳定，矫顽力温度系数β的绝对值迅速变大，这说明过量的 Gd 将导致矫顽力的稳定性变差，如图 2-8(c)所示。

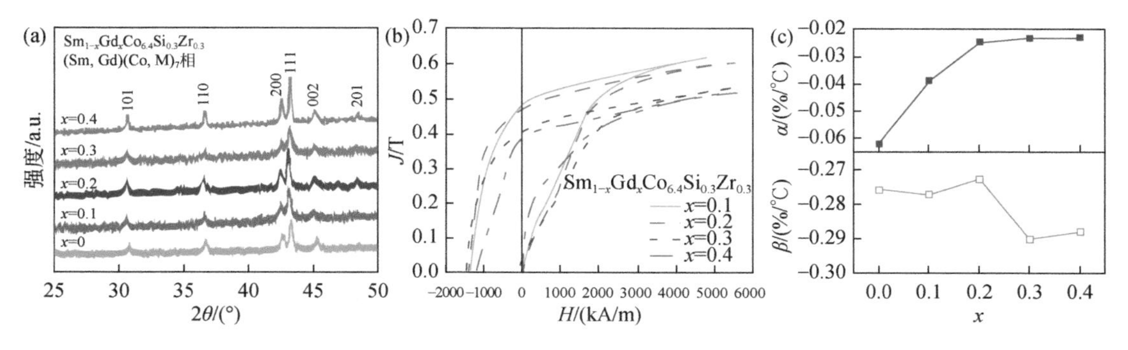

图 2-8 $Sm_{1-x}Gd_xCo_{6.4}Si_{0.3}Zr_{0.3}$($x$=0, 0.1, 0.2, 0.3, 0.4)合金的 XRD 图谱(a)、室温下起始磁化及退磁曲线(b)以及剩磁温度系数α和矫顽力温度系数β(c)（27～200℃）[47]

其他稀土元素对 Sm 的部分取代对 1∶7 型 SmCo 合金的磁性能影响如图 2-9 所示[47]。从图中可以看出，Ho 和 Gd 两种元素对矫顽力的提升最为显著，轻稀土元素 Ce 对矫顽力的影响虽然不利，但是能显著提高饱和磁化强度进而促进磁能积的提高，这与 Ce-Co 之间的铁磁性耦合性质有关。

烧结钐钴稀土永磁材料具有高的温度稳定性，广泛应用于航空航天、军工装备、高铁等领域，在高温环境下应用具有其他永磁材料不可替代的优势。但是钐钴永磁材料与烧结钕铁硼永磁材料相比磁性能较低，且含有大量的战略金属 Co，使得应用范围受到一定限制。为了进一步满足航空航天、军工、高铁等领域对钐钴磁体的要求，研究开发与生产高性能、高使用温度的钐钴磁体是重要的发展方向。

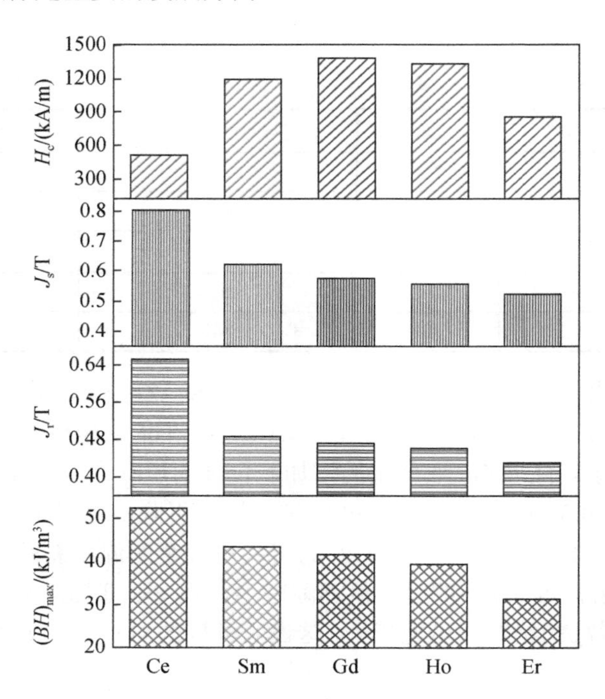

图 2-9 $Sm_{0.8}RE_{0.2}Co_{6.4}Si_{0.3}Zr_{0.3}$(RE=Ce, Sm, Gd, Ho, Er)合金室温下的磁性能[47]

2.3 钕铁硼永磁材料

钕铁硼永磁材料是 1983 年由 Sagawa 等[48]和 Croat 等[49]分别用粉末冶金方法和熔体快淬方法制备的新型铁基永磁材料，因其原料来源丰富、价格相对低廉、磁性能高的优点，已被广泛地应用于电子、电力、机械、医疗器械等领域，是现代高新技术产品中重要的新材料。钕铁硼永磁材料按制备工艺方法分类，可分为烧结钕铁硼、粘结钕铁硼和热压钕铁硼永磁材料。

2.3.1 结构与性能

钕铁硼稀土永磁材料之所以具有优异的磁性能，最主要的原因在于它是基于 $Nd_2Fe_{14}B$ 化合物的永磁材料。$Nd_2Fe_{14}B$ 化合物具有高的饱和磁化强度、高的各向异性场和较高的居里温度。关于该化合物，研究人员分别用中子衍射[50]以及 X 射线衍射方法[51]进行了细致研究，确定了 $Nd_2Fe_{14}B$ 的晶体结构和基本磁特性。$Nd_2Fe_{14}B$ 的晶体结构为四方结构，点阵常数为 a=0.882 nm，c=1.219 nm，空群为 *P42/mnm*。$Nd_2Fe_{14}B$ 化合物的晶体结构如图 2-10 所示，每一个晶胞中含有 4 个 $Nd_2Fe_{14}B$ 分子，每个晶胞中含 56 个铁（Fe）原子、8

个钕（Nd）原子和 4 个硼（B）原子，4f 和 4g 晶位由 Nd 原子占据，16k1、16k2、8j1、8j2、4e 和 4c 晶位由过渡金属 Fe 原子占据，B 原子占据一个 4g 晶位。

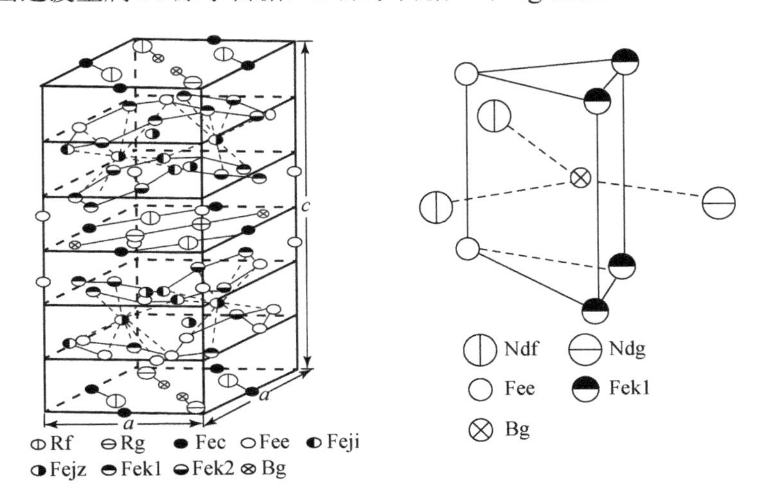

图 2-10　$Nd_2Fe_{14}B$ 化合物晶体结构和 B 原子位置[50]

在 $Nd_2Fe_{14}B$ 晶胞结构中，z=0 和 z=0.5 平面的上、下三个近邻的 Fe(4e)和 Fe(16k1)原子组成了三角棱柱体，三角棱柱体的中心为 B 原子。

$Nd_2Fe_{14}B$ 具有高的饱和磁化强度，主要由 Fe 原子磁矩贡献。此外，Nd 原子磁矩与 Fe 原子磁矩方向相同，属于铁磁性耦合，对饱和磁化强度也有一定的贡献。在 $Nd_2Fe_{14}B$ 化合物中，Nd 原子磁矩在平行于 c 轴方向的投影为 2.30μ_B，不同晶位的 Fe 原子磁矩大小不同，其中，Fe 原子磁矩最大的为 2.80μ_B，最小的为 1.95μ_B，平均为 2.10μ_B[52]。

$Nd_2Fe_{14}B$ 化合物在室温下为单轴磁晶各向异性，c 轴为易磁化轴，具有高的各向异性场。Nd 的亚点阵和 Fe 的亚点阵对各向异性起着重要作用。垂直于 c 轴平面的 4g 晶位的 Nd 原子和 Fe 原子上、下不对称分布是其各向异性主要来源。k1 晶位所在的平面上方，最近邻的 Fe 原子有六个，下方最近邻的 Fe 原子有一个，有两个 Fe 原子在平面上，这些 Fe 原子组成的不对称结构是 $Nd_2Fe_{14}B$ 具有很强单轴磁晶各向异性的主要原因[53]。

在 $Nd_2Fe_{14}B$ 化合物的晶体结构中，存在着 Nd-Nd，Nd-Fe，Fe-Fe 三种磁性原子之间的交换作用。由于 Nd 原子磁矩来源于 4f 电子，但 4f 电子壳层半径比原子间距小一个数量级，因此，Nd-Nd 原子相互作用很弱，几乎可以忽略不计。Fe-Fe 原子之间的相互作用是主要的且最强，Nd-Fe 相互作用次之。$Nd_2Fe_{14}B$ 的居里温度 T_c 主要是由不同晶位上的 Fe-Fe 原子和 Nd-Fe 原子对的交换作用决定。不同晶位上 Fe 原子之间的间距不同，导致交换作用的大小不同，Fe 原子间距离大，交换作用为正，而有些 Fe 原子间距离小，交换作用为负，正负交互作用的结果使 $Nd_2Fe_{14}B$ 化合物具有相对较高的居里温度[54]。

$Nd_2Fe_{14}B$ 化合物的基本磁特性为：室温下的饱和磁极化强度 J_s=1.60 T，室温下的各向异性场为 H_a=5333.2 kA/m，居里温度 T_c=586 K。$Nd_2Fe_{14}B$ 的基本磁畴结构特性为：单畴粒子临界尺寸 D_c=0.26 μm，畴壁厚度 δ=5.2 nm，畴壁能密度 y=30 MJ/m^2。

与 Nd 元素相同，其他的稀土元素与 Fe 和 B 都可以形成与 $Nd_2Fe_{14}B$ 化合物晶体结构

相同的 $R_2Fe_{14}B$ 化合物[55]。关于 $R_2Fe_{14}B$ 化合物的基本磁特性，有几位研究人员进行了测试研究[56,57]，其结果相近，$R_2Fe_{14}B$ 化合物的晶格常数、密度及磁特性如表 2-3 所示。

$R_2Fe_{14}B$ 化合物的饱和磁化强度取决于分子磁矩。在 $R_2Fe_{14}B$ 的化合物中，其分子磁矩 $M_{分子}$是由稀土 R 原子和 Fe 原子共同作用的结果，因为轻稀土原子磁矩与 Fe 原子磁矩是铁磁性耦合的，所以 Y 和轻稀土原子的分子磁矩可表示为：$M_{分子}=14\mu_J^{Fe}+2\mu_J^{R}$（R=La，Ce，Pr，Nd，Sm），重稀土原子磁矩与 Fe 原子磁矩是亚铁磁性耦合，重稀土原子的分子磁矩为：$M_{分子}=14\mu_J^{Fe}-2\mu_J^{R}$（R=Eu，Gd，Tb，Dy，Ho，Er，Tm）。4s 电子极化以及不同稀土原子对各晶位上 Fe 原子的作用不同，使得不同晶位上的 Fe 原子磁矩也各不相同。从表 2-3 看到，$Nd_2Fe_{14}B$ 的饱和磁化强度室温值为 1.60 T，在所有 $R_2Fe_{14}B$ 化合物中，$Nd_2Fe_{14}B$ 的饱和磁化强度是最高的。

表 2-3　$R_2Fe_{14}B$（R 代表稀土元素）化合物的基本特性[56,57]

R	晶格常数		D_x/(kg/m^3)	$4\pi M_s$/T	T_c/K	H_a/kOe
	a/nm	c/nm		300 K		300 K
Y	0.876	1.200	7.00	1.42	571	20
La	0.882	1.234	7.40	1.27	149	20
Ce	0.875	1.210	7.69	1.17	422	30
Pr	0.881	1.227	7.49	1.56	569	87
Nd	0.881	1.221	7.58	1.60	586	67
Sm	0.882	1.194	7.82	1.52	620	—
Gd	0.874	1.194	8.06	0.893	659	25
Tb	0.877	1.205	7.96	0.703	620	220
Dy	0.876	1.199	8.07	0.712	598	150
Ho	0.875	1.199	8.12	0.807	573	75
Er	0.875	1.199	8.16	0.899	551	—
Tm	0.874	1.194	8.23	1.15	549	—
Yb	0.871	1.192	8.36	1.20	523	—
Lu	0.870	1.185	8.47	1.18	535	26
Th	0.880	1.217	8.86	1.41	481	26

其他稀土元素的 $R_2Fe_{14}B$ 的各向异性与 $Nd_2Fe_{14}B$ 化合物相同，也是由稀土 R 亚点阵和 Fe 亚点阵共同产生的，分别由稀土 R 的 4f 和 Fe 的 3d 电子轨道磁矩与晶格电场相互作用引起。由于 R 原子的作用，Fe 亚点阵的各向异性比纯 Fe 的各向异性大得多，主要是在 c 轴方向上，Fe 原子不对称、不均匀分布引起的。R 原子对各向异性的贡献，可以用晶体场理论的单离子模型解释。

从表 2-3 中可以看到，Sm，Er，Tm 的 $R_2Fe_{14}B$ 化合物为易面，不具有单轴各向异性。而 $Nd_2Fe_{14}B$、$Pr_2Fe_{14}B$ 化合物不仅具有较高的各向异性场，而且有高的饱和磁化强度和相对高的居里温度，具有优异的永磁特性。Dy，Tb 属于重稀土元素，其形成的 $Dy_2Fe_{14}B$、$Tb_2Fe_{14}B$ 化合物饱和磁化强度较低，但具有极高的各向异性场，因此，在钕铁硼稀土永磁材料中添加 Tb，Dy 是提高内禀矫顽力最有效的方法。

$Nd_2Fe_{14}B$ 化合物的各向异性常数 K_1、K_2 随温度会发生变化，图 2-11 显示的是各向异性常数与温度的依赖关系。不同稀土原子的 $R_2Fe_{14}B$ 化合物 4f 和 3d 电子轨道磁矩与晶格电场相互作用不同，使其各向异性常数有很大不同。对于 $Nd_2Fe_{14}B$ 化合物，在室温时其 K_1、K_2 分别为 5.0 MJ/m^3 和 0.66 MJ/m^3，当温度从室温降低时，各向异性常数 K_1 逐渐降低，当温度降低到约 130 K 时，K_1 已经由正值变为负值。大约在 135 K，$Nd_2Fe_{14}B$ 化合物的易磁化由单轴各向异性转变为易面各向异性，这种随温度变化使化合物的易磁化方向发生变化的现象称为自旋再取向，发生自旋再取向的温度称为自旋重取向温度，通常用 T_S 表示。引起自旋再取向的原因主要在于 3d 和 4f 两个亚点阵各向异性随温度变化相互作用，因此不同稀土元素的 $R_2Fe_{14}B$ 化合物的 T_S 不同。

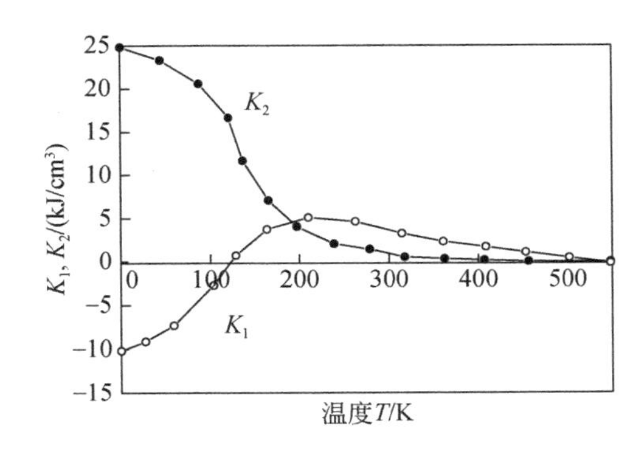

图 2-11　$Nd_2Fe_{14}B$ 的各向异性常数 K_1、K_2 随温度变化[57]

同 $Nd_2Fe_{14}B$ 化合物一样，其他稀土的 $R_2Fe_{14}B$ 化合物中存在三种磁性原子之间的交换作用：R-R、R-Fe 和 Fe-Fe 原子间的交换作用。其中，Fe-Fe 最强，R-Fe 相对较弱，而 R-R 的交换作用最弱。如果用 α_{FeFe} 表示 Fe-Fe 原子间的交换作用能，α_{RFe} 和 α_{FeR} 分别表示 R-Fe 和 Fe-R 原子间的交换作用能，则 $R_2Fe_{14}B$ 的居里温度 T_c 与三种交换能的关系可由式（2-1）表示：

$$3KT_c=\alpha_{FeFe}+(\alpha_{FeFe}{}^2+4\alpha_{RFe}\alpha_{FeR})^{½} \tag{2-1}$$

不同稀土的 R 原子与 Fe 原子作用不同，决定了 $R_2Fe_{14}B$ 化合物的不同居里温度。由表 2-3 可以看到，$Pr_2Fe_{14}B$ 的 T_c 为 569 K，比 $Nd_2Fe_{14}B$ 的 586 K 略高，Dy 和 Tb 的 $R_2Fe_{14}B$ 的 T_c 分别为 598 K 和 620 K，Dy 和 Tb 部分替代对化合物的居里温度有利。

Co 替代部分 Fe 可明显提高 $R_2Fe_{14}B$ 化合物的居里温度，Co 全部替代 Fe 形成的 $Nd_2Co_{14}B$ 化合物居里温度可高达 985 K。因此，在钕铁硼合金中添加少量的 Co 已成为提高烧结钕铁硼磁体居里温度的主要手段，可显著降低钕铁硼磁体的剩磁温度系数。

$Nd_2Fe_{14}B$ 化合物的饱和磁化强度为 1.61 T，其理论最大磁能积为 512 kJ/m^3。虽然 $Nd_2Fe_{14}B$ 化合物具有优异的磁性能，但只有 Nd 和 B 的成分高于 $Nd_2Fe_{14}B$ 化合物计量比的 Nd 和 B 成分才表现出优异的永磁特性。因此，烧结钕铁硼磁体的磁性能与成分、制作工艺和显微组织有很大的关系。通常情况下，钕铁硼磁体中除了含有 $Nd_2Fe_{14}B$ 化合物主相外，还有富钕相、富 B 相和 Nd_2O_3 相等其他杂质相[58,59]。

$Nd_2Fe_{14}B$ 化合物是铁磁性主相，是钕铁硼磁体磁性的主要来源，在显微组织观察中呈现多边形。透射电镜对 $Nd_{15}Fe_{77}B_8$ 磁体的显微组织观察表明，$Nd_2Fe_{14}B$ 晶粒的大部分晶体结构比较完整[60]，仅很少的 $Nd_2Fe_{14}B$ 晶粒内部存在细小的α-Fe 或 Nd_2O_3 或富 Nd 相的颗粒。随着烧结钕铁硼磁体工艺技术改进和提高，通常烧结钕铁硼磁体的主相晶粒内部几乎都是完整的，已经看不到α-Fe 相的存在。

富钕相主要由 Nd，Fe 元素组成。通常情况下，磁体中的氧主要以 Nd 的氧化物和原子形态存在该相中。富钕相主要存在于 $Nd_2Fe_{14}B$ 晶粒交界处和晶粒周围，沿晶界包围 $Nd_2Fe_{14}B$ 晶粒，但也少数以颗粒状形式存在。薄层状的富 Nd 相隔离了 $Nd_2Fe_{14}B$ 主相，阻断了主相间的磁耦合，提高了烧结钕铁硼磁体的内禀矫顽力。此外，富 Nd 相在烧结过程为液相，对于抑制主相晶粒长大、提高磁体的致密度和减少磁体的空洞具有重要作用。

富 B 相是 Nd，Fe 和 B 的化合物，富 B 相的分子式被证实为 $Nd_{1.1}Fe_4B_4$[61]，空间群为 *Pccn*，晶体结构为四方结构，晶格常数为 a=0.711 nm，c=0.352～0.389 nm，密度值约为 7.18 g/cm^3。$Nd_{1.1}Fe_4B_4$ 化合物的居里温度 T_c=10～16 K，在室温下是非铁磁性的，是顺磁性的。在 B 含量高的磁体中，可观察到富 B 相是颗粒状形态存在于 $Nd_2Fe_{14}B$ 主相晶粒交界处。在个别的主相晶粒偶尔能观察到有细小颗粒状的富 B 相沉淀存在，但与基体是非共格关系。在烧结 Nd-Fe-B 磁体中，富 B 相对磁体起稀释作用，减小了单位体积的磁性相体积分数，对永磁性能无益，应尽量减少富 B 相的数量。对于高性能的烧结钕铁硼磁体，通常 B 的含量低于 0.9wt%，磁体中几乎观测不到富 B 相。

其他可能的相主要是原料及在制作过程带进去杂质元素形成的 Nd 氧化物、氯化物等杂质相，对磁体的磁性能有害，应尽量避免。

2.3.2 烧结钕铁硼

烧结钕铁硼永磁材料是采用粉末冶金烧结工艺制备的永磁材料，1983 年，日本 Sagawa 报道了成分为 $Nd_{15}Fe_{77}B_8$ 合金，烧结钕铁硼磁体性能为：B_r=1.2 T，H_{cj}=968 kA/m，$(BH)_{max}$=290.47 kJ/m^3。2006 年，实验室研究的烧结钕铁硼磁体最大磁能积已经达到 474.81 kJ/m^3（59.6 MGsOe）[62]，是理论最大磁能积 509.44 kJ/m^3 的 93.2%。随着装备和工艺的进步，烧结钕铁硼磁体的磁性能有了很大的提高，为了改善烧结钕铁硼磁体的性能，在单一合金法制备烧结钕铁硼磁体的技术上发展了双合金法磁体的制备工艺。

1. 单合金制备技术

传统的粉末冶金烧结法制备钕铁硼永磁材料是单合金法，具体工艺过程是：冶炼、铸锭、粗破碎、制粉至 3～5 μm、在磁场中取向、压型、烧结、热处理、机加工与性能检测。值得注意的问题是，粉末颗粒尺寸要均匀，取向场应大于 1600 kA/m。为了提高压坯的致密度，通常需要等静压，烧结温度一般是 1080～1130℃，烧结时间 1～3 小时。为了改善磁性能，采用后烧处理，对烧结钕铁硼磁体经过切割和模加工、镀层获得最终成品。为了提高磁体的磁性能和工艺稳定性，合金冶炼、粉末制备已采用先进的方法，形成现代的生产制备工艺。与传统制备工艺相比，当今采用的制备工艺变化最大之处在于合金冶炼采用了速凝薄带冶炼（strip casting，SC）工艺和氢爆破碎工艺。目前烧结钕铁硼产品主要制备工艺流程如图 2-12 所示。

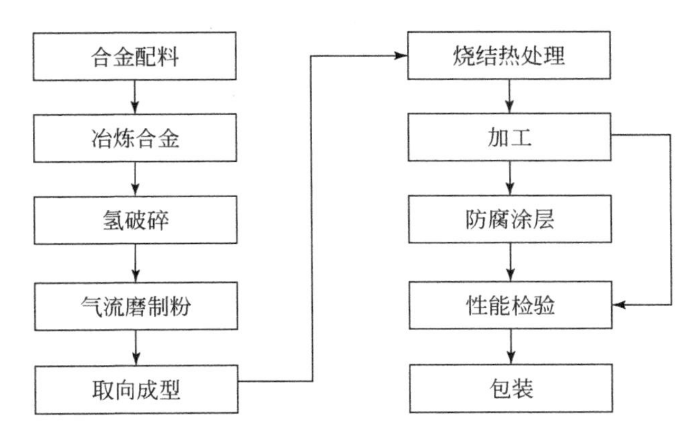

图 2-12 烧结钕铁硼磁体工艺流程图

速凝薄片冶炼工艺装备示意图如图 2-13 所示。将熔化好的钕铁硼合金熔液浇铸到中间包，熔液流到旋转的水冷 Cu 辊表面，随着铜辊的转动而快速凝固成合金薄片。调节水冷 Cu 辊转速可控制速凝薄片的厚度，薄片厚度一般控制在 0.2～0.4 mm。由于合金薄片凝固速度很快，即使合金成分很接近 $Nd_2Fe_{14}B$ 的化学计量比，合金薄片中的α-Fe 几乎能被有效抑制。更为重要的是这种冶炼方法可获得内部晶粒尺寸为 3～5 μm 的薄片组织，薄片中的 $Nd_2Fe_{14}B$ 相和富 Nd 相细小且分布均匀[63]。

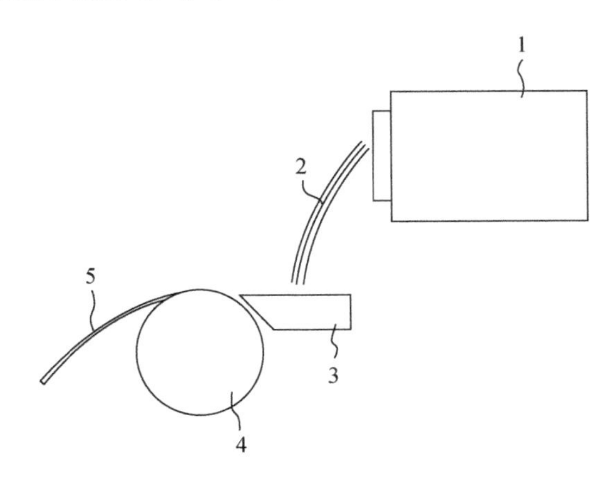

图 2-13 速凝薄片冶炼装备示意图

1-坩埚；2-熔体；3-中间包；4-辊轮；5-合金铸片

图 2-14 为 $Nd_{30.5}Fe_{68.5}B_{1.0}$ 合金速凝铸片与经过 1050℃×4 h 均匀化处理的合金铸锭显微组织比较，可以看到，传统水冷合金铸锭即使经过长时间的均匀化处理，合金中仍然存在α-Fe 相，富钕相较粗大。α-Fe 的存在对于 $Nd_2Fe_{14}B$ 相的体积分数和磁体的内禀矫顽力都有不利的影响。对于合金速凝铸片，可以看到其结晶均匀细小、富稀土相弥散分布，且不存在α-Fe 相，为获得高性能磁体提供了良好前提条件。

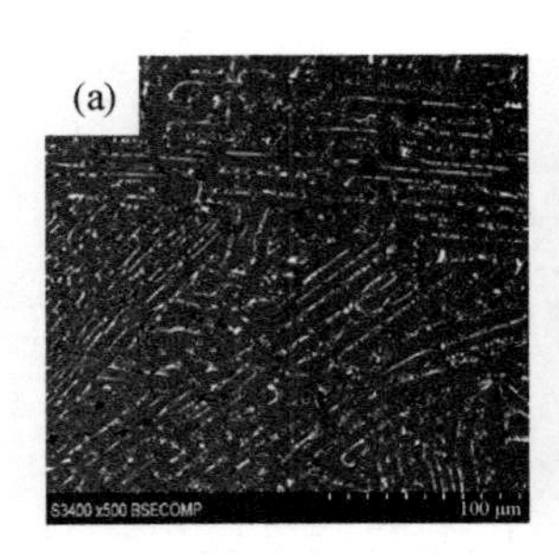

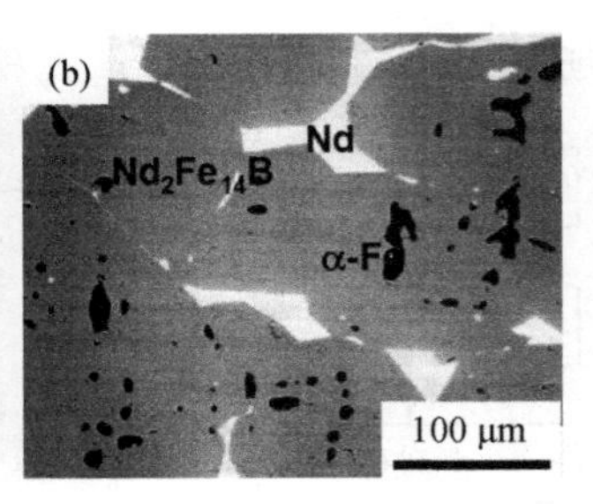

图 2-14　钕铁硼速凝薄片合金扫描电镜背散射照片[63]

（a）$Nd_{30.5}Fe_{68.5}B_{1.0}$ 合金速凝薄片；（b）$Nd_{30.5}Fe_{68.5}B_{1.0}$ 铸锭

氢破处理（hydrogen decrepitation process）是利用钕铁硼合金在一定条件下具有吸氢和放氢的特性，使钕铁硼合金产生裂纹和粉化的破碎处理工艺。Nd-Fe-B 合金中，$Nd_2Fe_{14}B$ 化合物主相、富钕相和 $Nd_{1+\varepsilon}Fe_4B_4$ 富硼相吸氢和放氢的特性不同。在室温、氢处理压力约为 1 bar①的条件下，钕铁硼合金的富钕相首先吸氢形成 $NdH_{\sim 3}$ 化合物，同时伴随有热量放出。当放出热量和来自外界加热使温度达到约 433K 时[64]，大约 1 bar 的氢气压下可激发 $Nd_2Fe_{14}B$ 相吸氢[65]。合金主相 $Nd_2Fe_{14}B$ 与氢发生反应形成 $Nd_2Fe_{14}BH_{\sim 3}$ 化合物，同时也会放出热量ΔH，钕铁硼合金或薄片吸氢反应式如下[66]：

在晶界处

$$Nd+3/2H_2 \longrightarrow NdH_3+\Delta H$$

在主相处

$$Nd_2Fe_{14}B+1.8H_2 \longrightarrow Nd_2Fe_{14}BH_{3.6}+\Delta H$$

钕铁硼合金呈脆性，伸长率几乎为零，断裂强度很低。在富稀土相和 $Nd_2Fe_{14}B$ 主相与氢的反应过程中，吸氢形成的氢化物引起合金体积膨胀并产生应力而产生裂纹，最终使合金碎裂并形成合金颗粒[67]。富稀土相吸氢引起的断裂通常为沿晶断裂，$Nd_2Fe_{14}B$ 主相吸氢引起的断裂通常为穿晶断裂[68]。

当富稀土相和 $Nd_2Fe_{14}B$ 化合物主相吸氢达到饱和后，进行脱氢处理是十分必要的。脱氢反应过程和吸氢反应相反，氢原子需要在一定温度下才能脱出。随着温度的升高，大约 150℃，氢原子首先从主相 $Nd_2Fe_{14}B$ 相中开始脱出[69]。在大约 350℃较高温度下，从富钕相中放出。对钕铁硼吸氢合金粉末的质谱研究结果表明[70]，氢化钕铁硼合金颗粒在真空条件下加热脱氢，可分为三个阶段：

主相脱氢（150～300℃）

$$Nd_2Fe_{14}BH_{\sim 2.9} \longrightarrow Nd_2Fe_{14}B+1.45H_2$$

富钕相部分脱氢（350～650℃）

$$NdH_{2.7} \longrightarrow NdH_{1.9}+0.4H_2$$

富钕相完全脱氢（650～800℃）

$$NdH_{1.9} \longrightarrow Nd+0.95H_2$$

脱氢的第一阶段，大约在 150～300℃温度范围时，首先大量的氢从主相 $Nd_2Fe_{14}B$ 相中脱离出来[71]；脱氢的第二阶段，大约在 350～650℃温度范围时，一部分氢原子从富 Nd 相

① 1 bar=100 kPa

中脱出来；脱氢的第三阶段，在 650～800℃温度范围时，富 Nd 相的氢原子基本完全脱出，这一过程通常是在磁体的真空烧结时完成。

氢破碎处理使合金破碎沿晶断裂和穿晶断裂，减少了合金的多晶颗粒，使后续的制粉效率成倍提高，改善了粉末特性，有利于粉末取向。

速凝薄片冶炼、氢破处理与流化床气流磨工艺的配合使用，可使烧结磁体的晶粒细小，提高了磁体磁性能及其均匀性，提高了高性能磁体的工艺稳定性，使烧结钕铁硼永磁材料的工艺技术水平上了一个新台阶。

2. 双合金制备技术

双合金工艺法实际上是对磁体成分和组织改善的一种粉末冶金工艺方法，该方法可通过控制磁体的晶间组织提高磁体的磁性能或改善磁体的力学特性及抗腐蚀特性。双合金法起初是采用非常接近 $Nd_2Fe_{14}B$ 成分的主相合金与富稀土的辅助合金混合制备磁体的工艺，即：两种合金破碎到一定粒度，按一定比例混合，进行制粉；或者两种合金分别制粉、按比例混合，然后再进行磁场取向成型、烧结、热处理、检验等粉末冶金制备磁体工艺[72]。双合金工艺流程如图 2-15 所示。

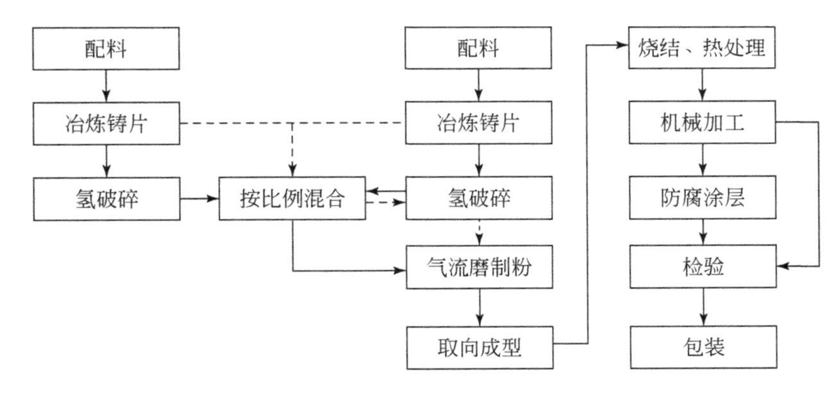

图 2-15　粉末冶金制备磁体的双合金工艺流程图

随着对双合金方法的广泛研究，主相合金也不仅仅是接近 $Nd_2Fe_{14}B$ 成分的三元主相合金，也有含 Al，Co 等微量元素的主相合金；辅助合金除了富稀土合金，还有非稀土合金。为了改善磁体的磁性能、降低重稀土的含量，降低成本，也出现了双主相合金混合工艺。

1990 年，有报道采用双合金工艺进行了烧结钕铁硼磁体实验，制备出最大磁能积为 416 kJ/m^3 的烧结钕铁硼磁体，其中主合金成分为 $Nd_{26.8}Fe_{72.2}B_{1.0}$(wt%)，辅合金为快淬法制备的 $Nd_{63}Fe_{36.3}B_{0.7}$。1995 年，通过在 $Nd_{28}Fe_{71}B$ 合金粉中添加一定比例的低熔点 Dy_3Co、Nd_3Co、Dy_3Co_2 和 $Dy_{1.5}Nd_{1.5}Co_2$ 合金粉[73]，获得了 B_r=1.4 T，H_{cj}=1080 kA/m 的钕铁硼磁体。显微组织研究表明，仅少量 Dy 元素进入主相晶粒的表层。主合金中加入 Dy_2O_3 后，钕铁硼磁体的剩磁稍微下降，但显著增加了磁体矫顽力，内禀矫顽力提高了 160 kA/m。内禀矫顽力提高的主要原因是 Dy 替代部分 Nd 进入了 $Nd_2Fe_{14}B$ 晶粒表层，提高了晶粒表层的各向异性场。Dy_2O_3 的添加可阻止 $Nd_2Fe_{14}B$ 相晶粒的长大，也使磁体的矫顽力得到提高。在 $Nd_{13}Fe_{78}Nb_1Co_1B_7$ 合金中加 2%Dy 粉进行烧结钕铁硼磁体实验研究[74]，发现 Dy 粉加入后可显著提高磁体的内禀矫顽力，矫顽力由 250 kA/m 增加到 2120 kA/m，剩磁稍有降低。按比例混合 $Nd_{30}Fe_{69}B$ 与 $Nd_{24}Dy_6Fe_{69}B$ 合金速凝薄片[75]，氢破碎后进行气流磨制粉，压型烧结磁体及后烧处理，制得 $Nd_{28}Dy_2Fe_{69}B$ 磁体的磁性能为：$(BH)_{max}$=389.9 kJ/m^3，H_{cj}=1282.8 kA/m。

钢铁研究总院李卫院士团队通过按比例混合 NdFeB 与(NdCe)FeB 的主相合金铸片[76]，制备双主相 Nd-Ce-Fe-B 磁体，磁性能优于单合金方法制备的磁体，当 Ce 含量替代 30%的 Nd，磁体的最大磁能积可达到 343.14 kJ/m^3，引领了 Ce 磁体的相关研究。

双合金制备烧结钕铁硼磁体的方法具有以下优点：$Nd_2Fe_{14}B$ 主相合金粉末与液相合金粉可混合弥散分布，烧结过程形成均匀的液相隔离层，可减少过量的液相，既增加了主合金相的体积分数，又有助于磁体的烧结致密化、提高磁体的矫顽力；通过控制烧结工艺，可使重稀土元素少量进入主相晶粒壳层，显著提高了磁体内禀矫顽力，而剩磁略降甚至不降[77]。此外，采用合适的辅助合金与主相合金混合制备磁体，也可在几乎不影响磁体磁性能的情况下提高磁体的力学性能[78]。

3. 晶间扩散低重稀土磁体制备技术

晶界扩散是一种能够显著提高磁体的矫顽力，同时磁体剩磁基本不减少的制备方法。晶界扩散是利用气相沉积溅射、蒸镀、涂覆等方法在磁体表面制备 Dy 或 Tb 等重稀土薄膜并进行扩散处理，使 Dy 或 Tb 沿磁体晶界向 $Nd_2Fe_{14}B$ 主相晶粒表面扩散而渗入磁体内部，在主相晶粒表面形成富含重稀土的$(Nd,RE)_2Fe_{14}B$（RE=Dy,Tb）化合物，提高磁体矫顽力。图 2-16 为晶界扩散处理工艺示意图[79]。晶界扩散工艺的主要优势体现在：与相同牌号的非扩散磁体相比，采用晶界扩散方式可大幅降低 Dy，Tb 等重稀土使用量，降低成本，获得传统工艺无法获得的高综合磁性能磁体。

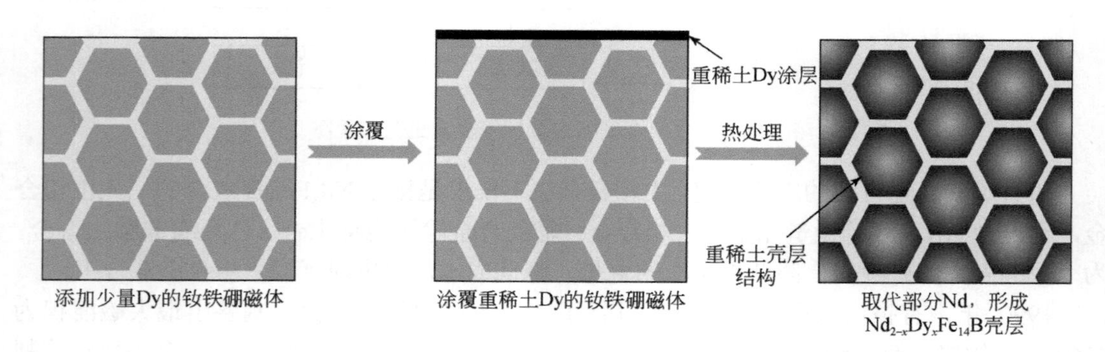

图 2-16　晶界扩散处理工艺示意图[79]

部分实验结果表明，晶界扩散重稀土的有效深度一般在 400 μm 左右，采用不同的扩散方式、扩散工艺下，扩散深度可达到 5 mm。因此，晶界扩散工艺一般适用于厚度小于 10 mm 的片状磁体提高矫顽力[80]，大于这个厚度，靠晶界扩散重稀土提高磁体内禀矫顽力效果不明显，如图 2-17 所示。采用晶界扩散技术时，由于重稀土 Dy，Tb 是从磁体表面向内部进行扩散，因此 Dy，Tb 在磁体内呈现梯度分布，这样导致磁体的矫顽力从表面到内部呈递减趋势，在距离磁体表面 5 mm 左右的芯部，通过晶界扩散对其矫顽力的提升效果非常不明显。

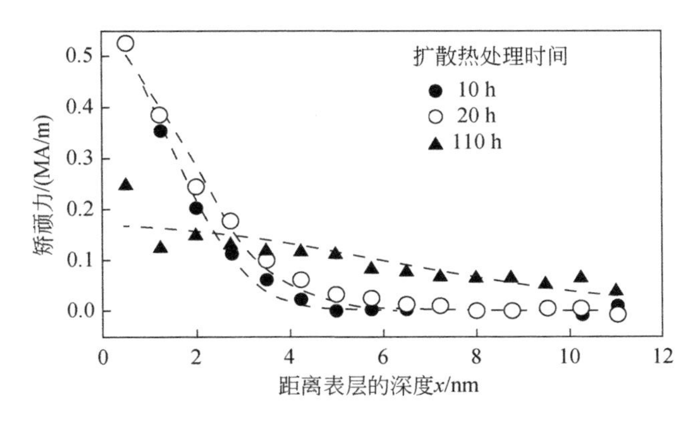

图 2-17　氟化铽晶界扩散不同时间下磁体 H_{cj} 增加量与深度的变化[79]

烧结磁体表面涂覆薄膜主要有磁控溅射、蒸镀、涂覆、电沉积等方法，如图 2-18 所示。

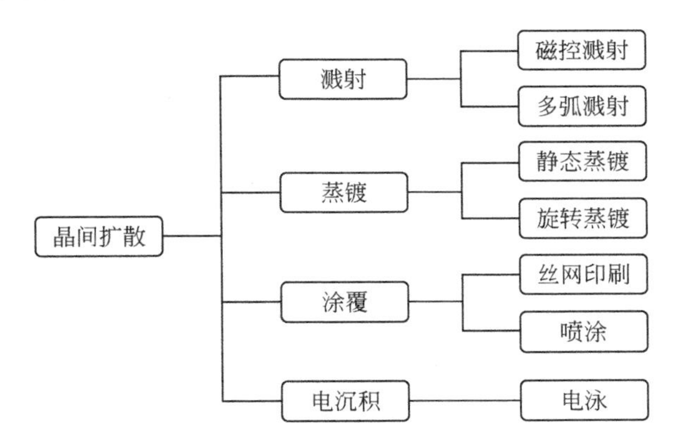

图 2-18　烧结钕铁硼磁体表面涂覆薄膜的主要方式

1）溅射镀膜

溅射镀膜是在真空中利用带正电粒子轰击靶表面，使被轰击出的粒子沉积在基片上的技术。通常利用低压惰性气体辉光放电来产生入射离子，阴极靶由镀膜材料制成，基片作为阳极，真空室中通入一定压力的氩气或其他惰性气体，在阴极（靶）一定的直流负高压或射频电压作用下产生辉光放电。电离出的氩离子轰击靶表面，使得靶原子溅出并沉积在基片上形成薄膜。钕铁硼磁体表面溅射镀膜方式主要有磁控溅射和多弧溅射方式。

磁控溅射镀膜是在溅射过程中，用磁场来控制带电粒子行为形成薄膜的方法，如图 2-19 所示。在此磁场的控制下，电子局限于靶极附近并沿螺旋形轨道运动，大大提高电子对氩原子的电离效率，增加轰击靶极的离子流密度，实现快速的大电流溅射。同时，又能避免电子直接向衬底加速，降低衬底的温升。磁控溅射方法的扩散源多为镝或铽的纯金属靶，主要适用于方片、瓦形、圆片、圆环等，磁控溅射具有镀膜均匀度好、膜层致密、矫顽力提升效果稳定等优点，但靶材利用率较低、沉积薄膜时间长、相对成本较高。

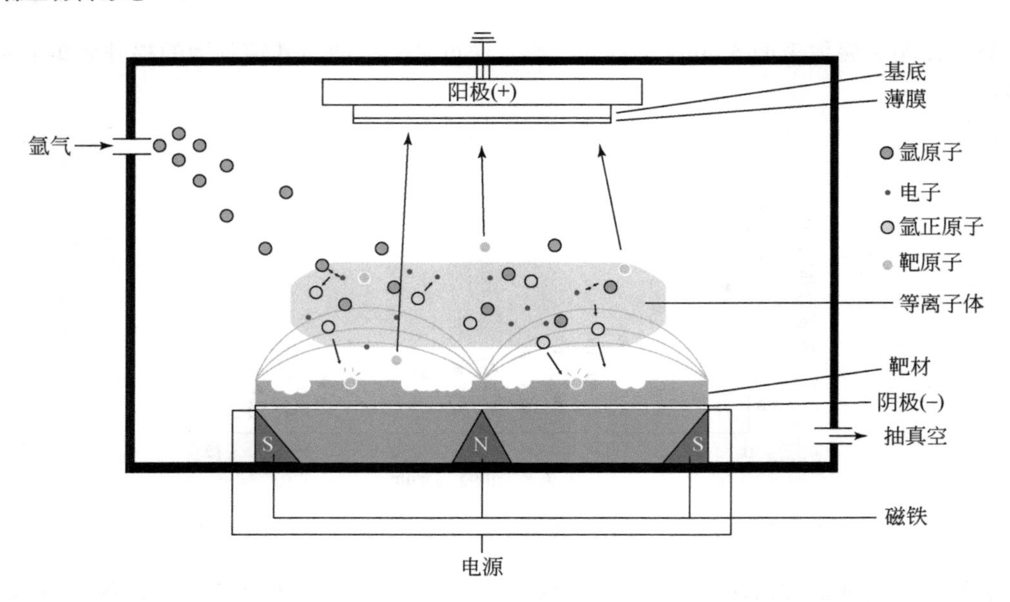

图 2-19　磁控溅射烧结钕铁硼磁体表面沉积膜示意图

多弧溅射镀膜是针对磁控溅射效率低的缺点，采用磁控溅射和电弧放电的方法进行薄膜沉积的技术。在多弧溅射中，使用多个阴极，通过电弧放电的方式高速加热金属靶材，使其表面产生等离子体。然后，在磁控场的作用下，离子会从等离子体中释放出来，并被加速到基板上形成薄膜层。多弧溅射具有较高的镀层速度和良好的复合性能，适用于大规模生产。多弧溅射具有镀膜效率和靶材利用率较高、结合力好等特点，但缺点是镀膜颗粒大、膜层表面粗糙、膜均匀性一般。

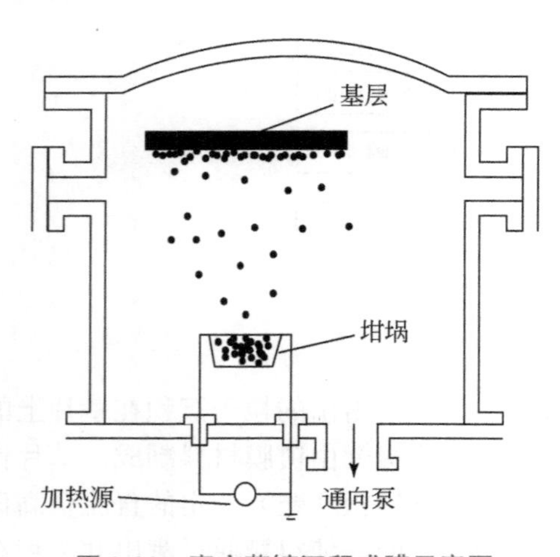

图 2-20　真空蒸镀沉积成膜示意图

2）蒸镀镀膜

蒸镀镀膜是一种在真空状态下对镀膜材料加热蒸发或升华气化，使之在工件或基片表面沉积成膜的方法。图 2-20 是真空蒸镀成膜示意图，蒸镀法分为静态蒸镀与旋转式蒸镀，分别适用于大块和小片磁体。

静态蒸镀镀膜是将 Dy，Tb 蒸镀膜材料加热到高温使之升华成气态，在磁钢表面沉积成膜的方法。蒸镀后重稀土沉积成膜质量与加热温度、真空度和重稀土靶材与磁片间的距离有关。为了保证镀距，磁体薄片通常需放入特定的工装中。静态蒸镀工艺较为复杂，生产效率较低，沉积成膜一致性较差，目前静态蒸镀在国内磁材行业应用已经越来越少。

旋转式蒸镀镀膜是将小微型磁钢与重稀土靶材通过旋转不断混合，高温后挥发出的金属 Dy/Tb 沉积至产品表面的方法。该工艺适用于小产品，特别是单重在 1 g 以下的产品。

该方法提高内禀矫顽力明显，且一致性较好，但是沉积成膜后需要把磁体产品和镝铽金属分离，增加了成本，特别是所需设备通常需要定制。该方法在永磁行业中使用也越来越少。

3）涂覆成膜

涂覆成膜就是在基体表面涂覆一层物质形成膜，用来达到某种功能和能力。对于表面光滑的基体，通常需要经过一些表面处理，增强膜的附着强度。用于钕铁硼磁体表面涂覆的方法主要有两种，自动喷涂和丝网印刷涂覆。

自动喷涂成膜是将磁片单层密摆进工件盘，采用气动喷枪往复式喷涂成膜，喷涂成膜示意图如图 2-21 所示。自动喷涂适用扩散源较多，氢化物、氟化物、氧化物及合金均可；可扩散多种形状尺寸产品，瓦形、方片、圆片、环形；设备自动化程度高；重稀土利用率高。扩散源为氟化物或氧化物时可以在大气环境下喷涂，如果为氢化物或重稀土合金粉末时需要惰性气体保护。

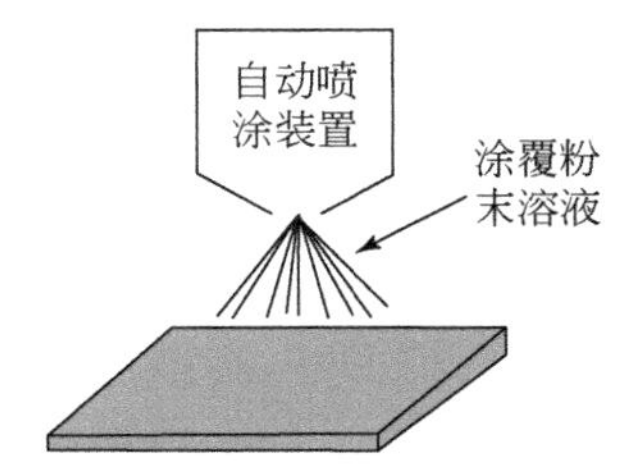

图 2-21　自动喷涂成膜示意图

丝网印刷涂覆成膜是将重稀土粉末配制成涂料，印刷时在丝网上面的一端倒入涂料，用涂刷装置对丝网上的涂料部位施加一定压力，丝网涂刷从丝网一端移动到另一端，涂料在移动中被涂刷装置从网孔中挤压到磁片上成膜。丝网印刷涂覆成膜示意图如图 2-22 所示。由于涂料中有机试剂的包裹，可防止氢化物或重稀土合金因接触空气氧化，可以在大气环境中进行涂覆。丝网印刷工艺具有效率高和重稀土利用率高、一致性好等优点，非常适合方片类磁体晶界扩散。目前丝网印刷工艺已成为涂覆成膜的主流工艺之一，但该方法不适用于表面不平整的瓦形等磁体。

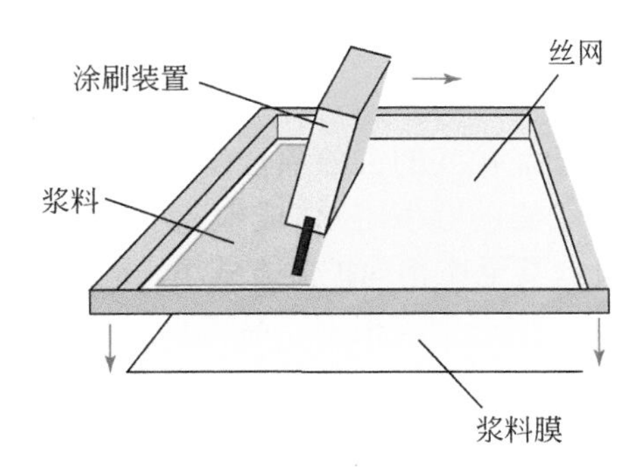

图 2-22　丝网印刷涂覆成膜示意图

4）电沉积

电泳沉积成膜将重稀土扩散源与酒精配置成悬浊液，通过直流电场作用重稀土扩散源颗粒沉积到磁钢片表面形成重稀土膜。电泳沉积成膜示意图如图 2-23 所示。电沉积生产效率高，工艺简单，生产成本低，但是镀膜均匀性差，大批量成膜已越来越少采用该方法。

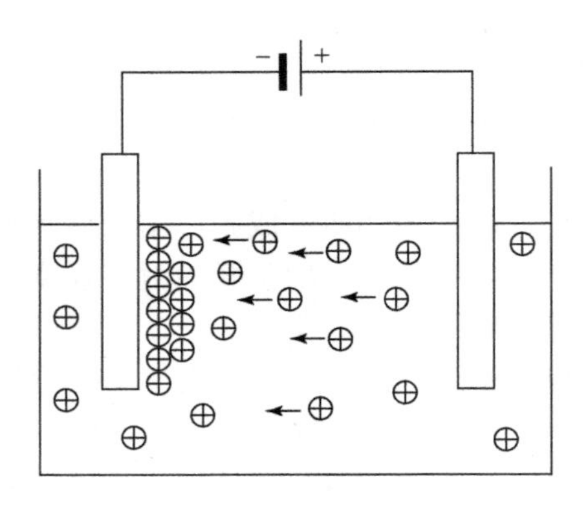

图 2-23　电泳沉积成膜示意图

最早用于烧结钕铁硼磁体的晶间扩散物质是重稀土 Dy/Tb 的氟化物，近年来重稀土 Dy/Tb 的氧化物、氢化物、单一金属和合金也用于烧结钕铁硼磁体的晶间扩散。

将 Dy_2O_3 粉末与乙醇以 1.5∶1 混合形成浆料涂覆磁体表面扩散后[81]，钕铁硼磁体的矫顽力从 1017 kA/m、1575 kA/m 分别提高至 1146 kA/m、1753 kA/m，增量分别为 129 kA/m、178 kA/m。对比 DyF_3 扩散前后磁体的室温退磁曲线，发现与相同条件下没有经过 DyF_3 涂层的磁体相比，扩散后的磁体矫顽力从 1125 kA/m 增加到 1450 kA/m 左右，增量为 325 kA/m[82]。

已有学者采用蒸镀法、磁控溅射等方法研究了 Dy 扩散对钕铁硼磁体性能的影响。经过 900℃蒸镀以及后续的 500℃时效处理，磁体矫顽力从 1042.5 kA/m 增加到 1623.4 kA/m，而剩磁只下降了 0.02 T[83]。基于磁控溅射的 DyZn 晶界扩散处理[84]可以显著提高磁体的矫顽力，磁体矫顽力从 963.96 kA/m 提高到 1711.40 kA/m，晶界扩散 DyZn 合金磁体在 HAST 环境中具有更低的质量损失和磁通损失，比未扩散烧结态的质量损失减少了 89.69%，磁通损失率降低了 51.08%。重稀土合金具有多金属元素特点和更低的熔点，能够增加晶界扩散反应活性，提高扩散深度，而且其晶界扩散后除了能够形成核壳主相晶粒结构外，也利于改善晶界相的浸润性，提高主相晶粒间的去磁耦合作用，从而显著提高磁体矫顽力。

产品的市场竞争是质量和价格的竞争，磁体成本竞争早已从扩散与非扩散工艺相对比，变成不同扩散工艺之间的对比，甚至在相同扩散方式下，重稀土利用率与制造费用的对比。不同的扩散工艺各具特色，实际生产中需根据产品特点、性能需求和生产成本选择适合的扩散工艺。同时，易扩散基体开发、重稀土扩散源的极致利用、扩散深度的突破和非稀土扩散源开发等方向也将吸引广大科研及生产人员的关注和努力，相信未来将会有更多新的扩散工艺被开发使用。

4. 产品牌号与磁性能

烧结钕铁硼永磁材料磁体因优异的磁性能和良好性价比，是自发明到产业化发展最快的新材料之一。随着技术的进步和产业的快速发展，市场应用范围不断扩大，用量不断增加。我国于 1992 年制定了 GB/T 13560—1992《烧结钕铁硼永磁材料》国家标准，经过 2000 年、2009 年和 2017 年三次修订，截至 2017 年，纳入国家标准的产品已有七大类 51 个牌号。

烧结钕铁硼永磁材料国家标准牌号命名是以制备工艺、磁体主要组分、最大磁能积和内禀矫顽力的数值组成，如 S-NdFeB-430/96，S 代表粉末冶金烧结工艺，NdFeB 代表钕铁硼磁体，430 代表最大磁能积的标称值为 430 kJ/m^3，96 代表内禀矫顽力最小值 960 kA/m 的十分之一。

烧结钕铁硼永磁材料按内禀矫顽力大小分为低矫顽力（N）、中等矫顽力（M）、高矫顽力（H）、特高矫顽力（SH）、超高矫顽力（UH）、极高矫顽力（EH）、至高矫顽力（TH）七大类产品。每类产品又按最大磁能积划分若干个牌号。表 2-4 为我国国家标准 GB/T 13560—2017 颁布的烧结钕铁硼永磁材料牌号与磁性能。

表 2-4　烧结钕铁硼永磁材料在室温 20℃下的磁性能[85]

品种	字符牌号	主要磁性能				方形度
		B_r/T 最小值	H_{cj}/(kA/m) 最小值	H_{cb}/(kA/m) 最小值	$(BH)_{max}$/(kJ/m^3) 范围值	(H_k/H_{cj})/% 最小值
N	S-NdFeB-430/88	1.45	875	836	406～438	95
	S-NdFeB-415/96	1.42	960	836	390～422	95
	S-NdFeB-400/96	1.39	960	836	374～406	95
	S-NdFeB-380/96	1.37	960	836	358～390	95
	S-NdFeB-360/96	1.33	960	860	342～366	95
	S-NdFeB-335/96	1.29	960	860	318～342	95
	S-NdFeB-320/96	1.26	960	860	302～326	95
	S-NdFeB-300/96	1.23	960	860	287～310	95
	S-NdFeB-280/96	1.18	960	860	263～287	95
M	S-NdFeB-415/104	1.42	1035	995	390～422	95
	S-NdFeB-400/111	1.39	1114	1035	374～406	95
	S-NdFeB-380/111	1.37	1114	1012	358～390	95
	S-NdFeB-360/111	1.33	1114	971	342～366	95
	S-NdFeB-335/111	1.29	1114	938	318～342	95
	S-NdFeB-320/111	1.26	1114	910	302～326	95
	S-NdFeB-300/111	1.23	1114	876	287～310	95
	S-NdFeB-280/111	1.18	1114	860	263～287	95
H	S-NdFeB-400/127	1.39	1274	1035	374～406	95
	S-NdFeB-380/127	1.37	1274	1000	358～390	95
	S-NdFeB-360/135	1.33	1353	995	342～366	95
	S-NdFeB-335/135	1.29	1353	957	318～342	95
	S-NdFeB-320/135	1.26	1353	930	302～326	95
	S-NdFeB-300/135	1.23	1353	910	287～310	95
	S-NdFeB-280/135	1.18	1353	876	263～287	95
	S-NdFeB-260/135	1.14	1353	844	247～271	95

续表

品种	字符牌号	主要磁性能				方形度
		B_r/T 最小值	H_{cj}/(kA/m) 最小值	H_{cb}/(kA/m) 最小值	$(BH)_{max}$/(kJ/m^3) 范围值	(H_k/H_{cj})/% 最小值
SH	S-NdFeB-380/151	1.37	1512	1035	358～390	90
	S-NdFeB-360/159	1.33	1592	938	342～366	90
	S-NdFeB-335/159	1.29	1592	938	318～342	90
	S-NdFeB-320/159	1.26	1592	912	302～326	90
	S-NdFeB-300/159	1.23	1592	886	287～310	90
	S-NdFeB280/159	1.18	1592	876	263～287	90
	S-NdFeB-260/159	1.14	1592	836	247～271	90
UH	S-NdFeB-360/191	1.33	1911	976	342～366	90
	S-NdFeB-335/199	1.29	1990	938	318～342	90
	S-NdFeB-320/199	1.26	1990	912	302～326	90
	S-NdFeB300/199	1.23	1990	886	287～310	90
	S-NdFeB-280/199	1.18	1990	845	263～287	90
	S-NdFeB-260/199	1.14	1990	816	247～271	90
	S-NdFeB-240/199	1.08	1990	756	223～247	90
EH	S-NdFeB-335/231	1.28	2308	971	310～342	90
	S-NdFeB-320/239	1.25	2388	947	295～326	90
	S-NdFeB-300/239	1.22	2388	923	279～310	90
	S-NdFeB-280/239	1.18	2388	883	263～287	90
	S-NdFeB-260/239	1.14	2388	816	247～271	90
	S-NdFeB-240/239	1.08	2388	756	223～247	90
	S-NdFeB-220/239	1.05	2388	756	207～231	90
TH	S-NdFeB-300/263	1.22	2627	923	279～310	90
	S-NdFeB-280/279	1.18	2786	845	263～287	90
	S-NdFeB-260/279	1.14	2786	816	247～271	90
	S-NdFeB-240/279	1.08	2786	804	223～247	90
	S-NdFeB-220/279	1.05	2786	756	207～231	90

①样品充磁饱和后测得的磁性能；

②制造厂商可提供镝扩散新工艺生产的其他补充牌号的材料；

③方形度 H_k 为退磁曲线上磁极化强度为 $0.9B_r$ 时对应的反向磁场，H_{cj} 为内禀矫顽力

5. 添加元素对材料性能的影响

烧结钕铁硼是以 $Nd_2Fe_{14}B$ 化合物为基的永磁材料，其磁性能除了与主相 $Nd_2Fe_{14}B$ 化合物的磁特性直接相关外，与磁体的显微组织和微观成分也密切相关。添加元素对烧结钕铁硼永磁体性能的影响，可以分为两大类，即替代型元素与掺杂型元素。替代型元素的作用主要是影响主相的内禀磁特性而影响磁体磁性能，掺杂型元素主要作用是影响微观组织的结构和成分而改善磁性能。

1）替代型元素的影响

常用的替代型稀土元素主要有 Pr，Dy，Tb，Ce，Gd，Y，La，Ho，Er 等，这些稀土元素替代 Nd 后都降低了 $Nd_2Fe_{14}B$ 化合物的饱和磁化强度，其中轻稀土元素降低较少。Pr，Dy，Tb，Ho 能增加各向异性场，尤其 Dy，Tb 最为显著[86]。Pr 降低饱和磁化强度最小，因此，来自矿物自然配分的 PrNd 稀土金属几乎直接用于烧结钕铁硼磁体的制作，且有利于提高磁体的矫顽力。Dy，Tb 替代部分 Nd 可显著提高烧结钕铁硼磁体的内禀矫顽力，由于替代后会显著地降低主相的饱和磁化强度，因此也会显著地降低烧结 Nd-Fe-B 磁体的剩磁 B_r 和最大磁能积 $(BH)_{max}$。

元素 Co 部分代替 NdFeB 磁体的 Fe 可显著提高主相的居里温度 T_c，但是，Co 的加入也会降低主相的各向异性 H_A，而且生成 $Nd(Fe,Co)_2$ 软磁性相[87]，降低了烧结 Nd-Fe-B 磁体内禀矫顽力。

2）掺杂型元素的影响

掺杂型元素对磁体的影响可分为两类[88]，即 M1 型晶界改进型掺杂元素和 M2 型高熔点难熔掺杂元素。

晶界改进型元素，如 Al，Cu，Ga，Zn，Ge，Sn 等，这些元素在高温烧结时溶解度较高，一部分进入主相，如最常用的 Al，Ga，替代主相中的 Fe 而改变饱和磁化强度、各向异性场和居里温度特性；另一部分进入晶界相，改善烧结过程中的湿润性，形成含 Nd 的晶界，更好地隔离主相晶粒，减小晶粒间的交换耦合，提高磁体的矫顽力。M1 元素的加入形成了二元的 Ml-Nd 型晶界相，如 NdCu、$NdCu_2$ 等，或三元的 M1-Fe-Nd 型晶界相，如 $Nd_6Fe_{13}Cu$、$Nd_6Fe_{13}Ga$ 等，这些新型的晶界相也可改善烧结 Nd-Fe-B 磁体的耐蚀性。

高熔点难熔元素，如 Nb，Mo，V，W，Ti 等，它们在主相中的溶解度极低，往往在主相晶粒内析出或在晶间形成硼化物，如形成 $(V,Fe)_3B_2$、$(Mo,Fe)_3B_2$、NbFeB 以及 WFeB 等，Ti 和 Zr 的添加则形成 TiB_2 和 ZrB_2 析出物。这类掺杂元素能有效地阻止磁体烧结过程主相晶粒的长大，使晶粒细化，抑制软磁性相的形成，例如在 Nd-(Fe,Co)-B 系中添加 M2 型掺杂元素后，$Nd(Fe,Co)_2$ 软磁性相可被抑制，晶间富 Nd 相部分被 Nd_3Co 所取代，从而提高矫顽力和磁体的耐蚀性能。

6. 改善材料性能的途径

$Nd_2Fe_{14}B$ 的饱和磁化强度为 1.61 T，最大磁能积的理论值为 512 kJ/m^3，各向异性场 H_a 为 5333 kA/m，优异的内禀磁特性使烧结钕铁硼磁体具有高的磁性能成为可能。自从烧结钕铁硼磁体问世以来，提高其最大磁能积和内禀矫顽力一直是两个最重要的研究方向。

烧结钕铁硼磁体属于多相材料，其剩磁主要由以下因素决定：$R_2Fe_{14}B$ 的饱和磁化强度，$R_2Fe_{14}B$ 晶粒的体积分数，$R_2Fe_{14}B$ 晶粒的取向度，磁体的密度。剩磁 B_r 与相关因素的关系如下式[89]：

$$B_r=(4\pi M_s)\rho/\rho_0(1-\alpha)\beta \tag{2-2}$$

式中，$4\pi M_s$ 为饱和磁化强度；ρ/ρ_0 为相对密度；α为非磁性相的体积百分比；β为取向度。

最大磁能积为硬磁材料 B-H 退磁曲线上各点所对应的磁感应强度 B 和磁场强度 H 乘积中的最大值，与剩磁和内禀矫顽力密切相关，在内禀矫顽力达到一定高的值时，最大磁能积$(BH)_{max}$与剩磁B_r的关系如下式：

$$(BH)_{max}=\frac{1}{4}kB_r^2 \tag{2-3}$$

式中，k为与曲线方形相关的系数。

Nd-Fe-B系烧结永磁体的室温下矫顽力机制为产生反向磁畴的成核型，其内禀矫顽力大小除了与化合物$R_2Fe_{14}B$的各向异性场直接相关外，还与磁体的晶粒大小、相组成及分布有直接关系。内禀矫顽力H_{cj}与各向异性场和相关因素的关系如下式[90,91]：

$$H_{cj}=(2CK_1)/(\mu_0M_s)-N_{eff}M_s \tag{2-4}$$

式中，M_s和K_1分别是$Nd_2Fe_{14}B$基体相的磁化强度和磁晶各向异性常数；C是小于1的系数，是一个对磁体的显微结构敏感的技术参量；N_{eff}是有效的退磁场因子，是与晶粒形状、尺寸、相邻晶粒之间的静磁相互作用有关的结构因子。

由以上剩磁和内禀矫顽力与相关影响因素的关系可知，为获得具有高矫顽力和高剩磁的实用烧结Nd-Fe-B永磁材料，最重要的途径是提高取向因子β，提高磁体烧结相对密度ρ/ρ_0，最大限度地提高磁性主相的体积分数，即降低非铁磁性相的体积分数α，改进成分和工艺技术，是提高剩磁B_r的主要途径。

以$Nd_2Fe_{14}B$化合物为基体的永磁材料的显微组织结构是保证具有足够高矫顽力的充分条件。内禀矫顽力是组织敏感量，为了获得高矫顽力，控制和改善NdFeB磁体微观结构是有效的，也是非常重要的。通过研究高磁能积、高剩磁和高矫顽力等影响因素，可以明确的是，良好的烧结NdFeB系永磁材料的显微组织应具有以下特点：

（1）$Nd_2Fe_{14}B$主相晶粒为多边形或近似球形且表面完整，不存在尖角或凸出部位，避免存在很大的散磁场诱发反磁化畴形成，导致矫顽力降低。

（2）$Nd_2Fe_{14}B$晶粒平均尺寸小且均匀会有效提高磁体的内禀矫顽力。

（3）$Nd_2Fe_{14}B$晶粒的化学成分与结构均匀一致，否则，易形成反磁化畴核，从而导致矫顽力降低。

（4）粉末的晶粒取向与磁场取向的方向一致，使磁体具有高的取向度，会提高磁体的剩磁。

（5）富B相的适量存在可保证形成$Nd_2Fe_{14}B$所需的B元素，但它是顺磁性相，其体积百分数越小越好。

（6）富Nd相沿晶界均匀分布，使晶粒与晶粒之间隔离，隔断其交换耦合作用。

7. 防腐涂层

1）钕铁硼腐蚀原因

烧结钕铁硼永磁体具有优异的磁性能，但是其本身易腐蚀、抗腐蚀性差，长时间在潮湿、酸碱环境下腐蚀会引起磁性能降低。钕铁硼永磁体的腐蚀主要来源于两个方面：一是氧化腐蚀；二是电化学腐蚀。为了改善烧结钕铁硼永磁材料的抗腐蚀特性，最主要的方法是对表面进行涂层防腐处理。

A. 氧化腐蚀

钕铁硼磁体中Nd元素本身的化学活性很强，其标准电势$E_0(Nd^{3+}/Nd)=-2.431$ V，容易被氧化。烧结 NdFeB 的富 Nd 相氧化活性很高，在干燥低温环境下（＜150℃）氧化速度较慢，而当温度升高（＞250℃）时，富钕相发生如下氧化反应[92]：

$$4Nd+3O_2 \longrightarrow 2Nd_2O_3$$

当表面形成疏松氧化物后，表面结构发生变化，氧沿着表面富 Nd 相氧化层向内进入，紧接着主相晶粒发生如下反应[93]：

$$3Nd_2Fe_{14}B+29O_2 \longrightarrow 6NdFeO_3+10Fe_3O_4+3Fe_2B$$

最后磁体由于氧化而粉化，失去原有结构，材料失效。

在湿热环境下，烧结钕铁硼的腐蚀是另一种过程。首先，磁体表面的富 Nd 相与水蒸气发生腐蚀反应[94]：

$$3H_2O+Nd \longrightarrow Nd(OH)_3+3H$$

生成的 H 渗入到晶界中进一步发生晶界腐蚀：

$$Nd+3H \longrightarrow NdH_3$$

NdH_3 相的生成会使晶界体积发生膨胀产生晶界应力，导致晶界破坏和 $Nd_2Fe_{14}B$ 的主相晶粒位移。湿热环境中的腐蚀产物处于疏松状态，不能对磁体形成隔离保护，因此其腐蚀速率远大于干燥环境下的氧化腐蚀。当湿度过大或存在液态水时，磁体还会进一步发生电化学腐蚀。

B. 电化学腐蚀

烧结 NdFeB 内三种结构相的电化学电位不同，存在明显的电位差，三相的化学电位由高到低依次为：主相 $Nd_2Fe_{14}B$、富 B 相、富 Nd 相，如表 2-5 所示[95]，电位差导致其腐蚀速率不同。

表 2-5 不同类型溶液中钕铁硼相腐蚀电位[95]

	3% HCl			3.5% NaCl			3% NaOH		
	E_{corr}/mV *vs.* SCE	i_{corr}/(mA/cm^2)	V_{corr}/[mg/(cm^2·h)]	E_{corr}/mV *vs.* SCE	i_{corr}/(mA/cm^2)	V_{corr}/[mg/(cm^2·h)]	E_{corr}/mV *vs.* SCE	i_{corr}/(mA/cm^2)	V_{corr}/[mg/(cm^2·h)]
$Nd_2Fe_{14}B$	−475	0.35	0.383	−665	0.16	0.176	−345	0.04	0.044
$Nd_{1.1}Fe_4B_4$	−500	6.14	6.729	−588	0.07	0.076	−884	0.06	0.065
Nd_4Fe	−765	40.97	44.900	−1143	0.62	0.679	−868	0.09	0.098

在电化学环境中，Nd-Fe-B 合金中相互接触的三相之间存在着明显的电位差，产生电偶效应。富 Nd 相、富 B 相的电极电位相对主相较负，充当阳极优先腐蚀。由于富 Nd 相和富 B 相所占比例不到 10%，腐蚀微电池具有“大阴极、小阳极”的特点，少量晶界相承担了很大的腐蚀电流密度，加速阳极溶解，整个腐蚀过程如图 2-24 所示[96]。这种选择性腐蚀会造成主相晶粒失去与周围晶粒间的结合而脱落。此外，当磁体表面镀层出现孔洞或裂纹等缺陷时，镀层与基体之间也会形成腐蚀微电池，多数情况下磁体会作为阳极而优先被腐蚀，而阴极的金属镀层会出现爆皮现象，最终恶化失效。表面处理工艺中，酸洗液和镀液渗入磁体孔隙中以后，也会引起电化学腐蚀。

2）表面防护

金属表面上覆盖保护层是防止金属类材料腐蚀失效最有效的方法，覆盖层的作用是使金属制品与周围介质隔离开来，阻止金属表面层上微电池反应的发生，以防止或减少腐蚀。镀膜种类主要有电镀电泳、化学镀镍、气相沉积防护等。

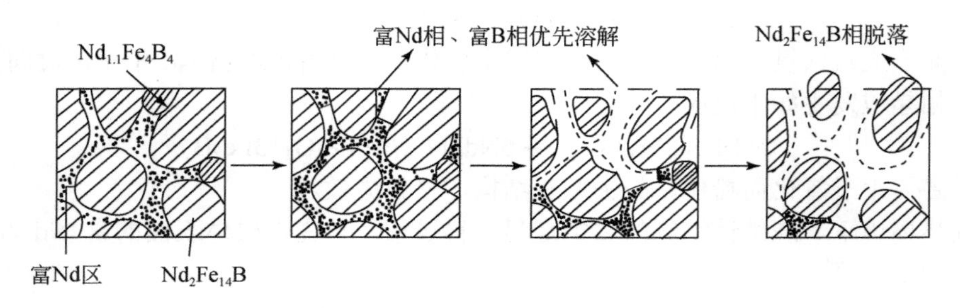

图 2-24　钕铁硼腐蚀示意图[96]

（1）电镀电泳：镀层有 Zn，Ni，Cu，Cr，Sn，Au，Ag。目前广泛采用的有电镀锌、Ni-Cu-Ni、Ni-Cu-Ni+Ag、Ni-Cu-Ni+Au、Ni-Cu-Ni+电泳环氧等膜层。

（2）化学镀镍：在不外加电流的情况下，镀液中的金属盐和还原剂发生氧化还原反应，在工件表面的催化作用下，金属离子还原沉积在工件表面。目前用于钕铁硼表面化学镀的镀液分为酸性和碱性两种，主要镀层成分以 Ni-P 合金为主。

（3）气相沉积防护：介于热蒸发和热喷涂的技术，将金属铝沉积在钕铁硼表面用于防护。

（4）涂料防护：通过涂装和固化在工件表面成膜。

8. *发展方向*

烧结钕铁硼磁材是目前产量最大、应用范围最广的永磁材料，而且大部分的高性能钕铁硼永磁材料产于中国。据统计，2022 年，烧结钕铁硼产量占钕铁硼磁材总量的 94.1%，粘结钕铁硼占比 4.8%，其他合计占比只有 1.1%。未来，需要研发更高性能的钕铁硼永磁材料，以满足不断变化的市场需求。

1）*超高矫顽力磁体的研发*

一般的烧结钕铁硼永磁材料的居里温度为 312℃，对比 Sm_2Co_{17} 的 820℃、AlNiCo 的 800℃而言，其居里温度很低。磁体的热稳定性不仅仅取决于居里温度，同时受其矫顽力温度系数α与剩磁温度系数β影响。AlNiCo 的α=−0.02%/℃；β=−0.03%/℃，系数很低，而钕铁硼的α=−0.126%/℃；β=−0.5～−0.7%/℃[97]，因此一般钕铁硼磁性材料的适用温度在 100～200℃。

对烧结 Nd-Fe-B 磁体而言，研究添加元素的作用主要集中在三个方面，即提高磁体的居里温度、磁体的内禀矫顽力和降低磁体的温度系数，前文所述降低温度系数的主要方法是提高 T_c 或 H_{cj}，提高磁体矫顽力最有效直接的方法是利用重稀土 Tb、Dy 元素。对比通过直接熔炼添加 Tb 制备磁性能 40EH 磁体 A（B_r=1.28 T；H_{cj}=2426.39 kA/m；$(BH)_{max}$=314.10 kJ/m^3）、通过晶界扩散 45SH 磁体制备的 45EH 磁体 B（B_r=1.36 T；H_{cj}=2504.38 kA/m；$(BH)_{max}$=362.01 kJ/m^3），图 2-25 是磁体 A 和磁体 B 的退磁曲线。二者矫顽力接近，但磁体 A 组分内含有大约 5%的金属 Tb，磁体 B 组分仅仅含有 3%的 Dy 以及晶界扩散进入的 0.5%的 Tb，磁体 B 的成本显著低于磁体 A，且剩磁高于直接熔炼方法制备的 EH 档磁体，通过晶界扩散方法可以高值利用重稀土来制备高矫顽力永磁体。

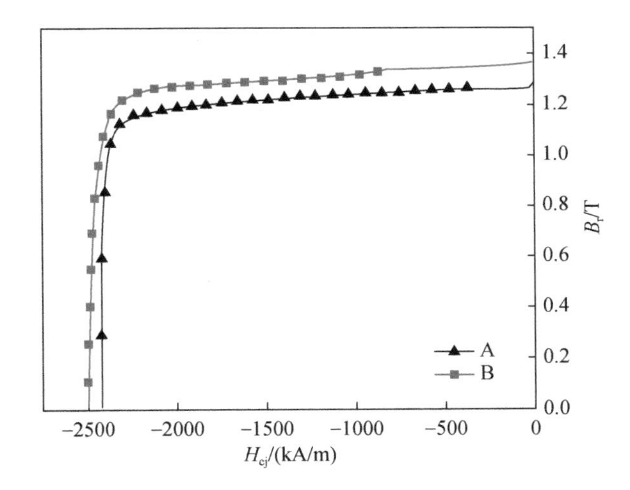

图 2-25　熔炼法磁体 A 与晶界扩散磁体 B 制备的 EH 档磁体退磁曲线

晶界扩散工艺是制备高矫顽力磁体的有效方法。其中，磁控溅射法是制备超高矫顽力磁体的有效方法之一。磁控溅射所形成的重稀土膜为金属或合金，没有其他非金属元素的引入，所以制备的晶界扩散类磁体矫顽力提升效果明显。图 2-26 为采用磁控溅射制备 Tb 薄膜并进行扩散制备的超高矫顽力磁体与基础磁体的退磁曲线对比图，磁体的矫顽力从 2426.40 kA/m 增至 3218.22 kA/m，矫顽力增量为 791.82 kA/m，剩磁由 1.28 T 仅仅减少至 1.26 T，换算成高斯制，所制备磁体的综合磁性能为 39.95（kOe）+40.05（MGsOe）=80.00。

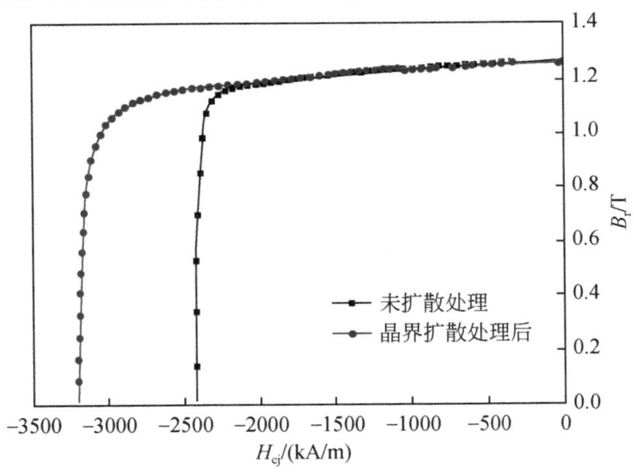

图 2-26　晶界扩散超高矫顽力磁体退磁曲线

磁控溅射工艺制备重稀土薄膜的扩散磁体，重稀土薄膜成分不同而效果不同。一般溅射 Tb 薄膜的扩散磁体的矫顽力增量为 640～880 kA/m，而溅射 Dy 的矫顽力增量为 400～560 kA/m，剩磁一般下降幅度在 1%以内。现阶段研究中[98]，在扩散薄膜中有共沉积低熔点合金时，磁控溅射磁体的矫顽力增量与扩散深度均比单纯地溅射纯重稀土效果要明显，这是因为低熔点金属元素如 Al，Cu，Ga 等可促进更多扩散元素进入磁体内部，同时也使得晶间富稀土相更加均匀地分布。

绝大部分磁控溅射法制备超高矫顽力磁体都是以各种不同类型的磁体为基体，以 Tb，Dy 重稀土作为矫顽力增长的元素，但也有其他制备溅射磁体的研究，在气流磨制粉后的细粉粉末上进行磁控溅射 Tb 以及低熔点合金 Al，Ag，Cu 元素，所制备磁体的矫顽力由 1088.8 kA/m 分别增至 1612 kA/m、1729.6 kA/m、1666.4 kA/m，同时改善了磁体的抗弯强度、断裂韧性及腐蚀性。对钕铁硼制粉前的铸片进行溅射晶界扩散，将 $Dy_{70}Ga_{18}Al_{12}$ 合金通过磁控溅射方式覆盖于铸片上，获得的磁体矫顽力由 840～936 kA/m 增至 1840～2016 kA/m，剩磁略下降 0.26～0.4 T，该研究表明，初始磁体剩磁越高，剩磁下降得越明显。

氢化物是另一种更佳的提高矫顽力的扩散源，TbH_3 粉末的磁性能、晶界扩散行为和微观结构演化研究表明[99]，磁体的矫顽力从 1121.6 kA/m 迅速提高到 1897.6 kA/m，提高了 69.18%。Tb，Pr 和 Nd 元素的相互扩散发生在涂层与磁体的界面上，导致近表面磁体的薄富 Nd 相晶界减小。Tb 原子扩散到内部磁体，在晶粒表面形成富 Tb 的网络壳，有助于矫顽力增强。

但是稀土氢化物具有极强的还原性，难以长期暴露在空气中，故其添加过程或制备扩散涂层过程较溅射困难，需要隔绝空气，在低氧环境下进行。丝网印刷技术的引入成功地解决了该难题，由于丝网印刷是将胶与扩散源混合后存贮，可避免与空气的长期接触。利用弧形模具丝网印刷磁瓦，矫顽力由 1208 kA/m 提高至 2032 kA/m。

晶界扩散工艺制备高矫顽力磁体的另一个问题是重稀土的扩散深度。在温度低于主相晶粒熔点、高于液相流动熔点下，重稀土沿钕铁硼磁体晶界富稀土相向内部扩散，其扩散动力源于稀土浓度差以及重稀土更低的反应形核能，磁体的磁性能与磁体表面扩散层深度、重稀土元素在晶粒表面形成的壳层厚度等相关，磁体的密度以及扩散工艺可直接影响扩散层而影响磁性能。基于一种预烧结—扩散源压入弥散—晶界扩散工艺研究，制备出矫顽力大于 3760 kA/m 的超高矫顽力磁体。该工艺突破传统表面扩散方式，利用钕铁硼磁体毛坯低温烧结下呈现疏松状态，提供了重稀土元素扩散源流动的路径，改变了扩散源的初始位置，使得制备的磁体矫顽力大幅度提高。

制备超高矫顽力磁体需综合考虑磁体的制造成本、重稀土引入后对剩磁的影响，结合最新装备以及新型的工艺技术，钕铁硼磁体的矫顽力可以得到进一步的突破。

2）无重稀土磁体研究

一般来说，永磁铁的矫顽力（H_{cj}）和剩磁（B_r）之间存在着此消彼长的关系。细化晶粒技术是在不增加重稀土含量的情况下通过细化烧结钕铁硼的晶粒来提高其内禀矫顽力，是制备无重稀土高矫顽力磁体的有效方法之一。钕铁硼的内禀矫顽力不仅与各向异性场有关，同时还与晶粒大小等微观组织结构密切相关。$Nd_2Fe_{14}B$ 的各向异性场为 5360 kA/m，但普通的烧结钕铁硼磁体的内禀矫顽力远低于理论值，造成内禀矫顽力远低于各向异性场的原因就在于微观组织。研究人员[100]以形核场理论为基础进行了理论计算，推导出矫顽力随着晶粒尺寸的减小而增加的结果，为研究开发无重稀土高矫顽力烧结钕铁硼磁体提供了基本依据。

烧结磁体的晶粒大小与初始合金粉末的尺寸密切相关。通过研究钕铁硼合金粉末平均粒径大小与烧结钕铁硼磁体矫顽力之间的关系发现[101]，烧结磁体的平均晶粒度随合金粉末粒度的增大而增大，而烧结磁体的矫顽力随合金粉末粒度的增大而降低。钕铁硼合金粉末的粒度直接影响烧结钕铁硼磁体的晶粒尺寸和矫顽力的大小。由于钕铁硼磁体的内禀矫顽力主要受反磁化畴的形核决定，所以在一定尺寸范围内，内禀矫顽力随着其晶粒尺寸的减小而增大，宏观烧结钕铁硼磁体中存在矫顽力对晶粒尺寸下降而增长的“对数规律”。微磁学模型进一步表明，垂直于磁化立方体易磁化轴方向的退磁场随晶粒尺寸减小而减少，如图 2-27 所示[102]。因此，热压和热变形 Nd-Fe-B 由于更为细小的纳米级晶粒组织结构，通常有着更高的矫顽力。

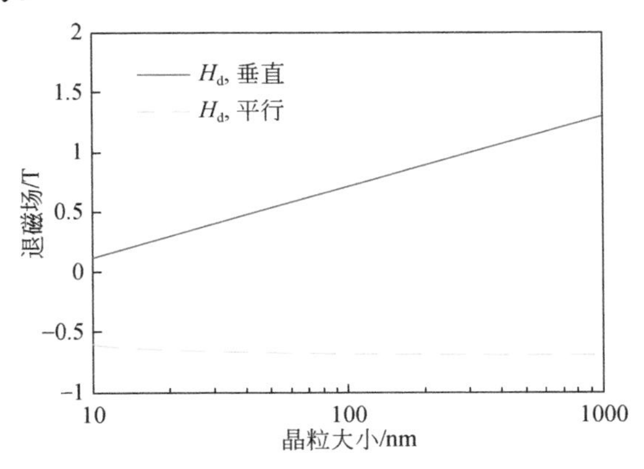

图 2-27　平行和垂直于易磁化轴方向的退磁场与晶粒尺寸的关系[102]

目前烧结钕铁硼磁合金粉末制备通常采用流化床式氮气流磨设备，它的基本原理是物料进入气流磨粉碎腔体后，由几个不同位置的喷嘴喷出高速气流，高速气流急速膨胀而呈现流化床悬浮沸腾，物料之间产生相互碰撞、摩擦而使物料粉碎变成细颗粒粉末。流化床式气流磨设备制备烧结钕铁硼合金粒度最小平均粒径约为 2.5 μm，几乎是制粉粒度的极限。采用分子质量更小的氦气替代氮气进行气流磨制粉[103]，严格控制低氧氛围，可制备出平均粒径 1.82 μm 的钕铁硼粉末，最终获得内禀矫顽力 H_{cj}=1517 kA/m、最大磁能积 $(BH)_{max}$=396 kJ/m^3 的无重稀土钕铁硼磁体。采用改进后的 PLP（pressless process）和 He 气流磨工艺[104]，在制粉过程中严苛控制氧含量，初始合金粉末平均粒径从 2.7 μm 降低到 1.1 μm，最终烧结磁体的矫顽力从 1250 kA/m 提高到 1590 kA/m。

氦气流磨工艺制备细晶粒磁体的方法需要较苛刻的制粉设备和复杂工艺控制过程，因此商业化还存在较大困难，但它证明了细小的磁体晶粒可使无重稀土的烧结磁体获得高的矫顽力。靶式气流磨也是制取细粉的一种设备，它的破碎基本原理是采用被喷嘴气流加速的高速物料颗粒与高硬度、高耐磨的固定靶进行冲击碰撞而使物料粉碎。包头稀土研究院课题组基于新型靶式气流磨设备，制备的钕铁硼合金粉末平均粒径最小达到 1.83 μm，其粒度分布曲线如图 2-28 所示。粉末产品收率高，分布较窄。由于仍然采用氮气作为研磨气体，靶式气流磨为开发实用型细晶粒烧结钕铁硼磁体制备技术提供了新手段，以此制备出 H_{cj}=1608 kA/m，$(BH)_{max}$=315 kJ/m^3 的永磁体。

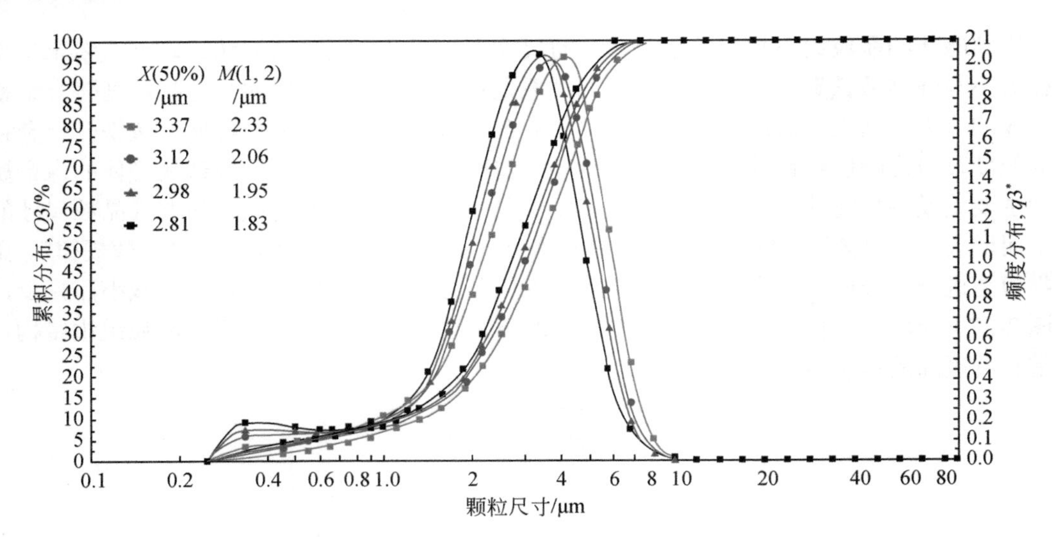

图 2-28 靶式气流磨制备粉末粒度分布曲线图

细化晶粒另一种方法是 HDDR，即氢化歧化工艺，可以将晶粒的尺寸降至几百纳米，通过调节工艺参数，可以优化晶界结构，提高磁体性能。图 2-29 为两种尺寸粉末的晶粒氢化歧化示意图[105]。

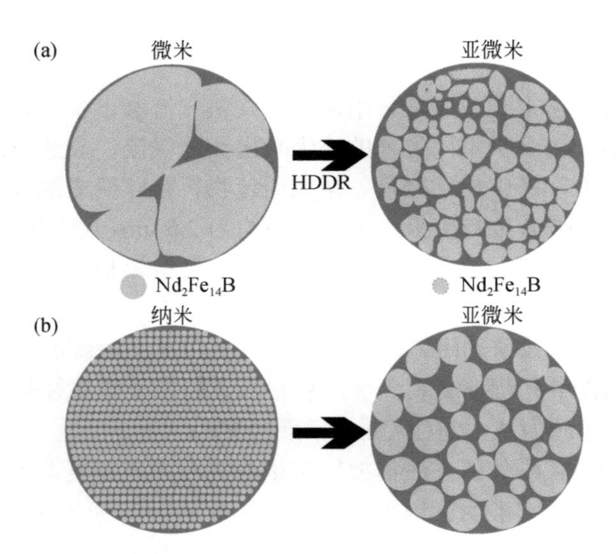

图 2-29 不同粒度颗粒的 HDDR 工艺示意图[105]

（a）微米尺寸粉末；（b）纳米尺寸粉末

除了提高磁性能外，降低重稀土的使用量也变得非常重要。通过细化晶粒尺寸和对磁体进行晶界扩散处理，能够以更少或不用重稀土的方式提高矫顽力。预计未来对永磁材料的需求将会增加，因此引进新的磁体制备工艺非常必要。开发新磁体的过程中，研究热力学和 Nd-Fe-B 的矫顽力机制可能变得非常有用。

3）高丰度稀土磁体研究

中国白云鄂博矿是世界最大的稀土矿山。白云鄂博矿物稀土精矿结合 P_{507} 萃取分离工艺如图 2-30 所示。稀土精矿经 Ce/Pr 分组，再经 La/Ce、Nd/Sm 分组产出氯化镧、氯化铈、氯化镨钕及氯化钐铕钆四种料液。其中氯化镧、氯化铈用 Na_2CO_3 沉淀后转为碳酸盐，再根据需要在灼烧窑内灼烧后生产氧化镧及氧化铈。氯化镨钕及氯化钐铕钆经草酸沉淀后转化为草酸盐，再去灼烧窑灼烧后产出氧化镨钕及氧化钐铕钆。

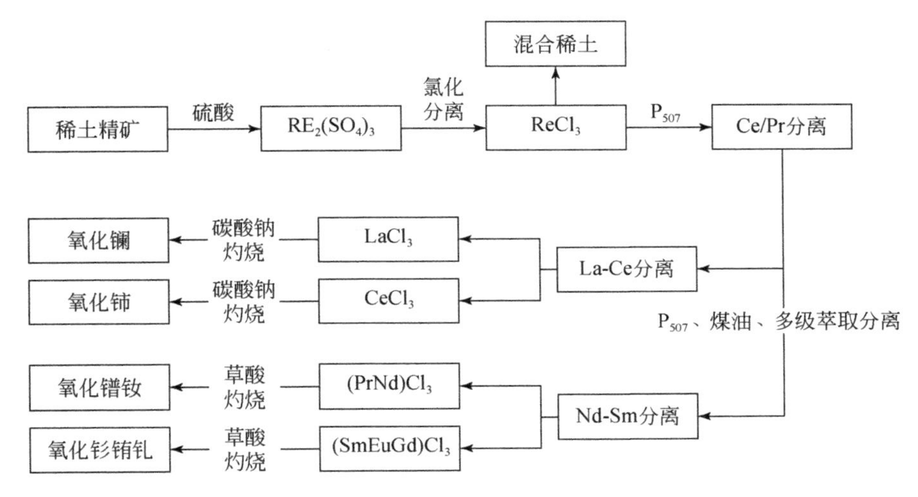

图 2-30　白云鄂博稀土精矿 P_{507} 萃取分离稀土流程图

典型的白云鄂博矿物中 La，Ce 含量高达 73%，经提取分离后混合稀土中 La，Ce 比例高至 78%，Pr，Nd 作为制造钕铁硼材料的关键原料，每年消耗接近我国稀土总量的 1/2，因此在提取 Pr，Nd 的过程中，高丰度的 La，Ce 稀土不能全部有效利用造成 La，Ce 大量积压。如何开发新的 La，Ce 应用方向成为研究热点之一。

第三代稀土永磁材料 $Nd_2Fe_{14}B$ 经过近 40 年的发展，当前面临最主要的问题就是其矫顽力与理论值相差较大，居里温度太低，以致其应用温度范围较窄。提高磁体矫顽力的方法如前文所述，可通过细化晶粒、重稀土添加、晶界微控改性等方法，但也会增加磁体的生产成本。同时，钕铁硼磁体中所用的镨钕金属价格波动十分剧烈，对磁体的成本影响远高于技术改善、品质控制所带来的经济收益。学者们近些年的研究重点在以低成本的方法提高钕铁硼的矫顽力，随着新工艺、新设备的投入，高矫顽力、高磁能积的磁体性能达到了一个新的高度，但磁体的成本较高。

由此引发了另一类的思考，能否选取合适的元素替代 $Nd_2Fe_{14}B$ 中的 Nd，制备磁体性能“合规”的低成本磁体，即不追求高性能，转而追求一种符合使用工况的低性能、低成本磁体制备工艺。根据 Re-Fe-B 的内禀磁性能规律，高丰度稀土 La，Ce 以其低廉的价格、与 Nd-Fe-B（J_s=1.6 T）相近的饱和磁化强度（1.38 T 和 1.17 T）成为被研究的对象。

Ce 应用于永磁材料的研究最早可追溯至 20 世纪 70 年代，制备的烧结 $Co_{8.8}Cu_{0.9}Fe_{0.5}Ce$ 永磁体磁性能为 H_{cj}=560 kA/m，$(BH)_{max}$=74.21 kJ/m^3。1985 年，已有学者采用高纯度稀土

原料首次制备出 $R_2Fe_{14}B$(R=Ce, Pr, Dy, Er)系列磁体[106]，并采用 PAR(peak average rectified) VSM 测量出 $Ce_2Fe_{14}B$ 在 300 K 时磁晶各向异性场为 2.9×10^3 kA/m，在 77 K 时饱和磁矩为 29.4 μ_B/f.u.(emu/g)。随后，通过混合稀土 Nd-Pr-Ce 替代纯 Nd[107]，其磁体性能可达到 B_r=1.3 T，H_{cj}=811.7 kA/m，$(BH)_{max}$=318.3 kJ/m^3。在 2000 年 9 月的"第 16 届国际稀土永磁体及其应用讨论会"上，有学者提出了一种利用含 Ce 磁体制备$(Pr_{0.71}Nd_{0.27}Ce_{0.02})FeB$ 的永磁体[108]，其最大磁能积可以达到 318.4～359.9 kJ/m^3。

Ce 磁体近十年来成为研究的热点，利用 Ce 对 2∶14∶1 相中稀土位进行替代会使磁体性能降低，尤其是当 Ce 含量超过 40wt%时，往往会引起磁性能的急剧恶化。早期的研究大多是采用单合金法，即直接使用一种名义成分的原料来制备 RE-Fe-B 烧结永磁体，这会导致 Ce 元素过多地进入主相形成$(Ce,Nd)_2Fe_{14}B$，恶化磁体性能。钢铁研究总院李卫院士团队研发的双主相 Ce 磁体技术，进行含 Ce 磁体的研究开发已有大量研究报道，例如，分别制备两种合金[109]，即混合稀土合金 A：$MM_{15.30}Co_{0.56}Cu_{0.08}B_{6.11}Fe_{bal}$［其中 MM 为混合稀土金属，含量 $La_{27.06}$，$Ce_{51.46}$，$Pr_{5.22}$，$Nd_{16.16}$］；标准成分钕铁硼合金 B：$(Pr,Nd)_{13.14}Dy_{0.73}Co_{1.00}Cu_{0.10}Al_{0.24}Nb_{0.21}B_{6.05}Fe_{bal}$，系统研究 A∶B 比例 0%～100%（20%增量）的磁性能与成分的关系，在 A 添加比例高于 20%后，磁体矫顽力迅速下降，当大于 40%后，晶界扩散效率下降明显。

表 2-6 为具有代表性的公开发表论文中有关含 Ce 磁体的制备方法与磁性能，其中包括单/双主相工艺研究、热处理温度研究以及成分研究。为了直观显示磁性能的差距，表格中磁体磁性能以高斯制表示。

表 2-6 相关文献研发含 Ce 磁体工艺与磁性能对比

参考文献	制备工艺	稀土总量/wt%	Ce 含量/wt%	工艺条件	B_r/kGs	H_{cj}/kOe	$(BH)_{max}$/MGsOe	H_K/H_C/%
[110]	单合金	31.5	0	1035℃+900℃+630℃	12.87	13.21	39.20	97.30
			10		12.83	13.36	38.31	97.30
			15		12.80	11.96	38.12	97.20
[111]	双合金	31	20	—	13.30	12.10	—	—
	单合金		20		13.16	7.70	—	—
[112]	双合金	30.5	27	1030℃×4 h+(880～920℃)×2 h+(460～520℃)×4.5 h	13.00	11.40	41.10	97.70
			36		12.70	10.30	38.80	96.40
			45		12.40	9.00	36.70	94.20
	单合金		27		12.80	10.40	39.00	94.30
			0		14.10	13.80	48.70	97.40
[113]	单合金	—	20	—	8.60	8.00	14.50	—
			30		8.50	7.60	12.60	—
			40		8.10	6.70	11.30	—
			50		7.30	6.20	8.20	—

续表

参考文献	制备工艺	稀土总量/wt%	Ce 含量/wt%	工艺条件	B_r/kGs	H_{cj}/kOe	$(BH)_{max}$/MGsOe	H_K/H_C/%
[114]	双合金	30	10	1020℃+900℃+520℃	14.00	12.20	46.60	87.00
			15		13.80	11.40	45.60	95.00
			20		13.70	12.00	45.00	90.00
			30		13.60	9.26	43.30	93.00
			45		12.40	6.20	33.40	90.00

从表 2-6 中可以明显看出，就工艺来看，利用双合金方法制备含高丰度 Ce 磁体的磁性能要明显优于单合金方法，依据取代量的不同，磁体的磁性能随着 Ce 含量的增加逐渐降低。目前工艺来看，取代稀土总量的 20%，即 Ce 含量为 6wt%的含 Ce 磁体，其矫顽力可以达到 954 kA/m（12 kOe）。剩磁及磁能积根据磁体的稀土总量、制粉工艺以及热处理工艺或有不同。

制备含混合稀土磁体，如果单纯地采用合金熔炼工艺，按成相规律，主相晶粒为 LaCePrNdFeB 的混合相。对于硬磁性 $Nd_2Fe_{14}B$ 相而言，LaCe 的混入会导致主相晶粒结构变化，剩磁下降进而导致磁性能降低。采用双主相工艺，LaCeFeB 相与 PrNd 相则相对独立。在烧结、回火的过程中，会发生微区域互扩散，根据其成分，LaCeFeB 相占 80%，属于优势相，其边界处$(La/Ce)Fe_2$ 相和 La/Ce 稀土相会优先包裹住 NdFeB 主相晶粒，这对于硬磁性相而言，LaCe 侵入了绝大部分 NdFeB 晶粒的边界，导致磁性能大幅度降低。

但是这种扩散机制又优于纯料的混合冶炼，该结构可以保证部分钕铁硼主相晶粒保持原有的磁性结构而不被完全同化成(LaCePrNd)FeB 的混合物，进而使得混合高丰度 ReFeB 磁体具有一定的磁性能，这是一种合理可靠的利用高丰度稀土的方式。

2.3.3　粘结钕铁硼

粘结钕铁硼磁体是由快淬 NdFeB 磁粉和粘结剂混合通过成型制备的磁体。粘结钕铁硼磁体是钕铁硼材料的一种，它具有尺寸精度高、韧性好、无须后加工和易于复杂成型等优点，在计算机、办公室自动化、消费类电子、汽车和仪表等领域得到广泛应用。

粘结钕铁硼永磁材料的制备工艺流程为：配料—熔炼母合金—快淬制备条屑—粉碎—晶化处理—混入粘结剂—压制成型—固化处理—充磁，其制备工艺流程图如图 2-31 所示。

粘结磁体的磁性能主要取决于快淬粉末的磁特性，其机械特性及抗氧化性、抗腐蚀、热稳定性等与粘结剂有密切关系。因此，粘结永磁材料制造的关键技术是磁粉的制备、偶联剂与粘结剂的选择、粘结剂的添加量、成型的压力和取向磁场强度等。

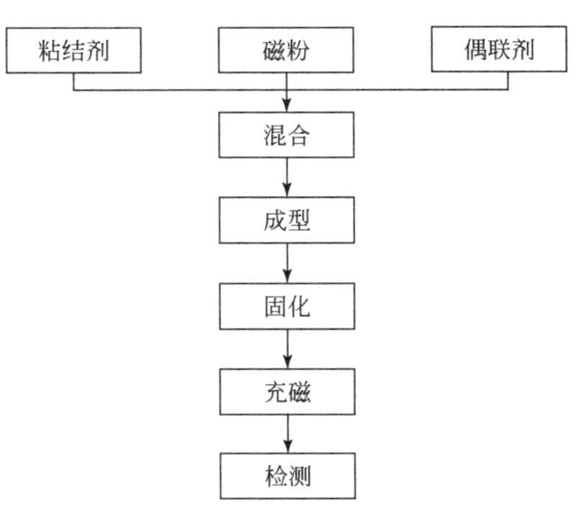

图 2-31　粘结钕铁硼磁体工艺流程图

1. 磁粉制备技术

粘结 NdFeB 永磁材料用的磁粉制造方法主要有快淬法、HDDR 法、机械合金化法等。

1）快淬法

目前快淬磁粉的工艺方法有两种：真空电弧重熔溢流快淬法（电弧式法）和真空感应重熔单辊快淬法（感应式法）。真空电弧重熔溢流快淬法的工作原理是将合金铸锭破碎成3～10 mm 的颗粒，装入快淬炉中起弧熔化，熔液飞溅到快速旋转的辊轮上，甩成厚 30～50 μm、宽 1～30 mm 的非晶薄带，然后球磨破碎成粉再进行晶化处理成为快淬磁粉[115]。感应式法主要工作原理是将合金铸锭重新熔炼，高温熔液被浇到一个高速旋转的辊轮上，在真空中甩出薄带，然后薄带会集中落入一个专门的破碎腔中进行破碎，最后破碎粉进入晶化炉中晶化。整个过程可连续生产几十甚至上百小时，同时还可在线取样检测，大大提高了生产效率。感应式快淬炉最大的优势就是可以连续生产，每 24 h 可产出 2 吨粉，开炉一次最多可产出 10 吨，实现了产业化批量生产，这是电弧快淬炉无法比拟的。快淬制备 NdFeB 磁粉是目前粘结磁体生产中主要应用的粉末。

2）HDDR 法

HDDR（hydrogenation-disproportionation-desorption-recombination）法是依据稀土金属间化合物吸氢特性开发的，是制备各向异性钕铁硼磁粉的有效手段，这一方法包含四个阶段，即氢化—脱氢—歧化—复合。首先将钕铁硼合金铸锭放置于真空烧结炉内，通入氢气使 $Nd_2Fe_{14}B$ 化合物在一定温度下分解为 NdH_2+Fe+Fe_2B 三相，然后 NdH_2 在真空气氛进行脱氢，在脱氢过程中发生再结合形成细颗粒的 $Nd_2Fe_{14}B$ 化合物，最终成为各向同性永磁体粉末。

3）机械合金化法

机械合金化是利用固相反应来实现的，其原理是将永磁合金所需的金属原料颗粒与不锈钢球装入耐磨料罐中，通入 Ar 气，放入高能球磨机球磨约 34 h。然后将磁粉加热至 700℃下固相反应 1～3 h。此法制备的磁粉内禀矫顽力可达 800 kA/m 以上。与快淬法比较，该方法效率低，没有用于实际生产。

2. 磁粉成型技术

粘结钕铁硼磁体的成型是将钕铁硼粘结磁粉与粘结剂和其他添加剂按照一定比例混合均匀后用压制、注射和挤压等成型方法，按照用户需求制成各种形状的永磁材料。目前生产所用最多的是前两种。

1）模压成型

首先将磁粉和粘结剂按照一定比例混合，使粘结剂均匀地覆盖在磁粉颗粒表面，添加一定量的添加剂并简单造粒后，把混合的粉末装入压机模腔进行压型，然后将压坯进行固化而得到最终产品。

2）注射成型

首先将磁粉和粘结剂按照一定比例混合均匀，经过混炼和造粒，制成干燥的颗粒，用螺旋式导料杆将颗粒料送到加热室加热，然后注射成型冷却后得到产品。该方法成型时需要的粘结剂量较大（粘结剂的体积分数可占到 30%），成型后的磁体磁性能相对较低，但可以批量制备形状复杂的磁体。此外，注射成型过程磁粉被熔化的有机粘结剂包裹，在磁场下可进行取向，因此可制备各向异性磁体。

3）挤压成型

挤压成型工艺过程和注射成型的过程基本相同，最大的区别是挤压成型是将加热的颗粒原料通过一个孔洞挤入模具中进行成型。生产中采用该成型工艺的较少，一般用来制备薄片状和薄壁环状磁体。

各向同性粘结钕铁硼磁体的磁性主要取决于磁粉的磁性能和所采用的制备工艺。模压法制备的粘结磁体磁性最高，$(BH)_{max}$ 一般在 64～96 kJ/m^3，采用在一定温度下压缩成型（在粘结剂的熔融温度下进行压制）工艺可得到成型密度高的磁体，从而使磁体的磁性能提高。注射成型粘结磁体的磁性能低，制造工艺复杂和价格较高，但对于一些轻、薄、短、小、形状复杂的粘结磁体，宜采用注射成型加工。

各向异性粘结钕铁硼磁体的制备工艺与各向同性粘结磁体大致相同，所不同的是成型时要在外磁场下进行磁取向而得到各向异性。磁各向异性钕铁硼磁粉在磁场成型过程中取向的好坏直接影响粘结磁体的磁性能。取向度取决于磁场成型过程中模具内的磁各向异性钕铁硼磁粉的松装密度、外加磁场强度大小和方式以及成型温度高低等。

2.3.4　热压热变形钕铁硼

热压热变形钕铁硼磁体是钕铁硼永磁材料的一个重要的分支，热压热变形技术在 Nd-Fe-B 材料发现不久即被应用于 Nd-Fe-B 永磁材料的制备。1985 年，首次利用热压热变形技术制备出了全密度的各向同性和各向异性永磁体[116]，并命名为 MQⅡ和 MQⅢ磁体。利用快淬磁粉热压致密化得到各向同性磁体，在各向同性磁体的基础上进行热变形即得到宏观上的各向异性磁体。

1. 热变形取向原理

Nd-Fe-B 为四方晶格结构，c 轴方向的弹性模量较小，使其具有力学性能方面的各向异性，因此在受到压力时，容易发生沿着压力方向的择优取向，这是热变形的基本原理。自热压热变形技术问世以来，其取向原理的研究一直未中断。

1987 年，利用透射电子显微镜，建立了热压和模镦钕铁硼磁体的致密化、取向和磁化反转机制[117]。热压热变形钕铁硼磁体的微观结构显示出两个主相：$Nd_2Fe_{14}B$ 晶粒和近似成分为 Nd_7Fe_3 的晶界相。由于热变形 $Nd_2Fe_{14}B$ 晶粒变为片状晶，提高了磁体晶粒的取向，并认为屈服对热压试样的致密化起重要作用，而扩散滑移对取向起关键作用。有学者提出了一种快速凝固法制备热变形磁体的织构模型[118]，认为在平行于压力的作用下，晶间的富钕液相发生元素扩散是晶粒择优生长形成织构的最主要原因。

2. 致密化形成机理

快淬钕铁硼粉末片状颗粒尺寸较大，排列松散，存在大量缝隙，因此在装入模具后加热前要先进行常温冷压。在压力作用下粉末开始破碎，破碎的快淬磁粉颗粒相互靠近、移动并滑入邻近孔隙之中，这个阶段的致密化速度主要取决于粉末的原始粒度、颗粒形状、材料脆性与屈服强度。经过常温压实阶段，粉末颗粒变细，孔隙大大减少，接触面积增大。当压坯的相对密度达到一定程度后，物理机械压实完成，压坯体积不再发生变化，但此时压坯密度还远远不够，该致密化步骤只适用于热压过程的初始阶段。

经过第一阶段后，通过常温压制已经不能进一步增加接触面积提高致密性。加热有利于降低粉末发生变形的屈服强度，加热同时加压能够使变软的磁粉发生塑性变形，接触面积进一步扩大，颗粒间接触部位融合发生合金化，并且部分被挤压进入粉末间的缝隙中。因不断填充导致孔隙率逐渐下降，压坯体积减小，粉末压坯磁体的致密化程度进一步增大。

在此之后，塑性流动机制在致密化过程中不再起主要作用，此时的致密化过程主要依靠原子或空穴的扩散来完成，缺陷逐渐消失，晶粒逐渐长大。但是，热压温度越高，保温时间越长，晶粒长大也越严重，对后续的热变形过程不利。在此阶段，粉末压坯磁体的致密化速率最小，最终得到接近材料理论密度的各向同性磁体。这三个阶段并没有明显的界线，特别是后两个阶段经常伴随发生。

3. 纳米晶磁粉的制备

由于热压热变形磁体的晶粒尺寸比烧结钕铁硼磁体的晶粒尺寸小一个数量级，因此热压热变形磁体在矫顽力温度系数方面表现出显著的优势。鉴于其晶粒细小、抗腐蚀性能优异、工艺简单，能制备出近终成形的各向异性磁体，使得热压热变形磁体在精密永磁电机中具有广阔的发展前景。纳米晶磁粉的制备方式主要有快淬法、HDDR 法等。

1）快淬法

通过快淬法获得的粉末晶粒尺寸虽然低于单畴尺寸，但是其矫顽力偏低。在制粉过程中，冷却速率对于矫顽力的影响极为重要。研究表明，冷却速率过快，晶粒尺寸过小，易产生顺磁性颗粒；冷却速率过慢，则易形成多畴晶，同样导致矫顽力恶化[119]。合金元素的加入也影响磁粉的矫顽力和居里温度。研究表明，少量的 Co 置换 Fe 元素和添加少量的 Ni 元素具有同样的效果，都能有效提高居里温度[120,121]，而 Si 的加入不仅有利于提高快淬磁体的居里温度，对剩磁也有积极的效应，但是却降低内禀矫顽力；Al 元素则对快淬磁体的综合性能方面效能显著[122]。有学者[123]对快淬粉末的微观结构进行了研究，发现在快淬钕铁硼磁粉的主相晶粒边界存在 1～2 nm 厚的非晶态富 Nd 相薄层，该非晶层对磁畴壁的运动具有钉扎作用。为了进一步优化磁粉的微观结构，提高磁粉的矫顽力，通过在 $Nd_{12.8}Fe_{76.5}Co_{3.92}B_{5.68}Ga_{0.5}Si_{0.3}Al_{0.3}$ 磁粉中混合添加一定量的 $Nd_{80}Cu_{20}$ 和 $Nd_{82}Al_{18}$ 合金粉末[124]，经扩散处理后，矫顽力大幅提升，微观组织显示，合金粉末通过晶界扩散沿晶界分布，抑制了主相之间的耦合作用。

2）HDDR 法

采用 HDDR 工艺制备的磁粉与快淬法制备的磁粉微观结构略有不同。利用透射电子显微镜观察了 HDDR 工艺制备的磁粉结构[125]，发现 HDDR 磁粉的晶粒尺寸在 100～300 nm 范围内，与单畴颗粒的尺寸相当。这样的晶粒大小应获得较高的矫顽力，但是实际矫顽力较低，一般认为是由于 HDDR 磁粉晶粒之间缺少晶界相，不能阻碍主相晶粒之间的磁交换耦合作用。

4. 热压热变形磁体的制备

1）制备工艺

热压变形工艺过程主要分为两个阶段：热压阶段和热变形阶段。热压阶段将钕铁硼合金粉末压成高密度、各向同性坯块。热变形阶段将钕铁硼合金的等轴晶转变为片状晶，片状晶的堆垛方式为垂直压缩方向，*c* 轴（易磁化轴）沿着压力方向排布，形成各向异性磁体。1985 年，采用此种工艺研制出了最大磁能积为 319.2 kJ/m^3 的磁体。1987 年，采用热变形制备各向异性钕铁硼磁体，其显微组织主要由基体相 $Nd_2Fe_{14}B$ 和晶界相 Nd_7Fe_3 组成，通过分析磁体的晶粒生长及排列，认为晶粒对 *c* 轴沿压力方向生长是由于塑性变形与晶界滑移的组合产生的。

A. 热压工艺

热压工艺（hot pressing，HP）是通过对模具内粉末进行加热，然后进行压制成型制备磁体的工艺。该工艺热压过程中变形量很少，主要目的是进行磁体的致密化，得到各向同性磁体。

B. 热变形工艺

热变形（hot deforestation，HD）是对致密度较好的磁体压坯再进行镦粗和挤压，使 $Nd_2Fe_{14}B$ 相晶粒沿着择优取向晶粒（*c* 轴方向和压力方向平行的晶粒）的侧面挤出，最终形成具有 *c* 轴取向的各向异性钕铁硼磁体。

热压、热变形钕铁硼磁体的工艺流程如图 2-32 所示，快淬钕铁硼磁粉经过热压可变成全密度各向同性磁体，经过热压和模锻可获得全密度的各向异性磁体，经过热压和背挤压制得全密度辐射各向异性磁体，如各向异性辐射磁环。

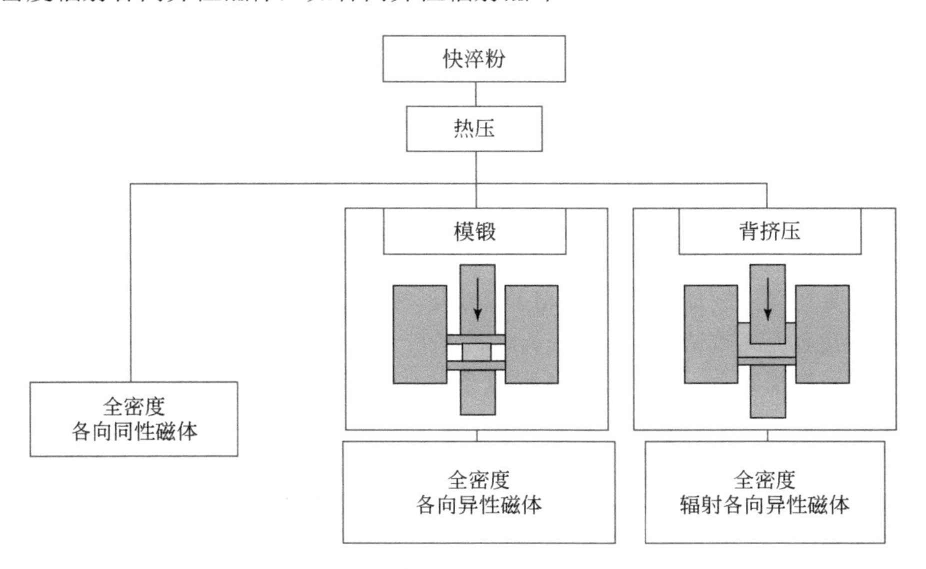

图 2-32　热压、热变形钕铁硼磁体制备流程图

2）影响工艺因素

在热压热变形磁体工艺过程中，首先将非晶或微晶态的快淬粉装入热压模具，通过压

机压实磁粉并开始加热，受热后磁粉之间相互接触的部位率先变软并发生扩散结合。随着持续加压保温，逐渐形成具有高致密度的各向同性磁体。此时磁体的密度能够达到磁体成品密度的95%以上，随后将磁体压坯放入热变形模具进行热压变形处理。当加热升至一定温度时，富 Nd 晶界相熔化为液态，磁体开始软化，压机上下压力开始对压坯施加轴向外压力。在此阶段，磁体以恒定的变形速率模压镦粗产生均匀的塑性变形。当磁体填充整个模具时，变形抗力在应变的某一拐点处开始增大，外加压力也随之开始快速增大，试样的均匀变形阶段终止。随着磁体外加压力达到最大，热变形过程基本完成，整个过程温度、压力、位移随时间的变化如图 2-33 所示。

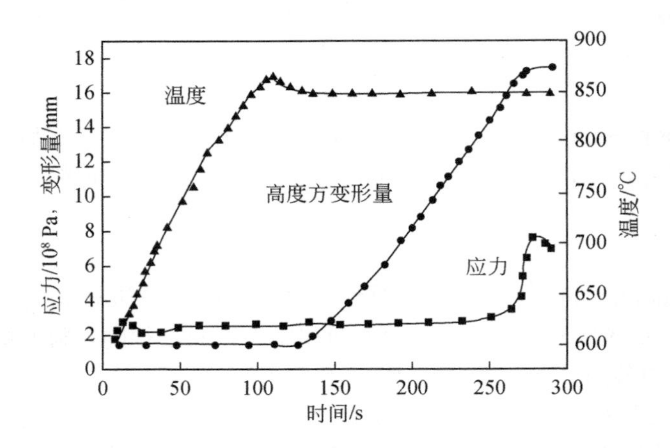

图 2-33　热压磁体热变形过程中温度、压力、位移随时间的变化

影响热压变形磁体的主要因素有加热温度、外加压力和保持时间。随着压制温度的提高，粉末的接触部位能够快速扩散融合，压坯的致密度提高。但热压阶段温度过高会导致磁体在热变形过程中形成一些杂相，同时晶粒会快速异常长大，使得磁体的磁性能降低[126]。一般合适的热压保温的温度为 550～700℃。

在一定温度范围内，增大压力有利于提高样品致密度，但高温加压环境对模具提出了更高的要求，受设备和模具所限压力不宜过高。与冷压成型相比，热压成型的压力只相当于冷压压力的 1/10 左右，因此具有成型时间短、制品致密度高等特点。

热压过程要严格控制加热时间。$Nd_2Fe_{14}B$ 化合物从微晶态开始快速长大，增加时间虽然能在一定程度上提高致密度，但会使磁体的晶粒长大，因而影响磁体的变形取向。因此，在保证充足压力的基础上，选取适当的温度条件，缩短加热和保温时间，有利于制备出各向同性磁体。热挤压变形过程也同样受到温度、外加压力、压下率、变形速率等工艺条件的影响，主要影响晶界相的液化、滑移、晶粒的旋转、取向排列等。

当温度超过 650℃时，富 Nd 晶界相变成液态，主相晶粒仍为固态。在外加压力作用下，晶粒发生滑动和转动，晶界发生滑移，并作为原子扩散的通道导致非取向晶粒溶解和取向晶粒定向长大。当温度过低时，富 Nd 相未完全熔化，流动性差，晶粒的生长和取向都会受到阻碍，只有部分主相晶粒能够正常长大形成片状晶[127]。一般情况下，磁体取向度随热流变温度的升高而增大，并在 850℃时达最大。当温度过高时，部分主相晶粒极易发生异常长大，导致晶粒取向变差，不利于磁体织构的形成[128]。对于磁性能，提高热变形温度会使磁体密度和取向度提高，磁体剩磁增加，但当温度过高时，取向度的降低导致剩磁下降。

除了温度，变形速率和压下率对热流变过程的影响也很大[129]。磁体热变形过程中，变形速率越大，达到相同应变所需要的应力也越大。过高的变形速率造成磁体流动性差，需要更大的流动应力来维持塑性变形的进行。同时，形变过程时间过短，取向晶粒也很难快速完成转动和再结晶，影响磁体晶粒取向。但是如果变形速率过低，晶粒处于高温下的时间较长，很容易发生异常长大。因此，控制合适的变形速率对热变形过程有很重要的意义。

在有效的变形速率范围内，压下率的增加可以改善晶界相的流动性和扩散速率，协助晶粒更快地发生转动和再结晶，使得晶体取向改善。就性能方面来说，压下率的增加可显著提高磁体剩磁，提高磁体退磁曲线的方形度，提高了磁体的最大磁能积。压下率一般以70%～80%为宜。

3）成分与组织

热压变形钕铁硼磁体的磁性能与烧结钕铁硼一样，也来自于 $Nd_2Fe_{14}B$ 化合物。该化合物具有很强的磁性单轴各向异性，对于多晶磁体，当 $Nd_2Fe_{14}B$ 化合物晶粒 c 轴混乱取向时，磁体是各向同性的；当晶粒 c 轴沿一定方向规则取向时，在宏观上表现出强的各向异性。对于取向的多晶 NdFeB 永磁体，其弹性模量也具有较大的各向异性。在室温时，平行 c 轴方向的弹性模量 $E_{//}$为 $1.58\times10^{11}\ N/m^2$，垂直 c 轴方向的弹性模量 $E_{\perp}$为 $1.62\times10^{11}\ N/m^2$。当温度升高时，弹性模量随温度的升高而降低，高于 500℃时$(E_{\perp}-E_{//})/E_{\perp}$比值急剧增加，在600℃附近$(E_{\perp}-E_{//})/E_{\perp}$达到最大。在室温下，$Nd_2Fe_{14}B$ 化合物单晶体维氏硬度为 950，多晶体维氏硬度为 650，随着温度升高硬度逐渐降低，在 700℃时硬度仅为室温时的 8%。钕铁硼永磁材料在室温时硬度高、脆性大，但在 600℃以上时，磁体发生软化，硬度和弹性模量都急剧下降，这为热压各向异性钕铁硼磁体的制备提供了前提。

烧结钕铁硼磁体是将磁粉放在模具中，施加一个外磁场的同时，增加压力，完成取向压型过程，然后通过控制烧结工艺抑制晶粒的异常长大。高取向度的晶粒均匀地分布在磁体内部，获得良好的微观组织结构和磁性能。热压钕铁硼磁体则不同，它是依靠晶粒的变形完成取向过程，因此热变形磁体内部由粗晶区和细晶区两部分构成，表现出组织结构的不均匀性特点。这种微观结构导致了热变形磁体的剩磁低于烧结钕铁硼磁体，因此，对于热变形磁体的微观结构研究是非常有必要的。

以名义成分为 $Nd_{30}Fe_{66.55}Co_4B_{0.95}Ga_{0.5}$ 的快淬粉末[130]，在 550～700℃的不同热压温度下，200 MPa 的压力下制备了全密度各向同性压坯，随后在 850℃、约 300 MPa 的压力下制备出各相异性热变形磁体，用以研究磁体的微观组织结构。研究发现，热变形磁体的微观组织结构由具有一定排列规则的晶粒和无规则排列的晶粒共同组成，且两种晶粒之间呈现出一种准周期性的层状结构，其中无规则排列的晶粒 Nd 含量较高，晶粒尺寸相对较大，这种大尺寸晶粒的形成或与快淬带有关。有学者针对磁体中错取向准周期的粗晶结构[131]，开展系统研究工作。通过在热变形磁体中掺杂六方氮化硼纳米硬质相，优化了快淬带界面的微观结构，使剩磁显著增加，主要原因是六方氮化硼纳米硬质相引起的压应力均匀化，使得快淬带表面的晶粒与内部晶粒之间取向度提高，导致热变形磁体微观结构均匀，织构改善。在此基础上，进一步研究了粗晶区的分布特点[132]，发现快淬磁带贴辊面部位亚稳态的超细晶粒的晶界能较高，晶界相匮乏。这样的超细晶粒在热变形过程中晶界发生迁移，易异常长大，形成粗晶区。基于此，研究人员将磁粉进行预热处理，使得超细晶粒预生长，降低超细晶粒的晶界能，进一步利用热变形工艺，使预生长晶粒在压应力作用下择优生长为片状晶，最终获得均匀分布、高取向度组织的热变形磁体。

2.4 钐铁氮永磁材料

自 1983 年钕铁硼永磁材料出现以来，新型永磁材料的探索研究一直都在进行。受到钕铁硼永磁材料研究成功的鼓舞，人们加大了对稀土过渡族金属化合物的研究，试图发现更高永磁性能的新型永磁材料。1990 年，Coey 等[133]在稀土铁的 R_2Fe_{17} 二元金属间化合物研究中发现 Sm_2Fe_{17} 在吸收一定的 N 原子后可形成 $Sm_2Fe_{17}N_x$ 化合物，由于其具有优异的永磁特性而引起人们的关注。随着不断地研究开发，作为各向同性和各向异性的钐铁氮粘结永磁材料日见成熟，但因其亚稳特性、高温分解而不能制作成致密化的永磁材料以及成本、市场应用等因素，限制了大规模产业化发展。近年来，稀土原料价格的上涨使钕铁硼永磁材料价格大幅提高，钐铁氮永磁材料的成本优势逐渐显现出来，再次引起人们的关注。本节将介绍钐铁氮成分、结构、制作工艺及磁体的磁性能。

2.4.1 结构与性能

在稀土和铁的二元金属间化合物中，R_2Fe_{17} 化合物具有较高的饱和磁化强度。R 为 Ce，Pr，Nd，Sm，Eu，Gd 和 Tb 原子时，R_2Fe_{17} 二元金属间化合物的晶体结构属于菱形 Th_2Zn_{17} 结构，当 R 为 Dy 以后稀土元素时，R_2Fe_{17} 化合物晶体结构为六方 Th_2Zn_{17} 结构[134]，但所有 R_2Fe_{17} 化合物都是面各向异性。

1990 年，Coey 等[133]利用气态固相反应方法制备出了 $R_2Fe_{17}N_x$ 化合物。N 原子进入 R_2Fe_{17} 化合物后，晶体结构类型不变，但晶格常数增加，单胞体积明显增大，居里温度和饱和磁化强度都显著提高。最重要的是在主要轻、重稀土的所有 $R_2Fe_{17}N_x$ 化合物中，虽然大部分化合物仍然显现面各向异性，但 Sm 和 Y 氮化合物的各向异性转变为单轴各向异性。

Sm_2Fe_{17} 和 $Sm_2Fe_{17}N_x$ 的晶体结构如图 2-34 所示[135]。在室温下，Sm_2Fe_{17} 为菱方晶系，空间群为 $R3m$，一个单胞内包含 3 个 Sm_2Fe_{17} 分子，共有 57 个原子，其中有 6 个 Sm 原子占据 c 晶位，51 个 Fe 原子中有 9 个占据 d 晶位，18 个占据 f 晶位，18 个占据 h 晶位，6 个占据 c 晶位。在此晶体结构中，间隙位置较大的有两个，一个是位于含有 Sm 原子面的 9e 晶位的八面体间隙，另一个位于沿 c 轴方向的两个 Sm 原子之间的四面体空位。由于 Fe-Fe 原子间距较小，具有负的交换耦合作用，Sm_2Fe_{17} 的居里温度（390 K）较低，并且易磁化轴是易面的。经过氮化后，N 原子进入八面体间隙，使晶体结构晶格膨胀，晶胞体积有所增大，增加了 Fe-Fe 原子间距，增强了交换耦合作用，明显地提高了化合物的居里温度。Sm_2Fe_{17} 晶体结构中存在 3 个 9e 晶位，因此，$Sm_2Fe_{17}N_x$ 化合物中的 $x \leqslant 3$。由于 N 原子进入八面体间隙，与 Sm 的 4f 壳层产生强的作用，改变晶体场系数，增加了各向异性场[136,137]。

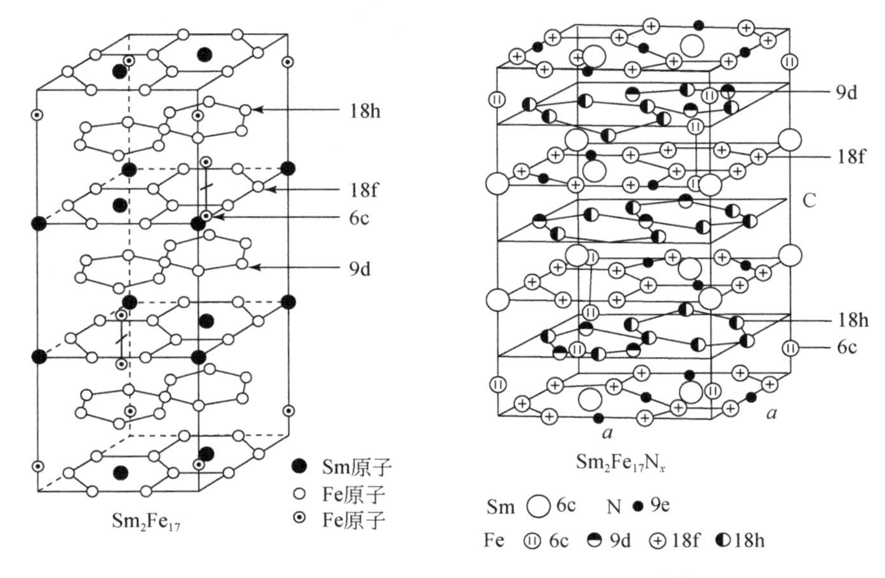

图 2-34 Sm_2Fe_{17}和 $Sm_2Fe_{17}N_3$ 的晶体结构[135]

$Sm_2Fe_{17}N_x$化合物的磁特性与 N 原子的含量密切相关。研究发现[138]，N 原子数量可在 0～3 之间连续变化，氮原子的最大含量与氮化工艺有关。Sm_2Fe_{17}粉末样品在 500 Mbar、400℃氮化 64 h，氮原子数为 2.56，在 500℃氮化 16 h 达到 2.94。$Sm_2Fe_{17}N_x$化合物的饱和磁化强度 M_s、居里温度 T_c和各向异性场μ_0H_a与氮原子含量 x 的关系如图 2-35 所示。当氮原子数由 0 增加到 1.56 时，饱和磁化强度逐渐增加，但当大于 1.56 时，增加缓慢。居里温度和各向异性场在氮原子含量 0～2.94 范围内，几乎线性增加。氮含量 0～0.4 时，易磁化

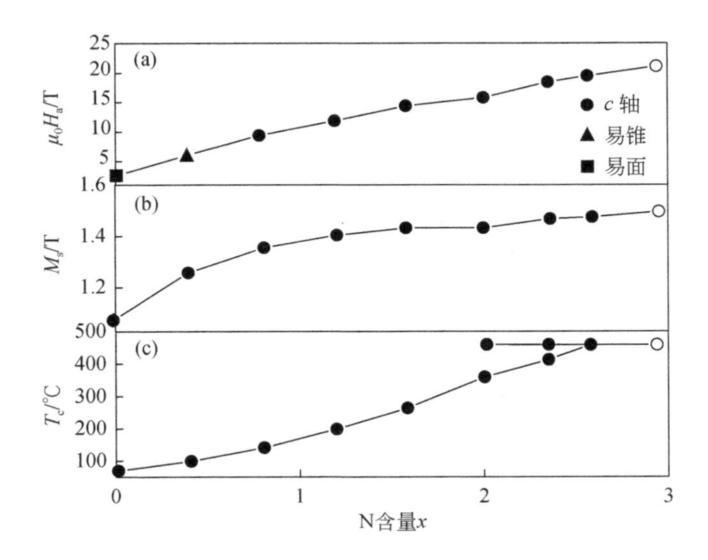

图 2-35 氮含量与磁性能的关系

（a）各向异性场；（b）饱和磁化强度；（c）居里温度

符号●和符号○的数据分别为在 400℃×64 h 和 500℃×16 h 的数据

化方向由易磁化面转变为易磁化区，直到 0.8 以上开始向易磁化轴转变，成为单轴各向异性。表 2-7 列出了重要的 $Sm_2Fe_{17}N_x$ 化合物基本磁特性与氮含量的关系，可以看出，在室温下，Sm_2Fe_{17} 吸 N 形成 $Sm_2Fe_{17}N_{2.94}$ 化合物后，其饱和磁化强度达到 1.51 T，磁晶各向异性场达到 21.0 T，居里温度为 473℃，具有成为良好永磁材料的基本特性。

表 2-7 $Sm_2Fe_{17}N_x$ 化合物的基本磁特性与氮含量的关系[138]

x	饱和磁化强度 M_s/T	各向异性场 H_a/T	居里温度 T_c/℃	理论最大磁能积 $(BH)_{max}$/MGsOe
0	1.09	易面	117	—
0.4	1.27	易锥面	140	—
1.56	1.43	14.4	293	51.1
2.56	1.48	19.6	472	54.8
2.94	1.51	21.0	473	57.0

2.4.2 制备工艺

制备 $Sm_2Fe_{17}N_3$ 化合物磁粉的方法有粉末冶金法[139]、还原扩散法[140]、机械合金化法[141]、熔体快淬法[142]、氢化歧化法[143]等。

1. 粉末冶金法

粉末冶金是制备 $Sm_2Fe_{17}N_x$ 化合物磁粉最主要的方法。其工艺流程是：配料—冶炼—均匀化退火—破碎制粉—氮化。配料时需考虑 Sm 元素冶炼时的烧损，在冶炼浇铸时，冷却速度应尽可能快，减少α-Fe 及其他相的形成。为了减少或消除α-Fe 相以及提高 Sm_2Fe_{17} 化合物的体积分数，需要进行均匀化退火。氮化通常采用在 450～500℃温度和 1 大气压 N_2 气体下进行，最终形成 $Sm_2Fe_{17}N_x$ 化合物磁粉。粉末冶金方法制备各向异性的磁粉，关键在于控制 Sm-Fe 合金在冶炼过程中出现的α-Fe 相等其他杂相，获得高 Sm_2Fe_{17} 相的体积分数，氮化时要求粉末颗粒均匀全部氮化。由于高温退火、氮化处理时间较长，因此 $Sm_2Fe_{17}N_x$ 化合物磁粉制备工艺耗时较长。

2. 还原扩散法

还原扩散法是利用还原剂还原稀土金属氧化物，使还原出的稀土金属与金属铁等扩散形成所需的化合物。SmFeN 还原扩散法是将一定比例的 Sm_2O_3、Fe 和金属 Ca 粉混合，在一定温度下，Ca 将钐还原出来并向 Fe 中渗入，Sm 与 Fe 结合形成 Sm_2Fe_{17}，然后进行氮化处理形成 $Sm_2Fe_{17}N_x$ 粉。

$$3Ca+Sm_2O_3 = 3CaO+2Sm$$

$$2Sm+17Fe = Sm_2Fe_{17}$$

还原扩散法不需要稀土金属作原料，只需稀土氧化物，省去了纯金属制取、合金熔炼退火与铸锭破碎等工艺环节。采用该方法能够制造出高性能的各向异性 $Sm_2Fe_{17}N_x$ 磁粉[144]，关键的问题是 Ca 的清洗与去除以及防止 Sm_2Fe_{17} 合金粉的腐蚀。

3. 机械合金化法

机械合金化法是利用固相反应来实现合金化，通常将设计成分所需的金属原料混合后放入高能球磨机进行球磨合金化。球磨过程中，钢球与原料粉末撞击，使高速运转的球体动能转化为粉末颗粒的形变能、表面能和热能。高能球磨使粉末颗粒形成新鲜表面，进一步形成具有超精细结构的成分均匀、形状规则的粉末颗粒。钐铁氮的机械合金化是将金属 Sm 和 Fe 粉末按一定配比混合进行机械磨粉，然后再退火热处理形成 Sm_2Fe_{17} 化合物，最后在氮气气氛中进行氮化处理，将氮原子引入晶格中形成 $Sm_2Fe_{17}N_x$。研究发现，Sm 含量的增加使得钐铁合金中的非晶相增加，α-Fe 相减少。钐铁氮磁粉的矫顽力随热处理温度的升高而降低，球磨时间越长矫顽力越低，最高矫顽力可达到 1344 kA/m。钐铁合金的机械球磨需要的时间较长，限制了其在生产中的推广应用。

4. 熔体快淬法

熔体快淬法就是在真空状态下，将熔融的金属或合金在一定的压力下，喷射到高速旋转的水冷铜辊上，使其在极高的冷速下凝固，获得具有成分均匀的纳米级晶粒或非晶组织的方法。将钐铁合金高温熔化，然后将熔炼的钐铁合金喷射在快速冷却的铜辊上制成钐铁合金薄带，随后破碎制成 Sm_2Fe_{17} 合金粉，经过热处理和氮化处理，制备出 $Sm_2Fe_{17}N_x$ 化合物粉末。Sm_2Fe_{17} 合金的晶体结构与成分、快淬速度、晶化温度等密切相关，用快淬法制备 $Sm_2Fe_{17}N_x$ 化合物粉末的磁性能对结构十分敏感。$Sm_2Fe_{17}N_x$ 化合物具有 Th_2Zn_{17}（2∶17 型）结构，在特定的条件下，$Sm_2Fe_{17}N_x$ 化合物也具有 $TbCu_7$ 型结构。在后续的氮化过程中，$TbCu_7$ 型结构化合物的氮化物比 2∶17 型氮化物稳定性差很多，易于分解出α-Fe。为了避免钐铁 $TbCu_7$ 型化合物的出现，可提高 Sm 的含量，但又容易出现 $SmFe_2$ 化合物相，该化合物更不稳定，更易于分解出α-Fe 和 SmN 相。因此，用快淬法制备 $Sm_2Fe_{17}N_x$ 永磁粉对成分、快淬冷速、氮化温度等条件要求苛刻，须严格控制。该方法制备的 $Sm_2Fe_{17}N_x$ 磁粉是各向同性的，具有成分和组织均匀、晶粒细小等优点。

5. 氢化—歧化—脱氢—再化合工艺

HDDR 法是利用稀土金属间化合物的吸氢和放氢特性进行制备粉末的方法。稀土化合物吸氢并歧化分解，随后在脱氢过程中形成晶粒细小的原化合物，从而实现对材料晶粒的细化。Sm_2Fe_{17} 合金利用吸氢特性，经过歧化、脱氢、再化合过程，使 Sm_2Fe_{17} 合金晶粒细化成为纳米尺寸的晶粒，然后氮化制备 $Sm_2Fe_{17}N_x$ 粉末[145]，其工艺流程为：合金成分配备—合金熔炼—均匀化退火—铸锭破碎—HDDR 处理—氮化。$Sm_2Fe_{17}N_x$ 的 HDDR 工艺具有粉末均匀性好、含氧量低、粉末晶粒细等优点，最重要的是能制备各向异性磁粉，由此能制备出高性能各向异性粘结磁体，因而是一种具有良好应用前景的磁粉制备工艺。

6. 合金氮化

Sm_2Fe_{17} 合金的制备方法有多种，但为了形成 $Sm_2Fe_{17}N_x$ 化合物都需要进行氮化。氮化工艺过程为：首先将 Sm_2Fe_{17} 化合物制成粉末状，在 450～500℃下，将粉末放在一定压力的含有氮元素的化学气体中，氮元素吸附在 Sm_2Fe_{17} 合金表面形成氮原子，然后扩散至

Sm_2Fe_{17}合金内部形成$Sm_2Fe_{17}N_x$[146]，化学反应过程为：

$$N_2(g) \longrightarrow 2N$$

$$2Sm_2Fe_{17} + xN_2 \rightleftharpoons 2Sm_2Fe_{17}N_x$$

Sm_2Fe_{17}合金氮化过程示意图如图2-36所示[147]，钐铁合金的氮化过程实质是由含氮介质的吸附过程与氮原子的扩散过程构成。由于Sm_2Fe_{17}合金晶体缺陷的存在，吸附于合金表面的氮原子沿着晶体缺陷向Sm_2Fe_{17}合金心部扩散，形成$Sm_2Fe_{17}N_x$化合物。

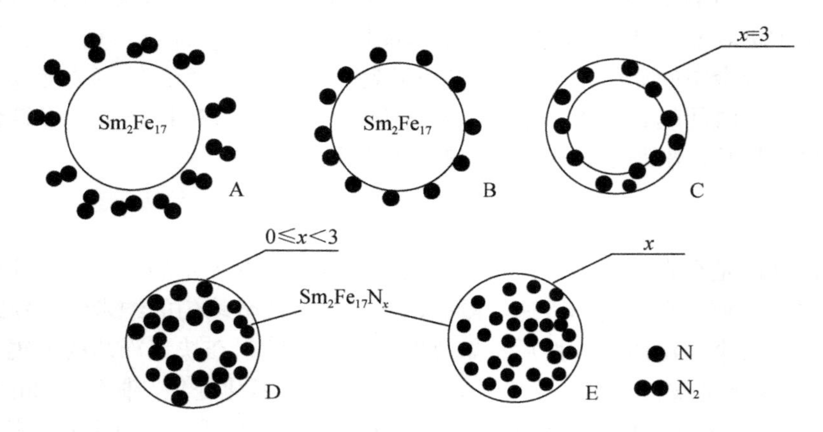

图2-36　Sm_2Fe_{17}合金氮化过程的物理模型[147]

氮原子的持续扩散会在颗粒中形成氮原子浓度梯度，距离表面近的区域N含量高，随着氮化的进行，Sm_2Fe_{17}合金内部的氮浓度便会趋于饱和，最终合金中氮含量的浓度差消失，低氮含量的$Sm_2Fe_{17}N_x$化合物也能转变成完全氮化化合物。影响Sm_2Fe_{17}合金氮化工艺及磁性能的主要因素有氮化气体及压力、温度、时间、粒径、添加元素等。

1）氮化气体及压力

通常，氮化过程采用的氮化气体主要有N_2、N_2+H_2混合气、NH_3或NH_3+H_2混合气体。由于NH_3中N—H键的键能小于N_2气中N—N键的键能，通常以NH_3为氮化气体比N_2更易于进行氮化。研究结果表明[148]，H原子能够提高氮原子在Sm_2Fe_{17}化合物中的扩散速率。通过扫描电镜观察发现[149]，250℃的氢处理使合金颗粒内部产生裂纹，导致合金颗粒碎化，从而增大了颗粒的氮化面积。而且H原子进入Sm_2Fe_{17}间隙后，晶胞体积膨胀3.4%～3.6%，造成部分晶格畸变，从而可以减小N原子的扩散激活能，因此，H在渗氮过程中对提高氮化速度、减少氮化时间有着重要的作用。用H_2对Sm_2Fe_{17}合金进行预处理后，控制氮化温度和时间等工艺参数可抑制软磁相产生和$Sm_2Fe_{17}N_x$分解[150]，另外在氮化过程，气氛中的H具有还原性，可以减少Sm_2Fe_{17}在氮化过程中被氧化。研究氨气作为氮化介质制备$Sm_2Fe_{17}N_x$过程中[151]，发现氨气可以显著缩短氮化时间，且用流动的氨气可显著降低氮化时间。

提高压力可以改善Sm_2Fe_{17}合金的氮化效果。当渗氮介质选取氨气或者高纯氮气时，在一定压力范围内，压力越高，钐铁合金的氮化效果越好。研究氮化的气体压力对氮化的影响[152]，发现氮化机制与氮气压力有关。在低的氮化气体压力下，氮原子主要通过扩散的形式进入钐铁合金中，压力可以加速氮原子沿钐铁合金颗粒由外向内的扩散；而在较高氮气压下的氮化机制则有所不同，在高氮化气体压力下，$Sm_2Fe_{17}N_x$ 颗粒的氮化有 N 原子的扩散过程，同时又有 $Sm_2Fe_{17}N_x$ 颗粒长大的过程，这种氮化机制不仅氮化效果较好，而且钐铁氮合金样品的综合磁性能较高。

2）温度与时间

氮化需要在一定温度下进行。在氮化过程中，氮化温度对氮原子的扩散影响较大，提高温度可以增大氮原子活性，加速氮原子的运动，从而加快氮化过程。但是氮化温度并非越高越好，若在较高的温度或较长的时间下进行 Sm_2Fe_{17} 合金的氮化处理，在氮化过程中形成的 $Sm_2Fe_{17}N_x$ 化合物有可能会分解成 SmN 和α-Fe。在氮气压力 100 kPa，保温时间 9 h，$Sm_2Fe_{17}N_x$ 化合物的氮含量与温度的关系如图 2-37 所示[153]。温度小于 873 K 时，温度升高，N 含量不断增加，反应过程为：

$$2Sm_2Fe_{17}+xN_2 \longrightarrow 2Sm_2Fe_{17}N_x$$

873 K 时达到最大值，然后随着温度增加而减少。$Sm_2Fe_{17}N_x$ 发生分解反应[154]：

$$2Sm_2Fe_{17}N_x \longrightarrow 4SmN+34Fe+2N_2 \text{（}x=0\sim3\text{，这里设定 }x\text{ 为 3）}$$

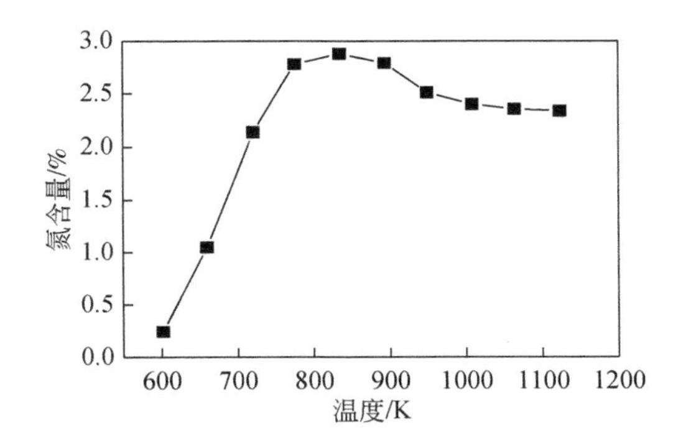

图 2-37　氮气压力 100 kPa、保温时间 9 h $Sm_2Fe_{17}N_x$ 的氮含量与氮化温度的关系

在温度为 873 K 和氮化压力 100 kPa 条件下，$Sm_2Fe_{17}N_x$ 合金的氮含量与时间的关系如图 2-38 所示。在 5 h 小时以内，$Sm_2Fe_{17}N_x$ 合金的氮含量随着时间的增加迅速增加，5 h 时 N 含量达到 2.9%，5 h 后，$Sm_2Fe_{17}N_x$ 合金氮含量趋于饱和。

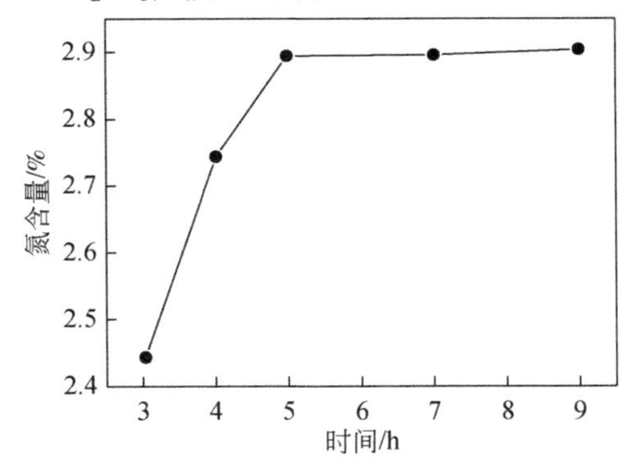

图 2-38　$Sm_2Fe_{17}N_x$ 化合物的氮含量与时间的关系

通过氮化实验研究也得到相同的结果，即渗氮时间可显著影响钐铁颗粒的氮含量，当渗氮时间短时，合金中氮含量比较少，合金颗粒氮化不完全；当氮化过程到达一定时间后，氮含量达到最大值，然后合金颗粒中含氮量开始下降。其主要原因是合金晶格结构中的18g晶位被多余的氮原子以间隙形式填充，削弱了化合物的内禀磁特性，使钐铁氮合金的磁性能下降。

3）Sm_2Fe_{17}粒径

根据扩散规律，钐铁合金粉体粒径越小，比表面积越大，氮扩散越快。随着合金粉体粒径减小，粉体表面原子的能量增高，活性增大，从而增强对氮原子吸附作用，有利于氮化过程的进行。当晶粒尺寸足够小到单畴粒子尺寸时[155]，钐铁合金磁性能会大幅度提高，此时具有高的矫顽力和剩磁。

4）添加元素

添加合金元素可以改善钐铁合金的氮化能力，提高氮化效果。主要原因是添加合金元素可以抑制钐铁合金中杂相的生成，从而改善合金的磁性能。关于合金元素对 $Sm_2Fe_{17}N_x$ 磁性能的影响，研究发现，添加Co，Mn，Zr等可以使合金铸锭晶粒细化[156]，添加Co不仅使合金铸锭晶粒细化，而且使富Sm相和α-Fe相减少。添加Cr有利于钐铁合金氮化过程的进行[157]。关于Nb，V，Ti和Co元素部分代替Fe对合金磁特性的影响[158]，发现添加这几种元素形成的 $Sm_2(Fe,M)_{17}$ 化合物的居里温度都比纯 Sm_2Fe_{17} 化合物高；添加Ga，Ti合金元素不利于形成单相 $Sm_2(Fe,M)_{17}$ 化合物，而Al，Cr元素则有利于形成单相 $Sm_2(Fe,M)_{17}$ 化合物，减少其他杂相的形成。添加Co的化合物的居里温度为845 K，比 $Sm_2Fe_{17}N_x$ 高近100 K，自发磁化强度为1.41 T，并且居里温度和磁晶各向异性场在一定范围内随着Co含量的增加而提高。除了Co元素的其他元素，经氮化形成的 $Sm_2(Fe,M)_{17}N_x$ 化合物的居里温度和自发磁化强度都比 $Sm_2Fe_{17}N_x$ 低。在 $Sm_2Fe_{17}N_x$ 中添加合金元素Mn，可提高磁粉性能[159]。

7. 磁体制备

$Sm_2Fe_{17}N_x$ 在较高温度下会发生分解，所以只能制作粘结磁体，通常用环氧树脂等有机物作粘结剂。除了有机粘结剂之外，还可以利用Zn，Sn等低熔点金属作粘结剂。1994年，包头稀土研究院研究人员研究发现，通过粉末冶金法制备磁粉并进行氮化[139]，用环氧树脂作为粘结剂，获得了磁能积为 B_r=0.62 T，H_{cj}=612.9 kA/m，$(BH)_{max}$=55.7 kJ/m^3 的SmFeN粘结磁体，其退磁曲线如图2-39所示。用Zn作粘结剂，H_{cj}=1194 kA/m，可显著增加矫顽力。

日本研究人员通过还原扩散法制备了SmFeMnN磁粉[140]，其性能为：B_r=1.12 T，H_{cj}=597 kA/m，$(BH)_{max}$=178 kJ/m^3。东芝公司[160]开发的SmZrFeCoBN系粘结磁体（各向异性），其剩磁 B_r=1.0～1.07 T，矫顽力 H_{cj}=640～880 kA/m，最大磁能积$(BH)_{max}$=160～180 kJ/m^3。

通过树脂粘结研究 $Sm_2Fe_{17}N_x$ 永磁体的磁性能及磁稳定性[161]，$Sm_2Fe_{17}N_x$ 粉末采用快淬法制备，平均颗粒尺寸约为3 μm；制成树脂粘结磁体后，其磁性能：B_r=0.97 T，H_{cj}=676.4 kA/m，$(BH)_{max}$=154 kJ/m^3，并且环境稳定性要比NdFeB粘结永磁体好。用Zn作为粘结剂制备的 $Sm_2Fe_{17}N_3$ 粘结永磁体的$(BH)_{max}$=85.9 kJ/m^3。

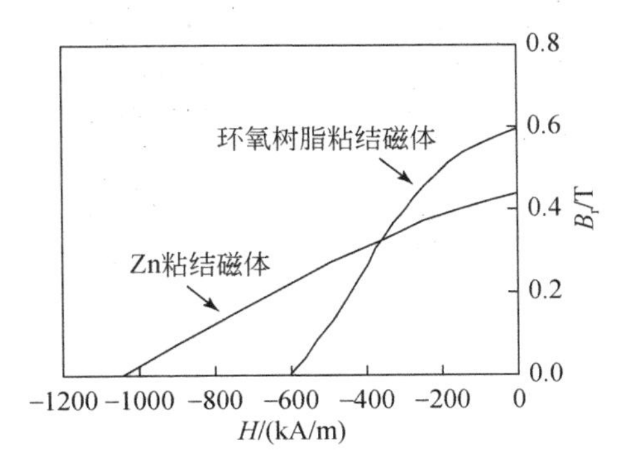

图 2-39　SmFeN 粘结磁体的退磁曲线

近几年发展了一种新工艺，即爆炸烧结法，其作用机理是使粉末在爆炸产生的高压（约 103 MPa）作用下瞬间（<10^{-6} s）成型，达到常规烧结达不到的目的。利用爆炸烧结工艺制备的 SmFeN 磁体[162]，其密度高达 6.5 g/cm^3，磁能积为 87.78 kJ/m^3。爆炸烧结法能够提高磁体密度和剩磁，并改善退磁曲线的方形度，但由于工作环境危险，工艺参数难以掌握，而且重复性差。

采用冲击压力（shock pressure）法，已成功制备出孔隙率为 2%～10%的全致密块状 $Sm_2Fe_{17}N_x$ 磁体[163]，利用$(BH)_{max}$=219.45 kJ/m^3 的原始粉在瞬间冲击压力达到 16 GPa 以上的高压下成型，获得了厘米级尺寸的各向异性磁体，其$(BH)_{max}$达到 179.55 kJ/m^3。

$Sm_2Fe_{17}N_x$ 化合物的基本磁特性与 $Nd_2Fe_{14}B$ 接近，从理论上讲由此化合物制备的永磁体也应具有优异的磁性能，但 $Sm_2Fe_{17}N_x$ 化合物是亚稳化合物，在 600℃左右分解，不能制成致密的烧结磁体，只能制成粘结磁体，加之价格等因素使其应用受到很大限制。20 多年来钐铁氮磁体仍处于研究开发阶段，未大规模生产。近年来，随着钕铁硼永磁材料的快速增长，镨钕价格的大幅增加，钕铁硼永磁材料的应用承受巨大成本压力。由于 $Sm_2Fe_{17}N_x$ 磁体的 Sm，Fe 金属原料价格优势，Sm 金属原料积压，随着应用领域的开拓，$Sm_2Fe_{17}N_x$ 磁体将有新的发展前景。

（严　密　刘国征　高　硕　高　岩　付建龙　金佳莹）

参考文献

[1] Nesbitt E A, Wernick J H, Corenzwit E. Magnetic moments of alloys and compounds of iron and cobalt with rare earth metal additions[J]. Journal of Applied Physics, 1959, 30: 365-367

[2] Strnat K, Hoffer G, Olson J, et al. A family of new cobalt-base permanent magnet materials[J]. Journal of Applied Physics, 1967, 38: 1001-1002

[3] Strnat K J. The hard-magnetic properties of rare earth-transition metal alloys[J]. IEEE Transactions on Magnetics, 1972, 8(3): 511-516

[4] Mishra R K, Thomas G. Microstructure and properties of step aged rare earth alloy magnets[J]. Journal of Applied Physics, 1981, 52: 2517-2519

[5] Sagawa M, Fujimura S, Togawa N, et al. New material for permanent magnets on a base of Nd and Fe[J].

Journal of Applied Physics, 1984, 55: 2083-2087

[6] Croat J J, Herbst J F, Lee R W, et al. Pr-Fe and Nd-Fe based materials: A new class of high-performance permanent magnets[J]. Journal of Applied Physics, 1984, 55(6): 2078-2082

[7] Liu S, Kuhl G E. Temperature coefficients of rare earth permanent magnets[J]. Journal of Applied Physics, 1999, 35(5): 3271-3273

[8] Cataldo L, Lefevre A, Ducret F, et al. Binary system Sm-Co: Revision of the phase diagram in the Co rich field[J]. Journal of Alloys and Compounds, 1996, 241: 216-223

[9] Feng D Y, Zhao L Z, Liu Z W. Magnetic-field-induced irreversible antiferromagnetic-ferromagnetic phase transition around room temperature in as-cast Sm-Co based $SmCo_{7-x}Si_x$ alloys[J]. Physica B, 2016, 487: 25-30

[10] Buschow K H J, Van Der GootA S. Intermetallic compounds in the system samarium-cobalt[J]. Journal of the Less Common Metals, 1968, 14(3): 323-328

[11] 胡伯平, 饶晓雷, 王亦忠. 稀土永磁材料（上册）[M]. 北京: 冶金工业出版社, 2017

[12] 刘仲武. 永磁材料基本原理与先进技术[M]. 广州: 华南理工大学出版社, 2017

[13] 潘树明. 强磁体-稀土永磁材料原理、制造与应用[M]. 北京: 化学工业出版社, 2011

[14] Florio B J V, BaenzigerN C, Rundle R E. Compounds of thorium with transition metals. II. Systems with iron, cobalt and nickel[J]. Acta Crystallographica, 1956, 9: 367-372

[15] 颜光辉. 2：17 型 SmCo 磁体晶界结构调控及其对磁性能的影响研究［D］. 宁波: 中国科学院大学, 2019

[16] Gutfleisch O. Controlling the properties of high energy density permanent magnetic materials by different processing routes[J]. Journal of Physics D: Applied Phycics, 2000, 33: R157-R172

[17] Liu J F, Zhang Y, Dimitrov D, et al. Microstructure and high temperature magnetic properties of $Sm(Co, Cu,Fe, Zr)_z$(z=6.7～9.1) permanent magnets[J]. Journal of Applied Physics, 1999, 85(5): 2800-2804

[18]Liu S, Potts G, Doyle G, et al. Effect of z value on high temperature performance of $Sm(Co, Fe, Cu, Zr)_z$ with z=7.14～8.10[J]. IEEE Transactions on Magnetics, 2000, 36(5): 3297-3299

[19] Ray A E. Metallurgical behavior of $Sm(Co, Fe, Cu, Zr)_z$ alloys[J]. Journal of Applied Physics, 1984, 55: 2094-2096

[20] Liu J F, Ding Y, Hadjipanayis G C. Effect of iron on the high temperature magnetic properties and microstructure of $Sm(Co, Fe, Cu, Zr)_z$ permanent magnets[J]. Journal of Applied Physics, 1999, 85(3): 1670-1674

[21]文雪萍, 易健宏, 张路生, 等. 合金成分对高温 $Sm(Co,Fe,Cu,Zr)_z$ 磁性能与显微组织的影响[J]. 粉末冶金材料科学与工程, 2005, 10(5): 296-299

[22] 杜娟, 彭元东, 易健宏, 等. 成分对高温永磁体 $Sm(CoFeCuZr)_z$ 显微组织和磁性能的影响[J]. 金属功能材料, 2003, 10(2): 25-30

[23] Shang Z F, Zhang D T, Xie Z H, et al. Effects of copper and zirconium contents on microstructure and magnetic properties of $Sm(Co, Fe, Cu, Zr)_z$ magnets with high iron content[J]. Journal of Rare Earths, 2021, 39: 160-166

[24] Yu N J, Zhu M G, Song L W,et al. Coercivity temperature dependence of Sm_2Co_{17}-type sintered magnets

with different cell and cell boundary microchemistry[J]. Journal of Magnetism and Magnetic Materials, 2018, 452: 272-277

[25] Tang W, Zhang Y, Hadjipanayis G C. Effect of Zr on the microstructure and magnetic properties of $Sm(Co_{bal}Fe_{0.1}Cu_{0.088}Zr_x)_{8.5}$ magnets[J]. Journal of Applied Physics, 2000, 87(1): 399-403

[26] Wang C, Shen P, Fang Y K,et al. Cellular microstructure modification and high temperature performance enhancement for Sm_2Co_{17}-based magnets with different Zr contents[J]. Journal of Materials Science & Technology, 2022, 120: 8-14

[27] Livingston J D, Martin D L. Microstructure of aged $(Co,Cu,Fe)_7Sm$ magnets[J]. Journal of Applied Physics, 1977, 48(3): 1350-1354

[28] Nagel H. Coercivity and microstructure of $Sm(Co_{0.87}Cu_{0.13})_{7.8}$[J]. Journal of Applied Physics, 1979, 50(2): 1026-1030

[29] Panagiotopoulos I, Gjoka M, Niarchos D. Temperature dependence of the activation volume in high temperature $Sm(Co, Fe, Cu, Zr)_z$ magnets[J]. Journal of Applied Physics, 2002, 92(12): 7693-7695

[30] 孙建春, 陈登明, 孟晓敏, 等. $SmCo_5$ 永磁材料组织结构及温度磁特性的研究[J]. 功能材料, 2010, 41(S2): 336-338

[31] Kim A S. Design of high temperature permanent magnets[J]. Journal of Applied Physics, 1997, 81(8): 5609-5611

[32] Liu J F, Payal V, Michael W. Overview of recent progress in Sm-Co based magnets[C]. Processing of the 19th international workshop on REPM and their application, Beijing, China, 2006

[33] 张昌文, 李华, 董建敏. 亚稳相化合物 $SmCo_7$ 的磁性及电子结构[J]. 中国科学, 2005, 35(3): 260-270

[34] Guo Z H, Chang H W, Chang C W, et al. Magnetic properties, phase evolution, and structure of melt spun $SmCo_{7-x}Nb_x$(x=0～0. 6) ribbons[J]. Journal of Applied Physics, 2009, 105(7): 07A731

[35] Luo J, Liang J K, Guo Y Q, et al. Effects of the doping element on crystal structure and magnetic properties of $Sm(Co,M)_7$ compounds (M=Si, Cu, Ti, Zr, and Hf)[J]. Intermetallics, 2005, 13(7): 710-716

[36] Chang H W, Huang S T, Chang C W, et al. Effect of C addition on the magnetic properties, phase evolution, and microstructure of melt spun $SmCo_{7-x}Hf_x$(x=0.1–0.3) ribbons[J]. Solid State Communications, 2008, 147(1-2): 69-73

[37] Hsieh C C, Chang H W, Zhao X G, et al. Effect of Ge on the magnetic properties and crystal structure of melt spun $SmCo_{7-x}Ge_x$ ribbons[J]. Journal of Applied Physics, 2011, 109(7): 07A730

[38] Liu T, Li W, Li X M, et al. Crystal structure and magnetic properties of $SmCo_{7-x}Ag_x$[J]. Journal of Magnetism and Magnetic Materials, 2007, 310(2): E632-E634

[39] Huang M Q, Wallace W E, McHenry M, et al. Structure and magnetic properties of $SmCo_{7-x}Zr_x$ alloys (x=0-0.8)[J]. Journal of Applied Physics, 1998, 83(11): 6718-6720

[40] Sun J B, Bu S J, Yang W, et al. Structure and magnetic properties of $SmCo_{7-x}Ga_x$ ($0\leqslant x\leqslant 1.2$) alloys[J]. Journal of Alloys and Compounds, 2014, 583(1): 554-559

[41] Zhou J, Al-Omari I, Liu J, et al. Structure and magnetic properties of $SmCo_{7-x}Ti_x$ with $TbCu_7$-type structure[J]. David Sellmyer Publications, 2000, 87(9): 5299-5301

[42] Al-Omari I A, Yeshurun Y, Zhou J, et al. Magnetic and structure properties of $SmCo_{7-x}Cu_x$ alloys[J]. Journal

of Applied Physics, 2000, 87(9): 6710-6712

[43] Chang H W, Huang S T, Chang C W, et al. Effect of additives on the magnetic properties and microstructure of melt spun $SmCo_{6.9}Hf_{0.1}M_{0.1}$(M=B, C, Nb, Si, Ti) ribbons[J]. Journal of Alloys and Compounds, 2008, 455(1-2): 506-509

[44] Gjoka M, Panagiotopoulos I, Niarchos D, et al. Temperature compensated $Sm_{1-x}Gd_x(Co_{0.74}Fe_{0.10}Cu_{0.12}Zr_{0.04})_{7.5}$($x$=0, 0. 2, 0. 4, 0. 6, 0. 8) permanent magnets[J]. Journal of Alloys and Compounds, 2004, 367(1): 262-265

[45] Pan M X, Zhang P Y, Ge H L, et al. Magnetic properties and magnetization behavior of SmCo-based magnets with $TbCu_7$-type structure[J]. Journalof Rare Earths, 2013, 31(3): 262-266

[46] Huang M Q, Drennan M, Wallace W E, et al. Structure and magnetic properties of $RCo_{7-x}Zr_x$(R=Pr or Er, x=0-0. 8)[J]. Journal of Applied Physics, 1999, 85(8): 5663- 5665

[47] 冯德元. $TbCu_7$型 Sm-Co 基高温永磁合金的成分设计、工艺优化及磁特性研究［D］. 广州: 华南理工大学, 2014

[48] Kronmuller H, Durst K D, Sagawa M. Analysis of the magnetic hardening mechanism in Re-Fe-B permanent magnets[J]. Magnetic Materials, 1988, 74(3): 291-302

[49] Croat J J, Herbst T J F, Lee R W, et al. High-energy product Nd-Fe-B permanent magnets[J]. Applied Physics Letters, 1984, 44(1): 148-149

[50] Herbst J F, Croat J J, Pinkerton F E, et al. Relationships between crystal structure and magnetic properties in $Nd_2Fe_{14}B$[J]. Physic Review B, 1984, 29: 4176-4179

[51] Givord D, Li H S, Moreau J M. Magnetic properties and crystal structure of $Nd_2Fe_{14}B$[J]. Solid State Communications, 1984, 50: 497-499

[52]Herbst J F. $Nd_2Fe_{14}B$ material: Intrinsic properties and technological aspects[J]. Reviews of Modern Physics, 1991, 63(10): 819-898

[53] 钟文定. 钕铁硼新型永磁合金与 $R_2Fe_{14}B$ 的磁性和结构[J]. 金属材料研究, 1987, 31: 1-20

[54] Sagawa M, Fujimura S, Yamamato H, et al. Permanent magnet materials based on the rare earth-iron-boron tetragonal compounds[J]. IEEE Transactions on Magnetics, 1984, 20(5): 1584-1589

[55] Sinnema S, Radwanski R J,Franse J M, et al. Magnetic properties of ternary rare-earth compounds of the type $R_2Fe_{14}B$[J]. Journal of Magnetism and Magnetic Materials, 1984, 44(3): 333-335

[56] Yamamoto H, Matsuura Y, Fujimura S, Sagawa M. Magnetocrystalline anisotropy of $R_2Fe_{14}B$ tetragonal compounds[J]. Applied Physics Letters, 1984, 45(10): 1141-1143

[57] 佐川真人, 広沢, 哲山本日, 等. Nd-Fe-B 系永久磁石材料[J]. 固体物理, 1986, 21(1): 37-45

[58] Fidler J. Analytical microscope studies of sintered Nd-Fe-B magnets[J]. IEEE Transactions on Magnetics, 1985, 21(5): 1955-1957

[59] Makita K, Yamashita O. Phase boundary structure in Nd-Fe-B sintered magnets[J]. Applied Physics Letters, 1995, 74(14): 2056-2058

[60] Hiraga K, Hirabayashi M, Sagawa M, et al. A study of micostructures of grain boundaries in sintered $Fe_{77}Nd_{15}B_8$ permanent magnet by high resolution electron microscopy[J]. Japanese Journal of Applied Physics, 1985, 24(6): 699-701

［61］ Bezinge A, Braun H F, Muller J, et al. Tetragonal rare earth borides $R_{1+\varepsilon}Fe_4B_4$(ε=0.1) with incommensurate rare earth and iron substructure[J]. Solid State Communications, 1985, 55: 131-135
［62］ Hirosawa S. Recent developments and future perspectives of Nd-Fe-B permanent magnets for automotive applications[J]. BM News, 2006,3(31): 135-154
［63］ Hirose Y, Hasegawa H, Sasaki S. Microstructure of strip cast alloys for high performance Nd-Fe-B magnets［C］. Proceedings of 15th International Workshop on Rare Earth Magnets and Their Appilcations, Dresden, Germany, 1998, 77-86
［64］ Yartys V A, Williams A J, Knoch K G, et al. Further studies of anisotropic hydrogen decrepitation in $Nd_{16}Fe_{76}B_8$sintered magnets[J]. Journal of Alloys and Compounds, 1996, 239: 50-52
［65］ Mcguiness P J, Fitzpatrick L, Yartys V A. Anisotropic hydrogen decrepitation and corrosion behavior in NdFeB magnets[J]. Journal of Alloys and Compounds, 1994, 206: L7-L9
［66］ Verdier M, Morros J, Pere D. Hydrogen absorption behaviors of some Nd-Fe-B-type alloys[J]. IEEE Transactions on Magnetics, 1994, 30(2): 660-662
［67］ Harris I R, Noble C, Bailey C. The hydrogen decrepitation of an $Nd_{15}Fe_{77}B_8$ magnetic alloy[J]. Journal of the Less-Common Metals, 1985, 106: L1-L3
［68］ Bartolome J, Luis F, Fruchart D. The effect of maximum hydrogenation on the $Re_2Fe_{14}B$ compounds[J]. Journal of Magnetism and Magnetic Materials, 1991, 101: 411-413
［69］ Verdier M, Morros J, Pere D. Stability of Nd-Fe-B powders obtained by hydrogen decrepitation[J]. IEEE Transactions on Magnetics, 1994, 30(2): 657-659
［70］ Williams A J, Mcguiness P J, Harris I R. Mass spectrometer hydrogen desorption studies on some hydride NdFeB-type alloys[J]. Journal of the Less-Common Metals, 1991, 171(1): 149-155
［71］ Verdier M, Morros J, Pere D. Stability of Nd-Fe-B powders obtained by hydrogen decrepitation[J]. IEEE Transactions on Magnetics, 1994, 30(2): 657-659
［72］ Otsuki E, Otsuka T, Ira T. Processing and magnetic porperties of sintered Nd-Fe-B magnets［C］. 11th International Workshop on Raer-Earth Magnets and Their Applications, Pitsburgh, PA, 1990, 328-340
［73］ Velicescu M, Schrey P, Rodewald W. Dy distribution in the grains of high-energy (Nd,Dy)-Fe-B magnets[J]. IEEE Transactions on Magnetics, 1995, 31(6): 3623-3625
［74］ Kianvash A. Densification of a $Nd_{13}Fe_{78}NbCoB_7$-type sintered magnet by (Nd,Dy)-hydride additions using a powder blending technique[J]. Journal of Alloys and Compounds, 1999, 287: 206-214
［75］ 李岩峰. 低镝烧结钕铁硼磁体阻止调控及应用［D］. 北京: 钢铁研究总院, 2014
［76］ Zhu M G, Li W, Wang J D, et al. Influence of Ce content on the rectangularity of demagnetization curves and magnetic properties of RE-Fe-B magnetics sintered by double main phase alloy method [J]. IEEE Tranctions on Magnetics, 2014, 50(1): 1000104
［77］ Ding K H, Liu G Z, Li Z J, et al. High energy and high coercivity sintered NdFeB magnet with low oxygen process[J]. Journal of Materials Science & Technology, 2000, 16(2): 127-128
［78］ 李安华, 李卫, 董生智, 等. 微量添加晶界合金对烧结 Nd-Fe-B 力学性能及微观结构的影响[J]. 稀有金属, 2003, 27(5): 531-534
［79］ Cao X, Chen L, Guo S, et al. Impact of TbF_3 diffusion on coercivity and microstructure in sintered Nd-Fe-B

magnets by electrophoretic deposition[J]. Scripta Materialia, 2016, 116: 40-43
[80] Nakamura H, Hirota K, Ohashi T, et al. Coercivity distributions in Nd-Fe-B sintered magnets produced by the grain boundary diffusion process[J]. Journal of Physics D-Applied Physics, 2011, 44: 064003
[81] 孙绪新, 包小倩, 高学绪, 等. 烧结 Nd-Fe-B 磁体表面渗镀 Dy_2O_3 对磁体显微组织和磁性能的影响[J]. 中国稀土学报, 2009, 27(1): 86-91
[82] Xu F, Zhang L, Dong X, et al. Effect of DyF_3 additions on the coercivity and grain boundary structure in sintered Nd-Fe-B magnets[J]. Scripta Materialia, 2011, 64(12): 1137-1140
[83] Sepehri-Amin H, Ohkubo T, Hono K. Grain boundary structure and chemistry of Dy-diffusion processed Nd-Fe-B sintered magnets[J]. Journal of Applied Physics, 2010, 107(9): 09A745
[84] 李家节, 郭诚君, 周头军, 等. 烧结钕铁硼磁体溅射渗镝工艺与磁性能研究[J]. 材料导报, 2017, 31(04): 17-20
[85] GB/T 13560—2017. 烧结钕铁硼永磁材料 [S] . 2017
[86] Hirosawa S, Tokuhara K, Matsuura Y, et al. The dependence of coercivity on anisotropy field in sintered R-Fe-B permanent magnets[J]. Journal of Magnetism and Magnetic Materials, 1986, 61(3): 363-369
[87] Matsuura Y, Hirosawa S, Yamamoto H, et al. Magnetic properties of $Nd_2(Fe_{1-x}Co_x)_{14}B$system[J]. Applied Physics Letters, 1985, 46(3): 308-310
[88] Fidler J, Schrefl T. Overview of Nd-Fe-B magnets and coercivity[J]. Journal of Applied Physics, 1996, 79(8): 5029-5034
[89] Sagawa M, Hirosawa S, Tokuhara K. Dependence of coercivity on the anisotropy field in the $Nd_2Fe_{14}B$-type sintered magnets[J]. Journal of Applied Physics, 1987, 61: 3559-3561
[90] Sagawa M, Hirosawa S. Magnetic hardening mechanism in sintered R-Fe-B permanent magnets[J]. Journal of Materials Research, 1988, 3(1): 45-54
[91] Hirosawa S. On the dependence of intrinsic coercivity on grain size in the nucleation-controlled rare earth-iron-boron sintered magnets[J]. IEEE Transactions on Magnetics, 1989, 25: 3437-3439
[92] 李红英, 郝壮志, 刘宇晖, 等. 烧结 NdFeB 永磁材料腐蚀机理与表面防护技术研究进展[J]. 矿冶工程, 2016, 36: 118-124
[93] Turek K, Liszkowski P, et al. The kinetics of oxidation of Nd-Fe-B powders[J]. IEEE Transactions on Magnetics, 1993, 29: 2782-2784
[94] Turek K, Liszkowski P, Figiel H. Influence of the kinetics of the hydrogenation of Nd-Fe-B alloys on hydrogen distribution in the alloy phases[J]. Journal of Alloys and Compounds, 2000, 309: 239-243
[95] 谢发勤, 郜涛, 马宗耀, 等. NdFeB 永磁合金电化学腐蚀行为研究[J]. 腐蚀与防护, 2001, 9: 381-383
[96] Chang K E, Warren G W. The electrochemical hydrogenation of NdFeB sintered alloys[J]. Journal of Applied Physics, 1994, 76: 6262-6264
[97] 周寿增. 稀土永磁材料及其应用[M]. 北京: 冶金工业出版社, 1990
[98] 曾亮亮. 晶界扩散低熔点合金对烧结 Nd-Fe--B 磁体的改性研究 [D] . 赣州: 江西理工大学, 2020
[99] Liu R H, Qu P P,Zhou T J, et al. The diffusion behavior and striking coercivity enhancement by dip-coating TbH_3 powders in sintered NdFeB magnets[J]. Journal of Magnetism and Magnetic Materials, 2021, 536: 168091

[100] Ramesh R, Srikrishna K. Erratum: "Magnetization reversal in nucleation controlled magnets. I. Theory"[J]. Journal of Applied Physics, 1988, 65: 6406-6415

[101] Uestuener K, Katter M, Rodewald W. Dependence of the mean grain Size and coercivity of sintered Nd-Fe-B magnets on the initial powder particle size[J]. IEEE Transactions on Magnetics, 2006, 42(10): 2897-2899

[102] Bance S, Seebacher B, Schrefl T, et al. Grain size dependent demagnetizing factors in permanent magnets[J]. Journal of Applied Physics, 2014, 116(23): 233903

[103] Sepehri-Amin H, Une Y, Ohkubo T, et al. Microstructure of fine-grained Nd-Fe-B sintered magnets with high coercivity[J]. Scripta Materialia, 2011, 65(5): 396-399

[104] Une Y, Sagawa M. Enhancement of coercivity of Nd-Fe-B sintered magnets by grain size reduction[J]. Journal of the Japan Institute of Metals, 2012, 76(1): 12-16

[105] Song T, Wang H, Tang X,et al. The effects of Nd-rich phase distribution on deformation ability of hydrogenation-disproportionation-desorption-recombination powders and magnetic properties of the final die-upset Nd-Fe-B magnets[J]. Journal of Magnetism and Magnetic Materials, 2019, 476: 194-198

[106] Boltich E B, Oswald E, Huang M. Q, et al. Magnetic characteristics of $R_2Fe_{14}B$ systems prepared with high purity rare earths(R=Ce, Pr, Dy, and Er)[J]. Journal of Applied Physics, 1985, 57: 4106-4108

[107] Okada M, Sugimoto S, Ishizaka C, et al. Didymium-Fe-B sintered permanent magnets[J]. New Frontiers in Rare Earth Science and Applications,1985, 57: 4146-4148

[108] 邱巨峰. 核磁共振成像仪用(Pr,Nd,Ce)FeB 永磁体[J]. 稀土信息, 2001, 7: 16

[109] Niu E, Chen Z A, Chen G A, et al. Achievement of high coercivity in sintered R-Fe-B magnets based on misch-metal by dual alloy method[J]. Journal of Applied Physics, 2014, 115: 113912

[110] 李艳丽, 刘尕珍. 高丰度 Ce 磁体的制备与性能研究[J]. 山西冶金, 2023, 46(2): 17-19

[111] Zhu M G, HanR,Huang S L,et al. An enhanced coercivity for (CeNdPr)-Fe-B sintered magnet prepared by structure design[J]. IEEE Transactions on Magnetics, 2015, 51(11):2104604

[112] Zhang Y, Ma T Y, Jin J J,et al. Effects of $ReFe_2$ on microstructure and magnetic properties of Nd-Ce-Fe-B sintered magnets[J]. Acta Materialia, 2017, 128:22-30

[113] Lin X, Luo Y, Peng H J,et al. Phase structure evolution and magnetic properties of La/Ce doped melt-spun NdFeB alloys[J]. Journal of Magnetism and Magnetic Materials, 2019, 490: 165454

[114] Zhu M G, Li W, Wang J,et al. Influence of Ce content on the rectangularity of demagnetization curves and magnetic properties of Re-Fe-B magnets sintered by double main phase alloy method[J]. IEEE Transactions on Magnetics, 2014, 50(1): 1000104

[115] 李月珠. 快速凝固技术和材料[M]. 长沙: 国防工业出版社, 1993

[116] Lee R W, Brewer E G, Schaffel N A. Processing of neodymium-iron-boron melt-spun ribbons to fully dense magnets[J]. IEEE Transactions on Magnetics, 1985, 21: 1958-1963

[117] Mishra R K. Microstructure of hot-pressed and die-upset NdFeB magnets[J]. Journal of Applied Physics, 1987, 62(3): 967-971

[118] Li L, Graham C D. The origin of crystallographic texture produced during hot deformation in rapidly-quenched NdFeB permanent magnets[J]. IEEE Transactions on Magnetics, 1992, 28(5):

2130-2132

[119] Wecker J, Schultz L. Coercivity after heat treatment of overquenched and optimally quenched Nd-Fe-B[J]. Journal of applied physics, 1987, 62(3): 990-993

[120] Koestier C, Ramesh C. Microstructure of melt spun Nd-Fe-Co-B magnets[J]. Acta Metallurgica, 1989, 37(7): 1945-1955

[121] Abache C, Oesterreicher H. Structural and magnetic properties of $R_2Fe_{14-x}T_xB$(R=Nd, Y; T=Cr, Mn, Co, Ni, Al)[J]. Journal of applied physics, 1986, 60(3): 1114-1117

[122] Matsumoto F, Sakamoto H, Komiya M. Effects of silicon and aluminum on magnetic properties of rapidly quenched Nd-Fe-B permanent magnets[J]. Journal of applied physics, 1988, 63(8): 3507-3509

[123] Mishra R K. Melt-spun Nd-Fe-B magnets and $Nd_{1+\varepsilon}Fe_4B_4$ phase[J]. Journal of Applied Physics, 1988, 64(10): 5562-5564

[124] Sepehri-Amin H, Prabhu D, Hayashi M, et al. Coercivity enhancement of rapidly solidified Nd-Fe-B magnets powders[J]. Scripta Materialia, 2013, 68(3): 167-170

[125] Nakayama R, Takeshita T. NdFeB anisotropic magnet powders produced by the HDDR process[J]. Journal of alloys and compounds, 1993, 193: 259-261

[126] 易鹏鹏, 林旻, 王会杰, 等. 热压过程对热变形钕铁硼磁体磁性能影响的研究[J]. 稀有金属材料与工程, 2009, 38: 576-578

[127] 周安若, 马毅龙, 陈登明, 等. 温度及变形速率对单级热变形 Nd-Fe-B 磁体磁性能的影响[J]. 功能材料, 2012, 43: 47-50

[128] 赖彬, 刘国军, 王会杰, 等. 热变形温度对纳米晶 Nd-Fe-B 磁体性能的影响[J]. 金属功能材料, 2011, 18: 1-4

[129] 赵睿, 王会杰, 李家节, 等. 热模压 Nd-Fe-B 磁体变形过程及其模拟研究[J]. 功能材料, 2011, 3: 512-515

[130] Lai B, Li Y F, Wang H J, et al. Quasi-periodic layer structure of die-upset NdFeB magnets[J]. Journal of rare earths, 2013, 31:679-684

[131] Li M, Chen R J, Jin C X, et al. Texture and microstructure improvement of hot-deformed magnets with platelet-like nano h-BN addition[J]. Scripta Materialia, 2018, 152: 127-131

[132] Zhao M, Li M, Tang X, et al. Origin and inhibition on quasi-periodic coarse grain regions in hot-deformed Nd-Fe-B magnets[J]. Acta Materialia, 2023, 255: 119070

[133] Coey J M D, Sun H. Improved magnetic properties by treatment of iron-based rare earth intermetallic compounds in anmonia[J]. Journal of Magnetism and Magnetic Materials, 1990, 200: 405-424

[134] Coey J M D, Smith P A I. Magnetic nitrides[J]. Journal of Magnetism and Magnetic Materials, 1999, 200(1-3): 405-424

[135] Koeninger V, Uchida H. Nitrogen absorption and desorpyion of Sm_2Fe_{17} in ammonia and Hydrogen atmospheres[J]. Journal of Alloys and Compounds, 1995, 222(1-2): 117-122

[136] Wallace W E, Huang M Q. Magnetism of intermetallic nitrides[J]. IEEE Transactions on Magnetics, 1992, 28(5): 2312-2315

[137] Coey J M D, Skomski R, Wirth S. Gas phase interstitial modification of rare-earth intermetallics[J]. IEEE

Transactions on Magnetics, 1992, 28(5): 2332-2337

[138] Ketter M, Wecker J, KuHrt L. Magnetic Properties and temperature Stability $Sm_2Fe_{17}N_x$ of with intermediate nitrogen Concentration[J]. Journal of Magnetism and Magnetic Materials, 1992, 117: 419-427

[139] 刘国征, 丁开鸿, 李泽军, 等. 氮化 Sm_2Fe_{17} 合金的结构与磁性能[J]. 稀土, 1994, 15(5): 8-10

[140] Ishikawa T, Yokosawa K, Watanabe K, et al. Modified process for high-performance anisotropic $Sm_2Fe_{17}N_3$ Magnet Powder[J]. Joural of Physics: Conference Series, 2011, 266(1): 012033

[141] Kuhrt C, Schnitzke K, Wecker J, et al. Ti-substituted hard magnetically alloyed $Sm_2Fe_{17}N_x$[J]. IEEE Transactions on Magnetics, 1993, 29(6): 2818-2820

[142] Katter M, Wecker J, Schultz L. Structural and hard magnetic properties of rapidiy solidified Sm-Fe-N[J]. Journal of Applied Physics, 1991, 70(7): 3188-3193

[143] Kuzmin M D, Coey J M D. Magnetocrystalline Anisotropy of 3d-4f intermetallics: Breakdown of the Linear Theory[J]. Physical Review B, 1994, 50: 12533

[144] 李佛标, 于申军, 林国彪, 等. 高性能各向异性 $Sm_2Fe_{17}N_x$ 磁粉的制备[J]. 功能材料, 1996, 27(6): 498-501

[145] Yang J, Zhou S Z, Zhang M C, et al. Preparation and magnetic properties of $Sm_2Fe_{17}N_x$ compound[J]. Materials Letters, 1991, 12(4): 242-246

[146] 张然, 刘颖, 李芳, 等. Sm_2Fe_{17} 合金的氮化处理及其相关影响[J]. 磁性材料及器件, 2004, 35(2): 39-41

[147] 叶金文, 刘颖, 王东, 等. 用 XRD 研究 Sm_2Fe_{17} 合金氮化行为[J]. 稀有金属材料与工程, 2006, 35(11): 1835-1837

[148] Chris N, Christodoulou, Norikazu K. Anisotropic atomic diffusion mechanism of N, C and H into Sm_2Fe_{17}[J]. Journal of Alloys and Compounds, 1995, 222(1): 27-32

[149] Fukuno A, Isrizaka C, et al. Characterization of ntrogenation of Sm_2Fe_{17}[J]. IEEE Transactions on Magnetics, 1992, 28(5): 2575-2577

[150] 陈爱萍, 金红明, 朱明原, 等. 制备高矫顽力 $Sm_2Fe_{17}N_x$ 磁粉的氮化工艺与性能研究[J]. 上海大学学报（自然科学版）, 1999, (02): 36-38

[151] Koening V, Uchida H H, Uchida H. Nitrogen absorption and desorption of Sm_2Fe_{17} in ammonia and hydrogen atmospheres[J]. Journal of Alloys and Compounds, 1995, 222: 117-122

[152] Fujii H, Tatami K, Koyama K. Nitrogenation process in Sm_2Fe_{17} under various N_2-gas pressures up to 6MPa[J]. Journal of Alloys and Compounds, 1996, 236(1): 156-194

[153] Katter M, Wecker J, Kuhrt C, et al. Structural and intrinsic magnetic properties of $(Sm_{1-x}Nd_x)_2Fe_{17}N_{\approx 2.7}$ and $(Sm_{1-x}Nd_x)_2(Fe_{1-z}Co_z)17N_{\approx 2.7}$[J]. Materials, 1992, 111(3): 293-300

[154] 邓庚凤, 孙光飞, 陈菊芳, 等. 还原扩散法制备 $Sm_2Fe_{17}N_x$ 磁粉的研究[J]. 稀土, 2005, 26(6): 49-52

[155] 李杰民. $Sm_2(Fe,M)_{17}N_x$ 磁粉的制备、微结构和磁性能研究［D］. 天津: 河北工业大学, 2003

[156] 王小红, 刘颖, 叶金文, 等. 添加 Zr、Co、B 元素对 $ThCu_7$ 型 Sm-Fe 合金结构的影响[J]. 材料导报, 2009, 23(20): 42-44

[157] 周寿增, 杨俊, 张茂才, 等. $Sm_2(Fe_{1-x}Cr_x)17N_{\sim 2.7}$ 永磁材料的结构与磁性能[J]. 金属学报, 1994, (14):

72-76

[158] Wendhausen P A P, Hu B P, Handstain A, et al. Modified $Sm_2Fe_{17}N_y$permanent magnets[J]. IEEE Transactions on Magnetics, 1993, 29(6): 2824-2826

[159] 井关隆士, 石川尚, 川本淳, 等. SmFeMnN 磁体的研究[J]. 粉末与粉末冶金, 2003, 50(8): 633-638

[160] 王冰, 范承恩. 世界最强的最大磁能积的各向异性 Sm-Zr-Fe-N 系粘结磁粉[J]. 国外金属热处理, 2002, 23(2): 6-10

[161] Suzuki S, Miura T, Kawasaki M. $Sm_2Fe_{17}N_x$ bonded magnets with high performance[J]. IEEE Transactions on Magnetics, 1993, 29(6): 2815-2820

[162] 张登霞, 蔡明, 李世海, 等. 爆炸法制备 $Sm_2Fe_{17}N_x$ 永磁体[J]. 功能材料, 1993, 24(4): 330-332

[163] Mashimo T, Huang X, Hirosawa S, et al. Magnetic properties of fully dense $Sm_2Fe_{17}N_x$ magnets prepared by shock compression[J]. Journal of Magnetism and Magnetic Materials, 2000, 210(1-3): 109-120

第 3 章

稀土光功能材料

3.1 概　　述

3.1.1 基本概念

光功能材料（optical function material）指在外场（电、光、磁、热、声、力等）作用下，利用材料本身光学性质（如折射率或感应电极化）发生变化的原理实现对入射光信号的探测、调制以及能量或频率转换作用的光学材料的统称[1]，涉及支撑光信息的产生、传输、调制、存储、转化等各个方面的功能材料。按照具体作用机理或应用目的不同，可以把光功能材料进一步分为发光材料、激光材料、电光材料、磁光材料、声光材料、热光材料、非线性光学材料等多个种类[2]。稀土在光功能材料的功能发展上发挥了重要的作用。

发光材料是指能够以某种方式吸收能量，将其转化成光辐射（非平衡辐射）的物质。当某种物质受到外部能量激发后，物质将处于激发态，激发态的能量会通过光或热的形式释放出来，发光就是物质在热辐射之外以光的形式发射出多余的能量[3]。按照激发能量形式的不同，发光材料的发光可以分为光致发光、电致发光、热释发光、力致发光、阴极射线发光、高能射线发光、化学发光等[4]。

激光材料（laser material）就是把各种泵浦（电、光、射线）能量转换成激光的材料[5]。1917 年，爱因斯坦从理论上指出：除自发辐射外，处于高能级 E_2 上的粒子还可以另一方式跃迁到较低能级，当频率为 $\nu=(E_2-E_1)/h$ 的光子入射时，也会引发粒子以一定的概率，迅速地从能级 E_2 跃迁到能级 E_1，同时辐射两个与外来光子频率、相位、偏振态以及传播方向都相同的光子，这个过程称为受激辐射[6]。可以设想，如果大量原子处在高能级 E_2 上，当有一个频率 $\nu=(E_2-E_1)/h$ 的光子入射，从而激励 E_2 上的原子产生受激辐射，得到两个特征完全相同的光子，这两个光子再激励 E_2 能级上原子，又使其产生受激辐射，可得到四个特征相同的光子，这意味着原来的光信号被放大了（图 3-1）。这种在受激辐射过程中产生并被放大的光就是激光[7]，其中的光子光学特性高度一致。因此激光相比普通光源单色性、方向性好，亮度更高。

电光材料（electro-optic material）是具有电光效应的光功能材料。在外加电场作用下，材料的折射率发生变化的现象称电光效应[8]。利用电光材料的电光效应可实现对光波的调制。按其效应与调制电场的幂次关系，分为线性电光材料（Pockels 电光材料）、平方电光材料（Kerr 电光材料）和更高次电光材料。应用外加电场通过电光效应改变材料的折射率，引起折射率椭球的主轴取向和长度改变，这对应于传输光束的特征模和特征值的改变，即产生透过光束的偏振态和相位的变化，由此可产生一系列光功能效应[9]。

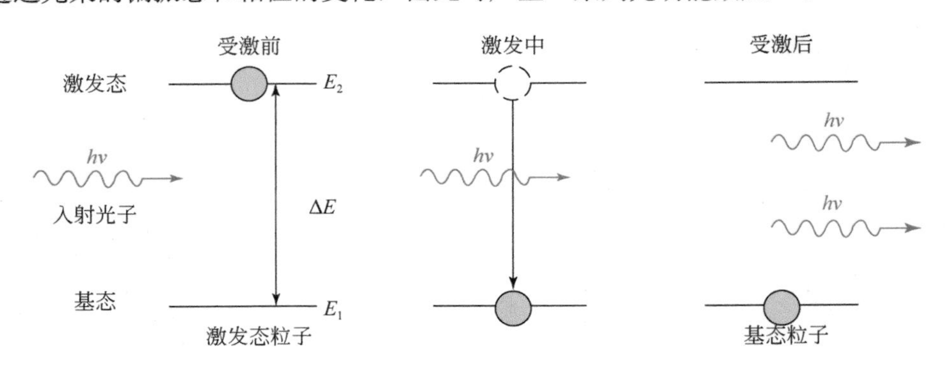

图 3-1　受激辐射示意图[6]

磁光材料是指在紫外到红外波段，具有磁光效应的光信息功能材料。稀土磁光材料是一种新型的光信息功能材料。利用这类材料的磁光特性以及光、电、磁的相互作用和转换，制成具有各种功能的光学器件，如调制器、隔离器、环行器、磁光开关、偏转器、相移器、光信息处理机、激光陀螺偏频磁镜、磁强计、磁光传感器等[10]。

声光材料是指具有声光效应的材料。当声波在介质中通过时，光弹效应使介质的疏密随声波振幅的强弱而产生相应的周期性疏密变化，对光的作用如同条纹光栅，当光通过这一受到超声波扰动的介质时，就会发生衍射现象，这种现象称为声光效应。随着激光和超声波技术的发展，声光材料在电子学方面得到了广泛的应用，如声光调制器、声光偏转器、声光滤波器等[11]。

稀土元素独特的电子结构使其广泛地应用到新材料中，特别是在光功能材料领域，稀土已成为必不可少的功能支撑材料[12]。

3.1.2　理论基础

Sc 原子的电子组态为 $1s^22s^22p^63s^23p^63d^13s^2$，失去外层 3 个电子的 Sc^{3+}离子电子组态为 $1s^22s^22p^63s^23p^6$；Y 原子的电子组态为 $1s^22s^22p^63s^23p^63d^{10}4s^24p^64d^15s^2$，失去外层 3 个电子的 Y^{3+}离子电子组态为 $1s^22s^22p^63s^23p^63d^{10}4s^24p^6$；镧系元素离子的一般电子构型是［Xe］$4f^n5s^25p^6$，观其共性，它们都有一个没有完全充满的内电子层，即 4f 内电子层。随着 4f 壳层电子数的变化，稀土离子表现出极其丰富的能级跃迁。研究表明，稀土离子的电子组态中共有 1639 个能级（图 3-2），能级之间的可能跃迁数目高达 199177 个，目前可观察到的谱线达 30000 多条，因而稀土离子可以吸收和发射从紫外到红外区的各种波长的光。稀土离子极其丰富的能级、能级之间数以万计的跃迁决定了稀土离子在光谱学领域中占有重要的地位。

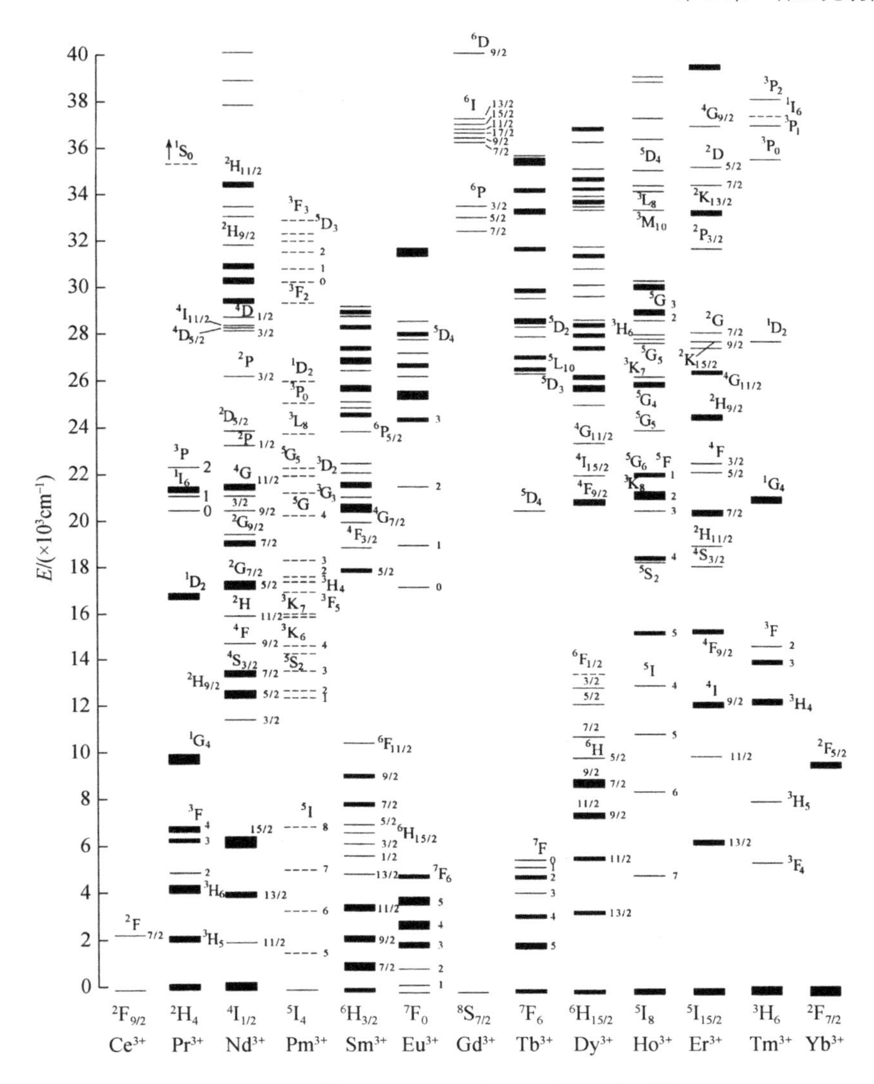

图 3-2　+3 价镧系离子 4fⁿ 电子组态能级图[12]

特殊的电子结构和稀土原子的大磁矩决定了它们具有奇特的磁、光、电等性能，往往是无法替代的。稀土元素的特殊电子构型及其光谱性质为它成为光功能材料的组成物质奠定了基础。不同的稀土离子，由于其 4f 壳层电子数目的变化，表现出不同的性质和具备不同的光学应用，如 La^{3+}、Gd^{3+}、Lu^{3+}和 Y^{3+}、Sc^{3+}具有良好的透光性，可作为发光材料的基质；Pr^{3+}、Nd^{3+}、Er^{3+}、Ho^{3+}、Tm^{3+}、Yb^{3+}具有合适的能级结构常用于激光材料的激活离子，而 Ce^{3+}、Eu^{3+}、Eu^{2+}、Tb^{3+}、Dy^{3+}常用作发光材料的激活剂。同一个稀土离子能在各种光功能材料中发挥不同的作用，如 Ce^{3+}既是闪烁晶体的激活离子，又能在激光和发光材料中作敏化剂；Yb^{3+}既可以作为激光晶体的激活剂，又可以作为红外和可见发光材料的敏化剂。

3.2 稀土发光材料

对自然界的发光材料记载古已有之，很多历史资料表明我国从封建时代开始就已经知道和使用发光材料。17 世纪，科学家们才开始系统研究发光现象和发光材料。20 世纪 60 年代，CaF_2：Sm^{2+}材料在激光器上的应用标志着稀土发光材料发展应用的开端，此后，稀土发光材料开始逐渐进入大家的视野[13]。稀土发光材料主要利用了稀土元素独特的电子层结构和物理化学特性，可以通过光、电、热、电子束等不同激发方式使其发光。稀土发光材料的发光特性主要取决于所含有的稀土离子 4f 壳层电子的性质，随着 4f 壳层电子数的变化，稀土离子呈现出不同的电子跃迁形式和极其丰富的能级跃迁[14]。因此，稀土离子可以吸收或发射从紫外到红外区不同波长的光而形成多种多样的发光材料。稀土发光材料属于稀土功能材料领域的一大分支，具有以下诸多优点：发光谱带窄，色彩鲜艳，色纯度高；发光量子效率较高；发射波长范围区域宽；荧光寿命范围宽：可以从纳秒跨越到毫秒达 6 个数量级；化学和物理性能稳定，耐高温，可承受高能辐射、大功率电子束和强光的作用，具有其他发光材料无法比拟的优异性能[15]。稀土发光材料产业发展符合中国乃至全球发展节能减排、绿色低碳产业的政策要求，其应用场景已经从普通的室内照明发展到道路照明、广场照明、景观照明、各种特殊照明等照明领域以及手机、电视和计算机等高端显示领域。

稀土发光材料的出现在发光材料和发光学的发展史中起着至关重要的作用，1908 年 Becguerel 发现稀土锐吸收谱线；1959 年发现用稀土离子 Yb^{3+}作敏化剂，Er^{3+}、Ho^{3+}、Tm^{3+}作激活剂的光子加和现象，为上转换发光材料的研发奠定基础；1964 年 YVO_4：Eu、Y_2O_3：Eu 和 1968 年 Y_2O_2S：Eu 等彩电红粉的出现，使彩电的亮度提高到一个新水平；20 世纪 70 年代出现的红外变可见上转换材料，从理论上提出反 Stokes 效应；1973 年出现稀土三基色荧光粉（$BaMgAl_{10}O_{17}$：Eu，$MgAl_{11}O_{19}$：Ce,Tb，Y_2O_3：Eu），其光效和光色同时能达到较高水平，使电光源品质提高到一个新层次；1974 年在 Pr^{3+}的化合物中发现光子剪裁，即吸收一个高能的光子，分割成两个或多个能量较小的光子；20 世纪 90 年代出现稀土长余辉荧光粉（$SrAl_2O_4$：Eu，$SrAl_2O_4$：Eu,RE）；21 世纪初大力开发白光 LED（发光二极管）用荧光粉，开启了白光 LED 应用照明时代[15-17]。

稀土发光材料的制备方法[18]有很多，常见的有：①固相合成法：工艺流程、所需的仪器设备都较简单，适合工业化大批量生产。然而其煅烧所需温度较高，对仪器设备的要求高，且颗粒大小不均匀，易团聚。低温固相法反应时的温度为室温或者接近室温，因此操作方便而且可控，还具有选择性高、产率高、工艺流程简单、节约能源等特点。②沉淀法：可细分为直接沉淀法、共沉淀法和均匀沉淀法。共沉淀法具有操作简单、能直接得到化学成分均一的粉状材料，同时还可以很好地控制粒子的成核，得到的粉体材料粒度可控、分散性较好等优点。但是缺点也不少，形成分散粒子的条件很苛刻，有些沉淀剂除不去，分离沉淀过程中的各种成分比较困难等。③溶胶-凝胶法：此方法可以使得多种组分均匀混合，反应温度较低，产物的纯度高；反应物可以达到分子、原子水平，发光中心均匀分布且发光效率较高；工艺流程简单，所需的仪器设备并不复杂；但是所需原料成本高，颗粒在反应过程中容易团聚，最后在干燥处理时颗粒有明显收缩现象。④燃烧法：此方法制备出的荧光粉形貌呈现松散且易破碎的泡沫状，发光强度衰减较慢，合成步骤简单，反应速度很快。但是所得荧光粉纯度不高，且反应过程中会放出氨等对环境造成危害的物质。⑤微乳液法：此方法合成的超细荧光粉颗粒分散性较好，形貌、晶态、粒径可控，在合成纳米粒子材料方面具有优越性。⑥热分解法：此方法合成的超微荧光粉颗粒形貌为较好的球状而且分布均匀。⑦水热法：此方法合成的超细荧光粉颗粒纯度比较高、单分散体系、晶型很好而且粒径大小可控。⑧微波法：此方法合成的稀土发光材料测试的荧光谱图中仅有微弱的红移现象，合成过程中可以向基质中掺杂浓度较高的离子，并且制备出的材料易保存。

稀土发光材料广泛应用于照明、显示、显像、医学放射图像、辐射场的探测和记录、现代农业、新能源以及军工等领域，形成了具有较大规模的工业化生产和消费市场，并正在向其他新兴技术领域扩展。我国具有丰富的稀土资源，这为我国稀土发光材料产业的发展奠定了坚实的基础。面向未来，应该围绕具有极大应用前景的高端稀土发光材料，如半导体照明、高端平板显示、激光晶体与光纤、闪烁晶体材料等领域，建成国际先进水平的制造技术中试基地，加速推动我国稀土发光材料技术的整体提升，促进我国由稀土发光材料大国向强国转变[15]。

3.2.1　照明用发光材料

稀土发光材料在照明领域一直发挥着主流作用。随着节能照明工程的发展，我国利用自身稀土资源优势，已经发展成为节能照明用稀土发光材料研究及生产大国。19 世纪初，科学家在研究放电发光现象时开发出了荧光粉和荧光灯，开创了发光材料在照明应用领域的产业化之路。1964 年，高效红色荧光粉（Y_2O_3：Eu 和 YVO_4：Eu）的问世开创了稀土元素在发光材料的应用，之后稀土发光材料的研究及产业化进入了迅速发展时期。1996 年，日本日亚化学公司开发出发黄光系列的钇铝石榴石（YAG）荧光粉匹配蓝光发光二极管的白光光源，开启了白光 LED 应用照明时代[16]。白光 LED 的迅猛发展进入照明领域，逐步挤占稀土节能灯市场，随着照明产业产品更新换代，灯用稀土三基色荧光粉产销量呈现急剧下降趋势。照明用稀土发光材料主要分为气体放电灯用稀土发光材料、固态照明用稀土发光材料和弱光照明用稀土发光材料。

1. 气体放电灯用发光材料

在光辐射、强电场、高温加热和粒子轰击等特定条件下，气体分子将发生电离，在电离气体中存在着带电和中性的各种粒子，它们之间相互作用，当带电粒子不断从外场获得能量，并通过碰撞将能量传递给其他粒子形成激发态粒子，这些激发态粒子返回基态时产生电磁辐射。气体放电灯是一种通过气体放电将电能转换为光能的电光源，它是由气体、金属蒸气或几种气体与金属蒸气混合放电而发光的[18]。气体放电灯具有辐射光谱可选择性、高效率、长寿命以及光输出维持特性好等优点，但气体放电光源仅仅依靠气体电离辐射作为光源存在光效低、光谱能量分布不符合照明光源要求、有些电离辐射影响人体健康或危及生命的缺点。气体放电灯可分为两种，一种是低气压放电灯，如荧光灯（低压汞灯）、低压钠灯、无极灯；还有一种是高强度气体放电灯，如荧光高压汞灯、高压钠灯、金属卤化物灯、陶瓷金属卤化物灯。

1）节能灯用稀土荧光粉

气体放电光源中应用最广泛、用量最大的是节能灯。作为优质绿色照明产品，具有环保节约、高光效、高显色性、长寿命等优点，其中发光效率是白炽灯的4～5倍，寿命是白炽灯的3～8倍，属于高效节能光源[19]。节能灯的发光原理是：当电路接通后，节能灯中的灯丝迅速被加热，使管内的气体离子化，激发汞辐射出紫外光，激发红、绿和蓝三基色荧光粉，产生三基色混合白光，然后通过调控三基色荧光粉的比例来调节节能灯的色温、显色指数等光色参数[20,21]。1974年通过混合$(Ce,Tb)MgAl_{11}O_{19}$：Tb^{3+}绿粉和$BaMgAl_{10}O_{17}$：Eu^{2+}蓝粉以及商业化的Y_2O_3：Eu^{3+}红粉构成了稀土三基色荧光粉[22,23]，根据三基色原理首次实现了高光效和高显色性的荧光灯。稀土三基色荧光粉制造的节能灯不仅在发光效率上较以前的普通照明光源有极大的提高，而且克服了电光源在发光效率和显色性上不能统一的缺点。普通白炽灯和卤钨灯的显色指数最高（100），但其发光效率较低，普通白炽灯的发光效率可达20 lm/W，卤钨灯可达25 lm/W，与目前大功率紧凑稀土三基色荧光灯的100 lm/W相差甚远；普通卤粉荧光灯的光效已达75～80 lm/W，较普通白炽灯有较大提高，但其显色指数不到60，显色性太差。稀土节能灯的显色指数已经可以达到95以上，常用的稀土荧光灯的显色指数都达到80以上。近年来由于白光LED照明光源的出现和发展，节能荧光灯产量及市场占有率逐年降低，三基色荧光粉需求量急剧降低。

2）高压汞灯用稀土荧光粉

利用在充有汞的电弧管内产生高压（0.2×10^6～1×10^6 Pa）汞蒸气放电从而获得可见光的光源即高压汞灯。1906年研制成汞蒸气压约为0.1 MPa的高压汞灯。20世纪30年代初，高压汞灯在引进激活电极代替液汞电极，突破金属丝和硬质玻璃或金属箔和石英玻璃的真空封接工艺，以及选择适量的汞来改进灯的启动性能和稳定性等方面取得了进展。40年代高压汞灯进入应用阶段。50年代后采用在高压汞灯外玻壳内涂覆特殊稀土荧光粉的方法，使得汞灯辐射的不可见365 nm长波紫外线转变为汞灯所缺乏的红色光谱，可以改善其显色性。1965年采用稀土荧光粉大幅度提高了汞灯的发光效率和显色性。与此同时，在灯的结构上出现了涂敷铝膜的反射型和汞灯外壳内装有钨丝的自镇流型形式，使汞灯的特性更完善，使用更简便。高压汞灯早期采用锰激活的氟锗酸镁或锡激活的磷酸锌锶粉等，后期采用彩色电视所用的荧光粉YVO_4：Eu，峰值为619 nm，灯的总光通量高，显色性能好。现已研制出$Y(PV)O_4$：Eu荧光粉，更适合于高压汞灯的要求。高压汞灯几十年的发展进步，为高强度气体放电灯的应用奠定了技术基础。

3）金属卤化物灯用稀土发光材料

Gilbert Reling 1961年发明了金属卤化物灯。金属卤化物灯是在高压汞灯工作原理的基础上发展起来的以高纯无水金属卤化物为发光材料的新一代新型高效优质电光源，具有高光效、长寿命、大功率范围、显色性能好等特点[24]。金属卤化物灯的基本原理是将多种金属以卤化物的方式加入到高压汞灯的电弧管中，使这些金属原子像汞一样电离、发光。金卤灯按其电弧管泡壳材料主要分为两种类型[25]：一类是石英金卤灯，其电弧管泡壳是用石英玻璃制成；另一类是陶瓷金卤灯，其电弧管泡壳是用半透明氧化铝陶瓷制成。

起初金属卤化物在管壁温度1000 K的条件下大量蒸发，由于浓度梯度而向电弧中心迁移，在电弧中心 4000～8000 K 的高温环境下，金属卤化物分子会分解为金属原子和卤素原子，在放电过程中金属原子产生热激发、热电离，并在复合中向外辐射不同能量的光谱。在电弧中心的金属原子和卤素原子浓度较高，所以这些原子又会向管壁迁移，在管壁低温区又会重新复合成为金属卤化物分子。不断地向电弧中心提供充足的金属原子参与发光，同时金属离子和卤素原子又会在管壁复合生成金属卤化物，避免了金属在管壁的沉淀造成金属的损失，使金卤灯发光光谱的强度提高，所以金卤灯工作原理就是金属卤化物在放电管中不断往复的过程[25]。但石英金卤灯存在寿命短、光衰严重、使用过程中光色漂移等一系列问题。传统石英金卤灯放电管的腔体管壁材料采用的是石英管，钪或其他稀土金属与管壁石英材料在高温下会产生化学反应，在管壁上形成钪或者其他稀土的硅酸盐，具体问题如下[25,26]：①金属离子（如汞离子）在灯的寿命燃点过程中会慢慢地通过管壁向外渗漏，不但造成灯的光电性能下降，而且会对人类的生活环境以及生命健康带来危害。②钪等稀有金属的减少会造成灯的光色产生漂移，且管壁的透明度下降。③分离出的硅元素会溶于钨电极中，从而造成电极的发射性变差。④过剩的卤素元素会腐蚀电极，使放电困难，造成管壁发黑，从而引起光衰。

陶瓷金属卤化物灯集高压钠灯的高光效和石英金属卤化物灯的光色、高显色指数等优点，其光效可达到 120 lm/W 以上，显色指数一般大于 85，甚至可达 95，寿命可超过 15000 小时，是一种优质的节能照明光源。目前国际上的金属卤化物灯正在逐步向陶瓷金属卤化物灯发展。早期的陶瓷金卤灯泡壳结构是从高压钠灯结构演变过来的，是将高压钠灯的陶瓷电弧管中的填充物钠换成金属卤化物，成为了早期的第一代金卤灯。当然这种设计是不合理的，如果将灯中换成呈酸性的金属卤化物，会与灯管壳发生反应，则无论陶瓷灯壳还是低熔点陶瓷、玻璃焊料均将很快腐蚀，使灯漏气。球形内管和第一代陶瓷金卤灯泡壳结构相比，管壁承受的压力小，而且受力平均，使得内管破裂的概率大大减少。球形内管在不同燃点位置光色的一致性更好，而且具有高的流明输出，球形内管结构使得全管壁厚薄一致，与电弧形状一致，特别是电极引出管位置附近不会阻碍光的透出，因而与圆形结构的泡管相比可以整体提高流明输出 5%～10%。金属卤化物灯以其发光效率高、显色性好、寿命长而得到广泛的应用。但是金属卤化物灯还存在灯的色差、金属卤化物粒径均匀性等需要解决的问题。

4）紫外发射稀土发光材料

紫外辐射是波长介于可见光与 X 射线之间的电磁辐射。紫外辐射可分为紫外辐射（波长为 200～400 nm）和极紫外/真空紫外辐射（波长为 10～200 nm）。根据紫外辐射对生物以及环境的影响，波长在极紫外以上的紫外辐射又可分为 UVC（波长 200～280 nm）、UVB（波长 280～315 nm）和 UVA（波长 315～400 nm）三种辐射。UVA 可以再分为 UVA1（波长 340～400 nm）和 UVA2（波长 315～340 nm）两种。紫外发射稀土发光材料是指在 253.7 nm 或更短波长紫外线激发下，可以产生另一种较长波长紫外线的荧光粉[27]。$(BaSi_2O_3)$：Pb 荧光粉是一种有效的紫外发射荧光粉，发射峰值位于 350 nm，主要用于诱杀虫害的黑光灯[28]；$(Ca,Zn)_3(PO_4)_2$：Tl 荧光粉是一种制造健康线灯的高效紫外发射荧光粉，发射波长在 280～350 nm 之间，峰值为 310 nm[28]；复印灯必须有与所用的感光体或光电面吸收率匹配的谱线，适配波长在 380～430 nm 范围内，广泛应用于复印灯的紫外发射稀土荧光粉

主要包括 SrB_4O_7：Eu、$Mg_2P_2O_7$：Eu 等[29]。另外，紫外发射荧光灯还可用于工程探伤仪、印刷、计算机芯片紫外高精度光刻制版技术以及用作光催化的光源中。

2. 固态照明用发光材料

固态照明（solid state lighting，SSL）是指基于半导体芯片将电能转换为光能的照明技术，具有转换效率高、寿命长、绿色环保、可靠性高、体积小等优点，是目前最具有发展潜力的绿色照明光源，大力发展固态照明产业已然成为世界各国的共识。近年来，随着InGaN基蓝光发光二极管（light emitting diode，LED）和激光二极管（laser diode，LD）的迅速发展，固态照明以其广阔的前景成为了21世纪最具有发展潜力的绿色光源[30]。目前应用于固态照明领域的主要是LED照明以及新兴的LD照明，二者分别使用LED和LD芯片激发转光材料合成白光。随着照明器件的寿命、亮度、发光效率和显色性能的不断提高，大功率LED和LD产品中转光材料的相关性能提升至关重要。第一种可以商用的白光LED是将发射 460 nm 波长的蓝光芯片与可将部分蓝光转换为黄光的铈掺杂钇铝石榴石荧光粉相结合得到的。白光LED属于自发发射，依靠电子和空穴的结合释放出光子，高的工作电流会带来内部温度的升高，电子与空穴的辐射复合概率降低，因此存在明显的“效率骤降”的缺点，即随着驱动功率密度的增加，其发光效率会急剧下降，限制了其在大功率照明方向的发展[29-32]。LD 在高功率时无“效率骤降”现象，且具有尺寸小、光束小、准直性好等优点，在汽车照明、深海照明、内窥镜等特种照明领域以及激光电视等高端显示领域展现出广阔的市场应用潜力，是信息产业未来的重点发展方向之一。

1）白光LED用稀土发光材料

白光LED作为一种新型全固态照明光源，具有节能、环保、小型化、长寿命、可设计性强、平面化等优点。白光LED用稀土发光材料的研发和产业化已成为当前的热点和主流。实现照明用的白光LED目前主要有以下三种较为常见的方案：

（1）蓝光LED芯片和YAG黄色荧光体结合，转换的黄光与其互补光蓝光合成复合白光，该种方式具有高的发光效率、成本低、亮度高等优点，但是红光成分会有部分缺失使其显色性能较差。

（2）近紫外LED芯片与红、绿、蓝荧光体相结合，合成白光，其原理与三基色荧光灯相似。该方式的优点是具有较高的显色性能，能较好地适用于室内照明，但是发光效率较低。

将红、绿、蓝三种颜色的LED芯片结合，通过控制三种颜色光比例来合成理想白光，该种方式的发光效率要高于第二种方式，但是由于三种不同颜色的LED需要不同的驱动电流，造成制作过程复杂、成本较高，不同颜色LED芯片光衰程度差别较大，容易出现混合白光色差问题[33-35]。

（3）三种方案中最常见的白光合成方式是第一种，该方案目前主要使用的稀土发光材料体系为：①铝酸盐体系：黄粉$(Y,Gd)_3Al_5O_{12}$：Ce，绿粉$(Y,Lu)_3Al_5O_{12}$：Ce，$Y_3(Ga,Al)_5O_{12}$：Ce 等；②硅酸盐体系：橙红粉$(Ba,Sr)_3SiO_5$：Eu，绿粉与黄粉$(Ba, Sr)_2SiO_4$：Eu 等；③氮化物体系和氮氧化物体系：红粉 $M_2Si_5N_8$：Eu(M 为 Ca, Sr, Ba)、$MAlSiN_3$：Eu(M 为 Ca, Sr, Ba)；绿粉β-SiAlON：Eu。

石榴石结构的铝酸盐荧光粉是目前应用最广泛、技术最成熟的白光LED荧光粉体系。1967年，YAG：Ce铝酸盐黄色荧光粉最早由Blasse合成[36]。中国于21世纪初期开展了铝酸盐荧光粉的研发工作，早期合成的产品存在形貌差、光效不高、批次稳定差等不足之处[37]。近年来通过对高温烧结设备自主开发及制备技术的不断升级、完善，已实现了铝酸盐荧光粉稳定批次的连续化生产，商用产品具有球形形貌、结晶度高、光效高、稳定性好等优点。同等条件（粒度、色坐标）下，国产商用粉的封装器件光转换效率、稳定性显著改善，达到国际先进水平[16]。随着高显色性的（显色指数大于85）白光LED器件的发展，高效Ga-YAG：Ce和LuAG：Ce铝酸盐绿色荧光粉及其产业化技术被开发出来。目前在照明领域，铝酸盐绿粉已成为高品质LED照明的主流产品。

白光LED硅酸盐荧光粉体系以M_2SiO_4（M=Ca, Sr, Ba）正硅酸盐为主，而偏硅酸盐、焦硅酸盐和含镁正硅酸盐稀土发光材料在激发效率、光效和热猝灭性能等方面存在问题，且硅酸盐荧光粉化学稳定性和温度稳定性较差，目前业内普遍采用的表面惰性化并不能彻底解决问题，同时由于国内尚未攻克β-SiAlON绿粉核心制备技术，短期内硅酸盐仍然是中低端背光显示领域中的主要绿粉产品。在照明领域，硅酸盐荧光粉包括绿粉和橙粉，已分别被铝酸盐系列和氮氧化物系列荧光粉取代。

氮化物/氮氧化物荧光粉具有SiN_4四面体构成的三维网络结构、较强的共价化学键，因此该类荧光粉发光色较为丰富、激发和发射光谱存在明显红移、发光效率高、热猝灭小。硅基氮化物红粉是高显色白光LED的主流产品，成为中国近年来研究热点，主要包括$M_2Si_5N_8$（M=Ca, Sr, Ba）、$MAlSiN_3$（M=Ca, Sr, Ba）两大系列。例如，利用氮化物红粉与YAG：Ce黄色荧光粉配合可以制备出显色该指数高达90以上的白光LED器件。目前，$MAlSiN_3$：Eu已成为白光LED用红粉的主流产品。氮化物红粉制备条件较为苛刻，国内外报道的制备方法也比较多。例如，碳热还原氮化法和自发生高温合成法制备$M_2Si_5N_8$：Eu（M=Ca, Sr, Ba）红粉[38]；利用廉价原料$SrCO_3$、Eu_2O_3、Si_3N_4制备$Sr_2Si_5N_8$：Eu^{2+}红粉[39]；以$Ca_{1-x}Eu_xAlSiN$合金为前驱体采用自发生高温法合成$CaAlSiN_3$：Eu^{2+}荧光粉[40]。目前，氮化物红色荧光粉有两大主流合成制备技术，一是以日本三菱化学为代表的采用合金法制备氮化物红粉，该技术的原料CaAlSi合金制备比较困难，同时荧光粉合成过程中需要高温高压的合成条件，生产成本高，仅被三菱化学等少数几家企业所掌握；二是以国内一些企业为代表，选用碱土金属氮化物、氮化硅、氮化铝通过高温常压氮化法制备氮化物红粉，该技术无须高压，对设备要求相对不高，生产成本低，但对原材料纯度、活性以及氧含量等要求较高[16]。由于国内研发起步较晚，早期国产氮化物红粉产品性能较国外氮化物红粉差别较大，但随着技术攻关，国产氮化物红粉产品性能迅速提升，颗粒形貌、单粉光效和稳定性及批次一致性与国外同期产品相当。早期使用氮化物红粉时，LED器件会随着时间的变化发生亮度降低、显色性能下降的现象，严重影响器件的使用寿命，成为制约该系列荧光粉被广泛采用的关键因素。氮化物红粉的结构是一种沿a方向的层状结构，金属离子和发光中心位于6个由Si-N或Al-N四面体组成的环状空隙中，因而在高温和水氧的共同作用下，N元素结点会首先受到破坏生成NH_3，之后沿其结点逐渐破坏，荧光粉晶粒出现表面毛糙化和断裂现象。晶粒断裂后，水、氧便会侵入四面体环状中心，金属离子或者发光中心随之受到氧化，从而引起荧光粉光色衰减。因此，氮化物荧光粉老化耐候性提升的关键在于晶粒的水、氧隔绝，晶粒表面修饰技术的开发使得该系列红粉成为主流白光 LED 用红色荧光粉。另外研究发现，以纳米 EuB_6 为原料，可以有效地提高 $CaAlSiN_3$：Eu^{2+}红色荧光粉的放电性能和热稳定性。人们还探索了具有成本效益的氮化物荧光粉合成路线，以较便宜且稳定的全氧化物为原料，采用碳热还原氮化（CTRN）法，首次合成了 Eu^{2+}掺杂 $CaAlSiN_3$：Eu^{2+}红色荧光粉[41]。

2）激光照明用稀土发光材料

激光二极管（LD）具有高亮度、高光电效率且无“效率骤降”现象、散热系统更简单、照射距离远、尺寸小等特点，适用于高亮度需求的场所应用，尤其在高亮、高光效、远程照明领域具有显著的优势[42]。自从 1960 年 Maiman[43,44]研制出第一个红宝石固体激光器，固体激光技术开始迅猛发展。诺贝尔物理学奖获得者中村修二，2016 年 2 月到访深圳时，强调 LD 是照明领域的未来，未来十年，LED 技术将受限于其发光效率的物理极限，最终被激光技术取代，激光技术在电视及照明等领域拥有非常广阔的应用前景和市场。

LD 与 LED 产生白光的原理基本一致，蓝色 LD 芯片+激光发光材料是目前发展激光照明最常用的方式，激光驱动的白色光源可以承受超高的功率密度，具有超亮度和高方向性。发光材料是激光照明技术的关键组成部分，它决定了激光照明设备的发光效率、亮度和颜色质量。然而，当被高功率密度的蓝色激光器激发时，大多数发光材料遭受严重的亮度饱和。热猝灭和光激发猝灭的协同作用导致亮度饱和，分别称为热诱导亮度饱和和光诱导亮度饱和，其中光饱和主要与发光中心的浓度和衰减时间相关。对于激光照明与显示器件来说，热饱和是实现高亮度和高光通照明显示的主要障碍，荧光材料被激光照射到的区域会产生大量的热量，致使荧光材料发生热猝灭。为了避免亮度饱和，激光发光材料应具有以下优点以承受高功率密度激光激发：高内部量子效率，小斯托克斯位移，低热猝灭，高导热性，短衰减时间。国内外学者面向激光照明与显示器件对荧光材料高热导性、高热稳定性及强散射的实际需求，发展了以荧光玻璃、荧光单晶、荧光陶瓷、荧光薄膜等为代表的一系列新型荧光材料，用于取代白光 LED 应用中使用的传统荧光粉。

A. 荧光玻璃

稀土离子荧光粉与玻璃基质烧结而成的荧光玻璃不仅可以有效避免荧光粉的热猝灭，而且还保留了玻璃材料的透明性、耐热性、抗腐蚀性等优点，可长时间工作在温度比较高的环境中，近年来逐渐被应用于激光照明领域。从制备方法上区分，荧光玻璃可分为微晶玻璃（phosphor glass plate，PGP）、荧光发光玻璃（glass phosphor plate，GPP）以及复合荧光玻璃（phosphor in glass，PiG）。对于 PGP 型荧光玻璃，玻璃中的荧光基元的结晶速率、结晶度以及结晶组成难以调节是制约其发展的主要因素。而 GPP 型荧光玻璃则受限于量子效率与基质声子能量二者的“博弈”关系以及难以被蓝光 LD 所激发。PiG 型荧光玻璃避免了上述不利因素，相较于前两者以及荧光陶瓷材料能适用于特定的材料体系。PiG 型荧光玻璃由于烧结温度低，可以与大多数各色商业荧光粉混合。通过调节荧光粉含量与玻璃基质的比值以及 PiG 的厚度，可有效调节材料的光色性能，具有较强的发光可调性及简便性，有利于实现宽光谱发射的高品质激光白光。

荧光玻璃中所用到荧光粉的体系，主要分为氧化物及氮（氧）化物体系，目前已实现黄色、绿色、红色发射。2005 年，日本电气硝子公司将 YAG：Ce 掺杂在 SiO_2-Al_2O_3-Y_2O_3

玻璃中经过1200～1500℃烧结得到热导率达到2.2 W/(m·K)的YAG：Ce荧光玻璃，并首次说明其相比于传统荧光粉存在的化学和热稳定性优势[45,46]。

此后，稀土荧光玻璃在激光照明行业的应用得到了广泛的关注。日本国立材料研究所合成了发射绿光的β-Sialon：Eu和发射红光的$CaAlSiN_3$：Eu PiG[47,48]，并在不同的蓝色激光功率密度下研究其光学性能。通过微观结构与表面分析发现，两种荧光粉粉末均匀分布在玻璃基体中，荧光粉颗粒与玻璃基体之间界面清晰未发生反应。对于荧光粉质量分数为5wt%的β-Sialon：Eu PiG，在441 nm波长下的透射率和外部量子效率分别为29%和23%，当蓝色激光功率密度低于0.7 W/mm^{2}时，β-Sialon：Eu PiG样品的光通量随入射激光功率线性增加，反射式模式测得光通量高达250 lm。对于$CaAlSiN_3$：Eu PiG，由于烧结温度高于玻璃基质的转化温度，$CaAlSiN_3$：Eu PiG样品的外量子效率随着烧结温度和保温时间的增加而降低，而透射率和发光强度却呈相反的变化。在蓝色激光激发下，$CaAlSiN_3$：Eu PiG样品在0.5 W/mm^{2}的激光入射功率下具有39 lm的最大光通量。虽然，发绿光的β-Sialon：Eu和发红光的$CaAlSiN_3$：Eu PiG在大功率激光照明下的光学性能差强人意，但研究结果表明它适合在低入射功率范围内用作绿色或红色发光材料。另外，由于玻璃基体中相对较低的荧光粉浓度，最大光通量也大大降低，这些问题也亟待解决。

B. 荧光单晶

在无机荧光转换材料中，具有完美晶体结构的单晶材料相比于其他荧光基质材料具有以下优点：严格对称的晶体场结构和高度晶体自范性，其制备工艺决定了荧光单晶的高透过率和高相纯度；荧光单晶中几乎没有缺陷和晶界，激活离子可以均匀稳定地占据在发光中心格位，从而保证离子价态稳定以及高的发光均匀性；具有优异的热稳定性、高的内部量子效率和高的热导率，在高功率LED/LD中可以承受高功率密度的蓝光激发而不出现明显的猝灭和失效。韩国釜庆大学科学家通过蓝色激光与YAG：Ce单晶结合获得白光，在3.0 A和4.85 V的条件下，其光通量能达到1100 lm[49]。研究人员进一步探究了块状单晶和粉状颗粒两种不同形态在蓝色激光激发下的光学性能，结果表明，块状单晶在受激光照射点上的最高温度（79℃）低于粉状单晶（106℃）和参考晶体粉末（153℃）的温度，主要原因在于粉状单晶具备高的量子效率与强的光散射性能，更容易产生热量[50]。总体而言，在高功率激光密度激发下，单晶具有出色的热性能。

为了进一步利用激光光源，获得光学质量可调的激光白光，最近，通过掺杂离子的替换，一系列石榴石体系单晶，例如$Lu_3Al_5O_{12}$：Ce（LuAG：Ce），$Y_3Al_5O_{12}$：Ce（YAG：Ce），$Gd_3(Ga,Al)_5O_{12}$：Ce（GAGG：Ce）和$(Gd,Y)_3Al_5O_{12}$：Ce（GdYAG：Ce）被成功制备并用于激光照明[51]。YAG：Ce和LuAG：Ce单晶的内量子效率随温度升高而增强，并具有更好的稳定性，但是掺入Gd/Ga单晶的内量子效率有明显降低的趋势。值得指出的是，以Gd掺杂的GdYAG：Ce晶体产生的激光白光色温可以达到3500～4000 K，显色指数能提高到80，相比只使用YAG：Ce产生的白光的显色指数（70），有了实质性的提高。虽然单晶具有优异的微观结构、出色的热稳定性和较高的内（外）量子效率，但由于缺乏散射因素，单晶的光提取率低，进而出现光均匀性差等问题。总而言之，这种具有可调光学特性的单晶材料虽有望成为应用于高功率激光照明与显示的荧光材料，但还需要进一步改进优化。

C. 荧光陶瓷

荧光陶瓷拥有许多单晶和玻璃激光块体材料所不具备的优点：

（1）具有与单晶相似的物理化学性质、光谱特性和激光性能。已有的研究表明，高光学性能的多晶陶瓷在热导率、膨胀系数、吸收和发射光谱、荧光寿命等方面与同组成单晶几乎一致，激光性能与单晶相似甚至更优，而在机械性能方面，多晶陶瓷比单晶也有一定幅度的提高。

（2）容易合成大尺寸的激光透明陶瓷，且形状容易控制。晶体生长技术由于受各种条件限制很难获得大尺寸单晶，难以满足特殊的应用需要。陶瓷成型工艺简单，烧结温度通常远低于单晶生长的熔融温度。有些理论上预计有较好激光性能的材料，如 Nd^{3+}/Yb^{3+}：RE_2O_3(RE=Y, Sc, Lu)等，由于温度高、熔点附近发生相变等原因，无法生长出同时具有高光学质量和大尺寸的单晶，而采用陶瓷的制备技术可望在远低于熔点的温度下实现透明化。

（3）制备周期短，生产成本低。陶瓷材料烧结工艺简单，制备周期为数天，适合大规模生产，成本较低。而单晶生长技术性强，生长周期为数十天，通常需要昂贵的铂金或铱坩埚，生产成本很高。

（4）可以实现高浓度掺杂，光学均匀性好。由于受掺杂离子在基质中分凝系数的限制（如 Nd^{3+}在 YAG 晶体中的分凝系数仅 0.18），采用熔体生长技术很难实现高浓度掺杂，且容易在径向形成浓度梯度并形成应变花纹。而陶瓷材料由于不受分凝效应的限制，可以实现高浓度、均匀掺杂。

（5）可制备出多层和多功能的激光透明陶瓷。陶瓷制备技术可以把不同组分、不同功能的材料结合在一起，为激光系统设计提供了更大的自由度。如将 Nd：YAG 和 Cr^{4+}：YAG 复合在一起构成被动调 Q 开关，甚至将调 Q 和 Raman 激光相结合，而这对单晶材料而言几乎是不可能的。也可在同一块激光透明陶瓷上产生自调 Q 激光输出，实现 LD 泵浦固体调 Q 激光器的高效率、高功率、集成化和小型化。

（6）同激光玻璃材料（以钕玻璃为例）相比，透明陶瓷激光材料（以 Nd：YAG 透明陶瓷为例）的热导率高，有利于热量的散发；熔点高，可以承受更高的辐射功率；单色性好，可以实现连续的激光输出。

早在 1995 年，Ikesue 等[52]通过传统的高温固相烧结法，在 1850℃烧结 5 h 后成功制备出透明 YAG 陶瓷，此陶瓷的致密度接近 100%。随着技术的发展和不断革新，制备工艺不断升级，烧结方法由传统的高温固相到先驱体法真空烧结技术，再到现在真空等离子烧结法，制备得到的陶瓷性能更加优良。2011 年，京都大学研究人员采用先驱体法烧结得到透明度高达 90%的 YAG：Ce 陶瓷，与蓝光 LED 结合实现流明效率为 73.5 lm/W 的白光输出[53]。对于纯相陶瓷来讲，在基质中引入不破坏原相的第二相介质，有可能改变入射光在荧光陶瓷中的传播路径，从而增加激发光被发光中心吸收的概率，最终达到提高流明效率的目的。

2015 年，上海光学精密机械研究所研制出了 Al_2O_3-YAG：Ce 复合多相透明荧光陶瓷[54]，封装得到白光 LED 的发光效率为 93 lm/W，通过调节 Al_2O_3 与 YAG：Ce 的摩尔比例，在蓝光 LED 的激发下最终实现了流明效率为 95 lm/W 的白光输出，实验进一步说明了 Al_2O_3 相的存在改变了光在陶瓷中的传播路径，增加了蓝光被 Ce^{3+}吸收和转化的概率。此外，适

量的 Al_2O_3 颗粒散布在 YAG：Ce 基质中也可以提高白光的发光效率，并且 Al_2O_3 颗粒还提高了陶瓷的光提取效率和表面粗糙度，相比制备 YAG：Ce 单相陶瓷，工艺更简便、成本更低。除了研究最为广泛的 YAG 基荧光陶瓷，2016 年，中国科学院上海硅酸盐研究所首次使用 Si_3N_4 和 SiO_2 作为材料，成功地合成了红色且具有复合微结构的半透明 $CaAlSiN_3$：Eu^{2+}陶瓷[55]，即红色发光 $CaAlSiN_3$：Eu^{2+}颗粒均匀地嵌入了不发光的 α-Sialon 基质中形成的一种核-壳结构，与粉体相比，热稳定性提高了 15%，导热率［4 W/(m·K)］也优于相应的粉末荧光粉，在 450 nm 激发下的外部量子效率高达 60%，在 0.75 W/mm^2 的蓝色激光激发下，发光效率为 10.6 lm/W。因此，该红色半透明的 $CaAlSiN_3$：Eu^{2+}陶瓷适用于新兴激光照明和显示技术。

尽管荧光陶瓷具有出色的性能，但其应用仍然受到复杂且昂贵的制造过程限制，而且陶瓷的制备过程一般温度过高（高于 1600℃），大多数氮化物荧光粉由于其固有的低扩散速率而难以被完全致密化为光学与物理性质优异稳定的陶瓷，且所制备的材料仅仅局限于 YAG 或者 $CaAlSiN_3$：Eu^{2+}等常见的氮化物，颜色种类较少，很难满足激光显示的需求。

D. 荧光薄膜

尽管在制备荧光玻璃、荧光晶体以及荧光陶瓷等方面进行了大量的研究，而且荧光陶瓷具有超高的热导率和良好的光学性能，但其需要通过高温烧结（如真空烧结、SPS 烧结）和后续加工（如切割、抛光等）才能获得，制造成本过高，目前还难以实现大批量商业化生产。与荧光陶瓷材料相比，荧光玻璃材料的合成工艺相对更简单，但玻璃基体的导热性能较差导致荧光玻璃材料在激光的激发下发光效率和发光饱和阈值都比较低。单晶具有优异的微观结构、出色的热稳定性和较高的内（外）量子效率，但缺乏散射因素，会导致单晶的光提取率低，并出现光均匀性差等问题。

为了解决以上问题，新型复合结构的发光材料成为目前研究的热点。主要设计思路是将荧光玻璃与高导热基板的优势结合起来，即将高含量的荧光粉与低熔点玻璃紧密烧结在高导热性基板，如玻璃、蓝宝石或铝基板上，形成可适用于大功率激光应用的荧光玻璃薄膜（phosphor-in-glass film，PiGs film）。值得注意的是，荧光薄膜中荧光粉浓度（40%～70%）远高于荧光玻璃中的荧光粉浓度（1%～10%），从而大大减少了荧光粉颗粒与玻璃基质之间的界面反应。因此，荧光薄膜具有易于制造、量子效率高和色彩可调谐性丰富的优点，特别适用于氮化物荧光粉。

2016 年，夏普公司通过低温共烧结技术将 β-SiAlON：Eu 和 α-SiAlON：Eu 荧光粉薄膜紧紧地附着在玻璃基板上，在透射模式下研究了它们在激光激发下的光学性能，并以 YAG PiG film 为参照对比量[56]。研究表明，随着激发激光功率的增加，SiAlONPiG film 的温度线性上升，而 YAG PiG film 的温度显著上升，表明 SiAlON film 具有比 YAG 更高的耐热性。当激光功率大于 2.5 W 时，YAG PiG film 出现发光饱和，亮度急剧下降，而 SiAlONPiG film 的亮度随激发功率线性增加，没有显示出发光饱和，最终形成的亮度比 YAG PiG film 高 15%，不同情况的发光饱和特性归因于它们不同的热猝灭性能。因此，具备优异热稳定性的 SiAlONPiG film 有潜质用于高功率密度激光照明和显示发光材料。为了进一步提高 PiG film 的热性能，研究者也采用了 Al 作为基底。

2017 年，韩国釜庆大学通过 SPS 方法制备了 YAG 荧光粉-Al 复合材料（PAC）[57]，结构为荧光玻璃薄膜和铝基板之间放置 TGL 层，TGL 层组又由 Al 和玻璃组成，以将产生的热量从荧光粉有效地传递到 Al 基板。研究表明，这种结合低熔点玻璃熔合技术的复合材料（PAC）具有 31.6 W/(m·K)的高热导率，并在 4 W 蓝光激光（λ_{ex}=445 nm）激发下，得到 430 lm 的输出，表现出质量优异的激光白光。另一方面，在蓝光激光持续照射下，PAC 的表面温度在 10 min 后缓慢升高至 137℃，继续照射 30 min，发光强度才略有降低，而参考样品的表面温度在 4 min 内突然达到 258℃。随着蓝色激光功率的增加，由于热量的积累，PAC 的光通量线性增加，而参考样品（YAG phosphor film）的光通量容易饱和。PAC 的色温保持不变，但参考样品的色温逐渐升高，这也是能说明材料达到发光饱和的一个现象。

为了进一步改善复合发光材料的光学性能，具备高热导率［>30 W/(m·K)］、出色的机械性能以及高的线性透射率（>86%）的蓝宝石（sapphire）为基板的荧光玻璃薄膜成为最新的研究课题。为了充分利用蓝宝石衬底的优良特性，2018 年，厦门大学研究团队在蓝宝石上设计了一维光子晶体（1D photonic crystals，1DPC）薄膜，即在蓝宝石一面镀有防反射（antireflection，AR）层以增强入射蓝光的透射率，而在另一面镀有蓝光（bluepass，BP）透过层以阻止发射光向后发散而产生损失[58]。通过这种 1DPC 的设计，镀有 AR 层的透射率从 85%提高到 92%，而镀 BP 层的透过率提高到 97%。该课题组采用刮涂法将 YAG PiG film 烧制在镀有 1DPC 的蓝宝石基底上（PiG-on-CSA），并与 YAG PiG film 直接镀在蓝宝石基底上（PiG-on-SA）进行了对比。研究表明，PiG-on-CSA 在发光强度以及透过率方面明显要高于 PiG-on-SA。在透射模式下，11.2 W/mm^2 的蓝色激光激发下，PiG-on-CSA film 能产生高质量且均匀的白光，亮度更是高达 845 Mcd/m^2（光通量：1839 lm），发光效率 210 lm/W 以及 6504 K 的相关色温，并通过在 YAG 上涂敷橙色（Ca-α-SiAlON：Eu^{2+}，α-SiAlON）或红色荧光粉（$(Sr,Ca)AlSiN_3$：Eu^{2+}，SCASN）层，可使得激光白光显色指数高达 74。但这种双层结构导致整个材料的散热能力下降，最终使得激光阈值低于单层 YAG PiG film 所能承受的值[59]。

3. 弱光照明用发光材料

弱光环境通常指自然照明条件不足、严重影响人们视觉的特定环境，通常把光照度在 50 lm 以下称为弱光环境，其产生原因一般包括两个方面：特殊时间（夜间环境）和特殊空间（如隧道、洞穴、建筑物内缺乏充分照明的部位等）。稀土长余辉材料广泛应用于弱光照明领域，主要包括稀土长余辉荧光粉、稀土长余辉玻璃和稀土长余辉陶瓷。

长余辉发光是一种特殊的光学现象，在外场力（可见光、紫外光、X 射线、γ射线、电子束等）激发作用停止后，可以产生可见或者近红外区域长时间的发光，从激发停止后可以持续几秒、几时甚至几天。按照光照度的定义，将样品从被激发后到发光亮度衰减到 0.32 mcd/m^2 的时间称为可见光长余辉寿命。长余辉材料作为一种节能、环保和储能的发光材料，通过将吸收的激发能储存起来，在不消耗电能等能量的情况下就能在夜间或者较暗的环境中发射出可见光，具有指示、照明及装饰等作用。特别是稀土掺杂的长余辉材料具有白天储光夜晚发射蓄光的特点，余辉时间可达 12 小时以上，具有广泛的应用前景，在现代社会发挥着重要作用。长余辉材料的结构不同、陷阱中心不同、激活离子不同导致发光颜色不同、持续时间不同和亮度不同。稀土长余辉发光材料属于电子俘获材料，发光现象是由材料中的缺陷能级结构所致，对长余辉发光过程的研究实际上是研究发光中心和缺陷中心如何进行能量传递的过程。稀土长余辉材料的发光机理目前还没有十分清晰明确的理论模型，比较典型的有以下四种理论模型。

能量传递模型：激发光在激发稀土长余辉材料时，价带中的电子被激发到导带形成自由电子，同时在价带中产生可以自由转移的空穴，如图 3-3 所示。由于晶体场中存在陷阱能级，电子或空穴一旦被它们俘获将失去自由转移的能力。一般来说，陷阱能级深度适中，常温条件下载流子能够在热扰动的激励下克服陷阱的束缚，从陷阱中逃逸出来进行复合，复合产生的能量激发发光中心发光。如果陷阱能级太浅，不能够有力地束缚住载流子，那么在常温下载流子被陷阱束缚的时间很短，就不能形成有效的余辉。反之，如果陷阱能级太深，在室温下晶格的热扰动不能将陷阱中的载流子有效地激发出来，形不成自由电子和空穴，也就观察不到长余辉现象，此时，需要通过给材料加热增加晶格热扰动的能量才能观察到长余辉[60]。陷阱能级中载流子的数量也是决定余辉时间长短的原因，陷阱能级中载流子越多那么余辉时间越长，反之越短，但是陷阱能级能够储存的载流子数量有限，当达到饱和时，即使继续用光去激发材料，也不会增加长余辉的时间。综上所述，余辉的时间长短与陷阱能级的电子数以及陷阱能级的深度也就是电子返回激发态的速率密切相关。

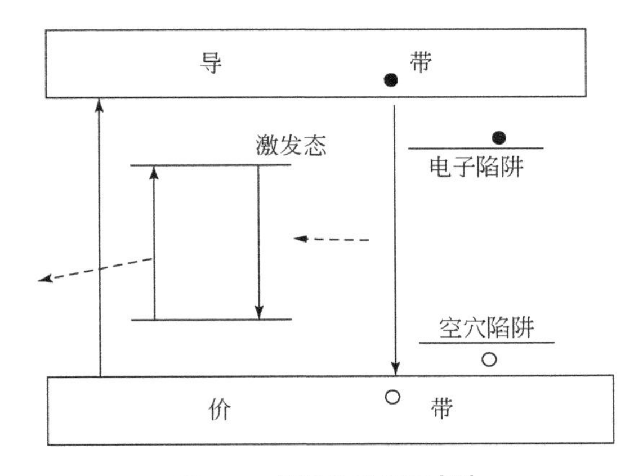

图 3-3　能量传递模型[60]

空穴转移模型[61]：空穴转移模型最早被用来解释 $SrA1_2O_4$：Eu^{2+},Dy^{3+}稀土长余辉材料的发光机理，这一模型认为在 $SrA1_2O_4$：Eu^{2+}, Dy^{3+}中存在两个缺陷中心：Eu^{2+}和 Dy^{3+}，当用光源激发时，Eu^{2+}作为发光中心吸收激发光能被激发，电子产生了 4f-5d 跃迁，从基态跃迁到激发态，在 4f 基态能级产生空穴，再通过热能被释放到价带，此过程中 Eu^{2+}失去一个空穴转换成 Eu^{1+}，产生的空穴在价带自由迁移。Dy^{3+}作为共掺杂剂能够提供陷阱俘获空穴，此时 Dy^{3+}俘获一个空穴转变为 Dy^{4+}。当激发光源停止激发后，被 Dy^{3+}俘获的空穴在热扰动的激励下又返回到价带，空穴在价带中迁移并被激发态 Eu^{1+}俘获，然后迁移到 Eu^{2+}的基态，这样激发态的电子和空穴进行复合发光产生超长余辉，此过程如图 3-4 所示。

位型坐标模型：苏锵院士等[62]提出了位型坐标模型，如图 3-5 所示。其中 A 表示基态、B 为激发态、C 为缺陷能级（可以捕获电子）。缺陷能级 C 的形成与共掺杂离子 RE^{3+}以及晶格固有的缺陷有关，C 能级深度位于 A 与 B 能级之间。当 Eu^{2+}受激发从基态到激发态后（图 3-5 中 1），一部分电子会跃迁回到基态而发射光子（图 3-5 中 2），另一部分电子被缺陷能级 C 捕获（图 3-5 中 3）。当电子在 C 能级中被晶格热扰动激发时会重新回到激发态能级 B，然后跃迁回基态 A 而产生余辉发光。余辉时间的长短与储存在缺陷能级 C 中的电子数量和电子返回激发态能级 B 的速率有关，余辉强度取决于缺陷能级 C 中电子在单位时间内返回激发态能级 B 的速率。陷阱能级与激发态能级的能级差为 E_T，若吸收的热扰动能量远大于 E_T，则电子可能一次性从 C 返回 B，再到基态而产生发光，不会产生长余辉；若小于 E_T，则电子不能从 C 返回 B，也不能产生余辉[60]。

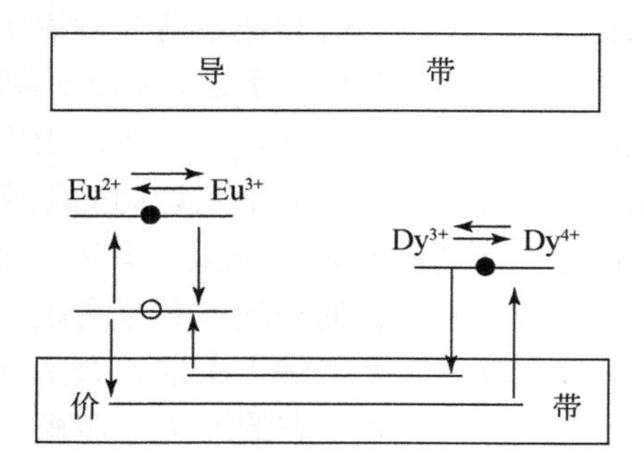

图 3-4 空穴转移模型[60]

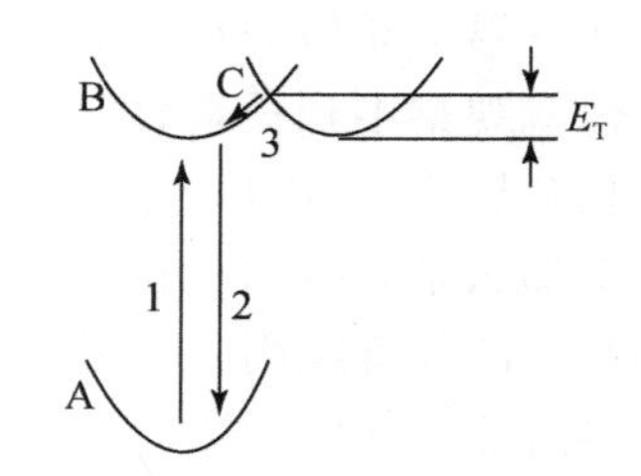

图 3-5 位型坐标模型[60]

热致发光模型：热致发光模型可用于解释不同稀土三价掺杂离子 RE^{3+}对 MAl_2O_4：Eu^{2+}稀土长余辉材料体系发光性能的影响[63]。该模型认为陷阱捕获的电子和空穴在热扰动下复合产生了长余辉发光，同时提出了该复合途径存在两种可能形式，一种称为导带跃迁模式，另一种称为定域跃迁模式。导带跃迁模式认为被陷阱捕获的电子和空穴在晶体中均匀分布，相互之间距离较远，在热扰动下电子通过导带跃迁到复合中心与通过价带迁移的空穴复合，并将能量给发光中心 Eu^{2+}；定域跃迁模式认为晶格中被陷阱捕获的电子和空穴是成对存在且相距较近，在热扰动下陷阱捕获的电子/空穴对跃迁到复合中心进行复合，将能量传给发光中心 Eu^{2+}，如图 3-6 所示。

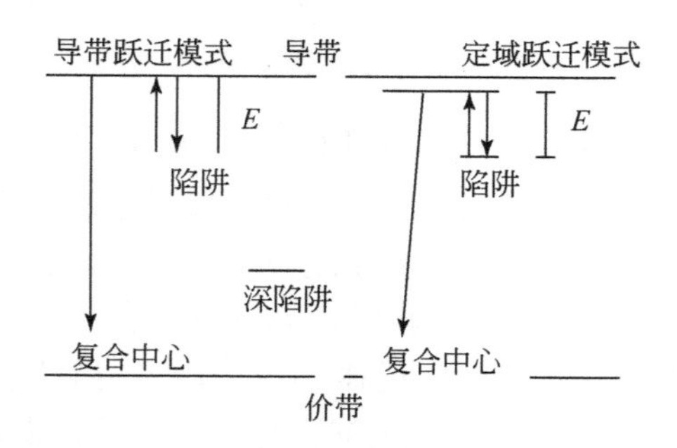

图 3-6 热致发光模型[63]

1）稀土长余辉荧光粉

长余辉发光材料又称蓄光型发光材料，俗称夜光粉或长余辉粉。其发光原理属光致发光，即当受到光源激发时在激发态存储激发能，当激发停止后，再将能量以光的形式缓慢释放出来。1866年，法国科学家Sidot首先制备了具有黄绿色发光性能的ZnS：Cu长余辉发光材料，并于20世纪初开始应用。长余辉荧光粉早期多以硫化物为基质材料，这类长余辉材料发光颜色丰富，几乎覆盖了所有的可见光波段，如发绿光的ZnS：Mn^{2+}，发蓝紫光的CaS：Bi，发黄光的ZnCdS：Cu。但是硫化物的化学稳定性差，不宜久置在潮湿的空气中或暴露在太阳光下，而且硫化物合成和分解后会产生对人体和环境有害的气体，从而限制了稀土硫化物长余辉体系的市场应用。

1968年在研究Eu^{2+}掺杂的碱土铝酸盐中首次观察到了长余辉现象[64]，其余辉亮度高，持续时间长。到1975年，MAl_2O_4：Eu^{2+}(M=Ca, Sr, Ba)中的长余辉特性被明确报道[65]，当时实验室得到的Eu^{2+}掺杂的碱土铝酸盐稀土发光材料余辉特性已经和ZnS：Cu相近，但是在实验室条件下得到的长余辉发光性能还不能满足市场要求，即便如此，这一发现仍然极大地丰富了长余辉材料基质的种类[65-67]。1992年，以$SrAl_2O_4$：Eu^{2+},Dy^{3+}为代表的两种或两种以上稀土离子掺杂的碱土铝酸盐的长余辉性能被报道[68]，人们普遍认为共掺杂的Dy^{3+}离子使晶格产生了缺陷形成了新的陷阱能级，从而使共掺杂的碱土铝酸盐的发光性能比$SrAl_2O_4$：Eu^{2+}有了很大的提升，余辉时间可达ZnS：Cu的10倍以上。$SrAl_2O_4$：Eu^{2+},Dy^{3+}的发现直接推动了长余辉材料的大规模商业化，目前，已经商业化的铝酸盐长余辉发光材料分别是$SrAl_2O_4$：Eu^{2+},Dy^{3+}和$CaAl_2O_4$：Eu^{2+},Nd^{3+}。与硫化物长余辉材料相比，稀土掺杂的铝酸盐长余辉发光材料是一种高效、节能、环保、稳定的发光材料，具有余辉时间长、发光效率高、耐酸、耐碱、耐辐射，化学性质稳定、温度猝灭特性优异、制备工艺简单等优点。但铝酸盐基质长余辉粉的耐水性差，不能很好地适应潮湿环境，猝灭温度普遍较低且发光颜色单一，使铝酸盐基质长余辉粉的应用受到限制。

稀土掺杂的硅酸盐长余辉发光材料因原料廉价、纯度高，具有良好的物理化学性质和优异的热稳定性，受到了研究人员的广泛关注。相对于铝酸盐长余辉发光材料来说，硅酸盐长余辉发光材料具有耐水性强、余辉性能优异、发光颜色丰富多彩以及制作成本低等优点，弥补了铝酸盐体系发光材料的不足，成为第三代新型长余辉发光材料。

稀土掺杂的硅酸盐长余辉发光材料主要分为三元焦硅酸盐和含镁正硅酸盐。焦硅酸盐长余辉发光材料基质主要为$A_2MgSi_2O_7$(A=Sr, Ca, Ba)，掺杂的激活剂主要是稀土离子Eu^{2+}和Dy^{3+}[69-71]。稀土掺杂焦硅酸盐长余辉发光材料具有优异的余辉特性，余辉时间和余辉亮度远大于硫化物长余辉发光材料。稀土含镁正硅酸盐长余辉发光材料基质主要为$B_3MgSi_2O_8$(B=Sr, Ca, Ba)，掺杂的激活剂主要为Eu^{2+}，Tb^{3+}和Dy^{3+}等稀土离子[72-74]。稀土含镁正硅酸盐长余辉发光材料的余辉亮度和余辉时间稍微弱于稀土焦硅酸盐长余辉发光材料，但是余辉时间和余辉亮度依旧高于传统的硫化物长余辉发光材料，不足之处在于，稀土硅酸盐长余辉材料发光波段主要集中于蓝色区域，且余辉性能与实际应用仍有不小的差距，存在较大的局限性。

2）稀土长余辉玻璃与陶瓷

在实际应用过程中，稀土长余辉荧光粉面临潮湿、高温等相对恶劣的环境，导致余辉性能下降甚至完全消失。近几年来，稀土长余辉材料的形态已经从多晶粉末扩张到单晶、薄膜、陶瓷、玻璃等。均匀、透明、易于加工成各种形状而且可以掺杂较高浓度的稀土离子，使得玻璃成为长余辉发光材料的良好载体基质材料。稀土长余辉玻璃被广泛应用于激光、显示、储能、光通信以及光学放大器等诸多领域。早在 1962 年，Cohen 和 Smith [75] 发现稀土 Eu^{2+}掺杂的硅酸钠玻璃有对光反应变色的现象，这是稀土掺杂长余辉发光玻璃的雏形。1996 年，Matsuzawa 等 [76] 发现 Eu^{2+}和 Dy^{3+}共掺杂的多晶 $SrAl_2O_4$ 的余辉时间大于 1 min，成为稀土长余辉发光材料发展的里程碑，奠定了稀土长余辉发光玻璃的研究基础。经过短短的几年时间，高亮度、长余辉的多种稀土长余辉发光玻璃陆续问世。更为引人注目的是飞秒激光作用下含稀土离子的玻璃可以产生长余辉的新现象，聚焦后高能量的飞秒激光能够在短时间内将能量注入材料中具有高度空间选择的区域，可以进行纳米或微米尺寸的三维周期性排列和调制。利用飞秒激光可诱导玻璃微结构并进行微观调控，可以改变玻璃中稀土离子的微观环境使其产生不同的长余辉发光颜色，从而可实现三维光存储和显示。通过改变玻璃的成分和稀土离子的种类，可以在玻璃内部有选择地写入各种颜色的三维立体图像，利用此现象能够制造自动消失的光存贮元件和三维显示器件。2008 年，浙江大学研究团队采用高温熔融法合成了稀土 Tb^{3+}掺杂 ZnO-B_2O_3-SiO_2 玻璃，然后通过荧光光谱、余辉衰减曲线、热释发光光谱以及紫外-可见吸收光谱等方法测试分析研究了该玻璃体系的长余辉发光机理并建立了长余辉发光的半程隧穿模型 [77]。

稀土长余辉陶瓷产品具有耐高温、强度高、可加工性好、耐酸碱腐蚀、耐磨、耐水等特点，拥有更广泛的市场应用前景。材料表面的光滑程度直接影响材料对激发光的吸收，而陶瓷可以进行抛光处理，与粉体相比，可以对激发光充分吸收。透明陶瓷具有典型的“体积效应”，外部激发光可以穿透陶瓷诱导内部形成载体，因此稀土长余辉透明陶瓷不仅可以获得优异的机械性能，而且理论上可以实现长余辉性能的调控 [78]，比如为了获得更好的余辉性能，可以在保证透明性的基础上增加陶瓷厚度，反之亦然。稀土长余辉陶瓷的制备方法主要分为以下三种：①将发光材料的粉料直接烧制成发光陶瓷块，再经过加工的方式制成各种形状的成品，新一代的铝酸盐和硅酸盐长余辉发光材料本身就是一种功能陶瓷。②将发光材料与传统的陶瓷原料相混合，直接烧制出发光陶瓷。③先制成发光陶瓷釉料，将发光陶瓷釉料施于陶瓷胚体表面，烧制成表面发光的陶瓷制品。陶瓷釉料是指熔融在陶瓷表面上一层很薄的均匀透明的玻璃质层，它可以改善制品使用性能，提高陶瓷的装饰质量。

3.2.2 显示用发光材料

1. 阴极射线显示用发光材料

阴极射线显示是一种基于阴极射线发光技术来显示成像的技术，阴极射线发光是指发光体在加速电子的轰击下激发发光。典型的器件有显像管（CRT），其中的电子枪在加速场作用下产生高速电子束，轰击屏幕上的荧光粉而发光。典型的阴极射线显示发光物质为晶态发光体，这是一类含有杂质和其他缺陷的离子型晶体。晶态发光体的发光机理为复合发光，其特点是：能量吸收在基质中进行，而能量辐射则在激活剂上产生，即发光过程在整个晶体内完成。由于全过程中晶体内伴随有电子和空穴的漂移或扩散，从而常常产生特征性光电导现象，因而这类发光一般又称为光电导型发光。相对而言这类发光余辉较长，俗称磷光，电视机或监视器就是这类发光。晶态发光体由晶体基质所决定的价带和导带、制备发光体掺入的激活剂离子所产生的局部能级 G（一般为基态能级）以及晶体结构缺陷或加入的协同激活剂而产生的局部能级 T（一般为电子陷阱能级）等几部分组成，发光的微观过程包括[79]：吸收激发能电离过程；电子和空穴的中介运动过程；电子空穴对复合发光过程。

阴极射线显示用稀土发光材料主要包括红色荧光粉、绿色荧光粉、蓝色荧光粉等，如红色稀土荧光粉 Y_2O_2S：Eu^{3+}为白色晶体，不溶于水，熔点高，主要应用于彩色电视机。随着科技的不断进步，近年来又出现了一系列不同类型的阴极射线发光材料[80]。

彩色显像管和计算机显示器所使用的稀土发光材料属于阴极射线发光材料。目前彩管中红粉普遍使用稀土元素铕激活的硫氧化钇 Y_2O_2S：Eu 磷光体，粒度 6～8 μm，制备高效的红粉需纯度很高的氧化钇和氧化铕作原料。投影电视荧光体要求在高密度激发下，能量转换效率尽可能高，亮度呈线性，电流饱和特性好，具有高的温度猝灭特性，能耐大功率电子束长时轰击，性能稳定。目前能满足投影电视需要的荧光体很少，只有红色 Y_2O_3：Eu 比较令人满意，而绿粉的问题最大，所以人们主要集中力量研制绿粉。

2. 场发射显示用发光材料

场发射显示（field emission display，FED）是一种使用场发射阴极来轰击荧光粉涂层充当发光媒介的平面显示方法。发光原理为[81,82]：在发射与接收电极中间的真空带中导入高电压以产生电场，电场刺激电子撞击接收电极下的荧光粉而产生发光效应。

场发射显示发光原理与阴极射线管（CRT）类似，都是在真空中让电子撞击荧光粉发光，不同之处在 CRT 由单一的电子枪发射电子束，透过偏向轨（deflation yoke）来控制电子束发射扫描的方向，而 FED 显示器拥有数十万个主动冷发射子，在构造上比 CRT 节省空间。此外，CRT 需要 15～30 kV 的工作电压，而 FED 的阴极电压约小于 1 kV[81]。

场发射平板显示器由于具有优良的性能，成为近年来新型显示器研究的热点之一。制备性能优良的场发射平板显示器的关键，一是场发射阴极的设计和制备，另一个是荧光屏的制备。荧光材料及荧光屏工艺技术的发展在 FED 实用化进程中起着至关重要的作用。自第一台样机诞生以来，经过二十多年的发展，特别是 2000 年以后，随着碳纳米管优异均匀的场发射特性的发现，场发射显示器的研究发展很快，国外各大显示器公司掀起采用碳纳米管作为阴极材料的场发射显示器的研究热潮。

目前 FED 的研发存在两大特点：研发中心从欧美转移至日韩，主要研发单位包括日本的伊势电子、双叶电子、旭硝子、日立、佳能-东芝、三菱、大阪大学、Futuba、NHK、NEC、富士通，韩国的 Samsung、cDream、Orion 公司，英国的 Philip、PFE，美国 Motorola；各大厂商在完成小尺寸 FED 样机制作的基础上大多会直接开发 30 英寸以上的大尺寸 FED。各个厂商研制 FED 器件的侧重点有所不同。一种是 Spindt 结构，Candescent 公司先后推出了 11.2～33.5 cm 显示器，Pixtech 公司研制的最大军用 FED 尺寸为 38.1 cm，Futaba 在 2002 年展出 20.3 cm FED 面板，2003 年展出 28.7 cm FED 面板。

韩国三星公司在碳纳米管为电子源的场发射显示器的研制方面投入了大量的人力和物力。2004 年 32 英寸 CNT-FED 样机研制完成。韩国 Orion 公司 1999 年开发了用于微型电视的 5 英寸全色低压显示器。Motorola 制作了 15 英寸的彩色 FED 显示器，亮度为 160 cd/m^2。

伊势电子 2001 年成功研制了 36.8 cm 彩色 CNT-FED，亮度高达 1 万 cd/m^2。发展场发射阴极材料作为发射电子源的光源是场发射器件的另一个发展方向。日本 ISE 电子公司 1999 年研制出基于碳纳米管的冷阴极场发射像素管，并于当年获得国际信息显示年会的银奖。中山大学许宁生研究组采用自主知识产权技术已经能够批量制作场致发射冷阴极像素管，并通过专利转化的方式投入生产。

近年来 FED 的发展很快，但要达到实用化，还要解决很多问题：阳极技术，即荧光屏技术和荧光材料选择；阴极技术，主要是研制出高真空下长期、稳定工作的场发射阴极；器件结构，设计出与高清晰度相适应的、无像素间干扰的、能满足实用化要求的面板结构。

FED 荧光粉是在低电压（300 V～10 kV）、大电流密度（100～200 $\mu A/cm^2$）电子束激发下工作，应该满足以下要求[82]：

（1）亮度和效率。应用于室内照明环境，红、绿、蓝三种荧光粉发出的光混合成的白光亮度应大于 300 cd/m^2，对于大于 30 英寸的大屏幕，亮度大于 1000 cd/m^2。为了与液晶显示屏竞争，三种荧光粉的发光效率应分别达到 3 lm/W(B)、11 lm/W(R)和 22 lm/W(G)，三种荧光粉混合成的白光的发光效率应达到 6 lm/W。

（2）发光颜色。红、绿、蓝三种荧光粉的发光色应有较高的色纯度才能在色度图上获得较大的显色三角形。

（3）发光亮度的束流饱和性。FED 在低电压下工作，为提高显示屏的亮度，必须提高器件的电子束流密度。同时显示器必须在“荧光粉电子束流密度-亮度曲线”的线性范围内工作，要求荧光粉有较大的饱和电流。

（4）荧光材料的稳定性及寿命。FED 在大电流下工作，热效应对荧光粉的组成和结构破坏严重，因此荧光粉必须有好的稳定性。

（5）荧光材料的颗粒形貌和导电性。综合考虑荧光粉的涂屏质量和亮度等情况，FED 荧光粉的颗粒大小应该保持在 1～3 μm，形状接近球形，表面平整，少缺陷。此外，荧光粉的良好导电性可以降低高电流密度时其表面的电荷累积。

FED 荧光材料的制备及选取经过了一定的历程。Shrader 等[83]于 1947 年采用单质 Zn 在过量氧气中燃烧生成发蓝绿光的 ZnO∶Zn 荧光粉，在 1 kV 时发光效率达 13.5 lm/W，500 V 时达 10.7 lm/W，是目前所报道的在 1 kV 以下发光效率最高的氧化物荧光粉，世界上第一台 FED 样机便采用此荧光粉。但是 ZnO：Zn 的色纯度不高，没有色度性能合适的其他颜色荧光粉相匹配，不适用于全彩色显示器。

早期的全彩色 FED 多采用传统的 CRT 或投影管用荧光粉，一般为硫化物和稀土离子激活的氧化物、硫化物。硫化物荧光粉发光亮度高，有一定的导电性，但在大电流的轰击下易于分解，降低了荧光粉的发光亮度，荧光粉衰减也较快。荧光粉表面发生分解等化学反应的同时，会放出有害气体，如 $Zn_{0.22}Cd_{0.78}S$：Ag,Cl、ZnS：Zn、Y_2O_2S：Eu 在大电流密度电子束长时间轰击下会在荧光粉表面形成硫等污染物，并会放出 SO_2 气体，毒化场发射阴极针尖[83]。

氧化物荧光粉在同样条件下比硫化物稳定，但氧化物荧光粉通常为绝缘体，发光效率不高。Strel’tsov 等[84]报道 Y_2O_2S：Eu 和 Y_2O_3：Eu 红色荧光粉 1 kV 时发光效率最高达到 7.5 lm/W 和 7 lm/W，但在 1 kV 以下发光效率较低，Y_2O_3：Eu 在 500 V 时发光效率最高只有 6 lm/W，Y_2O_2S：Eu 在 250 V 最高发光效率只有 2.94 lm/W。蓝色荧光粉如 Zn_2SiO_4：Ti、Y_2SiO_4：Ce、$ZnGa_2O_4$ 在电压小于 1 kV 时发光效率均低于 6 lm/W。绿色荧光粉如 $Y_3A1_5O_{12}$：Tb、Y_2SiO_4：Tb、$Y_3(Al,Ga)_5O_{12}$：Tb 在 500 V 时发光效率也都在 10 lm/W 以下，无法满足低压 FED 器件对荧光粉的要求。

研究者在很长一段时间致力于改进传统的荧光粉，以满足 FED 的要求。改进的方法主要包括对荧光粉表面处理、改进制备工艺、调整和改变荧光粉的成分等。荧光粉的表面处理主要是表面包覆处理，表面包覆可以提高荧光粉的化学稳定性，减缓衰减。在 ZnS：Ag, Cl 表面包覆 MgO 和多磷酸盐，$SrGa_2S_4$：Eu^{2+}表面包覆 MgO 和 In_2O_3，提高了抗老化性能，但发光效率有所降低。在 V_2O_2S：Eu^{3+}表面包覆 $TaSi_2$，在 2 kV、150 pA/cm^2 条件下工作寿命延长了 3 倍。ZnS：Ag, Cl 和 $ZnGa_2O_4$：Mn 表面包覆一层膜，荧光粉在低压下的发光性能明显提高。在 ZnO：Zn、Y_2O_2S：Eu 和(Zn,Cd)S：Ag,C1 表面包覆 SnO_2 或 WO_3 增强了荧光粉抵抗电子束轰击的能力，发光效率有所提高。

低压下荧光粉应该具有适当的导电性，若电阻率非常高，会由于电荷累积降低发光亮度。降低荧光粉的电阻率主要有以下方法[85]：使用电导较高或具有光电导的材料作为荧光粉的基质，如 ZnO：Zn，SnO_2：Eu^{3+}；将高电导材料混合于高阻荧光粉中或包覆于它们的表面，如 ZnS：Ag+In_2O_3，ZnS：Cu+ZnO；在绝缘的荧光粉中掺杂以获得高电导发光材料，如 ZnS：Ag,Al。荧光粉的导电性与荧光粉的禁带宽度有关，研制不同激活剂掺杂的荧光粉时，需要同时兼顾导电性与发光性能，选择禁带宽度较窄的荧光粉基体比较合适。

近年来很多研究者通过调整荧光粉的成分，在其中掺杂离子提高荧光粉的发光性能。如 Li 掺杂 $GdI_8Y_2O_3$：Eu^{3+}荧光粉[86]，300 V 时其相对发光亮度为商用 Y_2O_3：Eu^{3+}的 1.8 倍。人们还发现在 ZnO：(La,Eu)中掺杂适量的 Ga 可以抑制电荷累积[87]。在 ZnS：Zn,Pb 中掺杂 Tm 制成 ZnS：Pb, Tm^{2+}荧光粉，在 $Y_3(Al,Ga)_5O_{12}$：Tb(YAGG：Tb)中掺杂 Gd 发光性能优于 ZnO：Zn，且不存在电压与电流饱和[85]。

除了传统的固态反应法，目前使用了很多新的制备方法如溶胶-凝胶法、熔盐法、共沉淀法、喷雾干燥法、燃烧法等。使用这些新方法，原材料可以混合得更均匀，并且降低了制备的反应温度，在一定程度上可以控制荧光粉的颗粒形貌和大小。荧光粉的颗粒大小会影响其亮度、饱和等性能。研究发现在 300～800 V，粒度 100 nm 的掺杂 $Gd_{1.8}V_{0.2}O_3$：Eu^{3+}荧光粉比 400～600 nm 的 CL 发光要强，而在 1～10 kV 时大颗粒粉的发光更强[86]。研究发现荧光粉内含有大的纳米晶粒会提高荧光粉的饱和特性。综合来看，晶粒大的发光效率应该越高，但颗粒大会影响荧光屏的分辨率。如果能研制出纳米级的荧光粉，荧光粉层的厚度将会大大降低，图像的分辨率也会提高。纳米荧光粉有在低压下提高发光效率的潜力。刘行仁等合成了球形、尺寸分布均匀的 120～250 nm 的 Y_2O_3：Eu 荧光粉，12 kV 以下亮度超过传统粒径 6 μm 的商用荧光粉。传统的 Y_2O_3：Eu^{3+}是绝缘体，而纳米 Y_2O_3：Eu 是导体，保持了体相材料的稳定性和发光特性。粒径 50 nm 的 $Y_{2-x}Si_2O_7$：Eu_x 荧光粉与体材料相比，具有更高的发光猝灭浓度。

3. 低压阴极射线发光和真空荧光显示

电子束激发发光材料所引起的发光，电子束的电子能量通常在几千至几万电子伏特，入射到发光材料中产生大量次级电子，离化和激发发光中心产生发光。主要用于电视、雷达、飞点扫描和示波器等方面。真空荧光显示（vacuum fluorescent display，VFD）是由置于密封的玻璃腔体内的阴极、栅极和表面涂覆有发光材料的阳极构成，发光材料在电子的轰击下发光，阳极电压一般为10～20 V，是一种低能电子发光，又称荧光显示屏（fluorescent indicator panel，FIP）。

真空荧光显示VFD有一系列优点[88]：工作电压低，20 V左右，每一路的驱动电流几毫安，家电中的IC可以直接驱动；亮度高，蓝绿色为1000～2000 cd/m^2，红色和蓝色为几百cd/m^2；视角大于160°；平板结构，体积小，厚度为6～9 mm；显示图案灵活，可以做成笔段和符号的形状，也可以点矩阵显示和全矩阵显示。

ZnO：Zn是一种极短余辉的阴极射线发光材料，用于阴极射线飞点扫描管中。由于其在低加速电压的电子束激发下就能发光，又称为低压荧光粉，被广泛地用于低压荧光显示器件。ZnO：Zn荧光粉在烧粉或制作显示器的过程中会吸收大量的气体，如水汽、CO_2、CO、O_2，高能量电子激发下的能量转换效率一般为7%，流明效率为25 lm/W，而在VFD中一般不超过15 lm/W。ZnO：Zn的发光光谱几乎包含了整个可见光，可以用滤光片得到不同颜色的显示屏，目前常用的除本身的蓝绿色外，还有加滤色片得到绿色、黄色和白色。

VFD以高亮度、体积小、成本低的优势大量用于家用电器、仪器仪表，虽然低阳极电压有很多好处，但也有致命的缺点[88]：

（1）表面无辐射跃迁使得大部分发光材料在低能电子轰击下的发光效率极低，虽已开发了多种颜色VFD用荧光粉，但至今数量不多，对全色显示用的三基色粉还不理想。因此，开发低压、高效、长寿命的彩色荧光粉仍是今后的一个重点课题。

（2）阴极的功耗大、可靠性差。阳极电流是由阴极提供的，阳极电流越大，所需的阴极功率也越大。一般阴极的加热功率占全屏功率的1/3～1/2，而阴极的加热电源还必须常开，每平方厘米阴极耗电约50 mW。

（3）分辨率受限制。阴极不是真正的平板电子源，是由相隔3～5 mm的细丝构成，要把这些阴极上的电子聚集到一个点或一条线上都是有困难的，因而栅极的控制不能得到很高的分辨率。

4. 等离子体平板显示用发光材料

等离子体平板显示（PDP）是一种气体放电的显示器，由美国伊利诺斯大学1964年发明，其结构如图3-7所示。PDP是实现大屏幕高清晰度彩电的显示器，被认为最有希望实现大屏幕平面显示，是显示领域的重要发展方向之一，但目前等离子体平板显示在亮度、寿命以及色域方面还有待于提高[89]。PDP用荧光粉主要发光区域在紫外区域，所以应研究使其在真空紫外区具有较强的发光强度。PDP是一种在驱动电路控制下，使惰性气体变为等离子体状态放出真空紫外光，真空紫外光激发红、绿和蓝三基色荧光粉产生电子跃迁，以发光形式释放能量的一种平板显示技术。因3D显示技术应用突然出现和发展速度超过预期，制作 3D-PDP 显示器件的核心材料——荧光粉尚未被系统开发和研究，目前主要沿用的是 2D-PDP 显示用荧光粉。PDP 结构是由两块密封的超薄玻璃板组成，在两块玻璃板之间充有氦（He）、氖（Ne）、氙（Xe）混合气体与电极，由条形肋栅（barrier rib）分隔成成百上千个独立的发光池[89]。工作原理主要有两个基本过程：气体放电过程，即利用惰性气体在外加电信号的作用下产生放电，使原子受激而跃迁，发射出真空紫外线（主要为 147 nm 和 172 nm）的过程；荧光粉发光过程，即利用气体放电所产生的真空紫外光激发荧光粉发出可见光的过程。

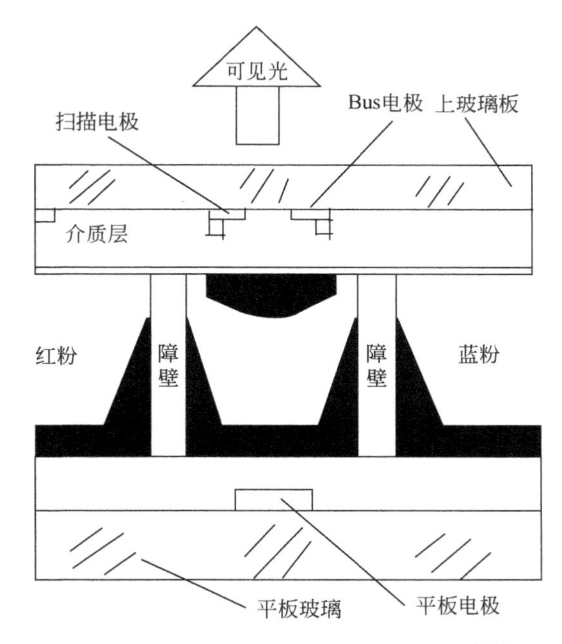

图 3-7　PDP 放电单元工作原理示意图[89]

目前彩色 PDP 的开发和生产主要集中在亚洲，尤其以日本的技术最为领先。除了第一批加入 PDP 业的日本先锋、松下、日立、富士通等几大公司外，荷兰飞利浦、日本三洋、韩国三星、LG 和台湾宏基等公司也加入了生产 PDP 的行列。美国有 3 家公司从事彩色 PDP 的技术开发，但只有 Plasmsco 公司具备真正的中试生产能力。近年来，随着大屏幕彩色电视机需求的上升和看好未来数字化显示器、电视机的市场潜力，国内一些企业也开始计划进入彩色 PDP 技术的平板显示器，但这些产品基本上是日本技术的 OEM 产品[89]。

PDP 开发方面，日本松下和韩国 LG 开发出了 60 英寸的 PDP 样品，亮度分别为 450 cd/m^2 和 280 cd/m^2。市售 PDP 的亮度已经从几年前的 200 cd/m^2 提高到目前松下公司的 650 cd/m^2。在无环境光的情况下对比度达到 3000∶1，完全满足实用要求。目前高清晰度彩色电视机开始采用高性能的 FDP 平板产品，推向市场后受到了专家和消费者们的一致好评。

PDP 面临的最大问题是尽快降低生产成本，为进入家庭扫清道路。在中试生产和小规模生产线上，显示屏和电路的成本各占 50%；在规模生产线上，显示屏成本可降至 20%，而电路的成本要上升 80%. 可见降低电路的成本是 PDP 降价的关键。

按照时间划分，荧光粉的发展已经经历三代[89]。第一代荧光粉（1938～1948 年）使用了三种不同颜色发光的荧光粉：蓝色的钨酸钙，绿色的锰离子激活的硅酸锌，红色的锰离子激活的硼酸铬；第二代荧光粉（1949～1965 年）最典型的就是卤磷酸钙荧光粉；第三代荧光粉（1966 年至今）是稀土荧光粉。按照激发源的不同划分，主要分为电子激发的荧光粉、紫外线激发的荧光粉和直接发射的荧光粉。电子激发的荧光粉主要有阴极射线管（高压～17 keV）CRT 用荧光粉，如家用电视使用的蓝色 ZnS：AgCl、绿色 Zn(cd)S：Cu：A1 或 ZnS：Cu：Au：A1 和红色 Y_2OS：Cu 三种基本荧光粉，以及真空荧光（低电压 30～500 eV）、场发射显示器（500～6000 eV）、低电压荧光粉等；紫外线激发的荧光粉主要有 PDP 用荧光粉和 LCD 用荧光粉等；直接发射荧光粉主要有 EL 显示器用荧光粉等。稀土荧光粉的基本结构组成包括[89]：

（1）基质：荧光材料主体成分，如 Y_2O_3：Eu^{3+}中的 Y_2O_3；

（2）激活剂：即发光中心，如 Y_2O_3：Eu^{3+}中的 Eu^{3+}；

（3）敏化剂：又称共激活剂，引入能级，协同激活；

（4）猝灭剂：损害发光性能的杂质，又称毒剂，如 Fe，Co，Ni 等；

（5）惰性杂质：对发光性能影响较小的杂质，如碱金属、碱土金属、硅酸盐等。

在荧光粉中，杂质和结构缺陷发挥着极其重要的作用。激活剂、敏化剂等均以杂质或者结构缺陷的形式存在于基质中，激活剂离子或者原子往往以置换固溶、间隙原子的形式存在。而空位缺陷、错位缺陷等对发光效率也有很大贡献，如在 Y_2O_3：Eu^{3+}红粉中，铕离子占据了钇原子的位置而形成了置换固溶。

荧光粉的发光过程如图 3-8 所示[89]。基质从外部吸收能量→能量传递给发光中心→离子共基态 E_0 激发 E_2→被激发的发射离子以热或者晶格振动的形式失去部分能量。达到更稳定的激发态 E_1→回到基态 E_0 发出光。稀土发光中心的能量传递机理可能为辐射或者无辐射传递，辐射再吸收依靠光子传输能量，无辐射传递主要为共振传递，分为交换相互作用和电多极相互作用两种传递方式，前者要求施主和受主有较大的波函数重叠，以利于交换电子，而共振能量传递要求两者的能级很接近。两个能级上的粒子将通过无辐射跃迁达到“热平衡”。

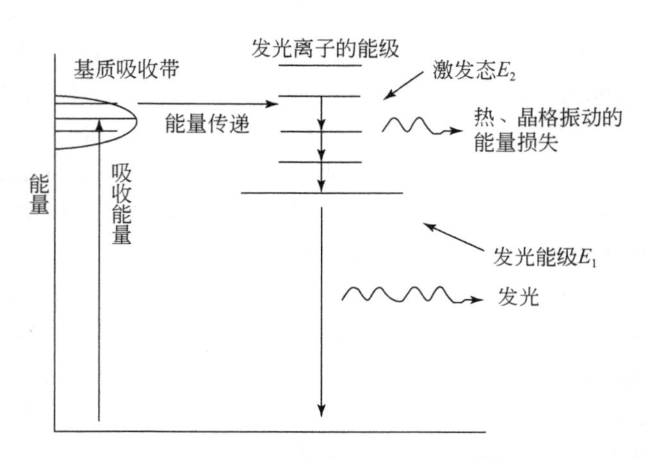

图 3-8　荧光粉发光过程示意图[89]

5. LED 显示用发光材料

作为第四代照明光源，白光发光二极管（LED）因其高效节能、绿色环保和超长寿命等优点被视为最具发展前景的新一代照明技术。此外，因具有色彩还原性好、长寿命、功耗低等优势，白光 LED 在液晶显示背光源领域的市场份额近年来迅速增长。

LED 问世于 20 世纪 60 年代，Holonyak 和 Bevacqua[90] 采用磷砷化镓（GaAsP）材料制作成了世界上首只红光 LED。随着新材料的不断出现及科技水平的进步，LED 的发光颜色可扩展到橙色、黄色和绿色。虽然 LED 的发光颜色得到了进一步扩展，但实现白色光源一直是人类追求的目标。

1993 年，日本日亚公司成功地研制出了首个基于氮化镓（GaN）和铟氮化镓（InGaN）材料的具有巨大商业价值的蓝光 LED，并迅速地实现了产业化，在此基础上又设计出了白光发光二极管（white-1ight-emitting diode，WLED），并于 1998 年将 WLED 作为照明光源推向了市场，从此人类在照明史上又开启了一次新的革命。

发光二极管（LED）是一种将电能转换为光能的全固态发光器件[91]。LED 的基本组成如图 3-9，LED 芯片由 P 型半导体、N 型半导体以及 P 型半导体与 N 型半导体间相结合的 PN 结组成。芯片的两端分别与阴、阳两极相连且整个芯片被环氧树脂封装[92]。

图 3-10 为 LED 的工作原理示意图，其中 P 型半导体中空穴占主导地位，N 型半导体中电子占主导地位，当发光二极管的两端接通电压后，电流通过导线作用于 LED 芯片，此时 N 区的电子就会被推向 P 区，P 区的空穴被推向 N 区，电子和空穴在 PN 结处相遇并发生复合，复合后则以光子的形式向外释放能量。不同半导体材料中的电子和空穴所处的状态不同，因此，释放能量的多少也各不相同，电子与空穴的能量带隙越大，释放的能量越多，发射光的波长越短[92]。

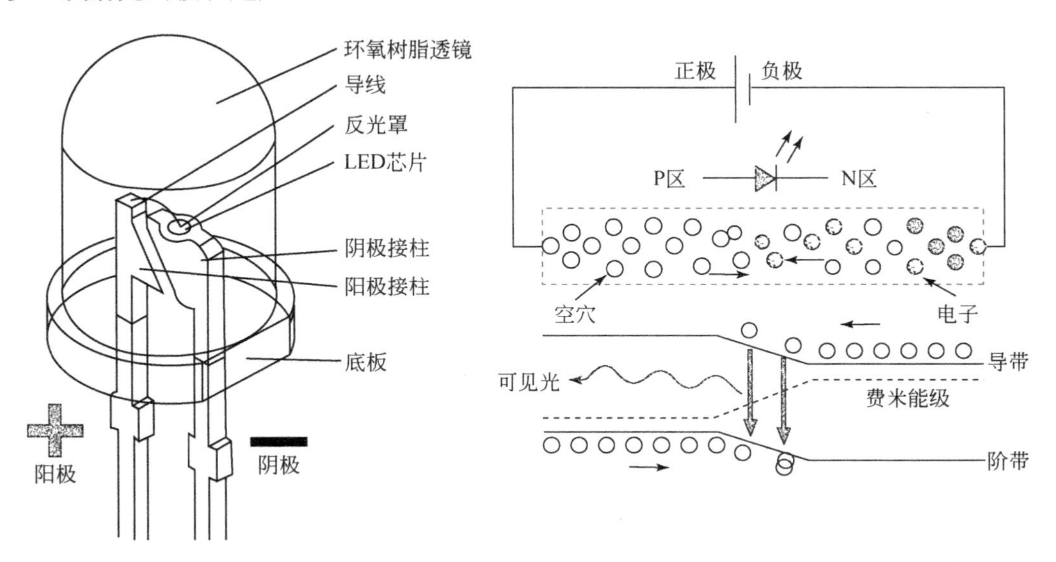

图 3-9　LED 的结构示意图[92]　　图 3-10　LED 的工作原理图[92]

目前实现白光 LED 主要有三种途径，如图 3-11 所示[92]。

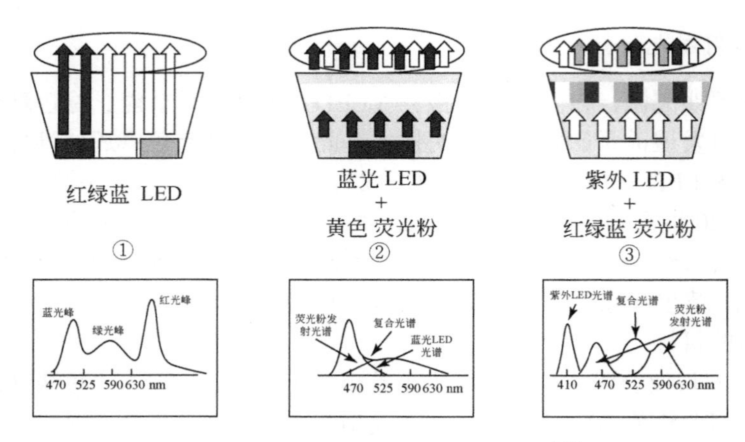

图 3-11　实现白光 LED 的三种途径[92]

1）红、绿、蓝三基色 LED 芯片组合

利用“RGB”多芯片组合技术，将分别发出红光、绿光、蓝光的三种 LED 芯片组装在一起可以实现白光 LED。该方法的优点在于通过简单地控制各单色 LED 的发光强度，可对整个 LED 的发光颜色和色温进行有效调节。但该方案存在的缺陷也是显而易见的：不同发光颜色 LED 的驱动电压、发光效率、温变特性以及裂化速率的差异，导致该类型白光 LED 发光效果不稳定，同时多种发光颜色 LED 的组合也使得制造成本大幅提升。因此，该方案在实际应用中受到了一定的限制。

2）蓝光 LED 芯片激发黄色荧光粉

采用蓝光芯片激发 YAG：Ce^{3+}黄色荧光粉是目前商业上实现白光 LED 较为流行的方式。通电后，半导体芯片将产生蓝光发射，其中部分蓝光被 YAG：Ce^{3+}荧光粉所吸收并向外发射黄光，利用荧光粉所发出的黄光与剩余蓝光混合后可实现白光发射。该方案具有技术成熟、工艺简单以及制作成本低等优点。然而，在整个体系中缺少红光成分，导致所得到的白光 LED 存在色温偏高、显色性偏低等缺陷。另外，蓝光芯片和 YAG：Ce 荧光粉的发光性能随温度变化的趋势存在较大差异，因此该组合在长时间工作的情况下容易出现色温漂移现象。

3）紫外、近紫外 LED 芯片激发红、绿、蓝三基色荧光粉

在紫外、近紫外芯片上涂覆可被紫外芯片激发的红、绿、蓝三基色荧光粉的方式可有效实现白光发射。通电后，三基色荧光粉将被紫外光所激发并向外发出红、绿、蓝三种颜色的光，这三种颜色的光按照一定比例混合后便形成了白光发射。采用紫外芯片激发红、绿、蓝三基色荧光粉的方式可有效克服蓝光芯片体系中存在的色温偏高、显色指数偏低的不足。另外，由于紫外芯片释放出的能量要高于蓝光芯片，因此荧光粉的选择范围也得到了进一步扩展。通过紫外/近紫外芯片复合三基色荧光粉的方式来实现白 LED 是未来的发展趋势，研发可被紫外、近紫外芯片有效激发的高性能荧光材料是目前该领域的研究重点。

白光 LED 具有的独特优势：

（1）电光转换率高：传统白炽灯的发光效率一般在 12～25 lm/W 范围内，荧光灯的发光效率一般在 50～70 lm/W 内，而白光 LED 的发光效率目前可达 120 lm/W 以上，且随着

白光 LED 技术的发展和结构的优化，发光效率将超过 200 lm/W。

（2）节能省电：当照明效果相同时，白光 LED 的耗能比白炽灯的耗能减少了 80%，比荧光灯的耗能减少了 40%。

（3）体积小，结构简单，在实际应用中可有效节约使用空间。

（4）绿色环保：白光 LED 中所有部件均是由无毒无污染的材料组成，报废的 LED 零件也可以回收再利用。

鉴于白光 LED 自身的诸多优势，其应用范围十分广泛。目前白光 LED 主要应用的领域包括：LED 室内照明、LED 景观照明、LED 汽车照明、LED 背光源以及 LED 显示屏。随着白光 LED 技术的发展以及价格的下降，其应用领域也将呈现出更加多元化的发展。

6. 显示器背光源用发光材料

背光源（back light）是位于液晶显示器（LCD）背后的一种光源，它的发光效果将直接影响到液晶显示模块（LCM）视觉效果。液晶显示器自身并不发光，只是显示图形或是对光线调制的结果。背光源是 TFT-LCD 模组最重要的零部件之一，在 TFT-LCD panel 的后向给 panel 提供稳定的光源[93]。目前，为了满足 TFT-LCD 对长寿命的要求，背光源多采用冷阴极管荧光灯（CCFL）作为光源，同时为了顺应 TFT-LCD 模组向轻量化发展的趋势，背光源多采用侧入式（即荧光灯在背光源上下两侧，光线从上下两侧进入到发光面）的结构，如图 3-12 所示。

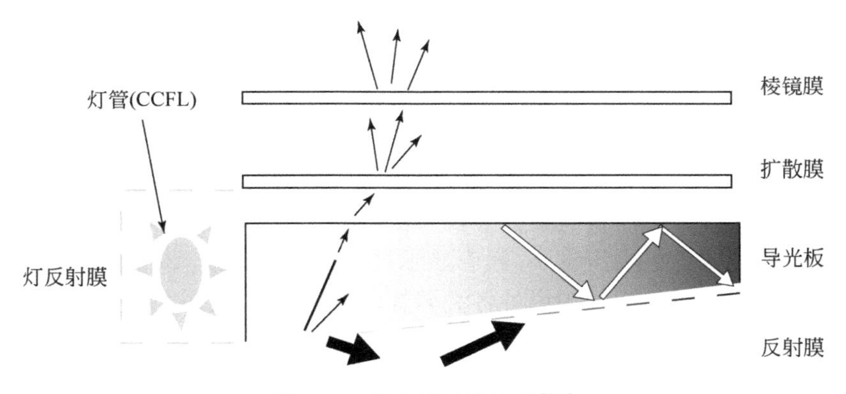

图 3-12　背光源的结构图[93]

背光源的主要组成部件为 CCFL、导光板（LGP）、棱镜膜、扩散膜、反射膜、保护膜以及用来固定膜材的胶框。CCFL 之所以会成为大多数 LCD 背光源的首选，是因为它具有亮度高、功耗低、寿命长、效率高、细径化等优越的性能，如图 3-13 所示，CCFL 主要由玻璃管、电极、荧光体、汞和 Ne/Ar 惰性气体组成。

CCFL 的发光原理如图 3-14 所示，在玻璃管两端的电极间外加一个高压电场，使其产生气体放电现象。从阴极发射出来的自由电子经过一长串的能量搬运（与惰性气体碰撞），积蓄了一定程度的动能，然后通过和 Hg 原子碰撞将能量传递给 Hg 原子使其激发。受激发的 Hg 原子返回基态时，所吸收的能量以紫外线（253.7 nm）的形式释放出来。最终，荧光体吸收紫外线，再将其以可见光的形式放射出来。

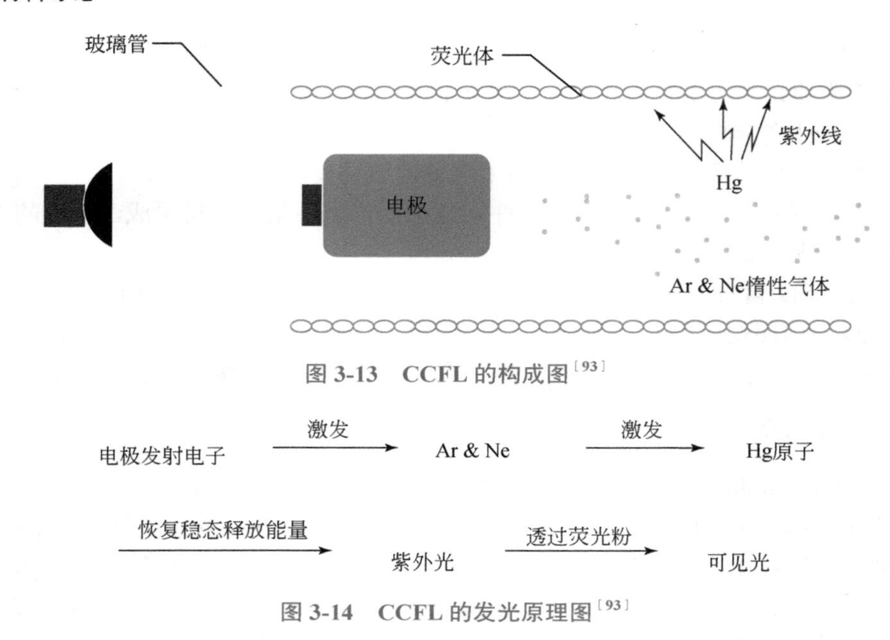

图 3-13　CCFL 的构成图[93]

图 3-14　CCFL 的发光原理图[93]

7. 投影显示用发光材料

大屏幕、高分辨率、高亮度和高清晰度是目前显示技术的发展方向。一般说来，屏幕显示的对角线尺寸在1米（40 英寸）以上的显示称为大屏幕显示，其广泛应用于家用电视、商业展示、视频娱乐、工程控制、会议展示、教育科研、体育比赛、金融交易、军事指挥等领域。在目前的技术条件下，直接显示方式（CRT、LCD、LED、PDP、EL 等）可以实现屏幕对角线为 1 米（40 英寸）的显示，但对于实现对角线≥1.5 米的显示屏幕尺寸非常困难，而且会造成体积庞大、重量较重、成本成倍增加的问题。因此无论从制造成本还是技术能力而言，投影显示都是目前条件下较为合理可行的实现大屏幕的方案。

随着投影显示技术的进一步发展，投影显示技术在大屏幕显示中占有的份额越来越大。投影电视市场的巨大诱惑，促使国内外各大名牌电器厂家都纷纷进入投影显示领域，目前已经推出多款正投和背投产品，并且显示质量均得到了大幅的提高，投影显示已经成为大屏幕显示的主流产品。大屏幕显示的方式分为直视式和投影两类：前者是让观察者直接观看在显示器件上显示的图像，而后者则是通过投影系统或装置，将显示器件上显示的图像放大投射在专门的屏幕上供多人观看。直视式大屏幕显示方式又可分为单个显示器件显示，如大尺寸阴极射线管（CRT）、等离子显示板（PDP）和液晶显示板（LCD）显示和拼接式显示，拼接式显示是将许多单个显示器组合成阵列和拼装在一起[94]。

投影显示按投影的方式可分为前投影和背投影。在前投显示中，观察者和投影源在屏幕的同一侧，而在背投显示中，观察者与投影源分别位于屏幕的两侧。前投影和背投影各有优缺点：前投影，一般大屏幕显示观察厅的空间比较大，投影机大多安装在观察厅上部或天花板上，占据空间小，但是到屏幕近前观看时，观察者自己身体容易挡住投影光而使黑影投到屏幕上，破坏了显示投影效果；背投影正好与前投影相反，需要另建放置投影机的空间，对投影距离短的投影机来说，不会出现遮挡现象。

投影电视通常是使用具有特殊结构和高性能的显像管（称为投影管）或液晶板，再配合专门的电路和光学放大系统，将视频图像投影到大屏幕上，从而获得大尺寸电视画面的装置，其画面对角线尺寸可达 40～300 英寸范围。现在技术成熟并已市场化的投影电视主要有 CRT（阴极射线管）和 LCD（液晶显示）投影两大类。CRT 投影机也称三管投影机，它的发光源和成像面都为 CRT 投影管，其优点在于分辨率高、层次感强、色彩丰富、对比度好、对信号的兼容性强，其线性、梯形和枕形等方面的调整精度高，是目前投影机市场的主导产品。典型的 CRT 投影电视采用 3 只液体冷却的 7～9 英寸 CRT 投影管，用 3 个投影透镜将红、绿、蓝图像放大并会聚在大屏幕上。CRT 投影电视图像的对比度可达 100∶1～200∶1，光通量 100～300 ANSI 流明，成本较低。LCD 投影机是以 LCD 作为成像面，采用金属卤素灯（或氮灯）作为光源，光线透过 LCD 投射到大屏幕上。LCD 投影机寿命受其照明灯的限制而较短，且在线性、梯形调整方面较差，其图像质量还无法赶上 CRT 投影，且制造成本较高[94]。

CRT 投影机和 LCD 投影机各自都有难以克服的弱点，其中一点就是现在还很难实现超大屏幕（100～300 英寸）的信息显示，因而近年来开发者们一方面不断改进和提高 CRT 和 LCD 投影机的光亮度输出和寿命等性能，另一方面又不断开发出多种新型的投影技术，如图像光放大器（image light amplifier，ILA）光阀投影机、数字微镜器件（digital mirror device，DMD）投影机等，都朝着超大屏幕高亮度、高分辨率、简化调整和结构、降低成本等方面发展[95]。ILA 光阀投影机是由美国 Hughes（休斯）公司航空研究实验室和日本 JVC 公司合作开发的新一代超大屏幕投影机，其基本构思是把具有高分辨率的 CRT 与液晶光阀技术相结合，即以小尺寸的 CRT 作为信号源，高亮度氮灯或金属卤灯作为光源，经液晶光阀的调制投射出高亮度、高分辨率、超大屏幕图像。ILA 目前可达到 1000∶1 对比度，1300～10000 ANSI 流明光输出，1000 线以上的水平分辨率，但售价昂贵。

激光投影显示技术（laser display technology，LDT）是一种使用激光作为投影光源的显示技术，具有亮度高、色饱和度高、色彩丰富等优势，在大屏幕投影和紧凑型移动显示应用领域优势显著。由于采用较高功率（瓦级）的红、绿、蓝三色激光器作为光源，相比于传统的阴极射线管、液晶等显示技术，LDT 表现出更优异的亮度、色纯度、工作寿命和色域空间[96]。早期，LDT 采用气体激光器作为光源，可以实现全彩色激光投影，但气体激光器电光效率较低且工作可靠性不高，使得激光投影/显示技术难以大范围推广。半导体激光器具有很高的电光效率和稳定性且结构紧凑，是一种较为理想的激光光源，其器件结构如图 3-15(a)所示。然而，绿光发射的 LD 仍然面临着输出功率和可靠性不足的问题。激光荧光显示技术（laser phosphor display，LPD）是一种简单而经济的替代方案，其利用蓝光发射的 LD 泵浦绿色荧光体层来实现高功率绿光输出，替代绿光发射的 LD，如图 3-15(b)所示。

由于 450 nm 蓝光 LD 高输出功率、高功率密度和小光束的特点，在获取高亮度光输出的同时也会在激光辐照区域产生大量的热，从而使荧光材料的温度急剧升高，导致出现热诱导的发光饱和现象，成为实现超高亮度激光照明器件的主要制约因素。现阶段商用的有机硅树脂与荧光粉（例如 YAG：Ce 荧光粉）复合荧光材料（phosphor-in-silicone）具有技术成熟度高、工艺简单、成本低等特点，但因其中使用的有机物封装材料存在耐温性差

（T_g<150℃）与热导率低［0.1～0.4 W/(m·K)］等问题，导致该类型荧光材料无法在激光照明中得到应用。由于热管理系统的复杂性与困难程度，开发一种具有高效率与热稳定的新型荧光材料成为了获得高亮度激光照明器件的重中之重。因此，诸如稀土/过渡金属掺杂的单晶荧光体、荧光玻璃陶瓷、荧光玻璃、荧光陶瓷和复合荧光陶瓷等具有优异热稳定性的全无机材料作为激光荧光转换材料被广泛研究。

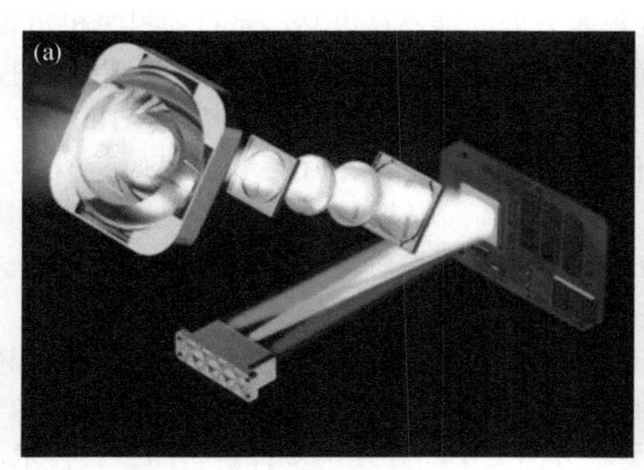

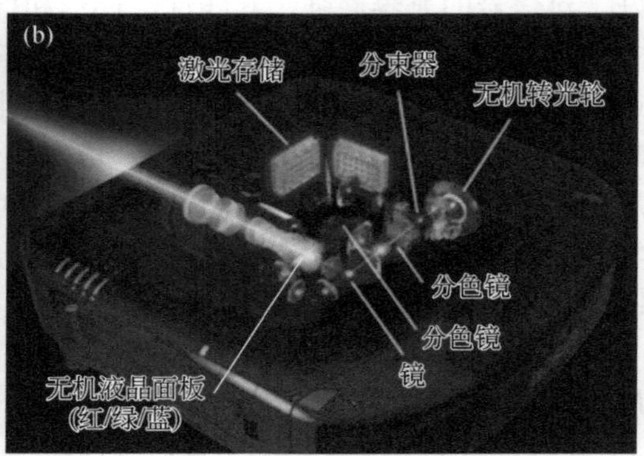

图 3-15　激光投影仪核心结构示意图

（a）蓝、绿、红三色激光光源;（b）激光荧光转换光源[96]

3.2.3　稀土闪烁体材料

1. 概念及应用领域

闪烁体是一类吸收高能粒子或射线后能够发光的功能材料，当材料中原子的轨道电子从入射粒子接受大于其禁带宽度的能量时便被激发跃迁至导带，然后再经过一系列物理过程回到基态，根据退激的机制不同而发射出衰落时间很短的荧光（约 10 ns）或是较长的磷光（约 1 μs 或更长）。

闪烁体作为能量转换器能够吸收高能射线（X 射线、γ射线等）、高能粒子、宇宙射线等并将其转换为紫外或可见光，可以帮助人类探索认识肉眼无法识别的射线和高能粒子，因此在空间物理、高能物理、医学、安全检查、工业无损探伤及石油勘测等军事和民用领域都有非常广泛的应用。特别是无机闪烁材料作为核心探测材料用量巨大，在医用领域，闪烁材料是正电子发射断层扫描仪（PET）、电子计算机断层扫描（CT）等医学设备成像技术的关键；在核物理领域，越来越大型的对撞机和加速器正在改建，如美国 Standford 直线加速中心（SLAC）、日本高能所（KEK），欧洲核子中心（CERN）；在天体物理学中，探测 X 射线和γ射线对于研究中子星、超新星遗迹和黑洞等许多天文现象至关重要。随着美国超导超级对撞机［图 3-16(a)］和欧洲大型强子对撞机［图 3-16(b)］等大型高能物理实验装置的建造，以及正电子发射断层扫描仪［图 3-16(c)］等放射医疗设备的升级，相关领域对高能射线探测和成像技术的要求越来越高，闪烁体作为其关键部件更是受到了广泛关注[97]。

图 3-16 闪烁体在高能物理学和放射医疗中的应用[97]

（a）超导超级对撞机；（b）强子对撞机；（c）正电子发射断层扫描仪

在工业无损检测领域，X 射线成像技术能够在不破坏被检测对象整体结构的前提下对其内部组织结构进行检测［图 3-17(a)］，研究样品的结构缺陷、微裂缝、孔隙率等材料特征，是兵器工业、汽车船舶、航空航天、铸件焊缝、石油化工等行业中保证产品质量、提高检测效率并稳定生产工艺的重要手段。CT 技术也是目前公认的无损检测技术之一。1970 年以来，X 射线成像技术应用于公共交通，如地铁、火车站和机场安全检测［图 3-17(b)］，通过行李或包裹扫描来探测行李、物品、货物、车辆及人体携带的威胁物和爆炸物等危险物品。X 射线炸药自动探测设备，探测成功率高达 98%，是目前应用最广泛的安检手段。医学诊断在很大程度上依赖于基于闪烁体的成像技术，如 X 射线拍照技术、CT、直接数字化 X 射线成像技术（DR）、单光子发射计算机断层扫描（SPECT）、射线照相和 PET。一个常见的例子是医学 CT［图 3-17(c)］，利用 X 射线从不同方向照射患者，产生横截面图，随后重建成完整的 3D 图像。另一个常见的例子是 X 射线拍照技术，用于检测骨折、肺病和牙齿等病灶。近年来，在医学领域数字化的推动下，平板探测器成为主要的成像装置，比如常见的基于掺杂铊的碘化铯闪烁体（CsI：Tl）的平板探测器，就是将闪烁体和像素化的硅光电探测器相结合而制成的。此外，基于类似的原理，最近开发出的利用 CMOS 技术的闪烁探测器，由于像素尺寸较小，显示出比平板探测器更高的分辨率和抗辐射性能。

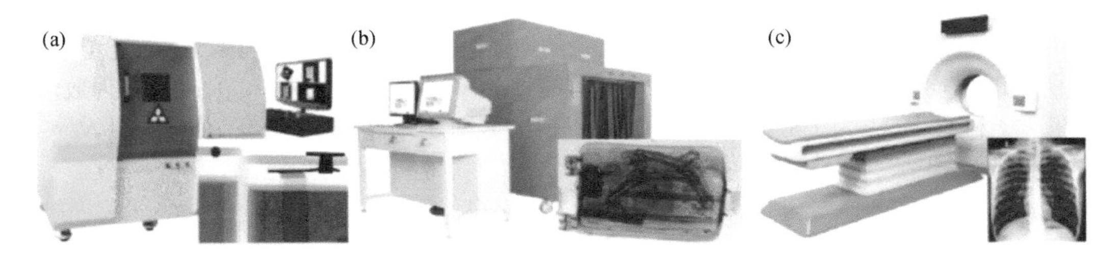

图 3-17 X 射线成像设备[97]

（a）工业无损检测仪；（b）安检仪及行李成像图；（c）医用 CT 及人体胸腔成像图

2. 主要性能参数

在实际应用中，闪烁探测器需要探测不同能量的粒子，并且要对所探测粒子的辐射强度、辐射能量进行精确的测量与分析，因此作为探测器中核心材料的闪烁材料的性能至关重要，如转换效率和光输出、有效原子数和 X 射线截止能量、闪烁衰减时间、化学稳定性和辐照硬度、X 射线能量线性响应（能量分辨率）、材料发光峰与探测器匹配程度、机械性能、激活离子均匀性等。

1）转换效率与光输出

对于闪烁材料而言，高的能量转换效率是一个重要参数。闪烁体能量转换效率η可以表示为[98]：

$$\eta = \frac{\langle h\nu_\gamma \rangle N_{ph}}{E_\gamma} \tag{3-1}$$

式中，N_{ph}为吸收能量为E_γ的γ射线或者其他电子辐射后闪烁体材料发出的光子数；$h\nu_\gamma$为产生光子的能量，可以写成[98]：

$$\langle h\nu_\gamma \rangle = \frac{\int_{\nu_{min}}^{\nu_{max}} h\nu_\gamma \cdot J(\nu_\gamma) d\nu_\gamma}{\int_{\nu_{min}}^{\nu_{max}} J(\nu_\gamma) d\nu_\gamma} \tag{3-2}$$

式中，$J(\nu_\gamma)$为在频率为ν_γ下闪烁体发射强度；ν_{min}和ν_{max}分别为发射谱的最小频率和最大频率。

2）相对光输出或者光产额

光产额是指从闪烁材料吸收高能射线后在一定设定时间内，探测器所能探测到的光子数。能量转换效率η对于积分探测是一个非常重要的物理参数，但是对于计数探测，相对光输出或者光产额（L_R）参数比能量转换效率η更为重要。L_R表示吸收单位能量（一般指 1 MeV）产生的光子数，假设$h\nu_\gamma$近似于最高频率下的光谱能量$h\nu_m$，闪烁体的相对光输出可表示为[99]：

$$L_R = \frac{N_{ph}}{E_\gamma} \cong \frac{\eta}{h\nu_m} \tag{3-3}$$

式中，N_{ph}为产生的闪烁光子总数。

初级激发在闪烁体材料中产生了大量二级电子和空穴，在热离化过程中，这些电子-空穴对的能量与材料能带间隙E_g接近。产生的电子-空穴对的数目N_{eh}由产生低能电子-空穴对所需的平均能量ζ_{eh}决定，其中ζ_{eh}与材料的种类和能带间隙有关：$\zeta_{eh}=\beta E_g$（β为数值参数，在离子材料中β约为 1.5～2）。假定每个电子-空穴对平均产生α个光子，即$\alpha=N_{ph}/N_{eh}\leqslant 1$，此时相对光输出为[98]：

$$L_R = \frac{\alpha}{\beta \cdot E_g} = \frac{S \cdot Q}{\beta \cdot E_g} \tag{3-4}$$

式中，S为载流子向发光中心的能量传递效率；Q为发光中心的荧光量子效率；E_g为材料的禁带宽度；β为数值参数。

3）闪烁衰减时间

闪烁衰减时间是衡量闪烁体性能的一个重要参数，它取决于闪烁机制中能量输运过程和载流子复合发光过程。闪烁体受激发后所发出的光子数随时间而变化。对于典型的发光过程来说，发光强度可用两个指数的加和来描述。一般地，在闪烁体中，闪烁光强度从零瞬时增大并达到最大值 $I_0(t=0)$，此后闪烁光将以指数形式（按一级动力学处理时）衰减，衰减时间可以根据下式计算[100]：

$$I(t) = I_0 \cdot \exp\left(-t/\tau\right) \tag{3-5}$$

式中，I_0 为初始时的发光强度；τ为闪烁材料的衰减时间。

4）能量分辨率

能量分辨率即测试光产额时的半峰宽，是一个与材料质量好坏相关的参数。多道分析仪一个重要作用是区分入射高能射线的能量，因此半峰宽（即能量分辨率）越小越好。一般常用闪烁体 662 keV 处能量分辨率可达 5%～15%。能量分辨率也与测试设备的能量分辨率有关，其中，闪烁体本征的能量分辨率 R_s 与能量转换分量 R_t、非均匀分量 R_i 与非线性分量 R_n 有关[100]：

$$R_s^2 = R_t^2 + R_i^2 + R_n^2 \tag{3-6}$$

因此，闪烁材料的能量分辨率主要与材料的化学均匀性、闪烁效率的非线性等因素有关，是一个非常复杂的参数。不同研究者采用不同工艺制备的同一种闪烁材料其能量分辨率不同。总体上说，闪烁材料的能量分辨率与材料光产额相关，光产额越高能量分辨率越好，这也可以从闪烁材料计算公式看出[100]：

$$R \equiv \frac{\Delta E}{E} = 2.35\sqrt{\frac{1+v(M)}{N_{ph}}} \tag{3-7}$$

式中，$v(M)$为光电倍增管增益的变量，通常为 0.1～0.2。

随着制备技术的不断发展，一些具有高光产额化学均匀性好的闪烁材料能量分辨率可达 2%。

5）余辉强度

闪烁体一般表现出在辐射完以后较长的一段时间内（有些是几个微秒或更长时间）仍旧发光的现象叫做余辉，它主要来源于被缺陷捕获的载流子受热逃逸出后产生的发光。当 $t>5\tau$时，闪烁材料的余辉强度 $J(t)$可以表示为[101]：

$$J(t) = \frac{kN_s}{\tau_s}\exp\left(-\frac{t}{t_s}\right) \tag{3-8}$$

式中，kN_s 为发光中心捕获从陷阱中逃逸出载流子后发光的总光子数（N_s 表示受激发后被陷阱俘获的所有载流子；k 为载流子被发光中心捕获的概率）；τ_s 为载流子在陷阱中的寿命。

陷阱是由于晶体中存在缺陷和杂质以及辐照产生的杂质而形成的。残余杂质和点缺陷可以在晶体中形成额外的发光中心（磷光）。余辉的强度、光谱组成和衰变时间取决于原料纯度、制备条件、热处理和辐照剂量。

6）辐照硬度

辐照硬度是表征闪烁材料抗辐照损伤能力的物理量，是评价闪烁材料性能的一项重要指标。特别是在高能物理应用领域，闪烁晶体长期受到高剂量源辐照，其抗辐照硬度的大小显得尤为重要。对于闪烁材料来说造成辐照损伤的主要原因是电离损伤，材料受到高剂量辐照后在晶体内部产生大量的缺陷，诱导色心形成，造成闪烁发光机制破坏、加重余辉强度等后果，同时还造成闪烁晶体透过率、光输出、能量分辨率等闪烁性能下降[102,103]。

辐照损伤可能通过以下一些方式产生：形成色心吸收带，吸收发光中心发射的光子，降低材料的光学透过率，这点对于 γ 射线探测器最明显；直接影响发光中心的发光过程，改变光发射特性（效率、光谱、衰减时间等），发光中心可能由于价态变化或是离子迁移补偿而失效，闪烁光的发射也可能由于电子或空穴向发光中心的迁移受损而降低，辐照产生的缺陷或陷阱会降低载流子的输运；产生浅能级，增加余辉；具有较大原子数的闪烁材料，在高能粒子（质子、中子等）射线辐照后诱导产生发射线，从而影响量能器的运行。研究表明，辐照损伤是透过率降低最主要最直接的原因之一。通常光产额的降低都是由于透过率的降低而不是发光强度的变化，辐照损伤后的晶体，经过一段时间后透过率也会恢复，室温条件下，材料的恢复很缓慢，尤其是短波区；通常经过热处理后，材料辐照损伤的透过率会得到恢复。

7）光学性能

不同光子探测器对不同发光波段的探测敏感度不同，因此需要选择合适的探测器与闪烁体的发光发射带相匹配。为使闪烁体发出的光信号最大限度地被光探测器捕获，提高探测器探测效率，需要闪烁材料在其发光波长范围内具有较高的光学透过率，并且激发光谱和发射光谱的重叠区域应尽可能少，以降低材料的自吸收和缺陷或杂质对闪烁体发光的散射和吸收[98,100]。另外，闪烁体的发射波长与光探测器，如光电倍增管（PMT）、硅光二极管（SPD）的探测灵敏区相匹配也是选择闪烁体时需要重点考虑的因素。目前，PMT 的探测灵敏区一般为 300～500 nm，SPD 的敏感区为 500～600 nm。

3. 主要类型

闪烁体从化学组成可分为有机和无机两大类，其形态又有固体、液体和气体三种。不同闪烁体在电离辐射作用下发光的物理机制有很大区别。总体来看，无机闪烁体的光子产额高、线性好，但发光衰减时间较长；有机闪烁体发光衰减时间短，但光产额相对偏低。近年来，稀土元素掺杂闪烁体、新型钙钛矿、纳米颗粒等也被发现具有良好的闪烁性能。

1）气体闪烁体

气体闪烁体一般使用惰性气体，当高能射线粒子射入时，气体分子发生电离并激发，并在随后的退激发和复合的过程中发射光子。由于惰性气体的发射波长在紫外区，不能与光电倍增管等光敏器件很好地配合，因此需要加入移波剂，常用如联四苯等。通常将其蒸发至容器内壁或光电倍增管的光阴极，也可用有机溶剂将其溶解后直接涂上。气体探测器的探测效率与气体压力及探测室的大小有关，随气体压力的增加而缓慢减小，随探测室厚度的增大而显著变小。发光效率还与气体性质有关，以 Xe 气体最好。气体闪烁探测器的能量线性比较好，光输出与入射能量成线性关系，且发光衰减时间较短，一般约为几纳秒[103]。气体闪烁体放出的光子大多属于紫外光波段，因此需要使用专门针对紫外光的光电元件，或者在工作气体中掺入少量杂质气体（如氮气）通过吸收部分紫外光子来产生可见光光子。

2）有机闪烁体

有机闪烁体是π共轭碳氢化合物，常见的闪烁体是具有苯环结构的芳香分子。与非共轭有机分子相比，共轭体系可以减小分子的带隙，使有机化合物在可见光区域内光致发光并具有高量子效率。有机闪烁体根据材料类型可以分为有机晶体闪烁体、塑料闪烁体、液体闪烁体等类型。根据发光机理，又可分为荧光机理、磷光机理和延迟荧光机理。有机闪烁体相对于无机闪烁体，通常需要较低的加工温度，生产成本低廉，荧光衰减时间较短，可以实现快速探测，更高效、更快地探测热中子，基于脉冲形状和脉冲高度进行有效中子/γ射线的分析识别。光学吸收和发射可以很容易地通过分子设计进行调谐，便于闪烁体的设计和定制。

一些有机闪烁体是纯晶体，典型的化合物有蒽（$C_{14}H_{10}$，衰减时间约 30 ns），二苯乙烯 $C_{14}H_{12}$，衰减时间为 4.5 ns），萘（$C_{10}H_8$，衰减时间数 ns）。它们具有出色的耐久性，但是响应是各向异性的，因此，如果不对光源进行准直，便会失去能量分辨率，这类闪烁体不易加工，尺寸也很难做大[104]。液体闪烁体和塑料闪烁体可看作是一个类型，都是由溶剂、溶质和波长转换剂三部分组成，所不同的只是塑料闪烁体的溶剂在常温下为固态。有机液体因其流动性的物质结构不易受到强辐射的破坏，还可将被测放射性样品溶于液体闪烁体内，这种“无窗”的探测器能有效地探测能量很低的射线[105]。液体和塑料闪烁体还有易于制成各种不同形状和大小的优点。塑料闪烁体还可以制成光导纤维，便于在各种几何条件下与光电器件耦合。

值得一提的是，近年来，柔性电子领域的发展对闪烁体的力学性能有了新的需求，而有机闪烁体作为闪烁体家族的全新材料，具有高机械柔韧性和易加工的性能，因而在柔性电子领域具有极大的潜在应用价值。如何设计并制备高效的纯有机闪烁体是该领域面临的重大挑战之一。针对这一世界性科学难题，在国家重点研发计划“变革性技术关键科学问题”重点专项支持下，我国科学家提出了一种实现高效纯有机闪烁体的普适性设计策略，即通过合理的分子设计，引入卤素重原子，不仅提升对 X 射线的吸收能力，而且有效地促进了三线态激子发光，提高了激子利用率并增强了纯有机闪烁体的辐射发光性能，成功实现了纯有机材料在 X 射线激发下的高效辐射发光。该闪烁体材料对 X 射线的检测限为 33 nGy/s，是医学 X 射线成像使用剂量的 1/167。此外，该闪烁体还具有与商业化闪烁体材料相媲美的稳定性，在 X 射线探测、成像等领域具有巨大应用潜力。

3）新型钙钛矿闪烁体

近年来，全无机钙钛矿和有机–无机杂化钙钛矿因在太阳能电池和发光二极管中的高发光效率而备受关注。钙钛矿闪烁体可以实现溶液加工，不需要高温或真空沉积技术，使得此类材料容易加工，成本降低。全无机钙钛矿，如 $CsPbBr_3$ 的单晶材料通常比有机-无机杂化材料更稳定，虽然在室温下，光产额不高，但是在掺杂活性中心后，性能可以明显改善。对有机–无机钙钛矿闪烁体的研究始于近 20 年前，室温下测量的光产额远低于预期的理论值，如甲基铵卤化铅晶体在室温下的光产额低于 1000 光子/MeV。直到最近，这项研究又有了新的进展，通过对活性中心和配位有机分子的改进，提高了有机–无机钙钛矿闪烁体的光产额，如 2,2-(亚乙基二氧基)双(乙胺)氯化铅和 2-苯乙基铵溴化铅等层状钙钛矿的光产额可以达到 9000～14000 光子/MeV。在对 X 射线的探测及成像领域的实验中，有机–无机钙钛矿闪烁体表现出良好的分辨率。此外，这类材料显示出非常低的余辉和短衰减时间，从几纳秒到几十纳秒不等，非常适合用于快速和实时应用。

4）传统无机闪烁体

无机闪烁体是种类最多，也是目前应用最广泛的闪烁体材料，一般采用 Czochralski 提出（1918 年）的提拉法或 Bridgman 提出（1925 年）的坩埚下降法制备。目前已开发的无机闪烁体有近百种，其中常用的有 ZnS：Ag，NaI：Tl，CsI：Tl，CsI：Na，BaF_2，$CaWO_4$，$PbWO_4$，$CdWO_4$，$Bi_3Ge_4O_{12}$ 等。虽然纯无机盐晶体也可以作为闪烁体使用，但一般在固态无机闪烁体中掺杂少量活性中心，这些活性中心通常增加了闪烁晶体带隙中的局域能级，可用于修改发射波长、提高发光效率、改变荧光衰减时间等。

根据无机闪烁体化学成分不同，可将其大致分为三类：卤化物，如 NaI：Tl，CsI：Tl，CsI：Na，BaF_2，CeF_3 等；钨酸盐化合物，如 CWO（$CdWO_4$），ZWO（$ZnWO_4$），PWO（$PbWO_4$）等；其他氧化物，如 BGO（$Bi_3Ge_4O_{12}$）等。

5）稀土闪烁体

稀土闪烁体的产生和发展应该从无机闪烁材料的发展历史说起[106]。闪烁材料的研究开始于 1895 年 Roentgen 对 X 射线探测的发现。为了探测人眼不能看到的射线，$CaWO_4$ 粉体应运而生，被应用于探测 X 射线荧光，这是世界上第一个使用闪烁材料的例子。闪烁体被真正广泛应用开始于 1949 年 Robert Hofstadter 发现 NaI：Tl 单晶并利用光电倍增管探测闪烁发光[107]。此后，大量新闪烁材料涌现出来，如 $CdWO_4$、CsI、LiI：Eu 等[108]。铕离子掺杂碘化锂单晶（^{6}LiI：Eu）的生长和研究起源于 20 世纪 50 年代，由于核反应物理和屏蔽领域需要更合适的快中子谱仪，Schenck 等[109]对该晶体进行了制备和研究，^{6}LiI：Eu 晶体对 $0.1 \sim 1\times10^6$ MeV 范围内的射线能量具有良好的线性响应，即使剂量当量（dose equivalent，DE）下降到很低的值（0.05 μSv/h），^{6}LiI：Eu 晶体探测到的中子数量与 DE 之间依然具有线性关系，因此非常适合于手持式同位素甄别仪，用于中子计数和报警。此后 20 年时间里，开发出 CsI：Na、CaF：Eu 和 $Bi_4Ge_3O_{12}$（BGO）这三种新型闪烁材料，其中明星级闪烁晶体 BGO 得到了广泛的应用，如 X 射线断层扫描仪（XCT）、正电子发射断层扫描仪（PET）以及空间γ探测器、电子能谱仪、电磁量能器等仪器，在核燃料扫描仪和地质勘探等方面也获得了应用[110]。20 世纪 80 年代，中国科学院上海硅酸盐研究所研制的 BGO 晶体在诺贝尔奖获得者丁肇中以及严东生院士的推动下，成功应用在欧洲核子研究中心（CERN）建造的大型正负电子对撞机的 L3 电磁量能器中，其 BGO 晶体的用量高达 12000 根[111]。随后新型 PWO（$PbWO_4$）闪烁晶体在大型强子对撞机中的 CMS 探测器的电磁量能器中也得到应用。随着核探测技术的不断发展，特别是高能物理与核物理实验需求的不断提高，以及核医学影像医疗设备的飞速发展，各应用领域对闪烁体性能也提出了更高的要求，从而掀起新一波闪烁材料的研发热潮。新一轮材料主要是以性能优异的稀土元素掺杂的闪烁晶体 LaX_3：Ce(X=Cl, Br)为代表的卤化物和以 YAG：Ce 为代表的氧化物，并投入到商业化应用中，其中美国 GE 公司通过陶瓷烧结工艺制备出了 Eu：$(Y,Gd)_2O_3$ 透明闪烁陶瓷，并将其成功应用在医学 X-CT 探测器，开辟了闪烁陶瓷体在医学探测领域的应用[112]。无机闪烁材料的发展历程如图 3-18 所示[106]。

稀土离子有两种跃迁：自旋允许的 5d→4f 跃迁和自旋禁止的 4f→4f 跃迁。对于 5d→4f 自旋允许的跃迁，荧光衰减时间仅为纳秒级，这不同于以 Tl^+ 等离子为活性中心的传统无机闪烁体。例如 $LaBr_3$：Ce 闪烁体的荧光衰减时间仅为 15 ns，比 CsI：Tl 的 1000 ns 小了 2 个数量级，对于需要快速响应的计数应用是非常重要的。当稀土元素掺入无反演对称的晶体时，4f→4f 电偶极跃迁的宇称禁戒部分解除，可以得到丰富的线状光谱。而对于 4f→4f

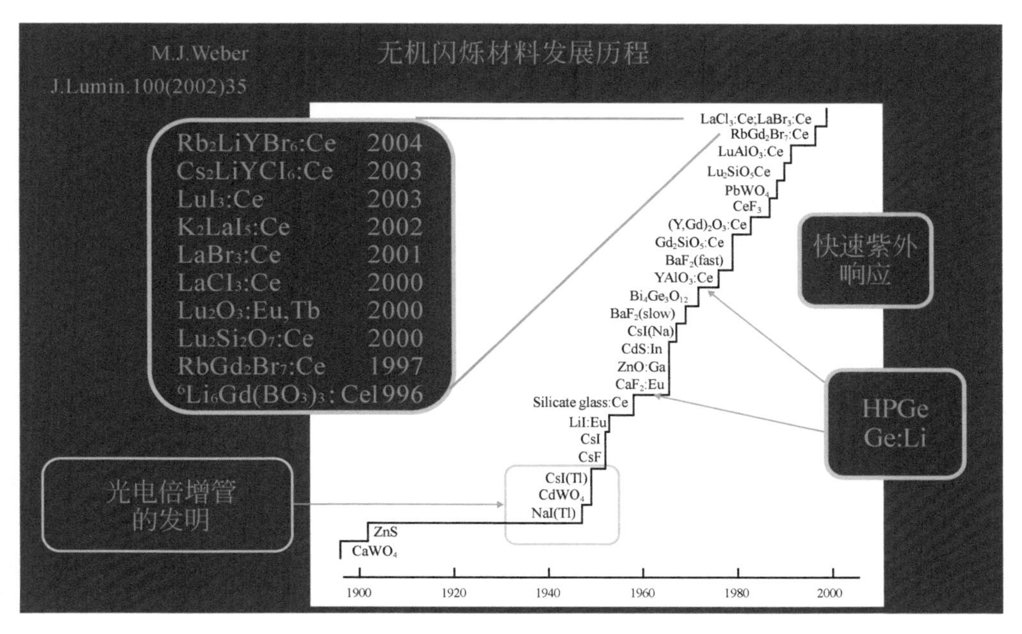

图 3-18　无机闪烁材料发展历程[106]

自旋禁止的跃迁，荧光衰减时间非常长，寿命为毫秒级。然而，由于没有非辐射复合，因此具有很高的量子效率。掺杂三价镧系元素的闪烁体种类繁多，Ce 是丰度最高的稀土元素，结合其良好的闪烁性能，Ce 成为闪烁体中用得最多的稀土元素。Ce^{3+}、Pr^{3+}和 Nd^{3+}是迄今为止发现的最有效的三价镧系掺杂体，它们的 5d→4f 能量跃迁如图 3-19 所示。特别是掺杂铈的闪烁体显示出非常高的光产额和优异的能量分辨率。除了三价镧系元素外，二价稀土元素，特别是 Eu 和 Yb，也可以作为闪烁晶体的掺杂剂，Eu^{2+}和 Yb^{2+}的 5d→4f 跃迁具有 10000～40000 光子/MeV 的光产额和更长的衰减时间，甚至超过 1 μs。

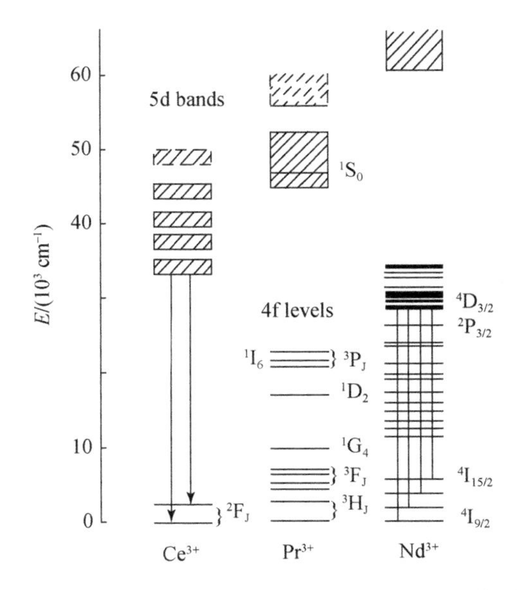

图 3-19　Ce^{3+}、Pr^{3+}和 Nd^{3+}离子的能带示意图[113]

新型稀土闪烁体以其特有的衰减速度快、能量转换效率高、密度大、耐辐射等优点，成为 20 世纪 90 年代和 21 世纪初各国争相发展的新材料。目前主要有两大类：稀土单晶和稀土陶瓷闪烁体。以稀土元素（RE）为基体或激活剂的晶体在闪烁体中占有相当的比重[113]，一些有代表性的晶体包括：CeF_3、YAP：Ce、YAP：Pr、GAP：Ce、GSO：Ce、LSO：Ce、$LiYbF_4$：Ce、$BaYb_2F_8$：Ce、YAO：Ce 等。稀土元素 5d-4f 跃迁位于真空紫外区域有较宽的发光峰，通常为几十纳米，这些发光峰的波长受晶体场的影响很小，有较快的衰减时间，通常为几十纳秒，并且有很高的量子效率。基于这些优点稀土掺杂的闪烁体在能量达 TeV 量级、能量分辨率高、时间响应快、辐射场强的高能物理工程中得以广泛应用[114]。

稀土元素在闪烁体中的作用除了增加密度、减小探测器体积外，主要是改善晶体的闪烁性能。稀土离子的引入可以改变晶体的发光峰位，从而改善闪烁体的光接收效率。稀土元素可用于激活剂，如 LSO：Ce、YAO：Ce。稀土元素掺杂可改变闪烁体的快慢成分比，如将 La^{3+} 掺入 BaF_2 晶体中 310 nm 慢成分的产额明显减小，195 nm、220 nm 快成分的产额明显增加。稀土的引入能缩短晶体的衰减时间，如在 CdF_2 中掺入 Ce^{3+} 衰减时间由 6 ns 降为 4 ns。稀土离子掺杂还可大大提高晶体的抗光损伤能力，如 CdF_2：Ce、BGO：Eu，Ce 和 Eu 均为可变价的稀土元素，它们的高价态离子捕获游离的电子，从而阻止色心的形成以提高基体的抗辐照能力。

另外，作为辅助手段，可变价稀土元素的掺杂是研究闪烁体微观缺陷的一种极为有效的方法。铈离子掺杂的 Gd_2SiO_5 晶体（Ce：GSO）是一种性能优良的具有代表性的新型高温闪烁晶体，该晶体具有高光输出（8000 Ph/MeV）、快时间衰减（60 ns）和高密度（ρ=6.7 g/cm^3）等特征，同时与其他闪烁晶体相比，Ce：GSO 晶体还有两个显著的特点，高温下光输出仍很稳定，抗辐射能力也是目前已知晶体中最强的。LYSO（$Lu_{1.8}Y_{0.2}SiO_5$：Ce）是一种掺铈的镥基闪烁晶体，与许多常见的闪烁材料相比，LYSO 具有高密度、不潮解、短衰减时间和超高光子发射率等特性，非常适合需要更高吞吐量、更好的定时和能量分辨率的应用，跟 PMT 匹配度高，广泛用于 PET、核物理、核医学、高能物理、地质勘探等领域。

A. 稀土卤化物闪烁晶体

在氟化物晶体中掺入稀土离子是获得紫外区发光闪烁体极为有效的方法，如 CeF_3 是非常重要的闪烁体，密度大、辐射衰减长度小，因而大大减小了探测器的体积。CeF_3 的衰减时间很短，分别为 5 ns 和 30 ns，此外它还有很好的抗辐射损伤能力。CeF_3 晶体温度稳定性好、检测效率高和响应速度快等优点，使其非常适合作为高能物理实验装置的探测材料，在法拉第隔离器、X 射线检测仪、β射线检测仪以及γ射线检测仪等领域有着广泛的应用。最近二十年，涌现出大量光输出高、能量分辨率好或者同时具有伽马和中子分辨能力的新型卤化物闪烁晶体[115]。Y^{3+}、La^{3+}、Gd^{3+}和 Lu^{3+}离子属于光学惰性离子，适合于做基质材料，而 Ce^{3+}、Pr^{3+}和 Eu^{2+}具有截面宽而强的 4f-5d 跃迁，不仅可以有效吸收能量呈现较强的发射强度，而且其光谱为宽带谱，荧光寿命短，因而可以用作发光中心或激活剂。根据化学组成特点，稀土卤化物闪烁晶体主要可分为四类：Ce^{3+}激活的稀土三卤化物（LnX_3，Ln=Ce，Y，La，Gd，Lu 及其混合体；X=Cl，Br，I 及其混合体）系列晶体，如 $LaBr_3$：Ce 和 $CeBr_3$ 晶体等；Ce^{3+}激活的碱金属和稀土金属卤化物复盐晶体，包括以 R_2LnX_5：Ce（R=K，Rb；Ln=La，Ce）为代表的晶体系列，以及钾冰晶石结构的 A_2BLnX_6：Ce（A=Li，K，Rb，Cs；B=Li，Na，Cs；Ln=Y，La，Ce，Gd；X=Cl，Br）系列晶体；Eu^{3+}激活的碱土金属卤化物（MeX_2：Eu，Me=Ca，Sr，Ba 及其混合体；X=Cl，Br，I 及其混合体）系列晶体，如 SrI：Eu 晶体等；Eu^{2+}激活的碱金属和碱土金属卤化物复盐晶体，较为关注的是 RMe_2X_5（R=Li，Na，K，Rb，Cs；Me=Ca，Sr，Ba）系列晶体，如 $CsBa_2Br_5$：Eu 晶体和 $CsBa_2I_5$：Eu 晶体等。

B. 稀土氧化物及含氧体系闪烁晶体

氧化物闪烁材料最大的优势在于高热学、化学以及辐照稳定性，一些诸如 BeO、ZnO：Ga、Y_2O_3 以及 Sc_2O_3 等氧化物被视为快衰减闪烁材料。阻碍氧化物闪烁材料发展的最主要因素是不能做大尺寸。其中一类被称为闪烁晶体的 GSO（Gd_2SiO_5）、GSOZ（Zr：Gd_2SiO_5）、GPS（Ce：$Gd_2Si_2O_7$）、LGSO（$Lu_{2-x}Gd_xSiO_5$）、Fast-LGSO（Ce：$Lu_xGd_{2-x}SiO_5$）是比较有价值的稀土硅酸盐，常被应用于高能粒子射线的探测[116]。稀土铝酸盐无机闪烁晶体，如 Ce：YAP（$YAlO_3$：Ce）晶体兼具较高光输出和快衰减时间的闪烁特征，同时具有较高能量分辨率，其发射波长为 360～380 nm，可与目前的光电接收装置有效耦合，主要应用于快速 γ 射线探测、动物 PET 影像扫描、电子成像、中低能 X 射线二维成像等应用领域。Ce^{3+} 和 Pr^{3+} 掺杂的铝酸盐 YAP：Ce/Pr 具有非常快的衰减时间（～18 ns 和～8 ns），但其在晶体生长过程中存在相变，制备稳定的钙钛矿结构闪烁体非常困难且成本较高，这是限制其工业化应用的主要问题。除此之外，YAG：Ce（$Y_3Al_5O_{12}$：Ce）、LuAG：Ce（$Lu_3Al_5O_{12}$：Ce）、GGAG：Ce（$(Ce,Gd)_3(Ga,Al)_5O_{12}$）等石榴石结构闪烁体被认为是新一代高性能闪烁体的代表。YAG：Ce 单晶是一种性能优良的闪烁晶体，其发光中心波长为 550 nm，具有较高光产额和较快衰减时间，可以与硅光二极管等探测设备有效耦合，且不潮解、耐高温、热力学性能稳定，可以用于极端的探测环境中。LuAG：Ce 是一种典型的具有石榴石结构的闪烁晶体，具有高光产额，高密度和良好的机械性能；LuAG：Ce 薄片结合 FOP 和 CCD 可以很好地应用于 X 射线显微镜和 Micro-nano CT，获得良好的空间分辨率[117]。铈掺杂钆铝镓石榴石（GAGG：Ce）是一种相对较新的单晶闪烁体，具有许多优异的特征，如光产量高、密度高、能量分辨率好，与硅传感器匹配良好的发射峰，内在能量分辨率低，此外该材料具有非吸湿性和非自辐射性，将广泛应用于 PET、PEM、SPECT、CT、X 射线和 γ 射线检测。稀土磷酸盐无机闪烁晶体，如 $Ba_3P_4O_{13}$：Eu，$Ba_3(PO_4)_2$：Eu，$NaBaPO_4$：Eu，K_2O-Y_2O_3-P_2O_5：Ce，$CsGd(PO_3)_4$：Ce 等，合成简单，原料价格低廉，发光效率高、发光的衰减时间短（纳秒级别），具有较大的吸收系数和良好的荧光热稳定性，是一类不可忽视的稀土闪烁体材料。特别是 $MBPO_5$：Ce(M=Sr, Ca, Ba)，硼磷酸盐中磷与氧以 PO_4 四面体结构配位，硼与氧也以四面体 BO_4 结构配位，同时中心离子的选择可以导致不同配位环境的产生，从而形成丰富的结构变化和性质变化，为新的闪烁发光性质提供更多的机会，是一种较好的闪烁体材料[118]。

C. 稀土闪烁陶瓷

近年来随着影像核医学医疗设备及高能物理与核物理实验的发展，对闪烁体的要求也越来越高：大的有效原子序数（有利于高能射线吸收）、更高的光输出（提高信号强度）、更快的衰减（可以实时成像，减少干扰）、更高的能量分辨率（提高成像精度）[119]。无机闪烁体包括陶瓷闪烁体、玻璃闪烁体和单晶闪烁体三种类型。玻璃的无规则网络结构使其内部有很多深陷阱，存在着许多非辐射复合通道，会大幅度降低辐射跃迁概率，所以提高闪烁性能是公认的难题。

闪烁单晶仍然是闪烁体的主要应用形式，但是单晶材料生产成本高、生长难度大以及难以大规模生产等问题限制了闪烁单晶的应用发展。而陶瓷闪烁材料具有良好的性能稳定性，生产耗时短，成本较低，能够实现不同离子的均匀掺杂，使应用与发展少了很多束缚，但目前所制备的闪烁陶瓷仍然存在些许影响闪烁性能的缺憾，因此闪烁陶瓷性能仍有很大的提升空间[120]。

闪烁陶瓷是近 20 年来快速发展起来的一类新的多晶闪烁体材料。与闪烁单晶相比，闪烁陶瓷同样具有良好的物理化学稳定性和优异的闪烁性能，更重要的是，闪烁陶瓷在制备温度、组分设计（高浓度，多种类掺杂）和大尺寸制备上具有更大的优势，而石榴石结构的闪烁材料具有立方对称结构，易于实现透明陶瓷制备，在离子掺杂和结构设计上具有明显优势，因此石榴石结构的透明闪烁陶瓷是新一代高性能（快衰减，高光产额，抗辐照损伤和低余辉等）闪烁材料的重要发展方向之一。在$(Y,Gd)_2O_3$（YGO）、$Tb_3Al_5O_{12}$（TbAG）、$Lu_3Al_5O_{12}$（LuAG）、$Gd_xY_{3-x}Ga_yAl_{5-y}O_{12}$（GYGAG）等透明陶瓷中掺杂$Ce^{3+}$，$Pr^{3+}$等快发光离子可作为闪烁体。YGO：$Eu^{3+}$,$Pr^{3+}$具较高的光产额，美国 GE 公司早在 1988 年就开始使用，目前已经将其商业化（HiLight™），用作 X-CT 的闪烁体[121]。下面举例概述稀土闪烁陶瓷的现状及发展。

石榴石基闪烁陶瓷。TbAG、LuAG 和 GYGAG 都是石榴石体系的典型代表，其中 TbAG：Ce^{3+}已经被 GE 公司商业化（Gemstone™）用于 Discovery CT750HD 系列 CT 扫描机中。GYGAG：Ce^{3+}是很有前途的闪烁陶瓷，其光产额非常高。LuAG：Ce^{3+}透明陶瓷是稀土石榴石体系中密度最大闪烁材料，然而由于存在 Lu-Al 反位缺陷（部分Lu^{3+}和Al^{3+}各自进入对方晶格位），Ce^{3+}的荧光发射发生部分猝灭，导致其光产额一直不高（常低于 BGO 单晶），近年来材料科学家们以部分 Ga 原子替代 Al 原子形成 LuGAG 后，基质材料的导带底降低约 0.29 eV，而将 Lu-Al 反位缺陷包含在导带中可使光产额大幅提高到 45931 ph/MeV[121,122]。这种混晶多组分的方法也被借鉴到其他的石榴石陶瓷中，GYGAG 就是典型代表。美国 Lawrence Livermore 国家实验室（LLNL）通过凝胶成型后无压烧结，再结合 HIP 后处理成功地制备出总体积达 16 cm^3、光产额达 55000 ph/MeV、能量分辨率为 5.3%的 GYGAG：Ce^{3+}透明陶瓷。

稀土Ce^{3+}和Pr^{3+}掺杂的 LuAG 闪烁陶瓷。在 LuAG 陶瓷的制备研究中，真空烧结被证明是有效的制备方法，此外，SPS 烧结、热等静压后处理等也逐渐被应用并取得了积极效果。稀土Ce^{3+}和Pr^{3+}掺杂的 LuAG 闪烁陶瓷研究进展较快，部分组分的闪烁性能已优于同类单晶，并向器件化推进[122]。Ce：LuAG 陶瓷因其高光效和优异的抗辐照损伤性能被列为高能物理新一代磁性量能器的备选材料；Pr：LuAG 具有快衰减时间和高温荧光热稳定性，在核医学 PET 成像和油井勘测等领域显示了应用潜力。基于缺陷工程和能带工程，通过Mg^{2+}和Y^{3+}掺杂，Ce：LuAG 和 Pr：LuAG 陶瓷在闪烁性能上都获得突破性提升，但余辉和衰减慢分量仍有待优化。随着光电探测器的发展，研究的重点是解决当前闪烁光产额低和衰减时间长的问题。

LuYAG：Pr 闪烁陶瓷材料中的缺陷通过捕获输运过程中的载流子，延迟闪烁发光降低光产额，最终影响闪烁探测器性能。中国科学院上海硅酸盐研究所透明与光功能陶瓷研究团队通过采用第一性原理计算，低温热释光以及同步辐射等技术手段对材料中缺陷的存在形式和缺陷浓度进行表征。提出“能带工程”和“缺陷工程”共同作用的机制，并设计制备闪烁陶瓷材料 LuYAG：Pr，成功抑制了材料中的浅能级缺陷，材料综合闪烁性能提升，光产额达到 24400 ph/MeV[123,124]。Y^{3+}取代后不会在禁带中增加额外能级，而是导致禁带宽度减少，并使得材料中以反位缺陷为主的浅能级缺陷浓度下降，如图 3-20 所示。低温热释光表明，设计制备的材料中缺陷浓度大幅下降。光输出衰减动力学测试结果显示，材料中慢发光分量低于 30%，光产额提高 20%。

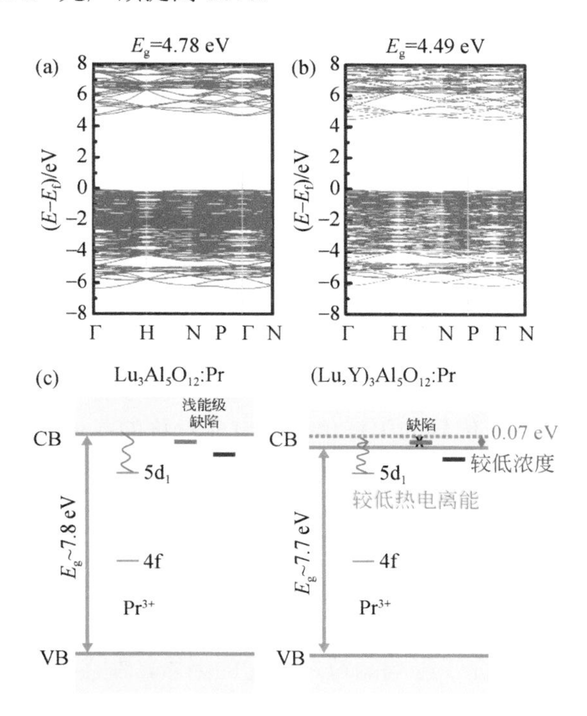

图 3-20 (a)理论计算 LuAG 能带结构；(b)理论计算 LuYAG 能带结构；(c)Y^{3+}取代作用机理示意图[125]

运用缺陷工程，通过 Mg^{2+}掺杂控制 LuAG：Ce 陶瓷中 Ce^{4+}/Ce^{3+}比例［图 3-21(b)］，减少了电子陷阱缺陷在载流子输运中的影响，同时与氧空位相关的缺陷得到了较好的抑制或消除，所制备的 LuAG：Ce,Mg 陶瓷的闪烁性能达到国际领先水平，光产额超过 LuAG：Ce 单晶 50%［图 3-21(a)］，闪烁衰减中快发光分量达到 60%[126]。

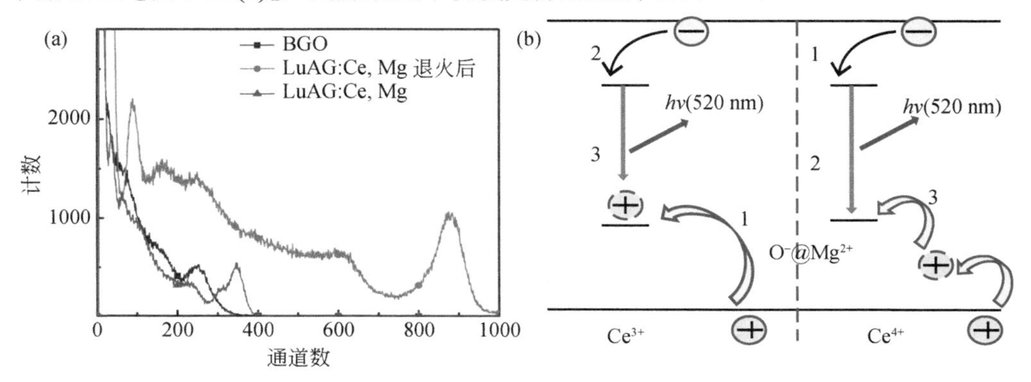

图 3-21 LuAG：Ce,Mg 闪烁陶瓷的光产额（a）与闪烁发光机理分析（b）[126]

结合非化学计量比与二价离子掺杂策略，在对陶瓷光产额影响很小的情况下，设计制备出的非化学计量比 LuAG：Ce,Mg 陶瓷在 X 射体停止 5 ms 后基本无余辉。

LuAG：Pr、Ce：LuAG 闪烁陶瓷的器件成像。LuAG：Pr 闪烁陶瓷样品组成的 4×4 阵列耦合到光电倍增管得到的散点图，位置清晰可辨。用于深度效应探测器初步探索，BGO 晶体和 Pr：LuAG 陶瓷阵列中的闪烁体单元均清晰可辨。Pr：LuAG 陶瓷比商用 BGO 晶体光输出高，用 4×4 的 LuAG 阵列与 4×4 的 BGO 阵列叠层放置组成 Phoswich 探测器具有深度效应探测能力[127]。对 LuAG：Ce,Mg 闪烁陶瓷的 X 射线平板探测器成像进行了研究，切割后 LuAG：Ce,Mg 陶瓷对比度优于切割前，样品在 7 lp/mm 左右仍能保持很好的分辨率。LuAG：Ce,Mg 陶瓷的成像分辨率接近单晶，但发光均匀性较差，通过提高激光切割精度可获得 LuAG：Ce,Mg 闪烁陶瓷更好的分辨率。

非对称体系闪烁陶瓷。陶瓷闪烁体是近期透明陶瓷和闪烁材料领域的研究热点，从透明陶瓷的制备角度来说，具有立方晶系的对称结构由于不存在晶界双折射效应更易获得高的光学质量，如果从发光考虑，一般希望发光中心离子处于低对称的晶体场环境中[128]。因此，许多新型的、综合性能优异的闪烁体均具有非对称的晶体结构。在新型非对称体系闪烁陶瓷研究方向，主要进行非对称透明陶瓷制备新工艺探索和闪烁性能优化等研究，主要材料体系包括：Gd_2O_2S：Pr, Ce（六方晶系：应用于医用 CT 和安检 CT 探测器）材料体系，CeF_3（六方晶系：是高能物理实验装置理想的探测材料），LSO：Ce（单斜晶系：应用于高性能正电子湮没断层扫描成像技术 PET 探测器材料）等。

CeF_3 闪烁陶瓷。中国科学院上海硅酸盐研究所采用强磁场注浆成型工艺首次制备了晶粒定向排列的 CeF_3 陶瓷，研究了影响晶粒定向度的因素，制备了晶粒定向度超过 93.09% 的 CeF_3 陶瓷，为高透明度 CeF_3 陶瓷的制备奠定了基础。特别证实 CeF_3 在 0.4 T 磁场下即可实现晶粒定向排列，这是永磁体磁场第一次应用到陶瓷材料的织构化制备中。

GOS 闪烁陶瓷。Gd_2O_2S（GOS）闪烁陶瓷是目前世界上应用于医疗 CT 探测器的三大闪烁陶瓷材料（HiLight、GOS、Gemstone）之一[129]。Hitachi 公司的 Yamada 等早在 20 世纪 80 年代末期就将熔盐法制备的 Gd_2O_2S：Pr,Ce,F 粉体（掺杂 $Li_2B_4O_7$ 作为烧结助剂）包套在铁皮中，再在 1300℃、190 MPa 的 HIP 条件下烧结，成功制备了半透明闪烁陶瓷[130]。GOS 属于六方晶系，由于其各向异性，在晶界上存在双折射现象，不易制备出透明陶瓷[120,131]。GOS 具有高光输出、高密度、短余辉等优良特性，已经在德国 Siemens、日本 Hitachi、荷兰 Philips 等企业生产的医用 CT 和安检 CT 探测器中获得广泛应用，核心制备工艺被国外大公司垄断。国内研究 GOS 主要集中在粉体制备方法的创新、粉体的形貌调控、纳米粉体制备等方面，关于 GOS 闪烁陶瓷详细的制备报道非常少。李江等[120]以 Gd_2O_2S：Pr,Ce 陶瓷在医疗 CT 仪器上的应用为目标，对低成本、高效率、节能环保型制备粉体的方法进行了大量的工艺探索，如助熔剂法、间接硫源法、碳热还原法，并对不同烧结方法获得的 GOS 闪烁陶瓷的光学和闪烁性能进行了研究，经捷克物理所及加州理工等权威测试机构表征，光产额、能量分辨率等关键闪烁性能超过东芝商业产品，部分突破了 GOS 闪烁陶瓷关键制备技术，为材料的实际应用奠定了基础。

LSO：Ce 闪烁陶瓷。LSO：Ce（Lu_2SiO_5：Ce）单晶是一种综合性能优良的闪烁材料，具有高密度（7.4 g/cm^3）、高光产额（～27300 Ph/MeV）、快衰减时间（～40 ns）、短辐照长度（1.14 cm）、良好能量分辨率（～9%）以及发光峰位（420 nm）与 PMT 敏感区非常匹配等特点，被认为是替代已广泛应用的 BGO 的新一代闪烁材料[132]。然而 LSO 单晶生长困难，材料组分难以准确控制，闪烁发光性能很不稳定且生长周期长、成本高，无法替代 BGO 单晶。而透明多晶陶瓷由于制作成本低、易实现均匀掺杂、光学性能良好等优点，已成为 LSO：Ce 闪烁材料研发的重要方向。LSO：Ce 闪烁陶瓷是近十年来逐步开始研究的闪烁陶瓷材料，其结构对称性非常低，通常采用压力辅助烧结制备。范灵聪等[121]对 LSO：Ce 多晶陶瓷的制备科学进行了系统研究，阐明了制备过程中关键物理、化学条件与 LSO：Ce 闪烁陶瓷性能与显微结构、组分之间的关联。通过 H_2 无压烧结和 HIP 处理后的 LSO：Ce 陶瓷的光产额都接近甚至高于 LSO：Ce 单晶的水平，制备的 LSO：Ce 陶瓷可以应用于 CT 中。

4. 闪烁材料的作用机理

目前认为，闪烁材料工作的物理过程机制可以分成三个步骤：高能光子转换、空穴-电子输运和结合发光，图 3-22 所示为闪烁材料吸收高能射线或粒子后发生的主要物理过程[133,134]：

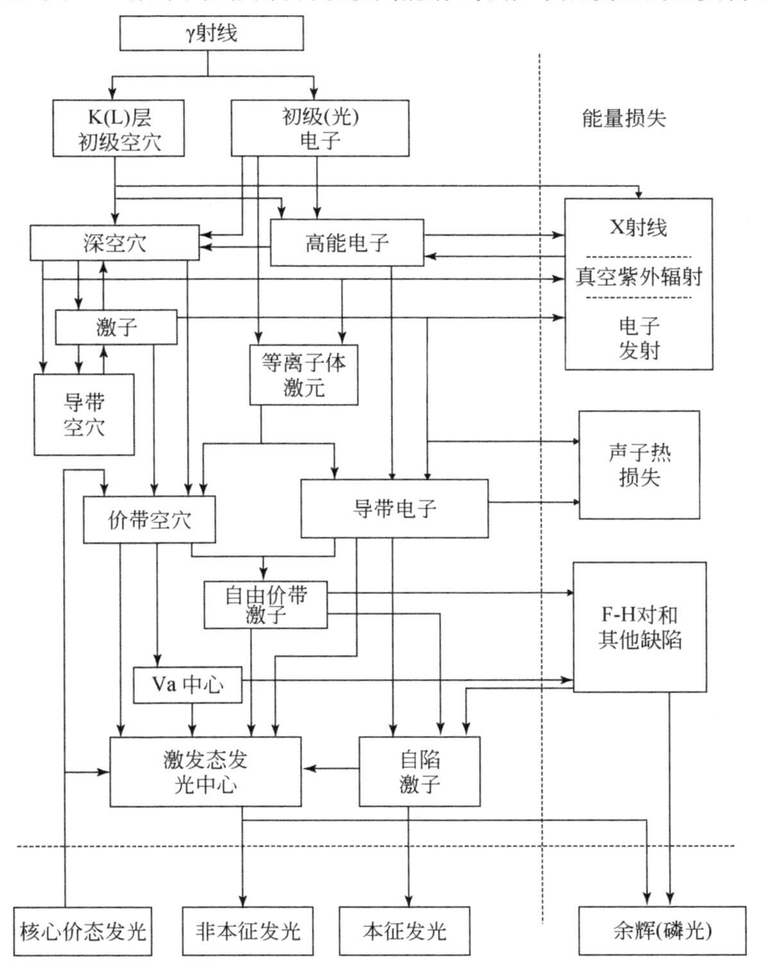

图 3-22　闪烁材料吸收高能射线或粒子后发生的主要物理过程[134]

（1）吸收高能辐射，产生初级电子和空穴。带电粒子（α、β粒子以及内转换电子）与物质相互作用形式主要为电离、散射和吸收，而高能射线如γ光子是不带电的电磁辐射，本身没有直接的电离和激发效应，因此在该能量转化阶段，γ光子首先需通过光电效应、康普顿效应和电子对效应三个过程与物质发生相互作用，使原子电离，并产生初级电子和空穴。

（2）初级电子和空穴的弛豫，产生大量次级电子、空穴、激子、等离子激元以及其他电子激发，该过程在闪烁物理中最为复杂。一个内层电离的原子（A^+）可以通过释放出一个光子（特征 X 射线）以辐射跃迁的形式进行弛豫，也可以通过产生二次电子（俄歇电子）以非辐射跃迁的形式进行[100]。一般情况下，非辐射跃迁的概率大于辐射跃迁。初级电子和俄歇电子均通过电子散射或发射声子的方式进行弛豫，特征 X 射线光子则可以被另一个原子吸收产生新的深空穴和自由电子，该次级空穴和自由电子又可进行下一轮的弛豫和下一轮的电离过程，一直持续到产生的电子和光子不能产生下一次的电离为止。另外，快电子也可以与原子的价电子发生相互作用，产生等离子激元（寿命约为 10^{-15} s，最终会衰减为电子-空穴对）。总之，该弛豫阶段发生在 10^{-15}～10^{-13} s 内，最终产物为低能量的激元：导带电子、价带空穴、激子。

（3）低能量的次级电子或空穴的热能化，产生大量能量接近于能带间隙 E_g 的电子-空穴对和激子。当闪烁体中产生的电子、空穴的能量小于电离阈值 E_t 时，电子、空穴就开始与环境（晶格）发生相互作用，即所谓的电子-声子弛豫或热能化。在该阶段，电子和空穴分别弛豫到闪烁体导带底和价带顶，最终形成一定数量的能量约为能带间隙 E_g 的热化电子-空穴对。无机闪烁体中载流子弛豫所需时间一般为 10^{-12}～10^{-11} s。理想情况下，所有的电离过程都将最终弛豫为热化电子-空穴对，因此能量转化过程中最终产生的热化电子-空穴对的数目与闪烁体吸收的入射高能辐射能量成正比。

（4）能量从电子-空穴对向发光中心的传递。受闪烁材料本身相关缺陷的影响，该过程对闪烁材料的性能影响最大。电子和空穴在输运过程中，会被闪烁材料中不同深度的缺陷陷阱俘获，从而造成向发光中心的延缓迁移，电子和空穴甚至会在某些缺陷处发生非辐射复合，造成能量损失。这些材料缺陷如反位缺陷、空位、杂质离子等点缺陷，位错、晶界等线缺陷以及面缺陷等，主要取决于材料的制备工艺。

（5）发光中心的发光。发光中心对载流子的顺序俘获，从激发态跃迁到基态并发出光子，该过程有本征发光和非本征发光两种形式。本征发光一般通过自陷激子（self-trapped exciton，STE）、自陷空穴（self-trapped hole，STH）以及基质的组成原子或原子基团和其他各种发光缺陷来实现；而非本征发光则通过人为引入的发光中心本身的电子跃迁或发光中心与晶格环境的跃迁来实现[15]。不同种类发光中心的电子跃迁种类及辐射荧光的性质不同，表现在性能上主要为闪烁光的能量以及衰减时间不同[16,17]。值得一提的是在闪烁体发光过程中存在着各种能量耗散和猝灭过程，从而使闪烁效率降低。在上述第二、第三过程中，一个快电子可以通过散射声子损失能量，快电子能量越低其与声子相互作用概率越高。其次，次级光子和电子可以从晶体中逸出从而造成能量损失。不过对总能量损失贡献最大的主要发生在第四、第五过程，即能量从电子-空穴对向发光中心的传递以及发光中心的发光过程，这个过程中，能量损失主要取决于电子-空穴对相对发光中心的空间分布，如果电子-空穴对毗邻发光中心，则其能量输运效率高，反之，能量输运效率较低。能量损失方式主要有：形成 F、H 心以及其他点缺陷，声子弛豫（热损失）以及较长时间的发光或余辉。

3.3　稀土光化学材料

3.3.1　光催化材料

自工业革命以来，世界各地科学技术迅猛发展，能源消耗也日益加剧。我国自 20 世纪改革开放以来，经济水平和生产技术的快速发展也面临着日益严峻的能源和环境问题，能源开采和供给量远远落后于能源需求量，且能源利用率也低于西方发达国家。伴随着大量常规能源煤炭、石油等的消耗，带来巨大的环境污染问题，同时医疗药品、洗涤剂、农药、染料、重金属、塑料等使用和处理不当，导致大气、水等自然生态环境破坏，严重影响了人们的生产和生活。与传统的污染处理技术相比，光催化技术具有低损耗、高效率、易操作、无二次污染等优点[135]。

近 50 年来，随着光催化技术的应用发展，已经开发出数百种光催化剂，其中半导体材料具有良好的光催化活性，如 TiO_2、WO_3、CdS、ZnO 及各种掺杂、复合半导体材料已应用到许多领域，如降解有机污染物、分解水产氢、还原二氧化碳制备有机燃料等，有望成为解决环境和能源问题的有效途径。

典型的光催化过程涉及三个阶段[136]：催化剂的光激发以产生电子–空穴对；激发电荷（即电子–空穴对）的分离和扩散到催化剂；表面电荷参与氧化还原反应。为了使转换成电子-空穴对的光子数量最大化，开发吸收更广谱太阳能的催化剂是研究人员优化电荷产生步骤的主要追求。对于电荷转移步骤，抑制有害的电子-空穴复合是必要的，以便允许更多的电子和空穴到达催化剂表面[137]。当然，在表面上具有足够数量的电荷载体并不一定确保正在进行的氧化还原反应的高效率。电荷消耗步骤的重点在于增强催化剂表面上的表面吸附和活化，从而有效地将更多表面电荷偶联成特定的还原或氧化反应。

最近的研究证实多价镧系元素可以形成能够捕获/释放电子的自氧化中心，从而提高光催化活性。通过稀土元素对光催化材料掺杂达到以下两个目的：稀土铕元素拥有丰富的能级因此可通过掺杂调节半导体带隙，使光催化材料的吸收光谱得到扩展；稀土元素拥有不同的化合价态，在一定的环境中可实现价态之间的相互转化，可以通过热辐射的特殊性质消耗电子，以此实现载流子的分离使得空穴可以更好地参与氧化反应。

1. 处理和降解污染物

光催化是一种有效、廉价和环保的分解各种水性有机污染物的技术，在污染物降解中发挥着越来越重要的作用。光催化剂具有比表面积大、活性中心多、吸附污染物集中催化等特点。光催化复合材料降解水中有机污染物的最新研究包括天然矿物的分类、天然矿物复合材料的结构描述和有机催化剂材料对污染物的光催化降解三个部分，以下介绍两种常用稀土改性降解材料。

二氧化钛（TiO_2）无毒，化学稳定性以及出色的电学和光学特性是废水处理理想的光催化材料，但是，TiO_2 光催化剂的宽带隙（锐钛矿相 3.20 eV）将其光催化活性限制在光的紫外线区域。此外，已经发现电子-空穴对重组降低了光催化剂的效率。因此许多研究者研究了用稀土金属修整 TiO_2 表面以改善其表面光学和光催化性能，将工作波长转移到可见光区域并抑制锐钛矿到金红石相变，减少了带隙，提高了 TiO_2 光催化剂的降解效率，拓展了在环境修复中的应用领域。

石墨氮化碳（gC_3N_4）光催化剂因其优异的物理化学性质被用于光催化降解领域。然而，gC_3N_4 的光催化活性通常受到有限的光吸收、光生载流子的快速复合以及限制其大规模应用的低比表面积的阻碍。利用稀土元素未填充的 4f 轨道用作捕获中心以限制光生电荷的复合可以有效改性光催化剂，稀土改性的 gC_3N_4 材料在降解持久性有机污染物以及去除抗生素和药物、制氢等方面具有潜在的前景。

2. 光催化制氢和产氧

利用半导体光催化技术将太阳能转化为氢能和电能有望成为缓解能源问题的重要途径。氢气（H_2）是一种清洁的可再生能源，可通过光催化分解水产生。通常情况下，水分解为 H_2 和 O_2 是一个热力学不可行的过程（ΔE=−1.23 V），析氧反应（OER）中四个电子的转移需要外部驱动力才能完成，光催化水制氢产氧就可以实现这个过程。关于稀土掺杂光催化剂在水分解中应用的研究很多，稀土离子丰富的能级结构显著影响主体半导体的性能，从而不同程度地影响光催化水分解能力，目前采用稀土掺杂是以金属化合物和氮化碳材料为作主体的光催化剂。

3. 还原 CO_2 制有机燃料

为实现“双碳”目标，将 CO_2 转化为富含能量的化合物具有重要的环保和节能价值。光催化 CO_2 还原是捕获 CO_2 并将其还原为有机燃料或化合物的技术，科研人员已经设计了各种选择性催化还原 CO_2 的光催化剂并提高其效率。利用半导体光催化剂进行人工模拟光合作用，可以将 CO_2 和 H_2O 直接转化为碳氢化合物，实现有机燃料的良性循环再生和太阳能的储存利用。在光催化过程中，吸附在半导体光催化剂表面的活性物质与迁移到材料表面的光生空穴发生氧化还原反应，供给电子并生成氢质子，作为电子受体的 CO_2 进行还原反应，生成有机化合物。影响光催化还原 CO_2 的因素有很多，例如光源的波长和强度、反应介质、反应压力等。最典型的还原 CO_2 光催化材料是二氧化钛，其电子/光学特性合适、成本低、热稳定性好、低毒性和高的光响应性。利用稀土元素丰富能级结构掺杂二氧化钛构建光催化剂是提高 CO_2 还原效率的一种有效方法。

金属有机框架（MOFs）是多孔结晶材料，已应用于储能、催化和分离领域。稀土作为 MOFs 的功能金属中心，比过渡金属离子具有更高的配位数和更丰富的配位几何结构。4f 电子层赋予稀土 MOFs 特殊的光学和电学性质，使其在光催化和电催化方面具有应用潜力。碳纳米管是一种高效且坚固的光催化剂，具有出色的 CO_2 在纯水系统中的还原能力，一种新颖的原子约束和配位（ACC）策略可以实现碳纳米管上负载稀土（Er）单原子且该单原子的分散密度可调，实验结果和密度泛函理论计算揭示了单个 Er 原子在促进光催化 CO_2 还原中的关键作用[138]。

3.3.2　光致变色材料

智能化社会发展的基础是智能材料和先进的科学技术，智能材料已经成为 21 世纪新材料领域中非常重要的一类功能材料。光致变色材料作为智能材料的一种，其独特的光诱导反应和优越的光响应可逆性，在自显影全息记录照相、光信息存储元件、光温度传感器、发光开关、装饰以及防伪材料等方面拥有广阔的应用前景[139]。

随着电子信息技术的不断发展，各种电子器件不断趋于小型化、智能化和多功能化，开发多功能电子材料已经成为一个重要的研究方向，如铁电光致变色材料能够实现光致变色性能与铁电性能耦合的多功能特性。如何在提高光致变色材料光致变色性能的基础上进一步开发其多功能性，扩大光致变色材料的应用范围，已经成为光致变色材料发展和研究的一个重大挑战[139]。无机光致变色原理可应用于光致变色材料的荧光调制和光存储应用，也可以将光致变色现象与光温度传感特性结合在同一种材料中，这些都为光致变色材料的多功能化扩展了道路。

1. 基本概念

物质 A 在某一特定波长的光照下会进行特定的化学或者物理反应变为产物 B，与此同时其可见光区域的吸收光谱也发生相应变化，物质的颜色随之改变；在另一波长的光照射或者加热作用下，物质的颜色又能回到 A 的状态[140]。也就是说某种物质在两种不同颜色之间的可逆变化，并且其中至少有一个方向的变化是由于光辐照引发的，这种现象称为光致变色现象，能够产生这种变化过程的材料称为光致变色材料。光致变色过程经常会同时产生折射率、溶解度、氧化还原电势以及分子结构的改变，该过程可用下式表示[139]：

$$A \underset{h\nu 2\text{或}\triangle}{\overset{h\nu 1}{\rightleftarrows}} B$$

式中，A 和 B 代表物质变色前后的两种不同状态；$h\nu 1$ 和 $h\nu 2$ 代表两种不同的波长；△代表加热。

作为光致变色材料需要满足以下几个条件：①A 和 B 在变色前后的状态都可以稳定存在。②变色前后 A 和 B 的颜色存在明显的差异。③光致变色过程必须可逆。

2. 发展和现状

1852 年，Stocks 总结了关于光致发光的重要规律：发射光波长恒大于激发光波长，这就是著名的斯托克斯定律，此后发光材料的研究日益增多。在 19 世纪末至 20 世纪初，伦琴发现 X 射线，贝克勒在对硫酸钾铀的研究中发现了核辐射，X 射线和天然放射性成为物理学的两个重大发现。此后，爱因斯坦通过光电方程将光的波动性和粒子性联系了起来，波尔又提出了原子结构的量子理论，为发光物理提供了坚实的理论基础[141]。今天，发光材料是通信卫星、生物分子探针、光学计算机和航空航天等多个高科技领域必不可少的功能材料，具有重要的战略意义[142,143]。

1867 年，Firtzsche 最早发现并观察到了材料的光致变色现象，他发现并四苯基溶液在日光和黑暗两种环境下有从无色到橙色的转变。1876 年，Meer 等发现原本黄色的二硝基乙烷钾盐在太阳光照射下变为了红色。1881 年，Phipson 等也发现了一种锌燃料在日光和夜晚状态下的变色行为。19 世纪末，Mackwald 在苯并-1-(1,5)二氮杂萘固体中发现了变色可逆的现象，由于受当时科研条件的限制，将这种现象定义为一种“光色互补”的物理现象。直到 1958 年，Hirsherg 率先提出了光致变色概念，并用 Photochromic 正式定义了这种光致变色现象。随之提出的还有一种基于光致变色材料的着色和脱色的循环化学记忆模型，这种模型在光信息存储方面有巨大应用价值。1978 年，Heller 发表的文章表明光致变色材料的耐热性和耐疲劳性较好，可以更好地应用在光学信息存储方面。1988 年，Irie 设计并合成了二芳基乙烯，这是一种新型的光致变色材料。20 世纪 80 年代末，Rentzepis 等在 *Science* 杂志上发表了光致变色材料可以制备三维光学记忆存储器件的文章，这一重大发现引起了科学家们的广泛关注。20 世纪 90 年代后，Robert Kostecki 等在试验中偶然发现了一种低成本的变色材料，具体组成是在两层玻璃中的 $Ni(OH)_2$ 中夹着一层 TiO_2 薄膜的三明治结构，当给它施加电流时玻璃变为不透明状态，而经过阳光照射后，这种玻璃也能发生颜色变化，这说明它兼具光致变色和电致变色两种特性。1993 年，在法国召开了第一届有机光致变色材料和材料科学国际学术会议，科学家们在会上宣告了“光致变色和材料科学”学科的诞生。一百多年来，光致变色材料因为其优异的物理和化学性能，始终是人们的研究热点[144-152]。

20 世纪 80 年代，我国开始开展了光致变色材料的探索，在光致变色材料的加工制备和实际应用等方面取得了重大的成就，如南开大学合成了上百种有机光致变色材料，申请了多项专利，还开发了相应的变色涂料和变色纺织品[153]。山东大学研究团队[154]深入研究了 WO_3 材料，合成了 WO_3 纤维并成功应用于纺织物中。

3. 主要类型

1）有机光致变色材料

作为最早被研究的光致变色材料，有机光致变色材料由于其光响应速度快、可修饰性好、颜色丰富等优点一直受到极大的关注和研究。有机光致变色材料的种类有很多，如螺吡喃、邻羟基苯甲酸、二芳基乙烯类、俘精酸酐类和芳香稠环化合物等[155]，其中二芳基乙烯和俘精酸酐类化合物因为具有光致变色的热不可逆性质，成为光学存储器、光学开关设备及显示器中的理想材料[156,157]；螺吡喃作为最早研究的有机光致变色材料现在智能药物的输运和可控释放领域具有极好的应用前景[158]。有机光致变色材料的变色机理也有很多，主要包括氧化还原反应、顺反异构、质子转移、键的均裂异裂、酸质变色、稠环反应等等[159]。虽然有机光致变色材料得到了极大的发展，但是由于有机分子热稳定性不高，合成成本高，环境毒性等原因，一直难以大量实际应用。

2）无机光致变色材料

和有机光致变色材料相比，无机光致变色材料具有热稳定性高、长期稳定性好、抗氧化能力强、抗疲劳性能好、宏观可控易成型等优点，是目前最适宜用于光存储器件的材料，基于无机固态材料的发光开关的结构和设计对于三维全息图形存储器的实际应用仍然是不可或缺的。无机光致变色材料在高密度信息存储装置、光转换材料和器件领域潜在的应用前景，使得越来越多的科学家投身于高效固态无机光致变色材料的开发工作中[160]。无机光致变色材料很多，主要包括以下几类：

A. 过渡金属氧化物

主要包括 WO_3，MoO_3，TiO_2 等，它们在光信息存储、光致变色伪装材料和可复写纸等领域有着极大的应用价值。自 20 世纪 70 年代 Deb 首次发现 WO_3 具有光致变色现象，WO_3 便成为研究应用最多的无机光致变色材料[161]。MoO_3 在太阳光辐照下会从白色变为蓝色[162]。处于分散状态的 TiO_2 暴露在太阳光下会变为蓝色[163]，并且无论是何种相结构的 TiO_2，受紫外光辐射时均会出现变色反应。遗憾的是只有少数过渡金属氧化物对可见光敏感，而且可逆性很差。

B. 多金属氧酸盐

多金属氧酸盐简称多酸，作为一类多核配合物可以分为同多酸配合物和杂多酸配合物。多酸的研究最早在 1826 年，Berzerius 成功地合成了世界上第一个杂多金属氧酸盐 12-钼磷酸铵（$(NH_4)_3PMo_{12}O_{40}\cdot nH_2O$）粉末样品[164]。多酸化合物一般都具有一定的氧化还原活性，并且可以保持光致变色反应中结构的完整性。多金属氧酸盐的光致变色多是因为价带间的电荷转移所致。

C. 金属卤化物

金属卤化物包括碘化钙和碘化汞混合晶体、氯化铜、氯化银等，都具有一定的光致变色能力。因为其种类多样化，相应的变色机理也不同，如镧系离子掺杂的氟化钙，光致变色机理为金属离子变价。卤化铜光致变色玻璃的变色机理则是卤化亚铜自身氧化还原的胶体暗化过程。

D. 稀土掺杂光致变色材料

近年来，一些新的粉末状的稀土掺杂材料出现在了人们的视野中，如 $BaMgSiO_4$: Eu^{2+}，Sr_2SnO_4：Eu^{3+}，$CaAl_2O_4$：Eu^{2+},Nd^{3+}，$Ba_5(PO_4)_3Cl$：Eu^{2+}以及稀土掺杂的铁电氧化物材料等光致变色材料[165–168]。这些材料的光致变色性能较好，变色后颜色丰富，但是相关研究大多停留在变色性能的表征和描述，未对光致变色机理深入解析，更没有进一步的应用研究。

E. 稀土掺杂铁电氧化物光致变色材料

稀土原子或离子的电子结构中有未填满的 4f 壳层，光谱中能观察到约三万条谱线，几乎涵盖了整个固体发光的范畴[169]。稀土发光材料的发光性能不仅与作为发光中心的稀土离子有关还和基质材料所提供的晶体场环境有关。稀土离子掺杂的基质材料不同，稀土离子所处的环境（如基质材料中杂质和缺陷的种类、晶体场配位的对称性等）就会有所差别，稀土离子在晶体场中受到的作用也会不尽相同，进而影响到稀土发光材料的发光性能。由于稀土元素的特殊性，稀土发光材料具有色纯度高、光吸收能力强、转化效率高、发射波长分布区域宽、发光量子效率高、荧光寿命长、物理和化学性质稳定等优点[170]。

铁电材料因为兼具铁电性、压电性、介电性、热释电性、电光性等电学性能一直是在微电子和光电器件领域中最具有价值的多功能材料之一，其中在非易失性铁电随机存储器、微型传感器、微型驱动器、集成电容器和电光调制器上的应用最引人关注[171]。在含铅材料、稀土掺杂铋层状材料和无铅钙钛矿材料等铁电材料中研究最多的是无铅钙钛矿材料，尤其是稀土掺杂的无铅钙钛矿材料[172]。稀土掺杂铁电多功能材料可以分为钛酸钡基体系、钛酸铋钠基体系、铌酸钾钠基体系、铋层状结构体系。

钛酸钡基体系：钛酸钡（BT）作为最早的压电陶瓷体系，其研究与发展均比较成熟，而且已经实现大规模化生产用于制备压电振子等电子器件。但是BT只具有中等的压电性能(其压电常数d_{33}约为190 pC/N、机电耦合系数k_p约为0.36)，居里温度也比较低(～120 ℃)[173]。Pr，Er，Eu，Gd，Dy等稀土元素单独或几种共掺杂BT后，不仅提高了铁电性能，发光现象也较为显著，在同一材料中表现的两种性能是否有关联成了值得研究的课题。2008年，在对钛酸钙体系的研制中，人们发现Pr掺杂的$Ba_{0.77}Ca_{0.23}TiO_3$铁电陶瓷的发光性能对极化和相转变都极为敏感[174]。2013年，在陶瓷表面镀上ITO玻璃电极中，发现Pr掺杂的$BaTiO_3$-$CaTiO_3$体系的光致发光性能在极化后有较大增强[175]。

钛酸铋钠基体系：1961年，Smolenskii[176]首次发现了一种A位复合型的弛豫型铁电体钛酸铋钠$(Bi_{0.5}Na_{0.5})TiO_3$(BNT)，BNT的铁电性能优异(剩余极化强度Pr约为38 μC/cm^2)、机电性能良好(k_p为～50%)、去极化温度(～200℃)和居里温度(T_c约为320℃)较高，是最有希望取代铅基铁电材料的候选材料之一。近年来在对稀土掺杂BNT的研究中，人们还发现Pr掺杂BNT铁电陶瓷具有较强发光性能的同时也提高了其铁电性能[177]。此外，剩余极化可以极大地增强Pr掺杂BNT陶瓷的光致发光强度[178]。

铌酸钾钠基体系：铁电体$KNbO_3$和反铁电体$NaNbO_3$以一定比例形成的固溶体铌酸钾钠($K_{1-x}Na_xNbO_3$，KNN)也是一种具有钙钛矿结构的无铅铁电陶瓷材料。KNN具有较高的居里温度以及可调控的多晶型相界，是铁电材料中十分具有代表性且被寄予厚望的一种材料。KNN材料体系的研究相对于BNT和BT起步较晚，直到2004年日本科学家制备出可以与传统PZT基陶瓷性能相媲美的织构型KNN陶瓷材料后，KNN体系才成为压电材料领域不可缺少的一个研究方向[179]。2012年报道了一系列稀土掺杂的KNN陶瓷[180]，它们不仅有较强的发射强度，而且具备很好的铁电发光多功能性。

铋层状结构体系：1949年，Aurivillius最早发现了一类含Bi层状结构化合物，化学表达通式为$(Bi_2O_2)^{2+}(A_{m-1}B_mO_{3m+1})^{2-}$，该化合物是由二维的钙钛矿结构与$(Bi_2O_2)^{2+}$层规则交替排列而成，其中，A可以为Sr，Ba，Bi，Na，K以及稀土元素等，配位数为12，B为Ti，Ta，Nb，W，Fe，Co，Cr等适合于八面体配位的离子，m表示夹在铋层状结构之间的钙钛矿层数。该体系化合物具有居里温度高(一般500℃)、介电击穿强度大、介电常数低(ε_r 100～200)、介电损耗低、机械品质因数高(2000～7200)以及老化特性好等特点，更适合应用于高温高频领域[181]。但是采用传统电子陶瓷工艺制得的铋层状压电陶瓷烧结温度高且致密性低，因此难以获得高压电活性的陶瓷体。在铋层状结构中稀土离子的掺杂量可以比较大，有学者曾经研究了一系列稀土离子掺杂各种铋层状陶瓷[182,183]，都表现出了较高铁电性能和显著的光致发光现象，它们的温度传感性能可以在一定范围内应用于发光温度传感器。

稀土掺杂的无铅钙钛矿材料之所以受到如此广泛的研究，一方面是因为稀土离子可以改善铁电材料的电学性能，另一方面，稀土的引入使材料具有了发光性能，由此可以应用到发光铁电器件中[184]。进一步通过控制稀土的掺杂，还能调控光致变色材料的发光行为和光存储特性。

稀土掺杂的铁电氧化物$Na_{0.5}Bi_{2.5}Nb_2O_9$(NBN)，$K_{0.5}Na_{0.5}NbO_3$(KNN)和$(Bi_{0.5}Na_{0.5})TiO_3$(BNT)等不但具有优异的光致变色性能，还具有很好的荧光反转特性[185–187]。由于铁电体具有特殊的压电响应特性，通过外加电场或电场极化可以改变晶体的对称性来调节铁电体的发光，在光存储领域的无损读出方面具有很高的应用价值。

（王　静　严　密　邓人仁　杨　莹　闫慧忠）

参考文献

［1］李巍. 稀土与过渡族离子掺杂尖晶石系氧化物微晶玻璃的制备及发光特性[D]. 福州：福州大学, 2017

［2］张子栋. 金属-电介质体系的双负性质及调控[D]. 济南：山东大学, 2013

［3］高飞. 特殊形貌稀土掺杂二氧化硅发光材料的制备与发光性能研究[D]. 长春：吉林大学, 2014

［4］刘倩. 功能材料的制备与表征[D]. 济南：山东师范大学, 2010

［5］罗遵度, 黄艺东. 固体激光材料光谱物理学[M]. 福州：福建科学技术出版社, 2003

［6］范永宾. 新型肛肠半导体激光康复治疗机的设计[D]. 北京：北京理工大学, 2015

［7］陈辉. 激光焊接关键技术的研究[D]. 济南：山东大学, 2012

［8］朱巧芬. 一维非线性光子晶体器件的设计研究[D]. 北京：首都师范大学, 2007

［9］刘智勇. 铌酸钾钠基介电材料的微结构与性能调控[D]. 西安：西北工业大学, 2017

［10］章守一. 热等静压制备铽铝石榴石（TAG）透明陶瓷[D]. 徐州：江苏师范大学, 2018

［11］冯一兵, 冀晓群. 声光器件及其在大学物理实验中的应用[J]. 实验室科学, 2007, (06): 158-160

［12］洪广言. 稀土光学功能材料——值得延伸的稀土产业[J]. 稀土信息, 2007, (01): 21-24

［13］LiangH B,TaoY, ZengQ H, et al. The optical spectroscopic properties of rare earth-activated barium orthophosphage in WUW-Vis range[J]. Materials Research Bulletin, 2003, 38: 797-805

［14］洪广言. 稀土发光材料的研究进展[J]. 人工晶体学报, 2015, 44(10): 2641-2651

［15］沈雷军, 乔鑫, 王忠志. 稀土发光材料技术现状及展望[J]. 稀土信息, 2019(4): 10-14

［16］张霞, 陈晓霞, 刘荣辉, 等. 照明及显示用稀土发光材料[J]. 金属功能材料, 2019(5): 8

［17］洪广言. 稀土发光材料-基础与应用[M]. 北京：科学出版社, 2011

［18］刘苏, 王月影, 孙燕. 稀土发光材料的研究进程与展望[J]. 西部皮革, 2016, 38(18): 17

［19］Lister G G, Lawler J E, Lapatovich W P, et al. The physics of discharge lamps[J]. Reviews of Modern Physics, 2004(2): 76

［20］刘荣辉, 黄小卫, 何华强, 等. 稀土发光材料技术和市场现状及展望[J]. 中国稀土学报, 2012, 30(3): 8

［21］Ye X, Zhuang W, Hu Y, et al. Preparation, characterization, and optical properties of nano- and submicron-sized Y_2O_3: Eu^{3+} phosphors[J]. Journal of Applied Physics, 2009, 105(6): 12

［22］Sommerdijk J L, Verstegen J M P J. Concentration dependence of the Ce^{3+} and Tb^{3+} luminescence of $Ce_{1-x}Tb_xMgAl_{11}O_{19}$[J]. Journal of Luminescence, 1974, 9(5): 415-419

［23］Verstegen J M P J. Luminescence of Mn^{2+} in $SrGa_{12}O_{19}$, $LaMgGa_{11}O_{19}$, and $BaGa_{12}O_{19}$[J]. Journal of Solid State Chemistry, 1973, 7(4): 468-473

［24］J. R. 柯顿, A. M. 马斯登, 柯顿, 等. 光源与照明[M]. 陈大华, 等译. 上海：复旦大学出版社, 2000

［25］姜青松, 王海波, 朱月华. 金属卤化物灯及其发光材料的研究进展[J]. 中国照明电器, 2013(10): 1-5

［26］陈育明, 刘洋. 金属卤化物灯的现状及研究进展[J]. 中国照明电器, 2011, (04): 1-5

［27］Thakre D S, Omanwar S K, Muthal P L, et al. UV-emitting phosphors: synthesis, photoluminescence and applications[J]. Physic Status Solids A: Applied Research, 2004, 211(2): 574-581

[28] 杨庆华, 唐永波, 王海波, 等. 紫外发射荧光粉的合成及应用[J]. 中国照明电器, 2006(4): 5-8
[29] Zorenko Y, Gorbrnko V, Savchvn V, et al. Novel UV-emitting single crystalline film phosphors grown by LPE method [J]. Radiation Measurements, 2010, 45(3-6): 444-448
[30] Haitz R, Tsao J Y. Solid-state lighting: 'The case'10 years after and future prospects[J]. Physica Status Solidi A, 2011, 208(1): 17-29
[31] Ryu H-Y. Modification of internal quantum efficiency and efficiency droop in GaN-based flip-chip light-emitting diodes via the Purcell effect [J]. Optics Express, 2015, 23(19): 1157-1166
[32] Ryu H Y, Shim J I. Effect of current spreading on the efficiency droop ofInGaNlightemitting diodes [J]. Optics Express, 2011, 19(4): 2886-2894
[33] Oh J H, Yang S J, Do Y R. Healthy, natural, efficient and tunable lighting: Four-package white LEDs for optimizing the circadian effect, color quality and vision performance [J]. Light-Science & Applications, 2014, 3: e141
[34] Wang T, Liu Y H, Lee Y B, et al. 1 mW AlInGaN-based ultraviolet light-emitting diode with an emission wavelength of 348 nm grown on sapphire substrate [J]. Applied Physics Letters, 2002, 81(14): 2508-2510
[35] Watanabe S, Yamada N, Nagashima M, et al. Internal quantum efficiency of highlyefficient $In_xGa_{1-x}N$-based near-ultraviolet light-emitting diodes [J]. Applied Physics Letters, 2003, 83(24): 4906
[36] Blasse G, Bril A. Investigation of Some Ce^{3+}-Activated Phosphors[J]. Journal of Chemical Physics, 1967, 47(12): 5139-5145
[37] Shao L M, Jing X P. Energy transfer and luminescent properties of Ce^{3+}, Cr^{3+} co-doped $Y_3Al_5O_{12}$[J]. Journal of Luminescence, 2011, 131(6): 1216-1221
[38] Piao X, Horikawa T, Hanzawa H, et al. Characterization and luminescence properties of $Sr_2Si_5N_8$: Eu^{2+} phosphor for white light-emitting-diode illumination[J]. Applied Physics Letters, 2006, (16): 88
[39] Xie R J, Hirosaki N , Suehiro T, et al. A simple, efficient synthetic route to $Sr_2Si_5N_8$: Eu^{2+}-based red phosphors for white light-emitting diodes[J]. Chemistry of Materials, 2006, 18(23): 5578-5583
[40] Piao X, Machida K I, Horikawa T, et al. Preparation of $CaAlSiN_3$: Eu^{2+} phosphors by the self-propagating high-temperature synthesis and their luminescent properties[J]. Chemistry of Materials, 2007, 19(18): 4592-4599
[41] Yang Y, Zhao Y, Chen J, et al. Synthesis of $CaAlSiN_3$: Eu^{2+} nitride phosphors from entire oxides raw materials and their photoluminescent properties[J]. Journal of Materials Science Materials in Electronics, 2017, 28(1): 715-720
[42] Cho J, Schubert E F, Kim J K. Efficiency droop in light-emitting diodes: Challenges and countermeasures [J]. Laser&Photonics Reviews, 2013, 7(3): 408-421
[43] Maiman T H. Simulated optical radiation in ruby[J]. Nature, 1960, 187: 493-494
[44] Maiman T H. Optical and microwave-optical experiments in ruby[J]. Physical Review Letters, 1960, 4(11): 564-566
[45] Tanabe S, Fujita S, Yoshihara S, et al. YAG glass-ceramic phosphor for white LED (II): luminescent characteristics [J]. Proc SPIE, 2005, 5941: 594112
[46] Ferguson I T, Shunsuke F, Carrano J C. YAG glass-ceramic phosphor for whiteLED (I): background and

development [J]. Optics & Photonics International Society for Optics and Photonics, 2005, 5941: 594111

[47] Zhu Q Q, Wang X J, Wang L, et al. β-Sialon: Eu phosphor-in-glass: a robust green color converter for high power blue laser lighting[J]. Journal of Materials Chemistry C, 2015, 3(41): 10761-10766

[48] Zhu Q Q, Xu X, Wang L, et al. A robust red-emitting phosphor-in-glass (PiG) for use in white lighting sources pumped by blue laser diodes[J]. Journal of Alloys and Compounds, 2017, 702: 193-198

[49] Cantore M, Pfaff N, Farrell R M, et al. High luminous flux from single crystal phosphorconverted laser-based white lighting system[J]. Optics Express, 2015, 24(2): A215

[50] Park K W, Lim S G, Deressa G, et al. High power and temperature luminescence of $Y_3Al_5O_{12}$: Ce^{3+} bulky and pulverized single crystal phosphors by a floating-zone method[J]. Journal of Luminescence, 2015, 168: 334-338

[51] Balci M H, Fan C, Cunbul A B, et al. Comparative study of blue laser diode driven ceriumdoped single crystal phosphors in application of high-power lighting and display technologies[J]. Optical Review, 2017, 25(10): 1-9

[52] Ikesue A, Kinoshita T, Kamata K, et al. Fabrication and optical properties of high-performance polycrystalline Nd: YAG ceramics for solid-state lasers[J]. Journal of the American Ceramic Society, 1995, 78(4): 1033-1040

[53] Nishiura S, Tanabe S, Fujioka K, et al. Properties of transparent Ce: YAG ceramic phosphors for white LED [J]. Optical Materials, 2011, 33, 688-6915

[54] Tang Y, Zhou S, Chen C, et al. Composite phase ceramic phosphor of Al_2O_3-Ce: YAG for high efficiency light emitting[J]. Optics Express, 2015, 23(14): 17923-17928

[55] Li S X, Zhu Q Q, Wang L, et al. $CaAlSiN_3$: Eu^{2+} translucent ceramic: A promising robust and efficient red color converter for solid state laser displays and lighting[J]. Journal of Materials Chemistry C, 2016, 4(35): 8197-8205

[56] Yoshimura K, Annen K, Fukunaga H, et al. Optical properties of solid-state laser lightingdevices using SiAlON phosphor-glass composite films as wavelength converters[J]. Japanese Journal of Applied Physics, 2016, 55(4): 042102

[57] Park J, Kim J, Kwon H. Phosphor-aluminum composite for energy recycling with high-power white lighting[J]. Advanced Optical Materials, 2017, 5(19): 1700347

[58] Zheng P, Li S, Wang L, et al. Unique color converter architecture enabling phosphor-inglass(PiG) films suitable for high-power and high-luminance laser-driven white lighting[J]. ACS Applied Materials & Interfaces, 2018, 10(17): 14930-14940

[59] 魏然. 激光照明与显示用荧光玻璃薄膜的光学特性研究[D]. 杭州: 中国计量大学, 2020

[60] 李晓东. 稀土掺杂长余辉发光材料的制备及性能研究[D]. 保定: 河北大学, 2015

[61] Yamamoto H, Matsuzawa T. Mechanism of long phosphorescence $SrA1_2O_4$: Eu^{2+}, Dy^{3+} and $CaA1_2O_4$: Eu^{2+}, Nd^{3+}[J]. Journal of Luminescence, 1997, 72-74: 287-289

[62] 张天之, 苏锵, 王淑彬. $MA1_2O_4$: Eu, Re 长余辉发光性质的研究[J]. 发光学报, 1999, 20: 170-174

[63] Jorma H,Högne J,Mika L,et al. Persistent luminescence of Eu^{2+} doped alkaline earth aluminates,MAl_2O_4: Eu^{2+}[J]. Journal of Alloys & Compounds, 2001, 323-324: 326-330

[64] Palilla F C, Levine A K, Tamkus M R. Fluorescent properties of alkaline earth aluminates of the type MAl_2O_4 activated by divalent europium[J]. Journal of the Electrochemcal Society, 1968, 115(6): 642-644
[65] I0. C. Впанк. цлжирчкqсие k M p [M]. 1975, T22(B2): 263
[66] 于晶杰. 发光体 $SrAl_2O_4$: Eu^{2+},Dy^{3+}的助熔反应研究[D]. 大连: 大连理工大学, 2010
[67] Lin Y H, Tang Z L, Zhang Z T. Preparation of long-afterglow $Sr_4Al_{14}O_{25}$-based luminescent material and its optical properties[J]. Materials Letters, 2001, 51: 14-18
[68] Xiao Z G. The new photoluminescence material and dope. The identify data for expert [C]. Dalian Science Committee, 1993, 1, 18
[69] Wu H Y, Hu Y H, Wang Y H, et al. Synthesis of Eu^{2+} and Dy^{3+}codoped $Ba_2MgSi_2O_7$ phosphor for energy storage[J]. Application of Chemical Engineering, 2011, 236(1): 3028-3031
[70] Sahu I P, Bisen D P, Brahme N, et al. Luminescence properties of Eu^{2+}, Dy^{3+}-doped $Sr_2MgSi_2O_7$, and $Ca_2MgSi_2O_7$ phosphors by solid-state reaction method[J]. Research on Chemical Intermediates, 2015, 41(9): 6649-6664
[71] Li Y Q, Wang Y H, Gong Y, et al. Enhanced long-persistence of $Sr_2MgSi_2O_7$: Eu^{2+}, Dy^{3+} phosphors by codoping with Ce^{3+}[J]. Journal of the Electrochemical Society, 2009, 156(4): 77-80
[72] Dewangan P, Bisen D P, Brahme N, et al. Influence of Dy^{3+} concentration on spectroscopic behaviour of $Sr_3MgSi_2O_8$: Dy^{3+} phosphors[J]. Journal of Alloys and Compounds, 2020, 816: 152590
[73] Ma L, Wang D J, Zhang H M, et al. The origin of 505 nm-peaked photoluminescence from $Ba_3MgSi_2O_8$: Eu^{2+}, Mn^{2+} phosphor for white-light-emitting diodes[J]. Electrochemical and Solid State Letters, 2008, 11(2): 1-4
[74] Dewangan P, Bisen D P, Brahme N, et al. Structural characterization and luminescence properties of Dy^{3+} doped $Ca_3MgSi_2O_8$ phosphors[J]. Journal of Alloys and Compounds, 2019, 777: 423-433
[75] Cohen A J, Smith H L. Variable transmission silicate glasses sensitive to sunlight[J]. Science, 1962,137(3534): 981
[76]Matsuzawa T, Aoki Y, Takeuchi N, et al. A new long phosphorescent phosphor with high brightness, $SrAl_2O_4$: Eu^{2+},Dy^{3+}[J]. Journal of The Electrochemical Society, 1996, 143: 2670-2673
[77] 王智宇, 张福安, 郭晓瑞, 等. Tb^{3+}掺杂 ZnO-B_2O_3-SiO_2 玻璃长余辉发光机理[J]. 浙江大学学报(工学版), 2006(8): 1454-1457+1472
[78] Castaing V, Monteiro C, Sontakke A D, et al. Hexagonal $Sr_{1-x/2}Al_{2-x}Si_xO_4$: Eu^{2+},Dy^{3+} transparent ceramics with tuneable persistent luminescence properties[J]. Dalton Transactions, 2020, 49(46): 16849-16859
[79] 闫鹏飞. 精细化学品化学[M]. 北京: 化学工业出版社, 2004
[80] 王姝婷, 杨继凯. 稀土发光材料的发光机理及其应用[J]. 科技展望, 2015, 025(036): 132
[81] 余方以. 铕掺杂钼酸盐荧光粉的设计合成与发光特性[D]. 合肥: 中国科学技术大学, 2011
[82] 傅丹, 荆西平. 蓝色荧光粉光谱特征对 FED 性能影响的色度学模拟计算[J]. 发光学报, 2004(3): 320-324
[83] Shrader R E, Leverenz H W. Cathodoluminescence emission spectra of Zinc-Oxide phosphors[J]. Journal of the Optical Society of America, 1947, 37(11): 939-940
[84] Strel'tsov A V, Dmitrienko V P, Dmitrienko A O,et al. Modified submicron luminescent materials based on

the Y_2O_3: Eu and Y_2O_2S: Eu polycrystals for full-color video-imaging devices and light sources[J]. Journal of Communications Technology&Electronics, 2009, 54(4): 487-492
[85] 李岚, 张东, 熊光楠, 等. 蓝色低压阴极射线荧光粉 ZnS: Zn,Pb 的研究[J]. 发光学报, 1997(04): 14-16
[86] Mi-Gyeong K, Jung-Chul P, Dong-Kuk K. Low-voltage cathodoluminescence property of Li-doped $Gd_xY_{2-x}O_3$: Eu^{3+}[J]. Journal of Luminescence, 2003, 104: 215-221
[87] Shinobu F,Akira S,Toshio K. Ga-doping effects on electricaland luminescent properties of ZnO: (La,Eu)of red phosphors thin films[J]. Journal of Applied Physics,2003,94(4): 2411-2416
[88] 阮世平, 沈伟. 特色与创新两翼齐飞——对发展 VFD 之我见[J]. 世界产品与技术, 2000(04): 28-30
[89] 孙明涛. 等离子体显示器（PDP）用稀土蓝色荧光粉制备技术研究[D]. 南京: 东南大学, 2005
[90] Holonyak N, Bevacqua S F. Coherent (visible) light emission from $Ga(As_{1-x}P_x)$ junctions [J]. Applied Physics Letters, 1962, 1(4): 82-83
[91] 方志烈. 发光二极管材料与历史、现状和展望[J]. 物理, 2003, 32(5): 295-301
[92] 张阳. 白光 LED 用稀土钨酸盐荧光材料的合成及发光性能研究[D]. 大连: 大连理工大学, 2018
[93] 孙盛林. TFT-LCD 用背光源及其品质改善的研究[D]. 天津: 天津大学, 2007
[94] 陈瑞改. 大屏幕 CRT 投影显示中微腔荧光屏的研制[D]. 成都: 四川大学, 2007
[95] 王琼华. 投影管中高亮度高分辨率 YAG 荧光屏的研制[D]. 成都: 电子科技大学, 2002
[96] 朱林泉, 朱苏磊, 洪志刚. 大屏幕全彩色激光投影技术[J]. 应用基础与工程科学学报, 2004(04): 429-434
[97] 郭丽娜. X 射线成像探测的关键技术研究[D]. 成都: 电子科技大学, 2019
[98] 陈肖朴. 高光输出快衰减铈掺杂石榴石闪烁陶瓷的制备与性能研究[D]. 上海: 中国科学院大学(中国科学院上海硅酸盐研究所), 2021
[99] 赵婉雪. $BaBPO_5$ 中 Sm^{2+}还原与稳定性研究[D]. 苏州: 苏州大学, 2011
[100] 钱康. 铪酸锶闪烁陶瓷的制备及其性能研究[D]. 上海: 上海师范大学, 2019
[101] 曹茂庆. 新型氧化物闪烁陶瓷的制备与性能优化[D]. 上海: 上海应用技术大学, 2018
[102] 徐兰兰, 孙丛婷, 薛冬峰. 稀土晶体研究进展[J]. 中国稀土学报, 2018, 36(01): 1-17
[103] 艾自辉. 几种常用闪烁体耐γ辐照特性研究[D]. 绵阳: 中国工程物理研究院, 2009
[104] 王海银. YAG: Pr 新型优质稀土闪烁陶瓷粉体的制备及其性能研究[D]. 上海: 上海师范大学, 2020
[105] 赵翠兰. 伽玛射线成像探测技术研究[D]. 上海: 中国科学院研究生院（上海应用物理研究所）, 2016
[106] 李江, 陈肖朴, 寇华敏, 等. 石榴石闪烁材料的研究进展[J]. 硅酸盐学报, 2018, 46(1): 116-127
[107] Hofstadter R. The detection of Gamma-Rays with thallium-activated sodium iodide crystals[J]. Physical Review, 1949, 75(10): 1611
[108] Vansciver W, Hofstadter R. Scintillations in thallium-activated CaI_2 and CsI[J]. Physical Review, 1951, 84(5): 1062-1063
[109] Murray R B, Schenck J. Scintillation response of LiI(Eu) crystals to monoenergetic fast neutrons[J]. 1956
[110] 廖晶莹, 叶崇志, 杨培志. 锗酸铋闪烁晶体的研究综述[J]. 化学研究, 2004(4): 52-58
[111] 王红, 赵景泰, 徐家跃, 等. 辐照损伤后 BGO 闪烁晶体的微观力学性能分析［C］. 中国晶体学会第四届全国会员代表大会暨学术会议学术论文摘要集, 2008: 1
[112] 孙言. 化学共沉淀法合成钆镓铝石榴石闪烁材料及性能研究[D]. 宁波: 宁波大学, 2015

[113] 叶小玲, 施朝淑, 陆肖璞, 等. 稀土闪烁体 $PbWO_4$: Dy^{3+}的光谱特性[J]. 发光学报, 1998(03): 41-46
[114] 郑燕宁, 陈刚, 任绍霞. RE 元素对晶体闪烁性能的影响[J]. 人工晶体学报, 1997(Z1): 183
[115] 任国浩, 李焕英, 史坚, 等. 稀土卤化物闪烁晶体的研究进展［C］. 中国稀土学会 2017 学术年会摘要集, 2017: 1
[116] 陈婷. Ce: YAG 透明陶瓷的制备与性能表征[D]. 济南: 山东大学, 2010
[117] 张雅丽, 权纪亮, 刘纪岸, 等. Ce: LuAG 闪烁晶体的生长研究[J]. 人工晶体学报, 2022, 51(12): 2003-2008+2030
[118] 赵成功. 稀土金属硼磷酸盐的高温固相法合成与发光性能研究[D]. 青岛: 中国海洋大学, 2015
[119] 肖学峰, 徐家跃, 向卫东. 镥基闪烁晶体的研究进展[J]. 材料导报, 2017, 31(17): 12-19
[120] 李江, 丁继扬, 黄新友. 稀土离子掺杂 Gd_2O_2S 闪烁陶瓷的研究进展[J]. 无机材料学报, 2021, 36(08): 789-806
[121] 范灵聪. 铈掺杂硅酸镥多晶闪烁陶瓷的设计、制备及发光性能研究[D]. 上海: 上海大学, 2016
[122] 武彤, 王玲, 贺欢, 等. $Lu_3Al_5O_{12}$ 基闪烁陶瓷研究进展[J]. 发光学报, 2021, 42(07): 917-937
[123] 兰园钢. Eu^{2+}: CaF_2 透明陶瓷制备及闪烁性能研究[D]. 武汉: 武汉理工大学, 2020
[124] 巴学巍, 柏朝晖, 张希艳. 闪烁陶瓷材料的研究进展[J]. 材料导报, 2005(08): 25-27
[125] Hu C, Feng X, Li J,et al. Role of Y admixture in $(Lu_{1-x}Y_x)_3Al_5O_{12}$: Pr ceramic scintillators free of host luminescence[J]. Physical Review Applied, 2016, 6(6): 064026
[126] Liu S, Mares J A, Feng X, et al. Towards Bright and Fast $Lu_3Al_5O_{12}$: Ce,Mg Optical Ceramics Scintillators[J]. Advanced Optical Materials, 2016, 4(5): 731-739
[127]沈毅强, 石云, 潘裕柏, 等. 高光输出快衰减 Pr: $Lu_3Al_5O_{12}$ 闪烁陶瓷的制备和成像[J]. 无机材料学报, 2014, 29(05): 534-538
[128] 吉亚明, 蒋丹宇, 冯涛, 等. 透明陶瓷材料现状与发展[J]. 无机材料学报, 2004(2): 275-282
[129] Gorokhova E I, Demidenko V A, Eron'ko S B, et al. Spectrokinetic characteristics of Gd_2O_2S: Pr, Ce ceramics [J]. Journal of Optical Technology, 2006, 73(02): 130-137
[130] Yamada H, Suzuki A, Uchida Y,et al. A Scintillator Gd_2O_2S: Pr, Ce, F for X-Ray Computed Tomography [J]. Journal of the Electrochemical Society, 1989, 136(09): 2713-2716
[131] 陈积阳, 施鹰, 冯涛, 等. 闪烁陶瓷及其在医学 X-CT 上的应用[J]. 硅酸盐学报, 2004(07): 868-872
[132] 范灵聪, 施鹰, 谢建军. 多晶铈掺杂硅酸镥闪烁陶瓷的制备和发光性能[J]. 无机材料学报, 2018, 33(02): 237-244
[133] 潘宏明. 中子成像用 Gd_2O_2S: Tb 闪烁陶瓷的制备与性能研究[D]. 镇江: 江苏大学, 2020
[134] 万博. LYSO: Ce 闪烁晶体的本征辐射及发光行为研究[D]. 上海: 上海大学, 2022
[135] 李莉. 纳米 ZnO 的制备及其光催化性能研究[D]. 沈阳: 东北大学, 2012
[136] 马雨威. 缺陷态增强半导体光催化材料中电荷迁移及光催化性能的研究[D]. 北京: 北京科技大学, 2021
[137] 于亚辉. 镍基助催化剂/二维石墨相氮化碳复合材料的制备及其光催化降解罗丹明 B 性能的研究[D]. 镇江: 江苏大学, 2021
[138] QuS F, WangY, ChenT, et al. Rare-earth single erbium atoms for enhanced photocatalytic CO_2reduction[J]. Angewandte Chemie, 2020, 59(26): 10651-10657

[139] 朱彦. 稀土掺杂无机光致变色材料的荧光调制行为和光存储特性[D]. 包头: 内蒙古科技大学, 2021

[140] Bouas-Laurent H,DürrH. Organic photochromism (IUPAC Technical Report)[J]. Pure & Applied Chemistry, 2001, 73(4): 639-665

[141] 王芳. 稀土/过渡金属掺杂磷酸四钙荧光粉的制备及发光性质[D]. 天津: 天津理工大学, 2015

[142] 徐家跃. 发光材料及其新进展[J]. 无机材料学报, 2016, 31(10): 1009-1012

[143] 彭邦银, 许适当, 池振国, 等. 压致变色聚集诱导发光材料[J]. 化学进展, 2013, 25(11): 1805-1820

[144] Jawahar I N, Mohanan P, Sebastian M T. $A_5B_4O_{15}$, (A=Ba, Sr, Mg, Ca, Zn; B=Nb, Ta) microwave dielectric ceramics[J]. Materials Letters, 2003, 57(24): 4043-4048

[145] Marckwald W. UeberPhototropie[J]. Zeitschrift fur PhysikalischeChemie, 1899, 30(1): 140-145

[146] Fischer E, Hirshberg Y. Formation of colored forms of spirans by low temperature irradiation[J]. Journal of Chemical Society, 1952, 4522-4524

[147] Fischer E. Multiple reversible color changes initiated by irradiation at low temperature[J]. Journal of Chemical Physics, 1953, 21: 1619-1620

[148] Rakotomalala M R, Katz M K, Voisin E, et al. Photochromic benzo[g]quinoxalines[J]. Canadian Journal of Chemistry Revue Canadienne De Chimie, 2010, 89(3): 297-302

[149] 刘健. 稀土改性铌酸钾钠材料的光色效应及荧光反转特性[D]. 包头: 内蒙古科技大学, 2019

[150] Masahiro I, Masaaki M. Thermally irreversible photochromic systems. Reversible photocyclization of diarylethene derivatives[J]. Journal of Organic Chemistry, 1988, 53(4): 803-808

[151] Dimitri A P, Peter M R. Three-Dimensional Optical Storage Memory[J]. Science, 1989, 245(4920): 843-845

[152] Robert K, Frank M. Degradation of $LiNi_{0.8}Co_{0.2}O_2$ Cathode Surfaces in High-Power Lithium-Ion Batteries[J]. Electrochemical & Solid-State Letters, 2002, 5(7): A164

[153] 杨素华, 庞美丽, 孟继本. 双功能螺吡喃螺噁嗪类光致变色化合物研究进展[J]. 有机化学, 2011(11): 15-25

[154] 魏菁. 三氧化钨基光致变色纳米材料的制备及性质研究[D]. 济南: 山东大学, 2018

[155] 金玲. 光致变色微胶囊的制备及其应用研究[D]. 北京: 北京服装学院, 2009

[156] Akihiko T, Akira K, Hideki T, et al. Photochromism of heterocyclicfulgides. IV. relationship between chemical structure and photochromic performance[J]. Bulletin of the Chemical Society of Japan, 1993, 66(1): 330-333

[157] 龚涛, 冯嘉春, 韦玮, 等. 二芳基乙烯类化合物用作光开关的最新研究[J]. 化学进展, 2006, (6): 15-23

[158] 张国峰, 陈涛, 李冲, 等. 螺吡喃分子光开关[J]. 有机化学, 2013(5): 927-942

[159] 卢涛, 李象远. 细菌紫红质中氢键相互作用和质子转移机理的分子模拟[J]. 化学学报, 2008, 066(004): 433-436

[160] 李二元, 王秀峰, 伍媛婷, 等. 纳米氧化钨薄膜的制备及光致变色特性的研究进展[J]. 稀有金属材料与工程, 2009, 38(a01): 329-333

[161] He T, Yao J N. Photochromic materials based on tungsten oxide[J]. Journal of Materials Chemistry, 2007, 17(43): 4547-4557

[162] Yao J N, Hashimoto K, Fujishima A. Photochromism induced in an electrolytically pretreated MoO_3 thin

film by visible light[J]. Nature, 1992, 355(6361): 624-626

[163] Faughnan B W, Kiss Z J. Photoinduced reversible charge-transfer processes in transition-metal-doped single-crystal $SrTiO_3$ and TiO_2[J]. Physical Review Letters, 1968, 21(18): 1331-1334

[164] Toshihiro Y. Photo-and electrochromism of polyoxometalates and related materials[J]. Chemical Reviews, 1998, 98(1): 307-325

[165] Kamimura S, Yamada H, Xu C N. Purple photochromism in Sr_2SnO_4: Eu^{3+} with layered perovskite-related structure[J]. Applied Physics Letters, 2013, 102(3): 031110. 1-031110. 4

[166] Morito A. Blue-green light photochromism in europium doped $BaMgSiO_4$[J]. Applied Physics Letteres, 2010, 97(18): 1-3

[167] Ueda J, Shinoda T, Tanabe S. Photochromism and near-infrared persistent luminescence in Eu^{2+}-Nd^{3+}-co-doped $CaAl_2O_4$ ceramics[J]. Optical Materials Express, 2013, 3(6): 787-794

[168] Ju G F, Hu Y H, Chen L, et al. Photochromism of rare earth doped barium haloapatite[J]. Journal of Photochemistry & Photobiology A Chemistry, 2013, 251: 100-105

[169] Wang X D, Jiang R B, Pei D, et al. Fully relativestic identification of radiative spectra in Bi XV ions [J]. Journal of Atomic & Molecular Physics, 2007, 24(5): 961-966

[170] 章伟光. 稀土发光材料的开发与应用[J]. 贵州化工, 2001, 26(3): 36-38

[171]Galassi C, Roncari E, Capiani C, et al. Processing and characterization of high Qm ferroelectric ceramics[J]. Journal of the European Ceramic Society, 1999, 19(6): 1237-1241

[172] 彭春娥, 李敬锋. 无铅压电陶瓷材料的应用及研究进展[J]. 新材料产业, 2005, (3): 45-51

[173] Walter J M. The Electric and Optical Behavior of $BaTiO_3$ Single-Domain Crystals[J]. Physical Review, 1949, 76(8): 1221-1225

[174] Zhang P Z, Shen M R, Fang L, et al. Pr^{3+}photoluminescence in ferroelectric $Ba_{0.77}Ca_{0.23}TiO_3$ ceramics: Sensitive to polarization and phase transitions[J]. Applied Physicsletters, 2008, 92(22): 193-195

[175] Zou H, Peng D F, WuG H, et al. Polarization-induced enhancement of photoluminescence in Pr^{3+}doped ferroelectric diphase $BaTiO_3$-$CaTiO_3$ ceramics[J]. Journal of Applied Physics, 2013, 114(7): 073103. 1-073103. 5

[176] Smolenskii G A. New ferroelectrics of complex composition[J]. Soviet Physics-Solid State, 1961, 2(11): 2651-2654

[177] Sun H Q, Peng D F, Wang X S, et al. Strong red emission in Pr doped $(Bi_{0.5}Na_{0.5})TiO_3$ ferroelectric ceramics[J]. Journal of Applied Physics, 2011, 110(1): 016102-016103

[178] Tian X L, Wu Z, Jia Y M, et al. Remanent-polarization-induced enhancement of photoluminescence in Pr^{3+}-doped lead-free ferroelectric $Bi_{0.5}Na_{0.5}TiO_3$ ceramic[J]. Applied Physics Letters, 2013, 102(4): 042907

[179] Yasuyoshi S, Hisaaki T, Toshihiko T, et al. Lead-free piezoceramics[J]. Nature, 2004, 432(7013): 84-87

[180] Sun H Q, Peng D F, Wang X S, et al. Green and red emission for $(K_{0.5}Na_{0.5})NbO_3$: Pr ceramics[J]. Journal of Applied Physics, 2012, 111(4): 046102

[181] 晏海学, 李承恩, 周家光, 等. 高 Tc 铋层状压电陶瓷结构与性能[J]. 无机材料学报, 2000, 15(2): 209-220

[182] Peng D F, ZouH, XuC N, et al. Photoluminescent and dielectric characterizations of Pr doped $CaBi_2Nb_2O_9$ multifunctional ferroelectrics[J]. Ferroelectrics, 2013, 450(1): 113-120

[183] Peng D F, ZouH, XuC N, et al. Er doped $BaBi_4Ti_4O_{15}$ multifunctional ferroelectrics: Up-conversion photoluminescence, dielectric and ferroelectric properties[J]. Journal of Alloys & Compounds, 2013, 552: 463-468

[184] 梁璋. Er^{3+}离子掺杂铁电陶瓷荧光特征的研究[D]. 哈尔滨: 哈尔滨工业大学, 2017

[185] Zhang Q W, Zhang Y, Sun H Q, et al. Photoluminescence,photochromism, and reversible luminescence modulation behavior of Sm-doped $Na_{0.5}Bi_{2.5}Nb_2O_9$ ferroelectrics[J]. Journal of the European Ceramic Society, 2017, 37, 955-966

[186] Du P, Luo L H, Li W P, et al. Upconversion emission in Er-doped and Er/Yb codoped ferroelectric $Na_{0.5}Bi_{0.5}TiO_3$ and its temperature sensing application[J]. Journal of Applied Physics, 2014, 116(1): 1-6

[187] Zhang Y, Liu J, Sun H Q, et al. Reversible luminescence modulation of Ho doped $K_{0.5}Na_{0.5}NbO_3$ piezoelectrics with high luminescence contrast[J]. Journal of the American Ceramic Society, 2018, 101, 2305-2312

第4章

稀土催化材料

4.1 概　　述

稀土元素具有特殊的4f外层电子结构，包含7个价电子轨道，作为配位化合物的中心原子具有6～12配位数，这种特性造成了稀土金属原子具有“剩余的原子价”和稀土氧化物的快速储/放氧能力。因此，稀土基催化剂或助催化剂不仅具有优秀的催化活性，还表现出较高的抗老化能力和抗中毒能力。

20世纪60年代，美国美孚（Mobil）公司发明了稀土改性Y型分子筛替代无定形硅铝酸盐催化剂，引发了炼油工业的技术革命。稀土元素氧化物的储/放氧特性还拓宽了汽车尾气净化催化剂的操作窗口，成为尾气净化三效催化剂的关键成分。至今稀土元素已在石油催化裂化、机动车尾气净化、固定源脱硝和挥发性有机物净化、二氧化碳转化、污水净化等诸多领域得到应用。

4.2 石油裂化催化剂

4.2.1 催化裂化反应类型

催化裂化是一种重要的石油加工工艺，是重油轻质化和炼化一体化的主要手段，催化剂是其核心技术，稀土对催化剂性能的提升是革命性的，也是非常重要的。稀土在催化裂化催化剂中的用量占稀土消费总量的13%以上，而且比例逐年增加。

催化裂化炼油加工过程中，烃类分子在催化剂的作用下转化为液化气、汽油及柴油等重要化工原料及燃料油，在国民经济建设中发挥着重要作用。Y型分子筛的孔道结构和孔道大小对汽油馏程的烃类分子具有优异的筛分作用，因此在以汽油为目的的加工方案中，Y型分子筛催化裂化催化剂至关重要。一般来说，烃类分子在催化剂上发生的催化裂化反应包含多种化学反应，如烃类分子的裂化反应、异构化反应、芳构化反应、氢转移反应及生成焦炭的缩合反应等。

1. 裂化反应

烃类的催化裂化反应始于碳正离子，碳正离子这一概念于20世纪40年代提出，主要用于解释硅铝催化剂上烃类转化反应。碳正离子一般包含两类：一类为正碳离子，是一种带正电的碳氢化合物，在这种正碳离子中，正碳离子常常以 2 配位、3 配位形式存在；另外一类碳正离子为活泼反应中间体，在这种碳正离子中，碳正离子常常以 4 配位、5 配位形式存在。这两个概念可以很好地解释烃类裂化反应发生在分子筛催化剂的 Brønsted 酸位上[1,2]。

1）正碳离子反应

当烯烃分子吸附在分子筛质子酸位，或者当烷烃分子吸附在路易斯酸位时，首先生成一个 3 配位的正碳离子，根据位断裂规律，该正碳离子通过单分子反应生成一个较小的烯烃分子和正碳离子，或者与一个烃类分子通过双分子氢转移反应生成一个新的正碳离子和一个烃类分子，进而发生位断裂生成小的烯烃分子和正碳离子。在这一过程中，整个裂化反应的决速步是双分子氢转移反应，见图 4-1。

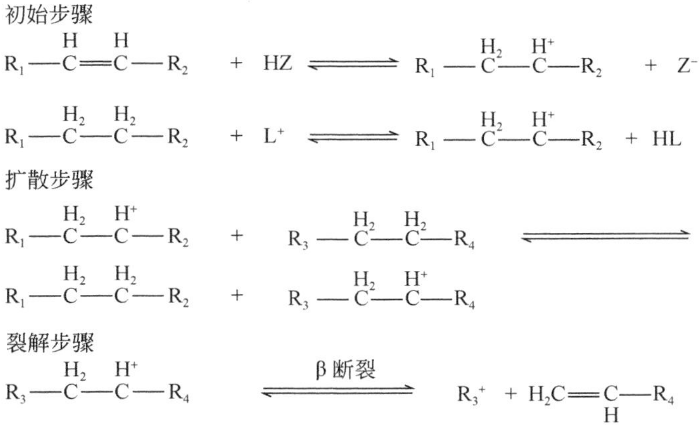

初始步骤

$$R_1—\overset{H}{C}=\overset{H}{C}—R_2 + HZ \rightleftharpoons R_1—\overset{H_2}{C}—\overset{H^+}{C}—R_2 + Z^-$$

$$R_1—\overset{H_2}{C}—\overset{H_2}{C}—R_2 + L^+ \rightleftharpoons R_1—\overset{H_2}{C}—\overset{H^+}{C}—R_2 + HL$$

扩散步骤

$$R_1—\overset{H_2}{C}—\overset{H^+}{C}—R_2 + R_3—\overset{H_2}{C}—\overset{H_2}{C}—R_4 \rightleftharpoons R_1—\overset{H_2}{C}—\overset{H_2}{C}—R_2 + R_3—\overset{H_2}{C}—\overset{H^+}{C}—R_4$$

裂解步骤

$$R_3—\overset{H_2}{C}—\overset{H^+}{C}—R_4 \xrightleftharpoons{\beta\text{断裂}} R_3^+ + H_2C=\underset{H}{C}—R_4$$

图 4-1　正碳离子反应

2）碳正离子反应

碳氢化合物分子遵从碳正离子在高温条件下的反应规律。在高温条件下，碳氢化合物分子在分子筛质子酸的作用下首先生成 5 配位碳正离子，碳正离子产生新的正碳离子和碳氢化合物分子，发生单分子位断裂反应，或产生新的正碳离子，如图 4-2 所示。当新的正碳离子生成后，反应仍遵循位断裂规律或双分子氢转移反应路线，使链式反应得以持续进行。

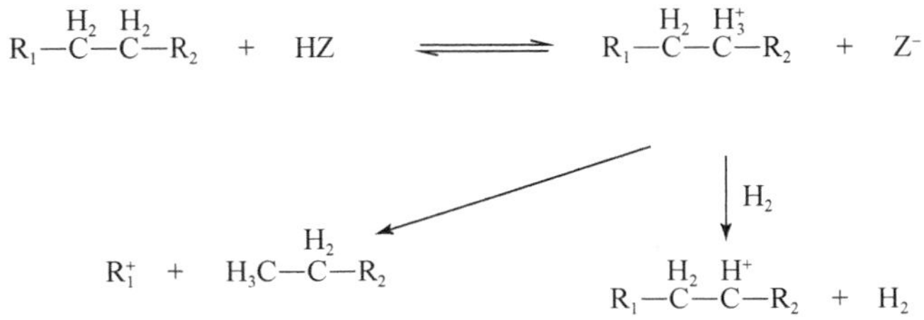

$$R_1—\overset{H_2}{C}—\overset{H_2}{C}—R_2 + HZ \rightleftharpoons R_1—\overset{H_2}{C}—\overset{H_3^+}{C}—R_2 + Z^-$$

$$\swarrow \qquad\qquad \downarrow H_2$$

$$R_1^+ + H_3C—\overset{H_2}{C}—R_2 \qquad\qquad R_1—\overset{H_2}{C}—\overset{H^+}{C}—R_2 + H_2$$

图 4-2　碳正离子反应

2. 氢转移反应

烃类分子裂化后会进一步通过分子内或分子间氢转移过程，发生双键异构、骨架异构、芳构化、成环以及缩聚等反应。每一种反应所需要的酸性强弱不尽相同，催化剂酸性不同，催化产物不同。图 4-3～图 4-6 是一些重要的二次反应。

$$R-\overset{H_2}{C}-\overset{H_2}{C}-\overset{H^+}{C}-CH_3 \rightleftharpoons R-\overset{H_2}{C}-\overset{CH_3}{\overset{|}{C^+}}-CH_3$$

图 4-3　骨架异构反应

$$H_3C-\overset{H^+}{C}-\overset{H_2}{C}-\overset{H_2}{C}-\overset{H_2}{C}-\underset{H}{C}=\underset{H}{C}-CH_3 \longrightarrow$$

CH_3, C^+, CH_3, H_2C, CH, H_2C, CH_2, $\underset{H_2}{C}$

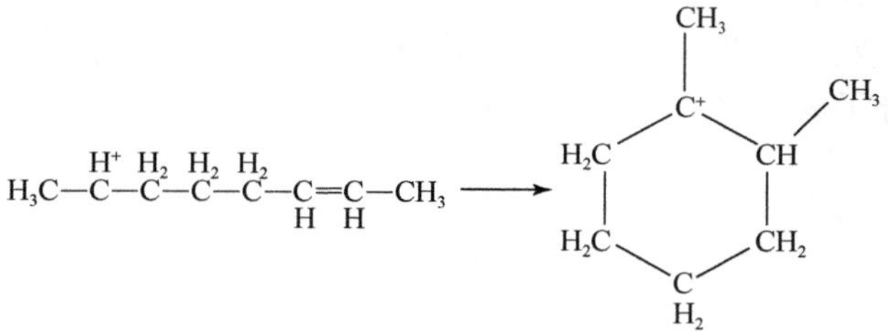

图 4-4　成环反应

$$3C_nH_{2n}+C_mH_{2m} \longrightarrow 3C_nH_{2n+2}+C_mH_{2m-6}$$

图 4-5　烯烃饱和反应

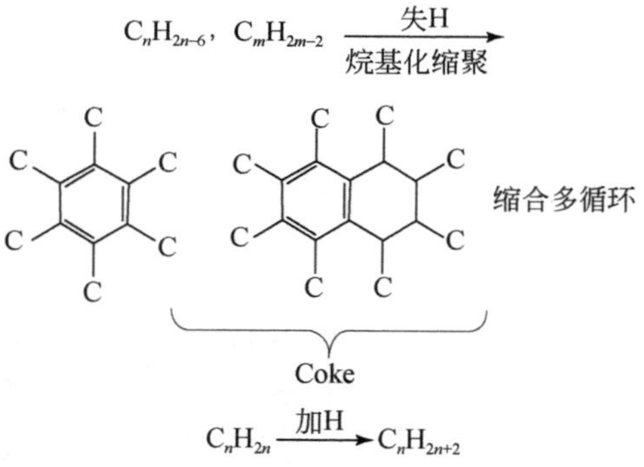

$$C_nH_{2n-6},\ C_mH_{2m-2} \xrightarrow[\text{烷基化缩聚}]{\text{失H}}$$

缩合多循环

Coke

$$C_nH_{2n} \xrightarrow{\text{加H}} C_nH_{2n+2}$$

图 4-6　生焦反应

4.2.2　催化裂化反应机理

随着 Y 型分子筛催化剂的出现，催化裂化工艺的反应器类型也发生了非常大的变化，由原来的固定床、移动床反应器逐渐发展为流化床反应器。在流化床反应器提升管反应器中，在高温催化剂的作用下，原料油的大分子转变成高附加值的产品，如液化气、汽油和柴油等。

1. 稀土的作用

炼油工业中催化裂化是龙头，所用的催化裂化（FCC）催化剂是核心。20 世纪 50 年代，催化裂化催化剂使用的是天然白土，后来采用无定形硅酸铝催化剂，至 20 世纪 60 年代后开始使用分子筛裂化催化剂，在这一发展过程中，稀土作为一个组分引入到催化剂中。稀土在分子筛催化剂中的应用最早始于 X 型分子筛，但后来研究开发出 Si/Al 摩尔比高的 Y 型分子筛，其水热稳定性和耐酸性更好，所以 X 型分子筛逐渐被 Y 型分子筛取代。在 Y 型分子筛中添加稀土元素可有效提高活性与稳定性，按照稀土量的不同和晶胞收缩大小的差异，多种类型的稀土改性 Y 型分子筛在 FCC 领域得到了广泛应用，成为 FCC 领域两大重要活性组分之一。在 FCC 催化剂中，工业上广泛应用的稀土元素为 La 和 Ce，多为三价阳离子，对分子筛有亲和力，易于交换。稀土元素改性对分子筛催化性能提升的反应机理研究已经非常深入，通常认为，稀土离子（RE^{3+}）通过离子交换进入 Y 型分子筛后会与其周围的 H_2O 分子产生络合作用，焙烧过程中由分子筛超笼迁移进β笼 I′位与分子筛骨架 O_2 和 O_3 相互作用，稳定了分子筛骨架结构，提高了分子筛的水热稳定性和活性，同时还保护了分子筛酸性中心，如图 4-7 所示[3]。

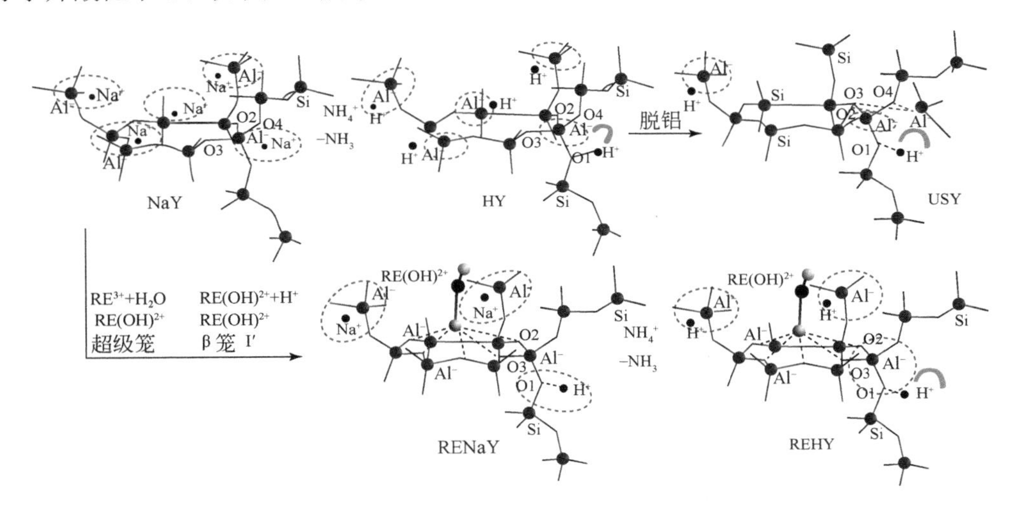

图 4-7　稀土离子调变稳定性和酸性的机理

稀土的另一个重要作用是提高抗重金属（特别是钒）污染的能力。在 FCC 反应过程中原料油中都含有钒、镍、铁、钙等重金属，而我国原料油普遍重金属含量较高，这与国外原料油明显不同，其中钒通常以有机钒的形式存在，与催化剂接触后，这种有机钒化合物会在催化剂表面沉积下来，使分子筛的结构受到破坏，严重损害催化剂的作用。大量研究发现，在催化剂上沉积的稀土氧化物可优先与钒反应生成能在再生温度下保持稳定的钒酸稀土，阻止钒破坏分子筛骨架结构，从而提高催化剂对重金属污染的抵抗力。进一步研究表明，在含量较低时，添加稀土元素可增强催化剂稳定性，但如果添加过量，会由于相变原因导致催化剂稳定性降低，因此开发催化剂要考虑适宜的稀土含量和种类。

2. 稀土分子筛中的离子交换规律

在较早时期，稀土在催化方面的研究工作主要围绕稀土对 Y 型分子筛的酸性稳定性影响以及稀土元素的迁移规律等内容展开。稀土离子在迁移时有非常多的离子形式，借助于能量，能够有效地将与分子筛笼视窗尺寸相匹配的稀土离子迁移到分子筛笼内。图 4-8 形象展示了分子筛窗口尺寸与稀土离子的匹配关系[4,5]。

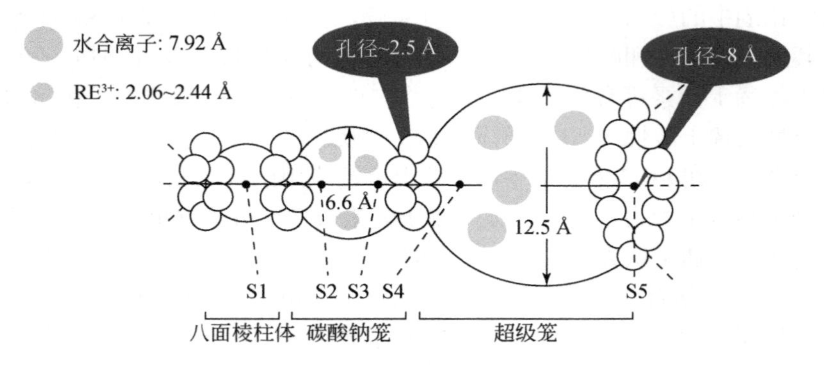

图 4-8　稀土离子与分子筛窗口尺寸匹配关系

克服迁移能垒后，在水汽氛围保护下，稀土离子以“裸离子”或 $RE(OH)^{2+}$形式动态存在，迁移至分子筛的方钠石笼中，阻抑铝向晶外迁移，并可保持固相补硅和脱铝同步，稳定分子筛结构、提高分子筛的结晶度[6]。

利用原位红外光谱技术和程序升温脱附同步质谱检测联用技术（TPD-MS）研究硫化物在 NaY、HY、CeY 和 RE-USY 分子筛上的吸附和催化转化行为，结果表明，稀土离子改性不会改变分子筛晶体的基本结构，但会降低分子筛强酸位的强度，形成弱 L 酸位，并促进氢转移反应[7]。随着稀土含量的提高，催化裂化产物中的轻油收率逐渐提高，油浆收率逐渐降低，汽油中的烯烃含量也会逐渐降低。

3. 稀土在催化裂化中的应用

虽然稀土在催化裂化领域的催化机理较为成熟，但是稀土离子在 Y 型分子筛上的吸附扩散行为及动力学研究，以及稀土引入到分子筛中后对催化剂结构性能的影响还需要深入研究。

稀土 Ce 离子引入分子筛中，除能抑制分子筛骨架脱铝、增强催化剂稳定性外，还能增加 B 酸的可接近性，说明适量地引入稀土离子对提高分子筛的酸催化活性有一定的好处。将稀土 Ce 离子改性后的大孔分子筛应用于 1,2,4-三甲苯的烷基化反应中，相比不添加稀土的分子筛，催化剂表现出极佳的稳定性和活性[8]。

另外有研究者制备了不同稀土含量的 Y 型分子筛（HY、USY 和 NaY），研究铈阳离子在 Y 型分子筛上吸附/脱附烃类分子（苯）过程中的作用机理与影响，结果表明，Ce 离子的添加降低了苯在 Y 分子筛上脱附活化能，并将吸附状态从聚合态改变为分散态，是 CeY 分子筛催化剂在流化催化裂化过程中获得轻质产品的重要因素[9]。

还有学者采用巨正则蒙特卡罗方法和分子动力学方法模拟正辛烷分子在稀土 Ce 改性 Y 分子筛上的吸附扩散过程，表明 Ce 离子在 Y 型分子筛上可以有效降低正辛烷的吸附势能，使更多的烃类分子有物理吸附倾向；同时，随着 Ce 离子含量的增加，正辛烷饱和吸附量在 Y 分子筛上都会发生变化，Ce 物种在高温条件下更显著地影响了正辛烷的扩散行为[10]。

上述研究证明了稀土离子在分子筛中的位置会对烃分子的吸附扩散行为产生影响，同时也表明稀土离子能显著改善分子筛性能。工业上目前广泛应用的稀土元素主要为镧和铈，其他稀土元素在催化裂化领域的应用研究近几年发展迅速。

通过比较镧、钕、钐、钆、镝等不同离子半径的稀土离子迁移后晶胞变化规律、水热稳定性差异及定位于分子筛后的酸性差异性发现，随着稀土离子半径的增大，氢转移反应指数升高，同时分子筛的活性也逐渐增强。另外随着稀土离子半径减小，分子筛结构稳定还会进一步加强，其中镧催化剂的分子筛拥有最高的崩塌温度，最高的氢转移指数，镧改性的分子筛 B 酸位也最多[11]。

比较离子半径比镧小的钇元素在水热稳定性、吸附行为、极化能等方面的差异性，钇元素有较高的转化能，吸附能力好，水热稳定性好[12]。比较正己烷在镧和钇催化剂上的吸附行为，钇表现出更好的水热稳定性和裂化活性，原因是其具有更强的极化作用和更强的烃分子吸附作用，如表 4-1 所示。表 4-2、表 4-3 列出了 GRACE 公司开发的含钇催化剂 Alcyon 和 ACHIEVE 的工业应用效果和性能优势。

表 4-1　镧和钇催化剂的正己烷吸附热力学数据

(La_2O_3/Z)/wt%		2.4%La_2O_3 催化剂	1.6%Y_2O_3 催化剂
CPS 自由金属老化	$\Delta_{ads}H$/(kJ/mol)	-44	-48
	$\Delta_{ads}S$/[J/(mol·K)]	-41	-102
CPS 含金属老化	$\Delta_{ads}H$/(kJ/mol)	-87	-50
	$\Delta_{ads}S$/[J/(mol·K)]	-93	-103

表 4-2　Alcyon 工业应用效果

条件	Alcyon（相对于基本情况）
进料速率	—
催化剂添加	—
进料温度	—
反应温度	-5.0 ℉(-20.6℃)
再生温度	9.0 ℉(-22.8℃)
循环量	-0.7 t/min
催化剂与油的比例	-0.4
湿气	-44
汽油	2.0Ⅳ%
轻质循环油	—
焦炭	—
转化率	0.3 wt%

表 4-3 ACHIEVE^{TM}催化剂的应用效果

	原始催化剂	ACHIEVE
焦炭/wt%	2.7	2.7
Cat 与机油的比例	6.9	6.4
转化率/wt%	76.0	77.4
H 产量	0.05	0.05
干气	1.0	1
丙烯	4.5	4.5
C3'S 合计	5.6	5.7
C4'S 合计	5.5	5.5
C4'S 合计	12.7	12.9
汽油	54.0	55.1
轻质循环油	17.2	16.9
底部	6.8	5.7

Aaron 等[13]对稀土在催化裂化领域的应用进行了详细的阐述，对分子筛的破坏和稀土元素捕捉重金属的机理进行了说明，指出稀土离子在抗重金属方面也扮演着重要的角色。例如，钒只有在水蒸气存在的条件下才会破坏分子筛结构，存在的镍会与钒发生相互作用，而稀土元素可以提高催化剂的抗镍钒性能[14]。研究不同形态稀土与钒物种间的高温固相反应过程发现，比起氧化态稀土单质更容易与钒发生反应生成钒酸稀土，且不同形态的稀土在催化剂中与钒物种的反应并无明显差异[15]。

采用新型路线制备的 REY 活性较常规 REY 提高 18%，ACE 评价结果显示由这种分子筛制备的催化剂转化率提高 1.6%，油浆收率降低 0.23%，总液体收率和轻收分别增加 1.01%和 0.55%[16]。采用晶粒为 200 nm 的 Y 制备成相应的催化剂后 B 酸均增加，正十六烷在不同温度下的反应结果表明稀土纳米 Y 具有更优异的性能[17]。将开发的稀土 Y 型分子筛与大孔活性基质结合，能够开发出选择性更好、抗重金属能力更强的催化剂。

4. 稀土在炼油助剂中的应用

为了应对日趋严苛的安全环保节能减排要求，在催化裂化过程中降低氨氮污染、硫化物减排、粉尘捕集等技术日益受到重视，相应的各种助燃剂、硫转移剂、脱硝剂的研究成为热点，稀土元素在其中发挥了重要作用。

以降烯烃催化剂 LBO-16 为主催化剂，在提升管反应器中对稀土催化裂化助燃剂 RE-反应性能进行评价：反应温度 500℃，时间 1.95 s，催化剂/原料油质量比 5.6，在 RE-助燃剂用量 3500×10^{-6} 的条件下，轻质油和总液收率分别提高 1.60%和 22%，汽油烯烃容量分提高 1.85%，转化率和研究法辛烷值变化不大，烟气中 CO 容量分降低 3.39%[18]。

镁铝尖晶石经 Ce 改性后用作减烯烃助剂，小型固定流化床的评价结果表明，助剂经 Ce 改性后的降烯烃活性比 Nb 改性高，在镁铝比为 1∶1 时加入 20% Ce 元素的助剂，可使烯烃体积分数降低 30%以上。用稀土元素钕和铯进行不同镁铝比改性的降烯烃液相助剂，镁铝摩尔比为 1.0 时降烯烃效果最好，助剂的降烯烃活性均得到提高[19]。

三效稀土 FCC 助剂 RE-Ⅱ作为脱 NO_x 的第二代助剂，在一定的反应条件下与 RE-Ⅰ的试用结果进行比较，新型助剂具有深度脱 NO_x 的能力，同时还具有 CO 氧化能力，解决了烟气中 NO_x 浓度始终高于国家排放标准的问题[20]。

助燃剂、脱硫助剂、降烯烃助剂的开发为装置灵活调变产品结构、解决环境污染问题发挥了重要作用，但在使用过程中，这些助剂也会面临重金属的污染和性能丧失等问题。

为了减少钒对降硫催化剂中裂化活性组元的破坏作用，研究含钒和稀土金属、碱土金属的复合氧化物对噻吩类硫化物的反应机理，结果显示，在钒的熔点下，砷、铵、镁分别与 $LaVO_4$、$CeVO_4$、MgV_2O_6 形成高熔点物质，但在稀土钒酸盐中引入镁，硫化物在 La-Mg-V 上的转化率显著提高，在催化剂中加入 10%La-Mg-V 时，汽油硫的质量分数降低了 67.2%，说明引入镁能增强硫化反应的活性[21]。

利用共沉淀法制备稀土掺杂钴基尖晶石型复合氧化物催化剂，在固定床微型反应器中对催化分解氮化物的性能进行评价，在减小稀土金属的粒径、增大比表面积、提高氧化还原性能、增强氮化物催化分解活性等方面发挥了重要作用[22]。

5. 废催化剂中回收稀土

FCC 装置在加工重劣质油的过程中，催化剂受到重金属等负载而失活，造成反应活性下降，必须将其卸出，国外有报道将 FCC 装置卸出的废 FCC 平衡剂用于炼高金属含量渣油的 RFCC 装置。也有研究将废 FCC 触媒用作水泥生产原料、铺装材料，或在沥青中掺入废料等。目前，废 FCC 催化剂的主要利用途径可分为三类：一是用作吸附剂吸附废水中的有害物质和金属离子；二是在白土中掺入精炼润滑油基础油和 FCC 柴油作吸附剂；三是取代部分白土用作吸附剂来精制石蜡。但无论哪种途径，将废催化剂中有用的稀土元素和铝元素加以回收利用是很重要的。目前稀土的回收利用有磁分离技术、酸处理-分离技术等等。

可以采用两步法从废催化剂中回收稀土元素。第一步用二(2-乙基)己基磷酸和磷酸三丁酯萃取稀土，La^{3+}、Ce^{3+}回收率分别达 72%、89%。第二步在正辛烷中用磷酸二异辛酯提纯稀土溶液，从而达到很高的稀土回收利用率，但是这种方法使用的萃取剂有很大的毒性并且对环境不友好[23]。

通过生物沥滤法从 FCC 废弃催化剂中提取稀土元素，葡萄秆中缺乏营养的细菌产生葡萄糖中的有机酸。影响因素包括搅动频率、含氧水平，通过调节葡萄糖浓度和营养的添加，生物浸出剂效果 56%，生物连续处理量可达 51%[24]。这种生物单元操作还可以营利，能量和碳的消耗来源于生物浸出剂，对环境友好，设计的回收路线如图 4-9 所示。

表 4-4 列出了每种组分所占的费用比例，对此项环保型回收稀土技术的经济效益测算结果如表 4-5 所示，表明循环回收工艺可获得 400 万美元的利润。

综上所述，FCC 催化剂中使用的稀土多为轻稀土元素，主要以铈和镧为主，且很多研究表明镧比铈更有利于提高催化剂的稳定性，其他轻稀土元素还未充分得到工业应用。从稀土资源高值、高效、平衡利用的角度考虑，开发稀土优化分布技术提高稀土利用率、拓宽高丰度轻稀土应用范围、研究稀土有效提取分离技术从废催化剂中回收利用稀土是今后稀土在催化裂化领域中应用发展的重点。

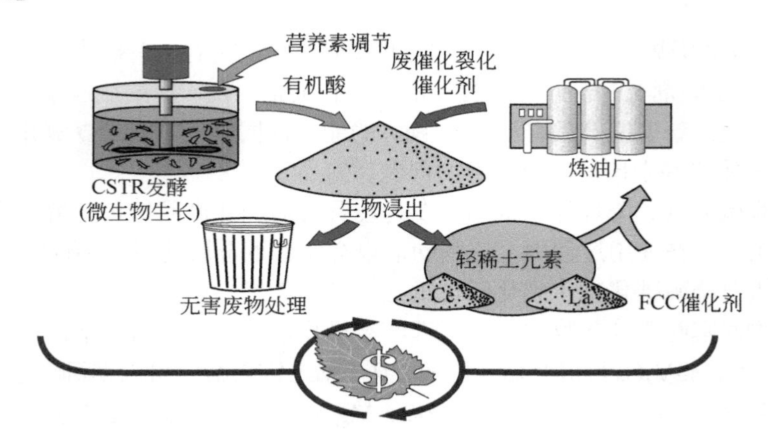

图 4-9　生物沥滤法回收稀土路线示意图

表 4-4　每种材料费用所占的比例

成分	金额/(美元/年)	占用比/%
营养素	1 340 000	44.3
电	304 000	10.0
公用事业	181 000	5.99
劳动	215 000	7.11
维修	114 000	3.77
固定资本（年化）	80 600	2.66
间接的	178 000	5.88
全体的	613 000	20.2

表 4-5　生物回收和化学回收过程比较

影响类别	单位	生物回收(A)	化学回收(B)	B/A
臭氧消耗	kg CFC-11 equiv	3.57×10^{-1}	$1.04\times10^{\infty}$	2.9
化石燃料加温	kg CO_2, equiv	4.31×10^{6}	$1.62\times10^{\infty}$	3.8
烟雾	kg O_3, equiv	1.45×10^{5}	6.48×10^{6}	4.5
酸化	kg SO_2, equiv	2.06×10^{4}	5.89×10^{4}	2.9
富营养化	kg N equiv	4.69×10^{44}	4.57×10^{4}	1.0
致癌性物质	CTUh	2.71×10^{-1}	4.87×10^{-1}	1.8
非致癌物质	CTUh	$3.21\times10^{\infty}$	$2.19\times10^{\infty}$	0.7
再生效应	kg PM 2.5 equiv	9.56×10^{3}	1.75×10^{7}	1.8
生态毒性	CTUe	3.05×10^{7}	6.47×10^{7}	2
化石燃料消耗	MJ surplus	4.30×10^{6}	1.01×10^{7}	2.9

4.3　环境净化催化剂

4.3.1　移动源尾气净化催化剂

常规燃料机动车尾气是指以内燃机为动力装置同时以汽油和柴油等化石能源为动力来源的车辆在其运行过程中所排出的废气。排放的尾气主要包括固体悬浮颗粒物（PM）、氮氧化物（NO_x）、硫氧化物（SO_x）和碳氢化合物（HC）等，其中颗粒物的组成还根据燃料不同而有差别。柴油车尾气中的固体悬浮颗粒物主要由不完全燃烧产生的多环芳烃和有机碳组成，其他机动车尾气中的颗粒则由硫和氮的氧化物转化而成。机动车尾气已成为城市大气污染的主要污染源之一，其排放高度接近人的呼吸带，颗粒物直径均小于 10 μm，易进入呼吸道沉积在肺泡内对人体造成很大危害。国际癌症研究中心（IARC）于 1989 年把柴油车尾气归类为“很可能致癌物”，把汽油车尾气划为“可能致癌物”。清洁燃料机动车尾气是以压缩天然气（compressed natural gas，CNG）为主要动力来源的汽车燃烧天然气排放的尾气，产生的主要污染物为一氧化碳（CO）、HC 和 NO_x，颗粒物产生量微乎其微。对于稀薄燃烧的天然气机动车，由于其工作温度相对较低，燃料 O_2 含量较高，主要污染物为甲烷（CH_4）和 CO，NO_x 排放量很低，尾气不经过净化即可达标排放。

根据我国生态环境部发布的《中国移动源环境管理年报 2022》指出，2021 年全国机动车 NO_x 排放量为 582.1 万吨，其中柴油车排放 502.1 万吨，占机动车排放总量的 86%。颗粒物和 NO_x 这两种主要污染物已成为中国空气污染的重要来源，也是造成酸雨和雾霾的主要原因。为防治环境污染，我国颁布了《重型柴油车污染物排放限值及测量方法（中国第六阶段）》（GB 17691—2018），规定 2020 年 7 月 1 日轻型车和城市重型柴油车在全国范围内实施国六排放标准；2021 年 7 月 1 日所有重型车全国范围内实施国六排放标准。根据排放标准要求，国六阶段柴油车的 NO_x 排放量降为 0.46 g/(kW·h)，PM 的排放量降至 0.01 g/(kW·h)，较上阶段国五排放标准分别降低了 81%和 33%，具体排放限值见表 4-6。

表 4-6　国五和国六排放标准限值

排放标准		CO /[g/(kW·h)]	THC/[g/(kW·h)]	NO_2 /[g/(kW·h)]	NH_3 /ppm	PM /[g/(kW·h)]	PN /[#/(kW·h)]
国五	ESC[a]	1.5	0.46	2.0	25	0.02	—
	ESC[b]	4.0	1.65	2.0	25	0.02	—
	WHTC[c]	4.0	0.55	2.8	25	0.03	—
国六	WHSC[d]	1.5	0.13	0.40	10	0.01	8×10^{11}
	WHTC	4.0	0.16	0.46	10	0.01	8×10^{11}

a. 欧洲稳态循环；b. 欧洲瞬态循环；c. 世界统一稳态循环；d. 世界统一瞬态循环

相比国五排放标准，国六后处理系统的使用寿命普遍延长了 40%～60%（表 4-7），排放耐久性要求几乎涵盖了车辆的整个使用寿命，因此对后处理技术制造企业提出了更加严峻的挑战，关键技术的研发和应用也迫在眉睫。

表 4-7　国五和国六行程里程和使用时间

车型分类	国五		国六	
	行程里程/km	使用时间/年	行程里程/km	使用时间/年
M_1、M_2、N_1	100000	5	160000	5
M_3（车重≤7.5 t） N_2、N_3（车重≤16 t）	200000	6	300000	6
M_3（车重>7.5 t） N_3（车重>16 t)）	500000	7	700000	7

1. 汽油车尾气净化

汽油车尾气后处理器是以催化剂为核心对尾气产生催化作用，将汽车尾气中污染物HC、CO和NO_x净化为无害的CO_2、N_2和H_2O后排放，以此降低对大气环境的危害。机动车尾气净化催化的主要活性中心为贵金属，其始终发挥不可替代的作用，但从成本和储量的因素考虑，贵金属资源相对稀少且价格昂贵，比如Pt，中国的储量只占世界储量的不到1%。自20世纪90年代初，贵金属Pt在机动车尾气催化净化中的用量已上升到其总用量的36%之多，而随着排放法规的逐渐严格，贵金属价格也逐年上涨，如何降低贵金属在催化剂中用量而同时保留催化剂活性高效是近年来催化剂研发的核心目标之一，也是未来必然趋势。开发新型的材料代替或者部分代替贵金属具有十分重要的意义。在各种被考察的元素中，稀土元素具有特殊的4f轨道电子层结构，使其同时具有酸性和碱性，在化学反应过程中可以起到良好的助催化性能和效果，另外，轻稀土元素铈的氧化物中铈可在+3价与+4价之间发生转变，从而具备优秀的储放氧能力，可以利用其发挥助催化作用以加强贵金属的分散。因此，铈等轻稀土元素在各类尾气净化催化材料中都被广泛地使用，最早应用在汽油车三效催化剂（three way catalysts，TWC）中且应用技术相对成熟。早在20世纪70年代，TWC催化剂因能够对HC、CO和NO_x同时起到催化作用而得以应用。另外，由于清洁燃料车尾气的主要成分为CH_4、NO和CO，目前TWC也被广泛应用于清洁燃料车的尾气后处理系统中，三效催化剂是目前处理机动车尾气的核心手段之一。催化剂中负载活性贵金属（Pt、Pd、Rh）和涂层材料，涂覆在陶瓷或者金属制成的蜂窝状载体的孔道表面，其中涂层材料主要以高比表面γ-Al_2O_3和稀土基材料为主。

在三效催化剂的作用下，汽油车尾气中的气体组分在三效催化器中发生如下催化反应，将主要污染物转化为H_2O、CO_2、N_2等排放到大气中。

氧化反应

$$2CO+O_2 \longrightarrow 2CO_2$$

$$HC+O_2 \longrightarrow CO_2+H_2O$$

还原反应

$$2CO+2NO \longrightarrow 2CO_2+N_2$$

$$HC+NO \longrightarrow CO_2+N_2+H_2O$$

$$H_2+NO \longrightarrow H_2ON_2$$

水煤气变换反应

$$CO+H_2O \longrightarrow CO_2+H_2$$

水汽重整反应

$$HC+H_2O \longrightarrow CO_2+H_2$$

空燃比（A/F）的变化对三效催化剂的催化活性有重要影响。通常对反应体系中空燃比的控制方法有两种，即“工程控制”和“化学控制”。“工程控制”提高空燃比控制精度的方法是使用氧传感器；“化学控制”减少空燃比波动的方法是在催化剂中加入储氧材料。在燃料完全燃烧情况下，理论空燃比为14.63，理论空燃比是常规发动机在正常运行时的状态。当空燃比（A/F）小于14.63时，燃油处于不完全燃烧的富燃状态；当空燃比（A/F）大于14.63时，处于空气过量的稀薄燃烧状态。不同空燃比影响三效催化剂导致净化效果不同。为了整体提升三种污染物的转化率，发挥催化剂的最佳效率，需在理论空燃比相近工况下工作，通常该区域被称为“操作窗口”。虽然采用“工程控制”的方法可以控制发动机空燃比在非常狭窄的范围，但是行驶当中因为路况不断变化，汽车速度也跟随变化，会导致现实应用中发动机的空燃比在14.63上下存在一定程度的波动，以至于实际应用时的尾气组成常常偏离催化剂操作窗口的浓度范围，这就需要催化剂具有储放氧能力以调节尾气中氧含量，从而在行驶的各种工况（包括启动、加速、减速、巡航）下，对尾气污染排放都能达到要求的转化效率和使用里程。另外，催化剂在紧耦合催化器中的工作温度很高（＞1000℃），为满足实际工况，也要求催化剂具备很高的热稳定性和耐久性。

1）HC、CO氧化催化剂

HC起燃催化剂的核心是在高比表面剂的γ-Al_2O_3上负载贵金属。主要有两方面的研究，一是引入稀土氧化物、固溶体、酸性氧化物或固体酸等方法，改性贵金属及氧化铝；二是使用新的方法开发新型高性能氧化催化剂，如掺杂新材料的催化剂等。在HC催化氧化剂中，稀土材料与贵金属存在相互协同作用，并对整体催化剂的氧化能力有提高作用，La，Ce等与贵金属Pt，Rh，Pd结合后，贵金属的溢流可因稀土元素的表面氧得到有效提升以发挥催化效果，同时贵金属的体相氧也可以有效地转移至表面参与氧化反应。这种相互作用使催化剂释放氧的能力大幅提高，催化氧化的能力显著增强[25]。

比较Pt/Al_2O_3和Pt/CeO_2低温催化性能，以甲烷和一氧化碳燃烧反应为例，发现Pt/CeO_2甲烷催化活性更优，高催化活性的Pt-CeO_2界面是催化剂高活性的关键所在，其中CeO_2发挥了储/放氧性能及促进氧传递和扩散作用，也促进了催化活性的提高[26]。对于Pt/CeO_2材料的HC氧化活性，使用经硫酸处理的铈锆复合氧化物作为载体，负载1%的贵金属Pt，发现硫酸处理后对比无硫酸处理样品，可以使催化剂对丙烷的起燃温度（T_{50}）降低60℃，其优异的低温催化性能原因是硫酸添加后与贵金属Pt相互作用形成了$Pt^{\delta+}$物种[27]。

为了研究净化HC的新型高效氧化催化剂，采用溶液燃烧法制备的$Ce_{0.98}Pd_{0.02}O_2$材料对于丙烷起燃温度T_{50}为280℃，其低温活性优于传统的Pt/Al_2O_3催化剂近100℃，氧化铈促使Pd更多地以Pd^{4+}存在，并且Pd-CeO_2界面活性位生成也促进了催化剂活性提高[28]。对于Pd/Ce-Zr/Al_2O_3密偶催化剂，考察添加Y，Ca，Ba等元素对催化剂丙烷氧化活性的影响，发现使用各元素改性对催化剂活性皆有明显提高，其中效果最优的是添加Y样品，主要原因是贵金属Pd与载体的相互作用，促进催化剂表面同时存在Pd和PdO物种，利于催化反应进行[29]。对于 $Pd/Ce_{0.2}Zr_{0.8}O_2$ 材料的三效催化活性，考察不同含量 La 添加的影响，发现材料的储/放氧性能、比表面及热稳定性因不同比例 La 的引入都得到了不同程度的提升，其中添加 5%La 的样品活性表现最佳，经过 1100℃下 4 h 的老化处理后，对丙烷的 T_{50} 可降低近 100℃，原因在于铈锆固溶体中掺杂 5%的 La_2O_3 能够使固溶体更为均匀，其催化剂性能可达到最优效果[30]。

2）NO_x 还原催化剂

TWC 中 HC 催化氧化作用十分重要，但汽油车尾气中的 NO_x 不能仅凭密偶催化剂得到完全净化，仍需要增加可对 NO_x 进行选择性催化还原的含 Rh 的底层催化剂。2000 年以来，Rh/CeO_2、Rh/CeO_2-ZrO_2 等材料体系成为该类 Rh 基催化剂的研究热点。

早在 1994 年，Rh/CeO_2-ZrO_2 催化剂很强的 NO 解离能力被 Rao 等[31]发现，他们将其归因于 Ce^{3+} 的高氧化还原能力，认为晶格氧驱动了 NO 的解离过程。Fajardie 等[32]在此基础上深入研究，提出 CeO_2-ZrO_2 载体上的 Rh^{3+} 也可以作为活性位点参与反应的机理，催化剂的性能进而得到有效提高。Kawabata 等[33]引入不同稀土复合氧化物（CeO_2-ZrO_2、La_2O_3-ZrO_2、Pr_2O_3-ZrO_2、Nd_2O_3-ZrO_2）研究了 Rh 催化剂的 NO 还原能力，发现 Rh/La_2O_3-ZrO_2 比 Rh/CeO_2-ZrO_2 的催化活性高，具有实际应用价值。

除贵金属催化剂以外，对于 NO+CO 反应，科学家们也大量研究过渡金属-铈基复合氧化物催化剂以及稀土钙钛矿型催化剂的应用。将 CuO/CeO_2 和 CuO/Al_2O_3 催化剂在 NO+CO 反应中的性能进行对比，发现前者性能明显优异，即使 CuO/CeO_2 体系中仅有质量分数 5%的 CuO，也能够使 NO 转化率高于 99%[34]。利用共沉淀法、沉积沉淀法、浸渍法三种方法制备 5% $CuO/Ce_{0.9}Zr_{0.1}O_2$-Al_2O_3（60%）催化剂样品，对比发现催化剂中 $Ce_{0.9}Zr_{0.1}O_2$ 比例的增加对催化剂的活性有促进作用，但当 $Ce_{0.9}Zr_{0.1}O_2$ 比 Al_2O_3 大于 4∶6 时，会降低催化剂高温热稳定性[35]。研究在 Cu 基双组元（Cu-Fe-O、Cu-Mn-O 等）催化剂中引入 Ce 对 NO+O 反应的催化活性和中间产物 N_2O 的影响，结果表明，Cu 基双组元氧化物的催化活性明显优于 CuO，Ce 对双组元催化剂改性都可以明显改善催化性能，提升 N_2O 的产生速度[36]。以 NiO 为活性中心，CeO_2 为载体，采用均匀沉淀法制备的 NiO/CeO_2 催化材料在 NO+CO 反应中也有良好的催化活性[37]。

在钙钛矿催化剂方面，Viswanathan 等[38]和 Tabata 等[39]研究了包括 NO+CO 反应的钙钛矿型复合氧化物催化剂。在高浓度的 CO 条件下，$LaCoO_3$ 对 NO 具有较高的催化活性[40]。不同元素比的 La-Sr-Ce-Fe-O 化合物体系中 $SrFeO_{3-x}$ 和 CeO_2 之间的转换及其氧化还原反应是 NO+CO 催化活性来源，$SrFeO_{3-x}$ 是主要活性位点，而 CeO_2 的加入可以使活性大大提高[41]。性能优良的 $La_{2-x}(Sr,Th)_xCuO_{4+\lambda}$ 及 $La_4BaCu_{5-x}M_xO_{13+\lambda}$ 钙钛矿型复合氧化物催化剂中活性氧含量及氧化还原性质因掺杂发生了变化，氧空缺提供了 NO 的吸附位并支持 NO 吸附的机理，氧空缺与 NO 的吸附量密切相关[42,43]。

3）储/放氧材料

汽油车三效催化剂中铈锆复合氧化物 $CeZrO_2$（CZ）除了作为 TWC 催化剂组分之外，也是常用的储/放氧材料。自 1980 年以来，稀土元素铈与锆的复合氧化物因其良好的储/放氧能力和热稳定性得到了多方面的应用。CeO_2 为面心立方结构，空间点群为 *Fm3m*。Zr^{4+} 的离子半径为 0.084 nm，小于 Ce^{3+}（0.114 nm）和 Ce^{4+}（0.097 nm）。当把 Zr 加入到 CeO_2

中以后，Zr 取代 CeO_2 晶格中部分 Ce，CeO_2 的晶格收缩发生畸变，产生缺陷位，使晶格中氧离子的流动性大幅提高[44,45]。在释放氧的过程中，Ce^{4+}生成 Ce^{3+}使体积变大引起表面伸缩能增大，Ce^{4+}的转变会受其抑制，对释放氧过程不利。Zr 离子半径小，加入其中可在一定程度上补偿体积膨胀带来的影响，从而增加 Ce^{4+}到 Ce^{3+}的转化，即促进氧气的释放过程[46]。应用于汽车尾气三效催化中时，铈锆复合氧化物的热稳定性和储/放氧性能必须良好。对高温热稳定储氧材料的研究主要是结合新的制备方法，使用稀土、碱土金属以及过渡金属元素等对 CeO_2-ZrO_2 改性。稀土阳离子在 Ce-Zr-O 晶格中能大量增加晶格缺陷（如氧空穴），形成三元固溶体可以具有更好的热稳定性。

通过研究铈锆固溶体负载 Pd 的储/放氧性能，包括掺杂稀土元素的影响以及稀土改性对催化剂性能的影响，发现掺杂 La、Pr、Nd 改性的老化铈锆样品，其比表面积和氧化还原性能都得到提高[47]。例如 La 改性的催化剂在 1100℃下 4 h 的老化处理后仍保持 40 m^2/g 的比表面积，比相同条件下 CZ 样品的比表面积大了 1 倍。Pd 与改性储氧材料存在强相互作用，大大减少了 PdO 物种的烧结，从而提高催化剂的性能。

采用共沉淀法研制的 $Ce_{0.45}Zr_{0.5}Y_{0.05}O_2$ 固溶体，Y^{3+}掺杂能够提升铈锆固溶体晶格氧的活动能力[48]。加入 Y^{3+}离子对低铈含量 CeO_2-ZrO_2 体系的氧化还原性能有提高[49]。

$Ce_{0.67}Zr_{0.33}O_2$ 负载单 Pd 的三效催化剂，添加 Cr、Mn、Fe、Co 和 Ni 元素，$Ce_{0.67}Zr_{0.33}O_2$ 的晶格中都可以嵌入这几种过渡金属原子或离子形成均匀的混合氧化物，且均匀性顺序为：CZFe、CZCo＞CZNi、CZ＞CZMn 且＞CZCr[50]。三元固溶体的均匀性是催化剂结构性质以及催化性能的关键影响因素之一。CZ 的储氧能力在过渡金属离子掺杂的条件下得到了很大的提高，特别是 Fe 和 Co 的作用，形成相对比较均匀的固溶体结构，提升铈锆固溶体的还原性能，促进载体与贵金属间的相互作用，从而提升催化剂催化活性。

改性 Ce-Zr-Al 体系负载 Pd 催化剂中掺杂过渡金属得到性能最好的催化剂是 Pd/Ce-Zr-Ni/Al_2O_3，Ni 在催化剂中起到了提升贵金属分散度且抑制活性组分高温烧结的作用，用 TPO 和 TPSR 表征证明 Ni 减少了 PdO 活性物种的分解，对 PdO 氧化-还原性能有提高作用[51]。

采用反向微乳液法在铈锆固溶体引入 Si，能够大幅提高固溶体的可还原程度、热稳定性及比表面积。添加 20% Si 的铈锆固溶体经过 900℃下 6 h 热老化后，测得比表面积仍在 153 m^2/g 左右，证明其热稳定性良好。对氧化共沉淀法制备的 $Ce_xZr_{1-x}O_2$ 固溶体性能的研究表明，其热稳定性和氧化还原性能很好，其中，经过 900℃下 6 h 热老化后 $Ce_{0.62}Zr_{0.38}O_2$ 样品比表面积为 41.2 m^2/g。用该铈锆固溶体制备的催化剂活性优良，钯含量为 0.7 g/L 且新鲜样品对 CO、HC 和 NO_x 的起燃温度分别为 180℃、200℃和 205℃，另外添加 La_2O_3 改性能够进一步增强催化剂的热稳定性[52]。

利用掺杂或负载等不同方式对高热稳定性储氧材料进行研究，包括添加稀土元素及过渡金属、碱土金属等对铈锆复合氧化物结构和性能的影响，例如在铈锆固溶体中，无论是采用负载法还是掺杂法，加入 Sr 元素都能够使材料的热稳定性和储/放氧性能得到提升，而在高温老化条件下，用负载法引入 Sr，在晶界处会生成并分布 $SrZrO_3$，对铈锆氧化物晶粒的长大和烧结具有抑制作用，从而提升催化剂热稳定性能和储氧性能[53]。

2. 柴油车尾气净化

目前柴油机的控制方法主要包括机内净化和机外净化，随着排放法规的要求愈发严格，机内净化技术虽然可以在一定程度上解决柴油车尾气的排放问题，但是无法满足新的排放法规对污染物排放限值的要求，因此必须结合机外净化技术即后处理净化技术来对污染物进行控制。目前业内普遍认为将氧化催化器（diesel oxidation catalysts，DOC）、颗粒捕集器（diesel particulate filter，DPF）、选择性催化还原器（selective catalytic reduction，SCR）和氨气捕集器（ammonia selection catalyst，ASC）这四种净化技术紧密、高效地配合起来是满足国六排放标准的关键。如图 4-10 所示，满足国六排放标准的技术路线是从上游到下游依次布置 DOC、DPF、SCR 和 ASC 单元。下面分别介绍稀土催化材料在各个单元中的应用研究。

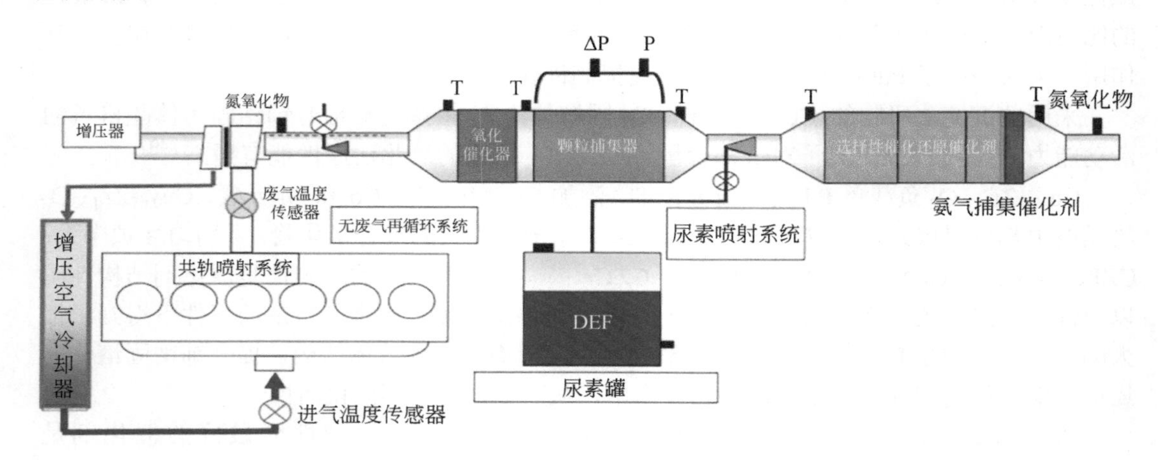

图 4-10 满足国六排放标准的技术路线

1）稀土基氧化型催化剂在氧化催化器（DOC）中的应用

含有 CO、HC、NO_x 和 SOF 等物质的发动机尾气首先进入到 DOC 单元，DOC 为尾气后处理的第一步。氧化型催化剂结构与 TWC 类似，是将废气中的 CO、HC 氧化转化为无害的 CO_2 和 H_2O，并将 NO 转化为 NO_2，主要反应方程式如下：

$$CO+O_2 \longrightarrow CO_2$$

$$NO+O_2 \longrightarrow NO_2$$

$$HC+O_2 \longrightarrow CO_2+H_2O$$

DOC 系统主要由载体、催化剂、传感器组成。DOC 中大多采用堇青石作为载体，载体表面涂覆催化剂，催化剂以铈锆粉体、氧化铈为助剂，铂和钯作为活性组分，氧化铝、氧化硅作为涂层，催化剂将促进 PM 中的可溶性有机物及部分碳颗粒氧化。催化剂中的稀土成分可以提供活性氧促进低温时的催化氧化反应，抑制二氧化硫的氧化，同时提高贵金属的分散性和抗烧结，促进 PM 与催化剂界面接触，提高 PM 的催化氧化效率。

贵金属是 DOC 的主要活性成分，其在高温下易烧结，导致活性降低，另外贵金属的资源有限且昂贵。在 DOC 催化剂中掺杂稀土元素可以减少贵金属的用量，提高贵金属的催化活性[54]。如 Ce^{4+} 容易得到电子在催化剂表面形成氧空位，由于这种较强的电子转移能力，稀土金属氧化物催化剂表面存在较多的氧空位，有利于氧在催化剂表面的吸附，从而提高其催化氧化反应活性。已经研究了各种类型的 CeO_2 基氧化物用于提高 DOC 反应活性。

在 CeO_2 中加入适量的 Ag 可以提高 Pd/Ag-CeO_2 催化剂的储氧能力，进而提高催化剂的还原性和 CO 的脱附速率[55]。一种新的无表面活性剂的水热方法用于在三维通道堇青石蜂窝基底上生长 CeO_2 基纳米片阵列，通过原子层沉积工艺，将分散良好、尺寸可控的 Pt 纳米粒子均匀地修饰在 CeO_2 基纳米片上，形成 Pt/CeO_2 纳米阵列基单片催化剂。尽管与传统的涂层催化剂相比，活性材料的使用减少了 5～50 倍，但 Pt/CeO_2 纳米阵列整体催化剂对各种单独的气体（如 C_3H_6、C_3H_8、CO 和 NO 氧化）表现出良好的催化氧化活性，在低于 200℃下具有 90%的转化效率[56]。采用浸渍法和沉积沉淀法将 10wt%的 Ag 负载在 CeO_2 载体上，用于 CO 和碳烟氧化模型中，结果表明 CeO_2 中添加 Ag 显著增加了 CeO_2 的表面缺陷，氧空位和 Ag-Ce 界面作用越强，材料表面的氧缺陷浓度越高，CO 氧化和碳烟燃烧的催化效果越好[57]。

La 物种的存在可以增加催化剂表面氧缺陷的数量和活性中心的稳定性，从而提高催化剂的活性和选择性。负载和未负载 La 的 Al_2O_3 粉末和堇青石整体蜂窝形式的 Pd 促进的催化 NO-CO 反应，La 的引入显著提高了对 NO-CO 反应的催化活性，可以促进 NO 在催化剂表面的吸附/脱附以及反应性，提高 NO-CO 反应的催化活性和选择性[58]。对不同 La 含量的 La-Cu-Mn-O 催化剂进行 CO 低温选择性催化还原 NO（CO-SCR）的性能进行评价，以研究其构效关系，结果表明，La 有助于降低铜和锰的尺寸并防止其团聚，从而提高催化剂的还原性，促进暴露的活性位点和反应物（NO 和 CO）之间反应性的增加。此外，La^{3+} 通过增强 $Mn^{4+}+Cu^{+} < Mn^{3+}+Cu^{2+}$ 的氧化还原性而获得优势，导致形成高比例的活性离子（Cu^{2+} 和 Mn^{3+}）和丰富的表面氧缺陷，使 NO 的转化率在约 250℃时达到 100%，从而降低了反应温度[59]。采用共沉淀法制备 CeO_2-ZrO_2（质量比 60∶40）和 CeO_2-ZrO_2-La_2O_3（质量比 60∶30∶10）催化剂，其中 CeO_2-ZrO_2-La_2O_3 催化剂具有良好的催化活性和抗老化性能，其原因在于 La 改性有利于降低高温处理后晶粒尺寸的生长速率以及增加了 CeO_2-ZrO_2 催化剂上化学吸附氧的量[60]。

2）稀土基催化材料在颗粒物催化氧化反应（DPF）中的应用

碳烟颗粒物（PM）是柴油车尾气不完全燃烧排放的一种物质，70%的粒径小于 0.3 μm，是城市大气 $PM_{2.5}$ 的主要来源，形成雾霾的主要因素。PM 上含有大量的可溶性有机物（SOF）、重金属离子和 SO_2 等，其中 SOF 中的多环芳化合物（PAH）具有致癌性。固体悬浮颗粒如被呼吸进入肺部，会引起呼吸系统疾病，当颗粒物积累达到临界浓度时，便会引发恶性肿瘤。

现代柴油机尾气排放控制通常采取燃料改质、柴油机机内净化（如采用增压中冷技术、改进燃烧系统、采用电控高压喷射技术、废气再循环 EGR、采用可变技术等）、排气净化后处理（如加装催化转化器、颗粒过滤与再生系统等）、使用代用燃料等措施相结合的综合控制办法。燃料改质和柴油机机内净化技术尽管对降低 PM 排放量起到了一定作用，但净化效果有限，并且不同程度地给汽车的动力性和经济性带来负面影响。采用尾气处理技术是适应世界各地排放法规、有效控制柴油机尾气中 PM 排放量的方法，具有积极的现实意义。

柴油机颗粒物过滤器（DPF）可以将尾气中的碳烟颗粒物过滤收集起来，使之不能排放进入大气中，利用再生技术使碳烟颗粒物燃烧掉，从而达到过滤器再生、同时降低碳烟颗粒物排放量的目的。催化再生过滤器系统（cDPF）是在 DPF 载体表面涂覆有类似 DOC 粉体催化剂，降低颗粒物氧化燃烧温度，利于 DPF 的主动再生，可保持高效的过滤性能。

A. 柴油碳烟颗粒燃烧物催化剂

催化再生技术由 DPF 过滤器和催化剂组成。目前，高效率的 DPF 过滤器，如整体式堇青石 DPF 过滤器和碳化硅 DPF 过滤器已经商业化生产，由于典型的柴油机排气温度在 200～500℃范围内，而柴油机排气中的烟灰燃烧温度高于 600℃，因此需要氧化催化剂降低反应温度，这也是解决柴油车排放颗粒物污染问题的研究热点和难点。

催化柴油碳烟颗粒物的氧化反应是一个复杂的气（氧气）-固（碳烟）-固（催化剂）三相氧化反应过程。影响碳烟颗粒物催化氧化燃烧反应的主要因素包括内在因素（催化剂的本征氧化还原性能）和外在因素（炭烟颗粒物与催化剂接触效率）。研究发现，具有可变化合价的过渡元素和稀土元素的金属氧化物具有较显著的氧化还原性能和储氧能力，是理想的碳烟燃烧催化剂的活性组分。在实际应用中金属氧化物主要用来作为贵金属催化剂的助剂或载体。

B. 稀土金属氧化物催化剂

稀土元素的电子分布式为［Xe］$4f^{0\sim14}5d^{0\sim10}6s^2$。从电子构型看，稀土金属离子的外层 d、f 轨道未充满，稀土元素的电子跃迁活性较大，因而稀土金属氧化物表现出较强的氧化还原性能和优异的储氧容量（OSC）。以 CeO_2 为例，研究发现其表面催化氧化碳烟机理包括如下几个步骤[61]：

超氧化物形成

$$n\mathrm{CeO_2}+\mathrm{O_2}\longrightarrow [n\mathrm{CeO}_x]^{+}\mathrm{O_2^-}$$

超氧化物转化为过氧化物离子

$$[n\mathrm{CeO}_x]^{+}\mathrm{O_2^-}\rightleftharpoons [n\mathrm{CeO}_x]^{2+}\mathrm{O_2^{2-}}$$

过氧化物离子转化为铈

$$[n\mathrm{CeO}_x]^{+}\mathrm{O_2^-}\rightleftharpoons n\mathrm{CeO}_y$$

但是实际使用 CeO_2 的缺点是表面积非常低（2 m^2/g），晶体尺寸大（110 nm），在高温（～1000℃）煅烧时缺乏表面氧化还原性能[62]。为了克服 CeO_2 在高温煅烧时的失活（烧结问题），使用的一种方法是用其他稀土元素，如 La^{3+}掺杂 CeO_2[63]。La^{3+}显著提高了 CeO_2（在 1000℃煅烧）对 O_2 氧化碳烟的催化活性，其原因与 La 掺杂 CeO_2 的比表面积增加和氧化还原性能增强有关。最近还报道了掺杂过渡金属（Zr 和 Fe）和稀土元素（La、Pr、Sm 和 Tb）的 CeO_2 成为碳烟 O_2 氧化更有活性的催化剂[64]。另一种有效的方法是改善 CeO_2 的形态。具有纳米立方块的 CeO_2 对催化氧化碳烟表现出高活性，其原因在于纳米立方块 CeO_2 所暴露的（100）和（110）晶面的巨大贡献[65]。通常，具有充分暴露的（100）和（110）表面的纳米结构氧化铈比具有（111）暴露表面的常规多晶氧化铈纳米颗粒更有活性[66]。

也有研究关注 Ce/Zr 比例对碳烟催化氧化的影响。研究表明，$Ce_xZr_{1-x}O_2$ 催化剂通过晶格氧和表面氧的溢出机理对碳烟颗粒物燃烧起作用。与纯 CeO_2、ZrO_2 相比，$Ce_{0.5}Zr_{0.5}O_2$ 固溶体具有较好的氧化还原性[67]。然而，纯 $Ce_{0.5}Zr_{0.5}O_2$ 固溶体的催化碳烟颗粒物燃烧温度仍然较高，难以满足应用的需要，因而更多的研究是利用铈锆固溶体为载体，添加活性组分提高对碳烟颗粒的催化活性。采用溶胶-凝胶法制备 $Au/Ce_{1-x}Zr_xO_2$ 催化剂，其中 $Au/Ce_{0.8}Zr_{0.2}O_2$ 的催化性能最好[68]。

C. 稀土催化材料在 NH_3-SCR 催化反应中的应用

NO_x 选择性催化还原技术是针对柴油车尾气排放中 NO_x 的一项处理工艺，即在催化剂的作用下，喷入还原剂氨或尿素，把尾气中的 NO_x 还原成 N_2 和 H_2O。SCR 系统结构示意图见图 4-11。

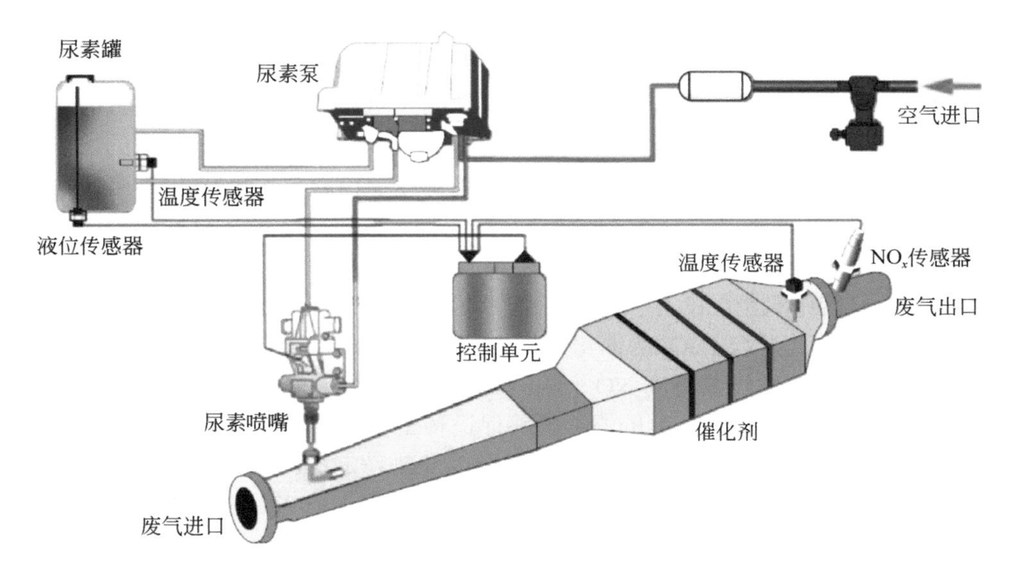

图 4-11　NH_3-SCR 系统结构示意图

由于 NH_3 作为还原剂有着易挥发不易储存的缺点，因此在柴油车后处理系统中往往采用车用尿素（浓度为 32.5%）作为还原剂。尿素首先热解生成 HNCO，然后再与 H_2O 发生水解反应生成 NH_3，生成的 NH_3 最后与 NO_x 发生选择催化反应。根据 NO 和 NO_2 的比例不同分为标准 SCR 反应和快速 SCR 反应，其反应过程如下：

尿素的水解和热解反应

$$H_2N-CO-NH_2 \longrightarrow NH_3+HNCO$$

$$HNCO+H_2O \longrightarrow NH_3+CO_2$$

标准 SCR 反应

$$4NH_3+4NO+O_2 \longrightarrow 4N_2+6H_2O$$

快速 SCR 反应

$$2NH_3+NO+NO_2 \longrightarrow 2N_2+3H_2O$$

柴油车尾气中 NO 的含量占 NO_x 总量的 90%以上，因此 NH_3-SCR 反应主要以标准 SCR 反应进行。当 NO 与 NO_2 的摩尔比例为 1∶1 时，将发生快速 SCR 反应，相较于标准 SCR

反应，该反应速率大大加快。在加入 DOC 单元后，可以将部分 NO 氧化为 NO_2，从而有效促进 NO_x 转化率。

当柴油车尾气排放温度较高时（>400℃），将发生副反应 NH_3 的氧化，会导致 N_2O 和 NO 的生成。副反应的发生不仅抑制了 NO_x 的消除还产生了更多的污染物。

$$4NH_3+4NO+3O_2 \longrightarrow 4N_2O+6H_2O$$

$$4NH_3+5O_2 \longrightarrow 4NO+6H_2O$$

值得注意的是，尿素的热解反应是一个吸热反应，在尾气的温度降低时，尿素的分解将受到限制，造成 SCR 在低温区（<200℃）的转化效率较差。这个现象在发动机冷启动和部分城市工况下尤为严重，因此，解决发动机尾气温度较低时的 NO_x 排放问题，也是目前 SCR 技术的难点和关键。

a）稀土铈基改性的过渡金属氧化物催化剂

钒钨钛催化剂凭借其在富氧条件下表现出较好的 NO_x 脱除效率和良好的抗硫中毒性能，成为满足了国四、国五排放标准的商业 NH_3-SCR 催化剂。然而随着法规的进步，钒钨钛催化剂的缺点也逐渐体现出来。钒钨钛催化剂的温度窗口较窄，仅在 300～400℃的温度区间具有良好的 NO_x 转化率，且 V_2O_5 本身就是一种对人体和环境都有危害的物质。因此需要研究开发更加环境友好、更能适应复杂后处理系统的催化剂。CeO_2 由于具有 Ce^{4+}/Ce^{3+} 氧化还原对，其结构中氧空位的存在促进了氧的存储和移动，而且 CeO_2 的存在可以提高催化剂的热稳定性，因此，含 CeO_2 的催化剂成为 NH_3-SCR 领域的研究热点。

Xu 等[69]首先研究发现具有高 NO_x 转化率和高 N_2 选择性的 CeO_2/TiO_2 催化剂。对于商用稀土 Ce-W-Si-TiO_x 催化剂，CeO_2 的添加能够促进稀土催化剂表面 SiO_2 的分散，但是 CeO_2 含量的增加会阻碍稀土催化剂中其他组分的还原以及热稳定性，从而影响催化剂的还原能力和酸性位数量，进一步影响催化剂的脱硝性能及水热稳定性。5%WO_3 负载的 V-W/Ce/Ti-5%在 280℃下表现出优异的 NH_3-SCR 活性和更高的抗硫酸氢铵（ABS）性能。5%WO_3 掺杂可以与相邻的 V 和 Ce 强结合，增强了氧化还原能力，从而有利于这些活性位点之间的电子转移并显著提高 NO_x 转化率。此外，WO_3 掺杂可以通过降低 V-W/Ce/Ti-5%的碱度来抑制活性位点上 ABS 和金属硫酸盐物种的形成[70]。

b）稀土改性的 Cu-SSZ-13 催化剂

随着国六标准的执行，Cu-SSZ-13 催化剂作为一种小孔分子筛（孔径<0.5 nm），凭借其卓越的 SCR 催化活性、水热稳定性、N_2 选择性和抗 HC 中毒性能得到了商业化应用。然而，要实现未来严格的大气法规目标，仍存在一些关键挑战，包括在冷启动条件下低于 200 ℃的低温活性和高温水热稳定性。金属-金属相互作用是提升 Cu-SSZ-13 分子筛低温活性和水热稳定性的一种不错的策略。由于稀土金属具有特定的 4f 电子构型和 5d 轨道，允许与活性位点 Cu 进行轨道耦合来提升其催化性能，因此稀土改性的 Cu-SSZ-13 催化剂被广泛研究。

稀土离子改性的 Sm-Cu-SSZ-13 催化剂显示出优异的催化活性以及水热稳定性，其原因在于 Sm 离子占据了 SSZ-13 的六元环（6MR）使更多的 Cu^{2+}进入八元环（8MR），八元环铜（$[ZCu^{2+}(OH)^-]^+$）具有高流动性有利于形成铜对，进而提升其低温催化性能。同时 Sm^{3+}与（$[ZCu^{2+}(OH)^-]^+$）离子之间存在电子转移导致 $[ZCu^{2+}(OH)^-]^+$离子转化为非活性

CuO_x 物种的高反应能垒，从而提高［$ZCu^{2+}(OH)^-$］$^+$离子的稳定性，有利于水热稳定性的提升[71]。

Ce、La、Sm、Y、Yb 稀土离子改性 RE-Cu-SSZ-13 催化剂，其中 Y 的水热稳定性能最优，在 800℃下剧烈水热老化 16 h 后仍显示出优异的水热稳定性和 NH_3-SCR 活性。研究表明，稀土 Y 离子可以稳定富铝 SSZ-13 沸石的骨架 Al，同时也保留了富铝 SSZ-13 沸石中的 Brønsted 酸中心。Y 离子的引入导致 Cu^{2+}优先占据 6MRs，具有较高的水热稳定性[72]。

稀土离子 Ce 与 Cu 离子的交换顺序对于 Cu-SSZ-13 催化活性有影响，NH_3-SCR 活性评价结果表明，$Cu1(CeCu)_2$ 催化剂表现出优异的催化活性，在 200～500℃范围内 NO_x 转化率超过 90%。分析结果表明，Cu 和 Ce 物种的离子交换顺序影响沸石的结晶度和 Al 的配位。此外，Ce 改性的 Cu-SSZ-13 催化剂具有更多的酸性中心以及较强的氧化还原能力，从而导致 $Cu1(CeCu)_2$ 的活性更好[73]。

采用一锅法合成新型的低成本多金属 Cu-Ce-La-SSZ-13 催化剂，Ce^{4+}和 La^{3+}离子的引入可以有效地调节 Cu^{2+}阳离子从八元环向更活泼的六元环迁移，使 Cu-Ce-La-SSZ-13 具有优异的 SCR 活性[74]。

在低 Si/A1（～6.5）的 Cu-SSZ-13 分子筛中引入少量 La^{3+}能提高其催化活性和水热稳定性。La^{3+}的引入可以调变 Cu 离子分布，促使更多 Cu 离子迁移至 6MR，生成更稳定的 Z_2Cu，从而提高 Cu-La-SSZ-13 分子筛的水热稳定性，其中 Cu_4-La-SSZ-13-2-HTA（代表～4wt% Cu 含量）比 Cu_4-SSZ-13-HTA 具有更优异的高温（＞350℃）催化活性，NO 转化率在 450～550°C 范围内高出近 10%。此外，在较低 Cu 含量的 Cu_2-La-SSZ-13（～2wt% Cu 含量）和 Cu_1-La-SSZ-13（～1wt% Cu 含量）分子筛中掺入少量 La^{3+}还能提升其低温（＜350 ℃）催化活性[75]。

3. 天然气车尾气净化

机内净化和机外净化是两类对汽车尾气污染排放的主要控制方法。为了尽可能减少污染物的生成，机内净化主要是提高发动机中燃料质量和改善燃料的燃烧条件。天然气是性能较高的燃料，对于天然气汽车来说，需要设计天然气汽车专用的发动机，配套能够非常精确地控制空燃比的专用氧传感器。而中国的天然气汽车是自化油器车改装起步的，随着电喷改装车的出现和发展，汽油车和柴油车的改装车占主要比例，单燃料稀燃天然气发动机设计和生产近年来才在生产厂家（玉柴、潍柴、上柴、云内等）中出现。由此可见，中国天然气汽车的机内净化技术仍在发展中。由于排放标准的逐渐严格，单靠机内净化的天然气车已不能满足排放标准的要求，必须配置机外净化技术，转化有毒有害的 CO、HC、NO 和 PM 等为无毒无害的 CO_2、H_2O 和 N_2。

1）尾气净化原理

A. 理论空燃比

理论空燃比天然气汽车尾气中主要污染物成分包括 CH_4、HC、CO 和 NO_x。其中，NO_x 采用催化剂使其还原为 N_2；CO 和 CH_4 需以氧化法去除，使其转化为无害的 CO_2 和 H_2O。所以，研究开发高性能三效催化剂（TWC）以同时催化净化三种污染物，是理论空燃比天然气汽车尾气净化的关键。尾气净化过程中的主要化学反应为：

氧化反应

$$CO+O_2 \longrightarrow CO_2$$

$$CH_4+O_2 \longrightarrow CO_2+H_2O$$

还原反应

$$NO_x+CO \longrightarrow CO_2+N_2$$

$$NO_x+CH_4 \longrightarrow CO_2+H_2O+N_2$$

$$NO_x+H_2 \longrightarrow H_2O+N_2$$

水汽变换反应（WGS）

$$CO+H_2O \longrightarrow CO_2+H_2$$

水蒸气重整反应

$$CH_4+H_2O \longrightarrow CO_2+H_2O$$

对比理论空燃比天然气车与汽油车尾气净化的催化反应，其区别在于天然气车尾气中HC主要成分为CH_4。CH_4化学性质非常稳定，难以将其活化和转化：一是相比其他HC化合物，CH_4难以发生自身氧化反应；二是CH_4与NO_x之间发生偶联反应非常困难，难以将NO_x净化。按照排放法规的标准，天然气汽车尾气净化的难度很高，不能直接使用汽油车尾气的三效催化剂，天然气车尾气净化催化剂的性能必须显著强于汽油车尾气净化催化剂。因此，不得不开发新的催化材料和催化剂，使用适量贵金属，才能满足天然气车尾气净化的要求。另外，天然气汽车的理论空燃比催化剂与汽油车尾气净化催化剂的窗口范围不同，为达到尾气排放标准要求，空燃比的控制应要求既比汽油车偏富又具备更高的控制精度。CH_4和H_2会对氧传感器产生影响，还应使用带催化剂涂层的专用氧传感器以实现空燃比控制，使用掺Ag的氧传感器进行随车自诊断系统（OBD）控制。

B. 富氧稀燃

稀燃天然气车的燃烧温度低，机内净化技术即可将NO_x的排放控制在比较低的水平，可通过废气再循环（EGR）将NO_2的排放量降低，因此，需要净化的主要污染物为CH_4和CO。目前普遍以Pd为CH_4氧化的主要活性组分，以γ-Al_2O_3为主要载体材料作为尾气净化催化剂。

尾气净化的化学反应主要为：

氧化反应

$$CO+O_2 \longrightarrow CO_2$$

$$CH_4+O_2 \longrightarrow CO_2+H_2O$$

水汽变换反应（WGS）

$$CO+H_2O \longrightarrow CO_2+H_2$$

水蒸气重整反应

$$CH_4+H_2O \longrightarrow CO_2+H_2O$$

其中，氧化反应是净化CH_4和CO的主要反应，但水汽变换和水蒸气重整反应若能够在较低的温度下顺利进行，则能够大大提高CH_4和CO的转化率。在稀燃尾气中，CO的净化反应相对容易进行，而净化CH_4的反应难度很大，尤其是在富氧的条件下，重整反应会得到抑制，因此，需发展具有优异低温高活性的氧化型催化剂。

2）催化剂的类型

天然气催化剂可按照核心组成要素或功能用途分类，分为贵金属催化剂和非贵金属催化剂，或氧化催化剂和三效催化剂，在中国的发展历程如下。

A. 氧化型催化剂

重型天然气车主要使用以贵金属 Pt、Pd 为活性组分的氧化型催化剂，可以有效净化尾气中的 CO 和 HC，但存在抗中毒能力差的致命弱点。

B. 三效催化剂

轻型天然气车主要由汽油车改造而来，沿用了汽油机理论空燃比的燃烧方式，因此使用的是三效催化剂，活性组分为 Pt、Pd、Rh 或 Pd、Rh。该类型催化剂可实现氧化反应与还原反应的同步进行，长期得到了较广泛的应用。

C. NO_x 存储还原型三元催化材料

该催化剂活性组分包括贵金属、碱金属或碱土金属、稀土氧化物。催化基本机理是贫燃条件下贵金属氧化 NO_x，之后 NO_x 存储物与其产生反应，生成硝酸盐。在理论空燃比或富燃状况燃烧时，硝酸盐分解生成 NO_x，之后 NO_2 与 CO、H_2、HC 反应被还原为 N_2。研究表明，NO_x 的存储能力受氧的浓度影响，氧浓度越高，NO_x 存储能力越强，当氧浓度大于 1%时，NO_2 存储能力基本不变。

3）尾气净化催化剂

在天然气汽车尾气催化剂中引入含 Mn 储氧材料，使其具有快速吸附氧的能力，在较宽的温度区间都保持较大的储氧能力，能够直接转化 CH_4，但倾向于部分氧化生成 CO 和 H_2[75]，其中所制备的 1wt/% Pd-10wt/% Ce/Al_2O_3 催化剂可能由于比表面积大、催化剂的分散度更高，催化活性优于 1wt/% Pd-8wt% Mn/$LaAl_2O_3$。

通过研究助剂 BaO 和 CeO_2 在理论空燃比条件下对 Pd/Al_2O_3 活性的作用发现，BaO 有助于提高催化剂新鲜及老化的活性，对还原条件下 CO 和 CH_4 的氧化有促进作用，拓宽了三效窗口，并能提升催化剂的抗 S 中毒能力。CeO_2 能够使催化剂的水热稳定性提高，具有较高含量 CeO_2（15 wt%）时，可使甲烷、CO 在偏贫燃范围内具有很高的转化率[76]。

将大比表面积的 Al_2O_3 和铈锆储氧材料贵金属引入 Pt 含量为 1.175 g/L 及 Rh 含量为 0.235 g/L 的催化剂中，在理论空燃比天然气汽车的尾气净化中应用实验，发现该催化剂的低温活性和高温稳定性表现优异，表明储氧材料在三效催化剂中发挥着巨大的作用[77]。Pt/Rh、Pd/Rh 和单 Pd 催化剂以稀土复合氧化物协同 Al_2O_3 作载体，Pt/Rh 高温活性较好，Pd/Rh 和单 Pd 催化剂的低温活性好[78]。

用于天然气汽车尾气净化的 Pd-Ce/Al_2O_3 催化剂，包含高铈（15wt% CeO_2）和低铈（0.8wt% CeO_2）两种，分别在富燃和稀燃条件下测试活性，进行静态和动态λ扫描，考察含硫条件下的空速对活性的影响。结果显示，高铈 Pd-Ce/Al_2O_3 催化剂在稀燃区（λ值高达 1.04）具有优异的 CH 和 CO 转化活性。老化后的催化剂活性有所提高，主要是由于催化剂表面 Ce 离子的逸出和贵金属 Pd 颗粒的重组。含硫条件下，CH_4 起燃温度升高了 100℃，这是由于催化剂表面生成了无活性的 $PdSO_4$ 和 $Al_2(SO_4)_3$[79]。

以 Ce-Zr 改性的 Al_2O_3 为载体，负载 Pd/Rh（39/1）活性组分，考察周期性稀富窗口变换对 CH_4 转化活性的影响，结果发现，催化剂长时间处于理论空燃比或稀燃气氛会产生钝化，而周期性从稀燃气氛变换到富燃气氛可提高催化剂的活性。在稳定的理论空燃比气氛下周期变换到稀燃气氛的实验中发现，富燃条件下甲烷转化活性优于理论空燃比和稀燃条件。分析反应物和产物分布发现，稀富燃条件发生了不同的化学反应，稀燃氧过量时发生HC、CO、CH_4、NO的完全氧化反应，而在富燃条件下，发生NO的还原，甲烷发生蒸气重整及水汽变换反应[80]。

4.3.2 固定源脱硝催化剂

随着我国工业化和城市化的迅猛发展，能源的需求急剧增加，化石燃料大量应用于工业生产以及日常生活中，由化石燃料燃烧导致的大气污染已成为当今社会面临的重要问题。NO_x就是大气污染的主要污染物之一，固定源NO_x污染指的是在工业和能源生产过程中产生的NO_x排放，主要来自电力行业、工业制造、交通运输、城市供热等几个行业。燃煤电厂、燃气电厂和燃油发电站是重要的固定源NO_x污染排放源，这些发电设施使用化石燃料进行燃烧，会产生大量的NO_x。许多工业制造过程也会产生大量的NO_x污染，如钢铁厂、铸造厂、化学工厂、炼油厂和制药工厂等工业设施在生产过程中可能会使用高温燃烧或其他化学反应，产生NO_x排放。固定源NO_x污染也与交通相关，如港口、机场地面设施等都是固定源NO_x污染的来源。城市的供热系统使用燃煤、燃气或燃油集中供热也会产生NO_x排放。

固定源NO_x污染排放主要来自燃烧过程，对环境造成了多重影响。首先，NO_x与大气中其他化合物反应，形成硝酸和硫酸，导致酸性沉降和酸雨，对土壤、水体和生态系统造成破坏。其次，NO_x是光化学烟雾的主要成分之一，可导致烟雾、雾霾和细颗粒物（$PM_{2.5}$）等有害物质的形成，与挥发性有机化合物（VOCs）一起，在日照下还会形成臭氧，高浓度的臭氧对植物生长和作物产量会产生负面影响。

NO_x污染对人类健康有严重危害，会导致呼吸系统疾病和心血管问题。NO_x污染物的吸入会刺激呼吸道，引起肺部炎症反应并导致气道收缩和肺组织损伤，引发哮喘和慢性阻塞性肺疾病（COPD）。NO_x还可以与其他污染物（如臭氧）相互作用，形成更多有害的化合物，加剧哮喘和COPD症状。长期暴露于高水平的NO_x污染物中会对血管功能和血液凝结产生不良影响，NO_x可以与氧化物反应产生过氧化物和自由基，抑制内皮细胞产生NO，导致血管收缩和血液循环受限，这种血管功能的异常可能导致高血压、冠心病等心血管疾病的发生。NO_x还可以对血液凝结过程产生影响，高浓度的NO_x污染物可以干扰血小板的正常功能，使血小板更易聚集并促进血液凝块的形成，这种异常的血液凝结状态增加了引发心脏病和中风等心血管疾病的风险。

为了减少固定源NO_x污染，许多国家和地区采取了一系列的措施，其中包括改善与升级脱氮技术、燃烧技术、排放控制设备以及进行工艺优化。采用先进的燃烧技术能够减少NO_x的产生，使用低氮燃烧器，优化燃烧温度和增加燃烧器的混合性。安装烟气脱硝装置、NO_x吸收剂和NO_x降解催化剂等排放控制设备，以捕集和减少NO_x的排放。氮氧化物减排技术包括选择性催化还原（SCR）和选择性非催化还原（SNCR）等方法，通过改善与升级脱氮技术，能够大幅度降低烟气中NO_x浓度；通过改进生产工艺和设备，减少或避免产生NO_x污染物。同时，通过加强监测和监管，制定和执行严格的环境法规和排放标准，对固

定源设施的 NO_x 排放进行管控和监测，以确保企业和工厂的 NO_x 排放在可接受的范围内。此外，清洁能源的推广和可持续发展也有助于减少固定源 NO_x 污染。

通过合理的控制策略可以减少固定源 NO_x 污染对环境和人类健康的影响。燃烧控制、脱氮技术、排放控制设备和工艺优化是有效降低固定源 NO_x 排放的方法。

1. 电力行业脱硝

我国的固定源 NO_x 排放主要来源于电力行业。一直以来，我国都在大力推进电力行业脱硝工作，其中的火电行业脱硝更是大气污染防治的重要环节。火力发电厂所使用的燃料主要为煤炭、天然气、石油等化石燃料，煤炭的用量最多，在燃烧过程中1300℃以上的高温会导致空气中的 N_2 与 O_2 发生反应生成 NO_x，成为燃煤电厂锅炉烟气中的主要污染物，此外还有 SO_2、SO_3 和碱金属等其他污染物。目前我国火电行业最常用的脱硝技术就是选择性催化还原（SCR）工艺，SCR 催化剂按照布置的位置分为两类：一类是高尘布置，SCR 催化剂布置的位置是在空气预热器和省煤器之间，使用这种布局方法，通过 SCR 催化剂的烟气中烟尘含量很高，催化剂受到烟尘的影响很容易被堵塞导致失活；另一类是低尘布置，SCR 催化剂布置的位置是在除尘器的后端，能够避免烟气中烟尘对催化剂的影响，进一步提高催化剂的使用寿命。然而，低尘布置也存在一个很大的问题，就是经过除尘后的烟气温度会显著降低，跳出了现有催化剂最适合的活性温度范围，严重影响了脱硝效率，为了提高烟气温度而采用二次加热的方法，但又导致脱硝运行成本的增加，因此需要加大力度研究开发低温脱硝催化剂。目前市场上的 SCR 脱硝催化剂使用寿命一般为 3～5 年，催化剂失去活性后，另一个重要的问题就是如何转化和再生。此外，针对不同的火电厂工作环境，SCR 脱硝催化剂还需要满足更多的特殊要求，以适应发电厂烟气的特殊成分。

SCR 工艺是目前降低 NO_x 排放最有优势的脱硝技术。传统的钒基催化剂用于火电厂烟气脱硝需要很高的烟气温度，烟气中含有的 SO_2 也会导致钒基催化剂中毒失活，因此需要研究高脱硝性能、高抗水性能和高抗硫性能的低温烟气脱硝催化剂。稀土金属及其氧化物的活性和热稳定性都很高，作为SCR脱硝催化剂中的主要活性组分和助剂具有广阔的前景。目前已经通过调节不同稀土元素的负载以及改变稀土化合物的种类，得到了高脱硝活性的新型稀土 SCR 催化剂，而稀土金属及其氧化物作为助催化剂能够提高脱硝性能、提高催化剂的抗中毒能力、降低催化剂的温度窗口、增加催化剂强度。

1）稀土作为活性组分在低温脱硝中的应用

稀土作为低温脱硝的活性成分，研究最多的是 Ce 及其氧化物，CeO_2 能提高催化剂的氧化还原性能。然而，纯 CeO_2 催化剂的 SCR 性能较差，因此许多研究人员致力于添加其他金属氧化物，合成 CeO_2 复合催化剂来提高催化活性，扩大温度窗口，优化铈基催化剂的性能。

CeO_2-TiO_2 催化剂因其良好的氧化还原性能和高比表面积而受到广泛关注。众所周知，TiO_2 是 NH_3-SCR 催化剂的最佳载体，具有强 Lewis 酸性和良好的 SO_2 耐久性，同时活性组分可以均匀分散在表面，增加了表面活性位点的数量。一般来说，CeO_2-TiO_2 催化剂的制备方法直接影响 CeO_2 与 TiO_2 之间的强相互作用以及 CeO_2 在催化剂表面的分散状态，前者主要是增加比表面积，后者直接影响催化剂表面 Ce^{3+} 的含量，从而决定催化剂的氧化还原性能。对浸渍法、溶胶-凝胶法和共沉淀法制备的CeO_2-TiO_2催化剂进行比较，结果表明，溶胶-凝胶法制备的催化剂在300～400℃条件下NO_x转化率可达93%～98%，良好的脱硝性能可能是由于CeO_2和TiO_2之间的强相互作用[81]。CeO_2可以均匀分散在TiO_2上，催化剂中CeO_2的含量没有改变锐钛矿的晶体结构，显然溶胶-凝胶的制备方法对催化剂的强分子相互作用和表面特性有很大影响，决定了NH_3-SCR的性能[82]。通过球磨法制备一系列有机添加剂的CeO_2-TiO_2催化剂，在球磨过程中加入柠檬酸可以显著改变前驱体混合物的分解过程，提高CeO_2的分散性和还原性，改善表面酸度和微观结构[83]。此外，在CeO_2-TiO_2催化剂中CeO_2的存在能有效地提高TiO_2的催化活性和热稳定性，特别是可以抑制煅烧过程中晶粒生长和小孔道的坍塌。有研究发现，SO_2环境下形成的硫酸盐在TiO_2表面并不稳定，很容易分解，因此，TiO_2具有较高的SO_2耐久性能。CeO_2和TiO_2负载顺序对催化活性也有影响，TiO_2/CeO_2催化剂不仅在150～250℃表现出良好的低温活性，在300℃且存在0.02%的SO_2时还表现出良好的抗SO_2性能[84]。实际上，大量的CeO_2会优先与SO_2主动反应，避免了SO_2与Ce-O-Ti活性物种之间的相互作用，活性物种完全可以表现出较好的脱硝性能。一些研究人员还研究了CeO_2和TiO_2的不同前驱体对催化剂性能的影响，例如以锐钛矿、板钛矿和金红石型TiO_2为载体合成CeO_2-TiO_2催化剂，其中金红石型TiO_2的催化剂具有较高的NH_3-SCR活性，这是由于催化剂中含有大量的酸位、表面Ce^{3+}含量和表面吸附氧物种[85]。然而，使用金红石型TiO_2的CeO_2-TiO_2催化剂，其H_2O和SO_2耐久性能有待进一步研究和提高。上述结果表明，CeO_2-TiO_2比纯CeO_2表现出更多的酸性位和更高的分散度，显著提高了催化剂的催化活性[86]。

目前，有关Mn基催化剂的研究也已经非常广泛。Mn具有丰富的变价态（MnO、Mn_3O_4、Mn_5O_8、Mn_2O_3和MnO_2）和较大的比表面积，因而具有优异的低温活性，但Mn基催化剂的抗H_2O和SO_2性能较差是制约其应用的障碍，CeO_2的加入能在一定程度上增强抗H_2O和SO_2的能力[87]。CeO_2-MnO_x催化剂具有良好的H_2O和SO_2耐久性，Mn离子进入CeO_2晶格，大量化学吸附氧释放到CeO_2表面，从而提高了催化剂的NH_3-SCR活性。在合适的制备方法和反应条件下，Ce和Mn可以呈现不同的价态，此外，CeO_2和MnO_2之间的强相互作用使催化剂表现出优异的低温活性[88]。比较MnO_x-CeO_2催化剂的不同制备方法，在80～260℃的温度范围内，水解工艺方法具有较高的SCR活性，同时，该催化剂具有较高的Mn^{4+}/Mn^{3+}、Ce^{4+}/Ce^{3+}比值和较高的比表面积[89]。除了一些成熟的制备方法外，许多研究者在制备方法上也有创新性的工作。水热法制备的MnO_x-CeO_2催化剂具有最佳的NH_3-SCR性能和良好的抗SO_2和H_2O性能，Mn^{n+}进入CeO_2晶格形成Mn-O-Ce固溶体，提高了催化剂的SCR性能[90]。通过溶液燃烧合成法制备CeO_2-MnO_x催化剂，在120～350℃的条件下NO_x转化率高达90%以上[91]。通过表面活性剂模板法（ST）和共沉淀法（CP）合成MnO_x-CeO_2催化剂，可以得到更小的混合氧化物颗粒，有助于提高SCR性能[92]。

2）稀土作为助催化剂在低温脱硝中的应用

在低温SCR脱硝催化剂中加入稀土金属及稀土氧化物作为助催化剂，能够有效地改变催化剂的孔结构，提高催化剂的比表面积，可以更好地分散活性组分，进一步改善催化剂的氧化还原性能、表面酸性以及H_2O、SO_2稳定性。

Mn基催化剂中加入CeO_2能够减少焙烧过程中比表面积和孔容的损失，提高催化剂的储氧能力和氧化还原性能。此外，MnO_x和CeO_2之间的相互作用可以形成 Mn-O-Ce 固溶体，从而改善 NH_3 的吸附和活化性能。通过水热法开发的 Mn-Ce/TiO_2 催化剂具有良好的 NH_3-SCR 活性和抗 H_2O、SO_2 性能，且具有较宽的温度窗口，同时双氧化还原循环（$Mn^{4+}+Ce^{3+}\leftrightarrow Mn^{3+}+Ce^{4+}$，$Mn^{4+}+Ti^{3+}\leftrightarrow Mn^{3+}+Ti^{4+}$）在催化反应中起关键作用，促进了 NH_3 的吸附和活化[93]。Mn-Ce/TiO_2-PILC 催化剂具有丰富的介孔结构和较大的比表面积，Ce 改性的 Mn-Ce/TiO_2-PILC 催化剂增强了 Mn 在表面上的分散，与 CeO_2-MnO_x 催化剂相比，Ce-Mn/TiO_2 催化剂对 H_2O 和 SO_2 的耐受性在一定程度上得到了增强，CeO_2 能显著抑制硫酸铵和硫酸氢铵在催化剂表面的沉积[94]。添加 Ce 对 MnO_x/TiO_2 催化剂钾中毒影响的研究表明，K 可以降低催化剂的表面酸性和还原性能，CeO_2 的存在可以提供一定数量的 Lewis 酸位点，同时增强了 Mn/Ti 的还原性，在钾中毒后保持了 SCR 催化剂的氧化还原性能[95]。

分子筛依靠优异活性和高 N_2 选择性也被认为是最有前途的 SCR 催化剂，特别是 ZSM-5 分子筛具有稳定的晶体结构、良好的比表面积、丰富的酸中心和很好的热稳定性。通过浸渍法制备了 CeO_2 改性的 Cu/ZSM-5 催化剂，发现 CeO_2 提高了催化剂在低温下的 NH_3-SCR 活性，但在高温下的催化性能较差[96]。Ce 的加入可以抑制 Cu 的结晶，增加活性组分的分散，使得催化剂在 148～427℃下表现出更好的脱 NO_x 性能[97]。Fe-ZSM-5@CeO_2 催化剂显示出优异的 NH_3-SCR 活性和 N_2 选择性，主要是由于 Fe-ZSM-5@CeO_2 的构建策略是增加催化剂的氧化还原性能和活性氧物质，而表面 Ce^{4+}和活性氧物质能够促进 NO 的吸附和活化[98]。Mn-Ce/ZSM-5 催化剂在 H_2O 和 SO_2 存在下具有良好的 NH_3-SCR 活性，更重要的是 ZSM-5 和 Ce，Mn 的协同作用改善了催化剂的微孔-介孔特征和比表面性质[99]。

除了 ZSM-5 分子筛之外，其他分子筛也有很好的催化作用。在 MoFe/Beta 催化剂的表面上涂覆 CeO_2 壳，CeO_2 壳增强了催化剂对 SO_2 和 H_2O 的耐受性和热稳定性，主要是由于涂覆 CeO_2 壳之后催化剂的化学吸附氧和比表面积增加[100]。分别以 Beta、ZSM-5 和 USY 分子筛为载体，采用浸渍法制备 Mn-Ce 催化剂，三种分子筛负载 Mn-Ce 的催化剂均具有较好的低温活性，Mn-Ce/USY 催化剂在 107℃时 NO_x 转化率可达 90%以上，MnO_x 主要以无定形结构分布在催化剂表面，催化剂表面的弱酸性对反应起主要作用[101]。

从以上结果可以看出，铈基催化剂由于其高脱硝性能和低成本而被深入研究。铈基催化剂的催化性能主要取决于其表面酸性、比表面积、氧化还原性能以及抗 H_2O 和 SO_2 性能。目前的研究表明，铈基双金属氧化物比纯 CeO_2 在 NH_3-SCR 中的催化性能更好，复合氧化物催化剂比双金属氧化物催化剂具有更宽的操作温度范围和更高的低温活性，得益于活性组分和促进剂之间的协同相互作用、酸性位点的增强和氧化还原性质。合适的合成方法可以增强活性物种的分散性和不同活性组分的相互作用。铈基双金属氧化物催化剂、铈基复合氧化物催化剂和铈基分子筛催化剂仍是未来 NH_3-SCR 领域的研究方向。虽然一些研究者在铈基催化剂的合成方法、改性及催化机理等方面做了卓有成效的工作，但有些问题还需要进一步研究：在低温下，H_2O 和 SO_2 仍然抑制催化剂的性能；探索催化剂新的合成方法，以便在催化剂表面暴露更多的活性位点，增强活性组分之间的相互作用。

2. 非电行业脱硝

目前我国大气污染物处理领域中电力减排空间趋近饱和，非电领域越来越受关注。稀土在非电行业脱硝中的应用主要集中在玻璃、陶瓷、水泥、钢铁、有色金属冶炼等工业领域。非电领域众多，不同行业间工艺不同导致污染排放特性差异较大，因此目前排放标准和治理水平远低于燃煤电站行业。迄今为止，已经开发了多种减少 NO_x 的技术，最流行的有选择性催化还原（SCR）、选择性非催化还原（SNCR）、三效催化（TWC）和 NO_x 储存还原（NSR），其中以 NH_3 为还原剂的 SCR 工艺（NH_3-SCR）已被证明是去除电厂、工业锅炉、钢厂、工艺加热器等固定源 NO_x 最有效的方法。

从实际应用的角度考虑，开发低温（<300℃）NH_3-SCR 催化剂已经投入了大量的研究。众所周知，V_2O_5-WO_3(MoO_3)/TiO_2 催化剂在 300～420℃下表现出良好的脱硝性能，很好地用于电厂烟气的处理。然而，对于钢铁、水泥、玻璃和陶瓷等非电力行业来说，情况大不相同。通常，这些非电力工业的烟气温度低于 300℃，且空气条件变得更加复杂和波动（表 4-8），除氮氧化物外还存在大量的 SO_2、杂质及重金属组分，对 NH_3-SCR 催化剂的设计提出了很大的挑战。

表 4-8　部分非电力行业 NH_3-SCR 详细情况[102]

行业	反应条件	尾气组分	商用催化剂	其他催化剂
玻璃	180～220℃ NO_x：300～1200 mg/m^3 SO_2：300～3300 mg/m^3	NO_x，SO_2，HCl，HF，碱金属氧化物，Na_2SO_4，少量重金属 Se	V_2O_5/TiO_2 基催化剂	Mn 基，Cu 基，Fe 基，Ce 基等
陶瓷	80～150℃ NO_x：250～1100 mg/m^3 SO_2：500～3500 mg/m^3	NO_x，SO_2，HCl，HF，少量重金属，粉尘，氟化物，氯化物，重金属 Pb		
水泥	120～180℃ NO_x：800～1200 mg/m^3 SO_2：50～200 mg/m^3	NO_x，SO_2，HCl，HF，CaO，CO_2，HF		
钢铁	80～200℃ NO_x：200～310 mg/m^3 SO_2：400～1500 mg/m^3	NO_x，SO_2，HCl，HF，CO_2，二噁英		
炼焦	180～300℃ NO_x：100～1200 mg/m^3 SO_2：30～190 mg/m^3	NO_x，SO_2，H_2S，CO_2，CO，苯并芘		

目前，低温 NH_3-SCR 催化剂的典型成分包括 Mn、V、Ce、Ti 和 Fe 基氧化物，在 100～250℃之间可以获得优异的脱硝性能[102]。但值得注意的是，实用 NH_3-SCR 催化剂的发展不仅在于高脱硝性能，而且还在于优异的耐硫性，烟气中 SO_2 的存在很容易使 NH_3-SCR 催化剂失活，例如，V_2O_5-WO_3/TiO_2 材料在 NH_3+SO_2+H_2O+O_2 气氛下毒化 24 h 后发生明显变质[103]。在反应体系中引入 0.01% SO_2 后，Fe_2O_3/活性炭催化剂的 NO 转化率从 100%下降到 50%的稳态值，反映了 SO_2 的存在极大地限制了 NH_3-SCR 催化剂的稳定运行[104]。总的来说，SO_2 对 NH_3-SCR 催化剂的失活作用主要体现在化学失活和物理失活两个方面。常见的金属氧化物催化剂很容易与烟气中的 SO_2 反应，生成金属硫酸盐，从而抑制金属离子的价态变化，扰乱氧化还原循环[105]。除化学中毒外，烟气中的 SO_2 还会与氨反应生成（亚）

硫酸盐，如$(NH_4)_2SO_3$和NH_4HSO_4（ABS），这些（亚）硫酸盐在低温下不分解，最终沉积在催化剂表面发生物理失活[106]。由于 ABS 分解对温度的依赖性较强，在中高温脱硝过程中 ABS 失活不显著，而在低温（<300℃）NH_3-SCR 较为显著。ABS 是一种具有一定黏性的物质，它黏附、积聚在催化剂表面，不易被吹走，同时还能减小 NH_3-SCR 催化剂的比表面积，堵塞孔道，活性位点逐渐难以接近，催化剂最终失活。因此，提高低温 SCR 催化剂耐硫性能的研究受到了广泛的关注。

稀土作为载体和助剂在 SCR 脱硝反应中发挥着重要作用，是新型脱硝催化剂研究的重要方向。稀土催化剂能够在高温下促进氨与氮氧化物的反应，从而实现脱硝，还可以通过催化作用将废气中的硫化物和氮氧化物转化为无害物质，减少对环境的污染、降低能耗。有研究发现，掺杂稀土元素 Ce[107]、Pr[108]、Sm[109]、Eu[110]等可以有效提高催化剂对 SO_2 的耐受性，原因是减轻了催化剂活性位点的硫酸化和硫酸铵的形成，但 SO_2 对铈基催化剂活性的影响及其机理还有待进一步探讨。

已有研究者对稀土催化剂脱硝耐硫原理进行研究。在 Mn-Ce/TiO_2 催化剂中，SO_2 可以与 MnO_x 和 CeO_2 形成 $Mn(SO_4)_2$ 和 $Ce_2(SO_4)_3$，导致催化剂活性降低[111]。在相同的反应条件下，在 SO_2 气氛中，Mn/TiO_2 催化剂只保留了 25%的 NO 转化率，而 Mn-Ce/TiO_2 催化剂保留了 60%左右的 NO 转化率，经 *in-situ* DRIFT 证实 Mn-Ce/TiO_2 表面形成的硫酸盐物质比 Mn/TiO_2 表面形成的硫酸盐物质更容易分解，Mn-Ce/TiO_2 表面硫酸化物质较差的热稳定性有助于增加其耐硫性[112]。在 SO_2 存在的情况下，Ce 掺杂物可以优先形成硫酸盐物种，主要活性相 MnO_x 的磺化较少，并且 MnO_x 上保留一些 Lewis 酸位点以满足低温 SCR 循环。计算 VASP4.6 与 GGA+PW91 之间的交换相关函数表明，Ce 的掺杂降低了铵离子和硫酸盐离子的结合能，硫酸铵更容易分解[113]。TG-DSC 结果也证实了 NH_4HSO_4 在 Mn-Ce/TiO_2 上的分解温度比在 Mn/TiO_2 上的分解温度低 70℃左右。$MnCeO_x$ 固溶体的形成和 CeO_2 的优先硫化使得 MnCe/Ti 催化剂具有更高的 SCR 活性和更强的抗 SO_2 性能[107]。CeO_2 的表面磺化可以提高 SCR 活性[114]。这些结果表明，Ce 掺杂可以作为牺牲剂有效延缓表面硫酸化物的形成，从而提高 Ce 改性催化剂的耐硫性。

在铈基催化剂中加入改性剂可以进一步提高催化剂的耐硫性能。将 WO_3 加入到 CeO_2-TiO_2 中，形成 $Ce_{0.2}W_{0.2}TiO_x$，在 SO_2 浓度为 0.01%、温度为 300℃的条件下，该催化剂的 NO_x 转化率接近 100%[115]。锆添加剂对 $Ti_{0.8}Ce_{0.2}O_2$ 的催化性能也有类似的促进作用。铁掺杂对 Mn-Ce/TiO_2 催化剂的 SO_2 耐受性也有积极影响，因为氧化铁显著降低了硫酸盐的形成速率[116]。Ce/TiO_2-SiO_2 比 Ce/TiO_2 具有更强的抗 SO_2 能力，SiO_2 的引入进一步削弱了 Ce/TiO_2-SiO_2 催化剂表面的碱性，与 Ce/TiO_2 相比，Ce/TiO_2-SiO_2 表面的硫酸盐堆积较少[117]。在低温下 NO 与 NH_3 的 SCR 反应中，决定催化剂抗 SO_2 中毒能力的不是催化剂组成，而是催化剂的结构。与微孔结构相比，介孔结构提高了 SO_2 抗性[118]。制备方法也会影响 CeO_2-TiO_2 催化剂对 SO_2 的抗性，如采用溶胶-凝胶法制备的样品，其抗 SO_2 性能优于浸渍法和共沉淀法制备的样品[119]；均匀沉淀法制备的 Ce-Ti 混合氧化物，在 300℃下，添加 0.01% SO_2 反应 24 h，NO 转化率几乎没有变化[120]。因此，铈基催化剂对 SO_2 的抗性不仅与催化剂的组成和结构有关，还与制备方法有关。

随着 NO_x 排放限值要求的不断提高，玻璃、陶瓷、水泥、钢铁等非电行业的 NO_x 污染比重逐年增长，发展高效去除 NO_x 的方式已经成为当前行业密切关注的热点问题。然而，大多数情况下，烟气中 SO_2 与 NO_x 共存，SO_2 除了形成金属硫酸盐破坏活性金属氧化物的氧化还原循环外，还可以与 NH_3 反应生成硫酸氢铵，这些都会导致催化剂脱硝性能下降。为应对非电行业低温脱硝及 SO_2 中毒，适应不同行业的工艺条件，对催化剂的抗水、抗硫、抗碱金属、抗有机物等性能提出了更多的要求，能够在较低温度下高效脱硝且稳定性好的稀土催化剂在非电行业的应用研究具有广阔的前景。

4.3.3 挥发性有机物催化处理技术

城市化和工业化导致挥发性有机化合物的排放量迅速增加。“挥发性有机化合物”（volatile organic compounds，VOCs）通常是指在大气压（101.325 kPa）下沸点低于 250℃的有机化合物，VOCs 的排放会导致空气质量大幅下降，日益增加的 VOCs 排放量正在影响着人类的生存环境和身体健康。

VOCs 的来源分为两大类。第一类是生物源挥发性有机化合物（BVOCs），包括植物、动物和微生物排放的 VOCs，种类极其多样，最常见的是萜类化合物、醇和羰基化合物（通常不考虑甲烷和一氧化碳）。大多数 VOCs 由植物产生，主要化合物是异戊二烯。动物和微生物会产生少量 VOCs。许多 VOCs 被认为是次级代谢物，通常有助于生物体防御，例如植物防御食草。许多植物发出的强烈气味由绿叶挥发物组成，如植物光合作用将二氧化碳转化为生物质的同时，还有一些碳以异戊二烯和萜烯的形式进入大气。植物和无脊椎动物都会向空气中释放特定的有机物用来发送信号或者保护自己。另一类是人类活动的排放，如驾驶汽车、油漆、烹饪、生火、割草、呼吸以及一些化工领域如石油炼制、有机化学原料生产、纺织印染、医药行业、电子设备制造等，这些过程都会排放出烷烃、烯烃、炔烃、芳烃、醇、醛、酮、酯、卤代烃和含硫/氮化合物等有机化合物。随着科技的进步，工业源排放 VOCs 的量正在越来越多，不同的排放源，会产生不同的 VOCs 种类。

石油炼制中会产生多种烷类和苯、甲苯等 VOCs。有机化工原料生产会产生苯、甲苯、二甲苯、乙苯、甲醇、甲醛、乙醛、氯乙烷等。纺织印染过程中会产生苯乙烯、乙烯、乙二醇、丙酮、氯甲烷、三氯乙烷等化合物。医药行业会产生环己烷、苯、甲苯、丙酮、乙酸乙酯、二氯甲烷和三氯甲烷等化合物。

VOCs 的毒性和致癌性对人类健康的影响已得到许多研究的验证。绝大多数 VOCs 由烃类、芳香族化合物、醇、醛、酮、酯、卤代烃和含硫/氮化合物组成，它们对环境和人体的影响通常取决于其官能团的种类。

芳烃和烯烃是公认的高污染分子，这归因于它们在光化学臭氧形成中的巨大贡献。氯化 VOCs 由于其固有的毒性和稳定性，也需要关注。有研究表明，婴儿和儿童的呼吸、过敏或免疫影响与人造 VOCs 和其他室内或室外空气污染物有关。一些 VOCs，如苯乙烯和柠檬烯，可与氮氧化物或臭氧反应，产生新的氧化产物和二次气溶胶，可引起感官刺激症状。

针对 VOCs 的处理方法主要分为回收技术和氧化方法两大类，其中回收技术包括吸附、吸收、膜分离等，氧化方法包括催化氧化、生物降解、热焚烧、光催化分解等。然而，这些技术中的每一种都有其局限性，通常归因于不同的 VOCs 种类及其排放源的相关条件。

基于吸附的技术仅适用于控制高度稀释的 VOCs 排放，因为它们通常依赖于能源密集型的冷凝方法，而冷凝方法一般仅限于去除挥发性溶剂。

吸收是一个昂贵的过程，其中污染物被液体去除以进行分离和回收，但废溶剂的处置是这些过程面临的常见问题。

膜分离技术具有操作简单、设计紧凑的优点，然而，膜分离过程的运行和维护成本相当高。

生物降解通常具有选择性、浓度和温度敏感性，并且仅对低分子量和高溶性烃有效，通常还需要相对较长的空床停留时间。

光催化降解在室温下对多种有机污染物具有广泛的活性，然而，低量子效率导致该技术的氧化能力有限。非热等离子体可用于在不消耗大量能量的情况下创建高反应性环境，而由于该技术的非选择性和有限的能力，不良反应副产物（如臭氧、NO_x 和中间体）的形成不受控制[121]。

热焚烧是一种方便有效的方法，但通常需要高温（≥800℃）才能实现高浓度 VOCs 气流的完全氧化。但该技术由于高能量消耗，尽管焚烧释放的热量可以回收，依然不太经济。此外，VOCs 的不完全热氧化也会产生许多不良的副产物。

将 VOCs 深度催化燃烧成 CO_2 和 H_2O 是目前正在研究的最有效和经济可行的技术之一，用于净化稀 VOCs（<0.5vol%）排放尾气，将 VOCs 在远低于热焚烧的温度（通常为 200～500℃）下通过合适的催化剂分解。在某些情况下，还可以控制催化氧化过程中的产品选择性[122]。由于该技术的明显优势，在 VOCs 氧化催化剂的设计和合成方面已经进行了大量研究。

催化燃烧技术是较低浓度的有机废气通过催化床层，在少加或者不加辅助燃料的条件下，在较低温度下完全氧化成为 CO_2 和 H_2O。这种方法具有节能、高效、无二次污染的特点。普遍认为，VOCs 氧化反应存在三种机理：第一种是 Mars-Van Krevelen（MVK）机理，认为晶格氧与污染物反应形成氧空位，气相氧补充氧空位，决速步是氧空位形成能力；第二种是 Langmuir-Hinshelwood（LH）机理，认为反应是在吸附氧和吸附污染物之间发生，该模型的决速步是这两个分子之间的表面反应；第三种是 Eley-Rideal（ER）机理，认为反应是在吸附氧和气相污染物分子间进行。从这些反应机理来看，活性氧是反应的关键物种。活性氧有两种来源，一是催化剂本身的晶格氧，另一种则是气相反应条件下空气中的氧气在催化剂表面形成的吸附氧。在不同的催化剂表面其机理不一定相同，但是催化剂设计的基本原理还是从调控催化剂表面的氧空位、晶格氧活性、对氧气的吸附性能等方面入手，要弄清楚这些关系还需结合催化剂的结构特性分析。

VOCs 燃烧催化剂可分为负载型和复合氧化物两大类。负载型一般以比表面积大、结构稳定的氧化物如 Al_2O_3、SiO_2 等作载体，将活性组分贵金属或者非贵金属分散在其表面。除了载体与活性组分外还常常会添加一些助剂如 La_2O_3、CeO_2、K^+，其作用是帮助活性组分在载体表面更好地分散或者在活性组分与载体间形成电子传递等进而提高催化剂的性能。复合氧化物则是指两种或两种以上的金属氧化物形成的化合物直接作为催化剂，具有比例可调、结构可调等特性，在 VOCs 催化燃烧中显示出独特的优势。从这两类催化剂的构成来看，氧化物都是它们的主要成分，从而为催化剂提供了晶格氧。稀土材料，尤其是轻稀土元素具有独特的4f电子结构和镧系收缩等特性，在催化剂中往往起到以下作用：提高催化剂的储/放氧能力；提高氧空位形成能力；活化催化剂中的晶格氧；调节催化剂表面的酸碱性；提高活性组分在载体表面的分散度。

1. 饱和烷烃

烷烃是只含有氢和碳的简单化合物，作为原料广泛应用于化学品工业合成，巨大的应用市场导致它们占据了VOCs排放的很大一部分。烷烃的催化氧化反应大部分集中于乙烷、丙烷和正己烷的氧化。迄今为止，该领域已经获得应用的是基于贵金属（Pt、Pd、Ru和Au）[123]、基于过渡金属（Co、Ni、V、Mo、Cu、Mn和Fe）氧化物[124]、基于钙钛矿和尖晶石型材料[125,126]和基于水滑石衍生物氧化物的各种不同的催化剂。

Cu/ZSM-5在VOCs的低温分解中得到了广泛研究。Kucherov等[127]研究发现，Cu/ZSM-5催化剂消除VOCs的活性位是具有正方形平面配位的孤立Cu^{2+}物种，反应活性与位于沸石骨架中的二价阳离子和氧原子之间的相互作用有关，该氧原子与Al^{3+}离子连接。在该材料中添加质量分数5%的La或Ce可以进一步增强催化活性，掺杂稀土金属增强了高温下正方形平面Cu^{2+}阳离子的稳定性。

通式为ABO_3的钙钛矿型氧化物也是较好的VOCs降解催化剂，具有高的结构稳定性和可设计性，其中A位点可被稀土、碱土、碱金属或其他大离子占据，B位点通常填充过渡金属阳离子，此外，钙钛矿组成可以通过用其他金属部分替换A和/或B阳离子而灵活地改变，从而调整材料的物理化学性质。$LaMnO_3$氧化物中La被K部分取代导致钙钛矿材料中的氧大幅减少，K的掺入对催化活性有负面影响，因为K可以促进氧活化及还原为晶格氧O^{2-}，导致乙烷氧化脱氢化为乙烯[128]。$LaCoO_3$钙钛矿材料对丙烷氧化反应具有活性，可以通过用Sr或Ce离子取代来进一步增强[129]。

CeO_2由于具有储氧能力强、Ce^{3+}和Ce^{4+}之间的氧化还原转换等独特性质，在VOCs的深度氧化中显示出了很大的潜力。以不同形貌的CeO_2负载Pd，由于载体晶面暴露不同，金属与载体间相互作用不同影响了Pd在载体表面的存在形态。纳米棒和纳米立方体CeO_2表面的Pd形成了$Pd_xCe_{1-x}O_{2-\sigma}$固溶体，八面体CeO_2表面的Pd则形成PdO_x物种。对于丙烷氧化反应，八面体CeO_2负载的Pd催化剂显示更优的性能，活性的增加是由于CeO_2八面体载体材料中（111）面的比例增加，产生的强Ce—O表面键有利于诱导形成PdO[130]。

稀土金属如Ce可以充当结构和化学促进剂，稳定贵金属纳米颗粒以防止烧结并提供活性氧的额外来源。使用Au/Ni-Ce-O催化剂进行饱和脂肪烃的氧化反应，观察到的优异活性归因于它们的高表面积、低Ni−O键强度和Ni位点的强还原性[131]。

除此之外，Gluhoi和Nieuwenhuys[132]研究了MO_x（M=碱金属/碱土金属、过渡金属和铈）如何增强Au/Al_2O_3材料在丙烷氧化反应中的性能，结果表明，MO_x的存在可以提高Au/Al_2O_3催化剂的丙烷氧化活性，归因于负载的Au纳米颗粒的稳定化和增加的氧活性。

CeO_2作为Au纳米颗粒的载体材料已被用作VOCs氧化的催化剂，添加CeO_2增强了金属-载体的相互作用和Au颗粒的分散，进而促进了晶格氧的迁移效率并稳定了Au高氧化态，最终获得了较高的正己烷氧化去除效率[133]。

作为促进剂，La可以改善氧化铝的热稳定性。La作为促进剂还具有其他的作用，当掺杂到 Pd 催化剂上时，Pd 和 La 之间的强相互作用可以影响 Pd 的氧化态。相对于原始的 Pd/Al_2O_3 催化剂，负载在 La 改性的 Al_2O_3 材料上的 Pd 增强了其在饱和脂肪烃氧化反应中的催化性能。负载的 Pd 的氧化态受载体材料的碱度影响，La 也具有类似的效果，并且由于其疏电性质而促进负载的 Pd 氧化。因此，对于在低温或缺氧条件下操作的催化剂，La 是可以促进反应发生的改性剂[134]。

Ce-Zr 氧化物材料（$Ce_{0.5}Zr_{0.5}O_2$ 和 $Ce_{0.15}Zr_{0.85}O_2$）已被研究作为正己烷催化氧化反应的催化剂[135]。将 ZrO_2 引入立方 CeO_2 晶格中扭曲了氧化物的结构，产生了更高的晶格氧迁移率，从而提高催化剂活性[136]。

2. 不饱和烃

除了烷烃之外，烯烃也是构成每年工业排放的 VOCs 主要成分，其中乙烯和丙烯在烯烃 VOCs 中占很大比例，在过去十年人们对这些化合物的催化降解进行了大量研究。

有许多关于负载型贵金属催化剂用于乙烯氧化反应的报道。载体（Y_2O_3-ZrO_2、Sm_2O_3-CeO_2、C 和γ-Al_2O_3）的性质影响该反应中负载的 Pt 纳米颗粒的活性，在所测试的催化剂中，Pt/C 催化剂被确定为最具活性[137]。后续研究[138]调查了 Pt 粒度如何影响贫燃料条件下 Pt/C 催化剂的活性，发现较小的 Pt 纳米颗粒具有较高活性，平均粒度分布为 1.5 nm±0.5 nm 的 Pt/C 催化剂在约 100℃下可完全氧化乙烯［WHSV=12000 mL/(g·h)］。

通过研究 Pd/Al_2O_3、Pd/CeO_2 和 Pd/TiO_2 在乙烯氧化反应中的催化性能，发现 Pd/TiO_2 表现出最高的活性，而 Pd/CeO_2 表现出最差的活性，Pd/CeO_2 催化剂的低活性与 CeO_2 稳定的 PdO 物种有关[139]。然而，在另一项研究中证明了 CeO_2 对 Pd/Al_2O_3 催化剂的促进作用[140]。Au/CeO_2 被认为是丙烯破坏反应的高活性催化剂，可以在低于 200℃的温度下（GHSV=35000 h^{-1}）完全转化为 CO_2[141]。

Lamallem 等[142]还证实通过沉淀沉积法制备的 Au/Ce-Ti-O 催化剂比通过浸渍法制备的相应催化剂活性高得多，负载型 Au 催化剂的预处理以及碱金属和过渡金属添加剂的掺入也会对负载型 Au 催化剂在该反应中的活性产生显著影响。经过煅烧的 Au/CeO_2、Au/Al_2O_3 和 Au/$x$$CeO_2$-$Al_2O_3$ 样品的活性低于未煅烧的材料，原因是对其进行了还原预处理，产生了粒度效应，有效降低了 Au 纳米颗粒的粒径[143]。

在用不同的碱金属和碱土金属氧化物（MO_x，M=Li，Rb，Mg 和 Ba）掺杂 Au/Al_2O_3 催化剂时观察到促进效应，其活性与 Au 纳米颗粒的尺寸减小以及相对稳定性增加有关[144]。由过渡金属氧化物（TMO）掺杂产生的界面效应被认为比 Au 粒度更有效果，掺杂的 TMOs（M=Ce、Mn、Co 和 Fe）可以作为结构和化学促进剂，稳定 Au 颗粒，防止烧结，并增加可用的活性氧[145]。

众所周知，用 CeO_2 掺杂 TMO 会增强材料的氧化还原性能，可以提高氧的迁移率，从而提高催化活性。通过共沉淀法合成一系列 Co_3O_4 和 CeO_2 比例不同的 Co_3O_4-CeO_2 材料，测试它们的反应活性，其中，Co_3O_4（30%）-CeO_2（70%）催化剂显示出最高的活性，丙烯可以在 250℃下完全转化［WHSV=36000 mL/(g·h)］，该催化剂的高性能归因于在 CeO_2 促进了 Co_3O_4 颗粒的分散[146]。

3. 芳香烃

芳香烃是另一类工业上经常排放的挥发性有机化合物，在芳香族挥发性有机化合物中，苯、甲苯、乙苯和二甲苯占排放总量的大部分，芳香族化合物通常有毒或致癌。

添加 CeO_2 能够促进 Co 氧化物在较低温度下还原，大大增强了 CoCe/SBA-16 在苯氧化反应中的催化活性[147]。分别使用二维和三维硬模板制备具有不同 Co 与 Ce 比例的 Co_3O_4-CeO_2 纳米催化剂，即 SBA-15 和 KIT-6，证实二维 Co_3O_4-CeO_2 催化剂比相应的三维催化剂表现出更低的催化活性，随后用三维 Co_3O_4-CeO_2 催化剂确定了最佳的 Co 与 Ce 的比例为 16。这些材料在该反应中的活性与羟基和含氧物质的比例有关，表面含氧量越高，催化活性越好[148]。$MnCoO_x$ 和 $MnCeO_x$ 复合材料需要更高的反应温度（>260℃）才可以实现苯的完全氧化[149]。镧系元素（La，Ce 和 Nd）的引入能进一步提高 Pd/SBA-15 催化剂的催化活性[150]。

CuO-CeO_2 材料先前被报道作为氧化反应的催化剂具有高活性，在某些情况下，这种材料甚至在氧化反应中表现出与负载型贵金属催化剂相当的活性。用于合成 Cu-Ce 混合氧化物的制备路线对其在二甲苯氧化反应中的催化性能有显著影响[151]。通过硬模板法制备的 $CuCeO_x$ 催化剂被证实比共沉淀和其他络合物方法制备的相应催化剂有更高的活性，归因于其较高的孔隙率和表面积[152]。Hu 等[153]的研究进一步证实了这一点，他们发现 CuO-CeO_2 催化剂的还原性受到材料总表面积的强烈影响，高表面积材料通常显示出更好的还原性。

V 和 Mo 在 Au/CeO_2 和 Au/CeO_2-Al_2O_3 催化剂上的作用为 Au 在这些体系中的作用提供了进一步的证据[154]。负载在中孔 TiO_2 或 ZrO_2 上的其他 Au/V_2O_5 催化剂，证实 Au/V_2O_5-ZrO_2 材料比负载在 TiO_2 上的相应催化剂表现出更好的活性，这归因于 Au 纳米颗粒和氧化物表面之间更强的相互作用[155]。负载在介孔 CeO_2（1wt% Pt/CeO_2-MM）和 CeO_2 纳米立方体（1wt% Pt/CeO_2-NC）上的 Pt 纳米颗粒对苯氧化具有较高活性，在 140℃下，1wt% Pt/CeO_2-MM 催化剂的转换频率（TOF）比在 1wt% Pt/CeO_2-NC 上观察到的 TOF 高约 9 倍[156]。

甲苯是化学工业中常用的溶剂，是形成光化学烟雾的重要因素。具有高 Mn 含量的 Mn-Ce 混合氧化物纳米棒在甲苯分解反应中具有优异的活性和稳定性，这与紧密混合的 Mn-Ce 氧化物相的形成相关，可以产生更多的 Mn^{4+}物种和氧空位[157]。通过尿素氧化方法合成的 MnO_x-CeO_2 材料在 260℃（GHSV=50000 h^{-1}）下可以实现较好的甲苯转化率[158]。

负载在介孔 $LaMnO_3$ 钙钛矿上的 MnO_2 是甲苯氧化的活性催化位，甲苯可以在 290℃下完全分解为 CO_2 和 H_2O［WHSV=120000 mL/(g·h)］[159]。将 Ce 或 La 掺杂到钴氧化物上可以增强催化剂的活性[160]，这种活性提升被认为是 Ce（或 La）和 Co 之间强相互作用导致了活性氧化物相的分散增加。

在 $CoMgAlO_x$ 混合氧化物中掺杂 Ce，使用［Ce-EDTA］作为 Ce 前驱体的 Ce/$CoMgAlO_x$ 表现了比湿法浸渍制备催化剂更好的甲苯转化活性，与催化剂氧化还原性质的改善有关[161]。

Cu 基二元或三元混合氧化物（如 $CuMnO_x$、$CuCeO_x$、$CuAlO_x$、$CuMnCeO_x$ 和 $CuZnMnO_x$）和负载型 Cu 催化剂（Al_2O_3、ZrO_2、$CeZrO_x$ 或分子筛作为载体）也被用作甲苯氧化催化剂。通过共沉淀方法制备介孔 $CuCeO_x$ 混合氧化物的方法允许将大比例的 Cu^{2+}离子掺杂到介孔 CeO_2 晶格中，提高了 CuO_x 和 CeO_2 界面处的氧空位的比例[162]。在所测试的催化剂中，

$Cu_{0.3}Ce_{0.7}O_x$ 材料表现出最高的活性，90%的甲苯在 212℃下转化（GHSV=36000 h^{-1}），显著高于浸渍和热氧化方法制备的催化剂，这些材料性能增强与更高数量的表面氧物种和更强的还原性有关。

掺杂如 Cu、Mn 和 Co 金属离子的 CeO_2 表现出较高的催化活性，由于其大量的晶格缺陷和离子空位，为表面氧（O^{2-}、O^-）和晶格氧（O^{2-}）提供了转移通道[163]。开发具有高热稳定性的高活性 CeO_2 催化剂是一项相当大的挑战，通过热化学方法合成的 Cu-MnCe/ZrO_2 表现了优化的活性和稳定性，原因是 ZrO_2 和 Cu-Mn-Ce 的强相互作用[164]。还有学者研究了一系列 $Ce_xZr_{1-x}O_2$/CuO 催化剂[165]，观察到将 Zr 掺杂到 CeO_2 中可促进活性 Cu 物质的分散和还原性，在 400℃下煅烧的 8%CuO/$Ce_{0.8}Zr_{0.2}O_2$ 材料表现出最高的活性，甲苯在 275℃（GHSV=33000 h^{-1}）下可以完全转化。

钙钛矿型催化剂在甲苯氧化中也存在巨大潜力。对于甲苯氧化，$LaMn_{0.5}Co_{0.5}O_3$ 催化剂比 $LaCr_{0.5}Co_{0.5}O_3$ 和 $LaCu_{0.5}Co_{0.5}O_3$ 催化剂更有活性[166]。单晶 $La_{0.6}Sr_{0.4}CoO_{3-\delta}$催化剂比相应多晶材料的活性好得多，这是由于该氧化物具有独特的非化学计量氧和单晶结构[167]。制备方法也会对甲苯氧化中 $LaMnO_3$ 催化剂的催化性能产生重要影响，通过柠檬酸盐溶胶-凝胶法合成的 $LaMnO_3$ 催化剂比通过甘氨酸氧化和共沉淀法制备的相应材料表现出更好的活性，通过柠檬酸盐法制备的材料具有较高的表面积和较强的低温还原性[168]。

在一项研究中[169]，$LaMnO_3$ 被负载在不同的氧化物材料（Y_2O_3-ZrO_2 和 TiO_2）上，并测试了甲苯氧化能力。实验表明，$LaMnO_3$ 钙钛矿相和 TiO_2、Y_2O_3-ZrO_2 材料之间有明显的相互作用，这影响了氧的流动性，提高了催化性能。多项研究表明，钙钛矿材料表现出更高的表面积和更好的低温还原性，三维有序微孔 $LaMnO_3$ 催化剂在 243℃（GHSV=20000 mL/g）下甲苯转化率达到 90%。

铈基氧化物也经常被用作钙钛矿载体。具有不同形态（棒、立方体和多面体）的 CeO_2 材料用作 $La_{0.8}Ce_{0.2}MnO_3$ 的载体，CeO_2 的形态对 $La_{0.8}Ce_{0.2}MnO_3$ 相的活性具有关键影响，在所测试的催化剂中，$La_{0.8}Ce_{0.2}MnO_3$/CeO_2 多面体表现出最高的活性，在 240℃（GHSV=12000 h^{-1}）下，甲苯转化率为 100%，优异的催化性能归因于催化剂具有大的表面积、高数量的氧空位和较高比例的表面氧[170]。

载体材料的性质，例如其形态、组成和酸碱位点组成，也可以显著影响 CeO_2 纳米棒、纳米颗粒和纳米立方体的活性，其分别主要由［110］、［111］和［100］晶面组成，被用作 Pt 纳米颗粒的载体并研究甲苯氧化。实验表明，载体的形貌对催化活性有很大的影响。研究者们合成了不同形态（纳米颗粒、纳米立方体和纳米棒）的 CeO_2 催化剂，并将其作为邻二甲苯氧化催化剂进行研究。在所测试的催化剂中，CeO_2 纳米棒表现出最高的活性和稳定性，高性能是由于［111］和［100］晶面的比例增加，这与该材料表现出最高比例的表面氧空位并且可以在最低温度下还原的事实有关，是 O_2 活化的关键因素[171]。

许多不同的金属氧化物（CoO_x、MnO_x、CuO、ZnO、Fe_2O_3、CeO_2、TiO_2、Al_2O_3 和 $CuZnO_x$）对萘氧化的催化活性都已经有研究报道。在所测试的催化剂中，CeO_2 催化剂被确定为活性最高，这是由于催化剂的高表面积和萘与催化剂表面之间的结合强度。纳米晶 CeO_2 催化剂通过燃烧方法合成，采用乙二醇（EG）作为反应燃料[172]。制备这些催化剂使用的 EG 与 Ce 的比例对活性有显著影响。EG∶Ce 的摩尔比为 0.75 时，制备的催化剂表现

出最高的活性和 CO_2 选择性，该材料也被发现具有较高比例的氧空位[173]。另一项研究调查了不同中孔 CeO_2 催化剂所表现出的活性，这些催化剂采用纳米合成方法制备，并使用 2D SBA-15、3D KIT-6 和 3D MCM-48 作为模板，所有测试的催化剂都具有高活性，主要是由于材料的高表面积和丰富的活性位点[174]。

4. 含氧 VOCs

含氧 VOCs，例如甲醇、乙醇、2-丙醇、甲醛、乙醛、丙醛、丙酮、甲基乙基酮、乙酸乙酯和乙酸丁酯通常在工业废料中排放，这些 VOCs 的环境和毒理学影响取决于它们的官能团种类。

CeO_2-ZrO_2 催化剂具有良好的氧化还原和储氧性能，通常在氧化反应中表现出高的耐热性。通过沉积-沉淀方案合成不同的介孔 Pd/CeO_2-ZrO_2 材料，针对甲醇分解反应进行测试[175]，介孔 Pd/CeO_2-ZrO_2 催化剂比介孔 Pd/ZrO_2 和 Pd/CeO_2 催化剂上表现出更高的活性。

Pt/TiO_2 和 Pt/CeO_2-TiO_2 催化剂在 350℃下煅烧的 Pt/TiO_2 催化剂在室温下显示 70%的甲醇转化率，而 Pt/CeO_2-TiO_2 催化剂，其中有 1～2 mol%的 Ce 掺杂到 TiO_2 中，虽然表现出与 Pt/TiO_2 催化剂非常相似的活性，但稳定性更强[176]。

Au/CeO_2 催化剂也被研究作为 2-丙醇、甲醇和甲苯深度破坏的催化剂[177]，这些催化剂的活性与 Au 颗粒尺寸有关。较小的 Au 纳米颗粒更高活性，这与 Au 纳米颗粒界面处的 Ce—O 键的弱化有关。负载在 CeO_2/TiO_2 上的 Au-Co 混合氧化物可以在 50℃的温度下完全氧化甲醇，表现出比 Pt 催化剂更好的活性[178]。

乙醇也被广泛用作工业溶剂和燃料/燃料添加剂，乙醇的部分氧化可导致形成醛类物质，其毒性明显比甲醇更大，因此，有许多研究致力于低温破坏乙醇。

Pt/Ce/活性炭催化剂用于乙醇氧化的活性显著高于 Pt/CeO_2 催化剂，Pt-10Ce/C 材料表现出最好的活性，在该材料上，乙醇可以在 160℃下完全转化为 CO_2（流速为 100 mL/min），并且稳定运行 100 h。然而，在更潮湿的条件下（RH=40%和 80%），Pt-10Ce/C 的活性略微下降，归因于活性炭载体的疏水特性[179]。进一步研究 Pt 前驱体如何影响 Pt-CeO_2/C 在该反应中的活性[180]，与由 $Pt(NH_3)_4(NO_3)_2$ 制备的相应催化剂相比，由 H_2PtCl_6 合成的催化剂表现出更高的乙醇转化率和 CO_2 选择性，归因于 Pt 分散度的增加和更强的金属-CeO_2 相互作用。

2-丙醇（异丙醇）是一种典型的气态 VOCs 污染物，具有高毒性，因此引起了全世界研究人员的极大兴趣。铜基氧化物和负载型 Au 催化剂是 2-丙醇全氧化最常用的两种体系。TiO_2、Fe_2O_3、CeO_2 和 Al_2O_3 等载体被用来与 Au 位点结合用于 2-丙醇全破坏。

Au 氧化态和粒度在 VOCs（如 2-丙醇）的催化氧化中起关键作用[181]。各种金属氧化物负载的 Au 催化剂（Au/CeO_2、Au/Fe_2O_3、Au/TiO_2 和 Au/Al_2O_3）对 2-丙醇催化分解，其中 Au/CeO_2 在此范围内最具活性，Au 的氧化态被认为是一个重要的因素，Au^+物种比 Au 具有更高的活性[182]。Au 的负载增强了 CeO_2 对 2-丙醇氧化的活性，原因是 Au 与 CeO_2 相互作用表面 Ce—O 键，促进了 CeO_2 表面的反应性[177]。另外一方面，CeO_2 还能提高 Au/CeO_2/Al_2O_3 材料中 Au 分散度，从而提高 Au 颗粒在 VOCs 氧化中的活性[133]。

Mn 与（Mn+Ce）摩尔比为 0.5 的 Pt/MnO_x-CeO_2 催化剂具有最佳活性[183]。对于三维 Au/CeO_2 材料，在 75℃下观察到 100%的甲醛氧化［WHSV=66000 mL/(g·h)］，温度远低于

传统的粉末状 Au/CeO_2，此后合成了三维 Au/CeO_2-Co_3O_4 材料并用于甲醛氧化，结果表明，CeO_2 和 Co_3O_4 之间的协同效应可以显著加速表面氧迁移率并活化 Au，使得在 39℃下达到 100%的甲醛分解效率［WHSV=15000 mL/(g·h)］[184]。

通过研究乙醛在 CeO_x（100）薄膜上的吸附和解离发现，乙醛在氧化的 CeO_2（111）上分解，主要产物是 CO、CO_2 和 H_2O 以及痕量的巴豆醛和乙炔。还原态 CeO_{2-x}（100）的反应途径与氧化态 CeO_2（111）相似，然而，CeO_{2-x}（100）无法与还原表面上的表面 O 反应，导致 H_2 不能转变为 H_2O，并且 C 会沉积在表面上而不能释放 CO 和 CO_2[185]。

用于乙醛氧化的高效 Pt/CeO_2/ZSM-5 催化剂（T_{100} 为 200℃；GHSV=1200 h^{-1}）由 Fuku 等[186]提出，通过添加少量 CeO_2 使 Pt 纳米颗粒雾化的协同效应和有机分子在 ZSM-5 中的富集吸附被认为是该催化剂优异活性的原因。

研究不同金属氧化物负载的 Ru 催化剂（Ru/CeO_2、Ru/SnO_2、Ru/ZrO_2 和 Ru/γ-Al_2O_3）对乙醛的催化降解性能，其中 Ru/CeO_2 表现出最好的活性，乙醛在 210℃左右被完全氧化，他们认为，Ce 独特的 4f 轨道电子结构导致 Ru 与 CeO_2 之间形成了金属与载体强相互作用，促进 Ru 的分散，此外 CeO_2 的晶格氧也参与了反应历程，从而加快了反应进程[187]。

丙酮的催化氧化是一个重要的课题，通常集中在基于过渡金属（如 Cu、Mn、V 和 Ce）氧化物的研究工作。将 CuO 掺入 CeO_2 晶格中，Ce 基氧化物在氧化反应中的性能大大提高，并且 CeO_2 负载的 CuO 催化剂在氧化反应中的活性甚至与负载型贵金属催化剂相当[188]。考虑到 Ce 和 Cu 之间的协同效应，测试具有不同 Cu 含量的 $Cu_xCe_{1-x}O_y$ 混合金属氧化物反应性能，发现 $Cu_{0.13}Ce_{0.87}O_y$ 催化剂具有最高的活性，但由于形成了大量的 CuO，$Cu_{0.13}Ce_{0.87}O_y$ 的长期稳定性仍有待提高[189]。焙烧温度对 $Cu_{0.13}Ce_{0.87}O_y$ 材料的活性和稳定性有显著影响，在 700℃下煅烧的样品显示出最高的活性，在约 200℃下（流速为 200 mL/min）可以达到 100%的丙酮转化率。此外，从 400～700℃煅烧的催化剂对于该反应具有良好的稳定性[190]。

使用静电纺丝方法合成的 $CuCeO_x$ 纳米纤维催化剂具有比尿素-硝酸盐氧化和溶胶-凝胶法制备的催化剂更好的丙酮氧化性能。$Cu_{0.50}Ce_{0.50}O_x$ 纳米纤维催化剂具有最高的活性，主要归因于存在的 Ce 阳离子与不寻常的氧化态（Ce^{3+}），以及大的比表面积和丰富的氧空位[191]。负载在 Ce 改性和 Zr 蒙脱石材料上的 CuO 对于丙酮燃烧具有良好的活性，在 230 ℃下丙酮转化率为 100%[192]。

研究不同金属（Cu、Co、Ni、Mn 和 Fe）改性的 CeO_2 和负载在含铝介孔二氧化硅颗粒（Al-MSP）上的金属对丙酮氧化反应的影响，发现在丙酮破坏反应中，Ce 是所有催化剂中的主要活性物质，Mn 是提高 Ce/Al-MSP 催化剂活性的适当促进剂。在所研究的催化剂中，Mn-Ce/Al-MSP（Mn∶Ce=2∶1）是活性最优，丙酮转化率最高，可在 100～200℃下实现最大丙酮转化率，这与 $MnCeO_x$ 混合氧化物中的协同效应有关，导致更大量的 Ce^{3+} 和 Mn^{4+} 物种，增强了催化剂的还原性，提升了丙酮吸附能力。Mn 改性的疏水 TiO_2-SiO_2 混合氧化物也被用于丙酮氧化反应，这些材料的活性与样品的表面积、表面氧和疏水性质密切相关[193]。$SmMnO_x$ 混合氧化物具有比单一 Mn 氧化物更高的丙酮氧化活性，800℃焙烧的 $SmMnO_x$ 材料具有最好的催化活性[194]。

过渡金属钙钛矿，如 $LaMO_3$（M=Mn 和 Co）是高效的氧化催化剂。钙钛矿型氧化物（$SrMnO_3$、$FeMnO_3$ 和 $La_{0.6}Pb_{0.2}Ca_{0.2}MnO_3$）与尖晶石型材料（$CuFe_2O_4$、$MgFe_2O_4$ 和

$Ni_{0.5}Co_{0.5}O_4$）相比具有更高的丙酮氧化活性[195]。进一步研究证明[196]，Ce 离子部分取代（20%）Mn 可显著提高 $SrMnO_3$ 在该反应中的催化活性，这种作用归因于较小的晶粒尺寸、较大的比表面积以及在钙钛矿结构中存在具有可变价态的 Ce 和 Mn 阳离子。

负载在介孔二氧化硅上的双金属 Ce/Al 丙酮氧化反应中主要受表面氧化还原性质和催化剂的酸性控制，用 300℃的气溶胶喷涂温度制备的球形 Ce/Al-SiO_2 样品具有高的表面酸性和优异的还原性，是该反应的最佳催化剂之一[197]。

通过尿素氧化方案合成 MnO_x-CeO_2 材料，MnO_x-CeO_2 的较大表面积抵消了其较低的比活性，比单一氧化物更容易在较低温度下深度氧化 VOCs[158]。

$CuCe_xZr_{1-x}O_y$/ZSM-5（x=0、0.25、0.5、0.75 和 1.0）乙酸乙酯催化剂中，$CuCe_{0.75}Zr_{0.25}O_y$/ZSM-5 具有最佳催化性能，因为其优异的还原性，在 270℃的温度下，GHSV=24000 h^{-1} 时，可将乙酸乙酯完全转化为 CO_2[198]。对 $CuCeO_x$、$NiCeO_x$ 和 $CoCeO_x$ 混合氧化物研究发现，$CoCeO_x$ 混合氧化物具有最佳的氧化活性，乙酸乙酯在 225℃下完全氧化，GHSV=53050 h^{-1}，表明活性与表面积、样品中 Ce 含量、煅烧温度和催化剂的还原性有关[199]。Co/La-CeO_2 在乙酸乙酯的氧化中非常活跃，甚至比 Pt/La-CeO_2 催化剂更活跃[200]。

具有各种 Ce-Co 比率的 CeO_2-CoO_x 催化剂用于乙酸乙酯氧化反应，其中 $Ce_{0.5}Co_{0.5}O_x$ 催化剂在 200℃下实现了乙酸乙酯的 100%转化率，这与其富晶格氧有关[201]。Ru/CeO_2、Pt/CeO_2 和 Pd/CeO_2 对乙酸乙酯的催化破坏结果表明，Ru/CeO_2 具有最佳活性，在 180℃（流速为 100 mL/min）下转化 90%的乙酸乙酯，其次是 Pt/CeO_2 和 Pd/CeO_2，贵金属较强的低温还原性可能是高活性的原因[202]。

5. 其他 VOCs

还有一些含氮、含氯、含硫的 VOCs，其中氯化 VOCs（CVOCs，如二氯甲烷、1,2-二氯乙烷、三氯甲烷、四氯甲烷、四氯乙烷、氯乙烯、二氯乙烯、三氯乙烯、四氯乙烯、氯苯和二氯苯等）因其急性毒性和抗降解性而成为危险化合物。

Ce/TiO_2 催化剂用于二氯甲烷焚烧，由于 Cl 在表面上的强吸附和积累，TiO_2 容易失活，但 CeO_2 能迅速去除表面 Cl，从而降低 Cl 对 Ce/TiO_2 的毒害作用，提高其对二氯甲烷的破坏活性和稳定性[203]。随后的工作发现[204]，Ce/TiO_2 的不同的制备方法导致 TiO_2 和 CeO_2 不同的分散度以及 TiO_2 和 CeO_2 之间不同的相互作用强度，其中固相混合法制备的材料具有最好的活性（T_{97}=335℃）。为此设计了一种具有单独催化功能的 Ce/TiO_2-Cu/CeO_2 材料[205]，97%的二氯甲烷可以在 330℃（GHSV=30000 h^{-1}）下转化，并且 CO、Cl_2 和 $C_xH_yCl_z$ 副产物较少，即使在水的存在下，转化率和 CO_2 产率也保持较高水平。

微孔沸石如 ZSM-5 和 USY 通常被用作 1,2-二氯乙烷氧化中 CeO_2 的载体。Rivas 等[206]发现 CeO_2/H-ZSM-5 材料在该反应中的活性受其合成路线的影响很大，提出 CeO_2/H-ZSM-5 的反应活性可以根据氧迁移率和酸中心的协同效应来解释，在乙醇中浸渍合成的催化剂具有最高的活性，这一步导致 CeO_2 高度分散并产生大量氧空位。一种三明治结构的 CeO_2@HZSM-5 核-壳混合催化剂可以抑制 1,2-二氯乙烷分解过程中多氯代烃的形成，这种能力是由于 CeO_2 的存在而产生的，CeO_2 对 Deacon 反应具有高活性，其不直接暴露于 1,2-二氯乙烷和 HCl 中[207]。

A 位被 Sr、Mg 和 Ce 取代对 $LaMnO_3$ 在氯乙烯破坏反应中催化性能的试验结果表明，La 被 Ce 和 Mg 部分取代对其催化性能有积极影响，而 Sr 取代对性能有负面影响，Ce 掺杂的钙钛矿材料由于更高的表面积和还原性而表现出最高的活性[208]。

三氯乙烯（TCE）是一种常见的 CVOCs，存在于黏合剂、油漆和涂料中。块状 CeO_2 具有高的 TCE 破坏活性，归因于其表面碱性、高氧迁移率和供氧能力。然而，由于 TCE 分解过程中 HCl 或 Cl_2 的强烈吸附和活性位点的堵塞，CeO_2 的活性迅速降低[209]。

MnO_x-CeO_2 复合氧化物和负载型 MnO_x-CeO_2 材料在氯苯全分解中得到了广泛的研究。具有不同 Mn 与（Mn+Ce）比率的 MnO_x-CeO_2 材料中 MnO_x(0.86)-CeO_2 样品表现出最佳的催化活性，在 254℃、GHSV=15000 h^{-1} 下完全氧化氯苯。随后的工作表明，La 的引入改善了 $MnCeO_x$ 和 MnO_x 的分散，并增强了 $MnCeO_x$ 在氯苯氧化中的稳定性[210]。不同 CeO_2 形态（纳米颗粒和纳米棒）对 MnO_x/CeO_2 用于氯苯破坏的活性不同，MnO_x/CeO_2 纳米颗粒具有更高的催化活性[211]。

许多类型的氧化物已被用作 Mn-Ce 混合氧化物的载体，例如γ-Al_2O_3、TiO_2、ZSM-5 和堇青石。Mn_8Ce_2/γ-Al_2O_3 是所有 Mn_xCe_y/ γ-Al_2O_3 样品中活性最高的材料，这归因于其较高的还原性，添加 Mg 可以减少负载在γ-Al_2O_3 上的 Mn 和 Ce 物种的相互作用，改善 Mn 和 Ce 相的分散性和 Ce-Mn-O 固溶体的形成，从而提高 Mn-Ce-Mg/ γ-Al_2O_3 催化剂的活性、选择性和稳定性[212]。Ce 和 Mn 物质在 400℃的煅烧温度下形成的 $MnCeO_x$，可提高 CeO_x-MnO_x/TiO_2 的反应活性，这是由于 Ce、Mn 的协同效应以及形成更大数量的晶格缺陷、更多的氧空位和更小的微晶尺寸[213]。

负载型钒氧化物是一类重要的催化消除 CVOCs 材料。含有单体 VO_x 的 VO_x/CeO_2 催化剂在氯苯深度氧化中具有最高活性，VO_x 通过延缓 Cl 与 CeO_2 的碱性表面晶格氧位点的交换而明显增强 VO_x/CeO_2 材料的稳定性[214]。氯苯催化氧化的 Ru/CeO_2 催化剂表现出优异的活性和稳定性，Ti 掺杂能够增强 Ru/CeO_2 材料在氯苯破坏中的活性和稳定性，归因于较高比例暴露的氧空位和 CeO_2 的高能晶格平面[215]。

含氮 VOCs（NVOCs），如乙腈、乙二胺、正丁胺、吡啶和丙烯腈广泛用于工业过程中，NVOCs 催化氧化的关键在于控制 NO_x 的生成和防止二次污染物的形成。

Na-蒙脱石和不同柱撑层间黏土（Al-PILC、Zr-PILC、Ti-PILC 和 Al_2O_3/Ti-PILC）负载的 CrCe 材料可用于正丁胺和乙二胺的深度分解。负载型 CrCe 催化剂的介孔结构和酸性中心提高了催化剂的活性，CrCe/Ti-PILC 和 CrCe/Al_2O_3/Ti-PILC 具有较好的催化活性，与正丁胺相比，乙二胺在酸中心上的强吸附会降低反应活性。适量 CeO_2 的引入增强了 Cr 和 Ce 之间的相互作用，提高了催化剂的酸强度和活性氧物种的迁移率，8CrCe(6∶1)/Ti-PILC 在正丁胺氧化中表现出最好的催化性能和 NO_x 控制效果。

甲硫醇（CH_3SH）是一种气味强烈的含硫挥发性有机化合物（SVOCs），广泛存在于石油产品和工业废气中，CeO_2 是催化分解 CH_3SH 的重要催化剂。使用微波辅助溶胶-凝胶法制备 CeO_2 纳米颗粒，CeO_2 基材料是有效的高温硫吸收剂，形成硫化铈（Ce_2S_3）和硫酸铈（$Ce(SO_4)_2$）等各种 Ce-S 化合物，在反应后期形成 Ce_2S_3 导致活性明显下降[216]。在 CeO_2 表面掺杂适当的金属离子，特别是不同离子半径的三价稀土（如 Y、Sm 和 La）离子，可以提高 CeO_2 的稳定性[217]。在稀土金属掺杂的 CeO_2 材料中观察到更高的氧空位和更大量的碱性位点，Y 掺杂的 CeO_2（$Ce_{0.75}Y_{0.25}O_{2-\delta}$）具有更多的碱性位点，表现出比 CeO_2 更高的稳定性，而 La 掺杂的 CeO_2 催化剂具有最高的碱度，最低的稳定性。$Ce_{0.75}Gd_{0.25}O_{2-\delta}$对于 CH_3SH 氧化具有优异稳定性[218]。

Mn-Ce-Zr/堇青石催化剂用于正丁醇氧化的高活性在很大程度上取决于制备方法。采用一锅沉淀（Ce、Mn 和 Zr 硝酸盐混合在一起）和浸渍（Mn 负载在 Ce-Zr 修补基面涂覆相）合成 Mn-Ce-Zr/堇青石催化剂，其中一锅沉淀合成的催化剂活性更高，性能上的显著差异归因于前一种方法产生高活性的 Mn-Ce-Zr 薄层，表现出高比表面积和容易还原的特性[219]。

随着人们对居住和生活环境越来越重视，VOCs 的处理会成为治污常态，稀土元素凭借其优异的化学性能必定在 VOCs 处理中占据重要的地位。

4.3.4 污水催化处理技术

资源和环境是当今世界最为关注的问题，而水资源短缺是人类在 21 世纪面临的最大困难之一。城市污水处理问题已上升为环境治理的重中之重。根据我国经济发展和环境保护的需要，结合我国污水处理技术的发展趋势，提出一套经济合理的污水处理工艺流程，对于达标排放、保护环境、充分利用水资源、遏制生态恶化的趋势具有重要的意义。

稀土在提高双氧水（H_2O_2）催化降解废水领域有着广泛应用。H_2O_2 分解能产生氧化能力很强的羟基自由基（·OH），可将水体中的污染物氧化从而净化废水。H_2O_2 与 Fe(Ⅱ)构成的 Fenton 体系可以促进 H_2O_2 的分解进而提高处理效果。向 Fenton 体系中添加稀土可以进一步提高废水中污染物的处理效率。例如，向固定 Fe^{2+}/Fe^{3+}比例的溶液中掺入硫酸铈，可用于光催化降解活性艳红 X-3B。当 Ce^{4+}掺杂为 0.08 mol/L 时，在 pH 值为 3.0、H_2O_2 质量浓度为 34 mg/L、UV 为 253.7 nm 条件下，Ce-Fe 材料对活性艳红 X-3B 具有非常好的脱色效果，体系反应速率常数显著提高[220]。在非均相 Fenton 体系中添加稀土与其他金属元素结合，可以进一步提高催化活性。Fe-Cu-Mn-Y 复合催化剂负载在 Na-Y 分子筛上，由于稀土元素 Y 通过与其他两种金属的协同作用，可提高催化 H_2O_2 氧化处理废水的能力[221]。

除了 Fenton 体系外，由美国 Zimmermann 在 20 世纪 50 年代发明的催化湿空气氧化（catalytic wet air oxidation，CWAO）也是一种处理高浓度生物难降解有机废水的有效方法。CWAO 是通过溶解的分子氧将废水中的有机物氧化为 CO_2、H_2O 和 N_2 等气态小分子，从而达到废水净化的目的。CWAO 的瓶颈在于该工艺要求在较高的温度（200～300℃）和压力（7～15 MPa）下进行，限制了其工业化应用。应用于 CWAO 中的催化剂可分为均相催化剂和非均相催化剂两大类。均相催化剂由于与水溶液混溶，存在反应后分离成本较大等诸多缺点，因而近年来研究较少。非均相催化剂主要可分为非贵金属催化剂和贵金属催化剂两大类。贵金属催化剂虽然具有活性高和稳定性较好等优点，但由于原料价格昂贵且资源短缺，并不适宜大规模工业化应用。非贵金属催化剂中的过渡金属及其氧化物虽然在不同的反应中具有较好的氧化活性，但由于存在金属溶出的问题，其稳定性不高。新型稀土金属氧化物催化剂不但具有较高的活性，稳定性也非常出色。稀土金属氧化物催化剂与其他材料复合或制备负载型催化剂，各组分的协同效应可以进一步提高催化活性。因此，稀土催化剂成了 CWAO 领域的重点研究对象。

采用浸渍法制备四种氧化物为主活性组分的负载固定型催化剂，用于过氧化氢催化湿式氧化处理有机农药废水。通过对不同催化剂处理效果的比较发现，在常温常压、维持 pH 值 7～9 的条件下，四元组合 MnO_2-CuO-CeO_2-CoO 在反应时间 40 min 时 COD 去除率超过 80%，色度去除率高达 90%以上，表现出优异的催化剂性能[222]。采用 CWAO 技术处理高含量、难降解的磷霉素钠和黄连素制药混合废水，在考察非贵金属 Mn 及稀土元素 Ce 协同 Cu 催化 CWAO 反应时发现，在反应温度为 250℃、初始氧分压为 1.3 MPa，反应停留时间为 0.5 h 的条件下，以黄连素废水中的 Cu^{2+}作催化剂，COD 平均去除率为 50%，而且废水中的有机磷转化为了 PO_4^{3+}。当加入 Mn、Ce 后，COD 的去除率提高了 12%～18%[223]。以乙酸为研究对象使用催化剂 CeO_2-ZrO_2-CuO 和 CeO_2-ZrO_2-MnO_2 的混杂物作 CWAO 研究，发现 Cu（或 Mn）与 Ce 之间的协同作用能提高催化活性，并且溶出量极少，催化剂稳定性好。在 Cu、Fe、Mn、Co、Ni 分别与 Ce 复合于催化材料中，以 Ce-Cu 和 Ce-Mn 两种双组分催化材料处理废水效果最佳[224]。

稀土在湿式氧化的苛刻反应条件下非常稳定，被认为是优良的催化剂载体。我国具有丰富的稀土资源，稀土催化剂必将在污水处理领域得到重视和应用。

4.4　电化学催化剂

太阳能、风能、生物质能和地热能等清洁能源的可持续供应是全球性的重大课题。作为将（燃料的）化学能直接转化为电能的电化学装置，燃料电池是一种高效、低排放、低噪音和出色模块化的清洁发电替代方式。自 100 多年前燃料电池问世以来，研究人员已经开发了多种类型的燃料电池，包括聚合物电解质膜燃料电池（PEMFC）、熔融碳酸盐燃料电池（MCFC）、磷酸燃料电池（PAFC）、碱性燃料电池（AFC）和固体氧化物燃料电池（SOFC）。人们普遍认为，燃料电池将在未来的清洁能源系统中发挥举足轻重的作用。许多国家战略性地将燃料电池技术作为未来的发展重点。

固体氧化物燃料电池（SOFC）是将燃料直接转化为电能的电化学装置。它们通过氧化物离子的传导运行，能够使用多种燃料，包括碳氢化合物、合成气、沼气和氨以及氢气。燃料的氧化发生在阳极，阳极需要对燃料物质的电化学氧化具有活性，并具有电子和离子导电性。通常，阳极由陶瓷金属复合材料（金属陶瓷）制成，其中每个组分提供一个方面的导电性，或由混合离子电子导体（MIEC）制成，这是一种同时提供离子和电子导电性的陶瓷。

SOFC 通过燃料与氧化剂气体的电化学反应将化学能转换为电能，组成部分包括电解质、阴极、阳极和连接体。

电解质是 SOFC 的核心组成部分，其主要功能是传导离子。稀土元素可作为电解质的主体或者掺杂部分应用于 SOFC，主要应用于 ZrO_2 基和 CeO_2 基等电解质。

氧化锆（ZrO_2）基材料作为 SOFC 的电解质已得到广泛研究。通过掺杂较低氧化态阳离子（例如 Y^{3+}），氧化锆的立方晶型得以稳定。异价阳离子的添加可以产生氧空位，从而增加氧化物离子的电导率。氧化钇稳定氧化锆具有良好的化学和物理稳定性以及较宽的温度和 $p(O_2)$工作范围，且不会影响电子传导性，是使用最广泛的 SOFC 电解质。尽管更高的 Y 含量会产生更稳定的立方相，但添加约 8 mol%的氧化钇，即$(ZrO_2)_{0.92}(Y_2O_3)_{0.08}$具有最高的氧化物离子电导率。研究人员还研究了一系列稀土掺杂阳离子，包括 Y^{3+}、Eu^{3+}、Gd^{3+}、

Yb^{3+}、Er^{3+}、Dy^{3+}、Sc^{3+}，其中氧化钪稳定氧化锆具有最高的电导率。尽管 Sc_2O_3 比 Y_2O_3 更昂贵，但薄负载电解质中的用量很小，因此目前人们对这种电解质很感兴趣。掺杂 CeO_2 被认为是一种有前途的电解质。CeO_2 具有萤石结构，通过用二价碱土金属或三价稀土离子取代 CeO_2 中的 Ce^{4+}可向材料中引入氧空位。氧化物离子电导率是温度、掺杂剂的函数。根据浓度和类型，大多数掺杂剂的最大离子为 10～20 mol%。通常认为，基于 CeO_2 和 ZrO_2 的电解质，当异价掺杂阳离子最接近主体阳离子的离子半径时，观察到最高的氧离子电导率。在 Zr^{4+}的情况下，Sc^{3+}为最佳掺杂离子，在 Ce^{4+}的情况下，Sm^{3+}或 Gd^{3+}为最佳掺杂离子。其中，钆掺杂二氧化铈 $Ce_{0.9}Gd_{0.1}O_{1.95}$ 是研究最广泛的 CeO_2 基电解质。

SOFC 中大多数稀土金属氧化物极具有钙钛矿或相关晶体结构，比如 $LnFeO_3$、$LnCoO_3$、$LnNiO_3$、$LnMnO_3$ 和 $LnCrO_3$ 的钙钛矿型氧化物，用碱土金属元素掺杂这些钙钛矿型氧化物的 A 位可能会促进氧空位的形成。应用研究方面，Ni，Co 和 Fe 基氧化物对 ORR 表现出良好的催化活性。Fe 掺杂 $LaNiO_3$ 金属氧化物，虽然电导率高达 100 S/cm，但其在高温下的相稳定性较差，有报道称 $LaNiO_3$ 在高温下分解为 K_2NiF_4 型晶格结构的 La_2NiO_4 相和 NiO。为了稳定 $LaNiO_3$ 的钙钛矿相，尝试用外来离子部分取代 Ni 位点。在 $LaNiO_3$ 中掺杂了一系列元素（Al、Cr、Mn、Fe、Co、Ga），发现 $LaNiO_3$ 的 Ni 位点掺杂 40%的钙钛矿大多满足作为阴极材料的要求，所得 $LaNi_{0.6}Fe_{0.4}O_3$（LNF64）表现出 $11.4\times10^{-6}\ K^{-1}$ 的合适的 TEC 和 800℃下 580 S/cm 的最大电导率。然而，随着铁含量的进一步增加，两相混合物（斜方晶系和菱方晶系）转变为单一斜方晶相，同时出现少量的 La_2NiO_4 和/或 NiO，表明 $LaNi_xFe_{1-x}O_3$（LNF）的相结构对 B 位上 Ni 与 Fe 的比例非常敏感，需要仔细调整[225]。应当注意的是，选择 Fe 作为 $LaNiO_3$ 的掺杂剂是基于相稳定性、电子传导性和 TEC 的考虑，应进一步研究材料的 ORR 活性以证明结论的合理性。

SOFC 中最常见的电解质基于萤石结构，如掺杂氧化锆或掺杂二氧化铈，因此许多新型阳极材料都是以这些结构为基础开发的。

使用 Ni/YSZ 和 Ni-CeO_2/YSZ 作为阳极的研究表明，至少需要 25 wt%的 Ni 来确保低欧姆电阻，并且尽管掺杂了 CeO_2，Ni 相和 CeO_2 相仍分别共存，随着 CeO_2 掺杂量的增加，观察到电池极化电阻降低，从而提高了性能[226]。然而，性能与浸渍合成过程中形成的纳米氧化镍直接相关，因此镍颗粒在 YSZ 上更好地分散比 CeO_2 的掺杂发挥了更重要的作用[227]；用 CeO_2 纳米颗粒浸渍 Ni-YSZ 使前者对含硫氢气更加稳定，如果掺杂钛，YSZ 在还原气氛中表现出更高的电子电导率和更小的离子电导率，并且高钇含量和低钛含量的化合物在空气和氢气中都是比 YSZ 更好的导体[228,229]。

SOFC 连接体的主要作用是导电、导热、同时隔离阳极的燃料气和阴极的氧化气，因此 SOFC 的连接体需要具有较高电子电导率、热导率、低离子电导率和高稳定性。目前研究较多的 SOFC 的连接体材料是掺杂 $YCrO_3$ 陶瓷、掺杂的 $LaCrO_3$ 和金属合金。掺杂 $YCrO_3$ 和掺杂 $LaCrO_3$ 的 SOFC 具有耐高温的特点，在强氧化/还原气氛中均相对稳定，并保持相对较高电子电导率，同时与电池其他组元具有良好的相容性，但这类材料不易烧结造成加工困难，同时还会发生铬蒸气（有毒）挥发导致导电性下降等问题。金属合金连接材料具有较高的电导率、导热性等优点，但是也更容易被腐蚀和氧化。因此，金属合金连接材料也常通过掺杂稀土离子及稀土氧化物来降低成本和提高抗氧化性、抗腐蚀性。

（李兆强　严　密　谢鹏飞）

参考文献

[1] Meier W M. Zeolites and zeolite-like materials[J]. Pure & Applied Chemistry, 1986, 58(10): 1323-1328

[2] Smith J V. Microporous and Other Framework Materials with Zeolite-type Structure. Volume A [M]. Springer, 2000

[3] 孙书红, 庞新梅, 郑淑琴, 等. 稀土超稳 Y 型分子筛催化裂化催化剂的研究[J]. 石油炼制与化工, 2001, 32(6): 25-28

[4] 刘秀梅, 韩秀文, 包信和, 等. 稀土在催化裂化催化剂中的抗钒作用 II:稀土的抗钒机理[J]. 石油学报（石油加工）, 1999, 15(4): 39-45

[5] 于善青, 田辉平, 代振宇, 等. La 或 Ce 增强 Y 型分子筛结构稳定性的机制[J]. 催化学报, 2010, 31(10): 1263-1270

[6] 于善青, 田辉平, 朱玉霞, 等. 稀土离子调变 Y 分子筛结构稳定性和酸性的机制[J]. 物理化学学报, 2011, 27(11): 2528-2534

[7]秦玉才, 高雄厚, 裴婷婷, 等. 噻吩在稀土离子改性 Y 型分子筛上吸附与催化转化研究[J]. 燃料化学学报, 2013, 41(7): 889-896

[8] Thakur R, Barman S, Gupta R K. Kinetic investigation in transalkylation of 1, 2, 4-trimethylbenzene withtoluene over rare earth metal-modified large pore zeolite[J]. Chemical Engineering Communications, 2017, 204: 254-264

[9] 张乐, 李强, 赵越, 等. Ce 离子对苯在 Y 分子筛上吸附扩散行为的影响[J]. 燃料化学学报, 2017, 45(1): 84-92

[10] 张乐, 李强, 赵越, 等. 不同 Ce 含量改性的 Y 型分子筛对正辛烷吸附的分子模拟[J]. 人工晶体学报, 2016, 45(12): 2913-2919

[11] Sousa-Aguiar E F, Trigueiro F E, Zotin F M Z. The role of rare earth elements in zeolites and cracking catalysts[J]. CatalysisToday, 2013, 218-219: 115-122

[12] Shu Y, Travert A, Schiller R, et al. Effect of ionic radius of rare earth on USY zeolite in fluid catalytic cracking fundamentals and commercial application[J]. Topics in Catalysis, 2015, 58: 334-342

[13] Aaron A. Application of rare earths in fluid catalyticcracking: A review[J]. Journal of Rare Earths, 2017, 35(10): 941-956

[14] 杜晓辉, 李雪礼, 张海涛, 等. Y 型分子筛结构破坏的动力学分析[J]. 催化学报, 2016, 37(2):316-323

[15] 李雪礼, 谭争国, 曹庚振, 等. 稀土基催化裂化抗钒助剂的研究与应用[J]. 石化技术与应用, 2015, 33(1): 26-30

[16] 柳召永, 郑经堂. 溶胶-凝胶法制备中孔炭材料及其表征[J]. 炭素技术, 2007, 26(3): 13-16

[17] Salahudeen N. Development of zeolite Y and ZSM-5 composite catalyst from kankara kaolin[J]. Department of Chemical Engineering, 2015, 1-311

[18] 柳召永, 高永福, 娄来银, 等. 稀土催化裂化助燃剂反应性能研究[J]. 石化技术与应用, 2011, 29(6):

502-504

[19] 任彦瑾, 施力. 铈、铌改性镁铝尖晶石作为催化降烯烃助剂的研究[J]. 中国稀土学报, 2008, 26(1): 1-5

[20] 冯成亮, 孙东旭, 薛明. 新型三效稀土脱 NO_x 助剂在 350 万 t/a 重油催化裂化装置的应用[J]. 化工科技, 2015, 23(5): 58-62

[21] 王鹏, 孙言, 田辉平, 等. 稀土对含钒氧化物催化裂化降硫剂结构和性能的影响[J]. 石油炼制与化工, 2014, 45(11): 1-6

[22] 李岩, 邹晓玲, 张舒恒, 等. $M_{0.5}Co_{2.5}O_4$(M = La, Ce, Pr, Nd)尖晶石型复合氧化物催化剂催化分解 N_2O 性能[J]. 工业催化, 2017, 25(4): 28-33

[23] Le P N. Production of high purity rare earth mixture fromiron-rich spent fluid catalytic cracking (FCC) catalyst using acid leaching and two-step solvent extraction process[J]. Korean J. Chem. Eng. , 2018, 35(5): 1195-1202

[24] Thompson V S, Gupta M, Jin H, et al. Technoeconomic and life cycle analysis for bioleaching rare-earth elements from wastematerials[J]. ACS Sustainable Chemistry & Engineering, 2018, 6: 1602-1609

[25] Hirohumi S. Rare Earth Metals for Automotive Exhaust Catalysts[J]. ChemInform, 2006, 37 (18): 1061-1064

[26] Per Anders C, Skoglundh M. Low-temperature oxidation of carbon monoxide and methane over alumina and ceria supported platinum catalysts[J]. Applied Catalysis B: Environmental, 2011, 101(3-4): 669-675

[27] Zhang Li, Weng D, Wang B, et al. Effects of sulfation on the activity of $Ce_{0.67}Zr_{0.33}O_2$ supported Pt catalyst for propane oxidation[J]. Catalysis Communications, 2010, 11(15): 1229-1232

[28] Sharma S, Hegde M S, Das R N, et al. Hydrocarbon oxidation and three-way catalytic activity on a single step directly coated cordierite monolith: High catalytic activity of $Ce_{0.98}Pd_{0.02}O_{2-\delta}$[J]. Applied Catalysis A: General, 2008, 337(2): 130-137

[29] Wang G, Meng M, Zha Y. High-temperature close coupled catalysts Pd/Ce-Zr-M/Al_2O_3 (M = Y, Ca or Ba) used for the total oxidation of propane[J]. Fuel, 2010, 89(9): 2244-2251

[30] Wang Q, Li G, Zhao B, et al. The effect of Nd on the properties of ceria-zirconia solid solution and the catalytic performance of its supported Pd-only three-way catalyst for gasoline engine exhaust reduction[J]. Journal of Hazardous Materials, 2011, 189(1-2): 150-157

[31] Rao G R, Kašpar J, Meriani S, et al. NO decomposition over partially reduced metallized CeO_2-ZrO_2 solid solutions[J]. Catalysis Letters, 1994, 24(1): 107-112

[32] Fajardie F, Tempére J F, jèga-Mariadassou G D, et al. Benzene hydrogenation as a tool for the determination of the percentage of metal exposed on low loaded ceria supported rhodium catalysts[J]. Journal of Catalysis, 1996, 163(1): 77-86

[33] Kawabata, H, Koda, Y, Sumida, H, et al. Self-regeneration of three-way catalyst rhodium supported on La-containing ZrO_2 in an oxidative atmosphere[J]. Catalysis Science & Technology, 2014, 4(3): 697-707

[34] 蒋晓原, 丁光辉, 刘琪, 等. CuO 在 CeO_2 和 γ-$A1_2O_3$ 上的表面性质及对 NO+CO 反应性能的研究[J]. 浙江大学学报: 理学版, 2003, 30(3): 289-295

[35] 张可新. CuO/$Ce_{0.9}Zr_{0.1}O_2$-Al_2O_3 催化剂的合成及其催化 CO 还原 NO 的研究［D］. 哈尔滨:黑龙江大学, 2012

［36］卢冠中，汪仁. 氧化铈在非贵金属氧化物催化剂中的作用——NO+CO 反应[J]. 中国稀土学报，1991，9(4): 329-333

［37］程晓庆. NiO/CeO 催化剂上 NO-CO 反应机理研究[D]. 大连：大连理工大学, 2009

［38］Viswanathan B. CO oxidation and NO reduction on perovskite oxides[J]. Catalysis Reviews, 1992, 34(4): 337-354

［39］Tabata K, Misono M. Elimination of pollutant gases-oxidation of CO, reduction and decomposition of NO[J]. Catalysis Today, 1992, 8(2): 249-261

［40］Sorenson S C, Wronkiewicz J A, Siset L B, et al. Properties of $LaCoO_3$ as a catalyst in engine exhaust gases[J]. American Ceramic Society Bulletin, 1974, 53(5): 446-454

［41］Belessi V C, Bakas T V, Costa C N, et al. Synergistic effects of crystal phases and mixed valences in La-Sr-Ce-Fe-O mixed oxidic/perovskitic solids on their catalytic activity for the NO+CO reaction[J]. Applied Catalysis B: Environmental, 2000, 28 (1): 13-28

［42］Wu Y, Zhao Z, Liu Y, et al. The role of redox property of $La_{2-x}(Sr, Th)_xCuO_{4\pm\lambda}$ playing in the reaction of NO decomposition and NO reduction by CO[J]. Journal of Molecular Catalysis A: Chemical, 2000, 155(1-2): 89-100

［43］刘钰，杨向光，赵震，等. La-Ba-Cu 复合氧化物在催化消除 NO 反应中催化性能的研究[J]. 高等学校化学学报, 1998, 19(3): 414-418

［44］Kaspar J, Fornasiero P, Graziani M. Use of CeO_2-based oxides in the three-way catalysis[J]. Catalysis Today, 1999, 50(2): 285-298

［45］Wang X, Lu G, Guo Y, et al. Structure, thermal-stability and reducibility of Si-doped Ce–Zr–O solid solution[J]. Catalysis Today, 2007, 126(3-4): 412-419

［46］Haneda M, Houshito O, Sato T, et al. Improved activity of Rh/CeO_2-ZrO_2 three-way catalyst by high-temperature ageing[J]. Catalysis Communications, 2010, 11(5): 317-321

［47］Wang Q, Li G, Zhao B, et al. The effect of rare earth modification on ceria-zirconia solid solution and its application in Pd-only three-way catalyst[J]. Journal of Molecular Catalysis A: Chemical, 2011, 339(1-2): 52-60

［48］何洪，戴宏兴，李佩恒，等. $Ce_{0.6}Zr_{0.035}Y_{0.05}O_2$ 和 $Pr_{0.6}Zr_{0.35}Y_{0.05}O_2$ 固熔体的氧储存能力及氧化-还原性能的研究[J]. 中国稀土学报, 2002, 20 (0Z1): 43-46

［49］Ikryannikova L N, Aksenov A A, Markaryan G L, et al. The red-ox treatments influence on the structure and properties of M_2O_3-CeO_2-ZrO_2 (M=Y, La) solid solutions[J]. Applied Catalysis A: General, 2000, 210(1-2): 225-235

［50］Li G, Wang Q, Zhou R. The promotional effect of transition metals on the catalytic behavior of model Pd/$Ce_{0.67}Zr_{0.33}O_2$ three-way catalyst[J]. Catalysis Today, 2010, 158 (3-4): 385-392

［51］Yue B, Zhou R X, Wang Y J, et al. Influence of transition metals (Cr, Mn, Fe, Co and Ni) on the methane combustion over Pd/Ce-Zr/Al_2O_3 catalyst[J]. Applied Surface Science, 2006, 252 (16): 5820-5828

［52］Guo Y, Lu G, Zhang Z, et al. Preparation of $CeZr_{1-x}O_2$ (x = 0. 75, 0. 62) solid solution and its application in Pd-only three-way catalysts[J]. Catalysis Today, 2007, 126(3-4): 296-302

［53］Fan J, Duan W, Wu X, et al. Modification of CeO_2-ZrO_2 mixed oxides by coprecipitated/impregnated Sr:

Effect on the microstructure and oxygen storage capacity[J]. Journal of Catalysis, 2008, 258 (1): 177-186

[54] Abu-Zied B, Bawaked S, Kosa S, et al. Rare earth-promoted nickel oxide nanoparticles as catalysts for N_2O direct decomposition[J]. Catalysts, 2016, 6 (5): 70-84

[55] Seo Y, Lee M W, Kim H J, et al. Effect of Ag doping on Pd/Ag-CeO_2 catalysts for CO and C_3H_6 oxidation[J]. Journal of Hazard Mater, 2021, 415: 125373

[56] Tang W, Lu X, Liu F, et al. Ceria-based nanoflake arrays integrated on 3D cordierite honeycombs for efficient low-temperature diesel oxidation catalyst[J]. Applied Catalysis B: Environmental, 2019, 245: 623-634

[57] Grabchenko M V, Mamontov G V, Zaikovskii V I, et al. The role of metal-support interaction in Ag/CeO_2 catalysts for CO and soot oxidation[J]. Applied Catalysis B: Environmental, 2020, 260: 118148

[58] Toyao T, Jing Y, Kon K, et al. Catalytic NO-CO reactions over La-Al_2O_3 supported Pd: Promotion effect of La[J]. Chemistry Letters, 2018, 47: 1036-1039

[59] Liu T, Wei L, Yao Y, et al. La promoted CuO-MnO_x catalysts for optimizing SCR performance of NO with CO[J]. Applied Surface Science, 2021, 546: 148971. 1-148971. 9

[60] Yang Y, Yang Z Z, Xu H D, et al. Influence of La on CeO_2-ZrO_2 Catalyst for oxidation of soluble organic fraction from diesel exhaust[J]. Acta Physico-Chimica Sinica, 2015, 31: 2358-2365

[61] Gross M S, Sánchez B S, Querini C A. Diesel particulate matter combustion with CeO_2 as catalyst. Part II: Kinetic and reaction mechanism[J]. Chemichal Engineering Journal, 2011, 168: 413-419

[62] Garcı I A A, Thermally stable ceria-zirconia catalysts for soot oxidation by O_2[J]. Catalysis Communications, 2008, 9: 250-255

[63] Buenolopez A, Krishna K, Makkee M, et al. Enhanced soot oxidation by lattice oxygen via La^{3+}-doped CeO_2[J]. Journal of Catalysis, 2005, 230: 237-248

[64] Aneggi E, de Leitenburg C, Dolcetti G, et al. Promotional effect of rare earths and transition metals in the combustion of diesel soot over CeO_2 and CeO_2-ZrO_2[J]. Catalysis Today, 2006, 114: 40-47

[65] Piumetti M, Russo N, Fino D. Nanostructured ceria-based catalysts for soot combustion: Investigations on the surface sensitivity[J]. Applied Catalysis B: Environmental, 2015, 165: 742-751

[66] Zhou K, Sun X, Peng Q, et al. Enhanced catalytic activity of ceria nanorods from well-defined reactive crystal planes[J]. Journal of Catalysis, 2005, 229: 206-212

[67] Wu X, Liu D, Kai L, et al. Role of CeO_2-ZrO_2 in diesel soot oxidation and thermal stability of potassium catalyst[J]. Catalysis Communication, 2007, 8: 1274-1278

[68] Oliveria C F, Garcia F A C, Araújo D R, et al. Effects of preparation and structure of cerium-zirconium mixed oxides on diesel soot catalytic combustion[J]. Applied Catalysis A: General, 2012, 413: 292-300

[69] Xu W, Yu Y, Zhang C, et al. Selective catalytic reduction of NO by NH_3 over a Ce/TiO_2 catalyst[J]. Catalysis Communications, 2008, 9: 1453-1457

[70] Li C, Shen M, Wang J, et al. New insights into the role of WO_3 in improved activity and ammonium bisulfate resistance for NO reduction with NH_3 over V-W/Ce/Ti catalyst[J]. Industrial & Engineering Chemistry Research, 2018, 57: 8424-8435

[71] Chen M, Li J, Xue W, et al. Unveiling secondary-ion-promoted catalytic properties of Cu-SSZ-13 zeolites

for selective catalytic reduction of NO_x[J]. Journal of the American Chemical Society, 2022, 144: 12816-12824

[72] Zhao Z, Yu R, Shi C, et al. Rare-earth ion exchanged Cu-SSZ-13 zeolite from organotemplate-free synthesis with enhanced hydrothermal stability in NH_3-SCR of NO_x[J]. Catalysis Science & Technology, 2019, 9: 241-251

[73] Wang Y, Li Z, Ding Z, et al. Effect of ion-exchange sequences on catalytic performance of cerium-modified Cu-SSZ-13 catalysts for NH_3-SCR[J]. Catalysts, 2021, 11(8): 997-1005

[74] Chen Z, Guo L, Qu H, et al. Controllable positions of Cu^{2+} to enhance low-temperature SCR activity on novel Cu-Ce-La-SSZ-13 by a simple one-pot method[J]. Chemical Communications, 2020, 56: 2360-2363

[75] Chen M, Zhao W, Wei Y, et al. La ions-enhanced NH_3-SCR performance over Cu-SSZ-13 catalysts[J]. Nano Research, 2023, 16(10): 12126-12133

[76] Klingstedt F, Karhu H, Neyestanaki A K, et al. Barium promoted palladium catalysts for the emission control of natural gas driven vehicles and biofuel combustion systems[J]. Journal of Catalysis, 2002, 206(2): 248-262

[77] 郭家秀，袁书华，龚茂初，等. $Ce_{0.35}Zr_{0.55}La_{0.10}O_{1.95}$对低贵金属Pt-Rh型三效催化剂性能的影响[J]. 物理化学学报, 2007(1): 73-78

[78] 张燕，肖彦，袁慎忠，等. 压缩天然气轿车尾气净化催化剂的研制[J]. 无机盐工业, 2009, 41(2): 19-22

[79] Klingstedt F, Neyestanaki A K, Lindforset L E, et al. An investigation of the activity and stability of Pd and Pd-Zr modified Y-zeolite catalysts for the removal of PAH, CO, CH_4 and NO_x emissions[J]. Applied Catalysis A: General, 2003, 239(1-2): 229-240

[80] Bounechada D, Groppi G, Forzatti P, et al. Effect of periodic lean/rich switch on methane conversion over a Ce-Zr promoted Pd-Rh/Al_2O_3 catalyst in the exhausts of natural gas vehicles[J]. Applied Catalysis B: Environmental, 2012, 119-120: 91-99

[81] Gao X, Jiang Y, Zhong Y, et al. The activity and characterization of CeO_2-TiO_2 catalysts prepared by the sol-gel method for selective catalytic reduction of NO with NH_3[J]. Journal of Hazardous Materials, 2010, 174: 734-739

[82] Duan Z, Liu J, Shi J, Zhao Z, et al. The selective catalytic reduction of NO over $Ce_{0.3}TiO_x$ supported metal oxide catalysts[J]. Environmental Science, 2018, 65: 1-7

[83] Huang X, Li S, Qiu W, et al. Effect of Organic Assistant on the Performance of Ceria-Based Catalysts for the Selective Catalytic Reduction of NO with Ammonia[J]. Catalysts, 2019, 9: 357

[84] Zhang L, Li L, Cao Y, et al. Getting insight into the influence of SO_2 on TiO_2/CeO_2 for the selective catalytic reduction of NO by NH_3[J]. Applied Catalysis B: Environmental, 2015, 165: 589-598

[85] Yao X, Zhao R, Chen L, et al. Selective catalytic reduction of NO_x by NH_3 over CeO_2 supported on TiO_2: Comparison of anatase, brookite, and rutile[J]. Applied Catalysis B: Environmental, 2019, 208: 82-93

[86] Xiao X, Xiong S, Shi Y, et al. Effect of H_2O and SO_2 on the selective catalytic reduction of NO with NH_3 over Ce/TiO_2 catalyst: Mechanism and kinetic study[J]. Journal of Physical Chemistry C, 2016, 120: 1066-1076

[87] Kim SH, Park BC, Jeon YS, et al. MnO_2 Nanowire-CeO_2 Nanoparticle Composite Catalysts for the

Selective Catalytic Reduction of NO_x with NH_3[J]. ACS Applied Materials &Interfaces, 2018, 10: 32112-32119

[88] Qi G, Yang R, Chang R. MnO_x-CeO_2 mixed oxides prepared by co-precipitation for selective catalytic reduction of NO with NH_3 at low temperatures[J]. Applied Catalysis B: Environmental, 2004, 51: 93-106

[89] Shen B, Wang F, Liu T. Homogeneous MnO_x-CeO_2 pellets prepared by a one-step hydrolysis process for low-temperature NH_3-SCR[J]. Frontiers of Environmental Science & Engineering, 2004, 253: 152-157

[90] Yao X, Ma K, Zou W, et al. Influence of preparation methods on the physicochemical properties and catalytic performance of MnO_x-CeO_2 catalysts for NH_3-SCR at low temperature[J]. Chinese Journal of Catalysis, 2017, 38: 146-159

[91] Andreoli S, Deorsola F. A, Pirone R. MnO_x-CeO_2 catalysts synthesized by solution combustion synthesis for the low-temperature NH_3-SCR[J]. Catalysis Today, 2015, 235: 199-206

[92] Liu Z, Yi Y, Zhang S, et al. Selective catalytic reduction of NO_x with NH_3 over Mn-Ce mixed oxide catalyst at low temperatures[J]. Catalysis Today, 2013, 216: 76-81

[93] Liu Z, Zhu J, Li J, et al. Novel Mn-Ce-Ti mixed-oxide catalyst for the selective catalytic reduction of NO_x with NH_3[J]. ACS Applied Materials & Interfaces, 2014, 6: 14500-14508

[94] Shen B, Yao Y, Ma H, et al. Ceria modified MnO_x/TiO_2-pillared clays catalysts for the selective catalytic reduction of NO with NH_3 at low temperature[J]. Chinese Journal of Catalysis, 2011, 32: 1803-1811

[95] Peng Y, Li J, Si W, et al. Ceria promotion on the potassium resistance of MnO_x/TiO_2 SCR catalysts: An experimental and DFT study[J]. Chemical Engineering Journal, 2015, 269: 44-50

[96] Liu X, Wu X, Weng D, et al. Modification of Cu/ZSM-5 catalyst with CeO_2 for selective catalytic reduction of NO_x with ammonia[J]. Rare Earths, 2016, 34: 1004-1009

[97] Dou B, Lv G, Wang C, et al. Cerium doped copper/ZSM-5 catalysts used for the selective catalytic reduction of nitrogen oxide with ammonia[J]. Chemical EngineeringJournal, 2015, 270: 549-556

[98] Chen L, Wang X, Cong Q, et al. Design of a hierarchical Fe-ZSM-5@CeO_2 catalyst and the enhanced performances for the selective catalytic reduction of NO with NH_3[J]. Chemical Engineering Journal, 2019, 369: 957-967

[99] Carja G, Kameshima Y, Okada K, et al. Mn-Ce/ZSM-5 as a new superior catalyst for NO reduction with NH_3v[J]. Applied Catalysis B: Environmental, 2007, 73: 60-64

[100] Liu J, Du Y, Liu J, et al. Design of MoFe/Beta@CeO_2 catalysts with a coreshell structure and their catalytic performances for the selective catalytic reduction of NO with NH_3[J]. Applied Catalysis B: Environmental 2017, 203: 704-714

[101] Huang Z, Li C, Wang Z, et al. Low temperature NH_3-SCR denitration performance of different molecular sieves supported Mn-Ce catalysts[J]. Journal of Fuel Chemistry and Technology, 2016, 44: 1388-1394

[102] Guo K, Ji J, Song W, et al. Conquering ammonium bisulfate poison over low-temperature NH_3-SCR catalysts: A critical review[J]. Applied Catalysis B: Environmental, 2021, 297: 120388. 1-120388. 16

[103] Xu L, Wang C, Chang H, et al. New insight into SO_2 poisoning and regeneration of CeO_2-WO_3/TiO_2 and V_2O_5-WO_3/TiO_2 catalysts for low-temperature NH_3-SCR[J]. Environmental Science & Technology, 2018, 52: 7064-7071

[104] Yang W, Liu F, Xie L, et al. Effect of V_2O_5 additive on the SO_2 resistance of a Fe_2O_3/AC catalyst for NH_3-SCR of NO_x at low temperatures[J]. Industrial & Engineering Chemistry Research, 2016, 55: 2677-2685

[105] Chang H, Chen X, Li J, et al. Improvement of Activity and SO_2 Tolerance of Sn-Modified MnO_x–CeO_2 Catalysts for NH_3-SCR at Low Temperatures[J]. Environmental Science & Technology, 2013, 47: 5294-5301

[106] Pan S, Luo H, Li L, et al. H_2O and SO_2 deactivation mechanism of MnO_x/MWCNTs for low-temperature SCR of NO_x with NH_3[J]. Journal of Molecular Catalysis A: Chemical, 2013, 377: 154-161

[107] Wang Q, Zhou J, Zhang J, et al. Effect of ceria doping on catalytic activity and SO_2 resistance of MnO_x/TiO_2 catalysts for selective catalytic reduction of NO with NH_3 at low temperature[J]. Aerosol and Air Quality Research, 2020, 20: 477-488

[108] Zhai G, Han Z, Wu X, et al. Pr-modified MnO_x catalysts for selective reduction of NO with NH_3 at low temperature[J]. Journal of the Taiwan Institute of Chemical Engineers, 2021, 125: 132-140

[109] Gao C, Shi J W, Fan Z, et al. "Fast SCR" reaction over Sm-modified MnO_x-TiO_2 for promoting reduction of NO_x with NH_3[J]. Applied Catalysis A: General, 2018, 564: 102-112

[110] Sun P, Guo R, Liu S, et al. The enhanced performance of MnO_x catalyst for NH_3-SCR reaction by the modification with Eu[J]. Applied Catalysis A: General, 2017, 531: 129-138

[111] Sheng Z, Hu Y, Xue J, et al. SO_2 poisoning and regeneration of Mn-Ce/TiO_2 catalyst for low temperature NO_x reduction with NH_3[J]. Journal of Rare Earths, 2012, 30: 676-682

[112] Jin R, Liu Y, Wang Y, et al. The role of cerium in the improved SO_2 tolerance for NO reduction with NH_3 over Mn-Ce/TiO_2 catalyst at low temperature[J]. Applied Catalysis B: Environmental, 2014, 148-149: 582-588

[113] Kresse G, Furthmüller J. Efficiency of ab-initio total energy calculations for metals and semiconductors using a plane-wave basis set[J]. Computational Materials Science, 1996, 6: 15-50

[114] Gu T, Liu Y, Weng X, et al. The enhanced performance of ceria with surface sulfation for selective catalytic reduction of NO by NH_3[J]. Catalysis Communications, 2010, 12: 310-313

[115] Shan W, Liu F, He H, et al. A superior Ce-W-Ti mixed oxide catalyst for the selective catalytic reduction of NO_x with NH_3[J]. Applied Catalysis B: Environmental, 2012, 115-116: 100-106

[116] Shen B, Liu T, Zhao N, et al. Iron-doped Mn-Ce/TiO_2 catalyst for low temperature selective catalytic reduction of NO with NH_3[J]. Journal of Environmental Sciences, 2010, 22: 1447-1454

[117] Liu C, Chen L, Li J, et al. Enhancement of Activity and Sulfur Resistance of CeO_2 Supported on TiO_2-SiO_2 for the Selective Catalytic Reduction of NO by NH_3[J]. Environmental Science & Technology, 2012, 46: 6182-6189

[118] Yu J, Guo F, Wang Y, et al. Sulfur poisoning resistant mesoporous Mn-base catalyst for low-temperature SCR of NO with NH_3[J]. Applied Catalysis B: Environmental, 2010, 95: 160-168

[119] Gao X, Jiang Y, Fu Y, et al. Preparation and characterization of CeO_2/TiO_2 catalysts for selective catalytic reduction of NO with NH_3[J]. Catalysis Communications, 2010, 11: 465-469

[120] Shan W, Liu F, He H, et al. The Remarkable Improvement of a Ce-Ti based Catalyst for NO_x Abatement,

Prepared by a Homogeneous Precipitation Method[J]. ChemCatChem, 2011, 3: 1286-1289

[121] Santos S, Jones K, Abdul R, et al. Treatment of wet process hardboard plant VOC emissions by a pilot scale biological system[J]. Biochemical Engineering Journal, 2007, 37: 261-270

[122] Wu M, Huang H, Leung D Y C. A review of volatile organic compounds (VOCs) degradation by vacuum ultraviolet (VUV) catalytic oxidation[J]. Journal of Environmental Management, 2022, 307: 114559

[123] AlmukhlifiH A, Burns R C. The complete oxidation of isobutane over CeO_2 and Au/CeO_2, and the composite catalysts MO_x/CeO_2 and $Au/MO_x/CeO_2$ (M^{n+} = Mn, Fe, Co and Ni): the effects of gold nanoparticles obtained from n-hexanethiolate-stabilized gold nanoparticles[J]. Journal of Molecular Catalysis A: Chemical, 2016, 415: 131-143

[124] Solsona B, García T, Sanchis R, et al. Total oxidation of VOCs on mesoporous iron oxide catalysts: Soft chemistry route versus hard template method[J]. Chemical Engineering Journal, 2016, 290: 273-281

[125] Guiotto M, Pacella M, Perin G, et al. Washcoating vs. direct synthesis of $LaCoO_3$ on monoliths for environmental applications[J]. Applied Catalysis A: General, 2015, 499: 146-157

[126] Benjamin F, Pierre A. Co-Mn-oxide spinel catalysts for CO and propane oxidation at mild temperature[J]. Applied Catalysis B: Environmental, 2016, 180: 715-725

[127] Kucherov A V, Hubbard C P, Kucherova T N, et al. Stabilization of the ethane oxidation catalytic activity of Cu-ZSM-5[J]. Applied Catalysis B: Environmental, 1996, 7: 285-298

[128] Lee Y N, Lago R M, Fierro J L G, et al. Surface properties and catalytic performance for ethane combustion of $La_{1-x}K_xMnO_{3+\delta}$ perovskites[J]. Applied Catalysis A: General, 2001, 207: 17-24

[129] Xie Y, Guo Y, Gu Y, et al. A highly effective Ni-modified MnO_x catalyst for total oxidation of propane: the promotional role of nickel oxide[J]. RSC Advances, 2016, 6: 50228-50237

[130] Hu Z, Liu X, Meng D, et al. Effect of ceria crystal plane on the physicochemical and catalytic properties of Pd/ceria for CO and propane oxidation[J]. ACS Catalysis, 2016, 6: 2265-2279

[131] Solsona B, Garcia T, Aylón E, et al. Promoting the activity and selectivity of high surface area Ni-Ce-O mixed oxides by gold deposition for VOC catalytic combustion[J]. Chemical Engineering Journal, 2011, 175: 271-278

[132] Gluhoi A C, Nieuwenhuys B E. Catalytic oxidation of saturated hydrocarbons on multicomponent Au/Al_2O_3 catalysts: Effect of various promoters[J]. Catalysis Today, 2007, 119: 305-310

[133] Centeno M A, Paulis M, Montes M, et al. Catalytic combustion of volatile organic compounds on $Au/CeO_2/Al_2O_3$ and Au/Al_2O_3 catalysts[J]. Applied Catalysis A: General, 2002, 234: 65-78

[134] Li M, Weng D, Wu X, et al. Importance of re-oxidation of palladium by interaction with lanthana for propane combustion over Pd/Al_2O_3 catalyst[J]. Catalysis Today, 2013, 201: 19-24

[135] Gutiérrez-Ortiz J I, de Rivas B, López-Fonseca R, et al. Catalytic purification of waste gases containing VOC mixtures with Ce/Zr solid solutions[J]. Applied Catalysis B: Environmental, 2006, 65: 191-200

[136] Cutrufello M G, Ferino I, Monaci R, et al. Acid-base properties of zirconium, cerium and lanthanum oxides by calorimetric and catalytic investigation[J]. Topics in Catalysis, 2002, 19: 225-240

[137] Rima JIsaifan, Spyridon Ntais, Elena A. Baranova. Particle size effect on catalytic activity of carbon-supported Pt nanoparticles for complete ethylene oxidation[J]. Applied Catalysis A: General, 2013,

464-465: 87-94
[138] Isaifan R J, Baranova E A. Effect of ionically conductive supports on the catalytic activity of platinum and ruthenium nanoparticles for ethylene complete oxidation[J]. Catalysis Today, 2015, 241: 107-113
[139] Gil S, Garcia-Vargas J M, Liotta L F, et al. Catalytic Oxidation of Propene over Pd Catalysts Supported on CeO_2, TiO_2, Al_2O_3 and M/Al_2O_3 Oxides (M = Ce, Ti, Fe, Mn)[J]. Catalysts, 2015, 5(2): 671-689
[140] Aznárez A, Korili S A, Gil A. The promoting effect of cerium on the characteristics and catalytic performance of palladium supported on alumina pillared clays for the combustion of propene[J]. Applied Catalysis A: General, 2014, 474: 95-99
[141] Ousmane M, Liotta L F, Carlo G D, et al. Supported Au catalysts for low-temperature abatement of propene and toluene, as model VOCs: Support effect[J]. Applied Catalysis B: Environmental, 2011, 101: 629-637
[142] Lamallem M, El Ayadi H, Gennequin C, et al. Effect of the preparation method on Au/Ce-Ti-O catalysts activity for VOCs oxidation[J]. Catalysis Today, 2008, 137: 367-372
[143] Lakshmanan P, Delannoy L, Richard V, et al. Total oxidation of propene over $Au/xCeO_2$-Al_2O_3 catalysts: Influence of the CeO_2 loading and the activation treatment[J]. Applied Catalysis B: Environmental, 2010, 96: 117-125
[144] Gluhoi A C, Bogdanchikova N, Nieuwenhuys B E. Alkali (earth)-doped Au/Al_2O_3 catalysts for the total oxidation of propene[J]. Journal of Catalysis, 2005, 232: 96-101
[145] Gluhoi A C, Bogdanchikova N, Nieuwenhuys B E. The effect of different types of additives on the catalytic activity of Au/Al_2O_3 in propene total oxidation: transition metal oxides and ceria[J]. Journal of Catalysis, 2005, 229: 154-162
[146] Liotta L F, Ousmane M, Di Carlo G, et al. Total oxidation of propene at low temperature over Co_3O_4–CeO_2 mixed oxides: Role of surface oxygen vacancies and bulk oxygen mobility in the catalytic activity[J]. Applied Catalysis A: General, 2008, 347: 81-88
[147] Zuo S, Liu F, Tong J, et al. Complete oxidation of benzene with cobalt oxide and ceria using the mesoporous support SBA-16[J]. Applied Catalysis A: General, 2013, 467: 1-6
[148] Ma C, Mu Z, He C, et al. Catalytic oxidation of benzene over nanostructured porous Co_3O_4-CeO_2 composite catalysts[J]. Journal of Environmental Sciences, 2011, 23: 2078-2086
[149] Hou J, Li Y, Mao M, et al. The effect of Ce ion substituted OMS-2 nanostructure in catalytic activity for benzene oxidation[J]. Nanoscale, 2014, 6: 15048-15058
[150] Mu Z, Li J J, Hao Z P, et al. Direct synthesis of lanthanide-containing SBA-15 under weak acidic conditions and its catalytic study[J]. Microporous and Mesoporous Materials, 2008, 113: 72-80
[151] Zhou G, Lan H, Song R, et al. Effects of preparation method on CeCu oxide catalyst performance[J]. RSC Advances, 2014, 4: 50840-50850
[152] Li S, Wang H, Li W, et al. Effect of Cu substitution on promoted benzene oxidation over porous CuCo-based catalysts derived from layered double hydroxide with resistance of water vapor[J]. Applied Catalysis B: Environmental, 2015, 166-167: 260-269
[153] Hu C, Zhu Q, Jiang Z, et al. Preparation and formation mechanism of mesoporous CuO-CeO_2 mixed

oxides with excellent catalytic performance for removal of VOCs[J]. Microporous and Mesoporous Materials, 2008, 113: 427-434

[154] Idakiev V, Ilieva L, Andreeva D, et al. Complete benzene oxidation over gold-vanadia catalysts supported on nanostructured mesoporous titania and zirconia[J]. Applied Catalysis A: General, 2003, 243: 25-39

[155] da Silva A G M, Rodrigues T S, Slater T J A, et al. Controlling size, morphology, and surface composition of AgAu nanodendrites in 15 s for improved environmental catalysis under low metal loadings[J]. ACS Applied Materials & Interfaces, 2015, 7: 25624-25632

[156] Mao M, Lv H, Li Y, et al. Metal Support Interaction in Pt Nanoparticles Partially Confined in the Mesopores of Microsized Mesoporous CeO_2 for Highly Efficient Purification of Volatile Organic Compounds[J]. ACS Catalysis, 2016, 6: 418-427

[157] Liao Y, Fu M, Chen L, et al. Catalytic oxidation of toluene over nanorod-structured Mn-Ce mixed oxides[J]. Catalysis Today, 2013, 216: 220-228

[158] Delimaris D, Ioannides T. VOC oxidation over MnO-CeO_2 catalysts prepared by a combustion method[J]. Applied Catalysis B: Environmental, 2008, 84: 303-312

[159] Yu D, Liu Y, Wu Z. Low-temperature catalytic oxidation of toluene over mesoporous MnO_x-CeO_2/TiO_2 prepared by sol-gel method[J]. Catalysis Communications, 2010, 11: 788-791

[160] Carabineiro S A C, Chen X, Konsolakis M, et al. Catalytic oxidation of toluene on Ce-Co and La-Co mixed oxides synthesized by exotemplating and evaporation methods[J]. Catalysis Today, 2015, 244: 161-171

[161] Pérez A, Molina R, Moreno S. Enhanced VOC oxidation over Ce/CoMgAl mixed oxides using a reconstruction method with EDTA precursors[J]. Applied Catalysis A: General, 2014, 477: 109-116

[162] He C, Yu Y, Yue L, et al. Low-temperature removal of toluene and propanal over highly active mesoporous $CuCeO_x$ catalysts synthesized via a simple self-precipitation protocol[J]. Applied Catalysis B: Environmental, 2014, 147: 156-166

[163] Li H, Lu G, Dai Q, et al. Efficient low-temperature catalytic combustion of trichloroethylene over flower-like mesoporous Mn-doped CeO_2 microspheres[J]. Applied Catalysis B: Environmental, 2011, 102: 475-483

[164] Lu H F, Zhou Y, Han W F, et al. Promoting effect of ZrO_2 carrier on activity and thermal stability of CeO_2-based oxides catalysts for toluene combustion[J]. Applied Catalysis A: General, 2013, 464-465: 101-108

[165] Deng Q F, Ren T Z, Agula B, et al. Mesoporous $Ce_xZr_{1-x}O_2$ solid solutions supported CuO nanocatalysts for toluene total oxidation[J]. Journal of Industrial and Engineering Chemistry, 2014, 20: 3303-3312

[166] Hosseini S A, Salari D, Niaei A, et al. Physical–chemical property and activity evaluation of $LaB_{0.5}Co_{0.5}O_3$ (B=Cr, Mn, Cu) and $LaMn_xCo_{1-x}O_3$ (x = 0. 1, 0. 25, 0. 5) nano perovskites in VOC combustion[J]. Journal of Industrial and Engineering Chemistry, 2013, 19: 1903-1909

[167] Deng J, Zhang L, Dai H, et al. Single-crystalline $La_{0.6}Sr_{0.4}CoO_{3-\delta}$ nanowires/nanorods derived hydrothermally without the use of a template: Catalysts highly active for toluene complete oxidation[J]. Catalysis Letters, 2008, 123: 294-300

[168] Zhang C, Guo Y, Guo Y, et al. $LaMnO_3$ perovskite oxides prepared by different methods for catalytic oxidation of toluene[J]. Applied Catalysis B: Environmental, 2014, 148-149: 490-498

[169] Giroir-Fendler A, Alves-Fortunato M, Richard M, et al. Synthesis of oxide supported $LaMnO_3$ perovskites to enhance yields in toluene combustion[J]. Applied Catalysis B: Environmental, 2016, 180: 29-37

[170] Wang Y, Xue Y, Zhao C, et al. Catalytic combustion of toluene with $La_{0.8}Ce_{0.2}MnO_3$ supported on CeO_2 with different morphologies[J]. Chemical Engineering Journal, 2016, 300: 300-305

[171] Wang L, Wang Y, Zhang Y, et al. Shape dependence of nanoceria on complete catalytic oxidation of oxylene[J]. Catalysis Science & Technology, 2016, 6: 4840-4848

[172] Aranda A, López J M, Murillo R, et al. Total oxidation of naphthalene with high selectivity using a ceria catalyst prepared by a combustion method employing ethylene glycol[J]. Journal of Hazardous Materials, 2009, 171: 393-399

[173] Aranda A, Agouram S, López J M, et al. Oxygen defects: The key parameter controlling the activity and selectivity of mesoporous copper-doped ceria for the total oxidation of naphthalene[J]. Applied Catalysis B: Environmental, 2012, 127: 77-88

[174] Puertolas B, Solsona B, Agouram S, et al. The catalytic performance of mesoporous cerium oxides prepared through a nanocasting route for the total oxidation of naphthalene[J]. Applied Catalysis B: Environmental, 2010, 93: 395-405

[175] Kapoor M P, Raj A, Matsumura Y. Methanol decomposition over palladium supported mesoporous CeO_2-ZrO_2 mixed oxides[J]. Microporous and Mesoporous Materials, 2001, 44-45: 565-572

[176] Zhao Q, Bian Y, Zhang W, et al. The Effect of the presence of ceria on the character of TiO_2 mesoporous films used as Pt catalyst support for methanol combustion at low temperature[J]. Combustion Science and Technology, 2016, 188: 306-314

[177] Scirè S, Minicò S, Crisafulli C, et al. Catalytic combustion of volatile organic compounds on gold/cerium oxide catalysts[J]. Applied Catalysis B: Environmental, 2003, 40: 43-49

[178] Petrov L A. Gold based environmental catalyst. In Studies in Surface Science and Catalysis[J], Eds. Elsevier: 2000, 2345-2350

[179] Abdelouahab-Reddam Z, Mail R E, Coloma F, et al. Platinum supported on highly-dispersed ceria on activated carbon for the total oxidation of VOCs[J]. Applied Catalysis A: General, 2015, 494: 87-94

[180] Abdelouahab-Reddam Z, Mail R E, Coloma F, et al. Effect of the metal precursor on the properties of Pt/CeO_2/C catalysts for the total oxidation of ethanol[J]. Catalysis Today, 2015, 249: 109-116

[181] Minicò S, Scirè S, Crisafulli C, et al. Influence of catalyst pretreatments on volatile organic compounds oxidation over gold/iron oxide[J]. Applied Catalysis B: Environmental, 2001, 34: 277-285

[182] Liu S Y, Yang S M. Complete oxidation of 2-propanol over gold-based catalysts supported on metal oxides[J]. Applied Catalysis A: General, 2008, 334: 92-99

[183] Tang X, Chen J, Huang X, et al. Pt/MnO_x-CeO_2 catalysts for the complete oxidation of formaldehyde at ambient temperature[J]. Applied Catalysis B: Environmental, 2008, 81: 115-121

[184] Liu B, Liu Y, Li C, et al. Three-dimensionally ordered macroporous Au/CeO_2-Co_3O_4 catalysts with nanoporous walls for enhanced catalytic oxidation of formaldehyde[J]. Applied Catalysis B:

Environmental, 2012, 127: 47-58

[185] Mullins D R, Albrecht P M. Acetaldehyde adsorption and reaction on CeO_2 (100) thin films[J]. The Journal of Physical Chemistry C, 2013, 117: 14692-14700

[186] Fuku K, Goto M, Sakano T, et al. Efficient degradation of CO and acetaldehyde using nano-sized Pt catalysts supported on CeO_2 and CeO_2/ZSM-5 composite[J]. Catalysis Today, 2013, 201: 57-61

[187] Mitsui T, Tsutsui K, Matsui T, et al. Support effect on complete oxidation of volatile organic compounds over Ru catalysts[J]. Applied Catalysis B: Environmental, 2008, 81: 56-63

[188] Shan W, Feng Z, Li Z, et al. Oxidative steam reforming of methanol on $Ce_{0.9}Cu_{0.1}O_y$ catalysts prepared by deposition-precipitation, coprecipitation, and complexation-combustion methods[J]. Journal of Catalysis, 2004, 228: 206-217

[189] He C, Liu X, Shi J, et al. Anionic starch-induced Cu-based composite with flake-like mesostructure for gas-phase propanal efficient removal[J]. Journal of Colloid and Interface Science, 2015, 454: 216-225

[190] Hu C. Enhanced catalytic activity and stability of $Cu_{0.13}Ce_{0.87}O_y$ catalyst for acetone combustion: Effect of calcination temperature[J]. Chemical Engineering Journal, 2010, 159: 129-137

[191] Qin R, Chen J, Gao X, et al. Catalytic oxidation of acetone over $CuCeO_x$ nanofibers prepared by an electrospinning method[J]. RSC Advances, 2014, 4: 43874-43881

[192] Chen M, Fan L, Qi L, et al. The catalytic combustion of VOCs over copper catalysts supported on cerium-modified and zirconium-pillared montmorillonite[J]. Catalysis Communications, 2009, 10: 838-841

[193] Lin L Y, Bai H. Promotional effects of manganese on the structure and activity of Ce-Al-Si based catalysts for low-temperature oxidation of acetone[J]. Chemical Engineering Journal, 2016, 291: 94-105

[194] Gil A, Gandía L M, Korili S A. Effect of the temperature of calcination on the catalytic performance of manganese- and samarium-manganese-based oxides in the complete oxidation of acetone[J]. Applied Catalysis A: General, 2004, 274: 229-235

[195] Rezlescu N, Rezlescu E, Popa P D, et al. Some nanograined ferrites and perovskites for catalytic combustion of acetone at low temperature[J]. Ceramics International, 2015, 41: 4430-4437

[196] Rezlescu N, Rezlescu E, Popa P D, et al. Partial substitution of manganese with cerium in $SrMnO_3$ nano-perovskite catalyst. Effect of the modification on the catalytic combustion of dilute acetone[J]. Materials Chemistry and Physics, 2016, 182: 332-337

[197] Lin L Y, Bai H. Salt-templated synthesis of Ce/Al catalysts supported on mesoporous silica for acetone oxidation[J]. Applied Catalysis B: Environmental, 2014, 148-149: 366-376

[198] Li S, Hao Q, Zhao R, et al. Highly efficient catalytic removal of ethyl acetate over Ce/Zr promoted copper/ZSM-5 catalysts[J]. Chemical Engineering Journal, 2016, 285: 536-543

[199] Chen X, Carabineiro S A C, Bastos S S T, et al. Catalytic oxidation of ethyl acetate on cerium-containing mixed oxides[J]. Applied Catalysis A: General, 2014, 472: 101-112

[200] Gómez D M, Gatica J M, Hernández-Garrido J C, et al. A novel CoO_x/La-modified-CeO_2 formulation for powdered and washcoated onto cordierite honeycomb catalysts with application in VOCs oxidation[J]. Applied Catalysis B: Environmental, 2014, 144: 425-434

[201] Akram S, Wang Z, Chen L, et al. Low-temperature efficient degradation of ethyl acetate catalyzed by lattice-doped CeO_2-CoO_x nanocomposites[J]. Catalysis Communications, 2016, 73: 123-127

[202] Mitsui T, Matsui T, Kikuchi R, et al. Low-Temperature Complete Oxidation of Ethyl Acetate Over CeO_2-Supported Precious Metal Catalysts[J]. Topics in Catalysis, 2009, 52: 464-469

[203] Cao S, Wang H, Yu F, et al. Catalyst performance and mechanism of catalytic combustion of dichloromethane (CH_2Cl_2) over Ce doped TiO_2[J]. Journal of Colloid and Interface Science, 2016, 463: 233-241

[204] Cao S, Wang H, Shi M, et al. Impacts of structure of CeO_2/TiO_2 mixed oxides catalysts on their performances for catalytic combustion of dichloromethane[J]. Catalysis Letters, 2016, 146: 1591-1599

[205] Cao S, Shi M, Wang H, et al. A two-stage Ce/TiO_2-Cu/CeO_2 catalyst with separated catalytic functions for deep catalytic combustion of CH_2Cl_2[J]. Chemical Engineering Journal, 2016, 290: 147-153

[206] Rivas B, Sampedro C, Ramos-Fernández E V, et al. Influence of the synthesis route on the catalytic oxidation of 1, 2-dichloroethane over CeO_2/H-ZSM5 catalysts[J]. Applied Catalysis A: General, 2013, 456: 96-104

[207] Dai Q, Wang W, Wang X, et al. Sandwich-structured CeO_2@ZSM-5 hybrid composites for catalytic oxidation of 1, 2-dichloroethane: An integrated solution to coking and chlorine poisoning deactivation[J]. Applied Catalysis B: Environmental, 2017, 203: 31-42

[208] Zhang C, Hua W, Wang C, et al. The effect of A-site substitution by Sr, Mg and Ce on the catalytic performance of $LaMnO_3$ catalysts for the oxidation of vinyl chloride emission[J]. Applied Catalysis B: Environmental, 2013, 134-135: 310-315

[209] Dai Q, Wang X, Lu G. Low-temperature catalytic combustion of trichloroethylene over cerium oxide and catalyst deactivation[J]. Applied Catalysis B: Environmental, 2008, 81: 192-202

[210] Wang X, K Qian, Li D. Catalytic combustion of chlorobenzene over MnO_x-CeO_2 mixed oxide catalysts[J]. Applied Catalysis B: Environmental, 2009, 86: 166-175

[211] Zhao P, Wang C, He F, et al. Effect of ceria morphology on the activity of MnO_x/CeO_2 catalysts for the catalytic combustion of chlorobenzene[J]. RSC Advances, 2014, 4: 45665-45672

[212] Wu M, Wang X, Dai Q, et al. Low temperature catalytic combustion of chlorobenzene over Mn-Ce-O/γ-Al_2O_3 mixed oxides catalyst[J]. Catalysis Today, 2010, 158: 336-342

[213] He F, Chen Y, Zhao P, et al. Effect of calcination temperature on the structure and performance of CeO_x-MnO_x/TiO_2 nanoparticles for the catalytic combustion of chlorobenzene[J]. Journal of Nanoparticle Research, 2016, 18: 119

[214] Huang H, Gu Y, Zhao J, et al. Catalytic combustion of chlorobenzene over VO_x/CeO_2 catalysts[J]. Journal of Catalysis, 2015, 326: 54-68

[215] Dai Q, Bai S, Wang X, et al. Catalytic combustion of chlorobenzene over Ru-doped ceria catalysts: Mechanism study[J]. Applied Catalysis B: Environmental, 2013, 129: 580-588

[216] He D, Hao H, Chen D, et al. Rapid synthesis of nano-scale CeO_2 by microwave-assisted sol–gel method and its application for CH_3SH catalytic decomposition[J]. Journal of Environmental Chemical Engineering, 2016, 4: 311-318

[217] He D, Chen D, Hao H, et al. Structural/surface characterization and catalytic evaluation of rare-earth (Y, Sm and La) doped ceria composite oxides for CH_3SH catalytic decomposition[J]. Applied Surface Science, 2016, 390: 959-967

[218] He D, Hao H, Chen D, et al. Synthesis and application of rare-earth elements (Gd, Sm, and Nd) doped ceria-based solid solutions for methyl mercaptan catalytic decomposition[J]. Catalysis Today, 2017, 281: 559-565

[219] Azalim S, Brahmi R, Agunaou M, et al. Washcoating of cordierite honeycomb with Ce-Zr-Mn mixed oxides for VOC catalytic oxidation[J]. Chemical Engineering Journal, 2013, 223: 536-546

[220] 魏国, 张昱, 杨敏, 等. 光助非均相 Fenton 体系用于活性艳红 X-3B 脱色的研究[J]. 环境污染治理技术与设备, 2005, 6(6): 7-11

[221] 郑展望. 非均相 UV_Fe-Cu-Mn-Y/H_2O_2 反应催化降解 4BS 染料废水[J]. 环境科学学报, 2004, 24(6): 1032-1038

[222] 董俊明, 曾光明, 杨朝晖. 催化湿式氧化农药废水及催化剂的研究[J]. 环境污染治理技术与设备, 2005, 6(8): 64-72

[223] 崔娜, 王国文, 徐晓晨, 等. 催化湿式空气氧化处理磷霉素钠、黄连素制药废水试验研究[J]. 水处理技术, 2012, 38(2): 72-75

[224] Deleitenburg C, Goi D, Primavera A, et al. Wet oxidation of acetic acid catalyzed by doped ceria[J]. Applied Catalysis B: Environmental, 1996, 11(1): L29-L35

[225] Chiba R. An investigation of $LaNi_{1-x}Fe_xO_3$ as a cathode material for solid oxide fuel cells[J]. Solid State Ionics, 1999, 124(3-4): 281-288

[226] Qiao J, Sun K, Zhang N, et al. Ni/YSZ and Ni-CeO_2/YSZ anodes prepared by impregnation for solid oxide fuel cells[J]. Journal of Power Sources, 2007, 169(2): 253-258

[227] Ma Q, Ma J, Zhou S, et al. A high-performance ammonia-fueled SOFC based on a YSZ thin-film electrolyte[J]. Journal of Power Sources, 2007, 164(1): 86-89

[228] Kurokawa H, Sholklapper T Z, Jacobson C P, et al. Ceria nanocoating for sulfur tolerant ni-based anodes of solid oxide fuel cells[J]. Electrochem Solid-State Letters, 2007, 10(9): B135-B138

[229] Mantzouris X, Zouvelou N, Haanappel V A C, et al. Mixed conducting oxides $Y_xZr_{1-x-y}Ti_yO_{2-x/2}$ (YZT) and corresponding Ni/YZT cermets as anode materials in an SOFC[J]. Journal of Material Science, 2007, 42(24): 10152-10159

第5章

稀土储氢材料

5.1 概　　述

5.1.1 基本概念

广义上讲，所有能够吸收氢或含有氢元素的物质都是储氢材料，但从应用角度考虑，储氢材料应该具备三个基本条件：储氢量大；吸/放氢反应可逆（合理的热力学特性）；吸/放氢反应速度快（合理的动力学特性）。储氢材料是通过化学反应或物理吸附方式储氢的一种能源载体，目前可实际应用的固态储氢材料主要是能与氢进行可逆化学反应的某些稀土（La，Ce，Y等）和非稀土（Ti，Zr，V等）金属间化合物（IMC），即储氢合金。

稀土储氢材料可以按照稀土元素的作用分为两类：一类是稀土作为主要吸氢元素的金属间化合物，即稀土储氢合金，稀土元素在组成中的质量占比大约为1/3，在通常温度及压力条件下可以使用，是目前市场上主要应用的储氢材料，也是本章重点介绍的稀土储氢材料；另一类是利用稀土元素易与氢反应的活性或其化合物特殊电子结构的催化特性对其他具有储氢特性的材料进行掺杂或复合改性的储氢材料，目的是改进其氢化/脱氢反应的热力学和动力学特性从而开发高能量密度储氢材料，如稀土改性Ti/Zr基和V基储氢材料、稀土改性Mg基金属氢化物、稀土化合物与$LiBH_4$和$NaAlH_4$等轻金属配合物的复合物、稀土修饰石墨烯和碳纳米管等高比表面积氢吸附材料等，这类材料的实际应用还需要解决一些科学技术问题，是稀土储氢材料发展的重要方向。

稀土储氢合金是稀土金属与以Ni为主的其他金属形成的合金，是一种在温和的温度/氢压下可逆大量吸/放氢的功能材料[1]，一般表示为AB_x，A是能与氢（H）反应放热并形成氢化物的金属元素，如La，Y，Ce等各种稀土元素以及Mg，Ca，Ti和Zr等可部分替代稀土的元素，主要作用是控制储氢量；B为通常条件下不与氢反应的金属元素，如Ni，Mn，Al，Co，Fe，Cu等过渡金属元素，对吸/放氢过程具有催化活性，调节吸/放氢反应生成热与分解压力，控制吸/放氢过程的可逆性[1]。稀土储氢合金的主要化学计量比组成包括AB_5型、AB_4型、A_5B_{19}型、A_2B_7型、AB_3型、AB_2型。随着A侧元素含量的增加，晶胞体积增大，吸氢能力增强，理论吸氢量增加，同时形成的氢化物稳定性增加，放氢反应温度提高。如果组成偏离化学计量比AB_x则为非化学计量比储氢合金，通式为$AB_{x\pm y}$，其中B_{x+y}为过化学计量比，B_{x-y}为欠化学计量比，可用于调整储氢合金的结构和性能。表5-1列出了稀土储氢合金的组成与其理论储氢容量的关系。

表 5-1 稀土储氢合金的组成与其理论储氢容量的关系

合金系	合金结构表达式	典型氢化物组成	H/(A+B)	理论电化学容量/(mAh/g)
AB_5	AB_5=(AB_5)	$LaNi_5H_6$	1	372
A_5B_{19}	A_5B_{19}=3(AB_5)+2(AB_2)	$La_5Ni_{19}H_{27}$	1.125	399
A_2B_7	A_2B_7=(AB_5)+(AB_2)	$La_2Ni_7H_{10.5}$	1.17	408
AB_3	AB_3=1/3(AB_5)+2/3(AB_2)	$LaNi_3H_5$	1.25	425
AB_2	AB_2=(AB_2)	$LaNi_2H_{4.5}$	1.5	470

材料组成设计是应用已有的知识与技术设计预期性能的新材料。长期以来稀土储氢材料组成设计都是基于经验积累采用筛选法或试错法，工作量大，周期长。近年来，随着量子力学、固体理论、分子动力学和计算机模拟等技术的发展和应用，通过材料组成、结构甚至制造工艺的合理设计可以改进已有的材料和创造新材料。材料设计主要考虑组成元素的电子、原子特征以及材料的微观结构和性能，采用的理论与方法主要有半经验法、基于第一性原理的密度泛函理论（DFT）、从头算法（*ab initio*）、分子动力学法（MD）、人工神经网络（BP 网络）等，进一步基于相关研究成果和现代数据技术建立材料设计的数据库（成分-结构-工艺-性能参数及其相互关系），通过人工智能技术与机器学习训练，赋予材料设计系统的逻辑推理能力，从而实现高通量材料设计。

利用其他金属元素对 AB_5 合金中的 A 元素和 B 元素分别进行部分取代形成多元素 AB_5 型储氢合金是调控合金储氢性能的重要手段。多元素 AB_5 型储氢合金中取代元素的原子半径和电子构型是预测合金储氢性能的关键因素，各种电子因素以及与结构和热力学因素的组合因素对储氢能力的影响更大，可以预测多元素 AB_5 型储氢合金的压力-成分等温线[2]。通过计算多元素 AB_5 型合金组成中 B 的等效半径（r_B^*）、A—B 键的收缩、间隙半径和 r_A 与 r_B^* 的比值，发现随着 r_B^* 值的增大和 A—B 键的收缩，生成热降低，氢化物稳定性提高，而储氢容量随着 r_B^* 值的增大和 A—B 键的收缩减小[3]。

Rahnama 等[4,5]通过指导机器学习，对美国能源部提供的氢化物公开数据库进行了分析，根据其对储氢容量特征的重要性进行排名，采用线性回归、神经网络、贝叶斯线性回归和增强决策树四种模型来预测氢质量百分比。进一步根据所需的性能（包括氢质量分数、生成热、操作温度和压力）筛选金属氢化物的最佳材料类别，采用多类逻辑回归、多类决策森林、多类决策丛林和多类神经网络四种分类算法进行特征重要性分析以研究每种算法如何利用数据库中可用的信息。

为了建立稀土储氢合金成分预测合金性能的模型，可以采用多种机器学习算法，基于历史数据的回归学习，从实验数据出发，提取各影响因素与性能之间的隐含关系建立预报模型，预测储氢合金的电化学性能，如放电容量、循环稳定性和高倍率放电性能。

5.1.2 氢化/脱氢原理

稀土储氢合金材料（M）的氢化/脱氢过程是一个伴随着热量（Q）变化的可逆化学反应：

$$M + xH_2 \rightleftharpoons MH_{2x} + Q$$

氢分子（H_2）如何与稀土储氢材料结合形成氢化物（MH_{2x}）？氢化物又是如何脱氢成为合金？这是最基本的科学问题，而且氢化/脱氢机理与材料反应动力学性能有直接的关系。

1. 固态氢化/脱氢

储氢合金作为固态物质与气态氢进行两相反应是储氢合金的基本功能。在一定温度下，氢化反应机理包括三个阶段[1]：第一阶段，储氢合金表面吸附氢分子并在以 Ni 为主的非吸氢元素作用下解离成吸附的氢原子。第二阶段，吸附的氢原子扩散进入合金的间隙位置形成金属-氢固溶体相（α 相），溶解度［H］$_M$ 与平衡时氢压 p_{H_2} 的关系为：

$$[H]_M \propto p_{H_2}^{1/2}$$

第三阶段，α 相（MH_x）继续与吸收的氢发生反应生成氢化物 β 相（MH_y），相变过程可表示为：

$$2/(y-x)MH_x+H_2 \rightleftharpoons 2/(y-x)MH_y+Q\ (y \geqslant x)$$

式中，x 是 α 相的氢平衡浓度；y 是 β 相中的氢浓度；Q 代表相变生成热。在这一阶段，气/固体系达到平衡状态，理论上压力保持不变。α 相完全转化成 β 相后，氢压升高，吸氢量略有增加。

2. 电化学氢化/脱氢

稀土储氢材料作为镍氢电池的负极材料通过电化学充/放电过程实现氢化/脱氢反应。镍氢电池负极是储氢合金（M/MH），正极为氢氧化镍（$Ni(OH)_2/NiOOH$），正、负极片之间为高分子隔膜，电解液为 6 mol/L 的氢氧化钾水溶液。镍氢电池工作原理如图 5-1 所示[6]。镍氢电池工作时的总反应式为[7]：

$$M+Ni(OH)_2 \rightleftharpoons MH+NiOOH$$

电化学表示式为：

$$(-)\ M/MH\ |\ KOH(6\ mol/L)\ |\ Ni(OH)_2/Ni(OOH)\ (+)$$

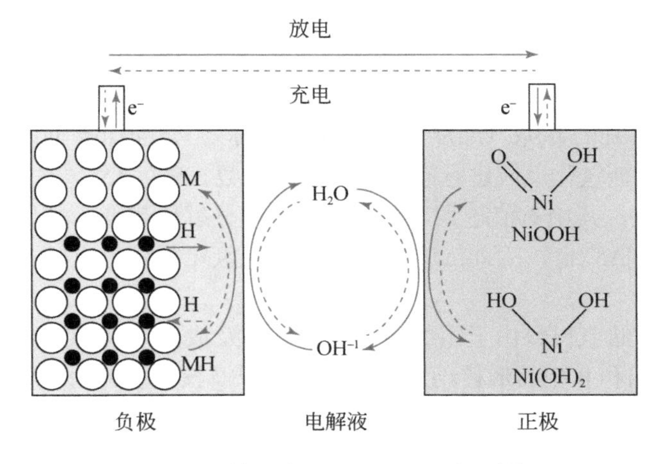

图 5-1　镍氢电池工作原理示意图[6]

在充电过程中，附着在负极储氢合金（M）上的电解质溶剂水得到电子形成氢原子吸附在负极表面，然后按照上述气/固反应机理逐步形成 α 相和 β 相，同时生成的 OH^- 离开负极进入溶液，透过电池隔膜参与正极氢氧化镍（$Ni(OH)_2$）的电极反应。放电时，作为阳极的金属氢化物 MH_y 释放电子，氢原子被氧化成 H^+ 并与电解液中的 OH^- 结合生成水。储氢合金仅仅作为镍氢电池充/放电过程中活性物质 H 的载体。表 5-2 中列出正、负极上发生的反应方程式。

表 5-2　MH/Ni 电池电极反应

反应状态	正极反应	负极反应
充电	$Ni(OH)_2+OH^- \longrightarrow NiOOH+H_2O+e^-$	$M+H_2O+e^- \longrightarrow MH+OH^-$
放电	$NiOOH+H_2O+e^- \longrightarrow Ni(OH)_2+OH^-$	$MH+OH^- \longrightarrow M+H_2O+e^-$
过充电	$4OH^- \longrightarrow 2H_2O+O_2+4e^-$	$2H_2O+O_2+4e^- \longrightarrow 4OH^-$
过放电	$2H_2O+2e^- \longrightarrow H_2+2OH^-$	$H_2+2OH^- \longrightarrow 2H_2O+2e^-$

3. 化/脱氢特性

在一定温度下，储氢合金氢化/脱氢时氢压与含氢量之间的关系曲线称为压力-组成等温线（PCI 曲线）或压力-组成-温度曲线（PCT 曲线）。

PCI 曲线是评价储氢材料基本特性、研究热力学性能的重要曲线。理想情况下，储氢合金氢化/脱氢过程中气/固体系达到平衡状态时，α 相和 β 相共存，压力保持不变，反应完全可逆，氢化曲线和脱氢曲线重合，平台终点对应的横坐标数值为储氢材料在该温度下的最大储氢量。根据气体状态方程式中压力和温度的关系，体系温度升高，平台压力也升高，平台变窄直至消失，对应的温度为临界温度，临界温度以上储氢材料不再形成氢化物相。平衡压力 p_{H_2} 与温度 T 的关系可以用 van't Hoff 方程表示[8]：

$$\ln p_{H_2}=-\Delta S^0/R+\Delta H^0/RT \quad (5\text{-}1)$$

式中，ΔH^0 为金属氢化物的生成焓，kJ/mol H_2；ΔS^0 为金属氢化物的生成熵，J/(K·mol H_2)；R 为气体常数，8.314 J/(mol·K)。

通过式（5-1）得到的 $\ln p_{H_2}$ 与 $1/T$ 的线性关系图称为 van't Hoff 曲线。通过直线的斜率和截距可分别计算表征氢化反应进行趋势的热力学常数 ΔH^0、ΔS^0，对于可逆的氢化反应，ΔH^0 和 ΔS^0 均为负值，其绝对值越大，氢化物的平衡分解压越低，氢化物越稳定。通常情况下，$|\Delta H^0|$值远大于$|\Delta S^0|$值，因此$|\Delta H^0|$值越大，合金氢化物越稳定，不容易放氢，相反，有利于放氢。

在实际情况下，储氢材料由于组成不完全均匀以及成分中某些杂质引起的组成波动、氢化/脱氢过程中 α 相和 β 相的形核动力学难以同步以及核生长应力差异等原因，压力平台往往呈现倾斜状态（随氢化过程逐步抬高、随脱氢过程逐步降低），氢化曲线与脱氢曲线也不能重合，即非理想 PCI 曲线的吸/放氢平台压力仍然随着储氢量的变化而变化（吸/放氢平台倾斜），吸/放氢平台之间存在滞后。

稀土储氢合金作为电极材料在充/放电过程中表现出来的电化学性能主要包括放电比

容量、循环寿命、低温与高温放电性能、荷电保持率和高倍率放电性能。

放电比容量是一定温度下单位质量储氢电极材料以恒电流放电到截止电位时，放电电流与放电时间乘积的最大值，通常用符号 C 表示，单位为mAh/g，表征储氢电极材料的质量能量密度。循环寿命是指储氢材料电极在一定电流密度下充/放电循环过程中放电比容量衰减到某一数值（通常为最大放电比容量的80%）时的循环次数，通常用 n 表示，表征储氢电极材料的循环稳定性。

低温放电性能是指储氢材料电极在低温（通常为≤253 K）环境下的电化学性能，表征储氢电极材料的低温使用性能。高温放电性能是指储氢材料电极在高温（通常为333～353 K）环境下的电化学性能，表征储氢电极材料的高温使用性能。

荷电保持率是指100%荷电的储氢材料电极在一定温度下搁置一段时间（通常为168 h）后的放电比容量与搁置前的放电比容量的比值（%），表征储氢电极材料的自放电性能。高倍率放电性能（HRD）是指一定温度下，金属氢化物电极在储氢材料比容量1倍的电流密度（1 C）或1 C 以上（最大放电电流可达到30 C）恒电流放电的电化学容量与总电化学容量的比值（%），表征储氢合金的功率特性或动力学特性。

氢化/脱氢反应动力学反映储氢材料在一定温度和压力下单位时间内吸/放氢量，具体表现为活化性能、吸/放氢速率、倍率放电能力，是衡量储氢材料实际应用的重要指标。储氢合金氢化反应包括5个中间反应步骤：氢分子的物理吸附；氢分子的解离和化学吸附；氢原子的表面穿透；氢原子以间隙或空位机制通过氢化物层扩散；金属/氢化物界面形成氢化物。脱氢过程同样需要5个中间反应步骤：氢化物/金属界面处的氢化物分解；氢原子通过同相扩散；氢原子的表面穿透；化学吸附氢原子的复合和物理吸附；解吸到气相[9]。其中相界化学反应速度、形核长大速度、氢化学吸附及扩散混合速度、氢分子解离及界面反应速度等是控制动力学的主要因素。

多数储氢材料的吸/放氢过程可以用形核和长大的动力学机制（即JMAK模型）来描述[10-12]，具体表达式如下：

$$[-\ln(1-\alpha)]^{1/n}=kt \tag{5-2}$$

两边取对数后，可以得出如下表达式：

$$\ln[-\ln(1-\alpha)]=n\ln k+n\ln t \tag{5-3}$$

式中，k 为氢化或脱氢反应的速率常数；α 为时间 t 对应的转化为氢化物的储氢材料的反应分数；n 用来决定抽象模型的维数，n=3时为三维形核和长大方式，n=2时为二维形核和长大方式。

由式（5-3）可以建立 $\ln[-\ln(1-\alpha)]$ 与 $\ln t$ 的线性关系，由斜率得到 n 值，结合截距值计算反应速率常数 k 值。

5.2 制备技术

稀土储氢材料通常的工业化制备工艺如图5-2所示，包括感应熔炼、浇铸或快淬或雾化、退火热处理、制粉，对于某些特定用途的材料还要对粉体进行表面处理。此外，还有一些可以合成稀土储氢材料的方法，如还原扩散法、共沉淀还原法、机械合金化法等，但未形成规模化生产工艺。

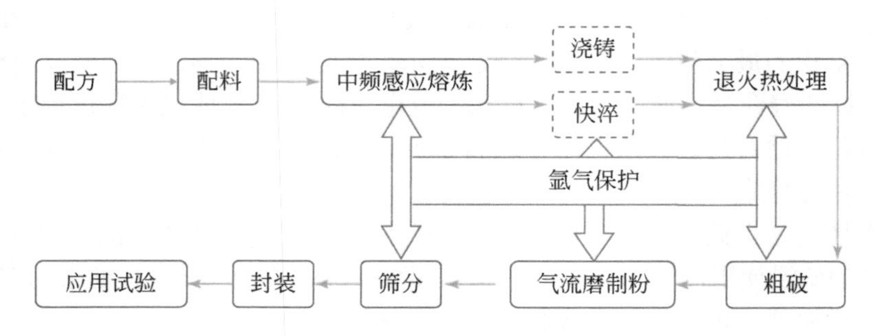

图 5-2 稀土储氢合金的工业化生产流程图

5.2.1 制备工艺

1. 感应熔炼法

制备稀土储氢材料的主要方法是电炉感应熔炼法，可以规模化批量生产，也可以制备几千克的试验样品，成本低、成分均匀，但耗电量较大、炉次一致性较难控制。

感应熔炼的工作原理类似于家用电磁炉，在坩埚外壁缠绕的水冷铜线圈中通过工频（一般为中频）交流电，电磁感应在金属原料的透入深度（电流强度降低到表面电流强度 36.8% 的位置到原料表面的距离）内产生感应电流，感应电流产生的热量熔化金属原料，即交变电流产生交变磁场、交变磁场产生感应电流、感应电流产生热能。金属原料几何尺寸与透入深度配合得当则加热时间短、热效率高，因此金属原料的直径一般为电流透入深度的 3～6 倍，最佳炉料尺寸与电流频率的关系列于表 5-3 中，可以看出，大、中容量电炉应选较低频率的电源，小容量电炉则选较高频率电源。

表 5-3 最佳炉料尺寸与电流频率的关系[1]

电流频率/Hz	50	150	1000	2500	4000	8000
透入深度/mm	73	42	16	10	8	6
最佳炉料直径/mm	219～438	126～252	48～96	30～60	24～48	18～36

用于装填炉料的坩埚可以防止热量散失、绝缘和传递能量。中性坩埚（包括 Al_2O_3、$MgO{\cdot}Al_2O_3$、$ZrO_2{\cdot}SiO_2$、石墨等材料制成的坩埚）可用于储氢材料的熔炼，一般用 Al_2O_3、$MgO{\cdot}Al_2O_3$ 坩埚。按制作方式不同，分为炉外成型预制坩埚、炉内成型坩埚和砌筑式坩埚，现多用作为定型产品的炉外成型预制坩埚。坩埚耐火度要求在 1773～1973 K，熔炼稀土基储氢材料的坩埚耐火度应大于 1873 K。Al_2O_3 坩埚最高工作温度为 1973 K，建议工作温度为 1873 K 以下。通常电熔镁砂含 MgO≥98%，熔点 2573 K，最高工作温度为 2073 K，建议工作温度为 1973 K 以下。熔炼时由于磁力线分布及坩埚对外散热等原因，坩埚内熔体温度分布如图 5-3 所示分为 5 个区[1]：1、3 为低温区，2、4 为中温区（向外损失热量 50%），5 为高温区（坩埚中央偏下），加料时应按不同部位加入不同熔点的金属。

坩埚安装直接关系到熔炼速度、熔炼质量和坩埚使用寿命及安全性。安装坩埚前先在线圈内部及底部铺一层石板布或玻璃纤维布，然后放入填料（不应含有铁磁性物质）用钢钎捣打结实后放入坩埚。坩埚中心线必须与线圈中心线一致，坩埚中熔体区必须处于线圈上、下水平面之内 20～30 mm。然后在坩埚周围填入相同的砂料，捣打结实后修砌炉口，修砌炉口料用合适粒度的镁砂加 1%～1.2%的硼酸，加水玻璃与水（1∶1）的溶液调成湿砂料，用钢钎捣实捣平。室温阴干 1～2 天后，坩埚内放入石墨加热体，通电烘炉后备用。

稀土储氢合金熔炼后的熔液浇入一定形状的锭模中，使熔体冷却固化，该方法即为锭模铸造法。早期的锭模为炮弹式水冷锭模，后来发现提高冷却速度，合金组织更加均匀，电化学性能也有所改善，因此发展出了水冷铜锭模和钢模。为了使冷却速率更大，陆续开发出单面冷却的薄层圆盘式水冷模、双面冷却的框式模。锭模铸造法对多组元合金而言，因熔液在锭模不同位置的冷却速度不一样，容易引起合金组织或组成的不均质，使储氢合金 PCI 曲线平台变倾斜。图 5-4 为熔炼锭模铸造示意图。

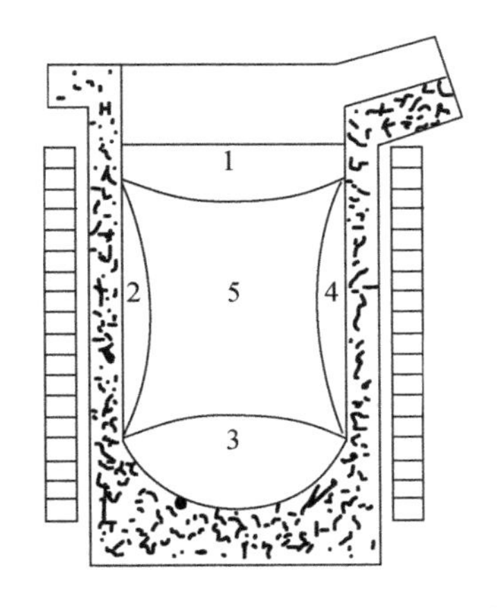

图 5-3　坩埚中熔体温度分布[1]

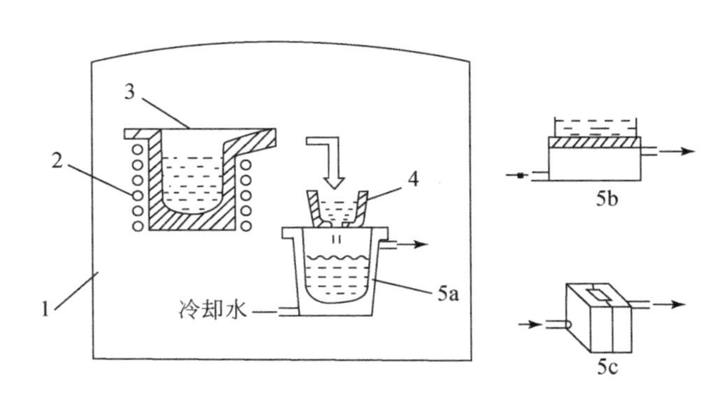

图 5-4　锭模铸造示意图[1]

1-熔炼室；2-感应线圈；3-熔炼坩埚；4-中间包；

5a-炮弹形铸锭模；5b-单面圆盘形铸模；5c-双面水冷框式模

熔体淬冷法是将熔体浇铸在快速旋转的单辊或双辊上，在很大的冷却速率（10^2～10^6 K/s）下急冷凝固制成 30～50 μm 厚薄带的方法[1]。影响急冷薄带品质的因素有辊的转速、材质（通常为铜）和浇铸速度，急冷凝固时形成的组织偏析少，吸/放氢压力平台较平坦，合金不易粉化，有益于储氢合金的循环性能。由于辊面快速吸收热量，熔体急冷时存在散热的方向性，垂直冷却面生成柱状晶组织，柱状晶组织的结晶取向使得合金反复充/放电后的粉化龟裂基本保持一定方向性，从而不同于等轴晶组织的散乱龟裂。熔体急冷合金的晶粒（1 μm）远小于电弧熔炼合金的晶粒（10 μm 左右），晶界上的晶格变形趋缓，可达到高度均质化。急冷合金经退火热处理后，性能进一步改善。

气雾化淬冷法是以作用于熔体的高速惰性气体作为冷却介质，惰性气体的动能转化为熔体表面能，液滴在飞行中受表面张力自凝固成球形或近球形颗粒[13]。图 5-5 为气雾化淬冷示意图。先用电炉将金属原料熔炼为过热 373～423 K 的熔体，然后将其注入雾化喷嘴之

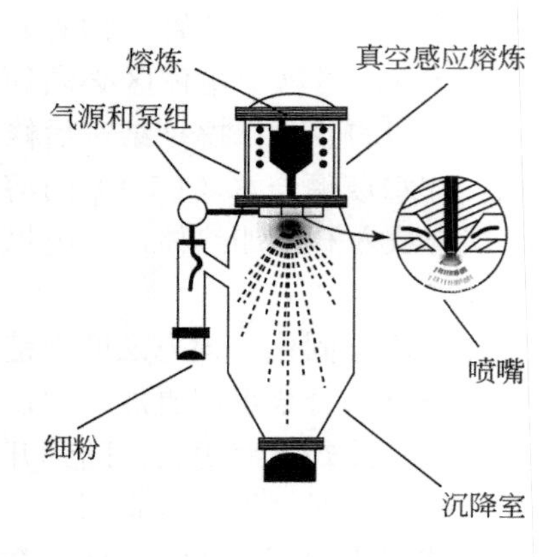

图 5-5 气雾化淬冷示意图[13]

上的中间包内。熔体由中间包底部喷嘴流出与高速气流相遇被雾化为细小液滴并在雾化筒内快速凝固成合金粉。喷嘴有自由降落式和限制式喷嘴两类。自由降落式喷嘴雾化过程中气流对熔体冲击作用较低，冷却速率较慢（约为 10^2～10^4 K/s），形成的粉体粒度较粗。限制式喷嘴雾化过程中熔体通过导流管引流作用，冷却速度较快（约为 10^2～10^5 K/s），提高了气体能量转化效率和熔体破碎程度，形成的粉体粒度相对较细，但由于熔体在喷嘴出口处雾化，容易堵塞喷嘴和反喷。

利用气雾化淬冷法制备的 La-Y-Ni 储氢合金球形粉的最大放电容量达到 368.3 mAh/g，当容量下降至额定容量的 60%时，循环周数超过 600 周，循环性能十分优异。

2. 还原扩散法

还原扩散法是将氧化物还原为金属后再相互扩散形成金属间化合物，其产物取决于原料、还原剂、温度和保温时间等因素，具有原料成本低、设备和工艺简单、能耗低、可直接获得粉体产物的优点。但受原料和还原剂杂质影响，产物中氧含量较高，成分均一性有待提高，反应后还需要清除过量还原剂及副产物 CaO。

还原扩散法一般将氧化物、Ni 粉、钙屑或氢化钙粉按比例混合后压成坯块，在惰性气氛下，在 1106 K（钙的熔点）以上的温度下保温至反应完成。一般反应式如下[14]：

$$R_2O_3(s)+3Ca(l) \longrightarrow 2R(l)+3CaO(s)$$

$$R(l)+5Ni(s) \longrightarrow RNi_5(s)$$

从上面反应可以看出，稀土氧化物被还原后形成液态的稀土金属 R 并与 Ni 粉反应生成稀土储氢合金 RNi_5。同时 R 可与镍粉表面已经形成的固态 $CaNi_5$ 发生置换反应转化成 RNi_5：

$$R(l)+CaNi_5(s) \longrightarrow RNi_5(s)+Ca(l)$$

置换出的新生态液体钙又与 RNi_5 包覆的 Ni 发生反应生成固态 $CaNi_5$：

$$5Ni(s)+Ca(l) \longrightarrow CaNi_5(s)$$

通过 R 与 $CaNi_5$ 的不断置换反应，直到全部生成 RNi_5。应用实例：将 Ni 粉、Y_2O_3、CaH_2 混匀后放入不锈钢舟内，压紧后在 H_2 气氛下还原扩散得到 $Y_{0.82}Ca_{0.18}Ni_5$ 合金[15]。

3. 共沉淀还原法

共沉淀还原法是在还原扩散法的基础上发展起来的，先用各组分的盐溶液通过沉淀（沉淀剂一般为碳酸盐、草酸盐、柠檬酸等）、灼烧制备氧化物，再用金属钙或 CaH_2 还原制备储氢合金，其优点是可用工业级的金属盐作为原料；产物成分均匀，基本没有偏析；制得的合金粉体比表面积大，容易活化；能耗低。

我国著名无机化学家申泮文先生曾采用共沉淀还原法合成了 AB_5 型 $LaNi_5$ 合金[16]。

按金属原子比 La/Ni 为 1∶5 的比例将 $LaCl_3$ 和 $NiCl_2$ 溶于水中，调整 pH 值为 1～2，与等体积 10%草酸乙醇溶液混合，持续搅拌 20 min 进行并流沉淀，放置 1 h 以上过滤抽干，用 2%草酸溶液洗涤，在 453～473 K 下烘干，煅烧成混合氧化物，然后在氢气氛中用金属钙还原成 $LaNi_5$ 合金。用此方法成功制取了 $LaNi_4M$（M=Al，Mn，Fe，Co 等）金属间化合物。

4. 机械合金化法

机械合金化(MA)法是利用机械能的作用使材料组元在固态下实现合金化的制备技术，高能球磨是实现 MA 的主要方法。高能球磨过程在室温下进行，工艺简单，易于工业化生产；材料体系不受平衡相图的限制，如宽成分范围的非晶合金、超饱和固溶体、纳米晶合金及原位生成的超细弥散强化结构；可制备不互溶体系合金、熔点差别大或比重相差大及蒸气压相差较大等难熔合金；制备的合金粉可作为最终产品，也可利用粉末冶金成型工艺制备块体产品[1]。MA 过程中，材料发生一系列的显微组织结构变化和非平衡态相变，亚稳结构的材料常常表现出优异的物理、化学性能。

机械球磨通过增加比表面积和氢扩散系数可以改善 AB_5 型储氢合金的动力学性能。MA 制备的 $MmNi_4Al$ 储氢合金的主相为 AB_5 相[17]，制备的 $LaNi_4Fe$ 储氢合金为纳米结构[18]。与纳米晶 $LaNi_5$ 相相比，MA 合成 $LaNi_5$ 化合物过程中，非晶相的出现对放电容量和电化学反应动力学有影响[19]。长时间研磨 $LaNi_5$ 化合物会由于单位晶胞体积的轻微减小和诱导的原子无序而形成氢化反应的异常状态[20]。MA 制备的 $Ml_2Mg_{17}+x$ wt% Ni(x=180, 200, 230) 非晶态复合储氢材料的初始电化学容量随球磨时间的延长呈折线方式增加。

5. 热处理

热处理是通过加热、保温和冷却方式获得固体材料预期组织和性能的金属热加工工艺，影响热处理的因素有加热温度、介质、保温时间、冷却方式及升/降温速率。制备储氢合金时，常常因冷却速率不够大，造成某些组分偏析，从而对合金的吸/放氢性能造成不良影响，热处理可以消除合金应力、减少组分（特别是 Mn）偏析、调控组织结构、改善氢化/脱氢平台特性和循环寿命等。

对 $MmNi_{3.4}Co_{0.1}Mn_{0.5}Al_{0.1}$ 合金进行热处理（1273～1323 K，0.1 Pa），保温 3 h 或 28 h，放电容量由铸态合金的 322 mAh/g 分别增加到 334 mAh/g 和 340 mAh/g，同时循环 100 次后的粒度明显大于铸态合金，循环稳定性也明显改善[21]。热处理 La-Y-Ni 系合金能够促进铸态合金中的 $CaCu_5$ 相和 Ce_5Co_{19} 相向 A_2B_7 相转变[22]。对存在 Y 元素的合金进行热处理可促进 Gd_2Co_7 相的形成，热处理后合金的最大放电容量为 391 mAh/g，比铸态合金提高了 48 mAh/g，循环 300 周的容量保持率由铸态的 54.2%提高到 67.3%[23]。

6. 制粉

储氢合金作为电池负极材料时，一般要求粉碎至-100 目以下。工业上采用不同的破碎方式，一般有球磨（又分为干式球磨和湿式球磨）、气流磨等。

干式球磨是先将大块合金通过颚式破碎机粗碎到 3 mm 以下与磨球以一定的球料比放入不锈钢罐中，在保护气氛中以一定转速旋转不锈钢罐。合金受到磨球的冲击、滚压和研磨而粉碎，粉体粒度与球料比、转速和球磨时间以及球的不同直径配比有关。目前，干式球磨一般采用边磨边筛的磨筛机，磨筛机分内外 2 层桶壁，内桶壁为多孔板，其内装球和料，外装有 1 层一定网目的筛网，当磨至筛网目数以下时，料自动在旋转过程中过筛，收集于盛料桶内，筛上合金继续球磨，从而达到连续制粉和连续出料的目的。

湿式球磨与干式球磨不同之处在于球磨罐中不是充入保护气体，而是放入液体介质，一般常用水、酒精或石油醚。以水作介质制得的粉末氧含量与干法完全一致，说明用水湿磨是完全可行的，我国用水磨储氢合金制取的镍氢电池负极粉储存三年后仍与生产时性能一致。水磨法制粉工艺简单，无粉尘污染，但需要增加过滤、烘干设备，因此可考虑水磨制备的粉体直接用于负极调浆。

气流磨制粉是利用高速气流（300～500 m/s）的能量使颗粒相互冲击、碰撞和摩擦，从而达到粉碎物料的一种制粉方式。气流磨粉碎后的物料被上升的气流输送至叶轮分级区内，在分级轮离心力和风机抽力的作用下，实现粗、细粉的分离，粗粉依靠自身重力返回粉碎室继续破碎，合格的细粉随气流进入旋风收集器。压缩空气在喷嘴处绝热膨胀使系统温度降低，避免了合金在粉碎过程中产生热量而破坏其化学成分，因而保持物料的原有性质。气流磨生产的产品更加精细化，粒度分布更加均匀，活性也较大，缺点是能耗较大，导致生产成本较高。

综上所述，稀土储氢材料制备技术的发展方向主要应该考虑以下几个方面：一是通过改进和优化制备技术调控材料结构，提升材料性能；二是进一步提高能源利用效率；三是与智能化、信息化技术融合，发展智造技术。

研究人员也在探索新的储氢材料制备技术，如通过电脱氧法在 1013 K 的熔融 $CaCl_2$ 电解液中从 La_2O_3+NiO+MgO 的烧结混合物直接合成 La_2MgNi_9 合金，最终得到的 La_2MgNi_9 相含量为 79%，$LaNi_5$ 为 21%，多孔合金结构（比表面积约为 31.66 m^2/g）有利于提高储氢容量，放电容量约为 280 mAh/g[24]。

5.2.2 表面处理

储氢材料的动力学性能、循环稳定性等与表面氧化和腐蚀、活性和钝化等状态有关，采用各种表面处理技术可以改善合金粉的表面特性。储氢合金表面处理方式主要有表面溶解、表面修饰、表面还原、表面包覆等。

表面溶解主要是通过氟化处理、碱处理、酸处理等方式对合金表面不同组分的溶解，破坏合金表面的氧化膜，改变合金表面组成和结构，减小氢扩散阻力及合金粉之间的接触电阻，进而改善合金的活化性能。储氢合金表面经氟化处理后形成一层具有网络结构和较高电化学催化活性的富 Ni 层，比表面积也显著增大，合金的动力学性能及循环稳定性均得到改善。氟化物处理的储氢合金在室温下经一次吸氢即可达到 100%的吸氢效果[25]。储氢合金表面经过浓或热碱液处理后也会形成具有较高催化活性的富 Ni 层，同时以晶须形式形成的 $La(OH)_3$ 可以防止表面层的进一步溶解，但过度的碱处理会损失储氢合金部分有效容量，也会降低循环寿命。储氢合金经酸处理后可以除去表面氧化层，形成富 Ni 层，由于氢化产生的微裂纹增大了合金的比表面积，常用的酸有盐酸、硝酸、甲酸、乙酸和 HAc-NaAc 缓冲溶液[26]。

表面修饰是通过物理或化学方法在合金粉表面附着金属、有机物等物质。在储氢合金表面涂覆少量的 Pd 粉或 Ag 可以有效防止合金氧化，促进氢、氧气复合，降低电池内压[27]。在储氢合金负极表面涂覆疏水有机物，可提高氢、氧复合的反应速度，从而降低电池内压，增强电极的循环稳定性[28]。采用化学法在储氢合金表面原位聚合苯胺，形成纳米颗粒状聚苯胺（PANI），增强电化学反应中吸引氢的作用，可提高最大放电容量和高倍率放电性能[29]。

表面化学还原处理是采用含有还原剂（如 KBH_4、$NaBH_4$ 以及次磷酸盐等化合物）的热碱溶液对合金表面氧化物进行还原处理[30]，表面形成较高催化活性的富 Ni 层，其中次磷酸盐作还原剂还可以将次磷酸离子向亚磷酸转化中生成的原子氢吸附在储氢合金表面，强化合金表面及本体对氢的吸收能力。

合金表面包覆是采用电镀、化学镀、机械合金化、磁控溅射等方法在合金粉表面形成多孔的金属膜。储氢合金表面电镀 Pd 可以改善金属氢化物电极的活化性能，电镀 Co 可显著提高电极的放电容量，在放电曲线上对应于 Co 的氧化电流出现第二个平台[31]。化学镀 Cu 或 Ni 的储氢合金电极表面能够快速传递电子，提高充电效率，显著降低电池内压。化学镀 Ni 的储氢合金电极有较高的放电容量和循环稳定性。包覆 Cu，Co，Cr 等金属的合金表面易于聚集稀土元素，从而降低储氢能力，而包覆 Ni，Ni-Co，Ni-Sn，Ni-W 等金属或合金可有效抑制稀土元素的聚积。$MnNi_{3.5}Co_{0.7}Al_{0.8}$ 合金经 20 wt%化学镀 Cu 处理后显著改善了电极的循环稳定性[32]。机械合金化法可以在储氢合金表面形成一层金属及其氧化物，改善电极的放电容量和循环性能[33]。包覆金属氧化物的储氢合金电极的吸氢反应符合 Volmer-Tafel 机理，Volmer 过程相对于 Tafel 过程更快，而 RuO_2、Co_3O_4 能够强化 Volmer 过程的电催化活性，提高电极的充电效率[34]。磁控溅射法在 La-Mg-Ni 电极包覆 Mo 纳米颗粒可以原位形成 Ni_4Mo，吸/放氢速率先加快后下降[35]。

5.3　组织结构与性能

稀土储氢材料的组织结构包括相组织和晶体结构，与其组成和制备条件有关，对材料的吸/放氢热力学、动力学及其应用性能有重要的影响。目前研究开发的稀土储氢材料主要有 AB_5 型 $LaNi_5$ 储氢合金、AB_2 型 $LaNi_2$ 储氢合金和超晶格 La-Mg-Ni 和 La-Y-Ni 储氢合金（包括 AB_3、A_2B_7、A_5B_{19}、AB_4 型的 $LaNi_3$、La_2Ni_7、La_5Ni_{19}、$LaNi_4$ 等）。稀土储氢合金的所有结构可以按照 $n\times[AB_5]+[A_2B_4]$ 单元模块沿 c 轴堆垛的方式形成，n 可以从 0（AB_2）到∞（AB_5），n=1～5 用 AB_y 表示，其中 $y=(5n+4)/(n+2)$，分别为 AB_3、A_2B_7、A_5B_{19}、AB_4、A_7B_{29}[36]。

5.3.1　$LaNi_5$ 型储氢材料

1969 年，荷兰 Phillips 实验室 Zijlstra 等[37]首先报道了 AB_5 型化合物 $SmCo_5$ 在室温和 2 MPa 下可以吸收 2.5 个氢原子，压力降低时又可放出氢气。随后 Van Vucht 等[38]发现，在 0.25 MPa 下 $LaNi_5$ 可以吸收 6.7 个氢原子，在室温条件下又可以释放出所吸收的氢原子。

在应用 $LaNi_5$ 型储氢合金材料研制充/放电的金属氢化物-镍（MH-Ni）电池（简称镍氢

电池）的过程中，由于该类合金容量衰减快且价格高，放缓了发展速度。直到1984年，Willems等[39]采用Nd元素部分替代La以及Co，Al，Si等元素部分替代Ni制备了多元$LaNi_5$型合金，显著提升了合金的抗粉化能力和循环稳定性，重新掀起了稀土储氢材料的研究开发热潮。

$LaNi_5$储氢合金为$CaCu_5$型晶格结构，属于六方晶系，空间群为$P6/mmm$，点阵常数a=0.5016 nm，c=0.3982 nm，晶胞体积V=8.678 nm^3[40]。每个晶胞平均由1个六方双锥的十二面体、3个菱方双锥的八面体、2个三方双锥的六面体和12个四方的四面体组成，这些多面体的间隙半径随着面数的减少而减小，由于H原子的原子半径（0.046 nm）大于四面体的间隙半径（0.043 nm），因此，H原子占据1个十二面体间隙（0.146 nm）、3个八面体间隙（0.106 nm）和2个六面体间隙（0.068 nm），即形成$LaNi_5H_6$氢化物，点阵常数a=0.5432 nm，c=0.4280 nm，晶胞体积V=10.937 nm^3，最大储氢量为1.379 wt%，晶胞体积膨胀率为26%[41]。

$LaNi_5$合金在吸氢过程中，依次形成3种$LaNi_5H_x$相结构，即$x<0.5$时形成α相，$3\leqslant x\leqslant 4$时形成β相，$x>6$时形成γ相[42]。从结构上分析，在$CaCu_5$晶体结构中氢原子可以占据5个间隙位置（3f、4h、6m、12n和12o）[43]。当氢原子占据3f、12n和12o位点时形成β相，当氢原子占据6 m位点时形成γ相[44]。实际上，在$LaNi_5$晶格中，12o和6m的位置是相邻的，在小尺寸的单位晶胞中，当12o被占用时，6 m位置的间隙尺寸会被压缩[44]，γ相的平台压力就会高于β相，导致出现更高的平台（平台分裂），从而使合金PCI的放氢曲线出现两个平台。Mn可以抑制$LaNi_5$型合金的平台分裂现象，因为$CaCu_5$晶体结构中6m间隙位由两个3g-Ni原子和两个La原子组成，具有大原子半径的Mn主要在3g位点替代Ni，从而有效扩展了6m的间隙点阵，解除了12o的压缩，将γ相形成的平台压力降低到与β相相当的程度，消除了平台分裂现象[45]。

过化学计量比$LaNi_5$组成一般为$CaCu_5$型结构的过饱和固溶体，其B端元素形成沿c轴定向排列的Ni-Ni双原子占位的“哑铃”结构，通过控制和优化双原子“哑铃”的几何结构和组成能有效地减小吸/放氢时合金晶胞的各向异性膨胀和粉化倾向[46,47]。如果过化学计量比较大，可能析出少量的第二相（Ni），会使合金的最大放电容量和高倍率放电性能（HRD）有所降低，但合金的循环稳定性显著提高[48]。过化学计量比合金晶胞中部分La原子会被Ni原子取代，因此合金的循环寿命进一步提高[49]。通过Mg替代部分La降低储氢合金晶格间隙原子的平均电负性，使合金表面的Ni原子保持较高的配位数，从而使储氢合金兼具高的放电容量和长的循环寿命[50]。

组元较多的过化学计量比储氢合金由于成分的复杂性可能出现第二相。例如，在$AB_{5.09}$型合金$La_{0.736-x}Ce_{0.238-y}Sm_{x+y}Zr_{0.026}Ni_{4.32}Co_{0.17}Mn_{0.25}Al_{0.35}$($x+y$=0, 0.1, 0.3, 0.5)中发现$Ni_2MnAl$催化相，使得合金中相界面密度增加，表现出良好的高功率放电性能[51]。$La_{0.582}Ce_{0.191}Zr_{0.025}Sm_{0.202}(Ni_{0.849}Co_{0.032}Mn_{0.05}Al_{0.069})_{5+x}$($x$=0.00, 0.10, 0.20, 0.35或0.47)合金具有多相组织，包括$CaCu_5$型主相和BiF_3型Ni_2MnAl第二相，晶胞体积和合金电极电荷接受能力减小，同时MH稳定性降低导致电荷保持率降低，但各向异性系数c/a增大使得抗粉化性能增强，电极极化减弱，促进了循环稳定性[52]。

欠化学计量比$LaNi_5$组成容易形成除$CaCu_5$型主相外的B/A小于5的第二相，如Ce_2Ni_7

相[53]、La_2Ni_7 相[54]、LaNi 或 AlNi 相[55]，这种双相或多相结构改变了合金晶界状态和晶格膨胀率，一般会使其储氢量或放电容量超过化学计量比 AB_5 型的理论储氢容量，具备高倍率放电能力和优越的低温（甚至到 233 K）放电特性[54,56]，是改善储氢合金性能的一种有效手段。可是对于浇铸制备的不同化学计量比的 $Ml(Ni_{0.82}Mn_{0.07}Al_{0.06}Fe_{0.05})_x(4.6\leqslant x\leqslant 5.6)$ 合金，化学计量比 AB_5 合金具有最大的放电容量[55]。

从欠化学计量比到过化学计量比的 $AB_x(x=4.2,4.4,4.6,4.8,5.0,5.5)$储氢合金随着 x 的减小，合金晶胞体积和氢化物生成焓增加，平台压力 p_{eq} 降低且与 x 的关系为 $\ln p_{eq}=1.99x-11.13$[53]。

对 $LaNi_5$ 型材料的性能优化主要集中在 A、B 侧元素组分和化学计量比的调整[57]。A 侧稀土组分一般为轻稀土元素 La，Ce，Pr，Nd 或其中几种元素的不同配比，或富镧（Ml）或富铈（Mm）混合稀土金属，有时也采用中重稀土元素 Y，Sm，Gd 等，稀土元素相似又不同的物理和化学性质使其对储氢材料的性能产生复杂的影响。一般来说，替代稀土元素的原子半径减小会导致组成相晶胞体积减小，储氢量降低，PCI 曲线平台压升高，但合适的替代量可以调控合金的综合性能。B 侧 Ni 的替代元素主要有 Mn，Al，Co，Sn，Fe，Cu，Mo，Si，B 等。一般来说，原子半径大的替代元素可使合金晶胞体积增大，氢化物的分解压力降低，合金氢化物更加稳定。Pr，Nd 和 Co 对提高合金容量和循环稳定性等具有较显著的作用，但其价格较高，为了降低材料的成本，近年来主要针对低/无 Pr，Nd，Co 的合金寻找高效廉价的替代元素[58]。

用原子半径较小的 Ce 元素部分替代 La 元素：使合金相的晶胞参数 a 减小、c 增大，晶胞体积减小；吸/放氢平台压力升高，氢化物的热力学稳定性变差，可以减小其充/放电过程中的电化学反应电阻，加快合金中氢原子的扩散速度从而明显改善其动力学性能，但吸氢量减小[59]。稀土元素对氢扩散速率影响较大，如 Ce 有助于改善低温性能，而 Nd 不利于低温性能[60]。Ce 或 Y 可以增大 AB_5 型合金晶胞的各向异性 c/a 因子，从而提高合金的抗粉碎性和结构稳定性，也有助于消除合金 PCI 曲线的第二平台[61]。Y 部分取代 La 的过化学计量比 $La_{0.95}Y_{0.05}Ni_{4.5}Mn_{0.4}Al_{0.35}$ 储氢合金具有优越的倍率放电能力和低温（233 K）放电性能[62]。采用 Sm 替代 Pr/Nd 的 $La_{3.0x}Ce_xSm_{0.98-4x}Zr_{0.02}Ni_{3.91}Co_{0.14}Mn_{0.25}Al_{0.30}(x=0.08, 0.12, 0.16, 0.20, 0.245)$合金，随着 x 值的增加，晶胞体积增大，放电容量增加，Ce 和 Sm 的协同作用使合金具有较高的循环稳定性[58]。

$LaNi_5$ 储氢合金中的 La 元素被原子量较小的其他元素（如稀土元素 Y、碱土金属元素 Ca）部分替代后理论上可以提高质量能量密度。特别是 Ca 元素的原子量（40.08）远小于 La 元素的原子量（138.91）且可以进入 $LaNi_5$ 晶格占据 La 的位置，对提高 $LaNi_5$ 储氢合金的质量能量密度有更好的效果，同时有助于提高材料的动力学性能。但是 Ca 部分替代 La 需要考虑两个问题，一是含 Ca 储氢合金容易发生歧化反应和氧化反应而影响循环稳定性；二是 Ca 的原子半径（0.197 nm）比 La 的原子半径（0.187 nm）大，Ca 替代 La 后会降低合金吸/放氢的平台压力[63,64]。通常情况下 Ca 替代 La 原子数不超过 40%，可逆储氢容量超过 1.6 wt%，最高可达到 1.7 wt%。$La_{0.4}Ce_{0.4}Ca_{0.2}Ni_{4.9}Mn_{0.1}$ 合金在前 5 周吸/放氢循环时储氢量下降明显，但在第 30 周循环后仍有 97%的容量保持率。用稀土元素 Y 部分替代 Ce，储氢量减少，吸/放氢平台压力和斜率升高，滞后减小，合金抗粉化能力随 Y 含量的增加而增强。

$LaNi_5$ 中的 Ni 被 Mn，Al 和 Co 部分取代时活化能降低，其氢化物的脱氢速率受 H_2 在合金氢化物中的扩散控制，随着氢化物中 H 浓度的增加，H 扩散活化能有增大的趋势[65]。Mn 可以明显降低储氢合金的平台压力，同时对容量的影响极小[66]。Al 可以显著改善储氢电极合金的循环寿命。Co 不仅可以通过与 β 相的部分结合增强 γ 相的缓冲作用，而且促进 c/a 值的增大，在长期循环过程中，可以获得更好的晶体结构、更大的粒径和更高的循环稳定性[67,68]。Co 还可以阻止 Mn 元素溶入 KOH 溶液[69]，从而改善电化学循环稳定性。Sn 替代 Ni 会引起偏析效应，导致具有不同晶胞参数的多种 $CaCu_5$ 相结构，提高了各向异性 c/a 值，降低了微应变，在循环过程中起到稳定合金结构的积极作用[70]。Cu 替代 Ni 可以增大合金的放电容量，改善高倍率放电能力，但损害电极的循环寿命[71]。Fe，Al，Mn 部分取代 Ni 且当 Fe 和 Al 化学计量比之和大于 1 时，可能由于二者的协同作用，合金表现出良好的循环稳定性[72]。

$LaNi_4Co$ 合金表现出一个吸收平台（α/β 相变）和两个解吸平台（γ/β 和 β/α 相变），随着循环次数的增加，α/β 和 β/α 相变的平台压力都随着晶胞体积的增大而降低，增大的晶胞也提供了更多的空间允许氢同时占据 12o 和 6m 位点，因此 β/α 和 γ/β 解吸平台变得难以区分。在循环过程中，会发生部分相分解、晶粒破坏和表面氧化，导致储氢能力丧失。此外，由于原子无序性和内部微应变和缺陷的增加，氢化/脱氢平台的平均斜率因子 F 增加。特别是 γ/β 平台的 F 值始终高于 α/β 和 β/α 平台的 F 值，并且随着循环增加得更快，在第 1000 个循环时达到另外两个平台的 4 倍左右，因此改进 γ/β 相变过程对提高该合金体系的循环性能和实际应用具有重要意义[67]。

对 $LaNi_{4.75}Mn_{0.25}$ 合金的衰减机理研究表明[73]，在 343～383 K 的温度范围内，经过 1000 次氢化/脱氢循环，PCI 曲线保持单一平台，但由于包括颗粒粉碎和晶格损伤的合金组织演变，平台斜率变陡，储氢量下降。结构变化的内驱动力是氢化/脱氢过程中产生的微应变，但随着循环的进行，各向异性参数 c/a 增大，滞后减小，衰减过程减慢。

采用扩展的 X 射线吸收精细结构（EXAFS）方法对 $LaNi_{5-x}Al_x$（x=0, 0.25, 0.5）合金体系储氢衰减机理的研究结果表明，随着循环的进行，由于晶格应变造成的晶体损伤以及金属原子在吸/放氢过程中的错位造成吸/放氢平台倾斜，合金的储氢量下降。较大原子半径的 Al 通过降低加氢时的晶格体积膨胀率和抑制循环过程中的原子迁移可以稳定 $LaNi_5$ 的晶格结构[42]。

$LaNi_5$ 和 $LaNi_{4.73}Sn_{0.27}$ 合金在 CO 浓度分别为 0.001%和 0.01%的 H_2 中循环时，由于表面污染，反应被强烈延缓，在较低的温度和较高的 CO 浓度下，延缓作用更强，但当样品有足够的时间进行吸氢和脱氢时，容量没有损失，部分吸附的 CO 在脱氢过程中被释放。对于含 Sn 合金，在大约 10 次循环后达到稳态，超过此点后不再发生进一步的衰减[74]。

不同的制备技术和处理工艺对稀土储氢合金的结构和性能产生不同的影响。浇铸制备的 AB_5 型 $LaNi_{3.8}Al_{1.0}Mn_{0.2}$ 储氢合金包含基相 $LaNi_5$ 相以及 $LaNi_2$、$LaNi_3$、AlNi 等非 AB_5 型相，晶粒粗大，退火或熔纺后非 AB_5 型相减少并分散，$LaNi_2$ 相转变成了 LaNi 相。而熔纺使得晶粒尺寸明显减小，退火后晶粒长大，非 AB_5 型相消失。按照浇铸、熔纺退火、浇铸退火、熔纺工艺顺序，晶胞体积增大、平台压力减小，熔纺或退火合金的动力学性能得到改善[75]。不同于上述的含 Mn 合金，铸态、退火态和熔纺态 $LaNi_{3.95}Al_{0.75}Co_{0.3}$ 合金均含有纯 $CaCu_5$ 型 $LaNi_4Al$ 相，晶胞体积增加的顺序为退火＞熔纺＞铸态，导致更低的吸/放氢平台压力和更稳定的氢化物相，三种合金的储氢能力基本相同。退火和熔纺合金的斜率系数小于铸态合金，吸氢速率明显快于铸态合金。熔纺合金在氢化/脱氢过程中表现出较高的抗粉化性，循环 500 次后容量保持率达到 99%[76]。短时间机械球磨 AB_5 型储氢合金可以增加晶格应变，减小吸氢时的晶格体积膨胀，缩短活化处理时间[77]。

5.3.2　$LaNi_2$ 型储氢材料

1987 年，日本东北大学的 Aoki 等[78]研究了 RNi_2（R 为稀土金属）合金在不同温度下的氢化行为，Y，La，Ce，Pr，Sm，Gd，Tb，Dy，Ho，Er 等 10 种稀土元素的 RNi_2 合金在 323 K 下发生了氢致非晶化（HIA）转变，在 773 K 下生成 RH_2 和 RNi_5，而 Nd 元素在 323 K 就生成 NdH_2 和 $NdNi_5$ 相，表明 HIA 转变温度低于形成稀土氢化物的温度。进一步研究证实，发生 HIA 转变的合金中原子尺寸比 R_R/R_{Ni} 大于 1.37[79]，其转变机理有两种方式：渐进热激活过程和吸氢应变诱发反应[80]。有学者[81]报道了由所有稀土金属 RE 和包括但不限于 Mn，Fe，Co，Ni，Ru 等多种过渡金属 TM 与非过渡元素 Al 和 Mg 共同形成的 $RETM_2$ 金属间化合物以及氢与 $RETM_2$ 相互作用的三种机制。

稀土系 AB_2 型储氢合金通常为 C15 Laves 相结构[82]。具有丰富结构类型的 Laves 相包括 C14、C15 和 C36 型，是典型的拓扑密堆相，其特征是高对称、大配位数和高堆积密度，其中 C14 和 C15 型有较好的吸氢性能。AB_2 型 Laves 相合金中的 A 原子和 B 原子的原子半径比在 1.05～1.68 之间，理想的原子半径比为 1.225 左右[83]。

C15 型 Laves 相是 $MgCu_2$ 型立方结构，原子面的堆垛顺序是 ABCABC，单位晶胞原子数为 24，空间群为 $Fd\bar{3}m(227)$[84]。立方 C15 相有一个原子位于金刚石型立方晶格上，每个 A 原子被 12 个距离相同的 B 原子和 4 个距离相同的 A 原子包围，A-B 和 A-A 的距离不同。B 原子堆叠成四面体，在立方晶格中点对点和基对基交替连接。吸收的氢原子可以占据三种类型的四面体间隙中的一种或多种。这些间隙根据构成四面体原子类别的差异进一步分为 A_2B_2、AB_3 和 B_4 型。每单位 AB_2 结构中总共有 17 个这样的四面体间隙立方结构，即 12 个 A_2B_2，4 个 AB_3 和 1 个 B_4 位点[85]。根据 Shoemaker 排除规则[84]，共面四面体间隙中心间距小于 1.6 Å，小于 Switendick 提出的金属氢化物核间 H-H 的极限距离 2.1 Å[86]。没有共享面的四面体中心至少相距 2.2 Å，氢只能进入没有共享面的位置。因此，对于 C15 型结构，每个分子式单元最多占据 6 个氢原子。

$LaNi_2$ 合金在 298 K 温度以及 0.8 MPa 氢气压力下可以吸收大约 1.77wt%的氢气，但吸氢后形成非晶结构的氢化物。RNi_2（R=La, Ce, Pr, 富铈混合稀土金属 Mm）合金通过固溶过程吸/放氢，大部分氢不能在 10^{-3} MPa 条件下有效释放[78, 87]。采用 Mg 元素部分替代 $LaNi_2$ 中的 La，吸氢量降低，吸/放氢平台倾斜，但有效抑制了氢致非晶化现象，保证了合金结构的稳定性[88]。

$LaMgNi_4$ 合金的非晶化发生在第一次脱氢循环中，在 873 K 退火后恢复结晶态。在 373 K 条件下，第一次加氢时储氢容量达到 1.4 wt%。由于 $LaNi_5$ 相成分较多，再退火合金的可逆储氢能力提高到约 0.9wt%。用该合金制备的电极在 10 mA/g 下的最大放电容量约为 340 mAh/g，经过 250 次循环后仍保持其初始容量的 47%[89]。利用统计物理方式导出的三种模型对 $LaMgNi_{3.6}M_{0.4}$（M=Al, Mn, Ni, Co, Cu）合金在 373 K 温度下的吸氢等温线进行分析，通过确定间隙位置的密度（D_m）、每个位置的氢原子数（n）和能量参数 ΔE 发现，合金中多原子（$n>1$）和多连接（$n<1$）是可行的，通过计算吸收能得知氢与金属之间的化学相互作用是产生吸氢现象的原因[90]。$YMgNi_4$ 基合金在接近室温时表现出可逆的吸/放氢反应，Co 取代的 $YMgNi_4$ 基合金表现出更高的氢含量和更低的吸/放氢反应压力[91]。$Y_{1-x}Mg_xNi_{2.1}$（x=0, 0.1, 0.2, 0.3, 0.4, 0.5）合金中的 Mg 优先进入$(Y,Mg)Ni_2$ 相且当$(Y,Mg)Ni_2$ 相中 Mg 含量大于 0.2 时不发生氢致非晶化和歧化。当$(Y,Mg)Ni_2$ 相中 Mg 含量增加到 0.5 时，A 侧与 B 侧的原子半径比减小到 1.37 以下，循环 50 次后容量不会衰减[92]。

YFe_2 合金中的 Y 被 Zr 元素部分替代可以抑制氢致非晶化和歧化反应，Y-Zr-Fe 合金具有良好的循环吸氢性能，其中 $Y_{0.9}Zr_{0.1}Fe_2$ 合金的最大初始吸氢量为 1.87wt%[93]。$Y_{0.7}Zr_{0.3-x}Ti_xFe_2$（$x$=0.03, 0.09, 0.1, 0.2）合金由 $Y(Zr)Fe_2$ 相和次要的 YFe_3 相组成，Ti 取代 Zr 降低 YFe_2 基 C15 Laves 相的晶格常数，但导致了 Y 的不均匀性和 Ti 的偏析，从而降低了储氢容量[94]。Y-M-Fe-Al（M=Zr, Ti, V）合金可以实现可逆储氢，H 原子占据 C15 晶格中的 A_2B_2 四面体位，而不会产生氢致非晶化或歧化，表现出快速的动力学特性[95]。采用高压凝固的方法可以实现 Ti 在 YFe_2 基 C15 Laves 相中的过饱和，得到亚稳的 $Y_{0.7}Zr_{0.24}Ti_{0.06}Fe_2$ 合金，Ti，Y 和 Zr 的偏析及相关的多相形成得到了明显抑制，吸/放氢容量显著提高[96]。

5.3.3 超晶格储氢材料

1997 年，Kadir 等[97]报道了 RMg_2Ni_9（R=La, Ce, Pr, Nd, Sm, Gd）合金是由 $CaCu_5$ 和 $MgCu_2/MgZn_2$ 亚结构单元以不同方式堆垛而成的 $PuNi_3$ 型结构。Kohno 等[98]进一步研究了新型三元 La_2MgNi_9、$La_5Mg_2Ni_{23}$、La_3MgNi_{14} 合金的储氢特性，该类合金的结构式为 m［A_2B_4］n［AB_5］，化学式可表达为 $R_{n+m}Mg_mNi_{5n+4m}$，m 和 n 分别表示每个堆垛块中［A_2B_4］和［AB_5］的层数，m 和 n 的比例主要为 1∶1、1∶2、1∶3 和 1∶4，分别对应于$(La,Mg)Ni_3$、$(La,Mg)_2Ni_7$、$(La,Mg)_5Ni_{19}$ 和$(La,Mg)Ni_4$ 组成，这种新的堆垛结构被称作超堆垛或超晶格结构。

2001 年，Baddour-Hadjean 等[99]首次研究了 LaY_2Ni_9 合金的结构和储氢性能，La 被 Ce 部分替代后，晶胞体积由于 a 轴减小、c 轴增大而减小，合金在吸/放氢过程中容易发生氢致非晶化，但非晶化的速度远小于相同化学计量比的 $LaNi_3$ 合金。LaY_2Ni_9 合金吸氢后形成稳定的氢化物，氢致非晶化倾向使得吸收的部分氢原子不能释放，放电容量仅为 260 mAh/g 左右[100]。La 被 Ce 全部取代后同样具有良好的反应可逆性和活化性能，但放电容量约降低 20%[101,102]。2016 年，Yan 等[23,103,104]对 La-Y-Ni 系储氢材料进行了 B 侧元素成分优化，放电容量提高到 380 mAh/g，结构稳定性显著改善，同时解决了 La-Mg-Ni 系储氢材料在高温制备过程中 Mg 挥发导致的组成难以控制、安全隐患等问题。

La-Mg-Ni 和 La-Y-Ni 系稀土储氢合金的结构源于二元超晶格 La-Ni 基合金[22,105]，通常包含具有超晶格结构的 AB_3 型$(La,Mg/Y)Ni_3$、A_2B_7 型$(La,Mg/Y)_2Ni_7$ 和 A_5B_{19} 型$(La,Mg/Y)_5Ni_{19}$ 三元相，如图 5-6 所示，其点阵常数 a、c 以及晶胞体积均小于 La-Ni 系合金[106]。Mg 和 Y 元素原子半径较小，主要占位于［A_2B_4］结构单元中，能够有效抑制［A_2B_4］亚单元的氢致非晶化与歧化分解，增加合金吸氢后的结构稳定性。

对于 AB_3、A_2B_7 和 A_5B_{19} 相，每个相有 3R（斜方）和 2H（六方）两种晶体类型。AB_3、A_2B_7 和 A_5B_{19} 相的 3R 晶体类型分别为 $PuNi_3$、Gd_2Co_7 和 Ce_5Co_{19} 结构，2H 晶体类型分别为 $CeNi_3$、Ce_2Ni_7 和 Pr_5Co_{19} 结构。3R 型的［A_2B_4］亚单元为 $MgCu_2$ 型 Laves 结构，2H 型的［A_2B_4］亚单元包括 $MgZn_2$ 型 Laves 结构。按照超晶格结构表达式 m［A_2B_4］n［AB_5］，3R 型或 2H 型晶胞体积实际上是（$m+n$）$\times Z$（$Z=2$ 或 3）个亚单元的全部体积。除了上述 AB_3、A_2B_7 和 A_5B_{19} 型三个常见的超晶格相，在通过放电等离子烧结法制备的 $La_{0.85}Mg_{0.15}Ni_{3.8}$ 合金中发现具有［A_2B_4］/［AB_5］亚单元比例 1：4 的斜方 AB_4 型相[107]，在三元 Ca-Mg-Ni 体系中发现了具有[A_2B_4]/[AB_5]亚单元比例 2：1 的斜方 A_5B_{13} 型相[108]，在 $La_5Mg_2Ni_{23}$ 型 $La_{0.7}Mg_{0.3}Ni_{2.8}Co_{0.5}$ 合金中存在［A_2B_4］/［AB_5］=2：3 的相结构[98]。

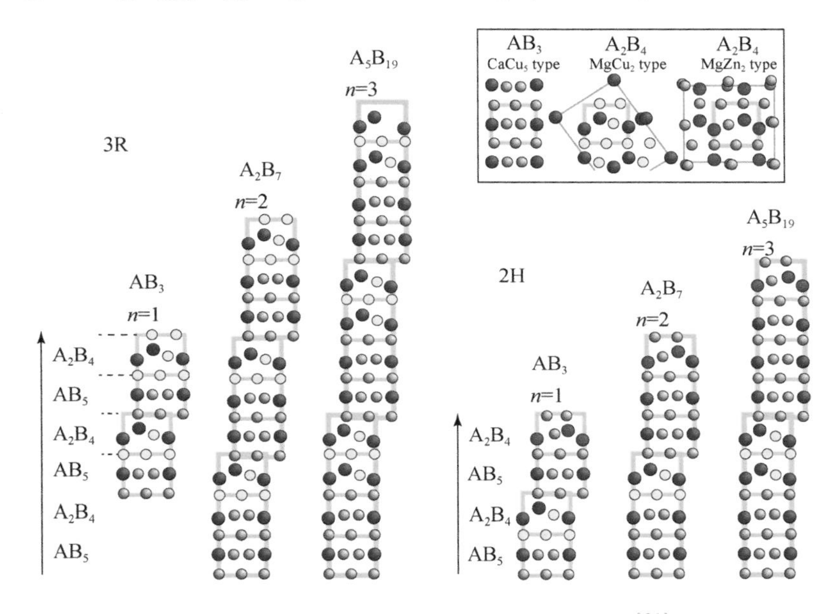

图 5-6　AB_3、A_2B_7、A_5B_{19} 型相的堆垛模式[36]

值得注意的是，超晶格结构相的层错阻碍了精确的 X 射线衍射（XRD）细化，使得对 XRD 图谱的分析不完整和/或不准确。Serrano-Sevillano 等[109]采用高角度环形暗场扫描透射电子显微镜（HAADF-STEM）和 XRD 数据相结合的方法，分析了四种具有不同类型层错材料的缺陷结构，使用 FAULTS 软件完成了 X 射线衍射模式的分析，确定了层错的性质并对其进行量化。

超晶格稀土储氢合金由于组成和制备条件不同往往形成多相组织，包括化学计量比不同或组成不同的相，如 AB_3、A_2B_7 和 A_5B_{19} 相，以及化学计量比相同但结构不同的相，如菱形 3R 型和六方 2H 型。对 A_2B_7 型超晶格合金的研究发现，较大的 A 侧原子半径有利于形成六方 2H 型相，反之易形成菱形 3R 型相[110]，如 La 的原子半径为 1.87 Å，La_2Ni_7 合金优先形成 2H 型结构[111]，用原子半径较小的 Y（1.80 Å）和 Mg（1.60 Å）替代 La_2Ni_7 合金中的 La 则倾向于形成 3R 型结构[112]，Y_2Ni_7 合金只形成 3R 型相[113]。

通过粉末烧结不同比例的 A_2B_4 和 AB_5 前驱体合成三元单相或单型超晶格合金，可以研究超晶格合金的相转变机制，如包晶反应温度分别在 1064 K、1150 K 和 1203 K 可以合成 AB_3 型$(La,Mg)Ni_3$、A_2B_7 型$(La,Mg)_2Ni_7$ 和 A_5B_{19} 型$(La,Mg)_5Ni_{19}$ 合金[114]；在 1173 K、1353 K 和 1423 K 可以合成单一 3R 型 $PuNi_3$ 相的 AB_3 型 LaY_2Ni_9、包含 A_2B_7 型两个同分异构相（主相为 2H 型 Ce_2Ni_7 相）的 A_2B_7 型 $La_2Y_4Ni_{21}$ 和包含 A_5B_{19} 型两个同分异构相（主相为 2H 型 Pr_5Co_{19} 相）的 A_5B_{19} 型 $La_5Y_{10}Ni_{57}$ 合金，表 5-4 为三元 La-Y-Ni 基合金的相组成和晶胞参数[115]。

表 5-4　三元 La-Y-Ni 基合金的相组成和晶胞参数

合金	相	拟合参数	晶格常数		晶胞体积 $V/Å^3$	相丰度 /wt%
			a/Å	c/Å		
LaY_2Ni_9	3R 型（$PuNi_3$）	R_P=4.34 R_{wp}=6.43 S=2.48	5.02	24.48	534.26	100
$La_2Y_4Ni_{21}$	2H 型（Ce_2Ni_7） 3R 型（Gd_2Co_7）	R_P=5.53 R_{wp}=8.78 S=3.31	5.00 4.98	24.26 36.43	525.24 782.44	69.34 30.66
$La_5Y_{10}Ni_{57}$	2H 型（Pr_5Co_{19}） 3R 型（Ce_5Co_{19}）	R_P=4.79 R_{wp}=7.36 S=2.77	4.98 4.93	32.19 48.74	691.37 1025.91	94.50 5.50

在不同热处理温度下各相之间可以相互转化，但转化机理可能不同。A_2B_7 相的 2H 型能够直接转变成 3R 型，而 3R 型首先转变成 A_5B_{19} 相的 3R 型，然后通过包晶反应形成 2H 型的 A_2B_7 相[116]。对于许多超晶格储氢合金，退火温度较高有利于形成 2H 型结构[117]。

超晶格体系由于组成不同，[AB_5] 和 [A_2B_4] 亚单元结构的相互影响也有所不同。Denys 等[118]研究了 Mg 替代 La 对 A_2B_7 型合金体系结构的影响，由于 Mg 原子主要进入 [A_2B_4] 亚单元，[$LaMgNi_4$] 层的收缩更加明显，紧邻的 [$LaNi_5$] 亚单元仅有轻微的收缩，与 [$LaMgNi_4$] 不相邻的 [$LaNi_5$] 亚单元收缩量最小。有鉴于此，对含有两个以上 [$LaNi_5$] 亚单元的结构进行了分类：与 [$LaMgNi_4$] 紧邻的 [$LaNi_5$] 亚单元称为“外层” [$LaNi_5$]，与 [$LaMgNi_4$] 不相邻的 [$LaNi_5$] 称为“内层” [$LaNi_5$]。A_5B_{19} 和 AB_4 型合金结构中与 [$LaMgNi_4$] 亚单元相邻的“外层” [$LaNi_5$] 亚单元（[$LaNi_5$] -1）比两个 [$LaNi_5$] -1 亚单元之间的“内层” [$LaNi_5$] 亚单元（[$LaNi_5$] -2）具有更大的晶胞体积，而且 [$LaNi_5$] -2 的高弹性模量与 $LaNi_5$ 相近[119–121]。

超晶格稀土储氢材料兼具 AB_2 型合金高储氢容量和 AB_5 型合金优异动力学性能的优点，理论吸氢量高于 AB_5 型储氢材料，但 [A_2B_4] 和 [AB_5] -1、[AB_5] -1 和 [AB_5] -2 亚单元晶胞体积的差异会在氢化/脱氢过程中发生晶格失配，导致循环稳定性下降，尽管亚单元的不同弹性变形有利于抵抗晶格变形[121]。

增加 [AB_5] / [A_2B_4] 亚单元比例会降低合金电极的放电容量，但可以提高倍率放电能力和循环稳定性[114]，一是因为 [AB_5] 亚单元的储氢量小于 [A_2B_4]，使得放电容量减少；二是 [AB_5] 亚单元的增加降低了合金氢化物的稳定性，从而改善了高倍率放电能力。

有研究表明[122]，在同时存在 A_5B_{19} 和 A_2B_7 相的合金中，前者放氢比后者更快，而且 A_5B_{19} 相的快速放氢减小了 A_2B_7 相周围的氢压，促使 A_2B_7 相也能快速放氢；三是两个［A_2B_4］亚单元之间更多的［AB_5］亚单元提供了更长的缓冲区域，减缓了吸/放氢过程中亚单元之间的膨胀/收缩，从而减少了合金的应力和粉化，改善了循环稳定性。

有学者[123]基于超晶格合金结构特性分析和第一性原理计算提出了一种提高循环稳定性的新策略，即通过原子选择性占位使［A_2B_4］和［AB_5］亚单元的晶格体积相等以保持稳定的晶体结构，同时增大合金的电负性以提高合金的抗氧化/耐腐蚀性能。通过设计一系列具有简单组成（$La_{0.75-x}Gd_xMg_{0.25}Ni_{3.5}$）的单相超晶格合金证实了该策略的可行性。

多元素超晶格合金也可以减小［AB_5］和［A_2B_4］亚单元之间的体积失配从而表现出更好的稳定性[109]。A_5B_{19} 型 $LaY_2Ni_{10.6}Mn_{0.5}Al_{0.3}$ 合金中的 2H-和 3R-A_5B_{19} 相具有相似的电化学性能，但 A_2B_4 和 AB_5 亚单元在吸氢过程中的体积差（ΔV）不同导致循环过程中的结构稳定性不同。与 3R-A_5B_{19} 相相比，2H-A_5B_{19} 相的 A_2B_4 亚单元在循环后的体积膨胀越小，ΔV 也越小，结构/循环稳定性越好。

超晶格结构储氢合金由于其特有的结构在吸/放氢过程往往形成双平台甚至多平台，对此曾有不同的认识。有人认为[103,124]这两个平台分别为单位晶胞体积不同的 3R 型和 2H 型的吸/放氢平台，但许多测试结果发现具有单一 Gd_2Co_7 型相的二元 Y_2Ni_7 合金、晶体结构完全转变为 Ce_2Ni_7 型单相合金以及其他超晶格单相也形成双平台，进一步的研究表明，低平台是由氢原子优先占据［A_2B_4］亚单元、高平台是由氢原子随后进入［AB_5］亚单元造成的[125,126]。也有人认为，单相合金的双平台是由其不同氢化物的形成所致[127]，研究表明，2H-Pr_5Co_{19} 结构的单相$(La_{0.33}Y_{0.67})_5Ni_{17.6}Mn_{0.9}Al_{0.5}$ 合金在充电过程中依次形成 β 和 γ 氢化物[128]。

Mg 元素对 La-Mg-Ni 基合金的结构和性能有着重要的影响，其选择性占位使得合金吸氢膨胀由各向异性变为各向同性，同时提高了 La-Mg-Ni 系合金的有效储氢量[124]。稀土元素对 La-Mg-Ni 基合金的影响比较复杂，可能与合金的组成不同有关，如 La 被 Ce 或 Pr 元素部分替代对合金相组成和性能产生不同的影响[129–132]。La 被 Nd 元素部分替代会增加 $LaNi_5$ 相从而减少超晶格相[133,134]。AB_3 型 $La_xMg_{3-x}Ni_9$(x=1.6～2.2)合金中不同的 Mg/La 比不会影响以 $PuNi_3$ 型相为主的相组织，但随着 Mg 含量的较少，晶胞体积和氢化物稳定性增加[135]。

第一性原理计算 $La_{3-x}Mg_xNi_9$(x=0.0～2.0)合金的电子结构表明，主要有 La-Ni、Ni-Ni 或/和 Mg-Ni 相互作用，其中，La-Ni 相互作用是控制合金结构稳定性的主要因素。Mg 取代增加了 La-Ni 相互作用，从而获得可逆吸/放氢稳定的含 Mg 金属基体，在高 Mg 含量时尤其明显，因为 La-Ni 相互作用随着 Mg 含量的增加而逐渐增加。La-Ni 相互作用的增加，加上 Mg-Ni 和 Ni-Ni 相互作用的减少，可以缓解氢诱导的非晶化和歧化现象，从而提高高 Mg 含量合金的循环稳定性。然而，Mg 取代 La 会导致晶胞体积的收缩，从而显著降低了高 Mg 成分（如 $LaMg_2Ni_9$）下的可逆 H 容量。在 La-Mg-Ni 体系中，适当的 Mg 含量，如 x 在 1.0～1.4 范围内，需要在储氢能力和循环寿命之间进行权衡[136]。$La_{1-x}Mg_xNi_{3.4}Al_{0.1}$（$x$=0.1, 0.2, 0.3, 0.4）储氢合金包括 Gd_2Co_7、Ce_2Ni_7、Pr_5Co_{19} 和 $CaCu_5$ 型、$PuNi_3$ 和 $MgCu_4Sn$ 型相，合理增加 Mg 含量可促进 Gd_2Co_7 和 Ce_2Ni_7 型相的形成，Mg 含量对相形态有重要影响。此外，$(La,Mg)_2Ni_7$ 基体中 $LaNi_5$ 的精细分散结构有利于氢的扩散和发挥合金的电化学性能[137]。

含有不同稀土元素的 $La_{0.6}R_{0.15}Mg_{0.25}Ni_{3.5}$（R=La, Pr, Nd, Gd）合金的组成相有 $(La,Mg)_2Ni_7$、$(La,Mg)_5Ni_{19}$ 和 $(La,Mg)Ni_3$ 超晶格相以及 $LaNi_5$ 和 $LaMgNi_4$ 非超晶格相，其多相结构为氢原子的转移提供了多种途径和通道，表现出优异的活化性能。随着替代元素 R 原子半径的减小，合金中各相的晶胞参数也依次减小。Pr 由于抑制 $LaNi_5$ 相的形成而提高了合金的循环稳定性和结构稳定性。$LaNi_5$ 相会随着充/放电过程中超晶格相晶胞体积的不断膨胀和收缩而导致内应力增加和结构损伤。此外，Nd 的加入可以加速氢气的扩散，提高电极/电解质界面电荷转移的反应速度，从而提高倍率放电性能[138]。

A_2B_7 型 La-Nd-Mg-Ni-M(M=Ni, Mn, Al)合金中 Al 可以显著改善合金电极的充/放电循环稳定性，Mn 可以提高放电容量和倍率放电性能[139]。$La_{0.80}Mg_{0.20}Ni_{2.95}Co_{0.70-x}Al_x$（$x$=0,0.05, 0.10, 0.15）合金主要含有 $(La,Mg)_2Ni_7$ 和 $LaNi_5$ 相，Al 元素倾向于进入 $LaNi_5$ 相而不是 $(La,Mg)_2Ni_7$ 相，导致 $LaNi_5$ 相丰度增加而 $(La,Mg)_2Ni_7$ 相丰度降低。Al 的加入降低了氢化后晶胞体积的膨胀率，减轻了合金的粉化。在充/放电循环中，合金表面的 Al 氧化层和抗粉化作用减缓了合金的腐蚀/氧化[140]。$La_{0.85}Mg_{0.15}Ni_{2.65}Co_{1.05}M_{0.1}$（M=Ni, Zr, Cr, Al, Mn）合金中存在 $(La,Mg)_5Ni_{19}(Ce_5Co_{19}+Pr_5Co_{19})$ 和 $LaNi_5$ 相，Mn 或 Cr 和 Al 或 Zr 元素分别促进 Pr_5Co_{19} 相和 $(La,Mg)_2Ni_7$ 相的形成，合金的最大放电容量随 A_5B_{19} 相丰度的变化而变化，A_5B_{19} 相具有较高的储氢能力。Al 和 Zr 元素能提高合金的循环稳定性，但会降低高倍率放电性能，可能是表面氧化膜使腐蚀减少从而降低了表面催化活性。M=Al 合金的动力学性能主要受 I_0 的影响，而其他合金的动力学性能同时受 I_0 和 D 的影响[141]。

Y 元素对 La-Y-Ni 系合金的结构和性能也有重要的影响。Y 原子优先替代 La-Y-Ni 系合金中［A_2B_4］亚单元中的 La，2H 相中［A_2B_4］亚单元的体积较小从而具有更高的结构稳定性[142]。La-Y-Ni 系合金中 La/Y 比例为 1∶2 时的主相为晶胞体积较大的 Ce_2Ni_7 相，表现出较高的放电容量[143]。不同 La/Y 比的 $(La,Y)_2Ni_7$ 合金仅包含不同丰度的 Ce_2Ni_7 型和 Gd_2Co_7 型相，Y 元素有利于形成 3R-Gd_2Co_7 型相且可有效抑制合金的氢致非晶化。随着 Y 含量的增加，两相的晶胞体积减小，吸/放氢平台压升高，合金的有效储氢量增加[144]。

多元 $La_{3-x}Y_xNi_{9.7}Mn_{0.5}Al_{0.3}$（$x$=1,1.5, 1.75, 2, 2.25, 2.5）合金，随着 Y 含量的增加，主相由 Gd_2Co_7 相转变为 Ce_2Ni_7 相，这种变化不同于上述粉末烧结制备的三元 La-Y-Ni 合金，可能与合金的组成和制备方法有关。同样，增加 Y/La 比，合金的最大放电容量明显增加，HRD 也因吸/放氢平台压的升高而提高。Y 含量的增加提高了合金的组织稳定性，但合金电极的腐蚀、粉化和 Al 元素的溶解加剧，使合金电极的循环稳定性恶化[127]。$La_2Mg_{1-x}Y_xNi_{8.8}Co_{0.2}$ 储氢合金中 Y 取代 Mg 可以显著提高循环稳定性，但降低了放电容量，在 x=0.1 时电荷转移电阻最小，电荷转移速率最大[145]。$LaY_{2-x}Mg_xNi_9$（x=0, 0.25, 0.50, 0.75, 1.00）合金中 Mg 取代 Y 进一步抑制了 HIA，使 LaY_2Ni_9 相失稳而相丰度降低、$(La,Y)_2Ni_7$ 相形成，通过抑制粉化提高了循环稳定性，但同样降低了合金的最大放电容量[146]。

采用 Mn 部分替代 La-Y-Ni 系合金中的 Ni 后，Ce_2Ni_7 相丰度增加，而 Gd_2Co_7 相丰度减少，两相的晶格参数和晶胞体积随 Mn 替代量的增加而逐渐增大，放电容量增加，但循环稳定性下降[104]。适量的 Mn 元素替代合金中的 Ni 元素也有助于改善氢致非晶化现象[147]。

Al 倾向于进入 A_2B_7 型 La-Y-Ni 储氢合金 Ce_2Ni_7 和 Gd_2Co_7 型相的 AB_5 亚单元内部，促进新的 AB_5 亚单元的生成，但对合金电极循环稳定性的改善作用有限。通过 Mn，Al 和 Zr 部分取代可以调整 Ce_2Ni_7 型单相 $LaY_2Ni_{10.5}$ 合金的超晶格结构和电化学储氢性能，Mn，Al 部分取代 Ni 减小了［A_2B_4］和［AB_5］亚单元之间的体积差，从而显著提高循环性能，而用 Zr 部分取代 Y 的 $LaY_{1.75}Zr_{0.25}Ni_{9.7}Mn_{0.5}Al_{0.3}$ 合金中，虽然亚单元体积差接近零，但显著降低了放电容量和循环稳定性，其原因是合金在充电过程中具有更大的 a 轴膨胀（$\Delta a/a$=4.52%）和 c 轴膨胀（$\Delta c/c$=15.46%），［A_2B_4］和［AB_5］亚单元在基面上的异常膨胀导致了较大的晶格应变（1.42%）和较差的循环性能[148]。

超晶格储氢合金的粉化和非晶化是容量衰减的主要原因[149]，粉化是吸/放氢过程中的晶格应力所致[150]，合金颗粒粉化以及不断地氧化腐蚀导致活性物质的损失而使合金电极容量减少[116]。

对单相 La-Mg-Ni 合金容量衰减机理的研究发现[114]，氢化/脱氢过程中形成的 α 氢固溶体相和 β 氢化物相中［$LaMgNi_4$］和［$LaNi_5$］亚单元的体积膨胀率并不相同，使得氢致产生的晶格应力在不同阶段有所不同。α 相中［$LaMgNi_4$］亚单元的体积膨胀率大于［$LaNi_5$］亚单元，导致亚单元之间的体积严重失配，而在 β 相中，［$LaMgNi_4$］和［$LaNi_5$］亚单元的体积膨胀率相近，几乎没有体积失配。因此，无论是 2H 还是 3R 相，氢化/脱氢过程中的晶格应力在 α 相区域增加，形成 β 相后减小[151]。此外，合金中［$LaNi_5$］/［$LaMgNi_4$］比例的增加有利于缓解粉化程度，从而减少合金电极循环后的氧化[115]。

由于组成不同或热处理工艺不同，超晶格合金中可能形成共存的 $LaNi_5$ 相[151]，从而对循环稳定性产生不同的影响。一项研究结果表明，由于二种相之间不一致的晶胞膨胀/收缩，有损于循环稳定性[114]；另一项研究结果表明，由于 $LaNi_5$ 相的电化学循环稳定性优于超晶格相，$LaNi_5$ 相有利于改善合金的循环稳定性[133]。

具有多相组织的 $La_{1.5}Mg_{0.5}Ni_{7.0}$ 合金在第一次吸/放氢循环后出现了两类结构缺陷：一是 3R-AB_3 相中的非晶带；二是 2H-A_2B_7 相中的应力区域，合金不可逆容量损失的原因可能与这些缺陷有关[152]。

三元 La-Y-Ni 系单型或单相合金在电化学循环后发生了非晶化、晶粒细化和颗粒粉化现象，增加［AB_5］/［A_2B_4］亚单元比例可以减小非晶化/粉化程度。合金吸/放氢过程中的晶格应变与 La-Mg-Ni 系合金相同，既与［AB_5］和［A_2B_4］亚单元体积的膨胀/收缩有关，也与 α 相和 β 相不同的亚单元体积膨胀/收缩率有关。合金在充/放电循环后发生了 La，Y 活泼元素的氧化/腐蚀，增加［AB_5］/［A_2B_4］比例有助于提高合金的抗氧化/腐蚀能力。La-Y-Ni 系合金的非晶化和晶粒细化现象在固/H_2 循环过程中比电化学循环过程中更加严重，值得进一步研究[153]。

对于不同 Y/La 比的$(La,Y)_2Ni_7$储氢合金，3R-Gd_2Co_7 型相丰度随着 Y/La 比的增加而增加，同时可以降低氢化/脱氢循环后的非晶化程度。合金气态吸/放氢循环与电化学循环的容量衰减规律不同，固/气体系中非晶化是合金储氢容量衰减的主要原因，而电化学放电容量衰减的主要因素是合金的粉化和腐蚀[144]。

多元 $La_{0.7}Mg_{0.3}Ni_{3.4}Mn_{0.1}$ 储氢合金在充/放电循环过程中剧烈的粉化和活性组分的氧化/腐蚀是导致容量快速衰解的两个主要因素，衰减机制可分为粉化-Mg 氧化阶段、Mg-La 氧化阶段和氧化-钝化阶段[154]。比较研究多元 $LaY_2Ni_{9.7}Mn_{0.5}Al_{0.3}$ 和 $LaSm_{0.3}Y_{1.7}Ni_{9.7}Mn_{0.5}Al_{0.3}$ 合金的循环稳定性发现，Sm 对 Y 的部分取代提高了 A_2B_7 型 La-Y-Ni 基储氢合金的抗腐蚀和抗粉碎性能，从而提高了循环寿命[155]。

制备方法、表面处理、掺杂等可以调整超晶格合金的结构和性能。熔纺 A_2B_7 型 $La_{0.65}Ce_{0.1}Mg_{0.25}Ni_3Co_{0.5}$ 合金主要由(La,Mg)Ni_3、(La,Mg)$_2Ni_7$ 和 $LaNi_5$ 相组成，随着纺速增加，$LaNi_5$ 相丰度增加，充/放电循环稳定性提高，当纺速适中时，合金的高倍率放电能力和电化学性能最佳[156]。熔纺制备的 Ce_2Ni_7 型 $La_{0.65}Ce_{0.1}Mg_{0.25}Ni_3Co_{0.5}$ 储氢合金，通过改变材料的显微组织，有效地改善了自放电性能[157]。

采用粉末烧结的方法，将 $LaMgNi_4$ 和 $La_{0.60}Gd_{0.15}Mg_{0.25}Ni_{3.60}$ 合金作为前驱体可以制备不同类型超晶格结构的 La-Gd-Mg-Ni 基合金。当 $LaMgNi_4/La_{0.60}Gd_{0.15}Mg_{0.25}Ni_{3.60}$ 比为 1.00 时，合金样品呈现单相 Pr_5Co_{19} 型组织，具有良好的反应动力学性能。增加 $LaMgNi_4$ 可以促进［A_2B_4］亚单元的形成，从而得到由更多［A_2B_4］亚单元组成的 Ce_2Ni_7 型相。当 $LaMgNi_4$ 的比例为 1.4 时，得到 Ce_2Ni_7 型单相结构，当 $LaMgNi_4$ 的比例为 1.8 时，形成单相 $PuNi_3$ 型结构[158]。具有(La,Mg)$_2Ni_7$ 主相和(La,Mg)$_7Ni_{23}$ 次相的双相超晶格储氢合金的放电容量达到 402～413 mAh/g，循环稳定性低于单相合金，但仍高于多相合金。同时存在 2H 和 3R 两种 A_2B_7 型结构的 $Nd_{1.5}Mg_{0.5}Ni_7$ 合金中，Mg 原子占据［A_2B_4］亚单元的 Nd 位点，而不是［AB_5］亚单元的 Nd 位点，从而更显著地增强了体系中的离子键。A 或 B 原子半径的增加可以稳定 2H 结构，相反却有利于形成 3R 结构。2H-A_2B_7 相和 3R-A_2B_7 相的氢化/脱氢平衡压力相近，且与平均亚单元体积呈线性关系。$Nd_{1.5}Mg_{0.5}Ni_7$ 合金的氢化焓随着 La 部分取代 Nd 和 Co/Cu 部分取代 Ni 而变得更负，但用 Y 部分替换 Nd，影响会小一些[159]。

A_2B_7 型 $LaSm_{0.4}Y_{1.6}Ni_{10.5}Mn_{0.4}Al_{0.2}$ 储氢合金在 1323 K 下退火 16 h，合金的晶体结构完全转变为 Ce_2Ni_7 型单相合金，具有良好的电化学性能，HRD 主要由电荷转移速率决定。由于［A_2B_4］和［AB_5］亚单元的晶格膨胀率在吸/放氢过程中变化不一致，合金的储氢能力发生不可逆损失[126]。非化学计量比 $La_{1.9}Y_{4.1}Ni_{20.8}Mn_{0.2}Al$ 合金在 1148 K 退火表现出不同的晶体结构和 H_2 通道，具有较高的放氢平台、抗氧化/腐蚀性能和良好的动力学特性，243 K 下的最大放电比容量为 298.6 mAh/g[160]。对于 $LaY_{1.9}Ni_{10}Mn_{0.5}Al_{0.2}$ 合金，AB_5 和 3R-A_5B_{19} 相在 1148 K 时转变为 3R-和 2H-A_2B_7 相，3R-A_2B_7 相在 1323 K 时转变为 2H-A_2B_7 相，1398 K 时出现 2H-A_5B_{19} 相。通过优化淬火温度，可以获得 2H-Pr_5Co_{19} 结构的单相($La_{0.33}Y_{0.67}$)$_5$ $Ni_{17.6}Mn_{0.9}Al_{0.5}$ 合金，整体电化学性能优于多相合金，由于［A_2B_4］和［AB_5］-2 亚单元之间的非同步氢化和膨胀，β 氢化物的晶格应变最大[128]。AB_4 型 $La_{1.5}Y_{1.5}Ni_{12-x}Mn_x$（$x$=0, 1.0）合金随着退火温度的升高，六方 Pr_5Co_{19} 型相转变为菱形 AB_4 型相，在 1393 K 和 1361 K 下分别可得到 3R-AB_4 型单相 $La_{1.5}Y_{1.5}Ni_{12}$ 和 $La_{1.5}Y_{1.5}Ni_{11}Mn_{1.0}$ 合金[161]。

其他组成和结构因素，如合金元素的均匀性、晶胞参数和晶粒尺寸等也影响超晶格合金的性能。Pr 元素、Sm 元素可以细化晶粒，从而改善合金的循环稳定性和动力学性能[162,163]。退火可以使合金的元素组成和相分布更加均匀，从而提高放电容量，延长循环寿命，但是退火也会减少缺陷、晶粒长大，从而损害合金的动力学性能[151,159,164]。

由于超晶格稀土储氢材料具有更高的储氢容量，近年来研究人员也开始针对固态储氢装置应用要求研究开发超晶格稀土储氢材料。La-Y-Ni 合金室温下的最大吸氢容量≥1.70 wt%,

100 周循环容量保持率 98.2%，适用于固态储氢装置的应用需求。

5.3.4 稀土改性储氢材料

稀土改性储氢材料有望成为利用稀土元素特性的新型高比能量储氢材料。广义的稀土改性储氢材料包括：轻质金属或合金储氢材料，如金属 Mg，Ti，Zr，V 及其相关合金；轻金属配合物储氢材料，如 $LiBH_4$、$NaAlH_4$ 等；高比表面积氢吸附材料，如碳纳米管（CNT）、石墨烯等。目前来看，后两类材料虽然储氢密度比较高，但轻金属配合物储氢材料需要在较高的温度（一般在 473 K 以上）下使用，高比表面积氢吸附材料需要在较低的温度（一般在 173 K 以下）下使用，因此只有轻质金属或合金储氢材料有可能开发出满足实际需求的应用产品。

稀土改性轻质金属或合金储氢材料可以有几种方式，一是稀土元素与轻质金属形成合金；二是稀土储氢合金或稀土化合物与轻质金属或合金复合；三是稀土元素部分替代轻质储氢合金中的 A 侧元素。

第一种方式，如 $Mg_{88}Y_{12}$ 二元合金是以 $Mg_{24}Y_5$ 金属间化合物为主和细枝晶 Mg-$Mg_{24}Y_5$ 混合组成，在 653 K 首次吸氢量为 6.5 wt%，因为 YH_2 的高热稳定性不能放氢，继续循环的可逆储氢量为 5.6 wt%，放氢起始温度是 593 K，最高温度是 640 K[165]。由于没有 B 侧调节吸/放氢动力学的元素，使用温度仍然较高。Ce-Mg-Ni 合金，如 $Ce_{23}Mg_4Ni_7$ 三元合金对氢有很高的亲和力[166]。

第二种方式，如电弧等离子法制备 Mg-5 wt%CeO_2 纳米复合物，电弧蒸发后 CeO_2 转变成纳米级 Ce_2O_3 颗粒附着于 Mg 颗粒表面，形成核-壳结构的金属-氧化物纳米复合物，在 323 K，10 h 的吸氢量为 4.07 wt%，表明少量的 Ce 氧化物能够显著提高 Mg 的吸氢动力学。Nd，Gd，Er 均有同样的作用[167]。但由于 Mg 的氢化物过于稳定，放氢动力学性能仍然较差。添加 CeO_2 的 $Mg_{85}Cu_5Ni_{10}$ 合金具有更快的氢化/脱氢动力学和更好的热力学性能，在氢化/脱氢过程中，CeO_2 会产生结构缺陷、纳米晶、晶界、部分非晶态、晶格位错和裂纹，这些都有利于提供更多的氢扩散通道。同时，CeO_2 的加入削弱了 Mg—H 的键能，储氢性能明显提高[168]。通过机械球磨将 YH_2/Y_2O_3 纳米复合材料引入到 $Mg_{0.97}Zn_{0.03}$ 固溶体合金中，协同催化作用明显降低了氢化和脱氢活化能[169]。原位形成的 Mg-Mg_2Ni-LaH_3 纳米复合材料的脱氢性能显著提高，由于纳米晶 LaH_3 和 Mg_2Ni 的析出，合金的限速步骤发生了变化，脱附活化能显著降低[170]。镁复合微量镧催化剂(La@Mg)的储氢容量约为 7.6 wt%，脱氢率为 7.2 wt%，具有较好的吸/放氢动力学性能和可逆吸/放氢循环稳定性[171]。

第三种方式虽然由于添加稀土元素会降低储氢容量，但作为储氢合金的基本组成没有改变且稀土元素能够明显改善轻质储氢合金的动力学性能，通过合理的组成和结构调控可以获得综合性能较好的新型储氢合金材料。

AB_2 型 Ti/Zr 系 Laves 相合金、AB 型 Ti/Zr 基合金以及 V 基固溶体合金的储氢量可以超过 2 wt%，如 $TiCr_2$ 吸氢量最大可达到 3.6 wt%，TiV 的 BCC 固溶体吸氢量可达到 3.8 wt%，或电化学容量超过 400 mAh/g，$V_3TiNi_{0.56}$ 的储氢容量为 800 mAh/g，但动力学性能比较差，可利用 Y，La，Ce 等稀土元素改性而获得能量密度较高的稀土储氢材料，如 $Ti_{1.5}Fe$+4.5 wt%Mm 在室温下的吸氢量为 1.8 wt%[1]。

Ti-V-Mn-Cr-Y 合金在 6 MPa 氢压下 50 s 内能吸收最大储氢容量的 90%，$Ti_{0.9}Y_{0.1}V_{1.1}Mn_{0.8}Cr_{0.1}$ 合金的最大储氢容量能达到 3.71 wt%，在 423 K 和 0.1 MPa 氢压以上有效储氢容量能达到 2.53 wt%，尽管脱氢热力学参数显示了明显的脱氢倾向，但室温下的有效储氢量只有 0.10 wt %[172]。

TiFe 基 $Ti_{1.1-x}Fe_{0.6}Ni_{0.1}Zr_{0.1}Mn_{0.2}Sm_x$（$x$=0～0.08）合金中的 Sm 有明显细化合金晶粒的作用，合金具有良好的活化性能，但有效储氢量较低[173]。$TiFe_2$ 基 $Ti_xZr_{1-x}Fe_{1.95}V_{0.1}Mm_{0.015}$ 合金中的富铈稀土 Mm 不仅改善了合金的活化性能，而且有效储氢量也增加[174]。TiYZrCrMn 多相结构合金由于含有 Y 元素吸氢量提高了约 10%，$V_{1.1}Ti_{1.0}Mn_{0.9}$+Y 固溶体储氢材料在 4 MPa 氢气压力下的吸氢量在 5 min 内均超过 3.00 wt%，Mg-Ni-RE 储氢材料在 673 K 最大吸氢容量保持率为 6.5 wt%。

用 Y 元素分别替代 Ti-Mn-Fe-Cr-Zr 合金中 10%的 Ti 和 10%的 Zr，两种合金均可在 423 K、5.5 MPa 氢气压力下首次活化，用 Y 替代 10% Ti 的合金在 298 K、5.5MPa 氢气压力下首次吸氢量达到 1.7 wt%；Ce 元素替代 10%Ti 的 Ti-Ce-Mn-Fe 合金在 423 K、3MPa 氢压下首次活化，最大储氢量为 1.91 wt%，放氢量（有效吸氢量）达到 1.85 wt%。

5.4 应用技术

稀土储氢合金氢化/脱氢的可逆化学过程涉及电子转移、热量变化、压力变化以及氢气纯度的变化，在相关领域均可得到应用。稀土储氢材料属于储能及能源转换材料，应用领域广泛，应用场景丰富，图 5-7 中显示了储氢合金氢化/脱氢反应过程中涉及的环境变化关系及其相关的应用方向。通过独特的氢化/脱氢可逆反应原理分析，储氢合金可以用于储氢介质，进一步用于氢能转换、与氢相关的化学化工过程、氢同位素分离、氢气的净化与回收；利用反应过程中的电子转移特征，可以用于化学电源的电极材料；利用反应过程中热与压力的关系，可以用于氢压缩机的氢压缩材料、空调/热泵/储热装置的相变材料、热-压传感器的感知材料。目前稀土储氢材料主要应用于电化学、固态储氢和化工领域，其中 90%以上用于镍氢电池的负极活性材料。

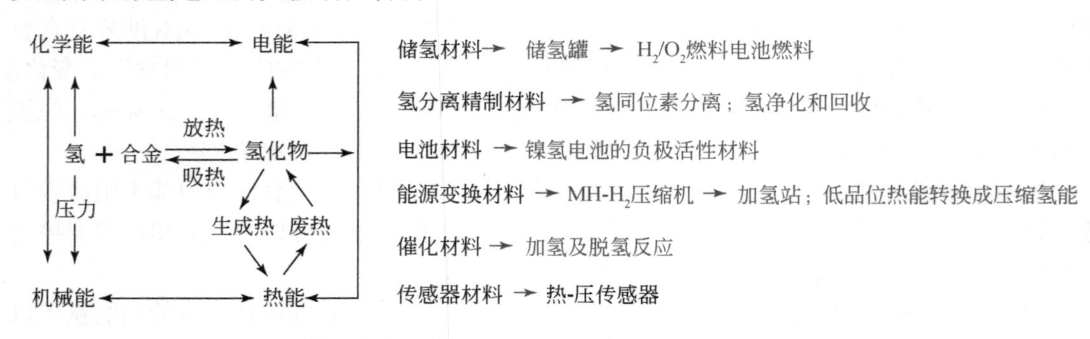

图 5-7　储氢合金氢化/脱氢反应过程中的能量关系及其应用领域

稀土储氢材料的热力学特性首先应该满足可逆氢化反应的需求。室温下，氢化物的分解压为 0.01～1 MPa 的储氢合金的 ΔH 范围通常在−29～−46 kJ/mol H_2，如果储氢合金作为储氢或电池材料时，ΔH 值应小一些，如果储氢合金作为蓄热材料时，ΔH 值应大一些。

稀土储氢材料的 PCI 特性尽可能接近理想状态，室温下作电池材料时的氢化物分解压为 10^{-4}～10^{-1} MPa，作固态储氢介质时为 0.2～0.3 MPa，作氢压缩材料时可以根据需要调控到更高的氢化物分解压。

稀土储氢材料实际应用还应满足以下要求：易活化；储氢量或电化学容量大；可逆性好；吸/放氢速度快；化学稳定性好，寿命长；有效导热率大；价格低廉，容易制造；安全可靠，不存在燃爆风险；成分和使用过程对环境友好。

5.4.1　电池电极材料

稀土储氢材料在电化学领域的应用主要是作为金属氢化物-镍（MH-Ni）电池（简称镍氢电池）的负极材料，也可以用于硼氢化钠液流燃料电池的阳极（负极）材料。

1. 镍氢电池

镍氢电池是在镍-镉（Ni-Cd）电池的基础之上采用储氢合金替代金属镉开发出来的新一代高能二次电池，由于其具有高容量、高功率、宽温适用、低自放电、耐过充/放电、环境兼容性和安全性等特性而成为当今二次电池重要的发展方向之一。镍氢电池的发展大体上可以分为三个阶段。1967 年日内瓦 Battelle 研究中心首次开启了 MH-Ni 电池的研究，到 20 世纪 80 年代初进入了电池实用性研究的第二发展阶段，大幅度提升了 $LaNi_5$ 合金充/放电过程中的循环稳定性，促进了镍氢电池的发展进程。20 世纪 90 年代初期，以日本三洋电池公司为代表的一批企业开始批量生产镍氢电池，我国同期也研制成功储氢电极材料和 AA 型 MH-Ni 电池，至此进入了镍氢电池产业化的第三发展阶段。

镍氢电池的正极和负极均具有较高的结构稳定性，在充/放电过程中（即使是过充/过放）也没有新物质的生成和反应物的消失，因此电池能够密封和免维护，极大地提升了电池的便捷使用性能。

镍氢电池的主要应用场景是交通领域和便携式电子产品领域。1992 年起日本松下公司开始为丰田公司混合动力车辆开发动力镍氢电池，1997 年实现了世界上第一款商用混合动力车辆——Prius 的批量销售，从此车用动力镍氢电池开始了快速的发展，至今累计在世界范围内销售了超过 500 万辆混合动力车辆。我国 21 世纪初在“863”项目的支持下开始了车用动力镍氢电池的研发和产业化工作，动力镍氢电池产品应用于混合动力和纯电动客车、轿车。目前我国生产的镍氢电池主要应用于便携式电子产品，如手持电钻、无绳电话、吸尘器、个人护理小型电动工具以及作为二次电池商品投放市场。

电化学应用的发展方向应该突出镍氢电池的某些特定性能，如低温性能、低自放电性能。商用镍氢电池的通常最低使用温度为 253 K 左右，尽管优于其他二次电池，但是在航空航天、极地、深海等特定环境，或高原边防等特定场景下，需要更低温度下使用的化学电源，镍氢电池通过对电解液、负极储氢材料、正极材料等的改进可以获得超低温使用性能。日本开发的低自放电 eneloop 镍氢电池荷电 5 年还能保持 70%的电量，可以重复使用千次左右，替代一次性电池（干电池），单次平均使用费用远远小于干电池。我国每年干电池的消费量数百亿只，如果我国自主开发出高性价比的低自放电镍氢电池并推广应用，对于节约资源、保护环境具有重要的价值。

2. 液流燃料电池

直接硼氢化物燃料电池（DBFC）以碱性硼氢化钠（$NaBH_4$）溶液为负极燃料，稀土储氢合金可以作为负极材料。$NaBH_4$ 是一种常用的还原剂，其储氢量高达 10.8 wt%，1 mol $NaBH_4$ 水解能产生 4 mol 氢气，在 DBFC 中，1 mol $NaBH_4$ 可提供 8 mol 电子，理论比能量（9.3 kWh/kg）大于甲醇的理论比能量（6.2 kWh/kg）。

DBFC 液流燃料电池的总反应为：

$$BH_4^- + 2O_2 \longrightarrow BO_2^- + 2H_2O$$

该反应的理论电压（1.64 V）高于 H_2/O_2 燃料电池（1.24 V）。

负极催化剂决定着 BH_4^-的电氧化行为，影响 DBFC 的性能。尽管 Au，Pt，Pd 等贵金属负极催化剂具有良好的催化活性，但价格昂贵；金属 Ni，Cu 等非贵金属负极催化剂也具有很好的催化活性，但无法利用 BH_4^-水解副反应产生的氢。储氢合金材料用作 DBFC 负极催化剂可以减少氢气的释放，提高燃料利用率。以 AB_5 型储氢合金 $MmNi_{4.5}Al_{0.5}$、$MmNi_{3.2}Al_{0.2}Mn_{0.6}Co_{1.0}$、$MmNi_{3.55}Al_{0.3}Mn_{0.4}Co_{0.75}$ 和 $MmNi_{3.2}Al_{0.2}Mn_{0.6}B_{0.03}Co_{1.0}$ 等和 AB_2 型储氢合金 $Zr_{0.9}Ti_{0.1}V_{0.2}Mn_{0.6}Cr_{0.05}Co_{0.05}Ni_{1.2}$ 分别为负极催化剂，以 Pt/C 为正极催化剂、Nafion117 膜为隔膜装配电池，以 H_2O_2 为氧化剂进行的性能测试表明，在 343 K 时，电池的功率密度分别为 130 mW/cm、100 mW/cm、150 mW/cm、125 mW/cm 和 70 mW/cm，其中 $MmNi_{3.55}Al_{0.3}Mn_{0.4}Co_{0.75}$ 的催化性能最好，电池的功率密度最大[175]。

$NaBH_4$ 在储氢合金负极上的电化学反应过程如图 5-8 所示，接近 8 电子反应。BH_4^-在储氢合金表面水解产生的氢部分被储氢合金吸收生成金属氢化物，这部分氢在储氢合金电极表层释放电子继续参与电化学氧化反应，反应过程为 1→4→5→6，但是还是有一部分氢从电解液中溢出，不能参与总的电化学反应，副反应过程为 1→3。BH_4^-中的 H^-通过储氢合

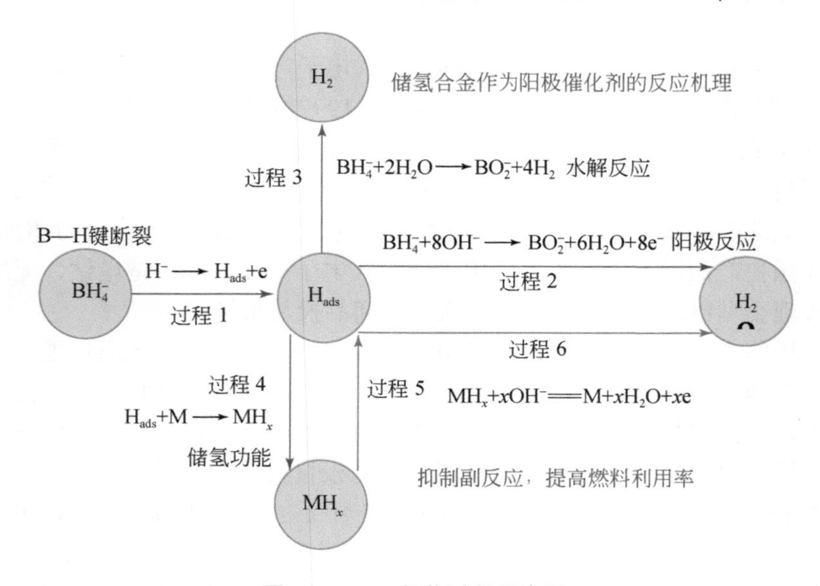

图 5-8 BH_4^-氧化过程示意图

金选择性催化直接参与电化学氧化反应过程为 1→2，现在文献报道的能直接参与电化学反应的 H^-比例为 50%左右。为了提高 H^-直接参与电化学氧化反应的比例，需要深入研究储氢合金对硼氢化物的催化机理和其吸/放氢性能间的内在联系，进一步提高储氢合金的催化活性和抑制水解副反应的能力。

当储氢合金用作 DBFC 负极催化剂时，其在碱性电解质中容易钝化，导致催化氧化能力减弱。采用振动球磨法制备不同 Ag 含量修饰的 AB_5 型合金催化剂可以提高 BH_4^-的电化学性能和催化性能，其在 6 mol/L KOH 溶液中的最大放电时间为 303 min，比 AB_5 型合金长 43 min，其中 2 wt% Ag 修饰的 AB_5 型合金转移电子数最大，达到 1.45[176]。

应用 La-Fe-B 系储氢合金作为负极材料，通过对储氢材料的组成和性能、电极添加剂、粘结剂的研究和选择，组装原型机测试结果为：最大电流 2.45 A；最大功率 12.88 W；最高温度 323 K。

DBFC 作为发电装置使用在应急领域可替代燃油发电机。与燃油机相比，有不燃不爆、易保存易维护、使用寿命长、无污染无噪音、携带方便的特点，适合作为通信基站、电厂等场所的应急电源。

5.4.2　固态储氢介质

氢是一种重要的能源载体，作为元素周期表中的第一个元素成为地球上能量密度最高的燃料，其热值是天然气的 2.5 倍，是乙醇的 5.3 倍。氢还是宇宙中最丰富的元素，海洋中的氢所蕴藏的热量是地球上矿物燃料的 9000 倍。氢作为能源载体的产物是水，因而成为最洁净的燃料。其他能源以各种方式转化成氢能，通过氢能的储存与转换可以灵活方便地用于多种场景，如交通领域、区域热电联供等。

1. 能源储存与转换

稀土储氢材料在氢能/储能领域的应用主要以固态储氢材料作为储氢介质的固态储氢方式[177]。与液态储氢和气态储氢方式比较，固态储氢方式无须超低温制冷或高压压缩，可节省氢气液化和压缩所消耗的能源。固态储氢装置的体积储氢密度可达 50 kg H_2/m^3 以上，接近液态氢的密度，是标态下氢气体积密度的 560 倍，同时还具有纯化功能，其释放的氢气纯度可达 99.9999%，作为燃料有利于提高氢燃料电池的发电效率和使用寿命，降低周期使用成本。此外，固态储氢装置还具有压力低、安全性高、便于装载携带等优点。

利用稀土储氢合金固态储氢体系的可逆氢化-脱氢反应，可以将固态储氢装置作为“氢原料库”提供氢燃料，使其成为氢能储存及能源转换装置[178]。早在 20 世纪 80 年代，Suzuki 等[179]就制造并开展了工作压力＜ 0.1 MPa、容量 16 Nm^3 的低压固定式储氢装置的实验，该装置填充 106 kg $MmNi_{4.5}Mn_{0.5}$ 储氢合金。利用稀土储氢合金固态储氢体系的热和压力的关系，可以将低压氢气转换成不同压力的高压氢气，为各种用氢装置提供纯净的氢燃料，这就是金属氢化物-氢压缩机（MHHC）的基本原理[180,181]；反之，将机械能（氢压力差）转换成热能（温度差），可以研制热泵（HP）或制冷机（RF）、蓄热-输热装置。

值得注意的是，储氢合金材料的体积储氢密度很大，但重量储氢密度较小，如通常条件下使用的稀土储氢材料的重量储氢密度只有 1.5 wt%左右，一般不超过 2 wt%，因此，储氢合金材料固态储氢装置适合于在固定场所使用，可减少占地面积，或者用于某些需要配重的移动装置，如叉车、挖掘机、电梯等，一举两得。从安全角度以及小型化考虑，也可以用于氢能自行车。

稀土储氢合金固态储氢体系最值得期待的是用于可再生能源储能和能源转换领域。太阳能和风能是可再生能源的重要组成部分，也是我国，特别是西北地区的优势资源。光伏发电和风力发电具有间歇式特点，在并网发电过程中为了保证电网的平稳运行存在弃风/弃光现象，为了解决光伏发电和风力发电的错峰消纳难题，即“削峰填谷”，可以将难以并网的电力通过氢能储存起来实现可控利用。光伏发电和风力发电储能和转换的有效方式之一是电解水制取“绿氢”，通过固态储氢装置储氢，为燃料电池提供氢燃料，形成风/光电制氢-固态储氢-燃料电池发电的可再生能源利用系统，实现风/光能-氢能/储能的有效结合，可用于分布式热电联供和交通工具。此外，在该系统中电解水制氢和燃料电池发电都需要配置辅助电源，以稀土储氢材料作为负极的镍氢电池也可以担当此任。

Varkaraki 等[182]设计、制造并实验了基于 $LaMm_{1-x}Ce_xNi_5$ 储氢合金的由燃料电池、电解槽和储氢单元组成的不间断电源。储存 1.9 kg 氢气可以为一个 5 kW 的燃料电池提供 5 h 的燃料。2011 年，法国科学研究中心和俄罗斯库尔恰托夫研究所合作报道了对间歇性可再生能源自主不间断电力供应的开发和评估研究工作，建成了可再生能源制氢、金属氢化物储氢和燃料电池供电的露天运行系统，用于评价的储氢材料为 $La_{0.8}Nd_{0.2}Ni_5$ 和 $La_{0.7}Ce_{0.3}Ni_5$[183]。印度科学研究所报道了一种新型可伸缩插装式 $La_{0.75}Ce_{0.25}Ni_5$ 反应器用于低温储氢和储热，最大储氢容量为 1.38 wt%，质量储热容量为 127.01 kJ/kg MH，效率约为 70%[184]。相关应用技术可进一步参阅文献［181］。

欧盟 H2020 计划中的 REMOTE 是由意大利都灵理工大学协调的一个为期 4 年的项目，目标是在 4 个离网地区主要由可再生能源供电，建设电电转换（P2P）能源系统，展示基于燃料电池的氢储能解决方案的技术和经济可行性。而 HyCARE（可再生能源存储氢载体）项目旨在通过将氢和储热相结合，利用金属氢化物开发储氢容量为 50 kg 的储氢罐，连接到一个 20 kW 质子交换膜电解槽供应氢气和一个 10 kW 质子交换膜燃料电池使用氢气[185]。葡萄牙国家能源和地质实验室（LNEG）展示了一个用于存储和生产氢的电化学实验室原理机，包括在 35% KOH 电解质溶液中的 $LaNi_{4.3}Co_{0.4}Al_{0.3}$ 合金的工作电极和 Ni 泡沫的对电极，在充/放电过程中具有高可逆性，无论是通过电网供电还是通过离网可再生能源供电，在室温和通常压力下循环都具有良好的线性、可逆性和稳定性[186]。

国内也在开展高能量密度稀土储氢材料及其可再生能源储能转换集成应用示范系统的研究工作，应用稀土储氢材料（储氢密度为 1.7 wt%）和储能镍氢电池建成了光电（40 kW）电解（20 kW）水制氢-固态储氢（10 kg H_2）-燃料电池（10 kW）发电的可再生能源分布式热电联供系统，同时通过装配燃料电池（18.5 kW）叉车研究交通领域应用模式，以及通过固态储氢装置充氢、燃料电池充电的配套设施，示范系统的能量转换方式如图 5-9 所示。

近几年，采用固态储氢方式应用稀土储氢材料开发的氢能两轮车能够续航 153 km，有望成为未来稀土储氢材料应用的重要市场之一。

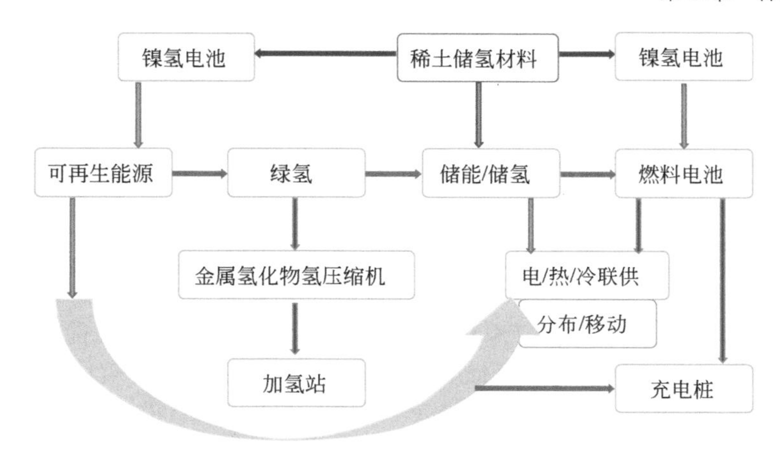

图 5-9　储氢材料在可再生能源转换系统中的应用模式

2. 金属氢化物-氢压缩机

利用固态储氢技术可以研制金属氢化物-氢压缩机。金属氢化物-氢压缩机（MHHC）或吸热压缩机（MH TSC）是通过储氢材料温度与压力的关系把热能转化成压缩氢气。作为热机的 MHHC 或 MH TSC 理想的氢压缩过程如图 5-10 所示，包括：过程 1-2，低温（T_L）下等压-等温吸收低压氢（p_1=p_L）；过程 2-3，MH 从低温（T_L）到高温（T_H）的多变加热；过程 3-4，高温（T_H）下等压-等温吸收高压氢（p_2=p_H）；过程 4-5-1，MH 从 T_H 到 T_L 的多变冷却以及高压氢气从 T_H 到 T_L 的等压冷却[187,188]。

MHHC 或 MH TSC 的基本原理如图 5-11，利用低品位热源（如 T<473 K 的工业废热）或太阳能热等将 MH 加热放氢（H_2）并转换成高压、高纯 H_2，主要优势是利用低品位热源

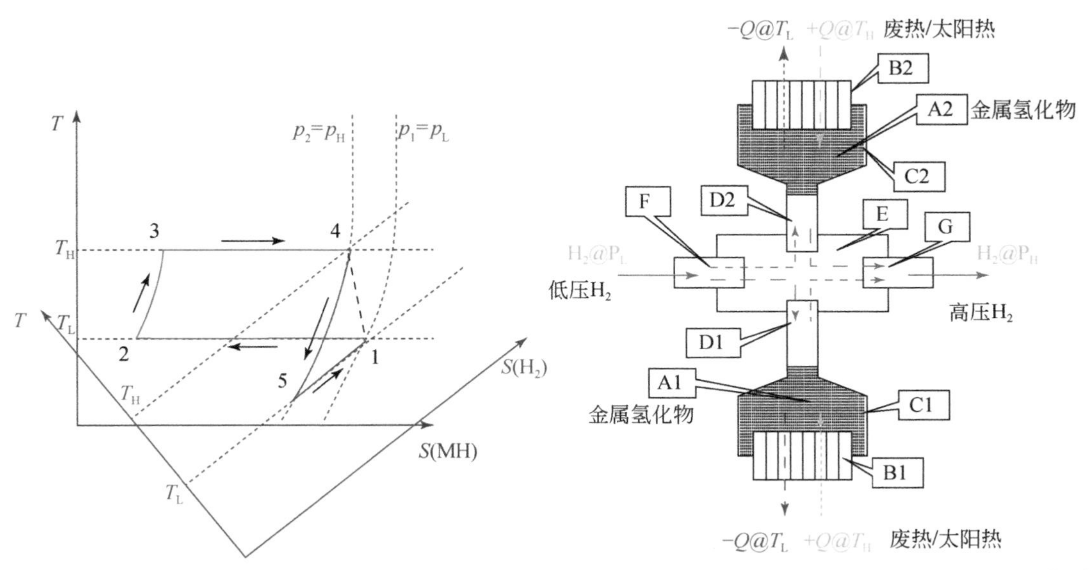

图 5-10　理想 MH 压缩机运行的熵(金属氢化物和氢气)-温度图[189]

图 5-11　MHHC 或 MH TSC 的一级运行原理图[189]

代替电，其优点是设计和操作简单、无运动部件、结构紧凑、安全可靠，相对于传统（机械）和新发展（电化学、离子液体活塞）的氢压缩方法是一个更好的选择。在国外，MHHC已在航空航天、氢同位素处理、水泵/制动器动力等某些特定场合得到了示范性应用，近期已采用 MHHC 建成 70 MPa 的示范加氢站[187]。

MHHC 的主要组成部分是能够形成 MH 的储氢合金材料，如稀土系 AB_5 型金属间化合物、钛/锆基 AB 型和 AB_2 型金属间化合物、钒基固溶体。储氢合金吸/放氢反应伴随着氢气压力和热量的变化，随着温度的变化，其平衡压发生指数式变化。从上述几个体系衍生的多种合金提供了以水为传热介质（$T<373$ K）、宽压范围输出氢压的可能性。

应用稀土储氢合金材料和钛/锆基储氢合金材料以水为热交换介质在 3.2～85 MPa 范围可以实现 8 MPa、25 MPa、45 MPa 和 85 MPa 四种不同压力氢气的输出[190,191]，能够分别满足 20 MPa、35 MPa、70 MPa 高压氢加注的需求。

3. 热泵与制冷

金属氢化物（MH）热泵（HP）或制冷机（RF）作为 MHHC 的逆过程在原理上可行，系统工作温度可调，可实现冬季供暖、夏季制冷的效果，可以代替现有的以含氟化学制冷剂为主的机械压缩式热泵/制冷机，消除含氟化学制冷剂对大气臭氧层的破坏作用。以 MH 为介质的 HP 由相同温度下 2 种分解压不同的储氢合金组成 1 组循环系统，利用压力差驱动工作介质氢气流动，通过氢化-脱氢-氢化循环过程中的热效应完成升温、增热和冷冻三个循环。为实现连续制热和制冷，需要使用 2 组或更多以上的热力学循环系统合理配合。尽管包括中国在内的许多国家对 HP 进行了研究开发，但目前还没有形成成熟的普遍应用技术，其难点在于储氢合金材料吸/放氢的非理想特征、系统与传热传质效率相关的能效比（COP/EER）较低。

稀土储氢材料的氢化-脱氢可逆化学反应过程也是一个蓄热-输热的可逆过程，因此可以用于蓄热与输热系统，作为利用热能的转换介质，储存和稳定传输工业废热、太阳能热、地热等热能。化学蓄热储氢材料应具备以下条件：反应可逆性好；热效应大；反应速度快；工作温度和平台压力范围宽。蓄热系统中一种金属氢化物作为蓄热介质，另一种平衡氢压特性不同的储氢材料作为储氢介质，金属氢化物放氢时蓄热，储氢材料吸氢时输热。20 世纪 80 年代，日本化学技术研究所、三洋电机公司等对各种蓄热系统进行了开发，热回收率可达 80%以上。

现阶段氢的储存仍然是一个挑战，采用传统的高压储氢罐储存压缩气态氢或在合适的材料中进行固态储氢都难以满足技术要求，如果采用气固（G-S）混合储氢方式是一种很有前途的高能量密度储氢方法[192]。

4. 利用低品位热能

日本研究人员基于 $LaNi_5$ 采用一级 MH 压缩机开发试验了活塞式发动机，在 293～353 K 运行达到 7.7%的能源转换效率，大约为卡诺循环效率的 50%。美国桑迪亚国家实验室首次开发出在相同温度范围内太阳能热驱动运行的 MH（$LaNi_{4.63}Al_{0.37}$）水泵原理机。印度技术学院研制的 MH 水泵使用 1 m^2 太阳能集热板，一天可以把 3000 L 水泵到 15 m 的高处。当然也可以通过 MH 热机把热能转换成电能。

5. 传感器/制动器

利用储氢合金氢化/脱氢反应的平衡氢压与温度的依赖关系，可研制压力显示的温度传感器或温度显示的压力传感器。自传感/驱动材料由于其基于外部刺激的结构和功能变化而被称为智能材料。储氢材料在加氢时显著的体积膨胀可以使它们成为传感器/制动器的潜在候选者。由于这些合金的氢化性能主要受传热控制，因此基于此的器件可以用作热传感器/制动器。基于金属氢化物的弹簧制动器适用于制动力与冲程同等重要的场合，在给定力下，可以通过改变合金厚度来控制驱动行程，强化传热改善响应[193]。

日本制钢所应用 MH 制动器开发了各种康复器械，一般使用热电/帕尔贴元件加热和冷却 MH 以驱动制动器，通过风箱把压力从压缩氢气传递到机械或液压制动机构，其中一个重要的特性是使用 12 g $(La,Mm)(Ni,Al)_5$ 储氢合金可以将 50 kg 负荷提升 5 cm。

5.4.3　其他应用技术

稀土储氢材料在其他领域的应用主要是氢的净化和氢同位素分离、作为氢化物在化工领域提供氢源、作为氢参加反应的催化剂等。

1. 氢气净化

化学工业、冶金工业过程中均产生大量的含氢尾气，而电子工业、通信产业等需要高纯氢气，因此可利用储氢合金独特的选择性吸氢特性回收氢气，同时通过多级吸/放氢过程可释放出纯度达到 6N 的高纯氢气。储氢合金回收和净化氢的装置可用于多种场景，如从合成氨排气中的氢回收率可以达到 75%～95%；提高火力发电机内用于冷却的氢纯度从而提高发电效率；在电子、冶金、化工、航空航天、半导体工业中采用储氢合金精制高纯氢；基于 AB_5 型金属氢化物的净化系统可以有效地从高浓度 CO_2 的沼气中提取氢气[194]。以 $LaNi_5$ 为氢气净化剂建立基于氢网络集成的储氢净化设计优化方法，用于炼油厂可降低 20%～45%的氢消耗量[195]。目前在钕铁硼行业中的氢碎制粉工段尝试采用储氢合金回收并重复利用氢以降低生产成本。

2. 氢同位素处理

氢有 3 个同位素：氕、氘和氚，其中氘和氚在核工业中具有重要用途。储氢材料吸收 3 种同位素的平衡压力和吸附量存在差异（同位素热力学效应）、吸收速率也存在差异（同位素动力学效应），因此可以分离氢同位素。美国萨凡纳河核设施（SRS）基于 AB_5 和 AB_2 储氢合金（一级：$LaNi_{4.5}Al_{0.5}$，二级：$LaNi_{4.9}Al_{0.1}$，三级：$TiCr_{1.8}$）开发了强化氚处理设施，代替传统的机械压缩技术。俄罗斯实验物理研究院开发了供应高压氢同位素的类似装置，用于各种实验研究，包括μ介子催化聚变。

3. 氢的液化和固化

通过 Joule-Thomson（JT）膨胀创造低温条件制造液态氢和固态氢。美国航空航天局

（NASA）利用 $LaNi_{4.78}Sn_{0.22}H_x$ 金属氢化物开发和建造了三级氢压缩机，在低于 10 K 的温度下从 100 bar 的氢气形成了固态分子氢（s-H_2），在 18～21 K 能够得到液态氢，这种装置可以用于航空航天领域。

4. 催化反应

储氢合金表面具有很高的氢分子分解活性，吸收氢后生成合金氢化物。为了促进氢参与的化学反应，可以利用储氢合金的氢化反应能力（相当于催化作用），反之也可以促进脱氢化学反应的速度。如不饱和有机化合物的氢化反应及其逆反应、合成氨反应、一氧化碳甲烷化反应等。

采用机械化学法研究 $LaNi_5$ 和 $LaNi_{4.6}Al_{0.4}$ 储氢合金粉参与的 CO_2 甲烷化反应，通过原位监测球磨过程中气体压力的变化发现，当 H_2 分压由于粉末对 H 的吸收而下降时，就产生了甲烷。在球磨过程中，表面和亚表面氢氧化物的形成促进了甲烷的生成，储氢粉中储氢量决定了甲烷生成的开始时间[196]。稀土储氢合金对烷烃的脱氢起始温度（359 K）显著降低，脱氢动力学性能得到改善，373 K 下 60 min 脱氢率为 6.3 wt%[197]。吸收氢的 $ErNi_{3.5}Al_{1.5}H_n$ 对乙炔和丙炔的催化加氢反应活性高于未吸氢的 $ErNi_5$ 和 $ErNi_4Al$，因为吸收的氢激活了吸附的乙炔和氢[198]。MgH_2-15 wt% $LaNi_{4.5}Fe_{0.5}$ 样品在 473 K 和 1 MPa 的温和温度和压力下，可以在 1000 s 内快速引入等效的 H_2，氢化和脱氢的活化能势垒分别下降 62.90%和 20.75%[199]。$LaNi_5$ 储氢合金还可以催化 *N*-乙基咔唑（NEC）的可逆储氢，并具有高效率和循环稳定性[200]。

本章概述了稀土储氢材料，在生产与应用中还应该考虑以下几个可持续性发展的问题，一是原料的来源；二是生产过程的能耗和环境问题；三是应用中的寿命（使用周期）及再生（回收）利用问题。

稀土储氢材料的主要原材料是轻稀土镧、铈、钇以及过渡金属镍，分别占材料总质量的 33%和 60%左右，某些材料中钴的占比可以达到 10%，其他组成元素，如锰、铝、镁等一般占比小于 5%。轻稀土镧、铈、钇是我国储量最多的资源，可以保障供应；镍的主要用途是制造不锈钢、合金钢和非铁合金，占比 80%左右，电池领域用镍量约 15%，主要制造锂离子电池正极材料，目前镍氢电池及储氢材料中镍的用量还很少，尽管镍不是我国的优势资源，但全球镍资源的供应还是可以满足市场需求；钴是影响国家和地区安全及未来经济发展的关键元素，全球钴矿长期供给面临短缺的可能，因此，近年来低钴和无钴储氢材料产品的市场占有率逐渐提高，基本可以不受钴供应紧张的影响；锰、铝、镁等原材料供应充足。

储氢材料生产过程中无废水、废气排放，仅产生少量可回收的废渣，但熔炼、热处理、制粉都需要消耗大量的电能，从目前以火电为主的电力看，间接地影响了“双碳”目标的达成，因此稀土储氢材料生产中需要考虑节能和合理利用能源。

无论是作为化学电源的负极材料还是作为固态储氢介质以及相关应用领域的功能材料，稀土储氢材料的质量能量密度以及反复使用的稳定性都是不断追求的目标和永恒的研究方向。

按照 $LaNi_5$ 型负极储氢材料实际电化学容量 350 mAh/g 计算，氢气的重量储氢密度为

1.3%，镍氢电池的比能量最大可以达到 140 Wh/kg。如果氢气的重量储氢密度提高 1 倍，那么镍氢电池的比能量有望接近锂离子电池，应用场景会显著增多。

近几年面世的燃料电池小型轿车配置的高压储氢罐的压强为 70 MPa，氢气体积为 122.4 L，氢气占储氢系统的重量比为 5.7%，充氢时间 3～5 min，续航里程 700 km。如果使用稀土储氢材料，氢气质量比远远达不到 5.7%。美国能源局（DOE）提出的固态质量储氢密度目标是 5.5%。我国“十四五”期间（2021～2025 年）稀土储氢材料的研发目标是有效储氢容量≥1.7 wt%、循环 2000 次容量保持率≥80%及有效储氢容量≥2 wt%、循环 1000 次容量保持率≥90%。相应的高效固态储氢装置的单体重量和体积储氢密度分别达到 1.4 wt%和 55 kg/m^3。

稀土储氢材料的应用稳定性与其自身的组成、结构有关，也与使用条件和环境有关。氢化过程中的歧化反应、非晶化（对于超晶格合金）、氧化腐蚀（主要是电化学环境）、非氢杂质的毒化（主要是固态储氢环境）均是导致储氢材料稳定性下降的因素。目前电池电极材料的充/放电循环使用次数一般为 500～2000 周，固态储氢的氢化/脱氢循环使用次数也可达到 500 周以上。因此稀土储氢材料未来的研究方向主要是提高质量能量密度和循环使用稳定性。

延长稀土储氢材料应用中的寿命或使用周期可以相对地降低运行费用，因此在保证材料使用性能的前提下需要尽可能改善材料的氢化/脱氢稳定性，包括在固态储氢装置中的耐非氢杂质的毒化性能。无论如何，储氢材料在循环使用一定周期后性能会下降直至不能满足应用要求，因此需要更换或再生回收利用。在电池中的负极储氢材料可以随同电池的回收，通过物理拆解后对负极采用湿法或火法冶金工艺进行回收。在固态储氢装置中的储氢材料如果是非氢杂质毒化则可以在一定温度下加热再生，如果是由于歧化、非晶化等原因引起性能衰减则可通过成分评估重新配制储氢合金材料。

（闫慧忠　严　密　李宝犬　王新华）

参考文献

[1] 胡子龙. 贮氢材料 [M]. 北京：化学工业出版社，2002

[2] Panwar K, Srivastava S. Theoretical model on the electronic properties of multi-element AB_5-type metal hydride [J]. International Journal of Hydrogen Energy, 2021, 46：10819-10829

[3] Panwar K, Srivastava S. On structural model of AB_5-type multi-element hydrogen storage alloy [J]. International Journal of Hydrogen Energy, 2019, 44：30208-30217

[4] Rahnama A, Zepon G, Sridhar S. Machine learning based prediction of metal hydrides for hydrogen storage, part I：prediction of hydrogen weight percent [J]. International Journal of Hydrogen Energy, 2019, 44：7337-7344

[5] Rahnama A, Zepon G, Sridhar S. Machine learning based prediction of metal hydrides for hydrogen storage, part II：Prediction of material class [J]. International Journal of Hydrogen Energy, 2019, 44：7345-7353

[6] Liu Y F, Pan H G, Gao M X, et al. Advanced hydrogen storage alloys for Ni/MH rechargeable batteries [J].

Journal of Materials Chemistry, 2011, 21：4743-4755

［7］Notten P H L, Hokkeling P. Double-phase hydride forming compounds：A new class of highly electrocatalytic materials［J］. Journal of the Electrochemical Society, 1991, 138：1877-1885

［8］Xiong W, Li B Q, Wang L, et al. Investigation of the Thermodynamic and Kinetic Properties of La-Fe-B System Hydrogen-Storage Alloys［J］. International Journal of Hydrogen Energy, 2014, 39：3805-3809

［9］Martin M, Gommel C, Borkhart C, et al. Absorption and desorption kinetics of hydrogen storage alloys［J］. Journal of Alloys and Compounds, 1996, 238：193-201

［10］Johnson W A, Mehl R F. Reaction kinetics in processes of nucleation and growth［J］. Transaction of the American Institute of Mining, Metallurgical, and Petroleum Engineers, 1939, 135：396-415

［11］Avrami M. Kinetics of phase change I-general theory［J］. Journal of Chemical Physics, 1939, 7: 1103-1112

［12］Kolmogorov A N. On the statistical theory of the crystallization of metals［J］. Bulletin of the Academy of Sciences of the USSR, Mathematics Series, 1937, 1：355-359

［13］张玮，尚青亮，刘捷，等. 气体雾化法制备粉体方法概述［J］. 云南冶金，2018，6：59-63

［14］李自强，陈运法，牛求彬，等. 还原扩散法直接制备金属间化合物粉末［J］. 材料导报，1999，3：18-19

［15］顾菡珍，黄涛. 合成 YNi_5 中的几个问题［J］. 北京大学学报（自然科学版），1987，2：22-25

［16］申泮文，汪根时，张允什，等. $LaNi_5$ 的化学合成及吸氢性能［J］. 稀土，1981，3：14-18

［17］Obregón S A, Zelaya E, Esquivel M R. Micro and nanostructured phases obtained by mechanical alloying - low temperature annealing in AB_5-H_2 systems［J］. Procedia Materials Science, 2015, 9：450-459

［18］Moussa M B, Hakamy A, Sahli I, et al. Electrochemical properties of the $LaNi_4Fe$ compound elaborated by mechanical alloying［J］. Materials Today Communications, 2023, 35：106211

［19］Ares J R, Cuevas F, Percheron-Gúegan A. Mechanical milling and subsequent annealing effects on the microstructural and hydrogenation properties of multisubstituted $LaNi_5$ alloy［J］. Acta Materialia, 2005, 53：2157-2167

［20］Joseph B, Schiavo B, AlìStaiti G D, et al. An experimental investigation on the poor hydrogen sorption properties of nano-structured $LaNi_5$ prepared by ball-milling［J］. International Journal of Hydrogen Energy, 2011, 36：7914-7919

［21］Hu W K, Kim D M, Jeon S W, et al. Effect of annealing treatment on electrochemical properties of Mm-based hydrogen storage alloys for Ni/MH batteries［J］. Journal of Alloys and Compounds, 1998, 270：255-264

［22］Buschow K H, Van Mal H H. Phase relations and hydrogen absorption in the lanthanum-nickel system［J］. Journal of the Less Common Metals, 1972, 29：203-210

［23］Xiong W, Yan H Z, Wang L, et al. Effects of annealing temperature on the structure and properties of the $LaY_2Ni_{10}Mn_{0.5}$ hydrogen storage alloy［J］. International Journal of Hydrogen Energy, 2017, 42：1-9

［24］Dűrger N B, Anik M. Synthesis of La_2MgNi_9 hydrogen storage alloy in molten salt［J］. International Journal of Hydrogen Energy, 2020, 45：8750-8756

［25］Yang Y, Li J, Nan J M, et al. Performance and characterization of metal hydride electrodes in nickel/metal hydride batteries［J］. Journal of Power Sources, 1997, 65：15-21

［26］Wang X L, Hagiwara H, Suda S. Surface properties of the fluorinated calcium-based AB_5 alloys［J］. Journal of Alloys and Compounds, 1995, 231：376-379

［27］Wu J, Li R, Wang X, et al. Structure and electrochemical properties of $LaCo_{11-x}Fe_xNi_2$ compounds［J］. Journal of Alloys and Compounds, 2003, 359：221-224

［28］汪继强. 圆柱型镍氢电池综合性能的改进与评估［J］. 材料导报，2001，15：27

［29］Li M M, Wang C C, Zhou Y T, et al. Clarifying the polyaniline effect on superior electrochemical performances of hydrogen storage alloys［J］. Electrochimica Acta, 2021, 365：137336

［30］Lwakura C, Kim I, Matsui N, et al. Surface Modification of Laves Phase $ZrV_{0.5}Mn_{0.5}Ni$ Alloy Electrodes with an Alkline Solution Containing Potassium borohydride as a Reducing Agent［J］. Electrochimica Acta, 1993, 38：659-662

［31］Matsuoka M, Kohno T, Iwakura C. Electrochemical properties of hydrogen storage alloys modified with foreign metals［J］. Electrochimica Acta, 1993, 38：787-791

［32］Wada H, Yoshinaga O, Kajita T, et al. Production of copper-alloy complex granules for nickel/metal hydride electrodes［J］. Journal of Alloys and Compounds, 1993, 192：164-166

［33］朱文辉，朱敏，高岩. 机械合金化 $Mg/MmNi_{5-x}(CoAlMn)_x$ 复合储氢合金的组织结构与吸氢特性［J］. 中国稀土学报，1999，17：313-317

［34］Iwakura C, Fukumoto Y, Matsuoka M, et al. Electrochemical characterization of hydrogen storage alloys modified with metal oxides［J］. Journal of Alloys and Compounds, 19933, 192：152-154

［35］Zhang H W, Bao L, Qi J B, et al. Effects of nano-molybdenum coatings on the hydrogen storage properties of La-Mg-Ni based alloys［J］. Renewable Energy, 2020, 157：1053-1060

［36］Crivello J C, Zhang J, Latroche M. Structural stability of AB_y phases in the (La,Mg)-Ni system obtained by density functional theory calculations［J］. Journal of Physical Chemistry C, 2011, 115：25470-25478

［37］Zijlstra H, Westendorp F F. Influence of hydrogen on the magnetic properties of $SmCo_5$［J］. Solid State Communications, 1969, 7：857-859

［38］Van Vucht J H N, Kuijpers F A, Bruning H C A M. Reversible room-temperature absorption of large quantities of hydrogen by intermetallic compounds［J］. Philips Research Reports, 1970, 25：133-140

［39］Willems J J G. Metal Hydride Electrodes Stability of $LaNi_5$-related Compounds［J］. Philips Journal of Research, 1984, 39：1-94

［40］王宏，刘祖岩. $LaNi_5$ 最大储氢量的晶体结构分析［J］. 稀有金属材料与工程，2004，33：239-241

［41］武英，吴建民，周少雄. 稀土储氢材料［M］. 北京：中国铁道出版社，2017

［42］Liu J, Li K. New insights into the hydrogen storage performance degradation and Al functioning mechanism of $LaNi_{5-x}Al_x$ alloys［J］. International Journal of Hydrogen Energy, 2017, 42：24904-24914

［43］Momma K, Izumi F. VESTA 3 for three-dimensional visualization of crystal, volumetric and morphology data［J］. Journal of Applied Crystallography, 2011, 44：1272-1276

［44］Senoh H, Takeichi N. Systematic investigation on hydrogen storage properties of RNi_5 (R：rare earth) intermetallic compounds with multi-plateau［J］. Materials Science and Engineering B, 2004, 108：96-99

［45］Chen X Y, Xu J, Zhang W R, et al. Effect of Mn on the long-term cycling performance of AB_5-type hydrogen storage alloy［J］. International Journal of Hydrogen Energy, 2021, 46：21973-21983

[46] Notten P H L, Latroch M, Perchron-Guegan A. The influence on the crystallography and electrochemistry of nonstoichiometric AB_5-type hydride-forming compounds[J]. Journal of the Electrochemical Society, 1999, 146：3181-3189
[47] Vogt T, Relly J J, Johnson J R, et a1. Crystal structure of Nonstichiometric $La(Ni,Sn)_{5+x}$ alloys and their properties as metal hydride electrodes［J］. Electrochemical and Solid-State Letters, 1999, 2：111-114
[48] 魏范松，雷永泉，陈立新，等. $La(Ni,Sn)_x(x=5.0\sim5.4)$无 Co 贮氢合金的相结构与电化学性能［J］. 稀有金属材料与工程，2006，35：933-936
[49] Wang C C, Zhou Y T, Yang C C, et al. Clarifying the capacity deterioration mechanism sheds light on the design of ultra-long-life hydrogen storage alloys［J］. Chemical Engineering Journal, 2018, 352：325-332
[50] Wang C C, Zhou Y T, Yang C C, et al. A strategy for designing new $AB_{4.5}$-type hydrogen storage alloys with high capacity and long cycling life［J］. Journal of Power Sources, 2018, 398：42-48
[51] Jiang W B, Tan C, Huang J L, et al. Influence of Sm doping on thermodynamics and electrochemical performance of AB_{5+z} alloys in low-temperature and high-power Ni-metal hydride batteries［J］. Journal of Power Sources, 2021, 493：229725
[52] Chen M, Tan C, Jiang W B, et al. Influence of over-stoichiometry on hydrogen storage and electrochemical properties of Sm-doped low-Co AB_5-type alloys as negative electrode materials in nickel-metal hydride batteries［J］. Journal of Alloys and Compounds, 2021, 867：159111
[53] 陈卫祥，唐致远，郭鹤桐，等. 非化学计量比混合稀土-镍系贮氢合金的研究［J］. 金属学报，1998，34：184-188
[54] Zhang X B, Chai Y J, Yin W Y, et al. Crystal structure and electrochemical properties of rare earth non-stoichiometric AB_5-type alloy as negative electrode material in Ni-MH battery［J］. Journal of Solid State Chemistry, 2004, 177：2373-2377
[55] Zhang S K, Lei Y Q, Chen L X, et al. Electrode characteristics of non-stoichiometric $Ml(NiMnAlFe)_x$ alloys［J］. Transactions of Nonferrous Metals Society of China, 2001, 11：183-187
[56] 唐睿，柳永宁，郭生武，等. 非化学计量比 $LaNi_5$ 型储氢合金的性能［J］. 材料研究学报，2002，16：395-398
[57] Panwar K, Srivastava S. On structural model of AB_5-type multi-element hydrogen storage alloy［J］. International Journal of Hydrogen Energy, 2019, 44：30208-30217
[58] Tan C, Ouyang L Z, Chen M, et al. Effect of Sm on performance of Pr/Nd/Mg-free and low-cobalt $AB_{4.6}$ alloys in nickel-metal hydride battery electrode［J］. Journal of Alloys and Compounds, 2020, 829：154530
[59] 原鲜霞，马紫峰，刘汉三，等. 稀土组成对贮氢合金 $La_{0.8(1-x)}Ce_{0.8x}(PrNd)_{0.2}B_5$ 性能的影响［J］. 稀有金属材料与工程，2004，33：696-700
[60] Tao M D, Chen Y G, Wu C L, et al. Low-Temperature Hydrogen Storage Alloy and ItsApplication in Ni-MH Battery［J］. Journal of Rare Earths, 2004, 22：882-886
[61] Zhu Z D, Zhu S, Zhao X, et al. Effects of Ce/Y on the cycle stability and anti-plateau splitting of $La_{5-x}Ce_xNi_4Co(x=0.4, 0.5)$ and $La_{5-y}Y_yNi_4Co(y=0.1, 0.2)$ hydrogen storage alloys［J］. Materials Chemistry And Physics, 2019, 236：121725
[62] Li M M, Wang C C, Yang C C. Development of high-performance hydrogen storage alloys for applications

in nickel-metal hydride batteries at ultra-low temperature[J]. Journal of Power Sources, 2021, 491: 229585

[63] Somwan C, Mark P, ASheppard D, et al. Cycle Life and Hydrogen Storage Properties of Mechanical Alloyed $Ca_{1-x}Zr_xNi_{5-y}Cr_y$(x=0, 0.05 and y=0, 0.1)[J]. International Journal of Hydrogen Energy, 2012, 37: 7586-7593

[64] Bawa M S, Ziem E A. Long Term Testing and Stability of $CaNi_5$ Alloy for a Hydrogen Storage Application [J]. International Journal of Hydrogen Energy, 1982, 7: 775-781

[65] Haraki T, Inomata N, Uchida H. Hydrogen desorption kinetics of hydrides of $LaNi_{4.5}Al_{0.5}$, $LaNi_{4.5}Mn_{0.5}$ and $LaNi_{2.5}Co_{2.5}$ [J]. Journal of Alloys and Compounds, 1999, 293-295: 407-411

[66] Raekelbooma E, Cuevas F, Knosp B, et al. Influence of cobalt and manganese content on the dehydrogenation capacity and kinetics of air-exposed $LaNi_{5+x}$-type alloys in solid gas and electrochemical reactions [J]. Journal of Power Sources, 2007, 170: 520-526

[67] Liu J J, Zhu S, Zheng Z, et al. Long-term hydrogen absorption/desorption properties and structural changes of LaNi4Co alloy with double desorption plateaus [J]. Journal of Alloys and Compounds, 2019, 778: 681-690

[68] Zhu Z, Zhu S, Lu H, et al. Stability of $LaNi_{5-x}Co_x$ alloys cycled in hydrogen - Part 1 evolution in gaseous hydrogen storage performance [J].International Journal of Hydrogen Energy, 2019, 44: 15159-15172

[69] Kanda M, Yamamoto M, Kanno K, et al. Cyclic behaviour of metal hydride electrodes and the cell characteristics of nickel-metal hydride batteries [J]. Journal of the Less Common Metals, 1991, 172-174: 1227-1235

[70] Xu J, Chen X Y, Zhu W, et al. Enhanced cycling stability and reduced hysteresis of AB_5-type hydrogen storage alloys by partial substitution of Sn for Ni[J]. International Journal of Hydrogen Energy, 2022, 47: 22495-22509

[71] Spodaryk M, Gasilova N, Züttel A. Hydrogen storage and electrochemical properties of $LaNi_{5-x}Cu_x$hydride-forming alloys [J]. Journal of Alloys and Compounds, 2019, 775: 175-180

[72] Chao D, Chen Y, Zhu C, et al. Composition optimization and electrochemical characteristics of Co-free Fe-containing AB_5-type hydrogen storage alloys through uniform design[J]. Journal of Rare Earths, 2012, 30: 361-366

[73] Zhu S, Chen X Y, Liu J J, et al. Long-term hydrogen absorption/desorption properties of an AB_5-type $LaNi_{4.75}Mn_{0.25}$ alloy [J]. Materials Science and Engineering B, 2020, 262: 114777

[74] Borzone E M, Blanco M V, Meyer G O, et al. Cycling performance and hydriding kinetics of $LaNi_5$ and $LaNi_{4.73}Sn_{0.27}$ alloys in the presence of CO [J]. International Journal of Hydrogen Energy, 2014, 39: 10517-10524

[75] Han X B, Qian Y, Liu W, et al. Effect of preparation technique on microstructure and hydrogen storage properties of $LaNi_{3.8}Al_{1.0}Mn_{0.2}$ alloys [J]. Journal of Materials Science Technology, 2016, 32: 1332-1338

[76] Lv L J, Lin J, Yang G, et al. Hydrogen storage performance of $LaNi_{3.95}Al_{0.75}Co_{0.3}$ alloy with different preparation methods [J]. Progress in Natural Science: Materials International, 2022, 32: 206-214

[77] Konik P, Berdonosova E, Savvotin I, et al. Structure and hydrogenation features of mechanically activated $LaNi_5$-type alloys [J]. International Journal of Hydrogen Energy, 2021, 46: 13638-13646

［78］Aoki K, Yamamoto T, Masumoto T. Hydrogen induced amorphization in RNi_2 laves phases ［J］. Scripta Metallurgica, 1987, 21：27-31

［79］Aoki K, Li X G, Masumoto T. Factors controlling hydrogen-induced amorphization of C15 Laves compounds ［J］. Acta Metallurgica et Materialia, 1992, 40：1717-1726

［80］Kim Y G, Lee J Y. The mechanism of hydrogen-induced amorphization in intermetallic compounds ［J］. Journal of Alloys and Compounds, 1992, 187：1-7

［81］Yartys V A, Lototskyy M V. Laves type intermetallic compounds as hydrogen storage materials：A review ［J］. Journal of Alloys and Compounds, 2022, 916：165219

［82］Moriwaki Y, Gamo T, Seri H, et al. Electrode Characteristics of C15-Type Laves Phase Alloys［J］. Journal of the Less Common Metals, 1991, 172-174：1211-1218

［83］Thoma D J, Perepezko J H. A geometric analysis of solubility ranges in Laves phases［J］. Journal of Alloys and Compounds, 1995, 224：330-341

［84］Shoemaker D P, Shoemaker C B. Concerning atomic sites and capacities for hydrogen absorption in the AB_2 Friauf-Laves phases ［J］. Journal of the Less Common Metals, 1979, 68：43-58

［85］Wang V B, Northwood D O. Calculation of enthalpy of metal hydride formation and prediction of hydrogen site occupancy ［J］. Materials Science and Technology, 1988, 4：97-101

［86］Lichty L, Shinar J, GBarnes R, et al. Composition dependent hydrogen motionin a randomalloy, $V_xNb_{1-x}H_{0.2}$：From localized motion at Vatoms tolong-range hydrogen diffusion ［J］. Physical Review Letters, 1985, 55：2895

［87］Miyamura H, Sakai T, Oguro A. Hydrogen absorption and phase transitions in rapidly quenched LaNi alloys ［J］. Journal of the Less Common Metals, 1989, 146：197-203

［88］Oesterreicher H, Bittner H. Hydride formation in $La_{1-x}Mg_xNi_2$ ［J］. Journal of the Less Common Metals, 1980, 73：339-344

［89］Li H X, Wan C B, Li X C, et al. Structural, hydrogen storage, and electrochemical performance of $LaMgNi_4$ alloy and theoretical investigation of its hydrides［J］. International Journal of Hydrogen Energy, 2022, 47：1723-1734

［90］Bouaziz N, Aouaini F, Torkia Y B, et al. Advanced interpretation of hydrogen absorption process in $LaMgNi_{3.6}M_{0.4}$ (M=Ni, Mn, Al, Co, Cu) alloys using statistical physics treatment［J］. International Journal of Hydrogen Energy, 2021, 46：10389-10395

［91］Sato T, Ikeda K, Honda T, et al. Effect of Co-Substitution on Hydrogen Absorption and Desorption Reactions of $YMgNi_4$-Based Alloys ［J］. The journal of physical chemistry, C. Nanomaterials, 2022, 126：16943-16951

［92］Hou Z Y, Yuan H P, Luo Q, et al. Effect of Mg content on structure and hydrogen storage properties of $YNi_{2.1}$ alloy ［J］. International Journal of Hydrogen Energy, 2023, 48：13516-13526

［93］庞浩良．元素替代对 Y 系 AB_2 型储氢合金结构和性能的影响研究［D］．广州：华南理工大学，2018

［94］Chen Y Z, Pang H L, Wang H, et al. Exploration of Ti substitution in AB_2-type Y-Zr-Fe based hydrogen storage alloys ［J］. International Journal of Hydrogen Energy, 2019, 44：29116-29122

［95］Li Z M, Wang H, Ouyang L Z, et al. Achieving superior de-/hydrogenation properties of C15 Laves phase

Y-Fe-Al alloys by A-side substitution [J]. Journal of Alloys and Compounds, 2019, 787: 158-164
[96] Jiang W, Peng Y, Mao Y C, et al. High pressure solidification of alloying substitution and promotion of hydrogen storage properties in AB_2-type Y-Zr-Ti-Fe based alloys [J]. Journal of Alloys and Compounds, 2023, 934: 167992
[97] Kadir K, Sakai T, Uehara I. Synthesis and structure determination of a new series of hydrogen storage alloys; RMg_2Ni_9(R=La, Ce, Pr, Nd, Sm and Gd) built from $MgNi_2$ Laves-type layers alternating with AB_5 layers [J]. Journal of Alloys and Compounds, 1997, 257: 115-121
[98] Kohno T, Yoshida H, Kawashima F, et al. Hydrogen storage properties of new ternary system alloys: La_2MgNi_9, $La_5Mg_2Ni_{23}$, La_3MgNi_{14} [J]. Journal of Alloys and Compounds, 2000, 311: L5-L7
[99] Baddour-Hadjean R, Meyer L, Pereira-Ramos J P, et al. An electrochemical study of new $La_{1-x}Ce_xY_2Ni_9$ ($0 \leqslant x \leqslant 1$) hydrogen storage alloys [J]. Electrochimica Acta, 2001, 46: 2385-2393
[100] Zhang J, Fang F, Zheng S Y, et al. Hydrogen-induced phase transitions in RNi_3 and RY_2Ni_9(R=La, Ce) compounds [J]. Journal of Power Sources, 2007, 172: 446-450
[101] Belgacem Y B, Khaldi C, Boussami S, et al. Electrochemical properties of LaY_2Ni_9 hydrogen storage alloy used as an anode in nickel-metal hydride batteries [J]. Journal of Solid State Electrochemistry, 2014, 18: 2019-2026
[102] Baddour-Hadjean R, Pereira-Ramos J P, Latroche M, et al. New ternary intermetallic compounds belonging to the R-Y-Ni(R=La, Ce) system as negative electrodes for Ni-MH batteries [J]. Journal of Alloys and Compounds, 2002, 330-332: 782-786
[103] Yan H Z, Xiong W, Wang L, et al. Investigations on AB_3-, A_2B_7- and A_5B_{19}-type La-Y-Ni system hydrogen storage alloys [J]. International Journal of Hydrogen Energy, 2017, 42: 2257-2264
[104] Xiong W, Yan H Z, Wang L, et al. Characteristics of A_2B_7-type La-Y-Ni-based hydrogen storage alloys modified by partially substituting Ni with Mn [J]. International Journal of Hydrogen Energy, 2017, 42: 10131-10140
[105] Denys R V, Yartys V A. Effect of magnesium on the crystal structure and thermodynamics of the $La_{3-x}Mg_xNi_9$ hydrides [J]. Journal of Alloys and Compounds, 2011, 509: S540-548
[106] 朱健. A 侧元素对 AB_3 型合金晶体结构及贮氢性能的影响 [D]. 上海：复旦大学，2009
[107] Zhang J, Villeroy B, Knosp B, et al. Structural and chemical analyses of the new ternary La_5MgNi_{24} phase synthesized by Spark Plasma Sintering and used as negative electrode material for Ni-MH batteries [J]. International Journal of Hydrogen Energy, 2012, 37: 5225-5233
[108] Zhang Q A, Sun D L, Zhang J X, et al. Structure and deuterium desorption from $Ca_3Mg_2Ni_{13}$ Deuteride: a neutron diffraction study [J]. Journal of Physical Chemistry C, 2014, 118: 4626-4633
[109] Serrano-Sevillano J, Charbonnier V, Madern N, et al. Quantification of Stacking Faults in ANi_y(A=Rare Earth or Mg, y=3.5 and 3.67) Hydrogen Storage Materials [J]. Chemistry of Materials, 2022, 34: 4568-4576
[110] Buschow K H J, Goot A S V D. The crystal structure of rare-earth nickel compounds of the type R_2Ni_7 [J]. Journal of the Less Common Metals, 1970, 22: 419-428
[111] Iwase K, Sakaki K, Nakamura Y, et al. In situ XRD study of $La_2Ni_7H_x$ during hydrogen absorption-

desorption [J]. Inorganic Chemistry, 2012, 51：2976-2983

[112] Zhao Y M, Wang W F, Han S M, et al. Structural stability studies of single-phase Ce_2Ni_7-type and Gd_2Co_7-type isomerides with $La_{0.65}Nd_{0.15}Mg_{0.2}Ni_{3.5}$ compositions [J]. Journal of Alloys and Compounds, 2019, 775：259-269

[113] Charbonnier V, Zhang J X, Monnier J, et al. Structural and hydrogen storage properties of Y_2Ni_7 deuterides studied by neutron powder diffraction [J]. Journal of Physical Chemistry C, 2015, 119：12218-12225

[114] Liu J J, Li Y, Han D, et al. Electrochemical performance and capacity degradation mechanism of single-phase La-Mg-Ni-based hydrogen storage alloys [J]. Journal of Power Sources, 2015, 300：77-86

[115] He X Y, Zhang X, Li B Q, et al. Capacity degradation mechanism of ternary La-Y-Ni-based hydrogen storage alloys [J]. Chemical Engineering Journal, 2023, 465：142840

[116] Zhang L, Li Y, Zhao X, et al. Phase transformation and cycling characteristics of a Ce_2Ni_7-typesingle-phase $La_{0.78}Mg_{0.22}Ni_{3.45}$ metal hydride alloy [J]. Journal of Materials Chemistry A, 2015, 3：13679-13690

[117] Zhang Q A, Fang M H, Si T Z, et al. Phase stability, structural transition, and hydrogen absorption-desorption features of the polymorphic La_4MgNi_{19} compound [J]. Journal of Physical Chemistry C, 2010, 114：11686-11692

[118] Denys R V, Riabov A B, Yartys V A, et al. Mg substitution effect on the hydrogenation behaviour, thermodynamic and structural properties of the La_2Ni_7-$H(D)_2$ system [J]. International Journal of Quantum Chemistry, 2008, 181：812-821

[119] Nakamura J, Iwase K, Hayakawa H, et al. Structural Study of La_4MgNi_{19} hydride by in situ X-ray and neutron powder diffraction [J]. Journal of Physical Chemistry C, 2009, 113：5853-5859

[120] Zhang Q A, Chen Z L, Li Y T, et al. Comparative investigations on hydrogen absorption-desorption properties of Sm-Mg-Ni compounds: the effect of [$SmNi_5$]/[$SmMgNi_4$]unit ratio[J]. Journal of Physical Chemistry C, 2015, 119：4719-4727

[121] Wang W F, Guo W, Liu X X, et al. The interaction of subunits inside superlattice structure and its impact on the cycling stability of AB_4-type La-Mg-Ni-based hydrogen storage alloys for nickel-metal hydride batteries [J]. Journal of Power Sources, 2020, 445：227273

[122] Liu J J, Han S M, Han D, et al. Enhanced cycling stability and high rate dischargeability of $(La,Mg)_2Ni_7$-type hydrogen storage alloys with $(La,Mg)_5Ni_{19}$ minor phase [J]. Journal of Power Sources, 2015, 287：237-246

[123] Liu J J, Chen X Y, Xu J, et al. A new strategy for enhancing the cycling stability of superlattice hydrogen storage alloys [J]. Chemical Engineering Journal, 2021, 418：129395

[124] Ma Z W, Zhu D, Wu C L, et al. Effects of Mg on the Structures and Cycling Properties of the $LaNi_{3.8}$ Hydrogen Storage Alloy for Negative Electrode in Ni/MH Battery[J]. Journal of Alloys and Compounds, 2015, 620：149-155

[125] Charbonnier V, Zhang J X, Monnier J, et al. Study of Structural and Hydrogen Storage Properties of YNi Deuterides by Means of Neutron Powder Diffraction [J]. Journal of Physical Chemistry C, 2015, 119(22)：12218-12225

[126] Zhang X, Zhao Y Y, Zhou S J, et al. Preparation and hydrogen storage properties of single-phase

Ce_2Ni_7-type La-Sm-Y-Ni based hydrogen storage alloy [J]. International Journal of Hydrogen Energy, 2023, 48：7181-7191

[127] Liu Y R, Yuan H P, Guo M, et al. Effect of Y element on cyclic stability of A_2B_7 -type La-Y-Ni-based hydrogen storage alloy [J]. International Journal of Hydrogen Energy, 2019, 44：22064-22073

[128] Zhao S Q, Yang L C, Liu J W, et al. Structural evolution and electrochemical hydrogen storage properties of single-phase A_5B_{19}-type $(La_{0.33}Y_{0.67})_5Ni_{17.6}Mn_{0.9}Al_{0.5}$ alloy [J]. Journal of Power Sources, 2022, 548：232039

[129] Pan H G, Jin Q W, Gao M X, et al. Effect of the cerium content on the structural and electrochemical properties of the $La_{0.7-x}Ce_xMg_{0.3}Ni_{2.875}Mn_{0.1}Co_{0.525}(x=0\text{-}0.5)$ hydrogen storage alloys [J]. Journal of Alloys and Compounds, 2004, 373：237-245

[130] 肖玲玲，王一菁，刘毅，等. 储氢合金 $La_{0.7-x}Ce_xMg_{0.3}Ni_{2.4}Co_{0.6}(x=0\text{-}0.4)$电化学性能研究 [J]. 电化学，2007，1：40-43

[131] Pan H G, Ma S, Shen J, et al. Effect of the substitution of Pr for La on the microstructure and electrochemical properties of $La_{0.7-x}Pr_xMg_{0.3}Ni_{2.45}Co_{0.75}Mn_{0.1}Al_{0.2}(x=0.0\text{-}0.3)$ hydrogen storage electrode alloys [J]. International Journal of Hydrogen Energy, 2007, 32：2949-2956

[132] Liu J J, Han S M, Li Y, et al. Effect of Pr on phase structure and cycling stability of La-Mg-Ni-based alloys with A_2B_7- and A_5B_{19}-type superlattice structures [J]. Electrochimica Acta, 2015, 184：257-263

[133] Zhang Y H, Ren H P, Yang T, et al. Electrochemical performances of as-cast and annealed $La_{0.8-x}Nd_xMg_{0.2}Ni_{3.35}Al_{0.1}Si_{0.05}(x=0\text{-}0.4)$ alloys applied to Ni/metal hydride (MH) battery [J]. Rare Metals, 2013, 32：150-158

[134] Ma S, Gao M X, Li R, et al. A study on the structural and electrochemical properties of $La_{0.7-x}Nd_xMg_{0.3}Ni_{2.45}Co_{0.75}Mn_{0.1}Al_{0.2}(x=0.0\text{-}3.0)$ hydrogen storage alloys [J]. Journal of Alloys and Compounds, 2008, 457：457-464

[135] Liao B, Lei Y Q, Chen L X, et al. Effect of the La/Mg ratio on the structure and electrochemical properties of $La_xMg_{3-x}Ni_9(x=1.6\text{-}2.2)$ hydrogen storage electrode alloys for nickel-metal hydride batteries [J]. Journal of Power Sources, 2004, 129：358-367

[136] Chen Y J, Mo X H, Huang Y, et al. The role of magnesium on properties of $La_{3-x}Mg_xNi_9$ (x=0, 0.5, 1.0, 1.5, 2.0) hydrogen storage alloys from first-principles calculations [J]. International Journal of Hydrogen Energy, 2022, 47：36408-36417

[137] Wang B P, Wang Y Y, Xue T, et al. The morphology and electrochemical properties of $La_{1-x}Mg_xNi_{3.4}Al_{0.1}$ (x=0.1-0.4) hydrogen storage alloys [J]. International Journal of Hydrogen Energy, 2021, 46：35653-35661

[138] Zhang W R, Zhang N, Chen X Y, et al. Phase transformation and electrochemical properties of $La_{0.6}R_{0.15}Mg_{0.25}Ni_{3.5}$ (R=La, Pr, Nd, Gd) alloys with multiphase structure [J]. International Journal of Electrochemical Science, 2023, 18：100162

[139] Wang W F, Xu G C, Zhang L, et al. Electrochemical features of Ce_2Ni_7-type $La_{0.65}Nd_{0.15}Mg_{0.25}Ni_{3.20}M_{0.10}$ (M=Ni, Mn and Al) hydrogen storage alloys for rechargeable nickel metal hydride battery [J]. Journal of Alloys and Compounds, 2021, 861：158469

[140] Liu J J, Han S M, Li Y, et al. Effect of Al incorporation on the degradation in discharge capacity and electrochemical kinetics of La-Mg-Ni-based alloys with A_2B_7-type super-stacking structure[J]. Journal of Alloys and Compounds, 2015, 619：778-787

[141] Xu R M, Cai X, Liu H X, et al. The phase structures and electrochemical properties of (La,Mg)$(Ni,Co)_{3.7}M_{0.1}$(M=Zr, Cr, Al, Mn, Ni) hydrogen storage alloys［J］. International Journal of Electrochemical Science, 2023, 18：100237

[142] Zhao S Q, Wang H, Hu R Z, et al. Phase transformation and hydrogen storage properties of $LaY_2Ni_{10.5}$ superlattice alloy with single Gd_2Co_7-type or Ce_2Ni_7-type structure[J]. Journal of Alloys and Compounds, 2021, 868：159254

[143] 王浩. La-Y-Ni 系超点阵结构 A_2B_7 型储氢合金微观组织和电化学性能研究［D］. 兰州：兰州理工大学，2017

[144] Li J X, He X Y, Xiong W, et al. Phase forming law and electrochemical properties of A_2B_7-type La-Y-Ni-based hydrogen storage alloys with different La/Y ratios［J］. Journal of Rare Earths, 2023, 41：268-276

[145] Zhang H W, Fu L, Qi J B. Effects of yttrium substitution for magnesium on the electrochemical performances of $La_2Mg_{1-x}Y_xNi_{8.8}Co_{0.2}$ hydrogen storage alloys［J］. Journal of Materials Research & Technology, 2019, 8：3382-3387

[146] Guo Y L, Shi Y, Yuan R, et al. Inhibition mechanism of capacity degradation in Mg-substituted $LaY_{2-x}Mg_xNi_9$ hydrogen storage alloys［J］. Journal of Alloys and Compounds, 2021, 873：159826

[147] Shi Y, Leng H Y, Wei L, et al. The microstructure and electrochemical properties of Mn-doped La-Y-Ni-based metal-hydride electrode materials［J］. ElectrochimicaActa, 2019, 296：18-26

[148] Zhao S Q, Wang H , Yang L C, et al. Modulating superlattice structure and cyclic stability of Ce_2Ni_7-type $LaY_2Ni_{10.5}$-based alloys by Mn, Al, and Zr substitutions[J]. Journal of Power Sources, 2022, 524: 231067

[149] Zhang L, Han S M, Han D, et al. Phase decomposition and electrochemical properties of single phase $La_{1.6}Mg_{0.4}Ni_7$ alloy［J］. Journal of Power Sources, 2014, 268：575-583

[150] Gao Z J, Kang L, Luo Y C. Microstructure and electrochemical hydrogen storage properties of La-R-Mg-Ni-based alloy electrodes［J］. New Journal of Chemistry, 2013, 37：1105-1114

[151] Jiang W Q, Mo X H, Guo J, et al. Effect of annealing on the structure and electrochemical properties of $La_{1.8}Ti_{0.2}MgNi_{8.9}Al_{0.1}$ hydrogen storage alloy［J］. Journal of Power Sources, 2013, 221：84-89

[152] Wu Z, Kishida K, Inui H, et al. Microstructures and hydrogen absorption desorption behavior of an A_2B_7-based La-Mg-Ni alloy［J］. International Journal of Hydrogen Energy, 2017, 42：22159-22166

[153] He X Y, Xiong W, Wang L, et al. Study on the evolution of phase and properties for ternary La-Y-Ni-based hydrogen storage alloys with different stoichiometric ratios［J］. Journal of Alloys and Compounds, 2022, 921：166064

[154] Liu Y F, Pan H G, Gao M X, et al. Degradation Mechanism of the La-Mg-Ni-Based Metal Hydride Electrode $La_{0.7}Mg_{0.3}Ni_{3.4}Mn_{0.1}$［J］. Journal of the Electrochemical Society, 2005, 152：A1089-1095

[155] Guo M, Yuan H P, Liu Y R, et al. Effect of Sm on the cyclic stability of La-Y-Ni-based alloys and their comparison with RE-Mg-Ni-based hydrogen storage alloy［J］. International Journal of Hydrogen Energy,

2021, 46：7432-7441

［156］Lv W, Wu Y. Effect of melt spinning on the structural and low temperature electrochemical characteristics of La-Mg-Ni based $La_{0.65}Ce_{0.1}Mg_{0.25}Ni_3Co_{0.5}$ hydrogen storage alloy ［J］. Journal of Alloys and Compounds, 2019, 789：547-557

［157］Lv W, Zeng H, Chen X H, et al. An improvement of self-discharge properties of Ce_2Ni_7-type $La_{0.65}Ce_{0.1}Mg_{0.25}Ni_3Co_{0.5}$ hydrogen storage alloy produced by the melt-spun processing ［J］. Journal of Alloys and Compounds, 2021, 876：160183

［158］Zhao Y M, Liu X X, Zhang S, et al. Preparation and kinetic performances of single-phase $PuNi_3$-, Ce_2Ni_7-, Pr_5Co_{19}-type superlattice structure La-Gd-Mg-Ni-based hydrogen storage alloys［J］. Intermetallics, 2020, 124：106852

［159］Zhang Q A, Zhao B, Fang M H, et al. $(Nd_{1.5}Mg_{0.5})Ni_7$-Based Compounds：Structural and Hydrogen Storage Properties ［J］. Inorganic Chemistry, 2012, 51：2976-2983

［160］Zhou S J, Wang L, Xiong W, et al. High temperature phase transformation and low temperature electrochemical properties of $La_{1.9}Y_{4.1}Ni_{20.8}Mn_{0.2}Al$ H_2-storage alloy ［J］. International Journal of Hydrogen Energy, 2022, 47：2547-2560

［161］Wan C P, Zhao S Q, Wang H, et al. Annealing temperature-dependent phase structure and electrochemical hydrogen storage properties of AB_4-type $La_{1.5}Y_{1.5}Ni_{12-x}Mn_x(x=0, 1.0)$ superlattice alloys［J］. International Journal of Hydrogen Energy, 2023, 48：1472-1481

［162］Zhang Y H, Cai Y, Li B W, et al. Electrochemical hydrogen storage characteristics of the as-cast and annealed $La_{0.8-x}Pr_xMg_{0.2}Ni_{3.35}Al_{0.1}Si_{0.05}(x=0\text{-}0.4)$ electrode alloys［J］. Rare Metal Materials & Engineering, 2013, 42：1981-1987

［163］Liu J J, Han S M, Li Y, et al. Cooperative effects of Sm and Mg on electrochemical performance of La-Mg-Ni-based alloys with A_2B_7- and A_5B_{19}-type superstacking structure ［J］. International Journal of Hydrogen Energy, 2015, 40：1116-1127

［164］Li W, Zhang B, Yuan J G, et al. Effect of annealing temperature on microstructures and electrochemical performances of $La_{0.75}Mg_{0.25}Ni_{3.05}Co_{0.2}Al_{0.1}Mo_{0.15}$ hydrogen storage alloy ［J］. International Journal of Hydrogen Energy, 2016, 41：11767-11775

［165］Yang T, Yuan Z M, Bu W G, et al. Evolution of the phase structure and hydrogen storage thermodynamics and kinetics of $Mg_{88}Y_{12}$ binary alloy［J］.International Journal of Hydrogen Energy, 2016, 41：2689-2699

［166］Liu Z C, Li Y M, Hu F, et al. Hydrogen absorption properties of $Ce_{23}Mg_4Ni_7$ alloy at medium ［J］. Vacuum, 2021, 187：110163

［167］Long S, Zou J X, Liu Y N, et al. Hydrogen storage properties of a Mg-Ce oxide nano-composite prepared through arc plasma method ［J］. Journal of Alloys and Compounds, 2013, 580(S1)：S167-170

［168］Yin Y, Li B, Yuan Z M, et al. Enhanced hydrogen storage performance of Mg-Cu-Ni system catalyzed by CeO_2 additive ［J］. Journal of Rare Earths, 2020, 38：983-993

［169］Zhong H C, Huang Y S, Du Z Y, et al. Enhanced Hydrogen Ab/De-sorption of Mg(Zn) solid solution alloy catalyzed by YH_2/Y_2O_3 nanocomposite ［J］. International Journal of Hydrogen Energy, 2020, 45：27404-27412

［170］Guo F H, Zhang T B, Shi L M, et al. Precipitation of nanocrystalline LaH_3 and Mg_2Ni and its effect on de-/hydrogenation thermodynamics of Mg-rich alloys[J]. International Journal of Hydrogen Energy, 2020, 45：32221-32233

［171］Liang H, Li J, Shen X H, et al. The study of amorphous La@Mg catalyst for high efficiency hydrogen storage［J］. International Journal of Hydrogen Energy, 2022, 47：18404-18411

［172］Ding N, Li Y C, Liang F, et al. Highly Efficient Hydrogen Storage Capacity of 2.5 wt % Above 0.1 MPa Using Y and Cr Codoped V-Based Alloys［J］. Acs Applied Energy Materials, 2022, 5：3282-3289

［173］Zhang Y H, Shang H W, Gao J L, et al. Effect of Sm content on activation capability and hydrogen storage performances of TiFe alloy［J］. International Journal of Hydrogen Energy,2021, 46：24517-24530

［174］涂有龙．高坪台压 Zr-Fe 系储氢合金改性研究［D］．北京：北京有色金属研究总院，2014

［175］Choudhury N A, Raman R K, Sampath S, et al. An alkaline direct borohydride fuel cell with hydrogen peroxide as oxidant［J］. Journal of Power Sources, 2005, 143：1-8

［176］Ji M Y, Tian X, Liu X Y, et al. The catalytic oxidation properties for BH_4^- and electrochemical properties of the Ag-decorated AB_5-type hydrogen storage alloy［J］. Journal of Physics and Chemistry of Solids, 2022, 166：110709

［177］Karmakar A, Mallik A, Gupta N, et al. Studies on 10kg alloy mass metal hydride based reactor for hydrogen storage［J］. International Journal of Hydrogen Energy, 2021, 46：5495-5506

［178］Zhou P P, Cao Z M, Xiao X Z, et al. Development of RE-based and Ti-based multicomponent metal hydrides with comprehensive properties comparison for fuel cell hydrogen feeding system［J］. Materials Today Energy, 2023, 33：101258

［179］Suzuki H, Osumi Y, Kato A, et al. Development of a hydrogen storage system using metal hydrides［J］. Journal of the Less Common Metals, 1983, 89：545-550

［180］Cousins A, Zohra F T, MacA Gray E, et al. Alloy selection for dual stage metal-hydride hydrogen compressor：Using a thermodynamic model to identify metal-hydride pairs［J］. International Journal of Hydrogen Energy, 2023, 48：28453-28459

［181］MacA Gray E. Alloy selection for multistage metal-hydride hydrogen compressors：A thermodynamic model［J］. International Journal of Hydrogen Energy, 2021, 46：15702-15715

［182］Varkaraki E, Lymberopoulos N, Zoulias E, et al. Hydrogen-based uninterruptible power supply［J］. International Journal of Hydrogen Energy, 2007, 32：1589-1596

［183］Ngameni R, Mbemba N, Grigoriev S A, et al. Comparative analysis of the hydriding kinetics of $LaNi_5$, $La_{0.8}Nd_{0.2}Ni_5$ and $La_{0.7}Ce_{0.3}Ni_5$ compounds［J］. International Journal of Hydrogen Energy, 2011, 36：4178-4184

［184］Malleswararao K, Aswin N, Kumar P, et al. Experiments on a novel metal hydride cartridge for hydrogen storage and low temperature thermal storage［J］. International Journal of Hydrogen Energy, 2022, 47：16144-16155

［185］Marinelli M, Santarelli M. Hydrogen storage alloys for stationary applications［J］. Journal of Energy Storage, 2020, 32：101864

［186］Rangel C M, Fernandes V R, Gano A J. Metal hydride-based hydrogen production and storage system for stationary applications powered by renewable sources [J] . Renewable Energy, 2022, 197: 398-405

[187] Lototskyy M V, Yartys V A, Pollet B G, et al. Metal hydride hydrogen compressors: A review [J] . International Journal of Hydrogen Energy, 2014, 39: 5818-5851

[188] Solovey V V, Ivanovsky A I, Chernaya N A, et al. Energy saving technologies for the generation and energy technological processing of hydrogen [J] . Kompressornoe energeticheskoe mashinostroenie (Compress Energy Eng), 2010, 2: 21-24

[189] Muthukumar P, Alok Kumar, Mahvash Afzal, et al. Review on large-scale hydrogen storage systems for better sustainability [J] . International Journal of Hydrogen Energy, 2023, 48: 33223-33259

[190] Peng Z Y, Li Q, Ouyang L Z, et al. Overview of hydrogen compression materials based on a three-stage metal hydride hydrogen compressor [J] . Journal of Alloys and Compounds, 2022, 895: 162465-162488

[191] Zhang X, Zhao Y Y, Li B Q, et al. Hydrogen Compression Materials with Output Hydrogen Pressure in a Wide Range of Pressures Using a Low-Potential Heat-Transfer Agent [J] . Inorganics, 2023, 11: 180

[192] Liu H Z, Xu L, Han Y, et al. Development of a gaseous and solid-state hybrid system for stationary hydrogen energy storage [J] . Green Energy & Environment, 2021, 6: 528-537

[193] Jithu P V, Mohan G. Performance simulation of metal hydride based helical spring actuators during hydrogen sorption [J] . International Journal of Hydrogen Energy, 2022, 47: 14942-14951

[194] Kazakov A N, Romanov I A, Mitrokhin S V, et al. Experimental investigations of AB_5-type alloys for hydrogen separation from biological gas streams[J]. International Journal of Hydrogen Energy, 2020, 45: 4685-4692

[195] Li K Y, Zhou L H, Liu G L, et al. Integration of the Hydrogen-Storage Purification and Hydrogen Network [J] . Industrial & Engineering Chemistry Research, 2020, 59: 10018-10030

[196] Sawahara K, Yatagai K, Boll T, et al. Role of atomic hydrogen supply on the onset of CO_2 methanation over La-Ni based hydrogen storage alloys studied by in-situ approach [J] . International Journal of Hydrogen Energy, 2022, 47: 19051-19061

[197] Liang L, Yang Q Q, Zhao S L, et al. Excellent catalytic effect of $LaNi_5$ on hydrogen storage properties for aluminium hydride at mild temperature [J] . International Journal of Hydrogen Energy, 2021, 46: 38733-38740

[198] Tsukuda R, Kojima T, Okuyama D, et al. Hydrogenation of acetylene and propyne over hydrogen storage $ErNi_{5-x}Al_x$ alloys and the role of absorbed hydrogen [J]. International Journal of Hydrogen Energy, 2020, 45: 19226-19236

[199] Liu Y, Huang Z N, Gao X, et al. Effect of novel La-based alloy modification on hydrogen storage performance of magnesium hydride: First-principles calculation and experimental investigation [J] . Journal of Power Sources, 2022, 551: 232187

[200] Yu H E, Yang X, Jiang X J, et al. $LaNi_{5.5}$ particles for reversible hydrogen storage in N-ethylcarbazole [J] . Nano Energy, 2021, 80: 105476

第 6 章

其他稀土材料

6.1 稀土抛光材料

6.1.1 概述

抛光材料是用于加工和修复物体表面从而改善表面性能的一类材料。氧化铁（红粉）是历史上最早使用的抛光材料，但它的抛光速度慢，而且铁锈色的污染也无法消除。随着稀土工业的发展，在 20 世纪 30 年代，欧洲开始使用稀土氧化物抛光玻璃。1943 年，在美国伊利诺伊州罗克福德工作的一位雇员开发出一种叫做巴林士粉（Barnesite）的稀土氧化物抛光粉并很快在精密光学仪器抛光方面获得应用，具有抛光效率高、质量好、污染小等优点，从而迅速发展起来。

稀土抛光材料能够对被抛光元件（如玻璃平面或者曲面、光掩膜、硅晶圆、集成电路浅沟隔离槽以及第三、四代半导体氮化镓和碳化硅等）进行表面平坦化处理，具有抛光效率高、划痕和缺陷少等特点，被誉为“抛光之王”。

稀土抛光材料按氧化铈的含量分为低铈、中铈和高铈稀土抛光粉[1]。低铈稀土抛光材料中的氧化铈含量一般在 50%左右，其他主要成分有氧化镧、氟氧化镧等，这种低铈抛光粉的抛光能力较弱，寿命短，但具有成本低、易于生产等优点；中铈稀土抛光材料中氧化铈的含量范围为 70%～90%，有时由于材料中含有少量的镨而呈现红色；高铈稀土抛光粉中的氧化铈含量大于 90%，一般多应用于电子器件的抛光。

稀土抛光材料的中心粒径大小对抛光性能有较大的影响，同时不同应用领域所需稀土抛光材料的中心粒径也不同。根据材料中心粒径的大小分为微米级（1～100 μm）、亚微米级（100 nm～1 μm）和纳米级（1～100 nm）稀土抛光材料。其中，微米级稀土抛光材料主要应用于平面玻璃、盖板玻璃、曲面（2.5D 和 3D）玻璃、触控玻璃等；亚微米级稀土抛光材料主要应用于高世代显示玻璃、光掩膜以及电子器件等；纳米级稀土抛光材料主要应用于半导体领域，如硅晶圆、集成电路中铜以及利用纳米氧化铈对二氧化硅和氮化硅抛光速率的不同而用于集成电路中的浅沟隔离槽的抛光，纳米氧化铈具有不可替代的作用。稀土抛光材料类别还可以按应用领域来划分。

稀土抛光材料的抛光过程包括机械抛光和化学抛光两种机理。通常情况下，化学机械抛光（CMP）协同作用可以达到更好的抛光效果。

1927 年，Preston[2]根据其在玻璃加工工业的经验，提出了机械抛光过程模型——Preston

方程：$MRR=K_P \times pV$，即抛光去除率（materials removal rate，MRR）与相对压力 p 和转速 V 成正比，K_P 为 Preston 系数。

抛光过程示意图如图 6-1 所示。根据 Preston 方程，在压力和转速固定的情况下，抛光去除率（即抛光效率）不变，而实际抛光过程中抛光去除率与许多因素有关，如抛光材料的粒度大小和形貌、抛光液的化学性质等。例如，对于金属钨的抛光，随着抛光材料粒度的增加，抛光效率降低[3]；而对于金属铜的抛光，抛光效率没有明显的变化规律[4]。通常情况下随着抛光过程的进行，抛光效率逐渐下降[5]。因此，Preston 方程不能完全解释抛光机理，可以认为 Preston 系数是一个与实际抛光过程中许多因素有关的变量。实际抛光过程中，由于使用不同粒度的抛光材料和不同组分配比的抛光液，使用弹性接触模型解释更趋于合理。

1970 年，Cook[6] 提出了化学机械抛光过程模型——“chemical tooth”模型，抛光材料与被抛光基底具有接近的硬度，不仅可以减小抛光材料对被抛光基底的破坏，而且降低抛光材料的机械去除作用。该模型可以较好地解释金属基底的抛光过程，如对金属钨和铜的抛光过程，如图 6-2 所示。该模型不仅考虑到了抛光材料类型、粒度、浓度等因素，而且对抛光液中的化学因素也进行了考察，同时也考虑到了抛光过程中抛光材料与被抛光表面的接触面积等因素对抛光去除率的影响。

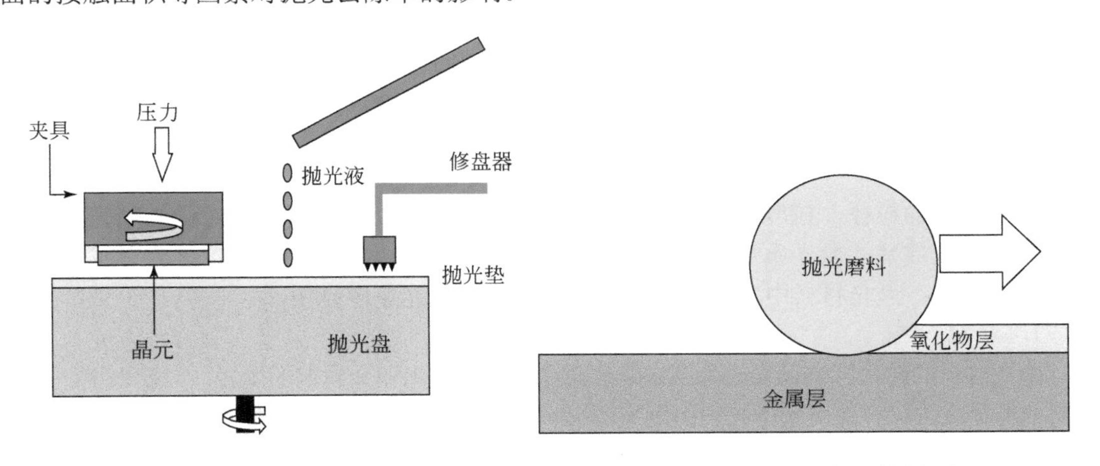

图 6-1　抛光过程示意图　　图 6-2　金属钨的化学机械抛光过程

6.1.2　制备技术及性能表征

稀土抛光材料的制备通常分为物理方法和化学方法，两种技术各有优缺点，制备高端稀土抛光材料时多选择化学方法。

1. 物理方法

物理方法是指通过球磨或者砂磨的方法来制备稀土抛光材料。即将制备稀土抛光材料所需的原料（碳酸稀土和稀土氟化物）按照一定的比例进行混合球磨或者砂磨，烘干后进行焙烧，再进行材料分级，可以获得不同粒度的稀土抛光材料。该方法具有操作简便、成本低等优点，但在制备高端稀土抛光材料时有一定局限性。

2. 化学方法

化学方法是指通过适当的实验条件控制制备具有特定粒度、粒度分布、形貌结构以及铈离子价态的前驱体，经烘干焙烧后获得稀土抛光材料。在前驱体的制备过程中，实验条件可以进行多种选择，如沉淀剂可以选择碳酸氢铵、碳酸铵、氨水、氢氧化钠、氢氧化钾、尿素、草酸盐等，不同的沉淀剂可以制备不同粒度形貌结构的前驱体，同时通过选择适当的分散剂或表面活性剂，又可以控制前驱体的粒度分布。使用硫酸铵、碳酸氢铵以及氨水、草酸、碳酸钠等沉淀剂，制备不同的稀土抛光材料，经过比较分析，硫酸铵作为沉淀剂，氟硅酸氟化，900℃焙烧3小时，制成了平均粒径为3.6 μm、粒度分布较好的不规则形貌的稀土抛光材料[7]。

综合各种因素后选择碳酸氢铵作为沉淀剂较为理想，具有沉淀完全、不宜与稀土离子生成络合物、原料廉价易得、制备前驱体成本低、沉淀过程简单、易于操作等优点，通过控制沉淀温度、陈化时间等工艺条件可以获得所需粒径和形貌的碳酸稀土前驱体。沉淀条件对稀土碳酸盐前驱体的性能有较大的影响，通过系统地研究稀土离子的浓度这一关键影响因素[8]，发现在铈离子浓度较小时，可以制备粒径小、均匀、分散性好的纳米氧化铈材料，当二氧化铈浓度＞80 g/L时，制备的氧化铈材料粒径大、粒度分布不均匀、团聚严重。稀土离子溶液的酸碱性对前驱体性能的影响也比较大，当pH较高时，容易生成氢氧化物，因此适当控制溶液的pH偏酸性时，利于生成碳酸稀土沉淀。其他实验条件如沉淀温度、料液比、加料方式、陈化温度和时间等对前驱体的性能也会产生影响。

3. 影响抛光性能的因素

抛光材料的粒径、粒度分布、形貌、铈离子的价态以及化学活性等对稀土抛光材料抛光性能（抛光效率、抛光质量等）具有较大的影响，例如，抛光材料的粒度分布越集中，抛光效率越高；抛光材料中三价铈离子的含量越高，抛光速度越快。

1）粒径

抛光材料的粒径影响抛光去除率，如前面提到的金属钨和金属铜的抛光。一般来说，抛光材料的粒径太大，容易引起抛光表面划痕而影响抛光质量，因此适当的抛光材料粒径，既能保持较高的抛光效率，又具有较好的抛光表面质量。图6-3是典型的抛光材料粒度分布曲线。

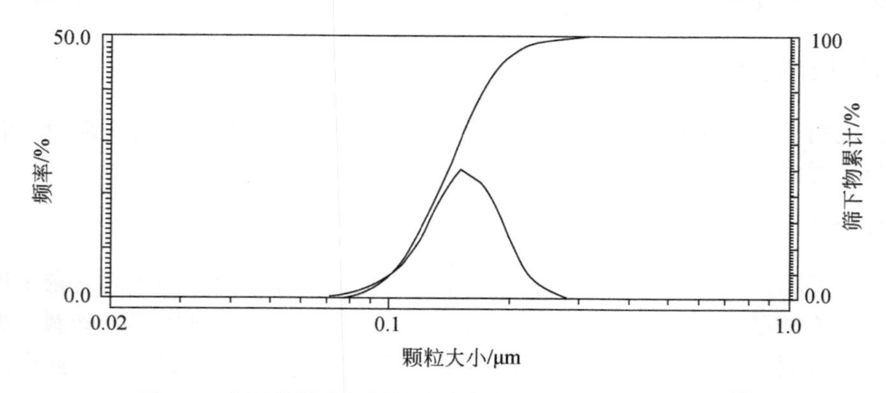

图6-3 典型的抛光材料粒度分布曲线（粒径为105 nm）[9]

抛光材料的粒度分布对抛光去除率有较大的影响，抛光材料的粒度分布越集中，抛光去除率越大，抛光效率越高，即抛光材料粒度分布曲线的半峰宽度越小，抛光效率越高。在粒度分布曲线的半峰宽相同时，随着抛光材料粒径的增加而抛光效率逐渐提高。图 6-4 是抛光去除率随抛光材料粒径和粒度分布的变化曲线。

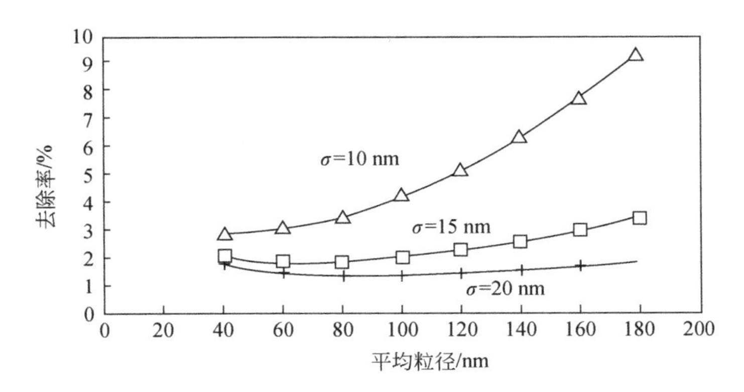

图 6-4　抛光去除率随抛光材料粒径和粒度分布的变化[10]

鉴于抛光材料粒径和粒度分布对抛光去除率具有较大的影响，因此，制备稀土抛光材料应该控制适当的粒径和粒度分布。

2）形貌

根据 Preston 和 Cook 的相关理论，抛光材料的形貌会影响机械抛光作用，而机械抛光作用又与抛光材料和被抛光件表面接触面积成正比关系，即接触面积越大，抛光去除率越大。实际抛光过程（图 6-1）需要在一定压力下进行，机械抛光作用是由抛光材料和抛光垫产生的，在只考虑抛光材料的机械抛光时，就与抛光材料的形貌密切相关。以抛光材料为理想的球形和立方体形为例，在相同粒径（D）的情况下，在抛光机压力的作用下，两种形貌的最大接触面积分别为 $\pi(D/2)^2$ 和 D^2，因此，立方体形抛光材料是球形抛光材料的抛光去除率的 1.3 倍。总而言之，稀土抛光材料的形貌主要影响机械抛光作用，又与被抛光件的接触面积相关，具有多面体形貌结构的抛光材料更易于机械抛光。

4. 抛光液的配制

在稀土抛光材料的各项性能指标确定的情况下，根据抛光件的种类（玻璃、硅晶圆、金属钨或铜以及半导体集成电路的浅沟隔离槽等）及其物理化学性质配制抛光液。以玻璃抛光为例，抛光液影响抛光性能的因素包括浓度（固含量）、密度、悬浮性、电导率、酸碱性等。

1）密度和浓度

在抛光过程中，抛光液的密度对抛光去除率起着非常重要的作用，许多实验结果说明，抛光去除率与抛光液的密度成正比关系，而抛光液的密度又与其浓度密切相关，即固含量越大，密度越大。抛光液的密度主要与机械抛光作用有关[11]，通过在较宽的抛光材料浓度范围内[12]研究抛光去除率随抛光液中抛光材料浓度的变化，发现分为三个区域，如图 6-5

所示，分别为快速增加区、慢速线性增加区和饱和区。

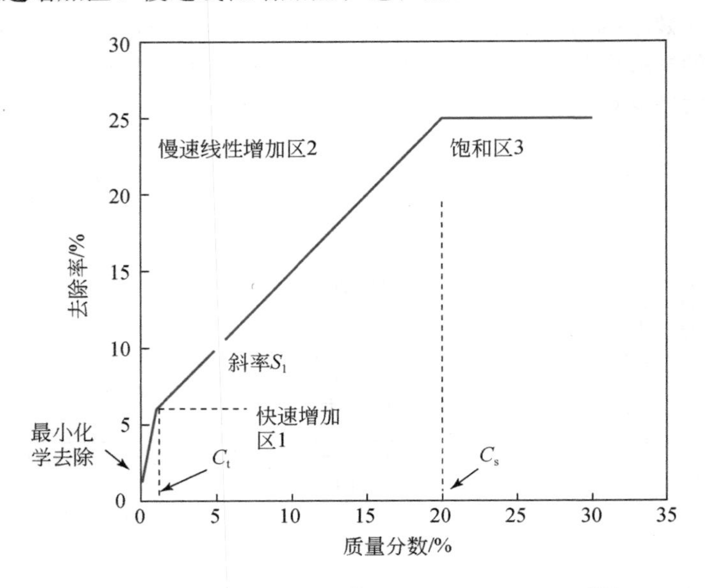

图 6-5　抛光去除率随抛光材料浓度的变化关系[12]

2）悬浮性

在实际抛光过程中，抛光液的组成除了抛光材料以外，还包括酸性、碱性以及过氧化氢等组分来获得高的抛光表面质量，如何保持抛光液的悬浮性能是抛光液较为重要的研究目标之一。根据被抛光件的特性，需要调节抛光液的酸碱性，而抛光液的酸碱性影响其悬浮稳定性，抛光液的 Zeta 电位随 pH 变化如图 6-6 所示[13]。

当抛光液 Zeta 电位的绝对值大于 30 mV 时，抛光液的悬浮性是稳定的。图 6-7 为特征抛光液的瞬时 Zeta 电位随时间的变化关系。抛光液的悬浮稳定性不仅影响抛光速率，而且还影响抛光表面质量。悬浮性不好的抛光液会引起抛光材料的团聚和粒度增大，对被抛光件的表面产生划伤和缺陷，使抛光质量下降。

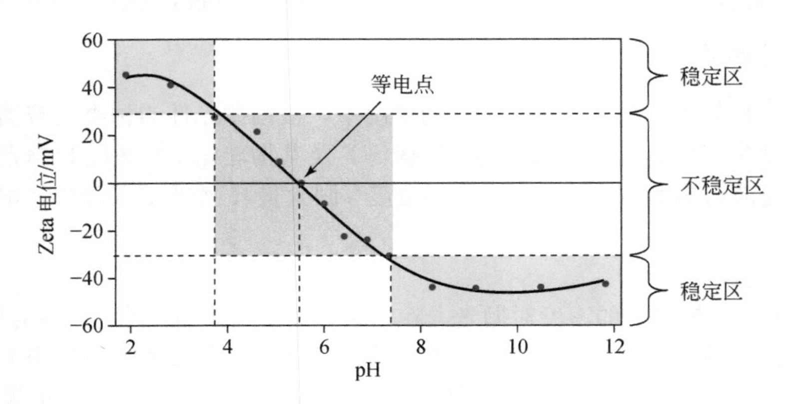

图 6-6　抛光液的 Zeta 电位随 pH 的变化[13]

3）电导率

在抛光液的配制过程中，根据被抛光件的特性，为了提高抛光效率和抛光质量，需要加入一些化学试剂，如酸碱调节剂、氧化剂、加速剂、缓蚀剂、络合剂以及表面活性剂等[14,15]，这些化学试剂同时也可以提高抛光液的悬浮稳定性[16,17]。在连续抛光过程和抛光后清洗期间，实时检测抛光液的电导率变化，以免超出所要求的上下限，影响抛光效率和抛光质量，同时该检测方法可以连续获取数据，即时进行调整，是非常简便易行的方法。

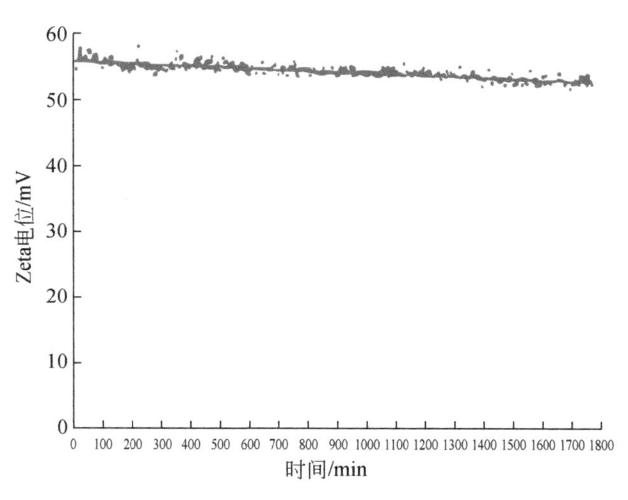

图 6-7 特征抛光液的瞬时 Zeta 电位随时间的变化关系[14]

5. 性能表征

1）晶体结构

抛光材料的结构对其抛光性能有较大的影响。铈基抛光材料主要以面心立方结构的氧化铈为主，对于应用于玻璃抛光的稀土抛光粉，材料的化学组成中有镧、铈和氟元素，其中镧以氟氧化镧的形式存在，且有部分镧进入氧化铈晶格，而抛光材料中的氟含量影响抛光去除率，一般来说，氟的含量在4%～8%之间。

2）粒度分布

粒度分布测试方法有动态光散射法和光学成像等方法[18]。可以用不同方法测试特征抛光液中的抛光材料的粒度分布，如图 6-8 所示。

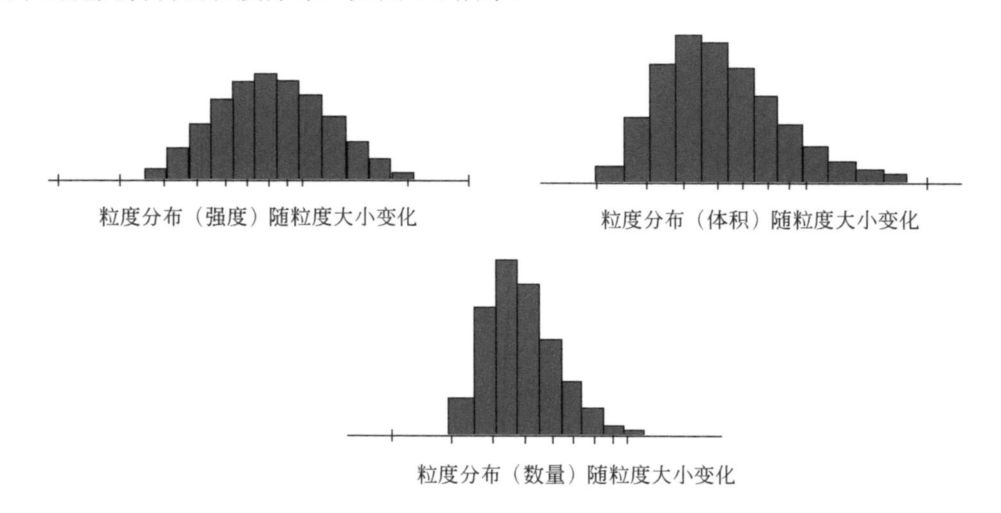

图 6-8 不同测试方法测试特征抛光液中抛光材料的粒度分布[18]

表 6-1 为不同方法测试特征抛光液中抛光材料的平均粒径和半峰宽，可以看出，对于同一材料，不同测试方法获得不同的结果，因此抛光液中抛光材料的平均粒径在 50～87 nm，粒度分布曲线的半峰宽在 14～32 nm。

表 6-1 特征抛光液中抛光材料的平均粒径和半峰宽[18]

测试方法	平均粒径/nm	半峰宽/nm
强度	87	32
体积	65	25
数量	50	14

3）表面成分和化学态

稀土抛光材料表面+3 价铈的含量对其抛光性能有非常大的影响。在铈基抛光材料中均存在+3 价铈和+4 价铈，在含硅基底的抛光过程中，含有+3 价铈的抛光液（水溶液）可以水解，形成 Ce—OH 基团，进而和二氧化硅（玻璃、硅晶圆和半导体集成电路浅沟隔离槽表面）发生化学反应[19]：Ce—OH＋Si—O— $\rightleftharpoons$ Si—O—Ce+OH^-，提高抛光去除率。测试表征铈基抛光材料表面+3 价铈含量可以采用 X 射线光电子能谱（XPS）法。通过合成不同粒径的纳米氧化铈[20]，测试其 X 射线光电子能谱，如图 6-9 所示，Ce 3d 的 XPS 谱共有 10 个峰，分别由+3 价铈和+4 价铈的 3d 特征峰构成，通过峰面积的计算，获得+3 价铈的含量，如表 6-2 所示，可以看出，纳米氧化铈的粒径越小，+3 价铈的含量越高。

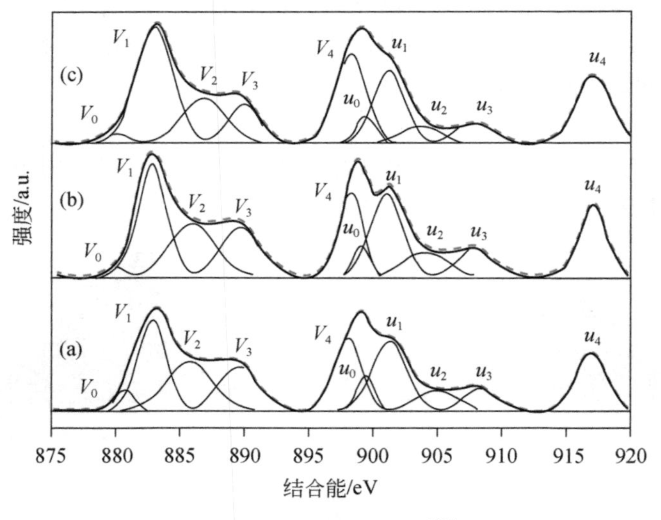

图 6-9 Ce 3d XPS 谱[20]

(a) 9.6 nm；(b) 40.5 nm；(c) 64.4 nm

纳米氧化铈中+3 价铈的含量还可以用紫外-可见光谱分析获得，因为+3 价铈离子在紫外区具有吸收，通过测试其紫外-可见光谱并计算吸收谱峰的面积，可以确定+3 价铈的含量。

6.1.3 生产工艺与应用领域

从 1950 年氧化铈抛光粉应用于电视阴极射线管抛光以来，市场需求的快速增长，极大地推动了稀土抛光材料的产业发展。20 世纪末，电子工业的快速发展以及智能手机、光学仪器、显示设备、集成电路和半导体晶圆等领域发展使得市场对稀土抛光材料产品的需求不断增加。中国稀土行业协会统计数据及资料显示，2021 年我国稀土抛光材料产量为 44170 吨，同比增长 29.7%。近年来，我国高端稀土抛光材料的开发能力不断提高，开发出用于液晶玻璃基板、手机盖板玻璃、玻璃硬盘基板、精密光学元件和光掩膜等的高端抛光材料，产品远销日本、东南亚等国家和地区。

表 6-2　纳米氧化铈 Ce 3d 的 XPS 结合能及对应的峰面积[20]

特征峰		Ce $3d_{5/2}$					Ce $3d_{3/2}$					Ce^{3+}(%)
		v_0	v_1	v_2	v_3	v_4	u_0	u_1	u_2	u_3	u_4	
		Ce^{3+}	Ce^{4+}	Ce^{3+}	Ce^{4+}	Ce^{4+}	Ce^{3+}	Ce^{4+}	Ce^{3+}	Ce^{4+}	Ce^{4+}	
S-CeO_2	结合能/eV	880.7	882.8	885.7	889.5	898.1	899.4	901.2	904.8	908.1	916.9	27.6
	峰面积/%	2.3	17.1	15.8	11.3	12.8	4.0	15.4	5.5	4.7	11.2	
M-CeO_2	结合能/eV	880.1	882.7	885.9	889.6	898.2	899.0	901.0	904.1	907.9	917.1	23.9
	峰面积/%	0.7	20.1	14.2	10.9	11.7	2.8	16.0	6.3	5.8	11.7	
L-CeO_2	结合能/eV	880.0	882.9	886.7	889.8	898.3	899.4	901.2	903.6	907.8	917.0	19.3
	峰面积/%	1.0	24.5	10.9	7.2	16.1	3.2	13.5	4.2	4.7	14.8	

1. 生产工艺

1）不同原料的稀土抛光材料生产工艺

A. 以稀土精矿或铈富集物为原料的固相反应法

以稀土精矿或者铈富集物为原料，经粉碎、球磨或砂磨、过滤、干燥、分级、900℃以上焙烧，再经过粉碎、球磨或砂磨、过滤、干燥、分级后制成 CeO_2 50%左右的抛光粉，其中有一定含量的氟元素，有助于保证抛光效率。这种方法合成的抛光粉具有制备工艺简便、生产成本低等优点，但制得的稀土抛光材料的档次不高。

B. 以稀土可溶盐为原料的沉淀法

稀土抛光材料不同的应用领域对产品中的元素含量有不同的要求，一般选择氯化稀土或者硝酸稀土等可溶盐作为原料，用沉淀法制备前驱体，再经过过滤、干燥、焙烧、粉碎、球磨或砂磨、分级等工艺条件制得所需稀土抛光材料。在用沉淀法制备前驱体时，可以有多种途径选择，更适合于通过调配化学组成来提高抛光性能，如加入氟硅酸进行共沉淀生产的稀土抛光材料、加入硅灰石的高硅含量稀土抛光材料等等。还可以通过控制技术条件来达到控制产品粒度的目的，例如以氯化稀土为原料制取稀土抛光材料，经加入沉淀剂合成前驱体，再进行化学处理、烘干、焙烧、分级、加工得到产品。由氯化稀土用不同方法合成的前驱体制备稀土抛光材料的方法有很多，如碱式盐法、草酸盐法、碳酸盐法、氢氧化物、硫酸复盐等。

氯化稀土用水溶解得到氯化稀土溶液，用碱和氧化剂处理得到氢氧化铈，再用酸处理得到铈浓缩液，加入沉淀剂得到沉淀物，经过过滤、干燥、焙烧、粉碎和分级，得到铈基抛光材料。

采用氯化稀土为原料生产的稀土抛光材料质量好，但生产工序多，成本高。一般用硫酸铵、草酸、碳酸钠或碳酸氢铵及氨水作沉淀剂，经过过滤、烘干、焙烧、分级等步骤制得稀土抛光材料，最佳焙烧温度为850～950℃，焙烧时间为2.5～3 h。但不同沉淀剂制备的稀土抛光材料性能不同，其中用硫酸铵作沉淀剂，经过碱化、氟硅酸氟化后所制得的稀土抛光材料的抛光效率最好，而用碳酸氢铵及氨水作为沉淀剂、加水煮沸、氟硅酸氟化后所制得的稀土抛光材料的抛光效率最差。

以轻稀土氯化物为原料，以氟硅酸及碳酸氢铵为沉淀剂得到稀土氟碳酸盐沉淀，经过水洗、过滤、焙烧、球磨、分级等步骤。所制得的产品具有颗粒细、均匀、化学活性好、抛光效率高、应用领域广等特点。

以碳酸稀土混合物（CeO_2 含量在 45%左右）为原料制备高铈抛光粉。碳酸稀土混合物经过焙烧生成氧化稀土，用酸处理得到 $CeO(OH)_2$ 沉淀和+3 价稀土溶液，经过洗涤 $CeO(OH)_2$ 沉淀、干燥、焙烧可得到 CeO_2 含量为98%～99%的高铈抛光材料，表面积3～5 m^2/g，平均粒径1.5～2 μm，相比其他稀土抛光材料有极佳的抛光能力，在进行玻璃抛光时，抛光去除量达到了10.7 mg/min。

2）不同 CeO_2 含量的稀土抛光材料生产工艺

A. 高铈抛光材料

主要以稀土混合物分离后的混合碳酸稀土为初始原料，以物理化学方法加工成硬度大，粒度均匀、细小，呈面心立方晶体的粉末产品。主要工艺过程为：原料→混料→焙烧→粉碎→球磨或砂磨→过滤→烘干（动态或静态）→分级（气流分级或射流分级）→高铈稀土抛光材料产品。主要设备有焙烧炉、分级机、过滤机、烘干箱。

B. 中铈抛光材料

以混合稀土氢氧化物为原料，以化学方法处理得到稀土盐溶液，加入沉淀剂转化成中铈稀土抛光粉产品。主要工艺过程为：原料→酸溶→沉淀→洗涤过滤→高温焙烧→细磨筛分（气流分级或射流分级）→中铈稀土抛光材料产品。主要设备有酸溶槽、沉淀槽、过滤机、焙烧炉、细磨筛分机。

C. 低铈抛光材料

以氯化稀土、氟碳铈矿和少钕氯化稀土以及近年来采用少钕碳酸稀土为原料，加入沉淀剂进行复盐沉淀等处理，制备前驱体后经由其他相关工艺可制备低铈稀土抛光粉产品。主要工艺过程为：原料→溶解→复盐沉淀→过滤洗涤→高温焙烧→粉碎→细磨筛分（气流分级或射流分级）→低铈稀土抛光材料产品。主要设备有溶解槽、沉淀槽、过滤机、焙烧炉、粉碎机、细磨筛分机。

2. 影响因素

1）原料

生产抛光材料的原料按含铈量分为三种，高铈抛光材料用硝酸铈或氯化铈生产，硝酸铈生产的抛光材料颗粒性能更好；中铈抛光材料采用镧铈氯化物生产，所得抛光材料为白色；低铈抛光材料采用混合碳酸稀土或氟碳铈矿生产，颜色为棕红色。

2）沉淀剂

生产抛光材料的沉淀剂有草酸和碳酸氢铵两种。草酸盐得到的抛光材料具有单晶结构，材料粉体具有良好的流动性，易于沉降，可采用水力方法进行分级。碳酸盐得到的抛光材料呈片状团聚体结构，悬浮性好，但耐磨性较差，流动性差，一般用于平面抛光。

3）分级方式

抛光材料在应用前均需进行分级，一般有水力沉降、湿式筛分、干式筛分、水力悬流分级、气流分级等方式。草酸盐生产的抛光材料一般采用湿式筛分或水力悬流分级；碳酸盐制得的抛光材料大多采用气流分级方式。

3. 应用领域

铈系稀土抛光粉具有较优的化学与物理性能，广泛应用于工业制品的抛光，如各种光学玻璃器件、电视机显像管、光学眼镜片、示波管、平板玻璃、半导体晶片和金属精密制品等的抛光。

1）盖板、显示玻璃

手机盖板玻璃的抛光成为稀土抛光材料的最大消费领域。随着智能手机的发展，逐渐使用曲面玻璃，手机的性能得到更大的提高，从而对稀土抛光材料提出更高的要求，不仅要有良好的晶形、粒度小而均匀、化学活性高、抛光效率高、用量少且寿命长，同时还要求被抛光的盖板玻璃合格率高、易清洗、无污染等。

2018年以前，抛光材料市场的主要销售模式是抛光材料生产厂生产产品，销售给贸易商，再由其销往各终端客户。生产厂家和终端用户缺乏直接交流，稀土抛光粉在抛光过程中出现的各种问题难以得到及时解决，或者存在产品质量反馈与实际应用情况不符等问题，或者生产厂家的应用信息渠道不畅。此外，这种销售模式使得贸易商与终端用户不断挤压抛光材料生产厂合理的利润空间，一定程度上导致抛光材料质量下滑，导致稀土抛光材料的发展滞后于盖板玻璃的快速发展。2018年后，随着盖板玻璃的价格下滑，抛光材料用户开始寻求直接和稀土抛光材料生产厂合作，降低生产成本，生产厂和客户的直接交流促进了抛光材料质量的提升，技术指标也更加明细，使抛光材料适合2.5D和3D盖板玻璃的抛光。

随着国外稀土抛光材料专利技术的公布和到期，国内稀土抛光材料技术逐渐成熟，对物相的控制和产品性能的调整都形成了独到的技术，通过稀土抛光材料物理和化学指标的检测，形成生产厂和终端客户都认可的技术标准，促进了稀土抛光材料和盖板玻璃行业的良性发展。

现有浮法生产的TFT-LCD玻璃基板通过三次研磨抛光（粗磨、细磨、精磨）后表面仍存有0.1～0.5 μm的粗糙度和大于0.15 μm/20 mm的波纹度（波纹度要求小于0.15 μm/20 mm），一定程度上影响了玻璃产品的质量。另一方面，现有的减薄技术会在玻璃基板上留下“水波纹”，无法实现表面零凹点。为了使整版的良率最大化，精密抛光也就成了必然选择，其作用就是修复在以上两个过程中出现或造成的缺陷，如划伤和凹凸点等。

目前，高世代大尺寸显示玻璃基板用稀土抛光材料完全从日本、韩国、法国、美国等进口，其中日、韩生产技术属国际领先。虽然我国稀土抛光材料年产量在4万吨以上，但由于起步较晚，主要以低端产品为主，严重制约了我国抛光材料在高世代大尺寸显示玻璃基板抛光领域的应用，因此开发满足大尺寸玻璃基板用具有特定形貌、高悬浮性、易清洗、高磨削率和低划伤的稀土抛光材料及其配套产品迫在眉睫。

近些年我国稀土抛光材料研发水平逐步提高，产量大幅度提升，但也需要关注以下问题：细分应用领域快速发展，稀土抛光材料正向专用化的方向发展，以满足不同抛光件的特殊需求；高世代大尺寸玻璃基板更薄、易碎，抛光过程不能单纯以减薄为主，而是要提高光洁度，减少划伤，因此对磨料尺寸和性能提出了更高的要求。

2）半导体晶圆

1965 年，美国发明专利（US3170273）公开了一种硅片抛光过程中可替代传统机械抛光的技术，获得了高质量、超平坦的表面，由此开创了化学机械抛光（CMP）技术。20 世纪 80 年代末、90 年代初，IBM 公司成功将化学机械抛光技术用于动态随机存储器的生产制造中[21]，从此，CMP 技术在不同领域得到应用和快速发展。

21 世纪初，采用纳米 SiO_2 为磨料的抛光液，在硬盘片的化学机械抛光过程中分析了工艺参数，如抛光时间、外加压力和抛光盘转速对材料去除率的影响[22]，结果表明，去除量随时间的增加以非线性模式增加，去除率随着压力、转速的增加先增大后减小。通过分析化学机械抛光的流动性能，推导了润滑方程[23]，证明抛光过程中的压力分布沿着半径方向变化，抛光垫转速增加则去除速率明显提高。

在芯片 CMP 过程中化学、机械协同效应，同时提出引入先进的分析检测设备原子力显微镜及电化学显微镜[24]，为化学机械抛光过程中去除机理的研究提供科学依据。通过研究抛光液中各组分对盘基片抛光性能的影响[25]，发现以 25 nm 二氧化硅溶胶颗粒为磨料、H_2O_2 为氧化剂、水杨酸为络合剂、丙三醇为润滑剂进行化学机械抛光时，去除率和表面质量最佳，材料去除率 MRR 为 0.132 μm/min，表面粗糙度 R_a 为 0.08 nm。通过研究磨料浓度、压力、pH 等工艺参数对硬盘微晶玻璃基板化学机械抛光的影响，优化工艺条件，获得粗糙度 R_a 为 0.1 nm 的平坦化表面[26]。

通过研究研磨盘材质与磨料粒径对氮化镓（GaN）化学机械抛光表面质量的影响[27,28]，分析不同工艺参数对 Ga 面抛光速率的影响，最终获得表面粗糙度 R_a 为 0.0719 nm 的 Ga 面。对蓝宝石晶片抛光过程中磨料的运动轨迹进行分析[29]，当被抛物转速与抛光盘转速 1∶1 时，磨料粒子的抛光区域覆盖整个晶面，抛光盘转速对抛光效果的影响最大。通过研究新型酸性二氧化硅浆液及其化学机械抛光机制[30]，实现了熔融二氧化硅超低表面粗糙度和高材料去除率，分别为 0.193 nm 和 10.9 μm/h。采用 Al_2O_3 作为磨料[31]，研究化学机械抛光对 SiC 晶片 Si 面与 C 面的影响，发现不同晶面的 CMP 抛光效果存在明显差异。pH 不同，Si 面与 C 面去除率不同，C 面的反应活性、氧化速度比 Si 面高，且表面氧化物易去除，最终，C 面的材料去除率明显高于 Si 面。为了解决化学机械抛光后蓝宝石表面抛光液的残留问题，提出表面活性剂复配清洗的方法，对抛光后的材料进行超声辅助清洗，获得低表面接触角、低表面粗糙度、高去除率的光滑表面[32]。通过研究化学机械抛光过程中不同抛光参数对氮化镓表面粗糙度及去除率的影响[33]，最终获得 MRR 为 103.98 nm/h、R_a 为 0.334 nm 的高质量表面。浆液流动对 CMP 性能有一定的影响[34]，径向凹槽与高转速相结合，可将去除率和不均匀性分别提高 11.2%和 63.9%。

通过比较固-固、固-液两种反应方式，研究界面反应方式对抛光性能的影响[35]，采用固-液反应方式可以实现 CMP 过程中化学效应和力学效应的平衡。固-液反应方式促进了抛光界面上物料的均匀去除，避免了微划伤的产生，并获得良好的表面光洁度与固液反应模式。通过研究 RE（La，Nd 和 Yb）掺杂 CeO_2 磨料颗粒[36]对电介质材料的化学机械抛光，在化学机械抛光过程中 CeO_2 中的 Ce^{3+}有助于 Si—O 键的断裂，而不是 Ce^{4+}，为了提高 CeO_2 中 Ce^{3+}的含量，制备了镧系金属掺杂的 CeO_2 纳米粒子。实验表明，掺杂的 CeO_2 能明显提高硅片的抛光效率和表面质量，特别是 Nd/CeO_2 抛光效率提高了 29.6 %。研究发现，在相同的 pH 下，二氧化铈颗粒在浸渍和抛光时会有不同的附着行为[37]。在 CMP 过程中，与较低的 pH 相比，在较高的 pH 下观察到的二氧化铈附着力较高，这与 CMP 抛光时形成的强 Ce—O—Si 化学键有关。化学机械平面化和 CMP 后清洗同等重要，两者都会直接影响半导体器件的表面质量和性能。研究发现[38]，随着 Ce^{3+}表面浓度的增加，CeO_2 与 SiO_2 的黏附能以及 CeO_2 纳米颗粒在 SiO_2 表面的吸附速率增加，CeO_2 与 SiO_2 的相互作用会增强，由此说明降低表面 Ce^{3+}的浓度有利于 CMP 后清洁。

3）半导体集成电路浅沟隔离槽

在半导体集成电路的组装过程中，浅沟隔离槽的抛光是非常重要的环节，不仅影响集成电路的质量，而且还影响其产量。浅沟隔离槽的抛光是通过化学机械抛光过程有效地去除由化学气相沉积的过量绝缘材料氧化物，一般是二氧化硅，同时创造活性晶体管间的绝缘隔离来保证集成电路的特性。随着半导体领域先进技术的不断发展，集成电路器件的小型化对浅沟隔离槽抛光的要求也变得更为严苛。化学气相沉积方法是一个非常有效的方法，尤其在非常小型化的浅沟隔离槽充填绝缘材料氧化物，可以达到高密度和高强度的效果，而对其进行抛光时，需要较快的抛光速率去除掉约 50～100 nm 厚氧化物绝缘材料，虽然使用成本较低的二氧化硅抛光液可以获得较高的抛光去除率，并在较高的抛光压力下（2～4 psi①）获得高氧化物去除率，但同时会产生过抛光过程而影响集成电路的质量，因此选择氧化铈抛光液进行抛光是第一选择，因为氧化铈抛光液对二氧化硅和氮化硅具有较高的抛光选择性。为了保证完全去除氧化物绝缘层（二氧化硅）并使氮化硅表面保持原子级的表面质量，要求氧化铈抛光粒子具有较高的纯度，而且其中心粒径、粒度分布、铈离子的氧化态以及抛光液的酸碱性和功能组分的选择都会对抛光质量产生较大的影响。

近年来随着科学技术的不断进步，抛光材料迎来许多新的应用领域，特别是在半导体领域，集成电路芯片的发展速度遵从摩尔定律，已经形成了 5 nm 制程芯片技术，对稀土抛光材料也提出了更高的要求，不仅需要精确控制抛光材料的粒径、粒度分布、形貌、结构以及铈离子价态等，还需要控制抛光液中的功能组分以及抛光后清洗工艺等，以满足原子级表面平坦化的技术要求。在抛光应用领域，随着 5G 技术、物联网、LED 芯片的应用以及高功率和高频率器件的应用需求，对于氮化镓、碳化硅以及氧化镓的抛光需求也在不断增加。作为宽禁带半导体材料，碳化硅和氮化镓的禁带宽度在 2.2 eV 以上，具有高击穿电场、高饱和电子速度、高热导率、高电子密度、高迁移率等特点，二者在高功率和高频率器件中得到广泛应用。

碳化硅器件还广泛地应用于电力电子领域中，包括轨道交通、功率因数校正电源、风电、光伏、新能源汽车、充电桩、不间断电源等，市场规模在逐年增加，但是到目前为止，

① 1 psi=6.895 kPa

对于这些材料硬度仅次于金刚石的基底抛光还未找到合适的抛光材料，亟须研究开发适合的抛光材料来满足其抛光要求。碳化硅和氮化镓作为第三代半导体材料具有硬度高（莫氏硬度 9.5）、化学惰性（强酸、强碱不能发生化学反应）等特性，对其进行抛光并达到平坦化的表面要求较为困难，用 0.5 μm 的金刚石[39]（莫氏硬度 10）作为抛光材料配制抛光液后，对氮化镓和碳化硅晶圆进行抛光，连续抛光 150 小时，抛光去除率才大于 100 nm，而抛光后的碳化硅表面还存在一些隐痕，对制作半导体器件带来隐患，因此需要通过使用一些外加条件（如紫外光照射等）可以对碳化硅或氮化镓基底进行抛光并达到原子级的表面平坦化要求。相比于二氧化硅、氧化铝、金刚石等抛光材料，铈基稀土抛光材料本身具有氧化还原特性，特别是通过一些适当掺杂离子的选择，可以提高其氧化还原特性，与碳化硅表面发生氧化还原反应达到提高抛光效率和抛光表面质量的目的，是未来稀土抛光材料研发的目标。据报道，抛光液中的氢氧根自由基可以提高第三、四代半导体氮化镓和碳化硅的抛光去除率，因此合成的稀土抛光材料如何能够在水基抛光液中产生氢氧根自由基是一个极具挑战性的课题。

在现代半导体器件组装过程中，原子级和无缺陷的技术控制是必须要达到的要求，从而保证集成电路的质量和性能。抛光终止点的精确控制也是一个难点，尤其在集成电路浅沟隔离槽的抛光中，过度抛光是非常严重的问题，除了要选择具有较高抛光选择性的氧化铈抛光液以外，还需要氮化硅抛光去除率小于 5 nm，并且其表面没有缺陷，这是未来需要创新发展的方向[39]。

（张忠义　陈传东　范　娜）

6.2 稀土陶瓷材料

6.2.1 概述

陶瓷，这个古老而又神秘的名字，曾经是中华民族的象征，深深地烙印在我们的心中。然而，对于大多数没有接触粉末冶金行业的人来说，只知其然不知其所以然。古代的陶器是由黏土经过高温熔炼后形成的，这种熔炼方法可以让泥土从松散状态转变为牢固的陶瓷。就历史发展而言，传统陶瓷定义为使用陶土和瓷土分别烧制而成的陶器的总称。

现代广义上陶瓷的概念已经超出黏土或陶瓷材料固体制品限定，从功能应用角度涵盖了从传统结构陶瓷到光、电、热、磁和声等物理效应，陶瓷定义为“由无机非金属材料作为基本组成的固体制品”[40]，这一定义不仅包括了陶器、瓷器、耐火材料、结构黏土制品、磨料、搪瓷、水泥和玻璃等材料，而且涵盖了非金属磁性材料、铁电体、人工晶体、玻璃陶瓷以及甚至还未出现的其他各类制品。此外，包括欧美等一些国家已将英文“ceramics”（陶瓷）作为各种无机非金属固体材料的统称。而将陶瓷定义为“无机非金属材料作为基本组成的多晶制品”[41]，这个定义没有对材料状态限定，粉末和块体都包含在内，而且通过区别晶体结构定义陶瓷为多晶材料。

稀土陶瓷制备技术。随着人类历史进程和近代工业迭代的发展，传统制陶工艺升级为稳定的工业路线，天然矿物经过粉碎、混炼、成型和煅烧的过程仍然是当今陶瓷工业生产的主流工艺。高质量的粉体往往是获得高性能陶瓷的重要因素，粉体制备技术的核心是如何控制粉体的颗粒尺寸、表面状态和团聚程度。粉体在烧结、致密化过程中会受到原始粉体粒度、颗粒形貌以及团聚状态等影响，常见陶瓷合成过程往往要求粉体有亚微米尺寸、粒度分布集中、粉体形貌均匀、粉体分散性较好、纯度高（一般99.99%以上）以及尽可能大的本体颗粒密度。对于合成高致密度的陶瓷材料，粒度、形貌和分散性是主要影响因素；而部分特种陶瓷要求最大限度提高粉末纯度和本体颗粒密度。此外，尽可能地提高粉末颗粒的堆积密度意味着降低孔隙率、减少颗粒内部气孔、减少烧结过程中形成晶粒内包裹气孔。目前陶瓷制备技术主要有固相反应法、热解法、沉淀法、溶胶-凝胶法、水热法等。

1. 固相反应法

固相反应法是将原料按照反应化学计量比例完成机械混合，用物理方法形成塑胚，高温下发生固相非均相化学反应，反应产物经历扩散、晶格长大，最终获得致密的陶瓷材料。该方法操作简单，对设备的要求不高，容易工业批量生产，但在实际生产过程中容易混入杂质，化学均匀性差，导致陶瓷制品因工艺条件的差异而性能存在差异。因此实际制备过程要保证操作室的洁净度并采用多次球磨使得粉料尽量混合均匀。保证原料的化学成分、纯度、粒度和杂质含量至关重要。

2. 热解法

热解法的特征就是将所得前驱体经过不同方式煅烧，前驱体分解获得所需的陶瓷粉体。例如，以硫酸铝铵和碳酸氢铵为原料可获得碱式碳酸铝铵前驱体，高温煅烧前驱体分解可获得超细 Al_2O_3 粉体；采用硫酸铝、硫酸为原料，或者采用混合铝的硝酸盐反应产生前驱体后，进行加热分解得到 YAG（钇铝石榴石）粉体；以硝酸盐配合其他溶剂配置喷雾溶液，通过设备将溶液导入雾化反应器中，随后经过蒸发、热分解或燃烧等化学反应得到粉体。

热解法可通过低温煅烧、喷雾热分解制备超细粉体材料，通过控制合成工艺可获得球形度较好、大小均匀的粉体，过程简单，制备温度远低于固相反应。然而这种方法在分解过程中易产生有毒气体，而且相比固相合成法对设备要求高。此外，热解法在掺杂体系方面可能由于前驱体沉淀或分解的差别而难以得到均匀的粉体，因此多用于单相粉体的制备。

3. 沉淀法

通常所说的沉淀法一般强调所得的前驱体是水合物或者包含各种表面活性剂的更为复杂的体系。沉淀法工艺简单、适用范围广，广泛应用于制备无机纳米材料。以氨水、尿素和碳酸氢铵作为沉淀剂，辅以 Al，Y 硝酸盐混合溶液，通过控制 pH 获得白色沉淀，煅烧获得 YAG 粉体。沉淀法易于控制工艺条件，成为制备陶瓷粉体的常用方法[42]。

4. 溶胶-凝胶法

溶胶-凝胶法是由前驱体（金属有机化合物、金属无机化合物或两者混合物）经过水解缩聚形成湿凝胶，将湿凝胶通过一定的干燥工艺转变为干凝胶，然后通过烧结固化一系列过程获得氧化物或其他化合物。溶胶-凝胶法易于操作，方法简单，可以通过控制反应时间、温度等反应条件来控制材料的粒径和形状。

5. 水热法

水热或者溶剂热合成法是高温高压条件下制备材料的一种常用方法。通常以水/有机溶剂作为反应介质，通过设定特定的温度和压力，将反应溶液放入密闭反应器（高压釜）内，升高温度到大于或者靠近其临界温度从而达到高压状态，使难溶或者不溶的物质发生溶解进行重结晶合成。此方法优势在于工艺简便，没有其他杂质的影响，能够通过改变反应条件来改变产物尺寸和形态，所得粉体分散性好。水热法可以直接得到目标化合物的粉体，所得产物经过分离、热处理后，得到高纯、均匀粒径的粉体，然而水热法所需的反应设备复杂，需要承受高温高压条件，适合小批量生产。

6.2.2 功能陶瓷材料

利用稀土元素化学性质活泼、离子半径大等特性，通过稀土掺杂等方式可以调整功能陶瓷的微观结构，从而提高材料性能。稀土掺杂能够控制材料的能带分布，从而改造材料的各种物理效应。常见的半导体功能陶瓷有电学、热电和敏感三类，其中电学可以进一步细分为压电、介电、铁电和导电陶瓷等，而敏感陶瓷则根据外界的激发源进一步细分为气敏、热敏、压敏、声敏和湿敏陶瓷等。

1. 介电陶瓷

介电陶瓷主要用于制作陶瓷电容器和微波介质元件。微波介电陶瓷可制作成滤波器、振荡器、放大器等各种电子元器件，在诸多领域有着广泛的应用[43]。

钙钛矿结构陶瓷是一类典型的微波介电功能陶瓷，介电性能优良，具有较高的介电常数、较小的介电损耗和接近于零的谐振频率温度系数等特点，因此钙钛矿微波介电陶瓷是最广泛研究的陶瓷之一[44]。$BaTiO_3$（BT）基陶瓷具有较高的介电常数，良好的铁电、压电和介电性能，用于制造体积小、容量大的微型高介电容器及换能器等器件，但也存在一系列应用相关的问题。BT 在高场强测试条件下能够产生较高的介电常数，同时介电常数对温度有强烈的依赖性，这种不稳定性也可以通过掺杂在 BT 中形成固溶体的办法来解决。掺杂是调整钛酸钡和其他电介质钙钛矿（如 $Pb(Zr,Ti)O_3$，$(K,Na)NbO_3$ 和 $Na_{0.5}Bi_{0.5}TiO_3$）相变和性质最简单和最常见的方法[45,46]。

国外数据库显示，近一半的微波介电材料需要掺杂稀土元素。稀土离子掺杂所产生的空位、缺陷对晶体结构的调节作用有助于改善微波介电性能[47]。图 6-10 为不同稀土离子型微波介质百分比和含稀土各类微波介质化合物百分比。

通过研究 Gd^{3+}和 La^{3+}双掺杂的 $BaTiO_3$ 陶瓷，发现稀土元素的施主掺杂会导致 $BaTiO_3$ 陶瓷居里温度下降，而居里温度的下降与阳离子空位的产生有关[48]。

双稀土掺杂 $BaTiO_3$ 的成分设计方法被广泛研究，这对于提高电容器和正温度系数热敏陶瓷（PTCR）的可靠性尤为重要[49]，如多层陶瓷电容器是用两性掺杂剂（Ho，Dy 和 Er）制成的，这种电容器满足Ⅱ类陶瓷电容器稳定级介电指标（如 X7R 和 Y5C 类型电容器）。近年来，双稀土掺杂 $BaTiO_3$ 陶瓷在介电性能上表现出优异的低损耗特点而受到关注。

此外，钙钛矿结构的微波介质陶瓷可以通过 A 位、B 位掺杂调整其微波介电性能，同时也可以降低具有正交钙钛矿结构的 $Ca_{0.66}Ti_{0.66}R_{0.34}Al_{0.34}O_3$（CTRA）陶瓷烧结温度[49]。

2. 压电陶瓷

压电陶瓷是一类具有压电特性的电子陶瓷材料，能够将机械能转化为电能的功能材料。由于具备独特的正逆压电效应，压电陶瓷成为许多传感器、驱动器和换能器的核心元件，被广泛应用于航空航天、能源勘探、汽车、医疗和消费电子等领域。

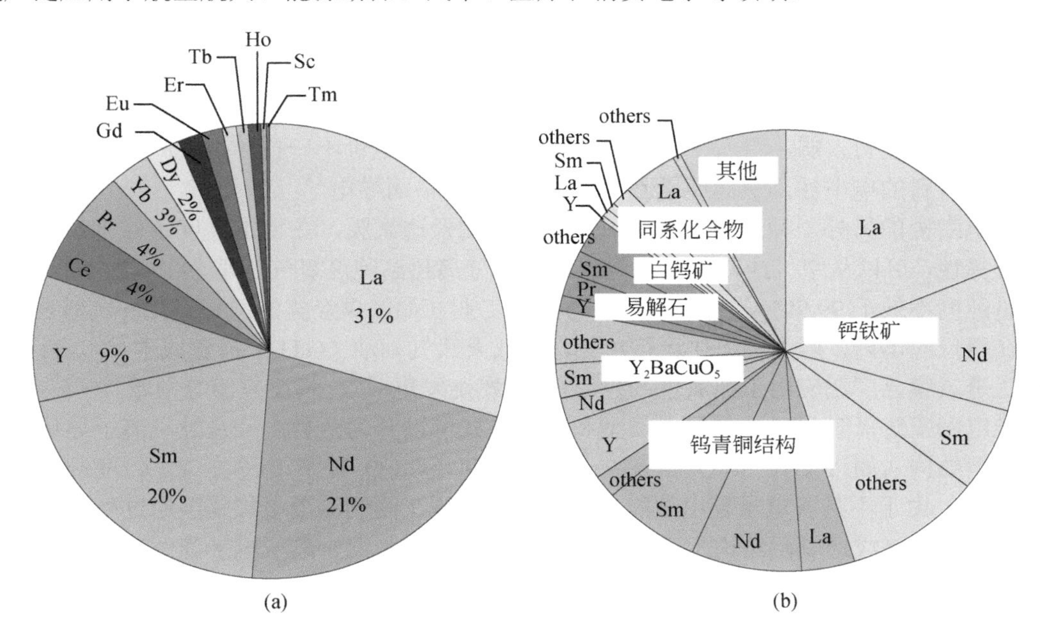

图 6-10　不同稀土离子微波介质(a)和各类含稀土微波介质化合物(b)百分比[47]

目前压电陶瓷研究热度最高的材料有钛酸铅（$PbTiO_3$）、锆钛酸铅 $Pb(Zr_xT_{1-x})O_3$（PZT）、钛酸钡（$BaTiO_3$）等。在具有高压电系数的 PZT 压电陶瓷中，通过掺杂 La_2O_3、Sm_2O_3、Nd_2O_3 等稀土氧化物，+3 价的 La，Sm，Nd 等稀土离子替换 A 位的 Pb^{2+}后，有助于改善 PZT 陶瓷物理性能，提高烧结性能，最终获得电学性能和压电性能稳定的压电陶瓷[43]。此外，少量稀土氧化物 CeO_2 掺杂 PZT 陶瓷的体积电阻率升高，提高了耐时间老化和抗温度老化性能。通过掺杂稀土（La，Pr，Nd，Sm，Eu）改性微纳陶瓷粉体，经过 1200℃烧结制备 PZT 陶瓷，不同程度地改善了 PZT 的压电性能，同时可抑制 PZT 陶瓷在冷却过程中产生的微裂纹，提高了陶瓷机械强度[41]。

然而 PZT 基压电陶瓷中含有有毒元素铅，随着现代社会对环境保护和人体健康越来越重视，无铅压电陶瓷逐渐成为研究热点。最受关注的无铅压电陶瓷体系主要包括 $BaTiO_3$ 基、$Bi_{0.5}Na_{0.5}TiO_3$ 基、$K_{0.5}Na_{0.5}NbO_3$ 基和 $BiFeO_3$ 基等，但与含铅 PZT 基压电陶瓷相比，主要缺点在于居里温度（T_C）不高、压电性能不足、温度稳定性差以及电阻率低。在压电陶瓷中，居里温度和压电系数（d_{33}）往往成反比，同时优化高压电性和居里温度非常困难。通过 Yb^{3+}、Y^{3+}、Sm^{3+}和 Nd^{3+}掺杂替代 Ba^{2+}改性 $BiFeO_3$ 和 $BaTiO_3$ 等制备的无铅压电陶瓷，居里温度高达 450℃，压电系数达到 d_{33}=422～436 pC/N，可在保证高温稳定性的同时保证高压电性[50]。

3. 导电陶瓷

稀土离子导电陶瓷特指具有导电特性且传输电流的载流子属于离子的一类功能材料。导电陶瓷既具有金属态导电性，同时又具有陶瓷的结构特性、机械特性和独有的物理化学性质（如抗氧化、抗腐蚀、抗辐射、耐高温和长寿命等）。导电陶瓷的其中一种应用领域是固体氧化物燃料电池，最早采用的快离子导体是 Y 掺杂 ZrO_2（YSZ）陶瓷，具有稳定的物理化学性能，可以承受电池中氧化和还原环境的破坏作用。由于 Zr 的扩散系数太小，因此 ZrO_2 的离子电导主要来自 O^{2-}扩散的贡献，属于氧空位导电机制，但是纯的 ZrO_2 中缺陷浓度很低，导电能力太弱，引入 Y^{3+}后，由于 Y^{3+}与 Zr^{4+}的电价不一样，需要产生大量的氧空位来维持材料的电中性，从而便于 O^{2-}通过氧空位迁移而导电[51]。

导电陶瓷的另外一种应用为致密氧离子导体陶瓷透氧膜，在特定温度条件下对氧具有渗透选择性，可以从空气或其他含氧气氛中连续分离超高纯度氧气，理论纯度为 100%，实际测量纯度不低于 99.99%。将氧气分离与需氧工业（如低碳烃类的选择氧化和制氢反应）耦合在膜反应器内，可大幅简化运行单元，降低天然气制油（GTL）投资成本[52]。目前致密陶瓷透氧膜已广泛应用于纯氧生产[53]、富氧燃烧发电[54]、膜反应器等领域。

导电陶瓷透氧膜材料按其导电类型和驱动方式可以分为两类：一是纯氧离子导体，具有萤石型结构（如 Y_2O_3、Sc_2O_3 掺杂 ZrO_2；Sm_2O_3、Gd_2O_3 掺杂 CeO_2；Y_2O_3、Er_2O_3 掺杂 Bi_2O_3 等），由于不具备电子导电性能，该类材料需要在两侧涂覆电极膜层通过外电路驱动形成电子回路完成透氧，结构示意如图 6-11(a)。另一类是混合离子电子导体透氧膜，根据其内部的相结构组成及氧离子、电子传导途径又可分为双相和单相混合导体透氧膜。双相混合导体透氧膜是以纯氧离子导体（离子导体相）为基础，通过添加一定量的贵金属（如 Ag，Au 等）或电子导电氧化物（如 $La_{1-x}Sr_xMnO_3$、$La_{1-x}Sr_xCoO_3$、$La_{1-x}Sr_xFeO_3$、$La_{1-x}Sr_xCo_{0.2}Fe_{0.8}O_3$、$La_{1-x}(Sr,Ca)_xCrO_3$ 等），使其在材料中形成连续分布的第二相（电子导体相），在氧分压驱动下氧离子和电子分别在离子导体相和电子导体相中传导，结构如图 6-11(b)所示。图 6-11(c)所示为单相混合导体透氧膜，主要是钙钛矿型化合物，如 $La_xA_{1-x}Co_yFe_{1-y}O_{3-\delta}$(A=Ba, Sr, Ca)、$La_xA_{1-x}Co_yFe_{y'}Cu_{1-y-y'}O_{3-\delta}$(A=Sr, Ca)、$La_xSr_{1-x}Co_{1.02}O_{3-\delta}$、$(La_xCa_{1-x})_{1.01}FeO_{3-\delta}$、$Ba(Sr)Co_xFe_{x'}Nb(Ta)_{1-x-x'}O_{3-\delta}$ 等。混合导体材料在高温下是电子和氧离子的混合导体，在氧分压驱动下同时提供电子和氧离子的迁移通道，电子与氧离子由同一相传输。

单相混合导体透氧膜材料同时具有氧离子及电子导电性能，不需要外加电路就可以实现氧离子的传输及分离，能够大幅简化膜材料制备技术流程，降低膜反应器运营成本，极具工业化应用前景。

在 $La_xA_{1-x}Co(Fe)O_{3-\delta}$（A=Ba, Sr, Ca）系列材料中，A 位 La^{3+}离子被低价碱土金属离子（Ba^{2+}, Sr^{2+}, Ca^{2+}）部分取代，为保持电荷平衡，在体相中形成大量氧空位，氧离子在相邻晶格位间跳跃（也可认为是氧空位扩散）实现氧离子导电性能。B 位过渡金属离子周围的氧八面体构型导致高温下能带结构呈金属和半导体型，使材料具有较高的电子导电性能，同时 B 位离子具有较强的变价能力进一步提高了该类材料的电子电导率。

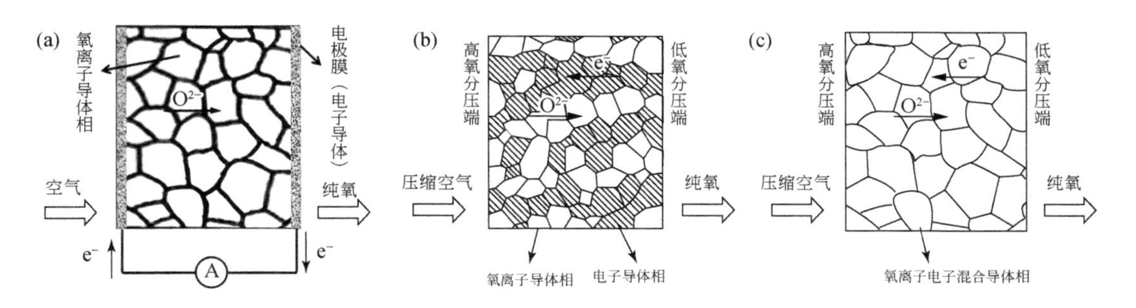

图 6-11 透氧膜材料结构类型示意

（a）纯氧离子导体透氧膜；（b）双相混合导体透氧膜；（c）单相混合导体透氧膜

美国 Air Products 和 Ceramatec 公司从 1993 年至 2002 年相继报道了 $La_xA_{1-x}Co_yFe_{1-y}O_{3-\delta}$（A=Ba, Sr, Ca）、$La_xA_{1-x}Co_yFe_{y'}Cu_{1-y-y'}O_{3-\delta}$（A=Sr, Ca）、富 B 位 $La_xSr_{1-x}Co_yFe_{y'}Cu_{y''}O_{3-\delta}$（$1.1>y+y'+y''>1$）、富 B 位 $La_xSr_{1-x}Co_{1.02}O_{3-\delta}$ 及富 A 位 $(La_xCa_{1-x})_{1.01}FeO_{3-\delta}$（$0.98>x>0.75$）几类透氧膜材料。

1993 年，合成了一种 $La_xA_{1-x}Co_yFe_{1-y}O_{3-\delta}$（A=Ba, Sr, Ca）复合氧化物透氧膜材料，其中 1010 μm 厚 $La_{0.2}Ba_{0.8}Co_{0.8}Fe_{0.2}O_{3-\delta}$ 薄膜透氧量达 2.17 mL/(cm^2/min)（空气侧氧分压 16 psia，透氧侧氧分压 0.02 psia）。对于 Cu 添加的 $La_xA_{1-x}Co_yFe_{y'}Cu_{1-y-y'}O_{3-\delta}$（A=Sr, Ca）复合透氧膜材料，对比结果表明加入 Cu 后 $La_{0.2}Sr_{0.8}Co_{0.4}Fe_{0.4}Cu_{0.2}O_{3-\delta}$ 的热膨胀系数明显低于未添加 Cu 的 $La_{0.2}Sr_{0.8}Co_{0.8}Fe_{0.2}O_{3-\delta}$，同时随着 Cu 添加量的增加，$La_{0.2}Sr_{0.8}Co_{1-y}Cu_yO_{3-\delta}$ 的烧结温度呈下降趋势。此外，还有一种富 B 位 $La_xSr_{1-x}Co_yFe_{y'}Cu_{y''}O_{3-\delta}$（$1.1>y+y'+y''>1$）透氧膜材料，具有较强的抗二氧化碳及水蒸气侵蚀能力，实验条件下（供给气体为氧气、二氧化碳和水蒸气的混合气体，其中 $p_{CO_2}=0.5p_{H_2O}$，$p_{O_2}=2.4p_{H_2O}$），随着水蒸气分压的增加，富 B 位 $La_{0.2}Sr_{0.8}Co_{0.41}Fe_{0.41}Cu_{0.21}O_{3-\delta}$ 的氧渗透速率逐步增加，而富 A 位 $La_{0.2}Sr_{0.79}Co_{0.39}Fe_{0.31}Cu_{0.27}O_{3-\delta}$ 的氧渗透速率呈下降趋势，如图 6-12 所示。随后又开发出一种抗二氧化碳、二氧化硫及水蒸气侵蚀的富 B 位 $La_xSr_{1-x}Co_{1.02}O_{3-\delta}$ 透氧膜材料。热膨胀系数低的富 A 位 $(La_xCa_{1-x})_{1.01}FeO_{3-\delta}$（$0.98>x>0.75$）混合导体材料，抗蠕变性好，同时具有较强的抗二氧化碳侵蚀能力，其中 $(La_{0.8}Ca_{0.2})_{1.01}FeO_{3-\delta}$ 透氧量达到 1 mL/(cm^2·min)以上，稳定运行 200 h 无衰减。

在 $Ba(Sr)Co_xFe_{x'}Nb(Ta)_{1-x-x'}O_{3-\delta}$ 系列材料中，+3 价 A 位全部由+2 价碱土金属离子 Ba^{2+} 或 Sr^{2+} 占据，为维持电中性，在系统内部产生两种电荷补偿机制，一是晶格中出现氧空位，二是 B 位 Co/Fe 离子变价形成电子空穴，从而使该类材料呈现离子、电子混合导电性能。同时 B 位高价 Nb/Ta 离子的存在可提高体系稳定。这类材料主要包括 $SrCo_{0.8}Fe_{0.2}O_{3-\delta}$、$Ba_{0.5}Sr_{0.5}Co_{0.8}Fe_{0.2}O_{3-\delta}$、$Ba_{0.5}Sr_{0.5}Co_{0.7}Fe_{0.2}Nb_{0.1}O_{3-\delta}$、$Ba_{1.0}Co_{0.7}Fe_{0.2}Nb_{0.1}O_{3-\delta}$、$Ba_{0.9}Co_{0.7}Fe_{0.2}Nb_{0.1}O_{3-\delta}$ 等，其中 $SrCo_{0.8}Fe_{0.2}O_{3-\delta}$ 透氧膜材料由于材料表面与二氧化碳反应，以空气为氧源，30 min 内透氧量衰减了近 10%[55]。采用 $Ba_{0.5}Sr_{0.5}Co_{0.8}Fe_{0.2}O_{3-\delta}$ 作为透氧膜材料用于甲烷转化反应器，透氧量达到 11.5 mL/(cm^2·min)，稳定运行超过 500 h[56]。将 $Ba_{1.0}Co_{0.7}Fe_{0.2}Nb_{0.1}O_{3-\delta}$ 致密陶瓷膜用于甲烷部分氧化制备合成气，运行 300 h 透氧量由最初的 25 mL/(cm^2·min)

降至 20 mL/(cm^2·min)[57,58]。采用 $Ce_{0.8}Re_{0.2}O_{2-\delta}$ (Re=Sm,Gd)对 $Ba_{1.0}Co_{0.7}Fe_{0.2}Nb_{0.1}O_{3-\delta}$ 透氧膜材料进行表面修饰，图 6-13 显示了不同测试温度条件下 $Ce_{0.8}Re_{0.2}O_{2-\delta}$ 表面修饰对 $Ba_{1.0}Co_{0.7}Fe_{0.2}Nb_{0.1}O_{3-\delta}$ 透氧量的影响，可见 $Ce_{0.8}Gd_{0.2}O_{2-\delta}$ 的修饰效果最为显著，725℃时透氧量为 1.3 mL/(cm^2·min)，相比未修饰的高 18%[59]。通过研究 A 位缺位对 $Ba_{1-x}Co_{0.7}Fe_{0.2}Nb_{0.1}O_{3-\delta}$($x$=0～0.15)透氧膜材料晶格结构、热膨胀系数及电化学性能的影响[60]发现，A 位缺位 $Ba_{0.9}Co_{0.7}Fe_{0.2}Nb_{0.1}O_{3-\delta}$ 容忍因子 t（钙钛矿材料的结构稳定性与 t 值大小有关，越接近 1 结构越稳定）为 0.99745，结构最为稳定，电导率最高（700℃时电导率达 13.9 S/cm），900℃时透氧量达 1.48 mL/(cm^2·min)，运行 50 h 后无明显衰减现象。

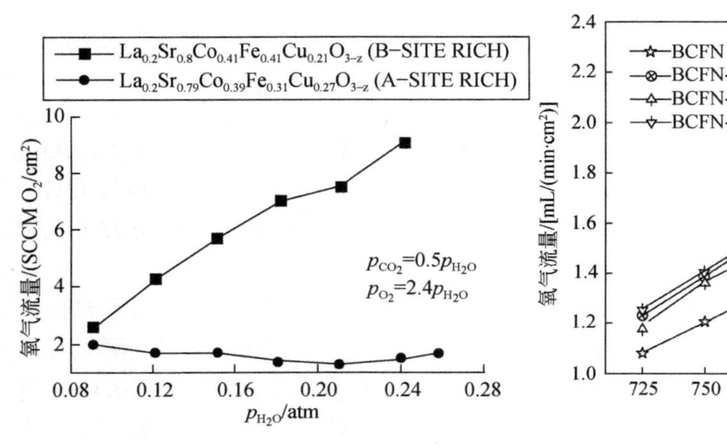

图 6-12　膜层两侧水蒸气分压对氧渗透速率的影响

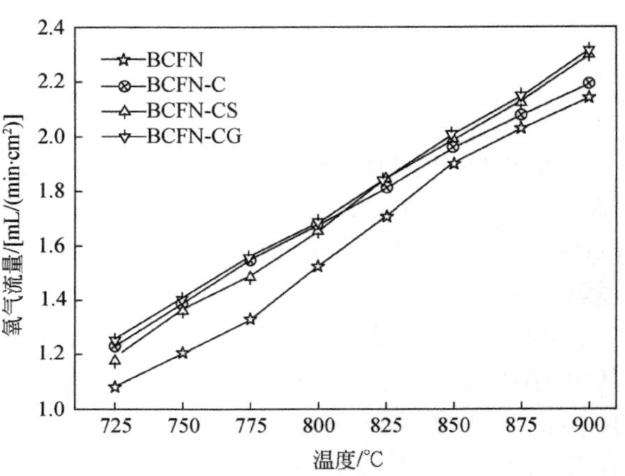

图 6-13　表面修饰对 $Ba_{1.0}Co_{0.7}Fe_{0.2}Nb_{0.1}O_{3-\delta}$ 氧渗透速率的影响[60]

需要指出的是 $Ba_{1.0}Co_{0.7}Fe_{0.2}Nb_{0.1}O_{3-\delta}$ 材料虽然具有较高的氧渗透速率，但材料合成温度高（＞1150℃），熔化温度低（1250℃）[61]，烧结温度范围窄，常规手段很难实现致密化烧结，限制了它的商业化应用。

4. 压敏陶瓷

敏感陶瓷是一类通过相关电学性能参数变化实现对外部环境条件变化敏感响应进行实时监控的功能材料，大范围应用于电压、气体、温度、湿度等敏感响应的控制电路传感元件，因此也称为传感器陶瓷，其中，压敏陶瓷是对外部电压有非线性敏感响应的一类半导体陶瓷，因其高性能浪涌吸收和过压保护的性能，广泛应用于电力能源、消费电子领域。压敏陶瓷主要有 ZnO、SiC、TiO、$SrTiO_3$、SnO_2 和 WO_3 等几类。稀土（Tb，La，Ce 等）掺杂改性和纳米添加改性是两种提高敏感陶瓷性能的常用方法。随着国家“十四五”规划加速建设特高压线路“24 交 14 直”，用于保护输电线路稳定运行的 ZnO 压敏电阻避雷器的需求量也在不断上升。同时，优异非线性伏安特性和巨大浪涌吸收能力的 ZnO 压敏陶瓷的研究正在开展[62]。通过研究不同稀土氧化物掺杂制备高电压梯度、低漏电流的 ZnO 压敏电阻，实现了避雷器体积、重量协同降低，同时提高了反应速度，降低其能量损耗[63]。不同的稀土氧化物对 ZnO 压敏电阻产生的关键作用有差异，掺杂 Y_2O_3 对抑制 ZnO 晶粒长大产生有效作用，但可能会降低其服役寿命，加剧 ZnO 压敏电阻的漏电流[64,65]。此外，制备 ZnO 压敏电阻过程中，通过使用特殊烧结工艺可以显著降低烧结温度并且提高烧结效率，但是相比传统烧结工艺，特种烧结工艺因其昂贵成本及复杂的工艺控制，仍需进一步研究。

通过固相法合成掺杂 Nd_2O_3 和 Sm_2O_3 的 ZnO 压敏陶瓷[64]，在最优稀土添加量条件下，其电位梯度为 959 V/mm，非线性系数为 36.7，漏电流为 2.25 μA/cm^2。相比于 ZnO 压敏陶瓷，$SrTiO_3$ 基压敏陶瓷有更好的抑制交流干扰和陡峭脉冲前沿的能力，具有良好的压敏特性、大电容量和小漏电流。运用固溶体系内部各固溶组分性能之间的加和补充，通过优选配方可以制备电性能优异的$(Sr,Ba,Ca)TiO_3$ 基压敏陶瓷。以$(Sr_{0.38}Ba_{0.34}Ca_{0.28})TiO_3$ 为基体材料，采用 Nb^{5+}取代 Ti^{4+}掺杂元素的前提下，研究表明稀土离子 La^{3+}施主掺杂$(Sr,Ba,Ca)TiO_3$ 基压敏陶瓷，压敏电压较低，非线性较好，介电性能良好，损耗低[65]。

5. 气敏陶瓷

20 世纪 70 年代开始，人们对于稀土改性气敏陶瓷进行了大量研究。SnO_2、ZnO、In_2O_3 是金属氧化物半导体气敏材料的代表，它们兼有吸附和催化双重效应，属于表面控制型半导体气敏材料。研究发现，将不同稀土氧化物掺杂到 ZnO、SnO_2 等气敏陶瓷中可以制得 ABO_3 型和 A_2BO_4 型稀土复合氧化物陶瓷。应用于气敏陶瓷的稀土元素主要是 Ce 与 La，其中 Ce 元素具有两种价态且易于转换，Ce^{4+}到 Ce^{3+}的还原过程中，可以在材料表面产生氧空位，氧空位是电子供体，它的存在可以增大材料表面的电子浓度，增大氧分子的吸附量，而稀土元素 La 能引入氧空位，提高气体传感器的灵敏度[65]。

稀土铁氧化物基传感器以 $LnFeO_3$（Ln 为稀土元素）为主，是典型的钙钛矿结构型半导体。$LnFeO_3$ 具有稳定的晶体结构、优异的催化性能、卓越的电学和磁学性质，在环境检测以及工业催化等领域都有广泛的应用。研究发现，随着 $LnFeO_3$（Ln=La, Nd, Sm, Eu, Gd）材料中稀土离子半径的减小，对乙醇的气敏响应呈上升趋势[66]。溶胶-凝胶法制备 $Yb_{1-x}Ca_xFeO_3$（$0 \leqslant x \leqslant 0.3$）纳米晶粉末[67]，在 260℃的最佳温度和 28%的室温湿度下 $Yb_{0.8}Ca_{0.2}FeO_3$ 对 0.5%CO_2 的响应（Ra/Rg）为 1.85。

此外，稀土元素掺杂对 ZnO 纳米纤维的形貌及晶体结构有一定影响[68]。结果表明，稀土元素 Ce 的掺杂并未改变 ZnO 的晶体结构，但纤维中存在较弱的 Ce 氧化物杂峰；La 掺杂导致 ZnO 纳米纤维的直径变小，少量 La 的掺杂不会在 ZnO 中引入杂质相，当 La 的掺杂浓度为 5at%时，ZnO 纳米纤维中出现了较弱的 La_2O_3 杂质峰，然而 La 的掺杂并未改变 ZnO 的六方纤维锌矿结构；Er 的掺杂对 ZnO 纳米纤维的表面形貌没有明显影响，然而少量 Er（1%）的掺杂则会出现较为明显的 Er_2O_3 杂质相，随着 Er 掺杂量的增加 Er_2O_3 杂质峰逐渐变强。

6. 热敏陶瓷

热敏陶瓷主要分为正温度系数（PTC）和负温度系数（NTC）热敏陶瓷两类，PTC 因其优异的特性在加热元件、传感器、电路保护器、温度控制器、电器消磁等领域都有广泛的应用。基于电阻正温度系数效应的钛酸钡 $BaTiO_3$ 是目前研究最多、应用最广的热敏陶瓷。

在 $BaTiO_3$ 中掺杂与 Ba^{2+}离子尺寸相近的稀土元素（La，Ce，Sm，Dy，Y 等），稀土离子将部分取代 Ba^{2+}产生多余的正电荷，形成弱束缚电子，从而显著降低 $BaTiO_3$ 陶瓷的电阻率。掺入微量与 Ba^{2+}、Ti^{4+}离子半径相近的施主离子可以有效降低 $BaTiO_3$ 陶瓷的电阻率。有学者[69−73]研究了掺入 Nb，Y，La 等施主离子对正温度系数热敏陶瓷的影响，结果发现，随着施主离子的增加，室温电阻率阻值呈“U”形变化。当掺入摩尔分数 0.140%～0.191%Y_2O_3、0.118%～0.144%Nb_2O_5 和 0.097%～0.160%La_2O_3 时，可使正温度系数材料半导化，随着掺入量的增加，Y_2O_3 使居里温度略有提高，而 Nb_2O_5、La_2O_3 使居里温度略有下降[70]。不同 Nb_2O_5、Y_2O_3、La_2O_3 掺入量的正温度系数热敏陶瓷室温电阻率如图 6-14 所示。

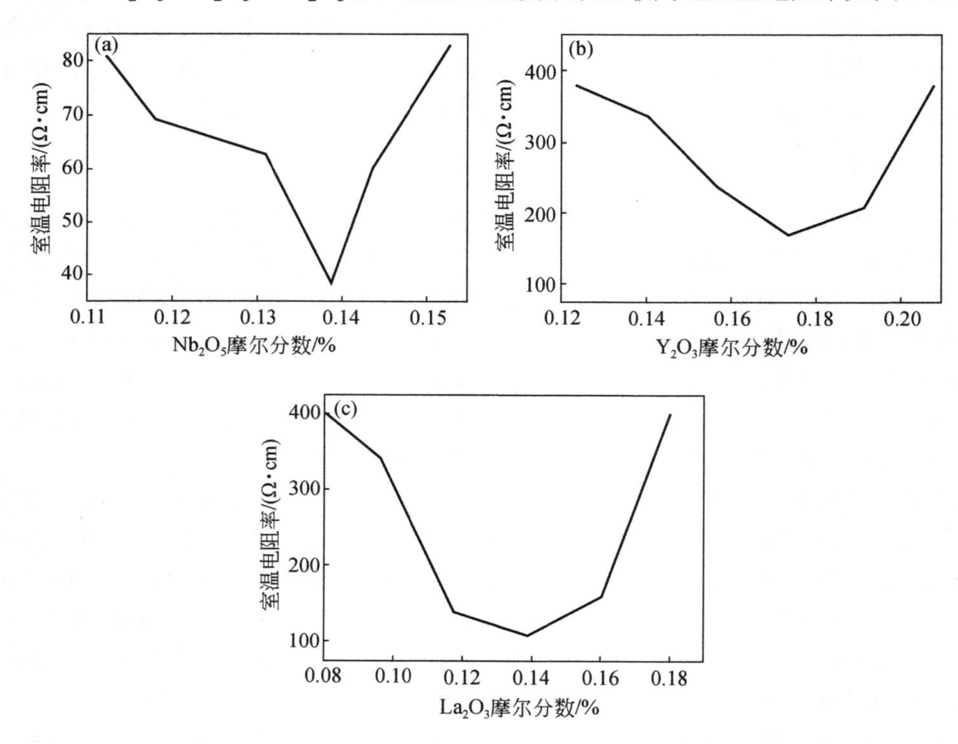

图 6-14　添加不同摩尔分数 Nb_2O_5、Y_2O_3、La_2O_3 对正温度系数热敏陶瓷室温电阻率的影响[40]

负温度系数（NTC）热敏陶瓷因响应速度快、反应灵敏、方法简单和成本低等优势，广泛应用于温度传感领域。传统的 NTC 热敏陶瓷一般是 Mn，Co，Ni 等过渡金属元素构成的尖晶石结构，其电阻率高时热敏常数 B 值也高，但热稳定和导电性差，极大地限制了其应用，而稀土基钙钛矿型氧化物因具有好的耐高温特性和导电性能在固体氧化物燃料电池、催化剂、磁电材料等领域得到了广泛的研究和应用[74,75]。

还有部分研究[76]采用固相法合成了 Fe、Mn 添加 $LaCrO_3$ 陶瓷，实现了对其电性能最大程度的调控和优化，稳定性明显提高，同时保持较高的 B 值，满足了不同领域对 NTC 热敏电阻的需求。 同时，一种基于锆酸镧陶瓷的新型负温度系数材料被合成[77]，可在高温下应用。该材料是通过在空气中在 1923 K 下烧结 10 小时的固态反应合成的，结果证实，

$La_2Zr_2O_7$ 陶瓷呈现出相对密度为 98.2%的烧绿石相，在 700～1500℃宽温域表现出明显的 NTC 效应及良好的灵敏度，具备成为高温 NTC 热敏电阻的潜质。

6.2.3 结构陶瓷材料

结构陶瓷是主要利用材料力学性能的陶瓷材料[78]，具有耐高温、耐磨、耐腐蚀、耐冲刷、抗氧化、耐烧蚀、高温下蠕变小等一系列优异性能，可以承受金属材料和高分子材料难以胜任的严酷工作环境，因此广泛用于能源、航空航天、机械、汽车、冶金、化工、电子等领域以及日常生活中。与一般陶瓷的分类相似，结构陶瓷若按使用领域可分为机械陶瓷、热机陶瓷、生物陶瓷和核陶瓷等；若按化学成分可分为氧化物陶瓷（如 Al_2O_3、ZrO_2、MgO、CaO、BeO 和 TiO_2 等），氮化物陶瓷（如 S_3N_4、AlN、BN 和 TiN 等），碳化物陶瓷（如 SiC、B_4C、ZrC、TiC 和 WC 等）和硼化物陶瓷（如 ZrB、TiB、HfB_2 和 LaB_2 等）。下面重点介绍与稀土有关且比较重要的几类结构陶瓷。

1. 氧化铝

氧化铝（Al_2O_3）陶瓷是目前氧化物结构陶瓷在工程应用中最典型、广泛的陶瓷材料，其稳定的化学成分、优异的力学性能和较高的机械强度，常用作耐磨、耐高温和耐蚀材料，如陶瓷切削刀具、磨轮、磨料轴承、球阀、耐火材料、热电偶保护套等。此外，因其电阻率高、介电损耗低常用作集成电路基片、陶瓷绝缘套、火花塞、电子管管壳灯罩等。氧化铝陶瓷在医学方面可作为人体植入替换骨骼、牙齿、关节等部件，还有高科技领域日益广泛应用的碳纤维增强氧化铝陶瓷和氧化锆增强氧化铝陶瓷等[79]。

添加稀土氧化物可以降低氧化铝陶瓷烧成温度，促进烧结过程。当在氧化铝中加入稀土氧化物后，由于稀土溶解度低，在凝固过程中容易在晶界和相界处产生偏聚，而这种晶界处的偏聚行为会对氧化铝的烧结性能产生较大的影响。对于单组元 Y_2O_3 掺杂氧化铝的烧结过程，稀土的影响主要分为三个阶段：凝固过程中，稀土氧化物在晶界和界面处偏聚，当晶界处吸附的 Y^{3+}较少时，会对陶瓷致密化产生迟滞作用，从而增加表面活化能；当烧结继续进行，晶界减少，晶界处富集 Y^{3+}浓度达到饱和状态，提高致密化速率；但是伴随烧结过程生成其他化合物时，致密化速率降低。

研究发现[80]，添加两种及以上的稀土氧化物对氧化铝陶瓷的烧结性能影响通常比添加单组元的效果好。对比相同 Al_2O_3 陶瓷中添加 0.2%Y_2O_3+0.2%CeO_2 多组元和 Y_2O_3 或 CeO_2 任意单组元稀土氧化物，相同条件下经高温烧结后前者的相对密度高于后者，其孔隙率、耐磨性能也有同样的提升效果。通过研究 Y_2O_3、La_2O_3、Sm_2O_3 对氧化铝陶瓷烧结性能的影响，发现 Y_2O_3、Sm_2O_3 对氧化铝陶瓷的致密化作用优于 La_2O_3，认为稀土氧化物是良好的表面活性物质，可以改善材料的润湿性，降低陶瓷的熔点[81]。

稀土氧化物在氧化铝烧结过程中不仅对烧结性能、致密度有很大作用，对力学性能也有不容忽视的影响。添加氧化镧促进氧化铝陶瓷的烧结可提高材料的机械力学性能[82]。添加 Er 在烧结过程中发生偏析，阻碍晶粒生长，降低材料平均晶粒尺寸，提高硬度和晶界强度。而 Y_2O_3、CeO_2 等在晶界处偏聚，改变了晶界处状态，改善了陶瓷复相增韧，提高了晶界结合强度，增强了氧化铝断裂韧性。通过等离子喷涂制备 Al_2O_3/TiO_2 陶瓷涂层，所得涂层兼备耐磨性能的同时具有优异的抗热震性能。对添加稀土改性的商用 Al_2O_3/TiO_2 耐磨涂层验证[83]发现经过改性的 Al_2O_3/TiO_2 陶瓷涂层比原始涂层在耐磨性能及涂层加工韧性方面均有提高。

2. 氮化硅

氮化硅（Si_3N_4）陶瓷材料是由硅和氮组成的共价键化合物，具有许多优异的性能，如耐高温、高温抗蠕变、抗氧化、高温强度、耐酸碱腐蚀及自润滑等，广泛应用于军工、航天和加工制造业。氮化硅本身难以直接靠固相反应烧结达到致密，需要制备氮化硅粉体，加入适当的烧结助剂，后经成型、烧结等工艺，最终获得所需要的致密氮化硅陶瓷。氮化硅中加入稀土形成复杂氧化物或氮化物等晶间相来促进烧结过程，较为理想的烧结助剂是 Y_2O_3、Nd_2O_3 和 La_2O_3 等。通过不同组合方式加入 Y，Mg，Ce，Sc，Yb 等化合物烧结助剂，经过高温或高压烧结，获得接近理论热导率的高热导氮化硅。不同稀土添加剂对陶瓷的力学性能及电学性能也有影响。使用 Y_2O_3-MgO 作添加剂，热导率可达 80 W/(m·K)，弯曲强度大于 1000 MPa，同时体积电阻率高于 10^{13} Ω·m，介电常数小于 10 且介电损耗率低于 3×10^{-3}[84]。烧结助剂中氧含量、粒子半径也会对氮化硅热导率、断裂韧性、弯曲强度有一定影响。

3. 碳化硅

碳化硅（SiC）陶瓷具备优异的高温力学性能、耐磨、导热等性能，广泛应用于传统工业领域。1400℃服役条件下，碳化硅依旧保持较高的抗弯强度，即使在更高温度下仍然可以使用。碳化硅陶瓷具备良好的传导能力，已经应用于高温滑动轴承、密封环防弹板、燃烧喷嘴、高温耐蚀部件以及热交换器等领域[85]。碳化硅 88%的高共价键特性是其具备这些优异性能的原因，但也同样因为强共价键性导致其高温下致密化烧结困难。

添加稀土氧化物作为液相常压烧结助剂，可以合成近乎理想致密度的碳化硅，同时获得较高的强度和韧性，极大地推动了碳化硅的产业化应用。添加 Y_2O_3 作为碳化硅陶瓷的烧结助剂，通过液相烧结机制致密化，形成玻璃相降低孔隙率，获得致密的碳化硅[86,87]。

（鲁　飞　张　帅）

6.3　稀土功能助剂

6.3.1　概述

助剂是改善、提高高分子材料性能最方便、最经济的一类功能材料，品种多且应用广泛。利用稀土元素，特别是轻稀土元素的多配位能力以及有机配体结构上的多样性，可以开发无毒无害、高效、多功能高分子助剂，对于资源优势转化为产业和经济优势具有非常重要的意义。

20 世纪 60 年代，在高分子材料中掺杂稀土化合物出现的特殊功效，引起了科学界和工业界的高度关注。70 年代，日本学者发现轻稀土化合物作为聚氯乙烯（PVC）热稳定剂，不仅有明显的稳定效果且无毒无害、性价比高。法、俄等国也做了相关的研究，但稀土功能助剂的应用研究和产业化在我国率先获得突破。80 年代，我国开展了稀土催干剂的研究，形成了稀土催干剂产业。1991 年，稀土光转换剂制备技术在国内多家企业获得应用。90 年代中后期，国内许多高校对稀土化合物用作 PVC 稳定剂开展了深入的研究，国家“863”等高技术研发计划对轻稀土功能助剂的开发制备及应用技术给予攻关支持，以富镧、铈轻稀土为原料研制了一系列高分子材料用新型稀土助剂，如稀土晶型改性剂、无铅化稳定剂、加工助剂、发泡轻量化助剂、表面处理剂等具有国际先进水平的产品和技术推动了我国稀土功能助剂在高分子材料领域的工业化应用。

高分子材料又称为聚合物材料，是以高分子化合物为基体，再加入其他添加剂/助剂，所构成的材料。高分子材料按照其来源可分为合成高分子材料和天然高分子材料，合成高分子材料主要包括涂料、合成橡胶、合成纤维、塑料、胶黏剂以及各种功能性高分子材料。高分子材料助剂是用于改善高分子材料的机械性能、加工性能、增强或达到高分子材料某种特殊应用性能而添加的各种辅助物质，按照功能不同，可分为热稳定剂、增塑剂、阻燃剂、成核剂、抗氧剂、偶联剂等。高分子助剂上游行业为化工原材料行业，主要包括环氧乙烷、尿素、氰尿酸、四氯化钛和正丁醇等；下游行业主要包括涂料、塑料、橡胶等高分子材料行业，并最终广泛应用于建筑、医疗、汽车、日用品等领域，新兴应用领域还在不断出现。据中金企信数据统计，2021 年全球高分子助剂市场容量约 1103 亿美元，自 2016 年以来年均复合增长率达 8.0%。我国在 2021 年仅塑料助剂消费量高达 687 万吨，同比增长 6.51%。

据不完全统计，每年稀土产量约 15 万吨，其中 9 万吨为镧铈稀土产品，储氢、发光、催化、合金等领域每年消耗镧铈稀土约 4 万吨，还剩余 5 万多吨镧铈稀土原材料待开发利用，因此，镧铈稀土的过剩已经成为制约稀土行业发展的瓶颈问题。镧铈稀土具有强的配位能力，且无毒环保，将其制成高分子助剂可以赋予高分子材料特殊的性能，不但用其替代有毒有害高分子助剂促进高分子行业绿色发展，而且能够大量消费镧铈稀土。自 20 世纪 80 年稀土助剂率先用于提高橡胶耐热性能，经过四十多年发展，已经开发出了稀土热稳定剂、稀土阻燃剂、稀土成核剂、稀土抗菌剂、稀土硫化促进剂等众多产品。

6.3.2 主要类型及作用

1. 稀土热稳定剂

由于 PVC 树脂自身特殊的结构，分子链存在一定的结构缺陷，当 PVC 加热至 110℃以上时就会脱出 HCl 气体，释放出的 HCl 气体又会加速 PVC 的分解，严重影响 PVC 树脂的性能。PVC 树脂的加工温度一般在 160℃以上，为了能使 PVC 易于加工且形成制品，防止 PVC 树脂在加工过程中因为受到机械剪切作用和过高的温度而引起降解，在加工过程中通常需要添加热稳定剂，与树脂形成有协同作用的热稳定体系，从而提高 PVC 的分解温度，扩大 PVC 的应用范围。

常用于 PVC 的热稳定剂主要有铅盐稳定剂、金属皂复合稳定剂、有机锡稳定剂、有机辅助热稳定剂和稀土稳定剂五大类。铅盐稳定剂因含铅等有毒元素，易造成血铅中毒，已被禁止使用。金属皂复合稳定剂主要包括钙锌稳定剂和钡锌稳定剂等，目前作为铅盐稳定剂的替代品广泛使用。有机锡稳定剂透明性较好，热稳定效果优良，主要应用在高端 PVC 制品中。稀土稳定剂是作为铅盐稳定剂的替代品而开发出的一类无毒、环保的新型热稳定剂，主要以镧、铈稀土氧化物、氯化物和有机物等为主，如硬脂酸稀土、钙镧、锌镧类水滑石、对甲基苯甲酸镧铈等[88,89]。在硬脂酸铈复合热稳定剂的应用中，当硬脂酸铈：硬脂酸锌：β-二酮：季戊四醇=1.2：1.0：0.3：1.0 时，PVC 建筑模板的弹性模量和弯曲强度分别提高 14.62%和 19.68%，同时，耐候性能也得到了提高，748 h 室外耐候性老化后，ΔE 为 1.46，Δb 为−2.36[90]。通过一步法合成的乙酰丙酮镧稀土化合物，其将乙酰丙酮镧与水滑石、硬脂酸锌及抗氧剂等进行复配得到了 PVC 用乙酰丙酮镧复合热稳定剂，可使 PVC 树脂试样在 180℃的烘箱老化试验中 35 min 不变黑，动态转矩流变稳定时间达到 10.8 min，180℃刚果红试验时间达到 25.2 min[91]。已有研究表明，稀土的热稳定机理主要包括吸附中和 HCl 机理、离子配位机理和变价元素机理。吸附中和 HCl 机理：PVC 链上脱出的 HCl 分子与稀土离子发生表面化学反应，生成非活性产物盐基性氯化物，抑制了 HCl 自动催化 PVC 链而降解，因此起到了良好的稳定作用。离子配位机理：稀土元素有较多的、未被电子填充的 4f、5d 和 6p 空轨道，这些轨道的能级差很小，易于杂化形成稳定的多个络合键，这些络合键单位质量所吸收的 HCl 比一般元素多，从而对 PVC 树脂起到热稳定的作用；另外，稀土金属的离子半径较大，可通过静电引力与有机或无机配位体形成离子配键，有效抑制 PVC 链上不稳定结构的活泼氯脱除反应，起到热稳定的目的。变价元素机理（捕捉游离基机理）：稀土元素的价电子层结构中，4f 电子层有一种保持或接近全空、半充满、全充满的倾向，均有 2～3 个氧化态，属于变价元素，在变价过程中电子有得失现象发生，与断链自由基和脱氯过程中所产生自由基的孤电子结合，因而消除自由基；或与不饱和键产生的自由基发生加成反应；又或者与不稳定的烯丙基氯发生自由基取代，因而消除不稳定因素。

2014 年，我国率先研发出系列环保、高效镧/铈稀土 PVC 热稳定剂关键制备技术，并实现了产业化。稀土热稳定剂的刚果红时间为 32 min，200℃烘箱热老化时间≥95 min，能够替代进口钙锌稳定剂应用于型材中，提高可焊接性 11.37%、耐候性能 ΔE1.2；应用于板材中，提高最大负荷 17.31%、弹性模量 14.62%、弯曲强度 19.68%；应用于管材中，提高爆破压力 0.1～0.2 MPa、保压时间 20～57 min。2016 年，稀土热稳定剂被工信部、科技部、环保部三部委列入《国家鼓励的有毒有害原料（产品）替代品目录》(2016 年版)；2019 年，我国首个复合稳定剂行业标准《稀土复合热稳定剂》发布并实施。

2. 稀土阻燃剂

高分子材料出色的化学稳定性以及良好的电绝缘性使其在建筑、电子、汽车以及航空航天等领域得到广泛的应用。然而，大多数高分子材料易燃，UL-94 燃烧测试等级不理想，极限氧指数（LOI）低，在燃烧过程中易产生浓烟和有毒有害气体，对人类的生命和财产安全带来巨大的火灾威胁，在一些领域限制了其大量使用。因此，研究高分子材料阻燃的工作显得尤其重要。

常用阻燃剂中溴系阻燃剂的阻燃效率高，但在燃烧时会有有毒有害气体生成，考虑环境和安全，已在逐渐限制溴系阻燃剂的使用。氢氧化铝、氢氧化镁等金属氢氧化物类阻燃剂与高分子材料的相容性差且添加量大，从而导致高分子材料的力学性能降低。传统的膨胀型阻燃剂（IFR）分子量小，易迁移到材料的表面，导致阻燃性能下降，并且与溴系阻燃剂相比，IFR 的热稳定性和耐水性差[92]。为了提高 IFR 的阻燃性能，经常使用如硼酸锌[93]、金属氧化物[94]、有机硼硅氧烷[95]、碳纳米管[96]等协同阻燃剂来促进 IFR 各组分之间催化反应，以及提高稳定性和碳层的强度。

聚合物燃烧时的成碳反应本身就是酯化脱氢的过程，产生的致密碳层可以有效阻止火焰的蔓延，因此有关稀土阻燃的相关课题引起了众多研究团队的广泛关注。

2008 年，首次提出稀土氧化物协效阻燃抑烟聚丙烯（PP）体系[97]，该体系是在 PP/IFR(APP/CFA)体系中添加了 1%～5%的 La_2O_3，其 LOI 值随着协效阻燃剂添加量的增多呈现先增加后降低的趋势，在 1.6 mm PP 的 UL-94 等级测试中达到 V-0 级，同时促进了均匀致密碳层的形成，有效降低了热释放速率（HRR）、总释放热（THR）、烟生成速率（SPR）、总的产烟量（TSP）、点燃时间（IT）等，起到了抑烟和协同阻燃的作用。在 La_2O_3 协效阻燃丙烯腈-丁二烯-苯乙烯树脂/有机蒙脱土（ABS/OMT）体系的研究中发现[98]，La_2O_3 一方面能和燃烧的挥发产物发生反应，促进挥发产物脱氢和芳香化，形成碳层；另一方面 La_2O_3 作为路易斯酸催化 ABS 脱氢，接受单一电子，在 ABS 链上产生大的自由基，这些链上自由基之间互相反应，促成 ABS 分子间交联，形成石墨化碳层结构。因此，添加 3%的 La_2O_3 能使 ABS/OMT 的残碳量达到 12.6%。对 La_2O_3 协效阻燃 PP/$Mg(OH)_2$ 体系的研究表明[99]，La_2O_3 一方面催化 PP 氧化脱氢生成多环芳烃化合物形成致密碳层，另一方面 La_2O_3 催化 PP 氧化使链内生成—COOH、—CO、—OH 基团，这些基团与氢氧化镁表面的羟基反应，形成交联结构，使碳层致密，从而提高阻燃性能。

向聚丙烯/磷酸季戊四醇三聚氰胺盐体系（PP/PPM）中添加了 1% CeO_2，使体系 LOI 值达到最大值 30%，原因在于 CeO_2 催化 PPM 能够形成交联网络结构，减少了磷氧化物的挥发量[100]。同时 LOI 值随 CeO_2 添加量先增加后降低的现象是因为高温下少量 CeO_2 提高了膨胀阻燃剂的热稳定性能，从而促进了碳层的形成，但是加入过多的 CeO_2 又会促使碳层过度交联，使已经形成的碳层硬化，造成碳层缺陷，从而导致 LOI 值降低。在对 CeO_2 协效 PP/IFR(APP/CNCA-DA)体系研究的过程中发现，CeO_2 的添加量为 1%时，催化效率最高，LOI 值可达到 32.5%[101]。CeO_2 改变了 PP/IFR 的降解过程，促进 PP/IFR 提前降解，同时 CeO_2 通过生成更多的 O，N，P，将碳层的无定形结构转变为微晶结构，提高了碳层内外表面强度，从而降低了峰值热释放速率（p-HRR）、THR、SPR、TSP，达到阻燃抑烟效果。在 Sm_2O_3 协同阻燃热塑性弹性体/膨胀阻燃剂（TPE/IFR）体系的研究过程中发现，温度高于 400℃时，Sm_2O_3 与 IFR 反应生成 $SmPO_4$，在碳层的形成过程中 $SmPO_4$ 使更多的磷维持在碳层中，抑制了膨胀结构的降解，从而使材料的阻燃性能得到了提高[102]。同时，Sm_2O_3 也促进了聚合物和其他助剂之间发生脱氢、氧化和交联反应，提高了 TPE/IFR 体系的黏度，抑制了碳层碳化前滴落现象的发生，因此提高了 UL-94 等级。Nd_2O_3 协效阻燃热塑性聚烯烃/膨胀阻燃剂（TPO/IFR）体系中，Nd_2O_3 的加入提高了 190～300℃之间 TPO 的黏度，达到了抑制滴落的效果，降低了 300～400℃之间 TPO 的黏度，使碳层结构富有弹性，有利于成碳剂膨胀，形成较厚、致密的碳层[103]。Nd_2O_3 一方面能与三个 APP 的羟基反应，形成

—P—Nd—O—键，而这种—P—Nd—O—键可以使 APP 在高温下保持较高热稳定性，减少磷氧挥发物的释放量，使更多的磷元素用于成碳和磷酸化。带有—P—Nd—O—键的 APP 聚合物最终热解成 NdP_5O_{14}。另一方面，Nd_2O_3 能够催化聚磷酸与 PER 酯化成碳，并且催化 PP 及 PP 与 APP 成碳。

对于+4 价磷酸铈（$Ce(HPO_4)_2 \cdot 0.33H_2O$，CeP(Ⅳ)）协同阻燃苯乙烯-丁二烯-苯乙烯嵌段共聚物/聚磷酸铵/季戊四醇（SBS/APP/PER）体系，CeP(Ⅳ)能够促进 APP 脱氨从而生成聚磷酸，并加速 APP 与 PER 的酯化反应，同时 CeP(Ⅳ)与 APP 反应形成的—P—O—Ce 键起到了稳定 APP 和促进交联反应的作用，从而提高热解和燃烧过程中体系的黏度[104]。次磷酸镧（$La(H_2PO_2)_3$，LaHP）协效阻燃玻纤增强尼龙 6 体系（PA6/FR-GFPA）中，LaHP 在受热分解时生成 $La_2(HPO_4)_3$ 和 PH_3，PH_3 被氧化成磷酸，而磷酸在受热时脱水生成聚磷酸，聚磷酸能够起到促进成碳的作用，从而提高了体系的阻燃性能[105]。通过研究层状苯基磷酸镧（$LaH(O_3PC_6H_5)_2$，LaPP）对玻纤增强聚对苯二甲酸乙二醇酯体系（PET/GF-MRP）的协同阻燃效果发现，加入 LaPP 的 PET/GF-MRP 体系能够形成均一致密的碳层，而这种碳层能够降低玻纤的热传导，弱化“灯芯效应”，阻断传质路径，这是因为在高温环境下苯环降解，在片层 LaPP 边缘生成了一种酸性物质 P—OH，能够催化 PET 的降解，使降解产物碳化，同时在苯环降解的过程中，会产生 PO，它能捕获 H 和 HO 自由基，因此能够降低燃烧的速度和火焰的强度[106]。由于酸的催化作用和存在 PO 自由基的原因，形成了更多弹性硅酸盐残碳，增强了 PET/GF-MRP 体系的阻燃性能。采用原位聚合法将聚苯乙烯与纳米硼酸镧进行复合，硼酸镧在聚苯乙烯的表面形成致密的玻璃态隔氧层，能够阻断复合材料表面的可燃性产物与氧气的交换，从而有效提高复合材料的阻燃性能[107]。以磷酸二氢铵、正硅酸乙酯、尿素、氯化镧、季戊四醇制备氯化镧复合阻燃剂，氯化镧能够催化磷酸二氢铵生成次磷酸盐，而次磷酸盐可以形成连续且致密的膨胀碳层，从而提高棉布的阻燃性能[108]。在氢氧化镧阻燃 PP 材料中，氢氧化镧能够使 700℃时残碳量增加，阻止了气相和凝聚相之间的传热和传质，从而提高了阻燃性能[109]。采用水热法合成球状锡酸镧，锡酸镧能够使 PVC 燃烧后生成 LaOCl，从而减少了 PVC 中的 Cl 元素进入到气相中，最终形成了带有封闭孔的致密碳层，提高了 PVC 阻燃性能[110]。

近年来我国研发的含镧铈稀土复合阻燃剂不含砷等重金属，高效、环保，粒径小于 5 μm，呈白色粉末状，与树脂基体的相容性较好，加工性能好，易混合，主要用于 PVC 相关制品的阻燃。在阻燃高分子材料的过程中，稀土复合阻燃剂表现出以下特点：①添加量少。普通无机阻燃剂添加量至少达到 40%以上才能明显改善材料的阻燃性能，而稀土复合阻燃剂通常添加 10%左右即有明显的效果。②抑烟。阻燃高分子材料燃烧过程中释放的总烟量下降，有害气体成分减少。③协效阻燃。与其他助剂/阻燃剂复合使用，阻燃性能显著提高。④无毒、环保、安全卫生。阻燃剂中添加的稀土元素对人体无毒无害，在其生产、使用的过程中可用于食品、医用等产品。⑤热稳定效果好。可明显改善材料的热稳定性及提高热变形温度，几乎不影响材料的其他性能。⑥稀土元素的加入使阻燃剂的偶联增容作用更加优异，在保证提高阻燃性能的同时，材料的拉伸强度、冲击强度等均有一定程度的提高。⑦良好的耐候性。稀土元素可吸收 230～320 nm 波长范围内的紫外线，具有优良的抗紫外光老化性能。

3. 稀土成核剂

成核剂是一种通过改变不完全结晶树脂（如聚乙烯、聚丙烯、聚乳酸等）的结晶行为，从而加快结晶速率、促进晶粒尺寸微细化、增加结晶密度，达到缩短成型周期、改善力学性能、提高制品透明性和热变形温度等性能的新型功能助剂。例如，聚丙烯主要以 α 晶型存在，同时伴有少量的 β 晶型，α 晶型球晶之间呈现明显的边界，这些边界是材料的薄弱点，常常导致材料破坏，而 β 球晶间没有明显的边界，呈羽毛状，片晶互相交错，使得材料具有冲击强度高、韧性和延展性好等独特性能，因此可通过 β 成核剂诱导聚丙烯生成更多 β 球晶来改善聚丙烯的各种性能。目前聚丙烯用稀土类 β 成核剂是将一种或多种稀土元素与有机化合物复配或反应生成的有机配合物，通常添加镧、铈、钇等轻稀土元素，有机化合物一般为稠环化合物、某些脂肪酸及其衍生物等。当稀土元素或有机化合物单独添加到 PP 中时，一般情况下不能诱导 PP 生成 β 晶型，也不能增加 PP 的力学性能。将单独的 19 种矿物质作为第一组分组成的双组分混合物和第二组分 LaC（三价硬脂酸镧和硬脂酸盐的混合三元复合物）加入到等规 PP 中，发现矿物质和 LaC 均不能单独诱导 PP 生成 β 晶型，而钙化合物和 LaC 组成的复合物却具备较好的 β 成核作用，复合物中的钙化合物是诱导 β 晶型生成并能有效增韧改性 PP 的先决条件[111]。

聚乳酸（PLA）是一种生物可降解聚合物树脂，根据聚乳酸的组成和结晶条件，可以形成四种晶型（α，β，γ 和 δ）。从熔体或溶液中结晶的最常见 α 形态的 X 射线衍射峰分别在 14.8°、16.9°、19.1°和 22.5°。在高速和高温的拉伸过程中，可以产生 β 形态。γ 主要通过在六甲基苯衬底上外延生长获得。在 120℃以下形成的 δ 型晶体，又称无序 α 型晶体，其 X 射线衍射图谱与 α 型晶体相似。近年来，另一种 PLA 晶体结构——SC 晶体受到了广泛的关注。SC 晶体的熔点比 PLA 同手性（HC）晶体高 50℃，SC 的形成被证明是提高 PLA 物理力学性能的有效方法[112]。影响 PLA 结晶速度的因素有：PLA 的分子量及其分布、PLA 的立体结构组成比例、增塑剂、成核剂、加工条件等。实际加工后的聚乳酸结晶度较低，限制了其应用范围。目前，加快 PLA 结晶速率的方法主要有：添加异相成核剂，降低成核能垒，并在冷却后的较高温度下开始结晶；添加结晶促进剂以增加聚合物链的运动能力，不仅能加速冷却过程中的成核速度，还可以像增塑剂一样减少在结晶过程中链折叠时所需的能量；改变结晶条件，如反应条件、加工的时间和温度等。常用的 PLA 成核剂有有机成核剂、无机成核剂、生物基成核剂。稀土的化学性质活泼，作为成核剂被研究也取得了一定的进展[113]。利用含 La_2O_3、CeO_2 和 Y_2O_3 的稀土成核剂对 PLA 进行改性，研究发现，添加稀土成核剂对聚乳酸复合材料的结晶度和结晶速率有很大幅度的提高，当稀土成核剂添加量为 2%时，结晶速率是纯 PLA 的 2.15 倍，结晶度可提高到 53.7%[114]。有学者分别研究了 WBG-Ⅱ、WBG-Ⅱ(a)与 WBG-Ⅱ(b)三种稀土成核剂对 PLA 结晶性能的影响，非等温结晶动力学研究表明，在相同的降温速率下，添加成核剂后结晶发生的温度区间比纯 PLA 高 11～15℃，其中 WBG-Ⅱ(b)在 10℃/min 的降温速率下可以将 PLA 的结晶温度由 109.2℃提高至 124.1℃[115]。添加 0.8%苯基磷酸稀土成核剂使聚乳酸维卡软化温度提高到 123.6℃，半结晶时间（110℃）缩短到 0.32 s。

4. 稀土抗菌防腐剂

早在 20 世纪初，稀土在抗菌领域方面的研究与开发应用工作就已开始，硫酸铈钾最早被用于防止烧伤感染的抗菌剂，后来科学家们发现硫酸钕与硫酸镨可用于医治结核病。稀土的抗菌机理是：稀土离子与细菌发生相互作用，破坏其细胞壁、细胞膜和胞内的 DNA、蛋白质和酶[116]，阻碍细菌的生命活动，抑制细菌的生长繁殖；稀土元素的 4f 亚层中未成对电子与其他元素的外层电子发生相互作用，使得稀土具有活泼的配位性，可合成具有抗菌性能的稀土配合物[117]；稀土元素掺杂到抗菌材料中，可与其他抗菌剂产生协同抗菌效应[118]，减少了其他抗菌剂的用量，且得到抗菌能力更强的复合抗菌材料。

纳米稀土谷氨酸咪唑三元配合物[119]，对其抗菌性能进行表征，结果表明，6 种纳米稀土三元配合物对大肠杆菌、金黄色葡萄和白色念珠菌均有较强的抑制作用，最小抑菌浓度 MIC 分别约为 140 μg/mL、100 μg/mL、250 μg/mL，属于广谱抗菌剂。通过对合成的稀土与 L-酪氨酸和咪唑配合物的研究发现[120]，稀土配合物对金黄色葡萄球菌和大肠杆菌均有不同程度的抑制作用，其抑菌活性对比单独的稀土离子及配体有明显增强作用，抑菌活性为稀土三元配合物＞稀土二元配合物，稀土二元及三元配合物对两种实验菌的最低抑菌浓度分别小于 0.05 mol/L、0.005 mol/L，也表明稀土配合物的抑菌活性强于单独的稀土离子及配体。

利用蒽-9-甲醛和 3,4-二氨基吡啶的缩合化学生成席夫碱（SB）配体，N^2,N^3-双(蒽-9-亚甲基-吡啶-3,4-二胺)结合 Er，Pr 和 Yb 稀土金属形成一系列 SB 复合物[121]，使用各种方法研究了所得复合物的表面、结构、热和光学特性，在 SB 中加入稀土金属夹杂物后观察到特征发光特性。就 SB 复合物的抑菌圈而言，针对枯草芽孢杆菌、金黄色葡萄球菌、大肠杆菌和铜绿假单胞菌进行了抗菌研究，SB-Pr 配合物对所有病原体表现出比其他 SB 金属配合物更好的免疫行为。

稀土应用在电弧喷涂长效防腐中，也是一个重要的应用领域。对含有稀土元素的几种铝和铝合金材料的电弧喷涂层的防腐性能进行测试，表明稀土元素的加入可以有效地改善涂层的性能，主要原因是稀土不仅可以改善合金的抗蚀能力、细化晶粒，还可以提高涂层的结合强度，使孔隙变细小，降低孔隙率。涂层孔隙率的降低对提高涂层的耐腐蚀能力有重要的作用[122]。在实际应用中，涂层孔隙的存在减弱了涂层的隔离作用，腐蚀介质会从孔隙穿过涂层到达基体，发生涂层下腐蚀[123]。利用硅烷偶联剂 KH560 改性 CeO_2[124]，实验结果表明，表面改性的 CeO_2 在环氧树脂基体中具有更好的分散性，添加了改性后 CeO_2 和 SiO_2 的环氧树脂制备的稀土防腐防污涂层表现出较好的疏水性能，涂层防污性能提升明显。

5. 稀土硫化促进剂

镧、钕、钐等稀土配合物具有促进橡胶硫化的作用，并且能够提高橡胶的物理性能、改善橡胶加工的安全性，是一种应用前景广阔的新型促进剂。一种新型稀土多功能助剂——谷氨酸二硫代氨基甲酸镧（La-GDTC），具有二硫代氨基甲酸根和羧基与金属镧离子进行配位作用化学结构的化合物[125]。随着 La-GDTC 含量的增加，使丁苯橡胶（SBR）/La-GDTC 混炼胶的正硫化时间缩短，表明 La-GDTC 具有优良的硫化促进功能。此外，以氯化镧和柠檬酸为原料合成柠檬酸镧，并将其添加到SBR混炼胶中，研究合成的柠檬酸镧对混炼胶的硫化特性和硫化胶物理机械性能的影响，结果表明，柠檬酸镧可提高硫化胶物理机械性能、混炼胶的硫化性能及抗硫化还原性，可以作为SBR橡胶硫化剂的一种补充[126]。

6. 稀土防老剂

稀土元素的大量空轨道具有很强的与游离基结合的能力，可使链式反应终止，有效抑制氧化的作用。在胶料热氧老化前，稀土元素能够形成一些络合结构，阻碍氧化过程进行。热氧化后所产生的烯酮、烯酸等也会与稀土形成络合物，进一步阻碍氧化过程的进行。一种新型多功能稀土配合物橡胶防老剂——水杨酸镧（La-SA）能缩短天然橡胶（NR）/SiO_2和SBR/SiO_2两种复合材料混炼胶的正硫化时间，很好地促进橡胶的硫化，同时改变两种复合材料的机械性能，提高NR/SiO_2和SBR/SiO_2复合材料的拉伸强度和撕裂强度，由此可见稀土配合物能改善橡胶的网络结构[127]。采用皂化方法制备硬脂酸镧（LaSt）作为环氧化天然橡胶（ENR）的防老剂，有助于提高ENR的热稳定性，同时添加LaSt的ENR的结构稳定性均显著优于添加传统防老剂（RD，4010NA，4020，MB）的效果[128]。

7. 稀土补强增韧剂

在天然橡胶（NR）中添加未改性的氧化铈（CeO_2）和用三种偶联剂改性的氧化铈（CeO_2），结果表明，经过三种不同的偶联剂改性后，CeO_2颗粒表面形成了一层偶联剂分子膜，偶联剂改性CeO_2的效果较好[129]。改性后的CeO_2由亲水性变为亲油性，用量为CeO_2用量的2%～5%。三种偶联剂对CeO_2的改性效果为：钛酸酯偶联剂改性＞铝酸酯偶联剂改性＞硅烷偶联剂改性。橡胶试样在老化后，添加钛酸酯偶联剂改性CeO_2的橡胶试样的力学性能最好，添加铝酸酯偶联剂改性CeO_2的橡胶样品的稳定性能较好。轮胎用稀土橡胶助剂不仅能够提高轮胎橡胶的热老化性能12%以上，还能够降低轮胎橡胶磨耗量达15%。

聚乳酸因脆且硬限制其广泛应用，利用聚乳酸与蒙脱土熔融插层制备出的聚乳酸/蒙脱土纳米复合材料具有优良的热稳定性和良好的力学性能，因此，成为目前聚乳酸改性研究的重点。将稀土氧化物（La_2O_3）与有机蒙脱土（OMMT）进行物理共混改性，得到稀土镧表面改性有机蒙脱土（La-OMMT）并对聚乳酸进行熔融插层改性。结果表明，聚乳酸/稀土改性有机蒙脱土纳米复合材料（PLA/La-OMMT）的力学强度和韧性均有不同程度的提高[130]。长径比大于50的纳米氢氧化稀土晶须，通过在聚乳酸内部构建微观的“垒式结构”提高聚乳酸的韧性，可应用于包装材料、纤维纺织、3D打印、工程塑料、农业等领域。

（于晓丽　芦婷婷）

6.4 稀土颜料

6.4.1 概述

我们生活在一个色彩斑斓的世界，这都离不开五颜六色的颜料。颜料（pigment）一般是指由细小颗粒组成的物质，基本不溶于它所分散的介质中，具有着色作用，有一定的遮盖力[131]。颜料分为无机颜料和有机颜料两大类[132]。无机颜料热稳定性及光稳定性优良，价格低，但着色力较差，相对密度大，一般来说不够鲜艳；有机颜料着色力强、色泽鲜艳、色谱齐全、相对密度小，但在耐热性、耐候性和遮盖力等方面通常不如无机颜料。随着社会发展，环境问题日益严峻，市场上含有有毒重金属离子的颜料[133]都将会逐渐被淘汰，因此寻找无毒环保的颜料迫在眉睫。

稀土颜料因其色彩鲜艳、亮度高且对环境无污染而受到广泛关注。稀土在颜料中的作用按其色光效应大致分为三类[134]：稀土离子是发色中心，显示该元素的相应色调，稀土化合物作为着色剂起显色作用；稀土离子为非发色中心，但通过进入物质的晶格促使形成一定的晶相，作为掺杂剂起助色、稳色或者变色作用；稀土离子利用光学特性吸收光波后发生某种特定的跃迁，以辐射的形式释放激发能或将激发能传递给其他离子，作为激活剂发生光致发光或者光致变色。前两类稀土颜料多应用于陶瓷和玻璃工业，第三类可用于塑料、涂料、油墨等领域并进一步开发其防伪功能。目前，比较成熟的稀土颜料有氧化稀土颜料和硫化稀土颜料。

氧化稀土颜料有代表性且应用较广泛的是锆镨黄颜料——以硅酸锆为基质与镨化合物的固溶体，硅酸锆是由二氧化锆和二氧化硅在高温下通过矿化剂氟化钠的作用而生成，在硅酸锆的生成过程中，四价镨离子进入硅酸锆晶格，使白色的硅酸锆晶体变成黄色，锆镨黄颜料属于第二类，稀土离子进入物质的晶格形成一定的晶相，作为掺杂剂起助色、稳色或者变色作用。

稀土硫化物颜料[135]是以一定晶型和粒度的轻稀土（主要是镧铈）化合物（碱式碳酸盐）为原料，与单质硫或硫化合物的气体在高温下合成特定稀土硫化物，稀土硫化物经过着色处理（氟化、包覆、筛分）后，得到的一种符合颜料标准的着色材料。稀土硫化物颜料属于第一类，稀土离子是发色中心，稀土化合物作为着色剂起显色作用。

6.4.2 主要类型及制备技术

1. 锆镨黄颜料

锆英石型色料即锆基色料，是目前陶瓷色料中应用较广泛的一种。锆基色料几乎包含了所有颜色种类，不仅呈色佳，而且还有优良的高温稳定性，这也是其被广为应用的重要原因。锆基色料的优异性能主要得益于硅酸锆基体的理化特性，锆钒蓝、锆镨黄和锆铁红更是被称为锆系三基色，按一定比例混合这三种色料可以调配出很多其他颜色的色料。

锆镨黄是一种呈深黄色、锆英石型陶瓷色料，属于四方晶型。锆镨黄颜料主要成分是硅酸锆，镨离子以+4 价态形式与硅酸锆中的部分锆离子发生置换形成间隙性固溶体。

锆镨黄颜料于 20 世纪 50 年代问世[136]，其优良性能迅即引起了国内外科研人员的注目。到 60 年代，锆镨黄颜料在国外开始得到应用。20 世纪 80 年代初，我国开始研制锆镨黄颜料[137]，于 1985 年建成年产 20 吨生产线，1986 年正式产业化。

锆镨黄颜料的制备方法[138]一般可以分为固相反应法（干法）与液相合成法（湿化学法）两大类，其中液相法主要有化学沉淀法、溶胶-凝胶法、水热法。

固相反应法是锆镨黄生产最传统的方法。一般是将研磨或均化处理的氧化锆、氧化硅、氧化镨按比例混合，添加一定量不同种类的矿化剂后，经过高温煅烧得到锆镨黄颜料。

湿化学法[138]在制备高纯超细的镨黄颜料粉体方面逐渐受到重视。化学沉淀法是添加一定沉淀剂至存在不同离子的可溶盐溶液中，使之生成沉淀化合物，然后过滤、洗去杂质离子，经干燥和煅烧等后续工艺得到颜料的方法。溶胶-凝胶法也是制备超细无机颜料粉体的一种常用方法，将含有颜料所需离子的金属醇盐或某些无机盐作为前驱体，前驱体在溶剂中水解形成溶胶，溶胶逐渐缩聚形成网络结构的凝胶，凝胶干燥、后续热处理即可得到目标颜料。水热法包括微波水热法和微波处理两步合成法。

锆基色料的广泛应用和飞速发展归功于该类色料的优异性能。不论是包裹型锆基色料还是离子取代型锆基色料，均以具有优异化学稳定性和热稳定性的硅酸锆作为载体，因此，这类色料具有如下品质：呈色稳定，着色力强，颜色纯正，适应性强，混溶性好，色调丰富，主要应用于陶瓷色料及釉料。

镨黄能够呈现纯正鲜艳的柠檬黄色，化学稳定性极佳，不溶于水、酸和碱溶液，对釉料的适应性强，着色力强，适用温度范围较宽，适合在氧化气氛中应用。锆镨黄等锆基色料呈色鲜艳，在釉中用量极少的情况下依然可以保持较好的发色，可降低色料的使用量并可下降陶瓷生产成本。一般情况下，浅着色陶瓷器件的色料加入量占釉料总重为 0.5%～1.0%，而深着色器件的色料加入量通常为 3.0%～5.0%。

2. 硫化稀土颜料

1996 年第 4 期的 *RIC News* 发布了法国罗纳普朗克公司研制的红色和桔色稀土硫化物着色剂，可以替代重金属基无机颜料对塑料进行着色，该稀土硫化物着色剂具有良好的热稳定性、耐光性、不透明性、遮盖力和弥散性。

采用硫粉为硫源，通入 H_2 与处于低温区料舟中的硫磺反应生成 H_2S 反应气，再与高温区料舟中的物料反应制备硫化物[139]。低温法制备稀土倍半硫化物的主要过程是将稀土盐溶液与硫化试剂反应制备稀土硫化盐前驱体，通入干燥硫化气体在低于 1000℃下硫化，尾气用碱液吸收。目前主要有两种生产工艺，即固-固法和气-固法，固-固法是以稀土化合物为原料，固体硫磺为硫化剂，碳粉为还原剂，碱式碳酸盐为掺杂剂，在密闭环境下高温制得稀土硫化物；气-固法以稀土化合物与碱式碳酸盐混合作为原料，二硫化碳、硫化氢为硫化剂，在高温环境下制得稀土硫化物。

近几年，国内一些科研机构及企业开始研究稀土硫化物的后处理[140-142]，使其符合稀土硫化物环保颜料要求，合成的稀土硫化物进行掺杂处理后成为合格颜料。掺杂离子不仅可以稳定 γ 相，大大降低 γ 硫化物的制备温度，还可调节材料的电子能级结构等性质，从而实现对材料颜色等物化性能的设计和调控。常用掺杂剂包括碱金属离子、碱土金属离子、重稀土离子、碳、硅等。

硫化稀土合成后对其表面进行包覆处理是目前使用的主要手段[143]，如利用 SiO_2、Al_2O_3、ZrO_2 和 $ZrSiO_4$ 等对稀土硫化物颜料进行包覆，可显著提高颜料的热稳定性（空气气氛下稳定温度达 500℃）、抗酸腐蚀性和分散性。表面改性则可有效改善稀土硫化物颜料与着色基质间的相容性，扩大其使用范围，如在颜料粒子表面进行有机官能团修饰可以提高其在有机溶剂中的分散性。氟处理也是重要的后处理手段之一，用氟离子处理的稀土硫化物颜色更为鲜艳。经处理过的粉体颗粒不可能均匀分布，根据不同要求，通过筛分分级处理，最终得到所需的产品。为了克服氟洗工艺带来的环保问题，利用含磷等元素调节材料吸收光谱来提高着色剂色度性能，达到了氟洗水平。

20 世纪 90 年代中期，法国罗纳普朗克公司建立当时世界上唯一一套硫化稀土环保颜料的产业化生产线，采用“气-固”法合成硫化稀土，年产能 500 吨。生产线包括三个过程：原料制备生产线、合成生产线及后处理着色成品生产线。我国最早稀土硫化物颜料的产业化生产企业主要采用“固-固”法合成工艺，即以铈的化合物为原料，碱金属化合物为添加剂，硫磺为硫化剂，活性炭为辅助剂，在高温下反应制备红色颜料用倍半硫化铈。“固-固”法合成产品纯度略差，色度偏暗。目前国内生产厂家拥有气-固、固-固两种生产工艺路线，并建成 650 吨/年规模的硫化稀土环保颜料生产线。

以稀土元素铈、镧铈为基础的红色、橙色系列稀土硫化物已经实现产业化，目前已有《硫化镧铈》（XB/T 509—2019）、《硫化铈》（XB/T 519—2021）两项稀土行业产品标准及 *Lanthanum-Cerium Sulfide* 一项英文标准。以稀土元素钐（Sm）为基础的黄色系列稀土硫化钐已具备产业化水平，产品标准正在制定中；以稀土元素镧（La）为基础的浅黄色稀土硫化镧正处于研发阶段，随着市场需求也将达到产业化水平。

稀土硫化物颜料系列产品具有绿色环保、显著热稳定性（＞320℃）、独特玻璃纤维融合性、吸收紫外、反射红外及优良耐候性等特点。产品应用于 PA（尼龙）系列、PC（聚碳酸乙酯）系列、PP（聚丙烯）系列、ABS（工程塑料）系列、医疗齿科材料、美术颜料、户外塑料制品等领域。稀土硫化物材料符合“创新、绿色、协调、共赢、发展”的发展理念，由国家工信部、环保部、科技部联合发布的《国家鼓励的有毒有害原料（产品）替代品目录》（2016 年版）中，稀土环保颜料位列第二项。

（刘建钢　张　成）

6.5　稀土热障涂层材料

6.5.1　概述

热障涂层（thermal barrier coatings）是一层陶瓷涂层，它沉积在耐高温金属或超合金的表面，利用陶瓷的隔热和抗腐蚀特点保护金属材料，不仅可以提高油料的燃烧效率，而且可以极大地延长发动机的寿命，在航空、航天、海面船舶、大型火力发电和汽车动力等方面具有重要的应用价值，是现代国防尖端技术领域中的重要技术之一。

美国国家航空航天局（National Aeronautics and Space Administration；NASA）-Lewis 研究中心为了提高燃气涡轮叶片、火箭发动机的抗高温和耐腐蚀性能，早在 20 世纪 50 年代就提出了热障涂层概念。在涂层的材料选择和制备工艺上进行较长时间的探索后，80 年代初取得了重大突破。先进热障涂层制成的器件（如发动机涡轮叶片）能在高温下运行，可以提高器件（发动机等）热效率达到 60%以上，能够在工作环境下降低高温发动机热端部件温度 170 K 左右。与新型高温合金材料相比，热障涂层的研究成本相对较低，工艺也现实可行。

作为航空、航天、电力、舰船、能源等领域先进装备的关键动力系统，航空燃气轮机和地面燃气轮机（以下简称“两机”）研制及性能提升是一个国家科技水平、军事实力的重要标志之一。国家发改委和科技部已将“两机”关键技术的研究和建设纳入《国家中长期科学和技术发展规划》《国家重大科技基础设施建设中长期规划（2012—2030年）》中。随着“两机”向高流量比、高涡轮进口温度方向的发展，发动机涡轮叶片、燃烧室等关键部件承受的燃气温度和燃气压力不断提高，如目前国际主流重型燃气轮机的透平前燃气温度已达到 1400℃，远远超过了镍基高温合金热端部件的耐温极限。在热端部件表面制备陶瓷涂层，将热端部件与高温燃气有效隔离，可有效降低部件温度，延长部件寿命，提高发动机效率。研究显示在现有气膜冷却技术条件下，厚度 250 μm 的陶瓷层可以将叶片温度降低 110～170 K，而高温合金基体的温度降低 30～60 K，部件寿命可延长 1 倍[144]。同时为了有效避免高温合金热端部件与陶瓷层由于热膨胀系数差异较大造成的涂层过早脱落、失效问题，需要在制备陶瓷层之前，在热端部件表面预先制备金属黏合层。因此热障涂层一般由黏合层和陶瓷层构成，涂层结构示意见图 6-15 所示。随着燃气轮机发动机向高推重比方向发展，对热障涂层材料的耐高温、抗热震及抗氧化等方面性能提出了更高的要求。稀土复合氧化物作为热障涂层关键核心材料，对两机代级提升具有重要意义。

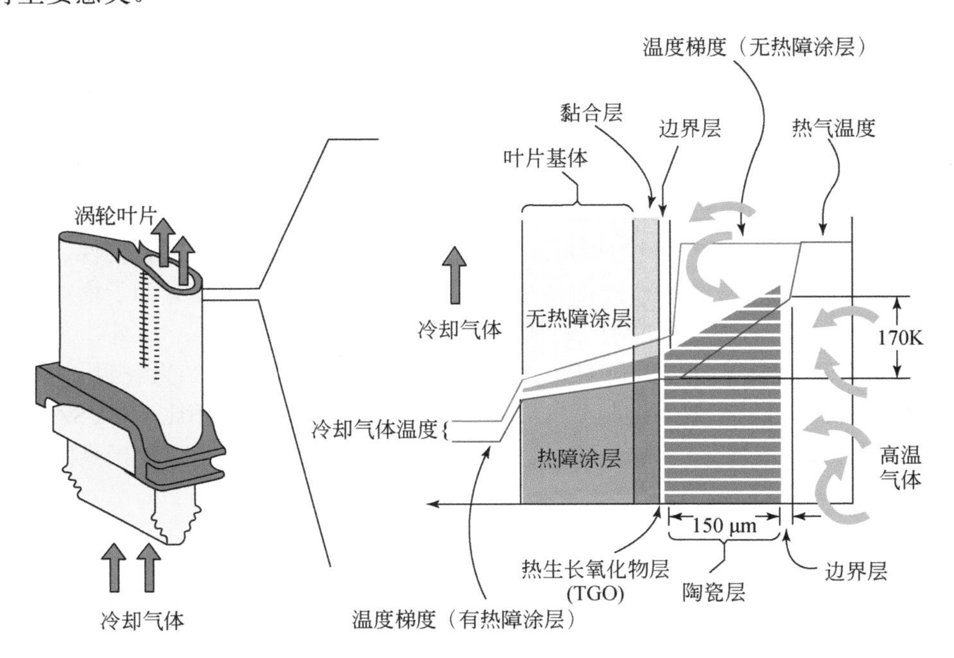

图 6-15　燃气涡轮叶片表面热障涂层系统示意图[145]

6.5.2 主要类型及制备技术

1. 氧化钇稳定氧化锆

氧化钇部分稳定氧化锆（7-8YSZ）热障涂层材料以亚稳态四方相（t 相）为主，还含有少量的立方相（c 相）和单斜相（m 相），其中，m 相具有很高的强度。在外界应力作用下，亚稳态 t 相会转变成 m 相，因此，YSZ 具有高的强度和断裂韧性，被誉为“陶瓷钢”。YSZ 作为现役主流热障涂层材料，在两机热端防护中得到成功应用。但其高温稳定性差，在 1250℃长期使用时，存在相变失效、烧结严重的问题，同时附着在叶片表面的沙尘（主要成分 CaO，MgO，Al_2O_3，SiO_2，即 CMAS）在温度超过 1200℃时会融化渗入涂层内部与 YSZ 反应，导致叶片表面气膜冷却孔堵塞，降低冷效，引起热障涂层服役寿命大幅降低。YSZ 涂层已被证实无法抵御 CMAS 的侵蚀[146]、CMAS 腐蚀[147–149]。为了改善传统 YSZ 涂层性能，研究人员通过单掺杂或共掺杂稀土氧化物及其他氧化物来改善其性能。

1）单一稀土氧化物掺杂改性 YSZ

与传统 YSZ 相比，CeO_2 和 Y_2O_3 复合改性 ZrO_2 热障涂层材料热导率相对更低，高温稳定性好，具有良好的抗氧渗透性能和耐 Na_2SO_4 盐腐蚀性[150–152]。同时 CeO_2 引入可以提高 YSZ 的热膨胀系数，将 CeYSZ 作为 YSZ 与合金基体的过渡层，可以达到提高涂层热循环寿命和抗冲击性能的目的。需要指出的是，高温环境下 Ce 元素扩散速度快易造成涂层成分变化；另外，CeYSZ 涂层存在高温烧结速率加快、铈价态转变等缺陷，导致涂层的使用温度限制在 1100℃以下。

与 8YSZ 相比，加入 CeO_2 的 CeYSZ 复合涂层可以显著降低热导率，并且在 1600℃范围内保持高温相稳定性，但 CeO_2 的引入使涂层硬度降低，抗烧结能力差，加速涂层剥落[153]。

Sc^{3+}与 Zr^{4+}的离子半径非常接近，Sc^{3+}的加入不会引起 ZrO_2 的晶格发生较大畸变，ScYSZ 具有更好的抗熔盐腐蚀性能和高断裂韧性。对比研究 7 mol%Sc_2O_3 和 0.5 mol%Y_2O_3 共掺杂 ZrO_2（ScYSZ）涂层材料的相稳定性、热导率、热膨胀系数、断裂韧性、弹性模量以及抗 CMAS 的腐蚀行为，掺杂 Sc_2O_3 后，Sc^{3+}和 Y^{3+}置换部分 Zr^{4+}，有助于增加氧空位浓度，造成晶格缺陷增多，从而加剧声子散射，降低涂层热导率[154,155]。此外，置换固溶体的形成提高了 YSZ 相稳定性以及抗 CMAS 熔盐腐蚀性能。TEM 观察结果表明了掺杂 Sc_2O_3 后 t 相更稳定，同时可以有效地抑制 CMAS 熔渗。与传统 YSZ 涂层相比，ScYSZ 热障涂层具有优异的高温相稳定性、低热导率、抗腐蚀性能及高结合强度，是一种极具发展前景的新型热障涂层材料。

研究者采用第一性原理赝势平面波方法分析了 RE—O 键（RE=Ce，Gd，Nd，Yb）的晶格畸变和 RE_2O_3 掺杂 ZrO_2 的键能，发现 RE 原子的共价键半径越大，RE—O 键集居数越小，晶格振动频率就越低，材料的导热系数越低。Gd_2O_3 在稀土氧化物中具有较小的集居数和弱共价键。弱共价键导致晶格振动较弱，在 YSZ 中加入 Gd_2O_3 更显著地降低 YSZ 的热导率[156]，提高高温相稳定性以及抗 CMAS 性能[157]。采用等离子喷涂技术所得掺杂 2 mol%Gd_2O_3 改性 YSZ（2GdYSZ）涂层的热导率低于传统 YSZ 和纳米 YSZ 涂层，室温下 2GdYSZ 涂层热导率为 1.042 W/(m·K)，当温度升高至 900℃涂层热导率降低至 0.894

W/(m·K)[158]。

2）多元稀土氧化物改性 YSZ

与单元素掺杂相比，多元素复合掺杂热障涂层材料热导率更低。这是由于掺杂元素种类的增加可在氧化锆晶格中引入大量的氧空位和晶格缺陷，可有效增强声子散射，降低声子平均自由程，从而降低涂层材料热导率。此外，多元素掺杂容易在氧化锆基体中形成纳米结构的缺陷簇，有助于提升材料结构稳定性，进而改善 YSZ 的综合性能，已成为当前 YSZ 改性的研究热点。Gd^{3+}的尺寸介于 Yb^{3+}和 Y^{3+}之间，Gd_2O_3、Yb_2O_3 共掺具有低热导率、良好相稳定性和耐熔盐腐蚀性能。Gd_2O_3 和 Yb_2O_3 共掺改性 YSZ（GdYbYSZ）经过 50 wt%Na_2SO_4+50 wt%V_2O_5 高温熔盐腐蚀后，m 相峰强度低于 YSZ 中 m 相峰强度[159]。

Ce^{4+}的离子半径在稀土元素中仅次于 La^{3+}，CeO_2 和 Sc_2O_3 的共掺杂不仅造成原子质量和半径的显著差异，而且会形成大量氧空位，因此，CeSc-YSZ 的热导率比 YSZ 低约 23%[160]。更重要的是，Sc—O 引起的晶格能量的增加使 Zr^{4+}难以发生错位，最终很好地阻止了材料从 t 相到 m 相的转变。Ce^{4+}和 Sc^{3+}的共掺杂同时克服了单一 CeO_2 掺杂导致的耐烧结性差和单一 Sc_2O_3 掺杂引起的热膨胀系数低的缺陷，因此 CeSc-YSZ 是一种较有前途的陶瓷层材料。La^{3+}、Gd^{3+}和 Yb^{3+}的离子半径都大于 Zr^{4+}，La_2O_3、Gd_2O_3 和 Yb_2O_3 共掺杂 YSZ（LGYYSZ）热障涂层具有优异的性能，即使在 1500℃退火 100 h 后，LGYYSZ 涂层仍显示出稳定的立方相[161]。LGYYSZ 的声子平均自由程比 YSZ 小，因此 LGYYSZ 涂层在 1400℃时的热导率比 YSZ 低约 26.5%；LGYYSZ 涂层在 1400℃下的热循环寿命是 YSZ 涂层的 2.7 倍，可归因于 LGYYSZ 涂层具有出色的相稳定性和较低的导热性。

综上所述，与传统 YSZ 热障涂层相比，单元素和多元素掺杂改性 YSZ 能够提高相变温度，降低热导率，改善抗烧结性能以及抗 CMAS 性能，从而弥补热障涂层服役过程中因烧结、相变等因素导致的失效行为，延长涂层使用寿命，降低燃气轮机运维成本。

2. 稀土锆酸盐

为发展新型超高温热障涂层，国内外竞相开展了基础和应用研究。目前开发的新型热障涂层材料主要包括 $SrZrO_3$、$SrCeO_3$ 等钙钛矿结构化合物，$LaMgAl_{11}O_{19}$ 磁铁铅矿结构化合物，稀土铈酸盐萤石结构化合物和稀土锆酸盐等几类。其中，$Gd_2Zr_2O_7$（GZ）材料具有比 YSZ 更低的热导率、更好的高温相稳定性及更好的抗烧结性，同时 GZ 材料能有效抑制 CMAS 渗入侵蚀，是一种极具应用前景的新型热障涂层材料，受到国内外广泛的关注。但是，GZ 热障涂层材料热膨胀系数较小，抗热震性较差，限制了其在热障涂层材料中的工程应用。大量实验表明，通过 Gd 位或 Zr 位掺杂可改善 GZ 材料热物理性能，还可提升 GZ 材料的抗 CMAS 腐蚀能力。在烧绿石结构的 GZ 中掺杂 Ti^{4+}，随着 Ti^{4+}掺杂量的增加，GZ 的烧绿石结构有序度增加，而热膨胀系数呈现先增大后减小的现象，并且热导率随之降低[162,163]。采用固相反应法制备 Y_2O_3 掺杂 GZ 陶瓷材料，掺杂后热导率由 1.4 W/(m·K) 显著降低到 0.82 W/(m·K)，同时维氏硬度从 6 GPa 增加到 10 GPa[164]。采用固相反应法制备 $Sm_2(Zr_{0.7}Ce_{0.3})_2O_7$（SZ7C3）与 $Gd_2(Zr_{0.7}Ce_{0.3})_2O_7$（GZ7C3）稀土氧化物热障涂层材料，GZ7C3 的热导率低于 SZ7C3，CMAS 高温腐蚀行为显示，SZ7C3 与 GZ7C3 陶瓷材料在 1250℃以上与熔融 CMAS 能够迅速反应生成一层由针状磷灰石相和球状萤石相组成的较为致密的反应层，阻止CMAS更深入渗入，同时发现由于Gd粒子半径相对较小，与CMAS反应越迅速，抵抗侵蚀能力越强。采用化学共沉淀或高温固相反应制备不同氧化物掺杂的GZ材料，相对于 Zr^{4+} 位取代，Gd^{3+} 位取代更有利于提高化合物的有序度，降低热导率，其中 $(Gd_{0.9}Yb_{0.1})_2Zr_2O_7$ 热导率低至0.92 W/(m·K)，热膨胀系数为 $8.8\times10^{-6}\sim11.86\times10^{-6}\,K^{-1}$，但其断裂韧性偏低，只有(1.11±0.24) $MPa\cdot m^{1/2}$。对不同稀土氧化物掺杂GZ的高温相稳定性和断裂韧性的研究结果表明，3.5%YbSZ的掺杂可以提高GZ材料的断裂韧性，当YbSZ含量为40 mol%时，材料的断裂韧性增加至1.89 $MPa\cdot m^{1/2}$ [165]。

3. 其他材料

目前研究的热障涂层材料还有石榴石结构体系、稀土磷酸盐体系、钙钛矿结构 ABO_3 型锆酸盐等。钇铝石榴石（YAG）本身的热物理和机械性能十分优异，且YAG熔点较高（1970℃），是潜在的热障涂层材料。$Y_3Al_xFe_{5-x}O_{12}$ 具有较低的热导率和良好的氧不透过性，并保持了YAG良好的力学性能，但是热膨胀系数较低，可作为热障涂层陶瓷的备选材料[166]。稀土磷酸盐材料有较好的耐腐蚀性和较低热导率，但作为热障涂层它与黏合层的结合性较差，容易脱落失效。钙钛矿结构的陶瓷材料如 $SrZrO_3$ 等，尽管也有良好的综合热物理性能，但是其相稳定性较差从而限制了应用。

4. 涂层材料制备技术

制备热障涂层材料的方法主要有固相法和溶胶-凝胶法、水热法、共沉淀法等湿法工艺。

1）固相法

固相法是指通过研磨混合和高温烧结使既定比例混合的固体原料之间发生反应而获得固溶体粉末或固态化合物的方法。固相合成的驱动力是自由能的降低，影响因素非常复杂，包括温度、压强、外电场、机械力、表面张力等，其中最主要的是温度。反应过程包括三个步骤：固相反应物相互接触；在固相反应物界面或者内部形成新物相的核；固相原子通过界面扩散和迁移，所生成的新相核继续长大直至反应结束。这种方法的优点是制备过程简单，易于操作和控制，缺点是粉体均匀混合较为困难，充分反应需要较高的烧结温度。

2）溶胶-凝胶法

溶胶-凝胶法可以将多组分的材料在原子级别上均匀分散在材料中，形成一个由无机结构单元组成的网络结构。将醇盐溶解并均匀混合，经水解、缩合化学反应，在溶液中形成水溶胶体系，溶胶经陈化处理，胶体之间缓慢聚合形成凝胶，凝胶再经过干燥、煅烧处理后即得到最终粉体。溶胶-凝胶法可以合成各种不同形态的陶瓷，所制备得到的粉体粒度小，粒度分布也较为均匀，粉体纯度高，制备过程所需烧成温度低。但该法制备周期较长，成本较高，所制备的粉体容易发生团聚。

3）水热法

利用高温、高压下水的溶解能力增强的特点，可以在水溶液中合成纳米粒子，如纳米YSZ粉末的合成过程为锆盐和钇盐溶液混合后加入氨水生成沉淀，将沉淀清洗、洗涤和烘干，将沉淀物装入高压釜内，在一定温度和压强条件下，沉淀物发生反应生成纳米YSZ粉末。该方法得到的粉末粒度极细，粉末粒度分布窄，制备过程中不需要对粉末进行高温煅烧，并且通过改变制备过程中反应条件可以得到不同结晶形态的纳米材料。但该方法一般合成量较小，且不适宜对水敏感的纳米材料制备。

4）共沉淀法

在溶液状态下将原料充分混合，随后向混合溶液中加入氨水等沉淀剂，经过共沉淀反应生成沉淀混合物。随后对生成的沉淀进行清洗、干燥处理得到前驱体，前驱体经煅烧处理最终得到相应的粉体颗粒。共沉淀法反应过程所需要的温度较低、制备条件容易控制、成本低、粉体性能稳定，但是沉淀物在洗涤、过滤、干燥时容易团聚，使粉体粒度偏大，纯度低，硬团聚严重，分散性差。

5. 热障涂层制备技术

目前应用最为广泛的热障涂层制备技术主要有大气等离子热喷涂（APS）和电子束物理气相沉积（EB-PVD）技术，图6-16为热障涂层结构示意及微观组织图。

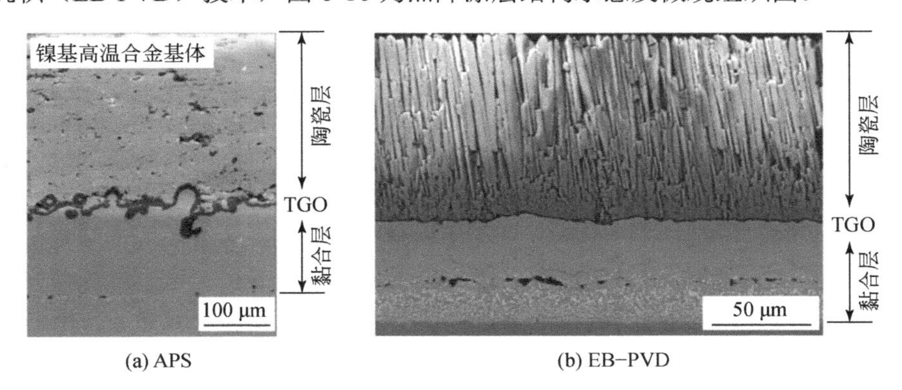

(a) APS　　(b) EB−PVD

图6-16　热障涂层结构示意及微观组织图[145]

1）等离子喷涂

将陶瓷粉料与去离子水、黏合剂等按一定比例混合，经球磨分散制备成黏稠度适宜的喷雾料浆。料浆采用喷雾干燥塔进行喷雾造粒后，获得具有一定粒度范围、流动性好的球形粉体。随后经致密化处理提升粉体强度，按照要求对粉体进行筛分处理，获得合格的喷涂粉末产品。

等离子喷涂是利用高温等离子射流将热障涂层粉末加热到熔融或半熔融状态并加速形成高速熔滴喷射到热端部件表面，产生碰撞、变形、冷凝收缩的过程，变形的颗粒与热端部件表面之间、颗粒与颗粒之间相互交错，形成扁平化层状堆积结构涂层。喷涂过程中粉末熔滴的飞行特性、扁平化凝固行为与喷涂工艺参数（包括喷涂电流、喷涂距离、送粉速度、喷涂速度、粉料粒度分布等）有关。等离子喷涂涂层致密度和结合力的高低与喷涂过程中粉料熔融率及扁平化铺展凝固密切相关。等离子喷涂技术对基体粗糙度有一定的要求，为了增加其表面接触面积以及粗糙度，需要在等离子喷涂前进行喷砂处理，以此增加涂层与基体之间的粘结强度。APS主要制备大型复杂部件，如燃烧室或燃气轮机的叶片，可使基体温度降150～200℃。APS制备的陶瓷涂层为层状结构，具有低弹性模量、高应变相容性、低热导率和高光散射系数等特性。

2）电子束物理气相沉积

热障涂层材料制备成靶材才能用于电子束物理气相沉积制备涂层，靶材是控制涂层质量的关键因素之一。在固相法合成或者喷雾干燥后的陶瓷粉料中加入黏合剂，造粒后依次进行低压预成型、冷等静压高压成型，靶坯致密化后，对靶材坯料进行精加工以得到外形尺寸准确的靶材素坯。对成型靶材素坯进行二次低温烧结，去除靶材内部水分和黏合剂，完成体积收缩和致密化，得到具有一定体积密度且体积稳定性的陶瓷靶材。

电子束物理气相沉积利用高能电子束轰击热障涂层靶材，使原料陶瓷靶置于真空环境中的阳极上，用高能电子束连续轰击使之温度升高并蒸发。原料蒸气以原子为单位沉积到预先加热的基体上形成涂层，涂层与基体之间以化学键结合，结合力很强。影响 EB-PVD 加工过程的参数有陶瓷靶的进给速率、陶瓷锭的尺寸、电子枪的电流和基体的加热功率，可以通过改变这些参数来控制涂层的微结构。EB-PVD 制备的热障涂层由于具有柱状晶结构，涂层的应变容限高，结合强度大，热循环寿命高，结构致密、抗氧化及热腐蚀性能好，有利于保持叶片的空气动力学性能，主要用于制备相对较小的部件，如涡轮发动机转子叶片。

3）其他制备方法

等离子喷涂-物理气相沉积（PS-PVD）是最近发展起来的一种制备涂层的方法。在低压喷涂室内，PS-PVD 采用大功率等离子喷枪（最高可达 200 kW）产生等离子火焰，火焰长度和直径分别可以达到 1 m 以上和 0.2～0.4 m，在等离子火焰方向的不同部位，涂层材料蒸发状态不同，形成的涂层结构也不一样。粉末材料在等离子火焰中迅速融化，其中部分粉末受热蒸发，形成的蒸汽沉积在等离子火焰上方的基底表面形成涂层，所形成的涂层具有类似 PVD 的柱状晶结构，没有蒸发的熔融液滴喷涂在等离子火焰前方的基底表面形成涂层，涂层具有等离子喷涂的特征结构。

射频等离子辅助物理气相沉积（RFP-APVD）采用等离子为热源使涂层材料蒸发并沉积在金属基底上。涂层与金属基底之间产生一个类似于扩散层的过渡层，因此涂层和金属基底之间的结合力更强，沉积温度较低，对涂层材料和金属基底的化学成分和晶体结构影响小，涂层厚度更均匀，表面更光滑平整。

（李 慧 鲁 飞）

6.6 稀土超导材料

超导材料包括第一类超导体和第二类超导体，稀土元素对于高温超导体具有重要的作用，高温超导材料的发展前景广阔。

6.6.1 超导性质与理论

科学界常把低于某一临界温度时电阻率突然消失为零的性质叫做超导电性，而与之相应的具有超导电性的材料叫做超导体。进入超导态的材料还具有完全抗磁性，由于量子锁定效应可以实现完美的磁悬浮。超导电性和完全抗磁性是超导体的神奇特性，极具应用价值，而室温超导体更是被称为“物理学圣杯”。可以毫不夸张地说，若有朝一日找到常压下常温超导材料，那么必然会引发至少两次技术革命：一是能源革命与运输革命。常温超导电性将极大地降低输电成本，最重要的是它将根本性地推动可控核聚变技术及其小型化装置的技术发展，常温超导体还将令磁悬浮列车成本断崖式下降，甚至替换现有高铁技术；二是量子技术革命。常温超导电性将极大地改变量子通信、量子计算、传感器、高精尖测量等前沿技术领域的发展面貌，改写电信行业、密码网络安全、经济金融、国防军事等行业的底层运转逻辑。

超导发现 100 年来，因超导相关工作获得诺贝尔奖的科学家至少 10 位，他们分别是 1913 年的卡末林・昂尼斯，1972 年的约翰・巴丁、列昂・库珀、约翰・施里弗，1973 年的伊瓦尔・贾埃沃和布莱恩・约瑟夫森，1987 年的乔治・柏诺兹和亚历山大・缪勒，2003 年的阿列克谢・阿布里科索夫和维塔利・金兹堡[167]。因此即便对超导电性的展望再夸张也不为过，但作为科研工作者我们更关注它的研究进展。由 XRD 实验结果可知，超导性转变前后并没有伴随材料结构相变。从中子的磁散射实验又会惊人地发现，超导材料更不是铁磁或反铁磁相变。超导态的电子比热出现了异常，其比热不再与温度线性相关，而是指数相关。同时，隧道效应和其他大量实验都证实超导体中存在能隙。这些实验现象和特性表明超导态是一种新的凝聚态，且每个电子的凝聚能量级仅约为$(k_BT_c)^2/E_F$。

超导体另一个极具应用价值的特性就是迈斯纳效应——完全抗磁性。超导体的完全抗磁性是指磁场强度低于某一临界值时磁场无法进入样品内部，只能在超导体表面穿透非常微小的一个厚度。关于抗磁性质的唯象描述首先源自伦敦方程式（6-1），通过与麦克斯韦方程组联立，解释了磁场穿透深度等问题[168]。

$$j+\lambda_L^2\nabla^2 j=0 \tag{6-1}$$

式中，j 为电流密度；λ_L 为穿透深度。

由伦敦方程引出所谓伦敦量子刚性概念，即超导抗磁电流是电子的集体激发，没有任何电子独自激发顺磁电流。然而对于非凝聚态物理相关专业背景的读者而言，这依然难以理解，因此引入规范不变性，它是指拉格朗日量和运动方程在规范变换下保持不变的性质。对于经典的规范不变量是电场强度 E 和磁感应强度 B，在经典粒子的运动方程中只出现了 E 和 B，所以经典粒子的牛顿运动方程是规范不变的。而引入波函数的变换，薛定谔方程也是规范不变的，由此引出电磁场势 Φ 和磁势矢 A 的改变而引起的量子效应被称为 AB 效应（Aharonov-Bohm 效应），该效应已被实验证实。正是这种规范不变性的引入，使得波函数具有了相位因子，而对该具有相位因子的波函数在周期性边界条件下做环路积分，就会得到磁通的量子化条件，即磁通量子。由伦敦方程可以对超导体做简单分类，即可以由伦敦方程描述的称为第二类（Ⅱ类）超导体；而有些合金不能由伦敦方程描述，这是由于伦敦方程忽略了磁场的非定域效应，它们需要用 Pippard 公式解释，这一类超导体称为第一类（Ⅰ类）超导体[169]。关于这两类超导体的怪异命名，是与历史上超导体实验次序和理论发展次序的倒置有关。

Abrikosov 因在 1957 年发现“第二类超导体”获得 2003 年诺贝尔奖，他预言磁场的进入是以磁通线的形式，每一个磁通线所对应的磁通量是一个磁通量子，这与第一类超导体完全不同[171]。关于两类超导体的区别可以在图 6-17 中直观地看出，在图 6-17（a）中的第一类（Ⅰ类）超导体温度不变时，外磁场强度增加，将使得超导体由超导态进入到正常态，超导体失超，转变发生时的场强称为临界磁场 H_c；图 6-17（b）中第二类（Ⅱ类）超导体的临界行为更加复杂，它存在两个临界场，分别是下临界场 H_{c1} 和上临界场 H_{c2}。当外场刚刚越过下临界场 H_{c1} 时，超导体仍然保持着零电阻（磁通钉扎条件下），但少量磁通线已然穿过超导体内部，此时的状态称为混合态；而当磁场继续增大，越过上临界场 H_{c2} 后，超导体失超进入正常态。混合态的存在展现了更多的可能性，例如通过磁通钉扎将零电阻的应用温度提高，进而增加超导体的应用范围。对于超导态而言，转换温度 T_c、临界电流 J_c、临界磁场 H_c 三者相互影响相互依赖，因此实用型的超导材料都会尽可能地提高钉扎，常用手段包括引入缺陷、退火相分离等[172]。然而，图 6-17 只是关于两类超导体的简略图像。Shubnikov 等[173]的实验表明，在第二类超导体的相图中存在四个区域，分别是完全迈斯纳效应、Schubnikov 相（涡旋态）、表面超导电性、正常态。当样品进入表面超导电性，样品不再排斥磁通，并在样品表面存在大约 10^3Å 厚度的超导鞘。大量的磁化强度测量和比热测量都表明，发生在 H_{c2} 处的相变是二级相变。Abrikosov[171]将 He^4 问题里的涡旋线推广到超导电性里，并探讨了涡旋线结构。Goodman[174,175]通过热力学分析将比热跳变与磁化曲线相联系，找到了支持超导体中新型可逆磁行为的实验证据。同年 Caroli 等[176]研究了纯净第二类超导体中涡旋线的漂移运动所引发的许多有趣集体模式。而 Kim 团队[177]也在脏超导体中发现了涡旋的黏滞运动。

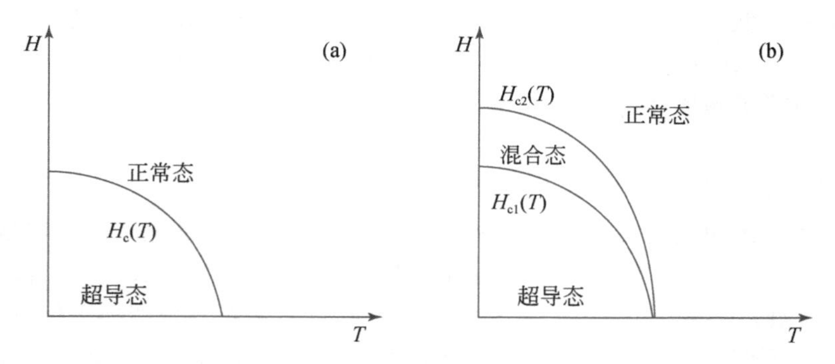

图 6-17 (a)第一类（Ⅰ类）超导体；(b)第二类（Ⅱ类）超导体[170]

人们对于超导现象的另一次认识飞跃是金兹堡-朗道方程式（6-2）、式（6-3）的建立。

$$\frac{1}{2m^*}\left(-i\hbar\nabla-\frac{e^*}{c}A\right)^2\psi+\alpha\psi+\beta|\psi|^2\psi=0 \tag{6-2}$$

$$j=-\frac{i\hbar e^*}{2m^*}(\psi^*\nabla\psi-\psi\nabla\psi^*)-\frac{(e^*)^2}{cm^*}|\psi|^2A \tag{6-3}$$

式中，j 为电流密度；m^*为有效质量；e^*为有效电荷；Ψ 为超导电子的有效波函数；α 和 β 是与温度有关的唯象参数；A 为矢势；c 为光速。

在伦敦方程的描述下磁场和空间位置均不影响超导电子密度，所以伦敦方程只适用于均匀超导体的弱场情况，为了解决该问题金兹堡和朗道引入复量波函数并推导得到该复量可用作复序参数。由于超导转变是二阶相变，他们假设在转变发生的临界区域附近，波函数应能满足微扰条件，故将序参量做幂级数展开，最后用自由能泛函的变分极小求得关于实空间的序参数方程和电流密度方程[178]。仔细观察金兹堡-朗道方程后就会发现：它有两个联立方程，其中一个就像是非线性的薛定谔方程，而另一个对于学过量子力学的人来说更加眼熟——电流密度公式。由金兹堡-朗道方程可以得到 3 个至关重要的参数：ξ、λ 和 κ，其中 ξ 是特征长度，λ 是弱场穿透深度，$\kappa \equiv \lambda/\xi$。由金兹堡-朗道方程计算表面能可以得到：当 $\kappa < 1/\sqrt{2}$，$\sigma_{ns}>0$ 时，界面能为正，磁场不能穿透样品内部，对应于第一类超导体；当 $\kappa > 1/\sqrt{2}$，$\sigma_{ns}<0$ 时，界面能为负，磁场可以穿透样品内部，对应于第二类超导体。金兹堡-朗道理论是一种唯象描述，它从波函数的改造出发，假设了平衡态条件，充分考虑磁场约束后得到了令人满意的结果。但该方程并未考虑超导转变发生时背后更深层次的物理机制，同时它并非是一种完全的微观描述。金兹堡-朗道方程具有极大的理论价值、实验价值和产业应用价值。在理论上它超越了伦敦方程的唯象描述缺点，令关于超导现象的唯象理论向前推进到了近乎完美的地步，并为后续的理论研究提供了深刻的理论认识和基础。在实验上它指导着涡旋结构的理解，增进了对于第二类超导体的实验认识并可以解释约瑟夫森效应等。在产业应用上它指导着超导线材制造、超导材料低温应用和失超保护等领域发挥着价值巨大的作用。

关于超导现象的最著名理论是 BCS 理论，BCS 理论的三位提出者分别是巴丁、库珀和施里弗，他们认为在超导体的费米面附近存在着一对彼此吸引的自旋和动量相反的电子对，这种束缚电子对状态是由于电子之间交换虚声子而引起的。Cooper 指出，如果认为费米球内的电子可以视为自由电子，那么已填满的费米球外的两个电子之间的相互作用问题就简化为一个二体散射问题，进一步如果这两个电子的自旋和动量彼此相反，就可以得到一些重要的结论：费米球外自旋与动量相反的两电子只要存在净吸引相互作用就会形成束缚电子对（库珀对）；存在吸引相互作用时费米球不稳定，电子费米球分布不再是正常态分布；拆散库珀对需要一个确定的能量；库珀对存在一个尺寸，在这个尺寸内必然存在电子对[179]。随后，巴丁和库珀等在库珀对的基础上写出了 BCS 超导基态的试探函数，虽然这个试探函数仍然具有少数争议，但大量的实验已然证明了 BCS 理论的正确。BCS 理论指出超导基态的库珀对凝聚在费米能附近很窄的范围内。在激发态，只考虑单个准粒子激发时由于哈密顿量中存在粒子产生湮灭算符，而会同时存在着“空穴”型和“电子”型元激发，它们的最小能量都是 Δ[180]。利用 BCS 理论可以计算常规超导体的超导能隙、凝聚能、超导转变温度、熵变、电子比热跳变和临界磁场等物理量，且 BCS 理论及其改进理论的计算结果与实验符合良好。现在我们知道，金兹堡-朗道方程中的序参量实际上代表了库珀对的形成，且空间均匀的情况下波函数经过一定的变换就可以得到相位相干，所以人们经常提到的一个说法就是，金兹堡-朗道方程中的波函数实际上就是一个描述了所有库珀对的宏观波函数[170]。

在 BCS 理论之后，麦克米兰推广了 BCS 理论确立了麦克米兰极限（39 K），Matthias 在发现了几百种超导体之后提出了 Matthias 规则：高对称性、高的电子态密度有利于超导电性，选择要合成的样品时应远离氧化物、磁性、绝缘体并拒绝理论学家的建议。80 年代，铜氧化物高温超导体打破了麦克米兰极限又同时违反了 Matthias 规则：铜氧化物高温超导的母体是反铁磁性的氧化物，而且还是莫特绝缘体。不同于传统的 s 波配对，铜氧化物高温超导是 d 波。除了铜氧化物高温超导体以外，Cr 基/Mn 基超导体、重费米子超导体、部分有机超导体以及铁基超导体等非常规超导体都有一个共同的特征：母体是反铁磁态，通过掺杂或加压可以压制反铁磁态，当反铁磁态被部分或完全压制，就会出现非常规超导电性。一般认为，这时电声子相互作用已不是引发超导电子配对的主要原因。虽然长程反铁磁态被压制，但强的自旋涨落可能是引发超导电子配对的原因。

总的来说，在 BCS 理论之后超导体的理论进展虽然依旧令人欢欣鼓舞，但仍然缺乏一个统一的、具有说服力的理论去描述那些超出 BCS 理论描述的超导现象。一般来讲，人们把符合 BCS 理论描述的超导体称为常规超导体，常规超导体的超导转变温度一般不高于麦克米兰极限；而把不能由 BCS 理论描述的超导体称为非常规超导体，至今仍未有确切的证据证明非常规超导体的超导转变温度存在某种限制。当我们畅想未来时，忍不住会想常温超导体或许就在非常规超导体中。

6.6.2 超导材料与稀土

自 1986 年发现铜氧化物高温超导体以来，这个领域曾经被赋予过发展甚至彻底改写凝聚态物理基础理论的艰巨使命。铜氧化物高温超导体的深入研究不仅改变了凝聚态物理基础研究的面貌，还推动了量子多体系统的数值计算方法、各种凝聚态物理测量手段和数据的分析方法等领域的发展。与此同时，铜氧化物高温超导机制的研究也衍生出了诸如量子磁性、拓扑物态、量子临界等一系列新的研究领域，这些研究成果不仅丰富了物理学的理论框架，还为各个领域的发展提供了新的研究方向和启示。在这场科学研究的变革中，不断有新的物理思想、理论方法和计算方法被提出，可谓影响深远。回顾历史可以发现，超导研究就是不断追求更高超导转变温度的探索之旅，如图 6-18。自 1911 年昂内斯在 4.2 K 发现超导体 Hg 之后，时至今日，被发现的超导体种类不下千余种。超导转变温度在常规

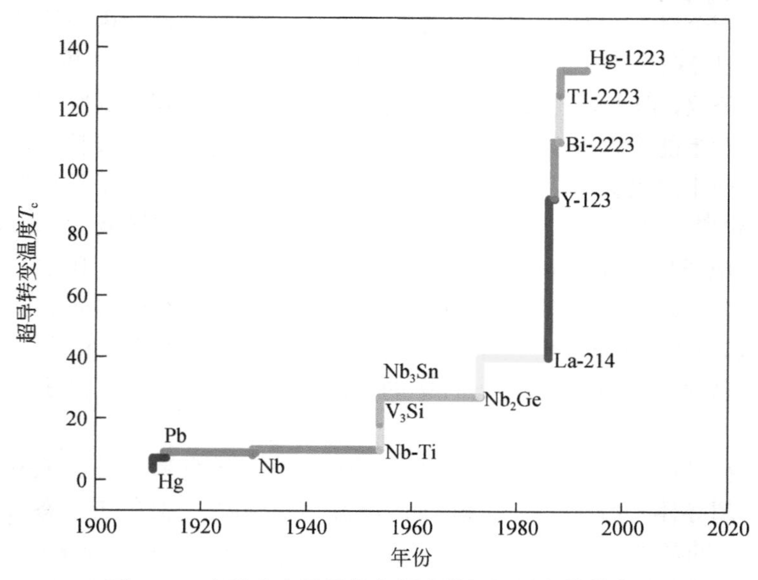

图 6-18　实验室中超导转变温度的极限随年代的发展

超导体中从1913年Pb的7.2 K、1930年Nb的9.3 K到1973年Nb_3Ge的20 K[181]，在高温超导体中从1992年$La_{2-x}Sr_xCuO_4$的40 K[182]到1995年$HgBa_2Ca_2Cu_3O_y$的143 K[183]。为了获得接近室温的超导转变温度，科研工作者付出了将近一个世纪的艰辛努力，1986年发现的铜氧化物超导体转变温度越过了液氮沸点，使得超导体的实用技术具备了某种可接受成本的商业应用前景。

为了打破常规超导体的麦克米兰极限，稀土元素在其中扮演了不可或缺的重要角色。首先是在一些稀土三元化合物中，如$ErRh_4B_4$（0.9 K）、$Ho_{1.2}Mo_6S_8$（低于2 K）、$GdMo_6S_8$（低于2 K）、$TbMo_6S_8$（低于2 K）、$DyMo_6S_8$（低于2 K）和$ErMo_6S_8$（2.2 K）等发现了铁磁超导体和反铁磁超导体，不仅打破了Matthias规则，还开启了磁性与超导电性的竞争与共存问题的研究[184-188]。其次是在$CeCu_2Si_2$（0.5 K）、UBe_{13}（0.85 K）和UPt_3（0.5 K）等材料中发现重费米子超导体，其中Ce和U元素的4f电子和5f电子属于强关联电子体系，这些电子往往具有较大的有效质量，一些实验证明重费米子超导体的配对模式并非电声子耦合，却有可能是由交换反铁磁自旋涨落而使得重费米子间配对[189-196]。在稀土三元化合物超导和重费米子超导中，稀土元素总是带来磁性的一方，而且随着稀土元素与磁性的引入，更多异常的现象也同样引人注目。

在钙钛矿结构的氧化物超导体中发现某些特定掺杂浓度导致样品超导转变温度异常高于体系正常水平，而且具有钙钛矿结构的氧化物通常具有较低的载流子浓度，使得BCS理论无法描述这种异常现象。科学家们认为这种异常的背后可能意味着新的配对机制，在这种思想的指导下诞生了铜氧化物超导体。最先进入实验物理学家视野的氧化物是La-Ni-O体系，但多次实验都表明这一体系及其他元素掺杂样品的超导温度始终无法提高，且普遍低于10 K。1986年，Bednorz等[197]发现了La-Ba-Cu-O体系的超导温度可以达到35 K，后来许多实验室对该体系进行了更多掺杂元素的研究，为了方便交流与记忆，它们被称为“La-214”。仅仅过去一年，朱经武团队和赵忠贤团队均发现了超导转变温度超过90 K的$YBa_2Cu_3O_{7-y}$（Y-123）超导体[198-201]，超导转变温度一举超过了液氮沸点温度。1988年，又有两种空穴型超导体$Bi_2Sr_2Ca_2Cu_3O_{10+x}$（Bi-2223，110 K）和$Tl_2Ba_2Ca_2Cu_3O_{10}$（Tl-2223，125 K）被发现[202-204]。正是稀土元素的引入打开了超导及其相关研究的新局面，其中包括稀土三元化合物超导体、重费米子超导体以及更为重要的La-214。

1987年，有报道采用固态反应法在富氧气氛下制备了$Y_{1-x}Ba_xCuO_y$系（x=0.1～0.9）样品并研究了该批次样品的相关系和体超导性，通过对样品的电阻率、磁导率、差热分析以及X射线衍射分析研究表明，$YBa_2Cu_3O_y$化合物是该系中唯一的超导化合物，具有畸变的类钙钛矿型结构，零电阻温度最高可达98.9 K，同时研究了三种不同的样品制备工艺对该系化合物超导性的影响，用A和B两种工艺制备的$YBa_2Cu_3O_y$化合物，零电阻温度分别为90.1 K和98.9 K，认为不同制样工艺引起样品中氧含量和晶体结构的变化[205-208]。采用X射线衍射仪记录法，用Lipson程序对斜方晶系超导物质$YBa_2Cu_3O_y$进行镜面指数的标定，取得了令人满意的结果[202]。

1. 结构共性及稀土元素的作用

铜氧化物超导体的结构共性是CuO_2层，以$La_{1.85}Sr_{0.15}CuO_4$[205]和$YBa_2Cu_3O_{6.9}$[208]为

例，图 6-19(a)是 $La_{1.85}Sr_{0.15}CuO_4$ 的结构示意图，空间群为 *I4/mmm*，晶胞参数 $a=b=3.7793(6)$、$c=13.200(3)$，可以看出包含一个 CuO_2 层；图 6-19（b）是 $YBa_2Cu_3O_{6.9}$ 的结构示意图，空间群为 *Pmmm*，晶胞参数 $a=3.82030(8)$、$b=3.88548(10)$、$c=11.68349(23)$，包含两个 CuO_2 层，其中一个 CuO_2 层略有起伏。来自于实验和能带计算两方面证据共同指出：载流子主要在 CuO_2 层中运动。依据这一认识，人们把铜氧化物高温超导体理解为由两种单元结构组合而成：CuO_2 层为导电层，而 CuO_2 层之外的结构被统称为电荷库[170]。导电层主要负责超导电性，来自于态密度的计算表明导电层中的 Cu 在费米能级附近做主要贡献，且现有超导理论均指出配对电子处于费米面附近。电荷库起到调节导电层载流子浓度的作用，空穴掺杂通过降低电荷库中某一原子费米能级以下的电子密度而令导电层电子进入电荷库来调节导电层的载流子浓度。如图 6-19（a）所示，当用 Sr 掺杂时 Sr 占据着 LaO 平面中 La 的位置，令电荷库的 La 芯层电子减少，使得导电层电子转移到电荷库中，进而令导电层产生空穴载流子。图 6-20 显示了 $La_{2-x}Sr_xCuO_4$ 中随着 Sr 组分增加 T_c 先增加后减少，T_c 的上升段表明，随着掺杂的增加，导电层的载流子浓度增加进而有利于超导。已知的高温超导体（这里并非单指铜氧化物高温超导体）除个别体系外，大部分都包含有稀土元素，且稀土元素大多在其中扮演着电荷库框架或调节载流子浓度的作用，这对于超导电性的研究与产业应用具有极大意义。

2. 母体化合物反铁磁共性及稀土元素的作用

如图 6-20 所示，一般铜氧化物高温超导体的相图中涉及的参数为掺杂组分、压力、超导转变温度以及其他相变温度等数据，相图由其中的两种或多种参数组合而成，考虑有掺杂组分的相图时人们总是会默认无掺杂的原点代表讨论该体系的出发点，事实上很多高温超导体也确实是由某些母体化合物经过掺杂制得。当铜氧化物高温超导体的研究逐步深入

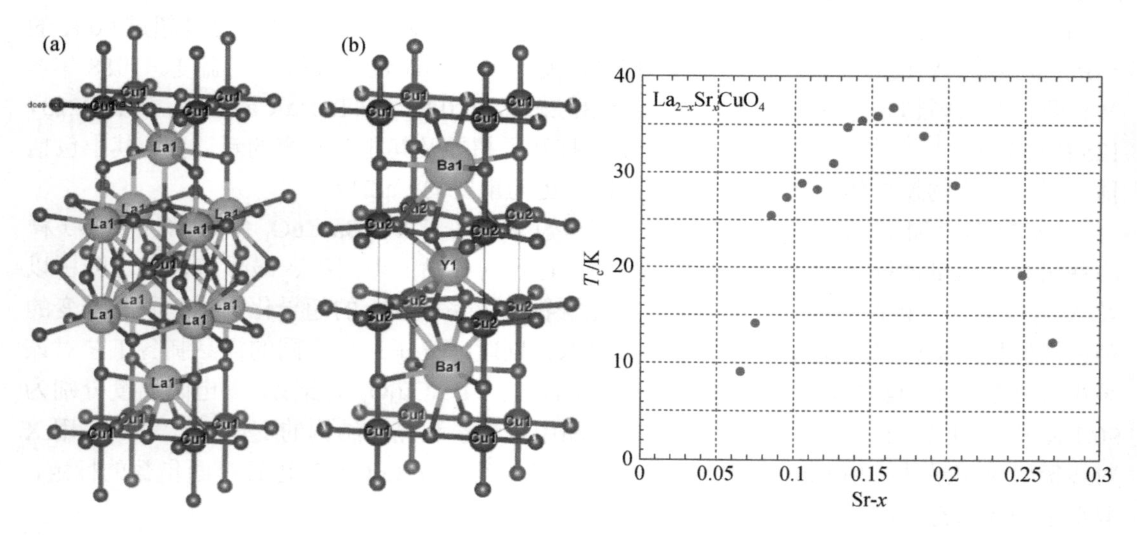

图 6-19 （a）$La_{1.85}Sr_{0.15}CuO_4$[205]；（b）$YBa_2Cu_3O_{6.9}$[208]
图形由 VESTA 软件绘制[209]

图 6-20 $La_{2-x}Sr_xCuO_4$ 中 T_c 随 Sr 的掺杂而变化
图片及数据来源于 SperCon[210]

时，人们惊讶地发现铜氧化物高温超导体的母体化合物通常是反铁磁绝缘体（AFI），这一结果在铁基超导体发现后更加明确，这些高温超导体的超导电性的确与反铁磁性具有极大的关联。图 6-21 中，零掺杂时母体在低温下的基态是反铁磁绝缘体，随着温度增加超过奈耳温度后反铁磁相转变为顺磁相或其他绝缘相；少掺杂时，基态的反铁磁性被压制，而基态的超导电性开始出现，这一区域可能会出现两相的竞争与共存，温度越过超导转变温度之后便失超，进入由强关联电子体系支配的复杂的未知物相；掺杂浓度达到最佳值后，反铁磁性完全被压制，基态仅有超导电性；过掺杂时，超导转变温度降低，且继续掺杂令体系完全转变为正常金属。值得注意的是，采用单电子近似的计算与实验结果大都是矛盾的，这是因为 Cu 的半满带在能带理论中应是导体性质，但实验展示了绝缘体性质；由于铜氧化物高温超导体中电子的强关联，因此必须考虑近邻格点自旋相反电子之间的库仑相互作用；同时，铜氧化物高温超导体与常规超导体的正常态电子行为是完全不同的，对于常规超导体的电子是费米液体行为，而铜氧化物超导体则是强关联的电子占据主导具有非费米液体行为[170]。稀土元素大都具有磁性，它们在高温超导体中往往对整个体系的磁性性质具有重大影响，其次在于稀土原子直径大于铜原子、铁原子、氧原子以及碱土金属原子，因此稀土原子的存在将会从根本上改变导电层原子间的磁性相互作用。

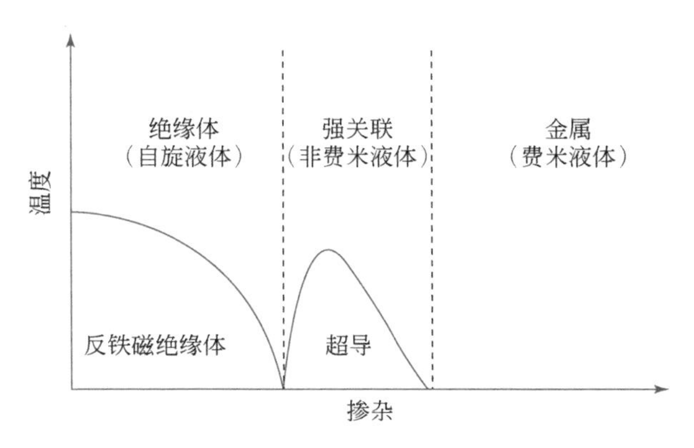

图 6-21　氧化物高温超导体的一般相图[170]

3. 铜氧化物高温超导体的其他共性

在铜氧化物高温超导制备技术愈发成熟之后，实验物理学家们的大量实验结果共同指出，无论是空穴型的铜氧化物高温超导体还是电子型的铜氧化物高温超导体，发生超导转变以后传载电流的有效电荷依然是 2e，且两个载流子自旋动量彼此相反，表明铜氧化物高温超导体中的超导转变依然是基于库珀对的凝聚态，但仍无法确定的是配对与相位相干是否同时发生。来自 ARPES 的实验证明了铜氧化物高温超导体的能隙具有各向异性，异质超导约瑟夫森结实验证明铜氧化物高温超导体是 $d_{x^2-y^2}$ 波配对占据主导[211–214]。此外，由于铜氧化物高温超导体的层状结构，它们具有极强的各向异性。实验测量的铜氧化物高温超导体的磁场穿透深度和相干长度在平行于导电层的方向和垂直于导电层的方向上具有极大的差异，表现出强各向异性。同样受到层状结构的影响，令铜氧化物高温超导体的能带计算也呈现出准二维特性，这是因为其在 k_z 方向上的色散可以忽略不计[215]。另外，铜氧化物高温超导体在导电层内的电阻率随温度的变化而线性变化且变化范围极大，在高温区超过了电阻率的高温饱和极限[216]，在低温区线性行为入侵了本属于声子散射的非线性区域，这些现象都证明铜氧化物高温超导体的配对机制并非是电声子耦合，也排除了正常态声子散射对载流子影响的主导地位。此外，由光电导实验数据拟合得到的推论认为，铜氧化物高温超导体的正常态准粒子自由能的虚部正比于频率[217]，这一特征与费米液体行为不符，因此人们称其为非费米液体。人们还从实验中观测到了弱掺杂铜氧化物高温超导体正常态中令人惊讶的赝能隙[218]，赝能隙的存在再一次证明了无法用 BCS 理论解释铜氧化物高温超导体。

当我们回顾这段科学史的时候发现，稀土元素对于铜氧化物的高温超导行为功不可没。最早的稀土三元化合物超导开拓了磁性与超导电性竞争与共存问题的研究，为非常规超导体的探索及理论研究打下基础。重费米子超导体不仅包含稀土元素，而且其较高的有效质量来源就是这些稀土原子 f 电子之间的强关联性质。La—Ni—O 体系虽称不上是一次成功的探索，但对它的研究仍然意义重大，这种大-中-小的原子直径搭配很类似于非晶形成的某种指导思想，随后的高温超导体绝大部分都是这种搭配形式，且绝大多数高温超导体包括铁基超导体中的“大原子”都选择稀土原子。La-214 作为第一种成功的铜氧化物超导体更是具有里程碑式的意义，稀土原子 La 在其中扮演了电荷库的角色，同时也极大地影响着体系的磁性。Y-123 中的 Y 可以说是稀土元素突破液氮温区大门的元老之一，Y 同样作为电荷库发挥着作用，反观 Ba 在其中仅作为掺杂元素用以调节电荷库电子填充，进而影响载流子浓度。后来的大部分高温超导体都有稀土元素发挥着各种重要的作用。

2023 年 07 月 12 日，最新的 Ni 基超导研究成果发表在了 *Nature* 杂志上，该材料是铜基超导之后的第二种液氮温区超导材料。这种新发现的超导材料是一种镍氧化物单晶，其在 80 K（−193℃）下施加 14GPa 压力时展现超导电性[219]。在此之前，Ni 基超导相关理论探讨和实验进展早已展开，此前的一些工作[220]在研究了 $LaNiO_2$ 和 $NdNiO_2$ 的电子结构和实验数据后提出，Ni 基系列超导体具有重费米子和铜氧化物的双重特征，是探索新物理的重要对象；还有学者[221]研究了 $Nd_{1-x}Sr_xNiO_2$ 的高质量扫描隧道谱，证实了其中存在的两类超导能隙，且主要的配对形式是 d 波超导能隙。

目前，我国在超导相关的基础研究领域一直紧跟国际第一梯队，截至 2021 年我国超导相关论文数量共 9000 余篇，截至 2022 年全社会超导相关专利申请数超过 5 万件。另一方面随着我国高温超导材料的商业化，超导材料产业链已逐步打破国外垄断，接近或达到国际先进水平。我国超导材料产业链上游是稀土、钛、铋、铌、硼、钇、钡、锶等矿物冶炼及原材料加工，中游是超导带材、超导线材和超导磁体等，下游是超导滤波器、超导谐振器、超导延迟线、单光子探测器、超导储能系统、超导电缆系统、超导故障限流器、超导发电机和动力传动、船舶应用、风机控制系统、高温超导材料、低温强磁体、磁悬浮、超导干涉仪、超导芯片、超导 Qubit、太赫兹高频系统、磁共振成像（MRI）、磁控直拉单晶硅（MCZ）、核磁共振波谱法（NMR）、国际热核聚变实验堆（ITER）、中国聚变工程试验堆（CFETR）、重离子加速器、科研用特种磁体等，应用场景包含电子通信、交通运输、医疗设备、化学化工、航空航天、船舶制造、海洋工程、电力能源和军事领域等。

在所有的高温超导体系中，YBCO（Y—Ba—Cu—O）超导薄膜的制备相对容易且具有不可逆场高、载流能力强、微波表面电阻极低的性能优势，因此无论是在大电流领域还是在电子学领域都具有广阔的应用前景和商业价值，成为世界各国科研机构的研究热点。在弱电领域，单晶片上外延生长的 YBCO 高温超导薄膜在微波频段的表面电阻比传统导体低 2～3 个数量级，采用这种薄膜研制出的高温超导微波器件具有插入损耗低、边缘陡和体积小等优点，在通信、国防等领域具有广阔的应用前景；在强电领域，与第一代 Bi 系超导带材相比，YBCO 超导带材具有液氮温区下不可逆场高、交流损耗低、高场下载流能力高及成本相对低廉的优势[222]。在强电应用领域，只有电缆和变压器所需的磁场较小，电动机和发电机都需要在至少几个特斯拉的场强下应用。此外，限流器和储能也需要超导材料在高场下具有优良性能。因而 YBCO 高温超导材料有可能在电缆、强场磁体、电动机、发电机和限流器等方面获得规模化应用。YBCO 不仅适合应用于医疗卫生（核磁共振成像、生物磁仪器）、交通（磁悬浮列车、船舶磁推进器）等领域，更适合应用在航空航天领域及军事方面的尖端武器上[223]。

2010 年以来，我国高温超导薄膜开始进入产业化阶段，但是仅实现了小规模生产，4 英寸以上的单晶基片还不能量产，带材年产能则不超过 200 km。国内无论是强电应用中所需要的金属基带，还是弱电应用中所需要的大尺寸单晶基片，目前都需要从国外进口，价格昂贵，导致制成的超导元器件成本过高，难以大规模使用。近些年，有关钇钡铜氧高温超导材料衬底的制备技术研究逐渐增多，难点在于如何提高缓冲层结晶质量和降低表面粗糙度，如何减少在沉积薄膜过程中衬底材料原子对缓冲层的扩散，如何提高衬底基片的成品率、降低生产成本。经过艰难的试验，通过磁控溅射方法制成符合项目要求的缓冲层，改进了 YBCO 高温超导材料的制备工艺，对于提高高温超导薄膜成品率和降低生产成本有积极作用，且在大尺寸衬底基片上制备双面缓冲层，符合市场需求，便于技术的市场化推广。

REBCO 超导带材的基本结构如图 6-22，在金属基带上（Ni 或 Ni 合金）依次外延制备双重织构的氧化物过渡层（也称缓冲层）、REBCO 超导层和贵金属保护层，其中增加过渡层是为了解决金属基带与超导层晶格不匹配、热膨胀系数不同及金属扩散导致的超导性质恶化等问题，即主要承担织构传导和化学阻隔的任务，而贵金属层的作用是保护超导层和方便电极引线[224]。

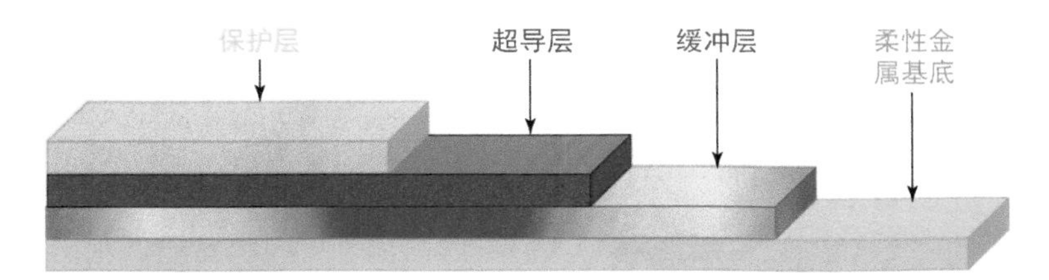

图 6-22 稀土钡铜氧涂层超导体的基本结构

当前开展 YBCO 高温超导研究的主要任务是：形成国际先进水平的 YBCO 高温超导材料衬底制备新工艺，突破发达国家技术封锁，破解弱电用 YBCO 高温超导器件制备的关键技术难题；布局弱电用 YBCO 高温超导器件小批量生产能力，实现该型器件的完全国产化；将弱电用 YBCO 高温超导器件广泛应用于 SQUID 等弱电领域，增强我国国防军工、精密制造和航空航天技术能力；研发在镍基薄带上制备缓冲层的自主技术，促进强电用 YBCO 高温超导带材的规模化生产进程，撬动千亿级超导材料生产及应用市场。

（那世航 辛 博）

6.7 稀土发热材料

6.7.1 概述

发热材料通常指利用电热效应产生热能的一类材料，其原理是电流通过材料时克服阻力做功转化成热能，要求在高温时具有良好的稳定性、抗氧化性及足够高的强度。稀土发热材料是以稀土为主成分或添加稀土元素改性并广泛应用于机械、冶金、化工和食品等领域的电加热元件材料[225]。

铬酸镧（$LaCrO_3$）发热元件（图 6-23）的主要成分是铬酸镧，在空气或富氧状态下，无论低温还是高温，铬酸镧都不与空气成分发生反应，化学性质稳定，耐三酸三碱侵蚀，熔融状态下受强碱侵蚀。铬酸镧材料最早被用作磁流体发电机的电极材料，20 世纪 70 年代发展成为一种高温陶瓷发热材料，是钙钛矿型稀土过渡金属氧化物中结构最为稳定的材料，具有熔点高、抗氧化、耐高温和稳定性好等特点。掺杂铬酸镧在高温氧化和还原气氛中都具有良好的抗高温耐腐蚀性、力学性能及电性能：表面最高使用温度为 1900℃；室温下可直接通电；老化引起的电阻变化率小，高温下电阻的温度变化系数接近于零；可以精确控制加热装置的温度；高温下（空气中）可连续长时间使用。铬酸镧发热元件电炉主要应用于精细陶瓷烧制、高温物理性能测定、高熔点材料单晶生长、高熔点玻璃熔解、金属渣熔融和宝石变色处理等领域。铬酸镧还可代替铂铑合金制作用于高温下（1500℃左右）拉制玄武岩纤维的漏板。掺杂铬酸镧材料可用作固体氧化物燃料电池（SOFC）的连接材料。高温耐火材料、高温热敏材料及高温导电涂层等也是铬酸镧材料极具前景的应用领域。图 6-24 为热分析仪中的铬酸镧发热元件。

图 6-23　铬酸镧发热元件

图 6-24　热分析仪中的铬酸镧发热元件

随着现代科学技术的飞速发展，很多制品热加工成型及材料热处理温度越来越高。从能源角度考虑，在目前所使用的加热方式中，电加热因易于控制和调节且不污染环境、有利于提高产品质量而得到了广泛的应用。

6.7.2 主要类型及制备技术

发热材料按照材质分为三类：金属类，非金属类，其他类。发热材料的类型及特性见

表 6-3。

从表 6-3 可以看出，与稀土有关的发热材料包含铁铬铝（Fe-Cr-Al）合金、镍铬（Ni-Cr）合金和铬酸镧三种材料。

表 6-3 发热材料的类型及特性

发热材料-类别		主要成分		允许最高温度/℃	特点及使用范围
金属类	高熔点金属	W		2300～2500	价格高，必须在真空或保护气氛中使用
		Mo		1600～2000	
		Ta		2500	
		Nb		2230	
		Pt		1400	价格昂贵，可在氧化气氛中使用
	铁铬铝合金	Cr13Al4	稀土添加 0.2%～0.6%	950	电阻率比镍基类高，抗氧化性好，比重轻，价格较低，有磁性，高温强度不及镍基合金
		Cr13Al6Mo2		1250	
		Cr21Al6Nb		1350	
		Cr27Al7Mo2		1400	
	镍铬合金	Cr15Ni60	稀土添加 0.2%	1150	高温强度高，加工性好，无磁性，价格较高，耐温较低
		Cr20Ni80		1200	
		Cr30Ni70		1250	
非金属类		SiC		1350	价格低廉，使用范围广
		$MoSi_2$		1600	价格较高，可用于多种气氛，高温强度低，高温易软化
		$LaCrO_3$（主成分是稀土，占原料的65%）		1900	价格较低，仅可以在氧化气氛下使用，应用范围广，国产元件性能达到国际先进水平
		ZrO_2		2000	需要辅助加热至 1500℃开始工作，理论使用温度高，市场上未见成熟产品
其他类		远红外线辐射体		300～600	使用温度低，制备成本较高
		钛酸钡			
		薄膜电阻			

Fe-Cr-Al 电热合金是我国应用最广泛的金属电热材料之一，但是 Fe-Cr-Al 合金高温下易氧化、高温强度低、使用寿命短，虽价格低廉却耗费大[226]。近年来主要研究粉末冶金法制造 Fe-Cr-Al 电热合金以提高高温强度，并用添加稀土的方式改善高温氧化皮组成及结构，阻缓高温氧化行为以提高其使用寿命[227]。研究证明，在 Fe-Cr-Al 合金中添加微量稀土 Y 和 La 等元素可以显著提高合金的抗氧化性、工作温度和使用寿命等性能。

Ni-Cr 基电热合金在使用性能上有很多优点，如高温强度高、热辐射率高、无磁性、耐腐蚀性好。稀土元素加入后可减缓合金在高温下晶粒长大，提高合金的塑性改善拉拔性能，减小夹杂物尺寸；改善 1100℃以下的抗氧化性能，从而提高合金的寿命，但使用温度超过 1100℃，稀土元素对合金的抗氧化性能产生不利影响。Ni-Cr 基电热合金添加稀土的种类以稀土硅铁、La 和 Ce 为主。

Fe-Cr-Al 电热合金和 Ni-Cr 基电热合金稀土添加量极少，仅占总质量的 0.2%左右，而铬酸镧（$LaCrO_3$）发热材料主成分是氧化镧（La_2O_3），占总质量的 65%。

铬酸镧发热材料是一种钙钛矿型（ABO_3）复合氧化物陶瓷，熔点高（2490℃），大气中最高使用温度可达 1900℃，稳定炉温可达 1800℃，是一种新型的高温电炉用加热元件。1973 年，日本工业技术研究院用铬酸镧电热元件组装成高温电炉，能够在 1800～1850℃的氧化介质中工作，可用于高熔点单晶的培育、高温材料的烧结、冶金及矿渣的熔炼、金属热处理等方面。我国投入了相当大的资金对稀土钙钛矿型发热材料进行研发，生产的铬酸镧发热元件产品一致性和电热性能优良，使这类材料的潜能得到了深入挖掘。

铬酸镧用作高温电热元件具有以下特点：比重大；使用温度高；属耐热氧化物半导体，在高温氧化气氛下稳定；表面负荷密度可以设计得较高；高温下电阻温度系数近于零；作为氧化物在室温下可直接通电；黑色氧化物表面辐射率高使得热效率非常高；抗热震性较好，可允许在短时间内升温。

$LaCrO_3$ 在掺杂 Ca 或 Sr 等+2 价碱土金属后成为一种 P 型半导体，高温下具有很好的电性能和物理化学稳定性。目前材料的烧结温度均在 1600℃以上，相对密度＞94%，而膨胀系数＜10×10^{-6}。表 6-4 为铬酸镧材料的基本物理性能。

表 6-4　铬酸镧材料的基本物理性能

性能	指标
熔点/℃	2500
密度/(g/cm^3)	6.74
热导率/［W/(m·K)］（200℃）	5
热导率/［W/(m·K)］（1000℃）	4
热膨胀系数/［10^{-6}cm/(cm·K)］（25～240℃）	6.7
热膨胀系数/［10^{-6}cm/(cm·K)］（240～1000℃）	9.2
标准生成焓/(kJ/mol)（La_2O_3 和 Cr_2O_3）	−67.7
标准生成熵/［J/(mol·K)］（La_2O_3 和 Cr_2O_3）	10
弯曲强度/MPa（25℃）	200
弯曲强度/MPa（1000℃）	100
摩尔热容/［J/(mol·K)］（27℃）	110.53
弹性模量/GPa	60

1. 铬酸镧粉体的合成

铬酸镧粉体的制备工艺主要有固相法、溶胶-凝胶法及燃烧合成法等，其中固相法已经在工业生产中使用。纯铬酸镧（$LaCrO_3$）在室温下导电性较差，需要进行 A 位置换+2 价碱土金属离子（Ca^{2+}、Sr^{2+}等），使之成为 $La_{1-x}M_xCr_{1-x}^{3+}Cr_x^{4+}O_3$（M：Ca、Sr 等，$x$：掺杂的离子数）后，以 P 型半导体的方式导电。

固相反应属于非均相反应，反应需要经过扩散—反应—成核—生长四个阶段，每个阶段都有可能影响最终的产物形态。以掺杂Ca铬酸镧粉体的固相合成为例，通过球磨、干燥、煅烧等工艺合成所需材料。相对于液相和气相反应，固相反应制备微纳米粉体具有高转化率、易提纯和方法简单易于大规模生产等优点，但存在高能耗的缺点，并且难以控制所制备的微纳米粉体粒径大小、分布以及形态。

固相反应式：

$$\left(\frac{1-x}{2}\right)La_2O_3+xCaO+\frac{1}{2}Cr_2O_3+\frac{x}{4}O_2 = La_{1-x}Ca_xCr_{1-x}^{3+}Cr_x^{4+}O_3$$

溶胶-凝胶法是以金属的有机物或无机化合物为原料，将其均匀溶解于一定的溶剂中，形成金属化合物的溶液，在催化剂和添加剂的作用下，经过水解、缩聚反应，生成溶胶，溶胶经过加热、搅拌和水解缩聚等反应，形成凝胶。溶胶-凝胶法可以在胶体层次上使组分混合得到高均匀性和高比表面凝胶，从而获得高纯度、粒度尺寸极小且分布很窄、烧结活性良好的陶瓷粉末。

燃烧合成法，又称为自蔓延高温合成法，是利用放热反应自身产生的热来维持合成反应的方法，燃烧合成反应必须是一个放热反应，并且反应热生成的速率要大于反应体系热散失的速率，否则反应将不能持续下去。影响燃烧反应过程（如燃烧速率、反应最高温度等）的因素皆能影响最终产物的固态微观结构和形态。

2. 铬酸镧元件成型与烧结工艺

元件的成型工艺和烧结制度直接影响其密度、电性能、力学性能和热膨胀性能等关键性能，决定元件能否满足高温大气环境的使用要求，因此，铬酸镧元件成型工艺与烧结工艺的研究工作至关重要。

铬酸镧元件的成型工艺主要有模压成型、冷等静压成型、注射成型和挤出成型等。挤出成型工艺速度快、效率高、可连续生产，尤其适用于生产形状复杂构件，成为工业生产的主要工艺。挤出成型是塑性成型的一种，在各种陶瓷成型工艺中是最适合生产等截面制品的低成本工艺，可以在低温、低压条件下将陶瓷粉体混合物挤出得到较长的等截面线材、管材或片材。近年来，对于挤出成型的研究主要集中在挤压浆料的制备技术、挤压新工艺以及对挤压过程的理论分析进而指导工艺和设备开发工作等方面。

铬酸镧元件常用烧结方法有常压烧结、液相烧结、热压烧结、热等静压烧结、微波烧结和放电等离子烧结等。工业化生产铬酸镧电热元件一般采用常压烧结，在大气环境下，烧结温度1700℃，烧结时间15 h以上。国内外现有发热体能使炉内温度达到1700℃的只有铬酸镧发热元件，这样就需要以铬酸镧发热元件组装电炉来烧结铬酸镧发热材料。需要说明的是，在真空或气氛保护环境下，铬酸镧发热元件无法烧结，部分氧原子会逃逸导致材料的电阻极大，无法正常使用：

$$La_{1-x}Ca_xCr_{1-x}^{3+}Cr_x^{4+}O_3 \longrightarrow La_{1-x}Ca_xCr_{1-x+2\delta}^{3+}Cr_{x-2\delta}^{4+}O_{3-\delta}+\left(\frac{\delta}{2}\right)O_2$$

总而言之，适用于工业化量产铬酸镧发热元件的制粉方式为固相合成法，成型方式采用挤出成型，烧结工艺是在大气环境下1700℃烧结15 h以上。

电加热领域的炉温越来越高、发热元件寿命越来越长是其发展的必然趋势。在氧化气氛应用的高温非金属电热材料中，碳化硅（SiC）材料最高温度1400℃[228]，二硅化钼（$MoSi_2$）材料最高温度1600℃[229]，而铬酸镧（$LaCrO_3$）元件将加热温区提高到1600～1800℃，且低温（1600℃以下）寿命达数万小时，与硅碳棒和硅钼棒相比具有不可替代的优势。

铬酸镧发热元件问世以来，经过研究人员的努力，先后经历了哑铃型、螺纹型、等直径型的换代过程。作为一种电热材料，铬酸镧在使用性能方面有很大潜力，无论是制备工艺还是组织结构都有待于进一步研究优化。日本及俄罗斯等国在20世纪90年代就已能批量生产铬酸镧直棒式发热体，产品的电一致性很好，其性能可以满足电炉生产技术的要求。国外对我国高度技术封锁，通过教育部科技查新工作站（L23）对铬酸镧电热元件生产的公开专利进行检索，未见国外相关专利。

我国自20世纪80年代起研究与应用铬酸镧电热材料，工艺技术方面经历了跟踪国外先进技术到自主研发、最终性能超越国外产品的过程；在产业方面，经历了从工艺基础研究发展到小试、中试，直至产业化应用的产业链全过程。解决了高温固相合成粉体和冷等静压成型等工艺技术难题，为工业化生产铬酸镧元件的成型和烧结提供了技术支撑，至2022年年底，铬酸镧元件年产能达到10万支，产品品种和规格呈现多样化，建成了稀土电热材料产业基地，制订了铬酸镧电热材料产品的国家标准（GB/T 18113—2021《铬酸镧高温电热元件》）。通过改善热膨胀性能及新产品开发，国产铬酸镧材料应用于高温电解制氢隔板、SOFC 隔板。发明专利技术“热分析仪用陶瓷加热筒及其制作方法”和实用新型专利技术“复合导电陶瓷加热片”应用到热分析仪等空间狭小区域，替代现有铂金加热元器件。

根据国家去落后产能和产品产业转型升级的时代要求，铬酸镧电热材料今后将从以下三个方面发展：工业化生产铬酸镧元件并投入到电热市场批量应用，提高生产效率，简化操作工序，降低生产成本；进一步提高铬酸镧电热元件的使用温度，拓展至1900℃温区附近，满足超高温电加热领域需求，整体提升我国电加热设备的烧结与测试能力；铬酸镧电热元件的产品一致性和稳定性进一步提高，中低温区（1500℃以下）能够超长寿命使用，与传统电热元件碳化硅（SiC）和二硅化钼（$MoSi_2$）相比性价比更高，逐步占领中低温电热材料市场。

（王　峰　李静雅　马慧敏）

6.8　稀土配合物

6.8.1　概述

稀土配位化合物是指含有稀土元素的化合物，其中稀土元素与一组配位基团或配体形成稳定的配位键，简称稀土配合物。稀土配合物以稀土元素的原子为中心，周围配有一定数量的配位基团，这些配位基团通常是有机分子、无机分子或离子。稀土配合物有许多自身的特点和规律，如组成可调性、结构多样性以及丰富的物理化学性质，大多数镧系配合物具有无限延伸的结构，金属离子、有机配体和结构单元的多样性使其本质上具有无限组合的可能。尤为重要的是，镧系配合物具有优越的热稳定性、环境稳定性、磁性和光物理性能。稀土配合物的这些特性决定了其不仅在稀土元素的提取分离、高纯稀土化合物及稀土材料的合成过程中发挥重要作用，而且在诸如磁、光、电、催化和生物活性等众多领域表现出巨大的应用价值。需要特别指出的是，以功能为导向的稀土配合物研究一直处于化学、材料科学及其交叉学科的前沿。稀土配合物化学是稀土科技领域的一个重要分支并经历了以下几个发展阶段[230]。

从 20 世纪 40～60 年代，主要集中研究与稀土元素分离技术有关的配合物问题，如寻找用于离子交换分离的新淋洗剂和用于溶剂萃取分离的新萃取剂等，包括测定萃取平衡时的平衡常数和分配比。重点是研究合成含氧和含氧、氮的氨基多酸配体以及它们与稀土元素生成的配合物。

自 20 世纪 50 年代末开始，人们对稀土元素的高效发光化合物和激光材料产生了兴趣，研究工作逐渐从溶液配位化学转移到固体配位化学方面，对稀土离子的一些不平常电子性质和它们形成高配位数配合物的倾向进行研究，并发现稀土元素也能与非氧的其他配位原子配位，从而进一步深化了对稀土配合物化学的认识[231]。

20 世纪 60 年代以后，+3 价稀土离子配合物化学的研究发展很快，集中研究了稀土离子与强螯合型阴离子含氧配位体和中性配位体的配合物。

近些年来，稀土配合物化学的研究方兴未艾，除了合成各种新的配合物外，在合成方法上也有许多新进展，而且对这些新配合物提出了不同的应用路径。在稀土功能配合物合成、稀土发光材料和稀土配合物器件化等方面开展研究工作，取得了一批具有国际先进水平的创新成果[231]。

1. 稀土元素的配位性能

1）钇的配位性能

钇（Y）元素虽没有适当能量的 4f 轨道，但因 Y^{3+}的半径可列在+3 价镧系离子的系列中，当离子半径成为形成配合物的主要影响因素时，钇的配合物相似于镧系配合物，其性质在镧系配合物中参与递变。当与 4f 轨道有关的性质成为形成配合物的主要影响因素时，钇和镧系元素的配合物在性质上有明显的差异。

2）钪与镧系元素配合物在性质上的差异

Sc^{3+}的半径较小且属于 d 区过渡元素，d 轨道可以参与成键，因此钪的配合物有较大的共价性，如一些配合物的熔点比镧系元素和钇的同类配合物的熔点低，以 Sc^{3+}，La^{3+}和 Lu^{3+}的二特戊酰甲烷配合物为例，其熔点依次为 153℃，243℃和 173℃。

Sc^{3+}半径较小，离子势较大，在水溶液中比较容易水解，所以对配合物的形成来说，水溶液的 pH、金属与配体的摩尔比和其他条件都使钇和镧系元素有较大的区别。在碱性或中性溶液中，要有足够的配体才能阻止 Sc^{3+}的水解，而镧系元素和钇，除特别弱的配体外，一般可不考虑它们的水解问题。镧系元素和钇可用它们的水合盐在醇溶液中得到弱配位的配合物，但钪的相应配合物则须在无水和非水溶液中与无水配位体作用才能得到。

在配位数方面，钪(III)虽有 8 配位的配合物，但它的特征配位数像 d 区过渡元素一样为 6，而镧系元素的配合物一般是高配位数[231]。

3）稀土元素与 d 区过渡元素配位性能的差别

稀土元素与 d 区过渡元素的根本区别在于大多数稀土离子含有未充满的 4f 电子层，4f 电子的特性使稀土元素的配位性能有别于 d 区过渡元素。

除了钪、钇、镧和镥外，其余+3 价稀土离子都含有未充满的 4f 电子。由于 4f 电子处于原子结构的内层，受到外层 $5s^2$、$5p^6$ 对外场的屏蔽作用，因而其配位场效应较小，配位场的稳定化能在 4.18 kJ/mol 左右。而 d 区过渡金属离子的 d 电子裸露在外，受配位场的影响较大，配位场稳定化能大于 418 kJ/mol。

4f 电子云收缩，在配位时贡献小，故与配体之间的成键主要通过静电相互作用，以离子键为主，由于配体成键原子的电负性不同而呈现不同的弱共价程度。d 区过渡金属离子的 d 组态与配体的相互作用很强，可形成具有方向性的共价键。

稀土离子的体积较大，比其他常见+3 价离子有较大的离子半径（表 6-5），因此其离子势较小，极化能力也较小，稀土离子与配位原子以静电引力相结合，其键型也将是离子型。随稀土离子半径的减小，配合物的共价性质将随之增加[231]。

表 6-5　+3 价离子的半径

元素	镧	铈	镨	钕	钷	钐	铕
半径/pm	106.1	103.4	103.1	99.5	97.9	96.4	95.0
元素	钆	铽	镝	钬	铒	铥	镱
半径/pm	93.8	92.3	90.8	89.4	88.1	86.9	85.8
元素	镥	钪	钇	铁	铝	钴	铬
半径/pm	84.8	73	89.2	64	50	63	69

稀土离子有较大的体积，从配体排布的空间要求来看，配合物将会有较高的配位数。

从金属离子的酸碱性分类出发，稀土离子属于硬酸类，它们与属于硬碱的配位原子如氧、氟、氮等有较强的配位能力，而与属于弱碱的配位原子如硫、磷等的配位能力则较弱。

稀土元素配合物和 d 区过渡元素配合物在性质上的主要差别见表 6-6。

表 6-6　稀土和 d 区过渡元素配合物在性质上的比较

配合物性质	稀土离子	第一过渡系离子
轨道	4f	3d
离子半径/pm	106～85	75～60
配位数	6、7、8、9、10、12 等	4、6
典型的配位多面体	三棱柱、四方反棱柱、十二面体等	四面体、平面正方形、八面体
轨道间的相互作用	金属-配体轨道间的相互作用弱	金属-配体轨道的相互作用强
键的方向	在成键方向上选择性较弱	在成键方向上选择性较强
键的强度	配体按电负性次序：F^-、OH^-、H_2O、NO_3^-、Cl^-与稀土离子成键	键强度一般取决于轨道的相互作用，其强度顺序为 CN^-、NH_2^-、H_2O、OH^-、F^-
溶液中的配合物	离子型，配体交换较快	常常是共价型，配体交换较为缓慢

4）配位数和几何构型

稀土元素配合物与 d 区过渡元素配合物的最大区别是稀土离子能生成高配位数的配合物。由于稀土离子半径较大，生成配合物的配位数较 d 过渡金属离子配位数大。d 区过渡元素的特征配位数是 4 和 6，稀土元素配位数往往大于 6，如 7、8、9、10，甚至高达 12。配位数 11 的配合物虽很少见，但也有报道[231,232]。

初期人们认为稀土元素主要生成 6 配位的八面体配合物，随着各种物理测试手段，如电导、红外光谱等在测定配位数方面的应用，尤其是 X 射线技术和大型计算机在测定固体配合物配位数方面所起的重要作用，使人们认识到大多数稀土配合物的配位数大于 6，而配位数为 6 和 6 以下的配合物实际上只占少数。代表性的稀土配合物的配位数和几何构型见表 6-7。

表 6-7　稀土配合物的配位数和几何构型

氧化态	配位数	实例	几何构型
+2	6	EuTe、SmO、YbSe	NaCl 型
	6	YbI_2	CaI_2 型
	8	SmF_2	CaF_2 型
+3	3	$RE[N(SiMe_3)_2]_3$ (RE=Sc，Y，La，Ce，Pr，Nd，Sm，Eu，Gd，Ho，Yb，Lu)	棱锥体
	4	$Lu(C_8H_9)_4^-$（阴离子是 2,6-二甲苯）	变形四面体
	5	$La_2O_2[N(SiMe_3)_2]_4(opph_3)_2$	
	6	$[RE(NCS)_6]^{3-}$、$[Sc(NCS)_2bipy_2]^+$ REX_6^{3-}（X=Cl^-，Br^-）	八面体
	7	$Ho(C_6H_5COCHCOC_6H_5)_3\cdot H_2O$	单帽八面体
		$Yb(acac)_3\cdot H_2O$ $Dy(DPM)_3\cdot H_2O$	单帽三棱柱体
		CeF_7^{3-}、PrF_7^{3-}、NdF_7^{3-}、TbF_7^{3-}、$Er(DPM)_3\cdot DMSO$	五角双锥
	8	$Y(acac)_3\cdot 3H_2$、$Y(C_5H_5O_2)_3\cdot 3H_2O$、 $Eu(DPM)_3(PY)_2$	正方反棱柱体
		$Ho(acac)_3\cdot 4H_2O$ $RE(HOCH_2COO)_3\cdot 2H_2O$	十二面体
	9	$Nd(H_2O)_9^{3+}$	三帽三棱柱体
		$RE_2(C_2O_4)_3\cdot 10H_2O$（RE=La～Nd）	三帽三棱柱体
		$RE(C_2O_4)(HC_2O_4)\cdot 3H_2O$　（RE=Er，Y）	单帽正方棱柱体
	10	$H[La(EDTA)]\cdot 7H_2O$	双帽正方反棱柱体
		$La(NO_3)_3\cdot 4DMSO$	基于十二面体的 C_{2v}
		$La(NO_3)_3(bipy)_2$	双帽十二面体
		$Gd(NO_3)_3dpac$	变形五角双锥
	11	$La(NO_3)_3L$ (L-l,8 萘并-16-冠-5)	
	12	$Ce(NO_3)_6^{3-}$ La(C-18-冠-6)$(NO_3)_3$	二十面体

续表

氧化态	配位数	实例	几何构型
+4	6	Cs_2CeCl_6	八面体
	8	$Ce(acac)_4$ $(NH_4)_2CeF_6$	阿基米德反棱柱体 变形四方反棱柱（链）
	10	$Ce(NO_3)_4(opph_3)_2$（含有双齿的 NO_3 根）	
	12	$(NH_4)_2[Ce(NO_3)_6]$	变形的二十面体

从表 6-7 可以看出，一方面，稀土离子配位数多种多样，3～12 都有报道，其中 7、8、9 和 10 的配位数较为常见，尤其是 8 和 9；另外，由于配体间的排斥作用，各配位数的几何构型是有限的，但比 d 区元素多。配位的几何构型取决于金属离子的体积、配体的体积、阴离子的性质和采用的合成方法。

配位数 7～10 的稀土配合物所取的主要几何构型的对称性见表 6-8，各种理想的几何构型如图 6-25 所示。

表 6-8　配位数为 7～10 的稀土配合物主要的几何构型及对称性

配位数	几何构型	对称性
7	五角双锥	D_{5h}
	单帽八面体	C_{3v}
	四角底三角底的单帽三棱柱体	C_s（C_{2v}，C_{3v}）
8	四方反棱柱体	D_{4d}
	十二面体（三角形面）	D_{2d}
	双帽八面体	D_{3d}
	立方体	O_h
	对称的三帽三棱柱体	D_{3h}
	单帽四方反棱柱体	C_{4v}
	单帽立方体	C_{4v}
10	双帽的四方反棱柱体	D_{4d}
	双帽的十二面体	D_2
	C_{2v} 对称性的多面体	C_{2v}

有些多核稀土元素配合物具有混合的配位数和混合的几何构型，如 $Eu_2(mal)_3 \cdot 8H_2O$，两个 Eu(III)的配位数不同，其中一个 Eu 处于变形正方反棱柱中，另一个 Eu 处于 9 个氧配位的三帽三棱柱中。

稀土配合物的键型特点（以离子型为主）和较大的稀土离子半径是决定配合物高配位数的主要因素。因为没有强的定向键，所以离子半径的大小和配位性质影响着配体的排布，空间因素在配位数方面起着主要作用。在配体与金属离子相对大小许可的条件下，稀土离子几乎都形成 8 或 8 以上配位数的配合物。另一个因素是稀土元素的正常氧化态为+3 有较高的正电荷，从满足电中性角度来说，也有利于生成高配位数的配合物。

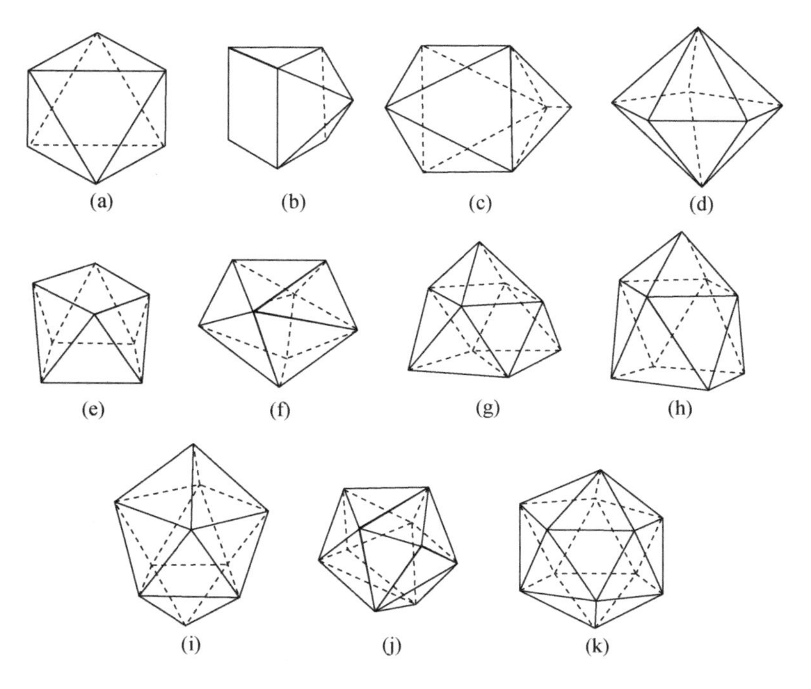

图 6-25　高配位数配合物的理想多面体（顶点代表配位原子的位置）

（a）八面体；（b）单帽三棱柱；（c）单帽八面体；（d）五角双锥；（e）正方反棱柱；（f）三角形的十二面体；（g）三帽三棱柱；（h）单帽正方反棱柱；（i）双帽正方反棱柱；（j）双帽十二面体；（k）二十面体

2. 稳定性与热力学性质

1）稳定性的变迁

A. 稳定常数的变化

已测得的大量稀土元素配合物的稳定常数大部分是从水溶液体系中得到，小部分是从非水介质中获得。从大量的数据中发现，稀土元素配合物的稳定常数不是完全单调地随原子序数而递变。一般来说，轻稀土元素（III）随原子序数的递增和离子半径的减小，同类型配合物的稳定常数平行地递增；而重稀土元素（III）配合物稳定常数的变化则依赖于配体，粗略地可分为三种类型[231]：随着原子序数的增加，离子半径减小，同类型配合物的稳定常数递增；随着原子序数的增加，从 Gd 至 Lu，同类型配合物的稳定常数几乎不变或变化不大；随着原子序数的增加，在 Dy 附近，同类型配合物稳定常数先有最大值而后有降低的趋势。

稀土元素 RE 配合物的稳定常数（K_{REY}，Y 代表配体）的变化情况如表 6-9 和图 6-26 所示。三种类型稀土配合物的配体实例列在表 6-10 中。

表 6-9　1∶1 稀土配合物的稳定常数

元素	$\lg K_{REY}$							
	EDTA	PDTA	BDTA	DBTA	DCTA	DPTA	DHTA	3MDBTA
La	15.50	16.40	(16.3)	16.58	16.26	16.61	16.52	16.41
Ce	15.98	16.79	(16.8)	17.15	16.78	17.13	17.11	16.98
Pr	16.40	17.17	17.49	17.49	17.31	17.48	17.36	17.28
Nd	16.61	17.54	17.70	17.77	17.68	17.76	17.67	15.57
Pm	(16.9)	(17.8)	(18.0)	(18.0)	(18.0)	(18.0)	(17.9)	(17.8)
Sm	17.14	17.97	18.32	18.25	18.38	18.25	18.24	18.12
Eu	17.35	18.26	18.61	18.38	18.62	18.38	18.32	18.30
Gd	17.37	18.21	18.84	18.56	18.77	18.53	18.47	18.44
Tb	17.93	18.64	19.45	19.03	19.50	19.02	18.98	18.97
Dy	18.30	19.05	19.93	19.48	19.69	19.48	19.42	19.39
Ho	(18.6)	19.30	20.27	19.80	(20.2)	19.77	19.72	19.70
Er	18.85	19.61	20.68	20.11	20.68	20.09	19.87	19.97
Tm	19.32	20.08	20.96	20.52	20.96	20.46	20.40	20.38
Yb	19.51	20.25	21.29	20.87	21.12	20.80	20.61	20.65
Lu	19.83	20.56	21.33	20.97	21.51	20.99	20.81	20.79
Y	18.09				19.15			

元素	$\lg K_{REY}$								
	4MDPTA	HEDTA	MEDTA	BEDTA	DTPA	ME	DE	EDDM	NTA
La	16.45	13.82	11.50	10.81	19.96	16.21	15.63	9.80	10.55
Ce	17.02	14.45	11.87	11.28	(20.9)	(16.9)	15.78	10.42	10.88
Pr	17.82	14.96	12.33	11.70	21.85	17.57	16.13	10.50	11.02
Nd	17.65	15.16	12.51	11.82	22.24	17.88	16.36	10.71	11.17
Pm	(17.9)	(15.4)	(12.7)	(12.0)	(22.5)	(18.2)	(16.7)	(10.9)	
Sm	18.20	15.64	12.86	12.19	22.84	18.40	16.96	11.00	11.25
Eu	18.45	15.62	12.96	12.35	22.91	18.52	17.18	11.04	11.33
Gd	18.48	15.44	12.98	12.40	23.01	18.34	17.02	10.82	11.36
Tb	18.99	15.55	13.35	12.79	23.21	18.52	17.35	11.19	11.50
Dy	19.47	15.51	13.61	13.02	23.46	18.42	17.50	11.08	11.62
Ho	19.71	15.55	13.81	13.26	(23.3)	18.34	17.46	11.04	11.75
Er	19.99	15.61	14.04	13.47	23.18	18.20	17.48	11.05	11.88
Tm	20.40	16.00	14.31	13.65	22.97	18.04	17.56	11.04	12.05
Yb	20.74	16.17	14.43	13.85	23.01	18.06	17.86	10.96	12.20
Lu	20.92	16.25	14.51	13.93	(23.0)	17.96	17.89	11.21	12.30
Y		14.49			22.40	17.54	17.05		11.30

注：括号里的数值为外推数值

表 6-10　三种类型稀土配合物的配体实例

类型	配体
I	EDTA、DCTA、NTA、羟基乙酸、亚胺基二乙酸、α-羟基异丁酸、吡啶二羧酸等
II	HAC、acac、异丁酸、HEDTA 等
III	DTPA

在稀土配合物稳定常数（$\lg K_{REY}$）与原子序数的变化关系中，有一个不能忽略的现象，即所谓“钆断”现象。在每一配体所生成的稀土配合物系列中，钆（Gd）元素附近都有一个不规则的 $\lg K_{REY}$ 值。“钆断”现象是指在稀土化合物性质与原子序数的对应变化关系中，在钆元素附近出现了不连续现象，这种不连续变化从 Sm 开始直至 Dy 都有，并不是只在 Gd 处出现。“钆断”现象不仅反映在配合物稳定常数的变化上，也反映在其他热力学性质、离子半径、氧化还原电势和晶格能等性质上。

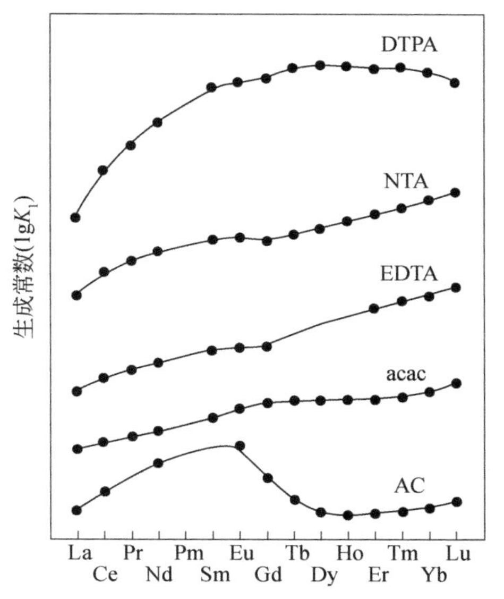

图 6-26　部分稀土配合物的生成常数与稀土原子序数的关系

B. 稳定性变化的原因

目前，对于稀土配合物稳定性变化只是定性的解释。用简单的静电模型，一般可判断配合物的相对稳定性。对于同一配体的配合物来说，金属离子的离子势是配合物稳定性的决定因素。从理论上讲，+3 价稀土离子配合物的稳定性应随离子半径的递减而呈线性变化，但对同类型配合物 II 或III，稳定常数的变化并不与稀土离子半径的变化有平行的变化关系，可见离子半径并不是决定稀土配合物稳定性变化的唯一因素。配合物中金属配位数的改变、配体的位阻因素、水合程度以及价键成分的变化都可能对稳定常数的变化发生影响。

中心原子配位数的改变是稀土配合物稳定性变化的一个重要因素。随着离子半径的减小，稀土离子（III）在 Sm～Gd 范围内中心原子配位数逐渐发生变化，轻、重稀土离子的配位数往往不同。配位数发生变化后，配合物的类型、晶体结构、配位原子与中心离子间的键长，以及实际离子半径也都随之变化，因此影响配合物相对稳定性的变迁。

在水溶液体系中，配体和 H_2O 分子对中心离子的竞争也是不可忽视的，金属离子的水合程度也影响着配合物的稳定性，所以稀土离子水合能力的变化也将影响稀土配合物稳定常数与原子序数之间的相对关系。

C. 钇配合物的稳定性

钇配合物的稳定性在镧系中的位置是变化的，有些按离子半径的次序可落在钬、铒附近，而有些则移至轻镧系或移出整个镧系，见表 6-11。对此，可认为当离子半径对配合物稳定性起主要作用时，钇的稳定常数可处在按照离子半径所预期的位置；当其他因素（如稳定化能、键能等）起主要作用时，钇配合物的稳定常数在镧系中位置就可能发生移动。

D. 热焓和熵的变化

从热力学角度来看，配合物的稳定常数应是反应中焓变 ΔH 和熵变 ΔS 的衡量尺度。稀土配合物的焓变和熵变见表 6-11 和图 6-27，也是随原子序数而非线性递变，并在钆附近出现不连续的现象，说明稀土配合物的焓变和熵变也不是受单一因素影响。

表 6-11　1∶1 稀土配合物的生成热焓和熵变

RE^{3+}	NTA（20℃）		EDTA（25℃）		DTPA（25℃）		IB（25℃）		dipic	
	ΔH/(kJ/mol)	ΔS/［J/(mol·K)］	ΔH/(kJ/mol)	ΔS/［J/(mol·K)］	ΔH/(kJ/mol)	ΔS/［J/(mol·K)］	ΔH/(kJ/mol)	ΔS/［J/(mol·K)］	ΔH/(kJ/mol)	ΔS/［J/(mol·K)］
La^{3+}	1.339	204.2	12.241	249.7	21.756	300.4	14.51	78.6	13.075	107.9
Ce^{3+}	0.899	204.2	12.292	254.4	24.068	—	13.93	77.8	14.840	109.3
Pr^{3+}	2.100	204.6	13.380	256.9	26.986	312.9	12.63	76.9	16.371	109.3
Nd^{3+}	3.359	204.2	15.158	256.7	29.706	313.8	11.88	76.6	16.786	110.8
Sm^{3+}	4.380	205.4	14.012	269.4	33.053	316.7	11.13	75.7	17.920	108.4
Eu^{3+}	4.305	205.4	10.703	282.8	33.053	317.9	12.17	78.6	17.044	111.3
Gd^{3+}	2.619	212.1	7.238	297.9	32.625	320.9	14.43	84.1	14.987	116.3
Tb^{3+}	2.552	220.9	4.661	315.8	32.21	326.4	18.32	94.5	11.250	127.6
Dy^{3+}	1.464	229.3	5.067	326.4	33.053	326.3	21.08	102.5	9.075	135.6
Ho^{3+}	2.272	234.7	5.673	326.3	31.38	330.5	22.22	105.8	8.142	139.9
Er^{3+}	2.481	238.1	7.146	327.6	30.96	331.8	22.97	107.9	7.740	141.4
Tm^{3+}	2.447	241.8	7.829	330.9	27.61	343.1	22.55	106.7	7.673	143.1
Yb^{3+}	1.674	242.7	9.665	331.4	25.9	346.0	22.38	106.0	8.054	142.2
Lu^{3+}	0.753	241.4	10.510	330.9	21.3	358.6	22.38	106.7	9.167	141.8
Y^{3+}	4.297	251.0	2.460	324.3	—	—	22.42	106.7	6.016	141.4

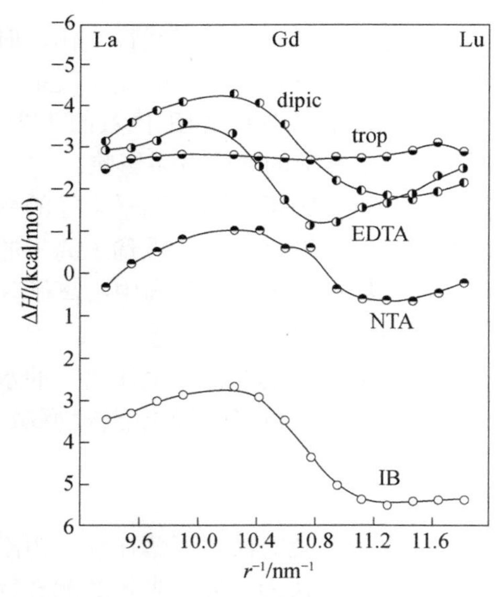

图 6-27　稀土配合物在水溶液中的焓变

1 cal=4.184 J

在水溶液体系中，稀土配合物的焓变可看成是阳离子与配体的键合能和阳离子与溶剂分子（H_2O）的键合能之间差额的一种衡量尺度，并受多种因素影响。

在水溶液体系中，多数配合物的熵变是主要的，在配合物形成时，体系的质点数改变以及质点的振动形式变化都关系到熵值，如在形成配合物时，金属离子水合层的破坏程度将影响到熵值的变化，所以在配合物的形成和解离时引起熵变之外，金属水合层的变化也是一个因素。

为了避免水合作用的影响，可采用非水体系来测定配合物热力学性质的变化。在稀土离子与乙二胺的乙腈（无水）体系中所测的热力学数据表明（表 6-12），ΔS 是负值，与相应体系水溶液中大的正熵值相反，但 ΔH 是大的负值，表明焓变是此体系中配合物形成的主要因素，这与水溶液体系不同，在水溶液体系中，水合作用是不可忽视的。

表 6-12　稀土高氯盐的乙二胺配合物的热力学数据

RE^{3+}	焓变①/(kJ/mol)				形成常数②				熵变③/［J/(mol·K)］			
	$-\Delta H_1$	$-\Delta H_2$	$-\Delta H_3$	$-\Delta H_4$	$\lg K_1$	$\lg K_2$	$\lg K_3$	$\lg K_4$	ΔS_1	ΔS_2	ΔS_3	ΔS_4
La	72.4	64.8	55.6	46.0	9.95	7.5	6.2	3.3	−63.2	−76.1	−76.9	−92.5
Ce	—	—	—	—	—	—	—	—	—	—	—	—
Pr	78.2	70.3	56.9	45.2	—	—	—	—	—	—	—	—
Nd	78.6	70.7	57.7	45.6	—	—	—	—	—	—	—	—
Sm	80.75	75.3	56.5	41.4	—	—	—	—	—	—	—	—
Eu	82.8	76.6	58.1	40.58	—	—	—	—	—	—	—	—
Gd	81.6	75.3	58.1	39.7	—	—	—	—	—	—	—	—
Tb	83.3	77.82	54.8	37.6	10.4	8.4	6.2	3.2	−79.5	−102.5	−66.9	−66.1
Dy	83.3	76.9	52.7	38.3	—	—	—	—	—	—	—	—
Ho	83.3	76.1	53.1	41.84	—	—	—	—	—	—	—	—
Er	84.1	78.2	54.8	48.1	—	—	—	—	—	—	—	—
Yb	84.1	78.6	60.2	53.5	11.5	9.3	6.5	3.8	−64.4	−88.3	−79.5	−108.4
Lu	83.7	77.8	59.8	53.5	—	—	—	—	—	—	—	—

①偏差±1.2 kJ/mol；②偏差±0.5；③偏差±12.5 J/(mol·K)

2）镧系配合物性质与原子序数关系

A. 四分组效应

在镧系元素配合物性质与原子序数的关系中，四分组效应（tetrad effect）是一个客观事实。四分组效应首先是由 Peppard 等[233]在1969 年总结某些镧系离子液-液萃取体系的分配比或分离因素的变化时提出的。15 个镧系离子的液-液萃取体系中，以 lg$D$（分配比）对 Z（原子序数）作图（图 6-28），能用 4 条平滑的曲线将图上标出的 15 个点分成 4 组，钆的那个点是第二组和第三组的交点。第一组和第二组曲线的延长线在60号和61号元素之间的区域相交，第三组和第四组曲线的延长线在 67 号与 68 号元素间的区域相交[231]。四分组效应将镧系元素按其性质的相似变化分成四个元素一组的四个组：第一组（La，Ce，Pr，Nd）；第二组（Pm，Sm，Eu，Gd）；第三组（Gd，Tb，Dy，Ho）；第四组（Er，Tm，Yb，Lu）。

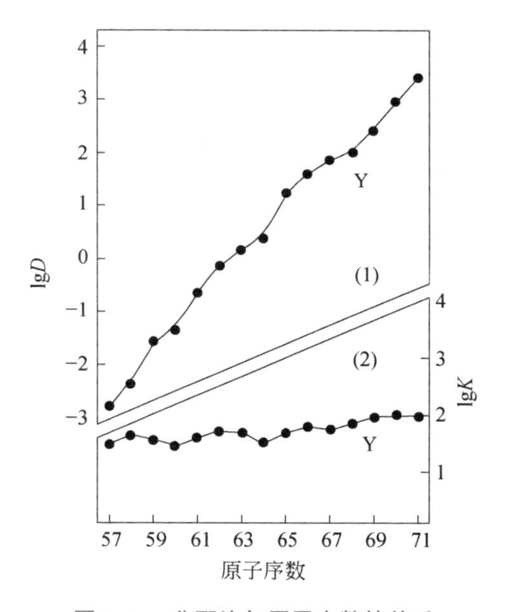

图 6-28　分配比与原子序数的关系

酸性和中性磷酸酯的萃取剂、螯合萃取剂、亚砜萃取剂等在镧系元素萃取分配比的对数值与原子序数关系中存在四分组效应，并且该效应也反映在镧系元素配合物的其他性质（如热焓、熵、自由能等）与原子序数的关系中。

镧系元素配合物性质与原子序数关系的四分组效应是镧系元素 4f 电子性质的反映。镧系元素配合物性质与原子序数的图形转折处正是 4f 电子层的 1/4、2/4、3/4 填充的离子处。Nugent [234] 曾从 f 电子的相互作用出发来说明四分组效应，但还不能给予满意的解释。

B. 双双效应

在 Peppard 等提出“四分组效应”之前，1964 年，Fidelis 等 [235] 在用萃取色层研究镧系元素分离因素时发现了“双双效应”（double effect）。“双双效应”是指镧系元素的分离系数 β 与原子序数的关系中分为 La～Gd 和 Gd～Lu 两组，每一组中出现两个最大和两个最小值，如图 6-29 所示。

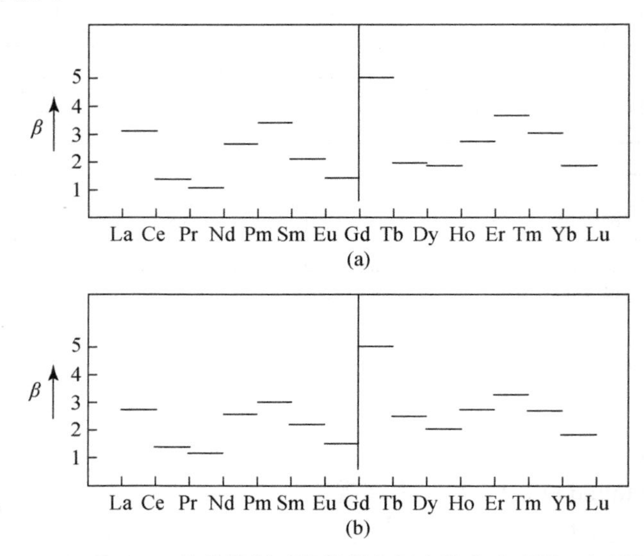

图 6-29 以 HEHϕP 和 TBP 为萃取剂时相邻稀土元素的分离系数 β 与原子序数的关系

之后把“双双效应”与+3 价镧系离子的电子组态和基谱支项联系起来，用电子组态以 f^7 为中点分为 f^0～f^7 和 f^7～f^{14} 两组来说明，每一组中还可以 f^3、f^4 和 f^{10}、f^{11} 两对元素为界而进一步划分，在萃取色层分离系数中表现出 f^0～f^3，f^4～f^7 和 f^7～f^{10}，f^{11}～f^{14} 元素的相似性。“双双效应”还存在于液-液萃取的分离系数、配合物的稳定性等热力学性质中，并存在于镧系离子（III）的其他性质与原子序数的关系中。

“双双效应”及“四分组效应”都反映了镧系元素性质递变的规律，它们基本上是相同的，只是在表示方法上有所不同而已。

C. 斜 W 效应

1975 年，Sinha [236] 把+3 价镧系离子的基态 L 和它们的某些物理化学性质联系起来，在解释镧系离子（III）性质随原子序数递变的“四分组效应”时指出：在镧（锕）系中，L 值表现了与“四分组效应”同样的周期性，并且 f 过渡金属离子的性质在四分组的每一组内是线性变化。当分析镧系离子（III）基态光谱项或 L 值时，就会发现镧系离子（III）基态 L 值以 0（S）、3（F）、5（H）、6（I）为周期改变（表 6-13）。其中包括 4 个周期，随着原子序数的递变，以 S、F、H、I；I、H、F、S；S、F、H、I；I、H、F、S 而变化。当以 L 值与原子序数作图时，有 4 段曲线，如图 6-30 所示，其中 Gd 为第二和第三周期所共有，表明反映镧系离子（III）内在特性的参数 L 值随着原子序数递变是非线性的函数关系。随之提出镧系离子（III）的多数性质与 L 作图时，均存在四段形似“斜 W”的直线（图 6-31～图 6-33），称之为“斜 W”效应。

表 6-13　镧系离子（III）基态 L 和光谱项

元素	La	Ce	Pr	Nd	Pm	Sm	Eu	Gd
	Lu	Yb	Tm	Er	Ho	Dy	Tb	Gd
L 值	0	3	5	6	6	5	3	0
光谱项	^{1}S	^{2}F	^{3}H	^{4}I	^{5}I	^{6}H	^{7}F	^{8}S

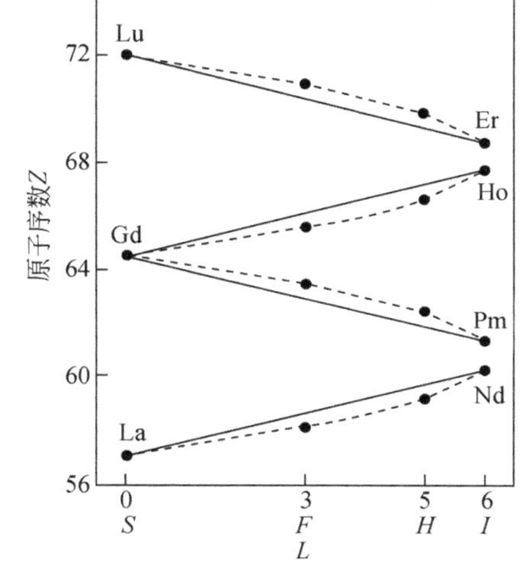

图 6-30　+3 价镧系离子的基态总轨道角动量量子数 L 与原子序数的关系

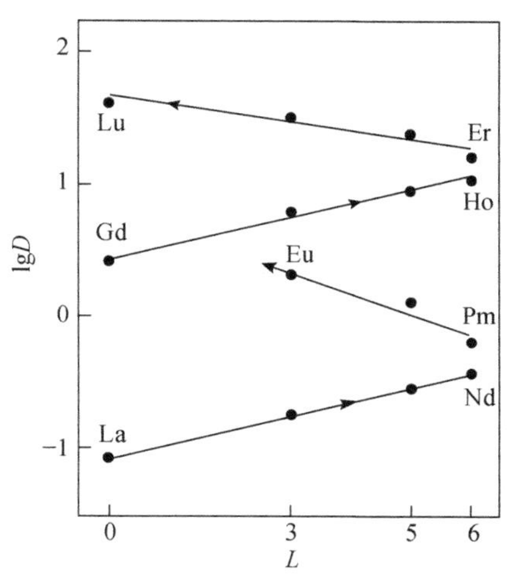

图 6-31　TBP 从 HNO_3 溶液中萃取镧系离子（III）的 lg$D$ 与 L 的关系

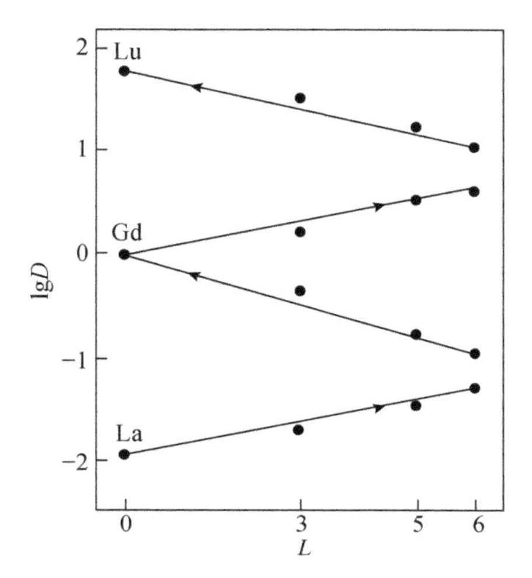

图 6-32　以 α-羟基异丁酸为淋洗剂时的阳离子交换分离镧系离子（III）的 lg$D$ 与 L 的关系

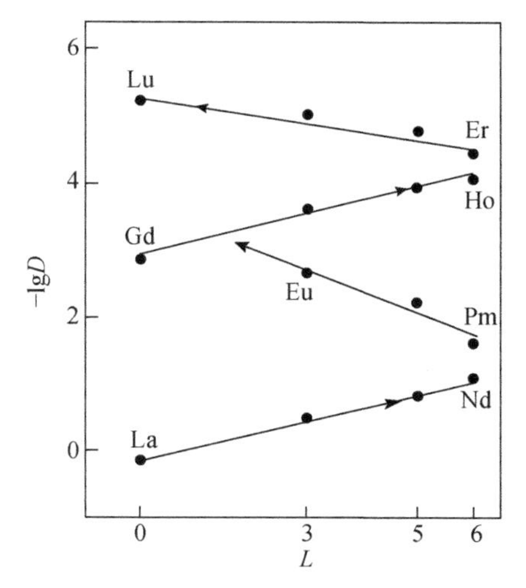

图 6-33　反相色层分离镧系离子（III）的 lg$D$ 与 L 的关系（HEHϕP）

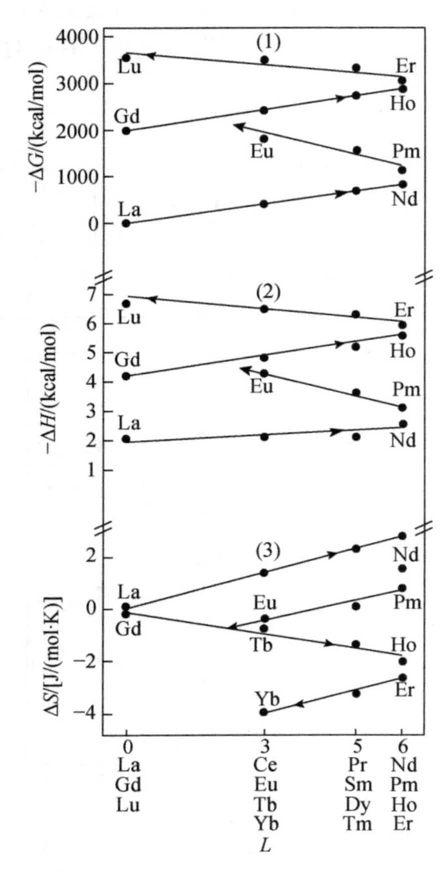

图 6-34 TBP 从 HNO_3 溶液中萃取镧系离子时 ΔG、ΔH、ΔS 与 L 的关系

1 cal=4.184 J

已有大量实例说明，无论是在液-液萃取、离子交换或反相色层的方法中，镧系离子的分配比与其基态 L 值的关系都呈直线函数关系，如图 6-30～图 6-33 的 $\lg D$ 与 L 的图形所示。不同体系的图形都有四段“斜 W”形状，Gd 并不一定共属于第二和第三段，而往往属于第三段。

镧系配合物的生成常数、热焓、熵等热力学性质与 L 的关系如图 6-34、图 6-35 所示，也有类似的“斜 W”图形，虽有些图形偏离了“斜 W”的形式，但 L 和热力学性质的直线函数关系仍然存在。

表现配合物性质与基态 L 关系的“斜 W 效应”非但在配合物性质上体现出来，而且也反映在镧系元素的其他性质上，如氧化还原电势、电离能、光谱性质、金属与配位原子间键的拉伸振动频率以及配合物的晶格常数等性质与 L 都有“斜 W”的变化关系，把这种关系应用在镧系离子的其他价态上也得到了较好的结果。

6.8.2 主要类型及其合成技术

稀土元素配位特性导致稀土配合物的类型和数目与 d 过渡金属配合物相比都较少[237]。稀土配合物根据配位时键合方式及结构特点主要分为如下类型（表 6-14）。

离子缔合物：稀土离子与无机配位体主要形成离子缔合物，稳定性较弱，只能存在于溶液中，在固体化合物中不存在。

不溶性的加合物：不溶性的加合物又称不溶的非螯合物，这类配合物中只有安替比林衍生物在水中稳定，其他如氨或胺类稳定性均弱，用 TBP 溶剂萃取稀土时，在有机相中生成 $RE(NO_3)_3\cdot 3TBP$ 中性配合物。

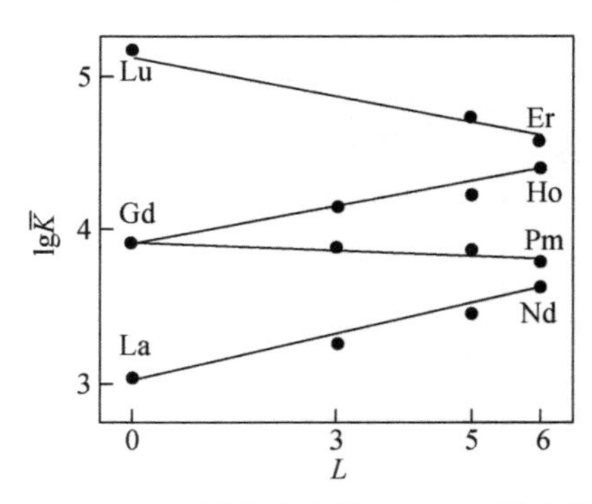

图 6-35 N263-二甲苯溶液从 HNO_3 溶液中萃取镧系离子（Ⅲ）的 $\lg \bar{K}$ 与 L 的关系

螯合物：螯合物由于形成环状结构，比其他类型配合物稳定。分子型稀土螯合物难溶于水，易溶于苯或三氯甲烷等有机溶剂。这类螯

合剂主要有 β-二酮类（如 PMBP、TTA 等）、羧酸类化合物（芳香羧酸、长链脂肪酸）、大环类化合物等，它们在稀土的萃取分离、稀土材料的制备中得到广泛应用，如稀土配合物发光材料领域等，稀土配合物的发光机制与通常的无机发光机制显著不同，因而在发光与显示方面有重要应用。

表 6-14　稀土配合物的主要类型

<table>
<tr><th colspan="2">类型</th><th>稀土离子价态</th><th>配合物的组成①</th></tr>
<tr><td colspan="2" rowspan="2">离子缔合物</td><td>+3</td><td>$REX^{2+}(X=Cl^-, Br^-, I^-, NO_3^-, SCN^-, ClO_4^-)$
$RESO_4^+$
$REC_2O_4^+$
$RE(CH_3COO)_n^{(3-n)+}(n=1\sim3)$</td></tr>
<tr><td>+4</td><td>$Ce(OH)^{2+}$
$Ce(SO_4)_n^{(4-2n)+}$</td></tr>
<tr><td colspan="2">不溶的加合物</td><td>+3</td><td>$RECl_3 \cdot xNH_3(x=1\sim8)$
$RECl_3 \cdot xCH_3NH_2(x=1\sim5)$
$REX_3 \cdot 6ap(X=SCN^-, I^-, ClO_4^-)$②
$RE(NO_3)_3 \cdot 3TBP$
$RE(ClO_4)_3 \cdot 4DMA$</td></tr>
<tr><td rowspan="4">螯合物</td><td rowspan="3">分子型</td><td>+3</td><td>$RE(on)_3$
$RE(diket)_3 \cdot xH_2O(x=1\sim3)$
$(BH)RE(diket)_4$</td></tr>
<tr><td>+4</td><td>$Ce(on)_4$
$Ce(diket)_4$</td></tr>
<tr><td>+2</td><td>$RE(EDTA)^{2-}$
$RE(CyDTA)^{2-}$</td></tr>
<tr><td>离子型</td><td>+3</td><td>$RE(RCHOHCOO)_n^{(3-n)+}(n=1\sim4)$
$RE(mal)^+$
$RE(cit)_n^{(3-3n)+}(n=1\sim3)$
$RE(glyc)^{2+}$
$RE(Cup)^{2+}$
$RE(C_2O_4)_3^{3-}$
$RE(EDTA)^-$
$RE(CyDTA)^-$
$RE(NTA)_n^{(3-2n)+}(n=1, 2)$</td></tr>
<tr><td colspan="2" rowspan="2">其他</td><td>+3</td><td>$M_2^IREF_4$，$M_3^IREF_6$
$(BH)_3RECl_3$</td></tr>
<tr><td>+4</td><td>$M_2^IREF_6(RE=Ce, Pr)$
$M_3^IREF_7(RE=Ce, Pr, Nd, Tb, Dy)$
$(BH)_2CeCl_6$</td></tr>
</table>

①组成中常存在水分子，未标出。

②缩写：ap 为安替比林；DMA 为 *N*,*N*-二甲基乙酰胺；on 为 8-羟基喹啉；diket 为 β-二酮；mal 为苹果酸；cit 为柠檬酸；glyc 为羟基乙酸；Cup 为铜铁试剂；B 为有机磷或胺类

其他稀土配合物：主要有卤素配合物，+3 价稀土离子生成的卤素配合物倾向小；+4

价稀土离子如铈(Ⅳ)、镨(Ⅳ)及铽(Ⅳ)等生成大的卤素配合物倾向大。

1. 稀土无机配合物

稀土与大部分无机配体生成离子键的配合物，但当生成含磷的配合物时，化学键具有一定的共价性。稀土与无机配体形成配合物的稳定性顺序为 $Cl^- \approx NO_3^- < SCN^- < S_2O_3^{2-} \approx SO_4^{2-} < F^- < CO_3^{2-} < PO_4^{3-}$；稀土与含磷配体形成的配合物基本是螯合型，稳定性较高。稀土的无机含磷配合物的稳定性顺序为 $H_2PO_4^- < P_3O_9^{3-} < P_4O_{10}^{4-} < P_3O_{10}^{5-} < P_2O_7^{4-} < PO_4^{3-}$。

稀土的无机含磷配合物中含有质子时，其稳定性低于不含质子的，环状的低于直链的并随链长的增长而下降[237,238]。

2. 稀土有机配合物

以有机分子为配体的稀土配合物类型很多，而且随着现代合成和测试技术的发展，新的稀土有机配合物不断被开发和应用[239]。下面介绍几类重要的稀土有机配合物。

1）稀土与含氧配体生成的配合物

稀土离子与氧的配位能力很强，稀土与含氧配体生成的配合物也就成为稀土配合物中最重要的一大类。配体的主要类型有醇和醇化物、羧酸、羟基羧酸、β-二酮、羰基化合物及大环聚醚等。

（1）稀土醇合物。稀土与醇生成溶剂合物和醇合物。在溶剂合物中，氧键仍与醇基中的氢连接；在醇合物中，稀土取代了醇基中的氢。醇的溶剂合物的稳定性低于水合物，因此在水醇混合物溶剂中，水量增大时，稀土离子的溶剂化壳层中的醇逐步被水分子所取代。多酚比脂肪族的醇具有更明显的酸性，可与稀土反应生成醇合物。

稀土无水氯化物易溶于醇而溶剂化，其饱和溶液在硫酸上慢慢蒸发可析出溶剂化的晶体 $RECl_3 \cdot nROH$，碳链的增长和存在支链均使 n 值减少。稀土无水氯化物在醇溶液中与碱金属醇合物之间发生交换反应可生成稀土醇合物 $RE(OH)_3$。许多稀土与甲醇、正丁醇、DiOX、THF 等的固体醇合物都已被制得。但 $pK_a > 16$ 的脂肪族一元醇只能存在于非水溶剂中，在水中将分解成稀土氢氧化物沉淀析出。

（2）稀土 β-二酮配合物。在稀土的酮类配合物中，对单酮研究很少，酮与稀土可形成溶剂化物。研究和应用最多的是 β-二酮，稀土的 β-二酮配合物具有萃取性能、协萃性能、发光性能、激光性能、挥发性能和作为位移试剂的性能，因而引起人们的重视。β-二酮具有酮式和烯醇式两种结构，并有互变异构反应：

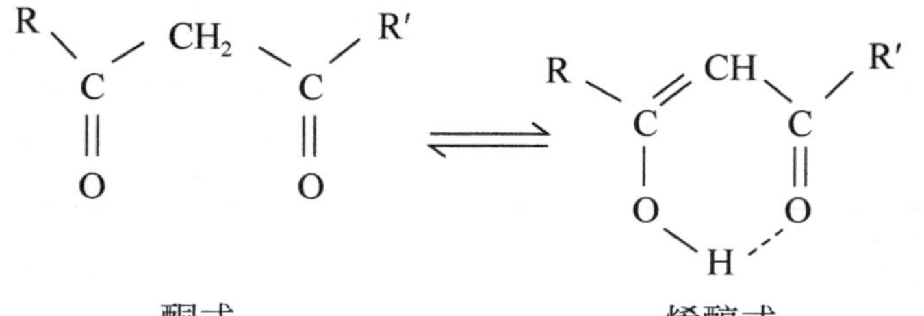

R, CH_2, R′, C, C, O, O ⇌ R, CH, R′, C, C, O, O, H

酮式　　　　烯醇式

因此，β-二酮可以看成是一种一元弱酸，在适当的情况下，它们可失去一个氢离子成为具有两个配位点的一价阴离子。烯醇式脱去质子后与稀土离子生成螯合物：

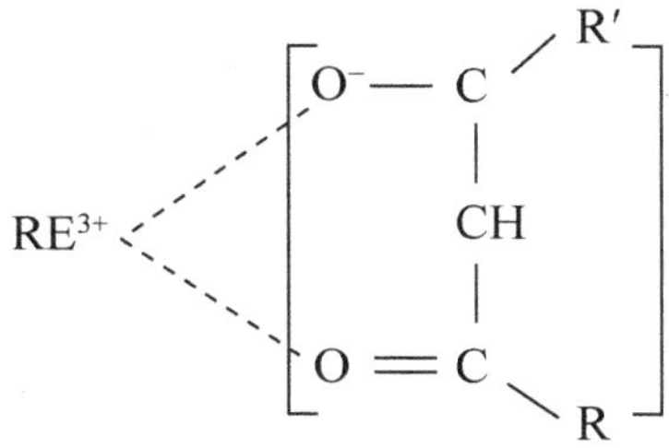

$$RE^{3+} \cdots \left[\begin{matrix} O^- - C - R' \\ | \\ CH \\ | \\ O = C - R \end{matrix} \right]$$

由于生成螯合环，并包含电子可运动的共轴链，β-二酮与稀土生成的配合物在只含氧的配体中是最稳定的。

乙酰丙酮、丙酰基丙酮、苯酰基丙酮和二苯酰基甲烷等均能与 La^{3+}、Pr^{3+}、Nd^{3+}、Y^{3+} 等稀土离子形成稳定的配合物，其稳定常数大多在 10^{20}～20^{41} 数量级，配合物的稳定性次序为：苯酰基丙酮＞丙酰丙酮＞乙酰丙酮。在整个稀土系列中，配合物的稳定性随着原子序数的增加而增大。

许多稀土 β-二酮配合物具有良好的发光性能，如苯酰基丙酮、α-羟基二甲苯酮、六氟乙酰丙酮和噻吩甲酰三氟丙酮等可以制备稀土荧光配合物，这些配合物已经用于激光技术中。稀土 β-二酮配合物中的有机化合物可以提高稀土离子（特别是 Sm^{3+}、Eu^{3+}、Tm^{3+}、Dy^{3+}）被汞灯所激发的光致发光效率。另外，稀土的二酮配合物如 $Eu(fod)_3$ 等可用作核磁共振的位移试剂，它们也是目前已知的挥发性最大的稀土配合物。

（3）稀土羧酸类配合物。许多有机酸可与稀土离子生成稳定的配合物。一元羧酸中以乙酸根与稀土离子形成配合物的研究和应用最多，其稳定常数按 La→Sm 增加，Eu 与 Sm 接近，以后的重稀土变化不大。丙酸、异丁酸与稀土离子的配位能力与乙酸类似。这三种一元羧酸与稀土离子的配位能力为乙酸＞丙酸＞异丁酸。

在一元羧酸中，稀土配合物的稳定性以羟基羧酸最强，因为这类羧酸中的氢氧基团有助于产生更稳定的螯合配合物，其结构式为：

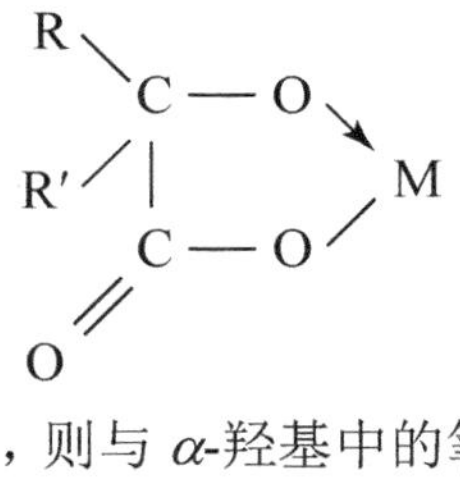

R
C — O → M
R' |
C — O — M
O (=C)

金属离子 M 所带的正电荷越多，则与 α-羟基中的氧原子作用越强，形成的配合物越稳定。α-羟基异丁酸、葡萄糖酸、柠檬酸、乙醛酸、乳酸、苹果酸、水杨酸和酒石酸等都能与稀土离子形成稳定的配合物。

2）稀土与含氮配体生成的配合物

稀土与氮原子的配合能力小于氧原子，因此在水溶液中很难制得稀土的含氮配合物。选用适当极性的非水溶剂作为介质，可以制备以氮为配体的稀土配合物，其配位数高达 8 或 9，稀土含氮配合物大致可分为两类。

（1）稀土与弱碱含氮配体生成的配合物，如二氮杂菲、联吡啶和酞菁等在适当的溶剂中与稀土离子配位形成配合物，如稀土酞菁配合物的合成反应为：

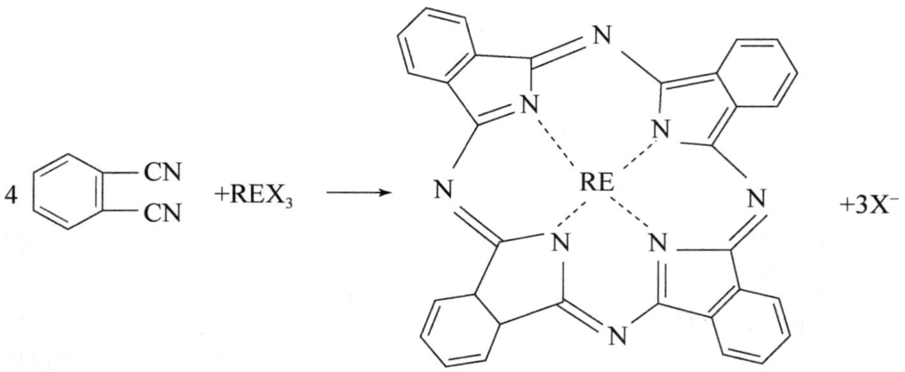

4 CN CN $+REX_3 \longrightarrow$ N N N N RE N N N N $+3X^-$

稀土配合物的组成与无机阴离子的性质有关，阴离子不同，配位体的数目也常不同。当阴离子是 Cl^-、NO_3^- 等时，得到的是两个含氢的双齿中性配体的配合物，配位数大于 6，阴离子成溶剂参加配位；当阴离子是 SCN^- 时，生成三个含氮的双齿中性配体的配合物；当弱配位的阴离子，如 ClO_4^- 为配位离子时，生成四个含氮的双齿中性配体的配合物。

（2）稀土与强碱含氮配体生成的配合物是稀土与胺及其衍生物所形成的配合体，也是一类含 RE—N 键的化合物。在稀土有机胺化合物的含 N 配体中含有有机基团，如—NR_2、—$N(SiR_3)_2$ 等。制备这类配合物是将无水稀土氮化物在乙腈中与多齿胺，如乙二胺、丙二胺、二乙三胺和三乙四胺等作用生成粉末状的配合物。这些配合物具有相当的热稳定性，但暴露在空气中，易与水分子作用而水解。

近十余年来又合成了许多新的稀土有机胺化物，特别是发现了三甲基硅氨基稀土配合物，它不仅在有机溶剂中有良好的溶解性能，而且是一类理想的反应前驱体，通过与各种试剂的反应可合成相应的金属衍生物，尤其是合成纯的烷氧基稀土金属的化合物，后者可用于电子材料等的制备。此外，人们在研究中发现 RE—N 键可以发生很多化学反应，如环戊二烯稀土胺化物又是一类有效的催化剂，不仅可以催化胺化和环化等有机反应，还能催化一些极性和非极性单体的聚合反应。

3）稀土与含氮、氧配体生成的配合物

有机氮氧配体中至少有两个可配位的原子，因此它们能和稀土离子形成更加稳定的螯合物。这类配合物有氨基羧酸、吡啶二羧酸和异羟肟酸等与稀土离子形成的配合物。

氨基羧酸稀土配合物形成的螯环数目多，稳定性好，应用广泛。配体主要是链状或环状的多胺、多羧酸类，包括氨三乙酸（NTA）、乙二胺四乙酸（EDTA）、亚氨基 *N*,*N*-二乙酸（IMDA）及二乙基三胺五乙酸（DTPA）等，其配位能力的顺序是 DTPA＞DCTA（环己烷二胺四乙酸）＞EDTA＞HEDTA（羟乙基乙二胺乙酸）＞NTA＞IMDA。它们与稀土离子形成的 1∶1 或 1∶2 的螯合物中存在配位能力强的羧基，因此可以从乙醇水溶液中结晶出来，在核磁共振技术中有重要的应用，也常用于稀土分离和分析，如 EDTA 已广泛应用于离子交换分离和分析技术。

除了含氧、氮配位原子的有机配体外，还有硫、磷和砷等为配位原子的有机配体，但这些配合物的稳定性较差。

4）稀土多元配合物和稀土双核或多核配合物

稀土多元配合物是稀土离子与两种或两种以上配体所形成的配合物，其配体可有各种组合形式，如两种或多种配体都是中性配位，或者是阴离子与中性配体混合配位等，生成离子缔合型配合物。另外，配体可以是氧原子或氮原子或者其他原子配位。因此，多元配合物的种类很多，稀土离子的配位数可在 6～12 变化。还有一类稀土多元配合物属于离子缔合物，如 $[RE(PyO)_6]^{3+}[Cr(NCS)_6]^{3-}$，其中 PyO 是吡啶氧化物。

5）稀土金属有机化合物

稀土金属有机化合物是含有稀土金属-碳键的化合物总称，这类化合物有很多重要的化学性质和物理性能，可用于有机合成和高聚物合成。稀土金属有机化合物可按其相连基团的类型分类，也可按稀土金属与配位体之间的键合形式分类，即分为σ键、π键和夹心键三类化合物。

在稀土金属σ键有机化合物中，+2 价镱、钐和铕的衍生物是通过烷基或芳基碘代化合物与相应的稀土金属发生格氏反应来制取的。其他稀土金属的类似化合物是用相应的金属卤化物与烷基或芳基锂（或钠），或者与格氏试剂反应制得。π键稀土金属有机化合物包括环戊二烯基化合物、烯丙基稀土金属有机化合物、茚基稀土金属有机化合物。稀土金属夹心结构化合物最早由 Streitwieser[240] 合成了 f 电子过渡元素的第一个环辛四烯基化合物，这个夹心化合物的结构为 D_{8h}。

3. 合成技术

随着稀土配合物化学的发展，已从早期合成的含氧配合物发展至目前合成出一系列含 C、N 和 π 键的有机和无机配合物及一系列金属有机配合物；从合成结构比较简单的单齿或双齿配合物发展至目前合成出一些大环配合物、原子簇配合物及与生物有关的配合物[237, 238]。稀土配合物的合成主要采用直接反应、交换反应和模板反应。

1）直接反应

稀土盐（REX_3）在溶剂（S）中与配体（L）直接反应：

$$REX_3+nL+mS \longrightarrow REX_3 \cdot nL \cdot mS$$

或

$$REX_3+nL \longrightarrow REX_3 \cdot nL$$

或用稀土氧化物与酸（H_nL）直接反应：

$$RE_2O_3+2H_nL \longrightarrow 2H_{n-3}REL+3H_2O$$

2）交换反应

利用配位能力强的配位体 L′或螯合剂 Ch′取代配位能力弱的配位体 L、X 或螯合剂 Ch：

$$REX_3+M_nL \longrightarrow REL^{-(n-3)}+M_nX^{(n-3)}$$

$$REX_3 \cdot nL+mL' \longrightarrow REX_3 \cdot mL'+nL$$

或 $$RE(Ch)_3+3HCh' \longrightarrow RE(Ch')_3+3HCh$$

也可利用稀土离子取代铵、碱或碱土金属离子：

$$MCh^{2-}+RE^{3+} \longrightarrow RECh+M^{+}$$

其中，$M^{+}=Li^{+}$、Na^{+}、K^{+}、NH_4^{+}等。

3）模板反应

在合成稀土配合物时，所选用的稀土与配体的物质的量比将影响所生成配合物的组成和配位数，介质的 pH 决定配合反应及生成配合物的形式，特别是在水溶液中合成时，必须控制介质的 pH，使不生成难溶的稀土氢氧化物沉淀。

常用的溶剂是水，水与有机溶剂组成混合溶剂或非水溶剂。用非水溶剂时有如下优点：可防止稀土及其配合物的水解，特别是使用碱度高的配体时更为适用，如合成纯氮配合物需要在非水溶剂中进行；可以溶解作为配体的各种有机物和作为稀土原料的稀土有机衍生物；可利用各种方法和在较宽的温度范围内进行合成；可获得固定组成、不含配位水分子的稀土配合物。

4. 应用技术

稀土配合物除在稀土元素的提取分离、高纯稀土化合物及稀土材料的合成过程中得到应用外，在现代工业及高新技术领域中也有广泛而重要的应用[241]。在过去的 20 年中，对于镧系配位化学和超分子化学的研究使得镧系配位化合物在健化、生物医学分析、诊断和药物治疗领域获得了实际的应用。镧系离子固有的 Lewis 酸性、磁性和光学性能通常不同于过渡金属离子，因此，基于镧系元素的新型功能材料具有一定的应用价值。

1）发光材料

稀土离子的发光原理大概可以分为三个过程：先接受有机配体提供的外界能量同时也被激发；然后稀土离子的电子由基态跃迁至激发态；最后稀土离子的电子从高能级轨道回到较低能级轨道时发射出较强的荧光。

单独的稀土离子有比较弱的吸收能力，其荧光的强度低，加入有机配体后，二者形成稳定的稀土配合物。有机配体对紫外光的吸收能力较强，可以将其吸收的能量以非辐射跃迁的方式传给中心稀土离子，导致稀土离子发光，这种方式是把有机配体当作吸收天线来进一步解除稀土离子的 f-f 禁阻跃迁，最终增强稀土中心离子的荧光强度，弥补了稀土离子吸光系数弱的缺点，大大提高了稀土离子的发光强度。可以把这个过程表示为天线效应（antenna effect），包括以下三个阶段：①有机配体吸收能量，从基态 S_0 激发至第一激发态 S_1；②有机配体的能量向稀土离子传递，通过非辐射的系间穿越方式将有机配体吸收的能量传递到第三激发态，然后传递给中心稀土离子的激发态；③稀土离子的特征发光。换句话说，将中心稀土离子和合适的有机配体结合成稀土配合物，可以有效解除 f-f 禁阻，使稀土中心离子发射出较强的特征荧光。具体过程如图 6-36 所示[239,242,243]。

构筑优异光学性能的稀土配合物，有机配体的选择至关重要。目前，常见的性能优异的有机配体主要为以下五种：β-二酮类；芳香环化合物，如芳香羧酸；杂环化合物；含磷酰基的配合物；大环或者链状多配位体。这些有机配体主要以π-π^*跃迁为主要方式，也可以说是不饱和双键的π电子跃迁，其吸光度大，吸光系数大于 100。有机配体中提供孤电子对与稀土离子形成配位键的原子为配位原子，配位原子一般为电负性较大的非金属原子，常见的配位原子为 N，O，S 和 P 原子。N 和 O 原子相比于 S 原子拥有很强的供电子能力，所以具有更好的配位能力，也是在稀土配合物研究中涉及最多的配位原子。为了有效提高配位原子与稀土离子的配位数而获得高配位数的稀土配合物，一般会选择含有多种配位原子的有机配体，这样单一稀土配合物就具有较高的配位数，从而产生优异的光学性能。最常见的同时含有 N 和 O 原子的有机配体为吡啶羧酸类有机配体，主要有吡啶甲酸类、吡啶二甲酸类、吡啶三甲酸类以及吡啶四甲酸类等，将其与金属离子，尤其是稀土离子反应，稀土离子一般会同时与吡啶环上的 N 原子和羧基上的 O 原子结合，组合成含有预期结构和性能的大分子稀土配合物，稳定性好且具有优异发光性能，如发射强度大以及寿命长，是一类非常重要的稀土发光配合物。

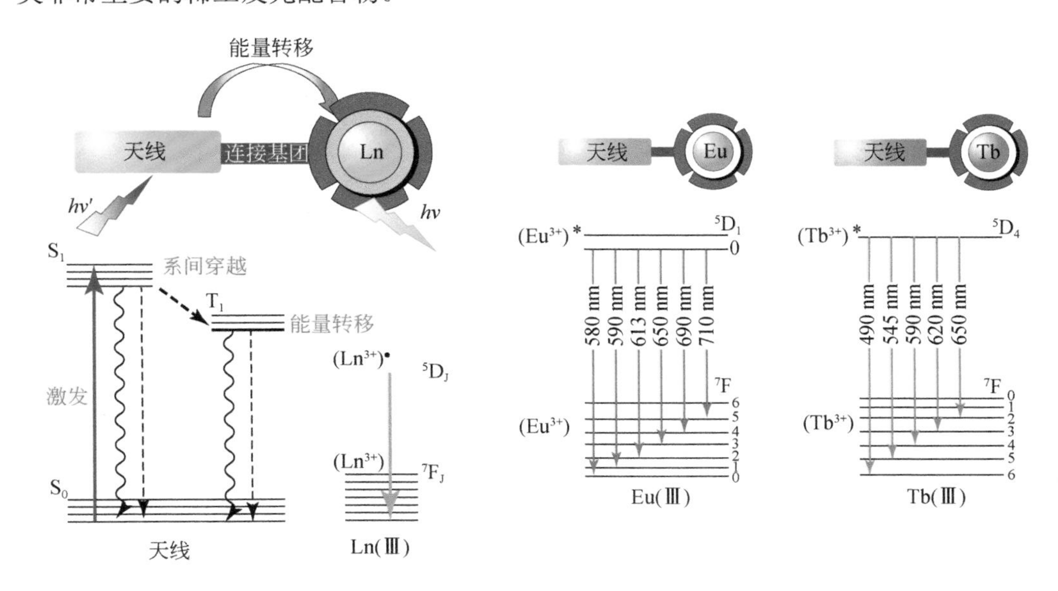

图 6-36　稀土中心离子配合物的发光原理图

20 世纪 60～70 年代，随着激光技术的发展，人们为了寻找激光工作物质，开始对稀土光致发光配合物进行系统研究，取得了很多重要成果。稀土配合物化学由溶液扩展至固体化学的研究，合成了大量新的配合物并研究了它们的结构和性质，其中稀土 β-二酮配合物具有良好的光热稳定性和光储性能，一些稀土 β-二酮配合物曾作为激光工作物质输出激光。

人们在研究中还发现，当 RE^{3+}配合物在醇中被光还原时，其量子效率会突然增大，其中 Eu^{3+}的冠醚配合物的乙醇溶液在紫外光辐照下发出很强的蓝光，具有很好的应用前景。

2）磁性材料

多功能分子磁性材料具有用作未来分子器件的潜力，如用于磁致发光传感、光开关和信息存储等。镧系离子被认为是构建分子开关的绝佳候选物，相对于过渡金属离子，其对分子几何形状、键长和晶型等结构细微的变化非常敏感。近年来，磁各向异性在分子磁学中的作用越来越引起人们的关注，具有磁各向异性的分子可以表现为微小的磁铁，称为单分子磁体，在量子计算和信息存储等领域具有广阔的应用前景。2019 年，Brunet 等[244]将光致发光和单分子磁体行为相结合实现了实际应用，他们利用 Yb^{3+}和一种 Schiff 碱配体合成了一种双核配合物［$Yb_2(valdien)_2(NO_3)_2$］，尽管 Yb^{3+}的能级较为简单（只有 $^2F_{5/2}$ 和 $^2F_{7/2}$

两个不同的能级），但仍然可以观测到丰富的光物理性能，包括单分子磁体行为。在该配合物中，Yb^{3+}的敏化是通过配体到稀土离子的能量转移和电子转移共同实现的。金属中心产生的发射对 33～80 K 范围内的温度变化非常敏感，通过探索不同的测温参数，得出基于电子群分布的比率方法能产生最佳测温性能的结论，即通过检测 Yb^{3+}的 $^2F_{7/2}$ 到 $^2F^{5/2}$ 发射带的积分强度之间的比率检测温度的变化。这种方法在 80～200 K 温度范围内的相对热敏度小于 1%。光致发光谱图的测试表明基态和第一激发态之间的能级差约为 382.5 cm^{-1}，与磁性产生的 45 cm^{-1} 能垒（U_{eff}）相去甚远，证实了热激发的 Orbach 过程不是磁弛豫的主要途径。这是首个表现出荧光测温能力的例子。

近年来，在医疗诊断中发展的核磁成像技术需要用稀土配合物作为磁共振成像的造影剂。这是一类顺磁物质的稀土配合物，可催化水的质子的弛豫，从而加速获得图像，并可提高信号强度与增强图像的反差，便于区别正常或反常的组织和器官而有利于诊断。在这类造影剂中最有应用前景的是稀土与三胺衍生物（DTPA）等所生成的配合物，尤其是 Gd^{3+}与线状（如 DTPA）或大环状（如 DOTA）的氨羧配体形成的配合物，如$(NMG)_2$［$Gd(DTPA)(H_2O)$］等。

3）传感材料

在紫外线的激发下，稀土配合物可以产生金属中心发光、有机配体发光、金属与配体/配体到配体/金属到金属的电荷转移发光和孔道内的客体发光等现象（图 6-37）。

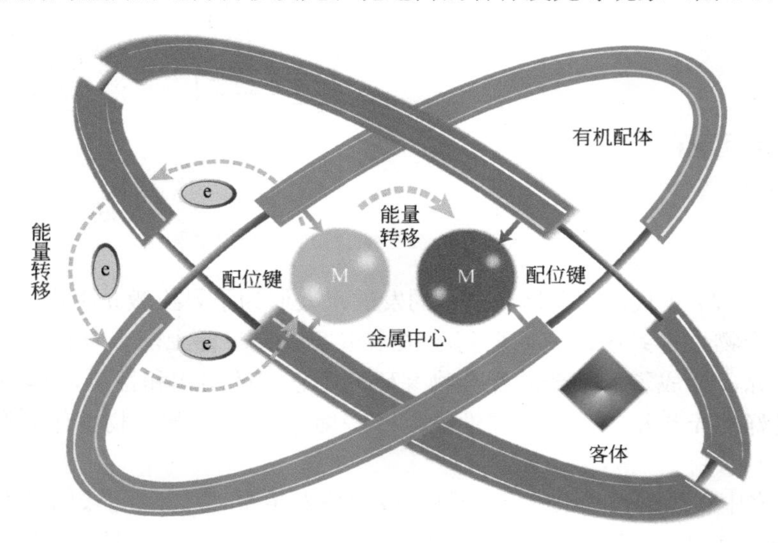

图 6-37　稀土配合物的不同发光中心示意图

笼状配合物和高维配位聚合物孔道中的客体也是一类重要的发光中心，如稀土金属离子、荧光染料分子/离子和量子点等。这种主客体复合物的形成不但为稀土配合物引入了新的发光中心并且提高了发光客体的稳定性，有利于获得性能优异的多发光中心传感材料，在比率型传感的研究中具有重要的作用。

根据光致发光的能量转移路径，稀土配合物的发光传感机制主要包括主体结构变化（structural transformation，ST）、竞争吸收（competition absorption，CA）、共振能量转移（resonance energy transfer，RET）和光电子转移（photoelectron transfer，PET），如图 6-38 所示。

主体结构变化机制是指发光配合物与分析物间发生较强的相互作用导致主体结构变化或者生成新物质，进而引起发光信息的变化。该机制最早发生于分析物诱导配合物结构坍塌导致的不可逆发光猝灭。在结构稳定的配合物中，配合物与分析物通过配位键、氢键和 π…π 相互作用等作用形成中间体或者新配合物，改变了配合物的发光，进而实现传感功能。

竞争吸收机制是指当分析物和配合物对激发光的吸收范围有重叠时，分析物吸收的激发光会相应减少配合物吸收的激发光能量，使得配合物被激发出的光电子减少，导致发光猝灭。竞争吸收机制通常通过分析物的吸收光谱与配合物的激发光谱是否有重叠部分来判断。

共振能量转移机制是当发光供体基团和受体基团的物理距离合适时，供体返回基态辐射出的能量会向受体转移。在发光传感的过程中，配合物从激发态返回基态时的能量被分析物吸收，进而影响配合物的发光效果。能量共振转移机制的存在可以通过分析物吸收光谱和配合物发射光谱间是否有重叠部分来判断。

光电子转移机制发生在光电子从配合物激发态直接转移到分析物，而不是通过弛豫过程直接返回配合物的基态。当配合物的最低未占分子轨道（LUMO）能级高于分析物的 LUMO 能级时，光电子可以直接从配合物转移到分析物，进而导致发光减弱直至猝灭。光电子转移机制可以通过分析配合物和分析物的 LUMO 能级进行判断。

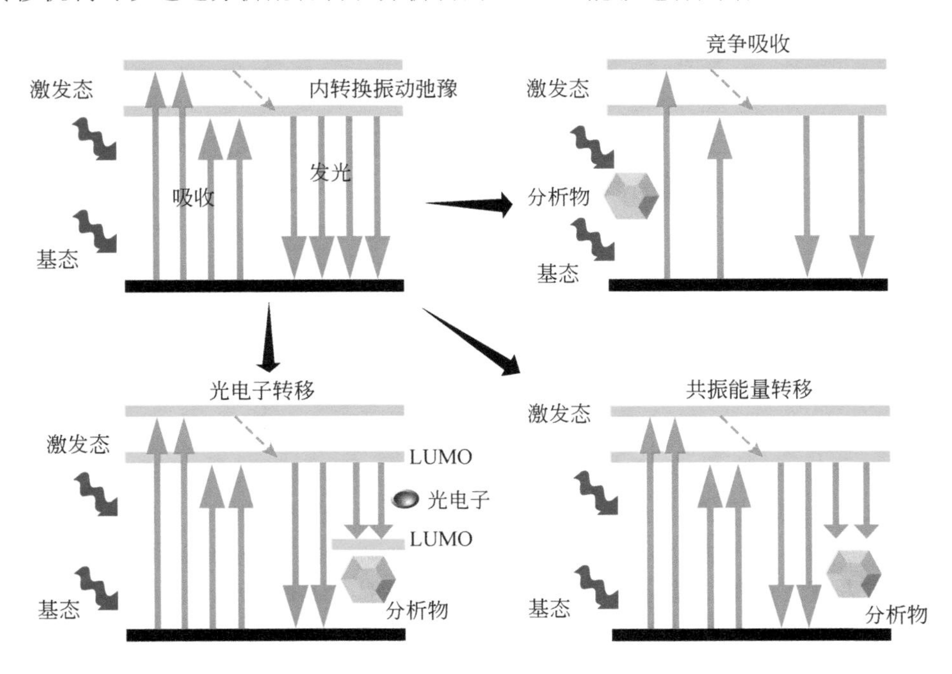

图 6-38　稀土配合物主要的发光传感机制示意图

近年来，多发光中心比率型传感材料受到了广泛关注和研究。通过对多个发光中心发射峰变化的比率计算，可以有效规避传感过程中外界因素对传感结果的干扰，其传感机制通常包括上述机制中的一种或多种。多发光中心的比率型稀土配合物与分析物发生相互作用后会使配体和金属中心间传递能量的效率或者途径发生改变，进而引起不同发光中心协同的发光变化，这是调控并提升稀土配合物传感性质的一种有效途径。

使用聚集诱导发光（AIE）配体四(4-基苯基)-吡嗪构筑双发射 Eu-MOF，并将其应用于监测天线效应和配位诱导发光（CIE），制得的 Eu-MOF 具有自我参照选择性检测 Arg（精氨酸）的能力，且检测过程不受其他氨基酸的干扰，检测限为 15 mm[245]。检测机理为精氨酸上的氨基与金属有机框架的吡嗪中心之间形成了氢键相互作用，限制了配体环的旋转并使其发光强度增强。

4）气体储存

沸石和过渡金属有机框架等多孔材料表现出吸附 CO_2 和 H_2 的潜力。金属有机框架具有孔率永久且均匀、比表面积大、结构多样、拓扑结构多样以及结构易于修饰的特点被认为是最有前途的材料之一。用于吸附 CO_2 和 H_2 的 Ln-MOF 较少，但是这些稀土基多孔材料已经被证明是研究物理吸附机理和性质的理想体系。Kaneko 等[246]报道了用于选择性气体吸附的多孔 Ln-MOF——［$\{Er_2(PDA)_3(H_2O)\}\cdot 2H_2O$］$_n$ (PDA=1,4-苯二乙酸酯)，其晶体结构中存在 2 个晶体学独立的 Er^{3+}和 4 个 PDA 阴离子：Er1 阳离子为 9 配位结构，与其配位的 O 原子分别来自 6 个羧酸盐基团的 8 个 O 原子和另一个水分子的 O 原子，形成三棱柱几何结构；Er2 为 8 配位结构，由 6 个羧酸酯基团的 O 原子参与配位，形成十二面体的几何结构，如图 6-39(a) 所示。Er^{3+}通过羧酸盐基团进一步连接形成沿晶体 c 轴方向延伸的 ErOCO 三螺旋，其中 2 个 Er^{3+}充当交替节点。一维螺旋（SBU）通过 PDA 阴离子与 $CH_2C_6H_4CH_2$ 间隔物交联形成三维结构。从 c 轴观察，配合物为三维压缩蜂窝网络，如图 6-39(b)所示。客体和配位水分子占据了孔道，除去客体水分子后形成的［$Er_2(PDA)_3(H_2O)$］$_n$ 显示出高热稳定性且保留了晶体的框架结构。［$\{Er_2(PDA)_3(H_2O)\}\cdot 2H_2O$］$_n$ 骨架形成的［$Er_2(PDA)_3$］$_n$ 具有与［$Er_2(PDA)_3(H_2O)$］$_n$ 相同的晶体顺序和稳定性，而且具有孔径为 3.4 Å 的孔道。这种去除辅助配体的另一个优点是打开了 Lewis 酸性金属位点，有助于提高 CO_2 的吸附率。由于气体分子的动力学直径差异、偶极诱导的偶极相互作用以及 CO_2 分子与框架电场梯度的相互作用，该框架显示出在 N_2 和 Ar 中的 CO_2 选择性吸附，如图 6-39(c)所示。CO_2（动力学直径为 3.3 Å）可以与孔隙匹配，而 N_2（动力学直径为 3.64 Å）无法与孔隙匹配。这项工作表明，具有开放金属位点的稳定多孔的 Ln-MOF 具有在 N_2 和 Ar 中选择性捕获 CO_2 气体的潜力[247]。

5）催化材料

稀土有机配合物是广谱小分子聚合催化剂，可以催化简单烯烃、官能化烯烃、炔烃、内酯和环氧化合物等多种小分子聚合生成高聚物和共聚物[248]。早在 20 世纪 60 年代初期，我国科学工作者就发现稀土催化剂是一类唯一可以使丁二烯和异戊二烯聚合成高顺 1,4-聚合物的 Ziegler-Natta 定向催化剂。此后，意大利、苏联、日本和美国等国家（或地区）的学者也发表了大量论文及专利，成为十分活跃的热点课题。稀土金属配合物和烷基铝体系可以实现丁二烯的高选择性定向聚合生成顺 1,4-聚丁二烯，基于钕配合物的三组分、双组分和单组分催化体系已用于 1,4-丁二烯的定向聚合。由于分子结构的立体规整性，用稀土催化所得顺式丁二烯橡胶比目前用 Co，Ni 等体系催化所得的同样产品含顺式量高、支化度小，因此加工性、耐磨、耐热、耐疲劳等加工和物理性能方面都具有优良的特性。在稀土催化双烯烃聚合新机理基础上开发的催化剂具有高活性、高顺式定向性、低成本和产品分子量及其分布可控（分子量分布系数 $M_w/M_n \leqslant 2.5$）的特点，工业化产品性能超过国外同类产品水平，可完全替代天然橡胶用于全钢载重子午线轮胎胎面胶[249]。

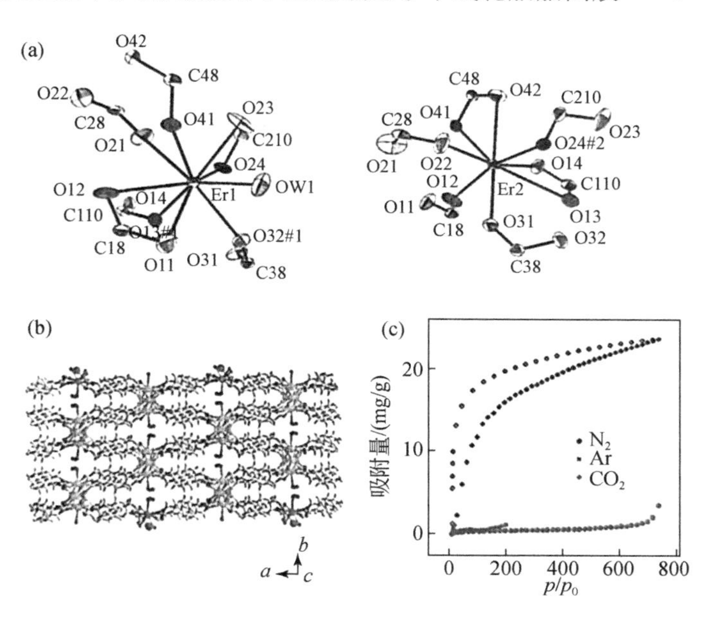

图 6-39　(a) [{$Er_2(PDA)_3(H_2O)$}·$2H_2O$]$_n$中 Er1（左）和 Er2（右）的配位环境；(b) [{$Er_2(PDA)_3(H_2O)$}·$2H_2O$]$_n$的结构扩展图；(c) [$Er_2(PDA)_3$]$_n$的吸附等温线

20 世纪 80～90 年代，多种稀土金属催化体系用于催化末端炔烃、乙烯、苯乙烯以及丙烯酸酯、内酯和环氧化合物聚合[250]。以稀土催化剂固定 CO_2，使 CO_2 与环氧烷烃共聚制备出高分子量、热稳定和可降解的聚碳酸酯。研究 CO_2 与环氧化物共聚时，稀土三元催化体系可实现聚合物的诱导期从二元催化体系的 2 小时降至 0.5 小时，同时聚合物中的 CO_2 固定率超过 40%，聚合物分子量 6 万～20 万。通过调节共聚物的头尾结构，还可实现玻璃化转变温度在 5～125℃。

某些稀土金属有机配合物可以作为均相催化的催化剂使烯烃或炔烃在常温常压下氢化而得到相应的烷烃或烯烃。这些稀土配合物是乙烃铒、乙烃镱、乙烃钐如(C_5Me_5)Sm(THF)$_2$、[(C_5Me_5)$_2$SmH$_2$] 等，其中 [(C_5Me_5)$_2$SmH$_2$] 的催化活性最高，在 25℃、1 Pa 的 H_2 压力下，可使乙烯氢化成乙烷的转换数高达 120000 h^{-1}[248]。由于氢化反应的活性与稀土离子性质、稀土离子的配体性质以及溶剂等有关，因此需要在理论预示下进行详尽和严格的实验研究。稀土配合物在均相聚合方面也有重要的应用，如合成橡胶等[248]。

随着理论研究的深入和合成技术的发展，许多稀土配合物不断地被开发出来。有效地利用稀土元素的光、电、磁性质及其与能量储存或能量转换相关的特性，通过稀土离子与配体的相互作用，可以在很大程度上改变、修饰和增强这些特性[249]。

（张小琴　曹露雅）

6.9 稀土合金材料

6.9.1 稀土在合金中的作用

稀土元素可以与其他元素组成具有金属特性的合金，一般用于在有色金属或黑色金属中引入稀土元素，解决稀土不易存储等问题，要求具有低熔点、良好的熔体分散性，消除遗传效应。稀土合金按合金化元素类型可分为稀土有色合金和稀土黑色合金，有色金属合金主要有稀土镁合金（Mg-RE）、稀土铝合金（Al-RE）、稀土锌合金（Zn-RE）等，黑色金属合金主要有稀土铁合金（Fe-RE）、稀土硅铁合金（Fe-Si-RE）和稀土铬合金（Cr-RE）等。

1. 稀土有色合金

1）镁合金

早在20世纪30年代，人们就发现稀土元素对镁合金具有很好的强化作用。稀土元素在镁合金中可以起到净化熔体、细化组织、提升耐腐蚀性能、改善强韧性和抗高温蠕变性能的作用。

根据Hume-Rothery理论，溶质原子在溶剂中的溶解度与原子半径和电负性差异有关。镁的半径和电负性分别为0.160 nm和1.31，相比轻稀土元素，重稀土元素（除了Eu和Yb）与镁的原子半径和电负性差异较小，因此，重稀土元素在镁中具有较高的固溶度。理论计算表明，当稀土原子溶入镁基体时，镁基体会产生晶格畸变，引发稀土原子与位错的相互作用，位错运动会严重受阻，从而对基体起到固溶强化作用。

Hall-Petch关系表明，晶粒细化是提高金属材料力学性能的一种重要方式。在熔体凝固过程中，稀土原子会富集在固液界面前沿，引起成分过冷，增大过冷度，促进α-Mg晶粒的形核，此外，稀土第二相会在特定的条件下产生，可以进一步阻碍α-Mg晶粒的生长，起到细晶强化作用。

纳米尺寸的稀土沉淀相对稀土镁合金的强化发挥着重要作用，现有的超高强镁合金的主要强化机制就是沉淀强化。稀土元素在镁中的固溶度随着温度的下降而减小，因此，可以对镁合金发挥良好的沉淀强化效果。经过时效处理后，大量弥散分布的纳米析出相可以从过饱和固溶体中析出。沉淀强化的效果可以归纳如下：含重稀土（除Yb外）镁合金的沉淀强化效果要优于含轻稀土镁合金的强化效果；重稀土元素在镁合金中的沉淀强化效果要优于一般合金元素；含不同稀土种类的镁合金具有不同的沉淀析出顺序。

添加稀土后，镁合金在凝固阶段会形成稀土金属间化合物，相对而言，轻稀土由于在镁中具有低的固溶度，更易形成金属间化合物。这些金属间化合物具有共同的特征，例如高熔点和热稳定性。同时，它们一般会弥散分布在晶界处，可以钉扎晶界，阻碍位错运动，尤其是在高温条件下。

总体而言，重稀土元素的固溶强化和时效强化效果要优于轻稀土元素，然而轻稀土元素的细晶强化和弥散强化效果要优于重稀土元素。通过向镁合金中添加稀土元素是开发高强镁合金的一个重要途径。

2）铝合金

在铝及铝合金中，常常使用 La，Ce，Y 和 Sc 等稀土作为变质剂、形核剂和脱气剂，以达到净化熔体、改善组织、细化晶粒等效果。

气孔和夹渣是铝合金的常见缺陷，对合金性能影响很大。在铝液净化过程中，由于杂质元素的存在，会形成一系列对铝液有害的化合物。然而，这些化合物具有高熔点、低密度以及稳定的化学性质，很容易浮于铝液表面被去除掉，从而实现铝液的净化。此外，稀土与氢之间存在较强的亲和力，能够与氢反应形成稀土氢化物，如 LaH_2，从而有效降低铝液中的氢含量。

合金的晶粒尺寸决定合金的性能，细化晶粒可同时提高铝合金的强度和塑性。通常稀土元素的原子半径大于铝原子半径，性质比较活泼，趋向于富集在固-液界面处，不仅能降低固-液相间界面能，提高铝的形核率，同时还能阻碍组织晶粒长大，细化合金组织。

合金中粗大、针状析出相会显著割裂基体（如 Al-Si 合金中初晶硅和共晶硅相、富铁相等），严重影响铝合金的综合性能。稀土能改变铝合金中 Si 相、富 Fe 相等的形态，减少针状晶，增加球状晶，提高铝合金的机械性能。

稀土在铝合金中有三种主要存在形式，一种是以固溶形式存在于基体中，一种是偏聚在相界、晶界和枝晶界上，还有一种是以化合物的形式存在或者以化合物的形式溶解在基体中。当稀土元素的含量较低时，其主要作用是细晶强化作用；当稀土元素的含量较高时，稀土元素与铝等金属形成大量的球状或短棒状金属间化合物分布在晶粒内或晶界内，发挥着第二相强化的作用。

添加一定量的稀土可以改善铝熔体流动性，减少缩松缩孔、偏析及热裂倾向等缺陷，从而显著改善铸件品质。稀土还可以改善铝合金耐磨性、耐腐蚀性、耐热性能等。

3）铜合金

在铜及铜合金中添加稀土元素可以起到细化晶粒、减少柱状晶和扩大等轴晶区的效果。细化晶粒的机理主要包括以下几个方面：稀土元素能够在铜及其合金中形成高熔点化合物，这些化合物以极微细的颗粒悬浮于熔体中并成为弥散的结晶核心，从而使晶粒变得更细小；稀土元素的原子半径较铜原子大 36%～60%，很容易填补正在生长中的铜或合金晶粒新相的表面缺陷，生成一层能够阻碍晶粒继续生长的膜，从而使晶粒变细成为微晶；从凝固原理和热力学的角度来看，稀土元素大量聚集在固液界面前沿的液相中，导致合金凝固时成分过冷度增大，进而以树枝状的方式凝固成长，与此同时，在分枝节点处会产生细颈和熔断，从而增加结晶核心的数量，进一步细化晶粒。

稀土还可以改变杂质的形态和分布，从而提高金属和合金的机械性能和加工性能。稀土还能将某些有害杂质，如 S，P，Pb 和 Bi 从枝晶或晶界中分散到整个晶体中，使其在金属微观体积上重新分布，减少杂质的宏观偏析现象，从而提高合金的各种性能。稀土还可以减少合金晶界上的低熔点有害杂质的数量，从而降低合金的高温回火脆性。

稀土在铜中的溶解度较小，一般只有千分之几到万分之几。然而，稀土和铜之间可以形成多种金属间化合物，这些化合物在常温下的韧性和强度通常比纯铜高出一至数倍。一些稀土金属（如 Y，Ce 等）与铜形成的金属化合物还具有热强性和高温抗氧化性能。因此，将稀土添加到铜中，可以改善铜及铜合金的机械性能、耐热性和高温抗氧化性。

4）锌合金

稀土元素在锌合金中的作用主要包括三个方面[251]：改变晶粒结构，降低晶粒枝晶间距，使晶粒变得更细小；稀土元素易与氮、氧、氢等杂质元素形成比重轻、熔点高的化合物，在除渣过程中可一并去除；稀土元素还能起到微合金化的作用[252]。

稀土元素能提高镀锌液的流动性，净化钢基表面，有助于提高对钢基的浸润性和镀层的附着性，进而起到提高镀层塑性和韧性的重要作用。

2. 稀土铁合金

从 20 世纪 60 年代开始，国内外冶金学者对稀土在钢中的作用进行了大量富有成果的研究，并已成功应用于稀土重轨、稀土耐候等钢种的生产中。然而，稀土元素具有很强的化学活性，不洁净钢中添加过多的稀土反而会导致钢液污染，甚至造成水口结瘤等问题。随着钢铁冶炼控制技术和钢洁净程度的提高，稀土能够在钢中发挥更有效的作用并得到更好的控制。因此，正确认识稀土在钢中的作用及其机制非常重要[253]。

稀土在钢中一般以固溶态、非金属夹杂物或金属间化合物的形式存在。钢中的稀土主要存在于夹杂物中，当稀土超过固溶度时，少量稀土金属间化合物（如 $Fe_{17}Ce_2$）可沿晶界析出。稀土添加到钢中后，可以置换原有的硅酸盐、氧化铝、铝盐酸和硫化物中的金属元素，形成具有更高熔点的稀土化合物。

钢中的稀土净化作用主要是深度降低氧、硫的含量并消除硫、磷、氢、砷、锡、锑、铋、铅等低熔点元素的有害作用。稀土还具有抑制这些残余元素在晶界上偏聚的能力，例如，在低氧硫纯铁中加入少量的稀土与锑反应，可以将富集在晶界上的锑转移到晶内，减少锑在 α-Fe 晶界上的偏聚。稀土还可以降低氢的扩散速率，延缓其在裂纹尖端塑性区的富集，从而延长裂纹的扩展期和断裂时间。

稀土能改变夹杂物的性质、形态和分布，提高钢材的各项性能。通过稀土控制氧化物和硫化物的形态，钢中集聚的 Al_2O_3 夹杂物和长条状的 MnS 夹杂物可以转化为球状的稀土复合夹杂物，因此稀土含量和 RE/S 参数在钢材中的控制非常关键。

稀土的微合金化包含以下几个重要方面：微量稀土元素的固溶强化、稀土元素与其他溶质元素或化合物的相互作用、稀土原子的存在状态（原子、夹杂物或化合物）、稀土对钢的表面和基体组织结构的影响等。在铁水中，稀土元素与铁原子是可以相互溶解的，然而在铁水凝固过程中，由于稀土在铁基固溶体中的分配系数非常小，稀土元素会被推移到固液界面，并最终富集在枝晶间或晶界。通常情况下，钢中的固溶稀土含量只有百万分之几到几十，极少数情况下可能会达到万分之几。

稀土还可以降低碳和氮的活度，增加它们在钢中的溶解度，减少脱溶量，使它们无法脱溶进入内应力区和晶体缺陷中，从而提高钢的塑性和韧性。稀土还可以影响碳化物的大小、形态、数量、分布和结构，从而提高钢的相关机械性能。稀土对相变的影响包括影响钢的临界点、淬火钢的回火以及马氏体和残余奥氏体的分解热力学和动力学等。稀土还可以影响钢的相变温度，并改变相变产物的组织结构。

铸铁是高碳铁合金的通称，其碳含量在 2.11%～6.69%。我国自 20 世纪 60 年代中期开始研究稀土和铁的相互作用机理和处理工艺，先后解决了稀土球化剂、孕育剂的冶炼制备以及稀土加入方法等问题。目前主要将稀土应用于处理铸铁以及合金铸铁件，铸铁主要有三大类：球铁件、蠕铁件和高强灰铸铁件。

通过石墨球化工艺，可以使片状石墨转变为球状石墨，从而有效减少应力集中现象，同时细化和改善铸态组织，对非金属夹杂物的形状和分布起到了有益的作用，有助于提高材料的机械性能，展现出更好的抗震性、耐磨性和切削加工性能，甚至超过了钢材。

稀土加入铁水中能显著提高铁水的流动性，并减少偏析和热裂等铸造缺陷。

6.9.2　主要类型及应用技术

1. 稀土镁合金

稀土金属在有色金属中的溶解度一般较低，但在金属镁中的溶解度可达到12%～41%。稀土既能改善镁合金熔炼、铸造和加工过程和质量，又能提升其耐热、耐蚀、抗氧化和蠕变抗力等综合性能，所以稀土成为镁合金化过程中最实用且最具开发潜力的元素[254–258]。

稀土镁合金中首选成本低、化学活性大的La、Ce和LaCe混合稀土，耐热、高强的高性能镁合金中可适当采用重稀土元素。镁合金中加入的稀土不追求高纯度，宜用多元合金化组合技术。无论是轻稀土或重稀土抑或轻/重稀土协同加入，通常不大于1%，作为主成分大多在2%～7%，也有高达10%～20%，但稀土含量过高会导致合金密度增大，成本升高。稀土金属加入工艺一般是在镁和其他合金成分熔合之后，在保护气氛下以小块稀土镁中间合金形式均匀加入，混熔温度、保温温度、保温时间以及浇铸冷却速度根据合金成分确定。

1）Mg-Nd基体系

相比其他16种稀土元素，Nd在Mg中具有较高的极限固溶度（0.55 at%）和较低的室温固溶度（～0.01%），使得稀土元素Nd成为一种极具应用潜力的时效强化元素。到目前为止，国内外对于Mg-Nd系合金的沉淀析出过程仍有争议。近些年的观点认为该合金的析出过程如下：

$$\text{SSSS}\rightarrow\text{GP Zones}\rightarrow\beta''(\text{D0}_{19})\rightarrow\beta'(\text{Mg}_7\text{Nd})\rightarrow\beta_1(\text{Mg}_3\text{Nd})\rightarrow\beta(\text{Mg}_{12}\text{Nd})\rightarrow\beta_e(\text{Mg}_{41}\text{Nd}_5)$$

研究人员将第一性原理和实验方法相结合，探究了过饱和固溶体Mg-Nd合金中沉淀相的析出顺序，指出沉淀相的析出顺序应为[259]：

$$\text{SSSS}\rightarrow\text{GP Zones(N, V, Hexagons)}\rightarrow\beta'''\rightarrow\beta_1(\text{Mg}_3\text{Nd})\rightarrow\beta(\text{Mg}_{12}\text{Nd})\rightarrow\beta_e(\text{Mg}_{41}\text{Nd}_5)$$

有学者[260]研究了三个不同时效阶段中Mg-2.2Nd合金显微组织演化过程及沉淀析出顺序，指出材料的力学性能与时效条件和沉淀过程密切相关。合金的硬度和强度起初随着时效时间的延长而逐渐提高，随后呈下降趋势，如图6-40所示。材料获得峰值强度时合金组织中存在大量小尺寸的β_1沉淀相。

在150～250℃的温度范围内，当加载应力为30～110 MPa时，Mg-2Nd合金表现出良好的抗蠕变性能，如表6-15所示，主要归因于固溶强化和沉淀硬化作用，蠕变的主要机制为位错攀移和交滑移[261–263]。

向Mg-Nd合金中添加适量的Zn元素可以通过固溶强化作用进一步提升时效态Mg-Nd合金的强度。研究表明，0.2%的Zn可以对Mg-3Nd合金发挥固溶强化作用，对合金的力学性能起到很好的改善作用，然而，由于 Zn 能够影响 Mg-Nd 合金中沉淀相的析出顺序，过高含量的 Zn 会减弱 Nd 元素的沉淀硬化作用。在不同沉淀析出阶段，Mg-3Nd-0.2Zn 合金的沉淀相析出顺序为[264]：

$$\text{SSSS}\rightarrow\text{Clusters of atoms}\rightarrow\text{G. P. Zones(I , II ,III)}\rightarrow\beta'\rightarrow\beta_2\rightarrow\beta_1/\gamma'\rightarrow\beta$$

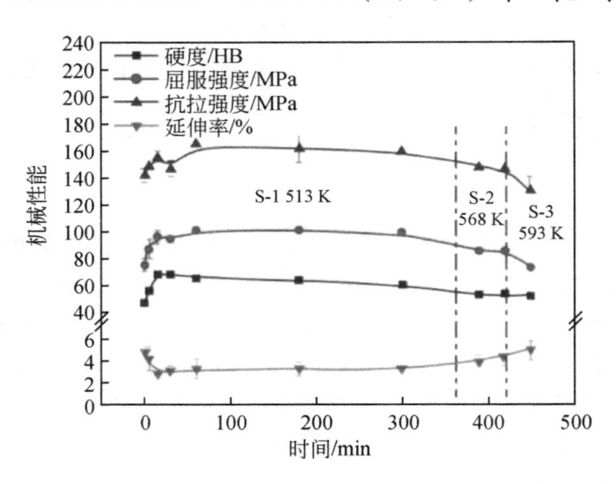

图 6-40　时效工艺对 Mg-2.2Nd 合金力学性能的影响[260]

表 6-15　Mg-2Nd 合金在不同温度和应力下的蠕变性能

温度/℃	应力/MPa	蠕变速率/s^{-1}	蠕变寿命/h	100h 总应变/%
150	70	2.16×10^{-10}	＞100	0.014
	80	5.11×10^{-10}	＞100	0.035
	90	9.36×10^{-10}	＞100	0.057
	100	1.23×10^{-9}	＞100	0.224
	110	2.05×10^{-8}	72	1.214
175	50	1.46×10^{-10}	＞100	0.015
	60	4.24×10^{-10}	＞100	0.024
	70	8.52×10^{-10}	＞100	0.043
	80	1.50×10^{-9}	＞100	0.075
	90	3.21×10^{-9}	＞100	0.127
	100	3.67×10^{-8}	99	2.053
200	30	1.46×10^{-11}	＞100	0.011
	40	6.70×10^{-11}	＞100	0.027
	50	2.08×10^{-10}	＞100	0.043
	60	6.85×10^{-10}	＞100	0.061
	70	1.79×10^{-9}	＞100	0.121
	80	4.19×10^{-9}	＞100	0.247
	90	1.69×10^{-8}	87	0.512

续表

温度/℃	应力/MPa	蠕变速率/s^{-1}	蠕变寿命/h	100h 总应变/%
225	30	2.87×10^{-10}	>100	0.021
	40	7.27×10^{-10}	>100	0.025
	50	4.42×10^{-9}	>100	0.34
	60	1.09×10^{-8}	>100	1.786
	70	4.14×10^{-8}	76	3.58
250	30	1.85×10^{-9}	>100	0.092
	40	1.59×10^{-8}	89	0.619
	50	6.96×10^{-8}	35	3.127

2）Mg-Y 基体系

20 世纪 60 年代，人们发现稀土元素 Y 对镁合金具有更好的强化效果，添加 Y 的镁合金比含 Nd 镁合金具有更高的强度，由此开发出了商用含 Y 稀土镁合金，最典型的代表是 WE54 和 WE43 稀土镁合金。稀土元素对该类合金的强化机制是在时效过程中沿基体棱柱面析出 β″亚稳相。商用 T6 态的 WE54 合金的典型室温拉伸性能为 UTS=255 MPa，YS=179 MPa，*E*=2%。为了获得适当的韧性，通过降低 Y 和 Nd 的含量，开发了 WE43 合金。以上两种稀土镁合金在航空航天、军工领域及汽车领域极具应用前景。

向纯镁中添加 Y 元素可以获得具有良好室温塑性的 Mg-Y 合金，Y 的添加使得固溶体 Mg-Y 合金的位错滑移方式由密排六方结构镁中的基面滑移转变为基面+锥面滑移[265]。近十几年来，研究人员发现了一种新的长周期堆垛有序结构相（long period stacking ordered phase，LPSO 相）。组织中含有 LPSO 相的稀土镁合金大部分具有优异的常温和高温屈服强度、优良的延伸率以及较高的应变速率超塑性。因此，具有 LPSO 相的 Mg-Y-Zn 合金受到人们的广泛关注，合金的显微组织图像如图 6-41[266]。

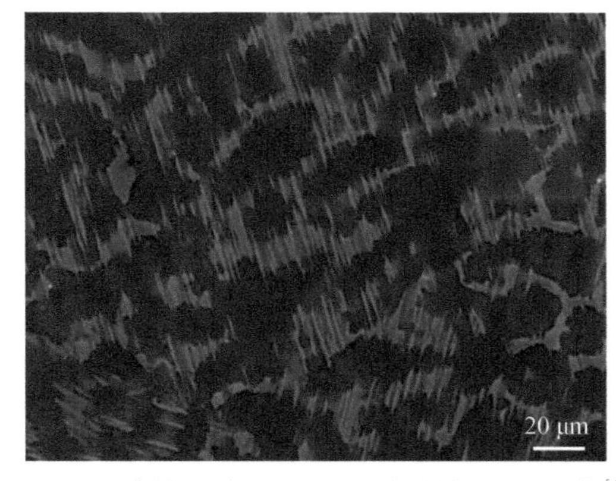

图 6-41 固溶处理后 $Mg_{97}Y_2Zn_1$ 合金的 SEM 图像[266]

黑色相为 α-Mg 晶粒，灰色相为枝晶间 LPSO

LPSO 相能够显著加强合金在热挤压过程中的动态再结晶行为，随着 LPSO 结构相含量的增加，动态再结晶过程变得更加完全[267]。此外，传统的基面纤维织构明显弱化，如图 6-42 所示。LPSO 相的出现间接提高了 Mg-Y-Zn 合金的显微硬度和拉伸屈服强度。

镁合金的室温变形性能较差，严重阻碍了镁合金的广泛应用。具有 LPSO 结构相的 $Mg_{97}Y_2Zn_1$（原子分数）合金组织主要由 α-Mg 基体和 3～5 nm 厚的薄片状 LPSO 沉淀相及枝晶间 LPSO 相晶粒组成，α-Mg 基体的变形机制为基面〈a〉滑移或锥面〈c+a〉滑移，在室温变形过程中，α-Mg 基体中并没有产生孪晶，α-Mg 基体与片状 LPSO 相之间的弹性模量错配是激活非基面滑移的主要原因。由 LPSO 沉淀强化后的柔软 α-Mg 基体和枝晶间 LPSO 晶粒共同形成的显微组织确保了该合金在室温下具备优良的综合力学性能[266]。

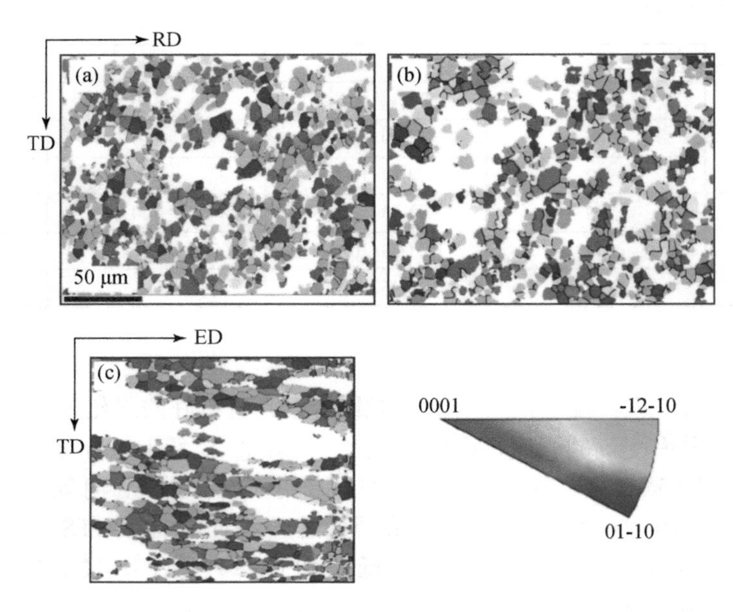

图 6-42 添加不同 Y 和 Zn 的 Mg-Y-Zn 合金（标准态）的反极图[267]

(a) $Mg_{95.5}Y_3Zn_{1.5}$ 和(b) $Mg_{92.5}Y_5Zn_{2.5}$ 是从垂直于挤压方向的横截面进行观察；(c) $Mg_{92.5}Y_5Zn_{2.5}$ 是从平行于挤压方向的横切面进行观察，EBSP 图像中的 LPSO 相呈现为白色

3）Mg-Gd 基体系

稀土元素 Gd 在 Mg 中的极限固溶度较大，且固溶度随着温度的降低而逐渐减小，可以发挥很好的时效强化效果。20 世纪 70 年代，前苏联莫斯科拜可夫冶金研究所的研究人员系统全面地探究了稀土元素在镁合金中的强化作用及机制，发现 Gd 元素的强化作用较为显著，因此，人们对 Mg-Gd 系合金开展了深入研究。有报道指出，镁合金中添加 Gd 可以显著提升镁合金的耐高温性能，Gd 质量百分含量超过 10%的 Mg-Gd 合金具有比商用 WE 系列稀土镁合金更高的强度和抗蠕变性能[268]。

通过晶粒细化获得具有细小晶粒尺寸的镁合金组织，可以有效提升镁合金的综合力学性能和成形性能。对于不含有 Al，Mn，Si 等元素的镁合金体系，Zr 是一种有效的晶粒细化剂，人们采用向 Mg-Gd 或 Mg-Gd-Y 合金中添加 Zr 的方式成功地细化了 Mg-Gd 系合金的铸态组织。向 Mg-Gd 合金中加入 Y，Nd，Sc，Zn 等元素可以起到时效硬化效应，其中 Zn 比其他几种元素廉价，因此，向 Mg-Gd 合金中添加 Zn 加强时效硬化效应具有重要的商业应用意义。

通过研究 Mg-2Gd-2Zn、Mg-2Gd-6Zn、Mg-10Gd-2Zn 及 Mg-10Gd-6Zn 四种合金的显微组织、力学性能和抗腐蚀性能发现，Mg-2Gd-2Zn 合金中的金属间化合物为$(Mg,Zn)_3Gd$ 相，而 Mg-2Gd-6Zn 合金则主要由 Mg_3Zn_6Gd 相和$(Mg,Zn)_3Gd$ 相组成。此外，以上两种合金中还分别含有 Mg-Gd 和 Mg-Zn 二元相。在高 Gd 含量的 Mg-10Gd-2Zn 及 Mg-10Gd-6Zn 中呈

现出层片状的长周期堆垛有序结构相，在晶界和枝晶间区域连续分布有$(Mg,Zn)_3Gd$ 相。Mg-10Gd-*x*Zn（*x*=2, 6）合金基体中含有大量的溶质和 LPSO 相，因此该合金具有较高的屈服强度[269]。合金的抗腐蚀性能随着总合金元素含量的增加而降低，如图 6-43 所示。

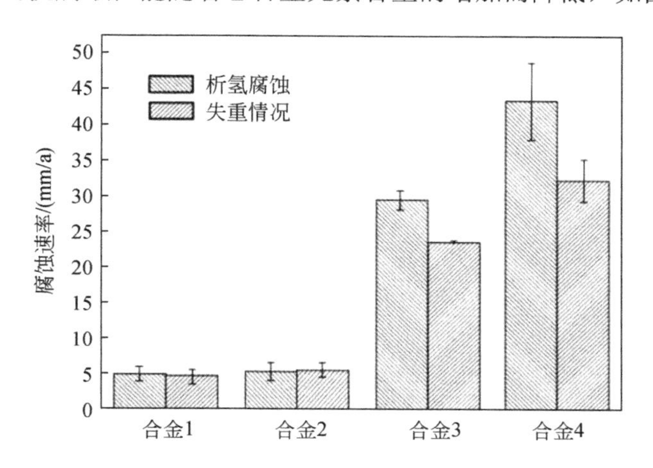

图 6-43　0.5 mol/L NaCl 溶液中 Mg-Gd-Zn 合金的腐蚀速率[269]

合金 1：Mg-2Gd-2Zn；合金 2：Mg-2Gd-6Zn；合金 3：Mg-10Gd-2Zn；合金 4：Mg-10Gd-6Zn

通过探究 Gd 含量（3%～12%）对 Mg-*x*Gd-3Y-0.5Zr 合金组织、时效效应和力学性能的影响发现，随着 Gd 含量的增加，时效硬化效果加强，Mg-10Gd-3Y-0.5Zr 合金呈现出最高的室温屈服强度和极限抗拉强度，分别为 245 MPa 和 390 MPa。时效硬化效果的显著提升和抗拉强度的增加主要归因于α-Mg 基体柱面上形成的β′片状粒子和立方形的$Mg_5(Gd,Y)$相。在高温条件下，Mg-12Gd-3Y-0.5Zr 合金的力学性能最佳，当温度不高于 250℃时，其极限抗拉强度一直维持在 300 MPa 以上，如图 6-44 所示，主要强化机制为高温下β′沉淀阻碍了位错运动[270]。

20 世纪 90 年代，日本学者首先提出了 Mg-Gd-Nd-Zr 系镁合金，对合金的时效行为和力学性能进行了探究。Mg-Gd-Nd-Zr 合金是基于 Mg-Gd-Zr 合金发展而来，与 Mg-Gd-Y-Zr 合金相比，区别在于 Mg-Gd-Y-Zr 合金中的 Gd 和 Y 都属于重稀土，而 Nd 则属于轻稀土。轻、重稀土在 Mg 中的时效析出行为不同，将轻、重稀土复合添加到镁合金中会产生相互作用，从而提高铸造稀土镁合金的性能。Mg-10Gd-3Nd-Zr 合金具有良好的时效硬化能力，经过 T6（525℃/4 h+200℃/71 h）热处理后，该合金在 250℃时的 UTS 仍保持在 300 MPa，远超过 WE54 合金。TEM 观察结果表明，该系合金的析出序列为：α-Mg(*hcp*)→β″(DO_{19})→β′(*cbco*)→β(*fcc*)，β″相是引起合金显著硬化的主要原因。

Mg-Gd-Y-Ag-Zr 合金可以通过热变形加工和后续时效处理进行强化。采用多向锻造和时效处理工艺相结合的方式制备高强度 Mg-8.0Gd-3.7Y-0.3Ag-0.4Zr 合金，多向锻造过程中产生的晶粒细化现象与动态再结晶行为密切相关，当合金被锻造 15 道次后，组织中会出现超细晶（～0.8 μm）和动态沉淀相$Mg_5(Gd, Y)$，如图 6-45 所示[271]。Ag 主要团聚在动态沉淀相内部。经过 15 道次锻造的 T5 态合金在室温下的屈服强度、极限抗拉强度和断裂延伸率分别为 391 MPa、448 MPa 和 3.9%。在 200℃时，合金的屈服强度和极限抗拉强度分别为 339 MPa、411 MPa。力学性能的显著提升主要归因于多向锻造产生的晶粒细化和时效过程产生的沉淀硬化作用。

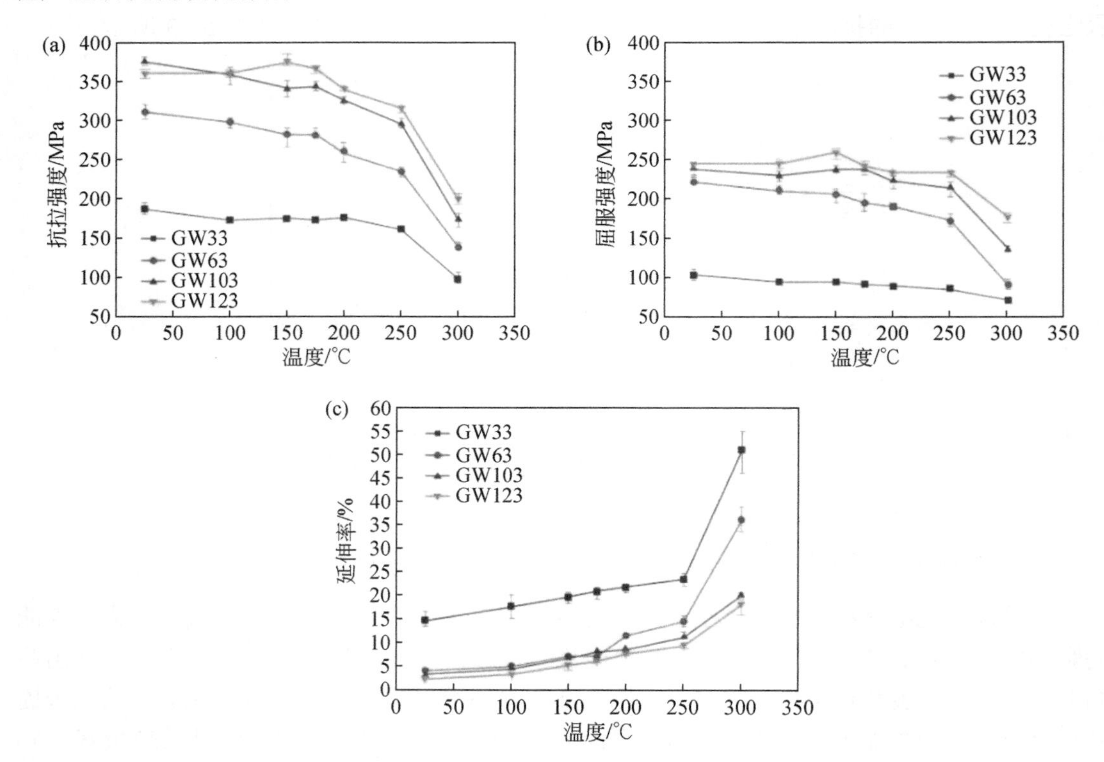

图 6-44 T6 态 Mg-xGd-3Y-0.5Zr（x=3, 6, 10, 12）合金在 25～300℃范围内的拉伸力学性能[270]

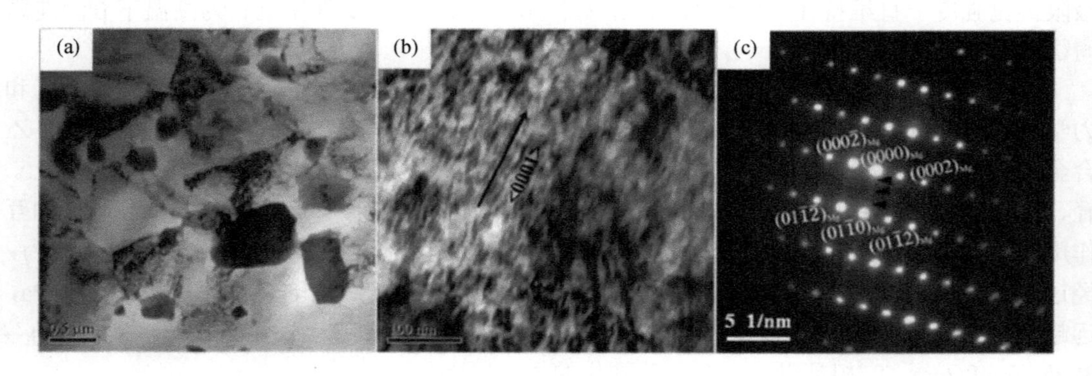

图 6-45 峰值时效态 TEM 图像（15 道次）[271]

(a) 低倍明场图像；(b) 高倍时效沉淀明场图像；(c) (b)图中的选区电子衍射 SAED

4）Mg-Er 基体系

从 Mg-Er 二元平衡热力学计算相图可以看出，稀土元素 Er 在 Mg 中有非常高的固溶度（～32.7%，584℃），当温度降到 200℃时，固溶度以指数的方式降低到 16%，因此，Mg-Er 系稀土镁合金是理想的可沉淀硬化合金。

Mg-Er 合金中添加 1%和 2%含量的 Zn 后，组织主要由 W 相和 α-Mg 基体组成，当 Zn 的添加量为 4%～10%时，组织中会形成 I 相。含有 6% Zn 的 Mg-Er 合金具有较好的力学性能，其极限抗拉强度、屈服强度和延伸率分别为 224 MPa、134 MPa 和 10.4%[272]。

以 Mg-Er 合金为原始合金，采用部分 Gd 替代 Er，并向合金中添加 Zn 即可获得 Mg-Er-Gd-Zn 合金。Zn 的添加可以促使合金组织中形成 SFs 结构（LPSO 结构的早期阶段），如图 6-46 所示。Mg-4Er-4Gd-1Zn 合金室温下的极限抗拉强度、屈服强度和延伸率分别为 358 MPa、253 MPa 和 20%[273]。

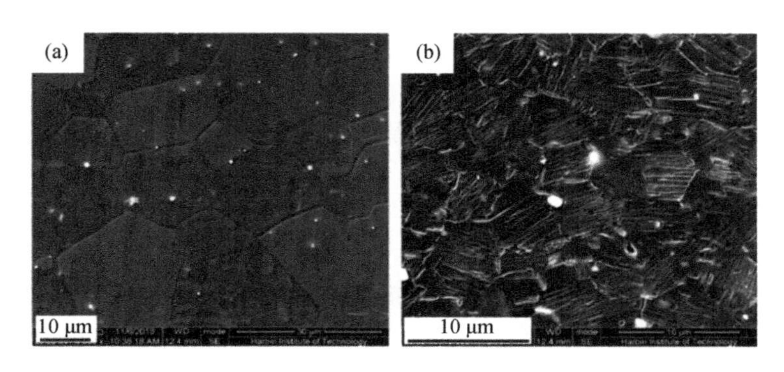

图 6-46 挤压态合金的显微组织[273]

(a) 挤压态 Mg-8Er 合金的 SEM 图像；(b) Mg-4Er-4Gd-1Zn 合金的 SEM 图像

镁合金是目前最轻的金属结构材料，以其低密度、高比强度和减震降噪等优点，在汽车、通信和航空航天领域引起了广泛的关注。然而，与目前工业化应用的钢铁和铝合金相比，由于金属镁固有的化学物理特性，商业化应用的以 AZ 系和 AM 系为代表的传统镁合金在强韧性、耐高温性、耐腐蚀性等方面还需要提高，且加工制造工艺复杂，生产成本高，严重阻碍了镁合金作为结构工程材料的应用。目前发展的高性能镁合金（尤其是铸造镁合金）主要是含稀土镁合金，具有良好的耐热、导热、耐腐蚀性能，已经在某些领域得到应用。

英国镁电（Magnesium Eletron）公司宣布其最新研发的 Elektron 21 铸造镁合金已在武装直升机上获得应用，能够在较高温度下获得更高的马力，例如西科斯基公司的 H-60 系列、CH-47 运输直升机、AH-64 武装直升机。我国自主研发的 JDM1（Mg-3Nd-0.2Zn-0.4Zr）和 JDM2（Mg-10Gd-3Y-0.5Zr）稀土镁合金已被注册进入某种类型的武器，如某轻型导弹和一些雷达的零部件。

直到 2015 年，自动机工程师学会（SAE）将“镁合金不可以被用于”改为“在镁合金经过测试后，满足美国联邦航空局消防安全处文件所规定的阻燃性能后，可以被应用于飞行器座椅构件”。商用 WE43C 和 Mg-3Nd-1Gd-0.4Zn-0.5Zr 稀土镁合金被允许应用于喷气发动机和军用飞机。WE43C 合金还可以用于飞行器座椅。据报道，惠普 PW-100/150 和 PT-6 发动机的集成减速齿轮箱和其他结构件采用了 WE43C 稀土镁合金。我国政府已经允许将稀土镁合金零部件装配到直升机和卫星上。

民用领域的镁合金主要为传统商业牌号的压铸镁合金，而稀土镁合金由于卷气及气孔问题，很少被应用于压铸，使得民用领域的稀土镁合金应用案例较少。为了实现汽车工业的轻量化，使用镁铸件替代铝铸件是一种很好的途径，几家汽车供应商和研究机构联合开展了相关研究，成功生产了由 JDM1 稀土镁合金铸造而成的 V6 发动机缸盖，并用相似成分的稀土镁合金生产了发动机汽缸盖，装车上路试验表明，经过 9000 公里的测试未发现凸轮轴和推杆发生磨损。由于具备良好的铸造性能和韧性，JDM1 稀土镁合金还通过低压压铸加旋压的复合制造方式生产了汽车方向盘。

2. 稀土铝合金

稀土在导电铝中的应用技术早已成熟，节电效果和经济效益巨大。铝合金中通常加入成本较高的含镨钕富铈混合稀土，研究结果表明，用成本更低的镧铈混合稀土能够完全替代含镨钕富铈混合稀土。用稀土等合金元素提高传统铝合金性能以达到减重降耗和延长使用寿命的目的，可以很大程度地节约铝资源。

1）Al-RE 合金体系

纯铝是电子信息产业必不可少的原材料。高纯度铝具有优良的导电性。纯铝具有较弱的耐酸碱腐蚀能力，容易被刻蚀，但却具有抗电迁移性。纯铝中的主要杂质元素是 Fe 和 Si，它们的形态和含量对铝的性能有着重要影响。稀土能够改变纯铝中铁杂质的存在形态，从而提高纯铝的抗拉强度和伸长率。当纯铝中添加的稀土元素与基底的晶格点阵配合度增加时，第二相的形核相与基底的配合度也增大，进而有利于非均质形核和细化效果的提升。在纯铝中加入混合稀土（主要成分为 Ce）后，纯铝中的铁富集相形态从长形针状变为细小的颗粒状，且随着 Ce 添加量的增加，α-Al 晶粒会细化，同时铁富集相的尺寸也逐渐减小。当稀土的添加质量百分含量为 0.5%时，α-Al 晶粒能够达到最佳细化效果，并且细小颗粒状的富铁相能够均匀分布在 α-Al 的晶界处[274]。

2）Al-Mg-Si-RE 合金体系

Al-Mg-Si 系合金的密度小，但比强度和比刚度高，同时具有良好的机械加工性能，在汽车、航天航空、计算机、通信设备和电子产品等领域得到广泛应用，与采用钢结构的车身相比，采用 Al-Mg-Si 合金制作的车身质量可降低约 50%。然而，Al-Mg-Si 合金的高温稳定性差、抗蠕变性能差和耐腐蚀性能差等问题限制了其在某些方面的应用。为了解决这些问题，一种常用的方法是合金化技术，尤其是稀土合金化技术，以改善 Al-Mg-Si 合金的微观结构，增强其组织稳定性，并提高其抗腐蚀性和高温下的蠕变强度。在 Al-Mg-Si 合金中，Mg_2Si 是主要的强化相，其具有低密度、高熔点和高强度等优秀性能，但在室温下往往呈现出明显的脆性。因此，直接应用 Mg_2Si 作为材料的可能性很小，通常将其用作复合材料的增强体，制备具有良好塑性和强度的材料，这样既能发挥 Mg_2Si 金属间化合物的优点，又能增强质软的金属基体。在铝基体中，Mg_2Si 增强颗粒呈树枝状分布，导致铝基复合材料具有差的韧性和高的脆性。随着 Mg_2Si 含量的增加，铝基复合材料的脆性也会增加，容易发生脆断裂现象。因此，研究人员主要关注 Mg_2Si 颗粒的尺寸、形貌和分布。在 Al-Mg-Si 合金中添加稀土元素进行变质处理，可以促进 Mg_2Si 相的形核，增加形核数目并抑制晶粒长大，从而达到细化颗粒尺寸和改善颗粒分布状态的目的。在 Al-Mg-Si 合金中添加稀土元素，Mg_2Si 增强相形态为短棒状，比未添加稀土元素处理的合金中 Mg_2Si 增强相粒径降低

52%，单位面积上的 Mg_2Si 晶粒数目明显增加[275]。在原位内生 Mg_2Si/Al 复合材料中加入稀土 Nd，随着 Nd 的加入，初生和共生相 Mg_2Si 均得到了细化，晶粒尺寸从 47.5 μm 减小到 13.0 μm[276]。

3）Al-Si-RE 合金体系

Al-Si 合金体系由于优良的铸造性能，广泛应用于铸件生产，并且被公认为一种优异的耐磨材料。Al-Si 合金不仅耐磨性能表现出色，而且还具有卓越的耐热性能，因此在航天航空和汽车零部件的生产中得到了广泛应用。在铸造 Al-Si 合金中稀土主要起变质作用，随稀土原子半径的减小变质能力迅速降低，因此在所有稀土元素中 Eu 的变质能力最强[277]。在 Al-Si 合金中，稀土变质具有长效性。在铝合金中添加 Nd 变质处理 6 h，反复熔铸 4 次后合金中的共晶硅组织无明显变化，仍为片状组织，且硬度和力学性能均未受明显影响[278]。Al-Si 合金的用途取决于初晶硅颗粒的大小，较大的初晶硅颗粒可以提高合金的耐磨性，但会导致铝基体严重开裂，并使合金的加工性能下降。对于汽车活塞，主要采用共晶和近共晶 Al-Si 合金，原因在于共晶硅可以提升合金的耐磨性、高温蠕变强度和耐腐蚀性。随着汽车工业的进一步发展，对发动机效率的要求也越来越高，因此对制造发动机的铸造 Al-Si 合金的高温力学性能提出了更高的要求。为了提高 Al-Si 活塞合金的高温强度，合金的显微组织必须具备热稳定相结构。稀土元素的加入可以增加合金的耐热性和热稳定性，在铝基体中，稀土元素的扩散系数较小，同时也可以降低铝合金的热膨胀系数。在 Al-12Si-4Cu-2Ni-0.8Mg 合金中添加质量分数为 0.1%的 Gd 可有效改善合金在 200℃的力学性能[279]。25℃时铸造 Al-12Si-4Cu-2Ni-0.8Mg 合金的抗拉强度 260.3 N/mm^2，屈服强度 206.7 N/mm^2，伸长率 0.96%；200℃抗拉强度 206.8 N/mm^2，屈服强度 181.7 N/mm^2，伸长率 1.6%。0.2%的 Gd 可改善合金在 300℃力学性能，抗拉强度 123.4 N/mm^2，屈服强度 76.1 N/mm^2。

随着 Gd 含量的增加，Al_3CuGd 相的形态逐渐转变为针状，而 AlSiFeNiCu 和 Al_3CuNi 相的形态则从条状转变为块状。添加 RE 明显改善了 A357 铝合金中初生 α-Al 相晶粒的尺寸，并且降低了共晶硅颗粒的数量，同时改善了共晶硅的组织形貌。稀土元素的添加还显著改善了 A357 铝合金的拉伸性能，尤其是在 T6 状态（经过固溶热处理后进行人工时效的状态）下改善效果更加显著。

4）Al-Zn-Mg-(Cu)-RE 合金体系

Al-Zn-Mg-(Cu)系铝合金属于超高强铝合金，具有经济适用和易于加工的特点。微合金化是一种改进合金性能的方法，在合金原有主加元素的基础上添加微量的其他元素。在 Al-Zn-Mg-(Cu)系铝合金中，添加微合金化的稀土元素可以优化合金元素分布的同时减少合金中的杂质，并通过热处理工艺来提高合金的抗腐蚀性。Al-Zn-Mg-(Cu)合金的晶粒度等级非常严格，因为粗大的晶粒会导致型材的耐蚀性、强度和硬度显著降低。适量添加稀土元素可以明显细化 Al-Zn-Mg-(Cu)合金的显微组织，改善合金的力学性能。然而，过多添加稀土元素，晶粒将变得粗大，降低合金的使用性能。将 La 添加到 7055 铝合金中，铸态组织明显细化，当 La 含量为 0.6%时，晶粒最小且较均匀，并且合金中氧含量明显减少，合金元素均匀地分布在铝基体上，第二相强化相分布也较均匀，合金的力学性能有所提高[280]。

稀土的添加会明显影响 Al-Zn-Mg-(Cu)系铝合金的时效强化效果，第二相析出强化是其主要强化机制。Er 能在 A1-Zn-Mg-(Cu)合金中形成与铝基体共格或半共格的 Al_3Er 粒子，显著提高合金的力学性能。Sc 在 A1-Zn-Mg-(Cu)铝合金中能改善其性能的原因归结于原生 Al_3Sc 和次生 Al_3Sc 相的强化作用：在凝固冷却过程中形成原生 Al_3Sc，导致晶粒细化；而次生 Al_3Sc 则在随后的热处理过程中形成，尺寸在 2～100 nm 之间，有良好的沉淀强化效应和再结晶性[281]。当在合金中一起加入 Sc 与 Zr 时，不管 Sc 的添加量如何变化，细小的 Al_3 (Sc,Zr)相也能保持良好的强化效应及重结晶抗力。

利用浸渗方式制备稀土转化膜作为防腐保护层的 AA6061 铝合金，随着稀土含量的增加，铝合金中间金属相周围出现许多小的裂纹，而盐浴温度和浸渗时间促进稀土转变成更加稳定的 La_2O_3 和 Ce_2O_3 化合物，耐腐蚀性能明显得到改善[282]。

通过溶胶凝胶的方式在 6061-T6 铝合金表面沉积不同含量 Zr 和 Ce 的有机和无机混合涂层，涂层与基体的粘结性能随着 Zr 和 Ce 的含量提高而增大，有涂层铝合金的腐蚀电流密度降低了 2～4 个数量级，而且随着 Zr 和 Ce 含量的增加，腐蚀电流密度进一步降低，极化电阻升高，无裂纹的有涂层试样没有点腐蚀敏感性[283]。

国外较早开展了稀土在铝合金铸造中的应用工作，我国直到 20 世纪 60 年代才开始该领域的研究和应用，由于稀土铝合金表现出较好的力学性能和耐腐蚀性能，从而取得了一些实际应用成果。

由于导电性好、载流量大、强度高和寿命长等优点，稀土铝合金成为制造电缆线、架空输电线、线芯、滑接线以及特殊细导线的理想选择。在 Al-Si 合金体系中，由于硅含量较高，对材料电性能影响较大，添加少量的稀土元素有助于改善硅在合金中的分布情况和存在形态，从而有效提高导电性能。在耐热铝合金导线中添加少量的钇或富钇混合稀土，不仅能保持良好的高温性能，还可以提高导电率。稀土还可以提高铝合金体系的拉伸强度、耐腐蚀性和耐热性，因此使用稀土铝合金制造的电缆和导线可以增加架设电缆线铁塔的跨距，延长电缆的使用寿命。现在，高强度的 Al-Mg-Si-RE 合金已经广泛应用于超高压、大跨度输电线路上，稀土铝电缆已成为国家级电网的规范性产品。

建筑行业应用最广泛的是 6063 铝合金，加入 0.15%～0.25%的稀土，可以明显改善铸态组织和加工组织，提高挤压性能、热处理效果、力学性能、耐蚀性能、表面处理性能和色调。研究发现，在 6063 铝合金中稀土主要分布在 α-Al 中以及相界、晶界和枝晶间，它们固溶在化合物中或以化合物的形式存在，细化枝晶组织和晶粒，使未溶共晶尺寸和韧窝区中的韧窝尺寸显著变小，分布均匀，密度增加，合金的各项性能得到不同程度的改善，如型材强度提高 20%以上，延伸率提高 50%，腐蚀速率降低一半以上，氧化膜厚度增加 5%～8%，着色性能提高 3%左右。因此 RE-6063 合金建筑型材获得广泛应用。

在纯铝和 Al-Mg 系等铝合金制品中添加微量稀土，能够明显提高其力学性能、深冲性和耐蚀性。采用 Al-Mg-RE 合金制造铝壶、铝盘、铝饭盒、铝锅、铝家具支架、铝自行车和家电零部件等生活日用品，表现出更好的深冲和深加工性能，耐腐蚀性能提高 2 倍以上。同时，这些产品的重量减轻了 10%～15%，成品率增加了 10%～20%，生产成本降低了 10%～15%。此外。目前，稀土铝合金日用品畅销国内外市场。

铝硅系合金的用途较为广泛。在铝硅系铸造合金中，加入微量的稀土元素即可显著改善合金的机械加工性能，已被广泛应用于飞机、船舶、汽车、柴油机、摩托车以及装甲车辆的各种器件（例如活塞、齿轮箱、汽缸和仪器仪表等）。研究和应用实践表明，铝合金的组织性能可以通过添加 Sc 来有效优化。Sc 在铝中具有细晶强化、弥散强化、固溶强化和微合金强化的重要作用，从而提高合金的强度、硬度、塑性、韧性、抗蚀性和耐热性等性能。铝钪系合金已成功应用于航天航空、舰船、高速列车和轻型汽车等高新技术工业领域，例如，美国航天局开发的 Al-Mg-Zr-Sc 系钪铝合金具有高强度、高温和低温稳定性，已应用于飞机机身和结构件；俄罗斯研究开发的 Al-Cu-Li-Sc 系合金也已应用于航天器的低温燃料贮箱。

我国没有自主开发的高强、超高压、高韧铝合金，通过添加微量稀土元素钪、铒开发新型高强、高韧新型铝合金迫在眉睫，以满足航天、航空（大飞机）、舰艇等高技术国防军工等方面的需要。以 Al-Fe-Ce 和 Al-Cr-Y 为代表的新型耐热铝合金，通过快速凝固技术可以形成细小的高熔点金属间化合物颗粒，该第二相与铝基体错配度较小、界面能低、热稳定性高，钉扎晶界能力强，具有工业应用价值[284-288]。

3. 稀土铜合金

稀土添加到铜及铜合金中可以改善结构、功能以及制造和加工特性。向纯铜中引入稀土元素，可以显著提升其强度、硬度和热稳定性，并增强其高温和常温塑性。稀土元素对铜及铜合金的电学性能产生双重影响：一方面加入稀土元素使铜晶粒细化、晶界增多，增大了电子散射概率，从而导致电阻率增加，降低了导电性；另一方面稀土元素净化了铜中的杂质，弱化了晶格畸变，减少了电子散射概率，从而改善了导电性能。H68 黄铜中加入 0.07%～0.10%的 Ce 有助于提高其抗腐蚀和局部腐蚀倾向的能力，因为 Ce 的加入阻碍了铜和锌的进一步溶解，且对锌的抑制效果强于对铜的抑制，从而有效地防止了黄铜的脱锌现象。在高锰铝青铜中添加 Ce 和 B 元素，可以将其干摩擦磨损量降低 20%左右，润滑摩擦磨损量降低 50%左右。添加适量稀土作为铅青铜铸件的添加剂，可以有效防止在凝固过程中铅的“逆偏析”现象，并获得铅相均匀分布的组织结构。向变形黄铜中添加 0.05%～0.03%的稀土元素，可以显著改善其切削加工性能，特别是降低表面粗糙度、毛刺和刀具磨损。添加微量稀土可以显著增加变形铅黄铜在高温下的延伸率，从而改善其热加工性能并减轻或消除热轧开裂现象。在电子器件使用的铜导线中加入微量的铈，可以显著提高焊接性能。

稀土添加剂对改善铜和铜合金的加工性能具有良好的效果，然而它们在生产中的应用尚不够稳定，需要进一步的研究。

作为导电材料的铜，不仅要求具备良好的导电性，还必须具备足够的强度。为了获得优良的导电性，铜的纯度要高，因为几乎所有其他元素的溶入都会对导电性产生有害影响。然而，为了提高材料的强度，通常需要添加某些微合金化元素。因此，开发兼顾高导电性和高强度的铜合金，需要在加工工艺和微合金化元素的选择上进行大量的工作。通过在无氧铜中添加适量的混合稀土金属，可以明显细化铜的晶粒，从而提高电导率，同时还可以提高无氧铜的强度和硬度。上海铜材厂和哈尔滨铜材厂曾开发了多种稀土铜合金，如混合稀土铜、镧铜和铈铜等，用于导电铜排和铜板的生产。这些稀土铜合金在导电性、耐腐蚀性、耐磨性以及高温抗氧化性能方面都有显著的提高。

前苏联和美国等都曾针对稀土在紫铜管中的应用进行过实验研究。研究结果表明，稀土纯化铜的能力非常强大，在紫铜管中适量添加稀土可以增加其冷拔次数，从而省去中间的退火工序，同时，还可以改善冷拔紫铜管的表面质量，显著提高成品率。空调中紫铜管的渗漏问题一直困扰着很多铜加工厂家，尽管有些厂家尝试通过控制回炉料比例或完全不使用回炉料，并加强精炼、覆盖等工艺措施，但仍未能完全解决该问题。在紫铜管中添加稀土后，通过净化铜液和细化晶粒等方式，有效去除了杂质并改善了铸锭的组织结构，不仅提高了空调用紫铜管的机械性能，而且探伤合格率从原来的 80.36%显著提高到 95%以上，很好地解决了紫铜管的渗漏问题。

随着社会经济的发展和进步，高、中档水暖器材不仅在高级宾馆中使用，而且逐渐进入普通家庭。水暖器材不仅需要外观好看，还需要具备良好的内部质量和低廉的价格。为此，广东和上海等地的制造商尝试使用稀土添加剂来改善和提高水暖设备的质量，并取得了良好的效果：可以显著改善铜合金铸件的铸造组织，并具有很强的除渣能力，从而能够有效解决水暖设备中常见的漏水问题。稀土添加剂在水暖器材中的应用已经从试验阶段转变为实际应用阶段。

4. 稀土锌合金

古老的青铜文化使中国率先实现了锌的制取。中国是全球最大的锌生产国，其中绝大部分锌被用于制造锌合金。随着科学技术和现代工业的发展，对各种锌合金的性能要求也越来越高，寻找一种低成本、高性能的多功能锌合金成为了广大科研工作者的目标。20 世纪 80 年代初，比利时国立冶金研究中心（CRM）在国际铅锌研究组织（ILZRO）的资助下成功开发出一种名为 Galfan（Zn-5Al-0.05LaCe）的新型锌铝合金浸镀层，把稀土应用到热镀锌行业，此后国内外对稀土在热镀锌中的应用开展了大量研究工作。

具有应用潜力的稀土合金材料还有含稀土的铝及锌合金涂层材料、含稀土钇的铁基、钴基、铬基耐温涂层材料和碳、氮、硼、稀土共渗涂层材料、稀土钛、铅、镍等有色合金、高温用稀土-难熔金属合金、稀土-贵金属合金、稀土改性废旧有色金属和合金等。

5. 稀土铁基合金

稀土在钢中作用机理的研究成果为稀土在钢中的应用奠定了坚实的理论基础[289-293]。钢中添加稀土所用的稀土丝、棒和稀土复合包芯线以及稀土铁合金可以满足各钢厂发展稀土钢的需求。

1）稀土钢

稀土是新一代高强韧钢、高品质钢的重要添加元素，在提高钢的各项特殊性能中发挥了独到的作用。虽然稀土金属在钢铁中的溶解度较低，但微量稀土加入钢中便可以明显改善钢的强韧性、耐磨性、耐蚀性以及抗疲劳性，还可以有效提高焊接性能和低温性能，优化钢的抗氢脆性和抗氧化性等，使钢铁产品质量提高，钢铁品种增加。

早在 20 世纪 50 年代就开始了稀土在钢中应用研究。20 世纪 70 年代中期，由于喷吹法（如 TN 法）的出现，西欧和日本在钢中采用钙处理取代了稀土处理。随着稀土作用机理的深入研究以及钙处理显现的诸多弊端，如钙沸点低、蒸气压高、溶解度小，对硫化物形态不能进行彻底控制；钙不能消除铅、锑、锡、铋、砷等低熔点杂质的危害作用；钙处理设备复杂且污染大；钢水中钙存在的浓度远低于稀土；钙不具有稀土因固溶形成的合金化效果等，20 世纪 90 年代，美国著名冶金学者提出了反替代的概念。在控制钢液洁净度的条件下，稀土在钢铁工业中仍将具有不可替代的作用，稀土在洁净低合金高强高韧钢及特殊用途合金钢种中具有广泛的应用前景。

我国现有稀土钢种有稀土耐候钢、含锰低合金钢以及稀土重轨钢，需要进一步开发满足高强、耐候、耐火、冷弯等综合性能要求的新型稀土耐候钢，推广应用于集装箱、建筑用轻钢结构以及网架结构；研制满足高强、高韧以及良好成形性的新型含锰稀土低合金钢，推广应用到焊接气瓶以及汽车大梁等领域；研究开发稀土耐热耐磨钢和含稀土的不锈钢新品种。

发挥稀土与不同微量合金元素的协调耦合作用。稀土添加到钢中对于力学性能的影响主要是改善钢的塑性和韧性，如果将稀土与钒、钛、硼等微合金化元素共同添加到钢中，由于多种合金元素耦合作用，不仅钢液得到净化，夹杂物的形态也可以得到有效控制，初始组织有效改善，同时仍然保留固溶强化和沉淀强化的作用效果，保持良好的塑性，钢的综合性能得到提高。

发挥稀土消除低熔点金属，如锑、锡、铅、锌、砷、铋、铜等在钢中危害作用的优势，具有很大的新产品开发应用潜力。利用稀土显著增强耐热钢抗氧化性能的优势，进一步提升耐热、耐蚀钢的品质和经济效益。发挥稀土消除钢中氢脆致裂纹的优势，推进稀土钢在海洋、石油以及化工行业的广泛应用。发挥稀土和硅钙合金的双重促进作用，采用适当工艺方式优化稀土钢的综合性能。

当前稀土在钢中的某些作用有被其他元素或方式取代的趋势，如稀土有较好的脱硫效果，而镁钙硅也可以实现脱硫；稀土在微合金化方面的优势也逐渐被铌、钒、钛所取代，这些元素的加入工艺难度远远小于更为活泼的稀土元素。从生产上讲，稀土的加入容易造成钢水的黏度增大，使连铸坯表面产生裂纹，从而影响钢铁的大型化、连续化生产。从市场层面看，稀土市场价格常常剧烈波动，对钢铁生产的成本控制造成很大难度。

2）稀土铸铁

含稀土铸铁的研究开始于 1948 年，英国人 H. Morrogh 等发明了用铈制取球墨铸铁的技术并实现工业化生产，与此同时还发现了蠕虫状石墨，当时被称为“伪片状石墨”，成为铸铁材料发展的重要里程碑。20 世纪 60 年代开展了稀土在灰口铸铁中的应用研究，1961 年发现将混合稀土金属加入到铁水中后，对灰口铸铁有很好的孕育作用，1967 年 R. L. Mickelson 研究出了可应用于生产的稀土硅铁合金，对提高灰口铸铁质量起了重要作用。随后又相继研究并发现了稀土在白口铸铁、可锻铸铁、球墨可锻铸铁中的良好应用效果。1984 年，我国学者系统地研究了稀土对铸铁组织和性能的影响，首次把球墨铸铁、蠕墨铸铁和孕育铸铁综合在一起作为一个系统考虑，提出了反映稀土合金加入量与铸铁性能之间对应关系的“双峰值曲线”，据此能很方便地确定生产球墨铸铁、蠕墨铸铁、孕育铸铁时合理的稀土金属（稀土合金）加入量的范围。稀土金属和稀土合金既能作球化剂、蠕化剂，又能作孕育剂的独特作用是其他金属和合金不能比拟的。

（胡文鑫　刘　峰　武红飞）

参考文献

[1] 洪广言. 稀土抛光粉 [M]. 北京：科学出版社, 2017：9-13

[2] Preston F W. The theory and design of plate glass polishing machines [J]. Journal of Society Glass Technology, 1927：21456

[3] Bielmann M, Mahajan U, Singh R K. Effect of particle size during tungsten chemical mechanical polishing [J]. Electrochemical and Soliders, 1999, 2(8)：401-403

[4] Jung S H, Singh R K. Effect of nano-size silica brasives in chemical mechanical polishing of copper [J]. Materials Research Society Symposia Proceedings, 2004, 816K1.8.1-K1.8.4

[5] Borucki L. Mathematical modeling of polish-rate decay in chemical-mechanical polishing [J]. Journal of Engineering Mathematics, 2002, 43：105-114

[6] Cook L M. Chemical processes in glass polishing [J]. Journal of Non-crystalline Solids, 1990, 120：152-170

[7] 程耀庚, 魏绪钧. 以氯化稀土为原料制备稀土抛光粉的研究 [J]. 稀有金属与硬质合金，1998, (32)：9-13

[8] 倪嘉缵, 洪广言. 稀土新材料及新流程 [M]. 北京：科学出版社, 1998：103-132

[9] Zantye P B, Kumar A, Sikder A K. Chemical mechanical planarization formicroelectronics applications [J]. Materials Science & Engineering Reports, 2004, 45(3-6)：89-220

[10] Larson R G. The Structure and Rheology of Complex Fluids [M]. New York：Oxford University Press, 1999

[11] Steigerwald J M, Murarka S P, Gutmann R J. Chemical Mechanical Planarization of Microelectronic Materials [M]. New York：Wiley-Interscience, 1997

[12] Luo J F. Integrated modeling of chemical mechanical planarization/polishing for integrated circuit fabrication [D]. Berkeley：University of California, 2003：153

[13] Hunter R J. Zeta Potential in Colloid Science [M]. New York：Academic Press, 1981

[14] Robinson K. Chemical-Mechanical Planarization of Semiconductor Materials [M]. Springer Series in Materials Science, 2004, 69：216

[15] Lee H, Park B, Haedo J. Influence of slurry components on uniformity in copper chemical mechanical planarization [J]. Microelectronic Engineering, 2008, 85(4)：689

[16] Reinhardt K A, Reidy R F, Daviot J. Handbook of Cleaning for Semiconductor Manufacturing [M]. Salem, Massachusetts：Scrivener Publishing, 2011：10.4.2, 380

[17] Peters D W. Handbook of Cleaning for Semiconductor Manufacturing [M]. Salem, Massachusetts：Scrivener Publishing, 2011, 11.4.2：423

[18] Pate K, Safier P. Characterization of abrasive particle distribution in CMP slurries [C]. The 16th Annual International Symposium on Chemical Mechanical Planarization, Potsdam, NY, 2011

[19] Osseo-Asare K. Surface chemical processes in chemical mechanical polishing：Relationship between silica material removal rate and the point of zero charge of the abrasive material [J]. Journal of the Electrochemical Society, 2002,149：G651-G655

[20] Dawkins K, Rudyk B W, Xu Z, et al. The pH-dependent attachment of ceria nanoparticles to silica using surface analytical techniques [J]. Applied Surface Science, 2015, 345：249-255

［21］宋晓岚, 李宇焜, 江楠, 等. 化学机械抛光技术研究进展［J］. 化工进展, 2008, 27(1)：26-31
［22］马俊杰, 潘国顺, 雒建斌, 等. 计算机硬磁盘 CMP 中抛光工艺参数对去除率的影响［J］. 润滑与密封, 2004(1)：1-3
［23］张朝辉, 雒建斌, 温诗铸. 化学机械抛光流动性能分析［J］. 润滑与密封, 2004(4)：31-33
［24］赵永武, 刘家浚. 半导体芯片化学机械抛光过程中材料去除机理研究进展［J］. 摩擦学学报, 2004(3)：283-287
［25］周艳, 罗桂海, 潘国顺. 抛光液组分对硬盘盘基片超光滑表面抛光的影响［J］. 纳米技术与精密工程, 2012, 10(02)：177-183
［26］王金普, 白林山, 储向峰. 硬盘微晶玻璃基板化学机械抛光研究［J］. 人工晶体学报, 2015, 44(1)：216-220
［27］Aida H,Takeda H, Koyama K, et al. Chemical mechanical polishing of gallium nitride with 0.5-mm diamond abrasive grains［J］. Journal of the Electrochemical Society, 2011, 158：H1206-H1212
［28］李晖, 高飞, 徐世海, 等. GaN 单晶片的表面加工工艺研究［J］. 半导体技术, 2018, 43(12)：918-922
［29］李鑫, 梁庭, 赵丹, 等. 蓝宝石化学机械抛光时磨粒运动轨迹及抛光效果研究［J］. 润滑与密封, 2018, 43(4)：57-63
［30］Shi X L, Chen G P, Xu L, et al. Achieving ultralow surface roughness and high material removal rate in fused silica *via* a novel acid SiO_2 slurry and its chemical-mechanical polishing mechanism［J］. Applied Surface Science, 2020, 500：144041
［31］陈国美, 倪自丰, 钱善华, 等. SiC 晶片不同晶面的 CMP 抛光效果对比研究［J］. 人工晶体学报, 2019, 48(1)：155-159+172
［32］韦嘉辉, 周海, 高晗, 等. 表面活性剂复配对蓝宝石 CMP 后清洗效果的影响[J]. 微纳电子技术, 2019, 56(2)：151-156
［33］钮市伟, 陈瑶, 王永光, 等. 氮化镓晶片的化学机械抛光工艺［J］. 科学技术与工程, 2020, 20(19)：7639-7643
［34］Hong S, Bae S, Choi S, et al. A numerical study on slurry flow with CMP pad grooves［J］. Microelectronic Engineering, 2020, 234：111437
［35］Zhang Z L, Jin Z J, Guo J. The effect of the interface reaction mode on chemical mechanical polishing［J］. CIRP Journal of Manufacturing Science and Technology, 2020, 31：539-547
［36］Cheng J, Huang S, Li Y, et al. RE (La, Nd and Yb) doped CeO_2 abrasive particles for chemical mechanical polishing of dielectric materials：Experimental and computational analysis［J］. Applied Surface Science, 2020, 506：144668
［37］Han K-M, Han S-Y, Sahir S, et al. Contamination mechanism of ceria particles on the oxide surface after the CMP process［J］. ECS Journal of Solid State Science and Technology, 2020, 9：124004
［38］Myong K K, Byun J, Choo M, et al. Direct and quantitative study of ceria-SiO_2 interaction depending on Ce^{3+}concentration for chemical mechanical planarization (CMP) cleaning［J］. Materials Science in Semiconductor Processing, 2020, 122：105500
［39］Moon Y. Technical challenges in chemical mechanical polishing (CMP) for sub-10nm logic technology［C］. CSTIC 2015, Shanghai, China, March 2015

[40] 金格瑞, 鲍恩, 乌尔曼. 陶瓷导论［M］. 北京：高等教育出版社，2010

[41] 潘裕柏, 陈昊鸿, 石云. 稀土陶瓷材料［M］. 北京：冶金工业出版社，2016

[42] 孙海鹰. 氨水, 尿素,碳酸氢铵共沉淀法制备 YAG 超细粉体［J］. 长春理工大学学报(自然科学版), 2008, 4：26-28

[43] 詹志洪. 稀土在功能陶瓷新材料中的应用及市场前景［J］. 世界有色金属, 2004, 10：21-24

[44] 徐越. $Ca_{0.66}Ti_{0.66}R_{0.34}Al_{0.34}O_3$(R=La, Nd, Sm)基微波介质陶瓷的结构与介电性能调控［D］. 南京：南京航空航天大学, 2017

[45] Baker J N, Bowes P C, Harris J S, et al. Mechanisms governing metal vacancy formation in $BaTiO_3$ and $SrTiO_3$［J］. Applied Physics, 2018, 124(11)：114101

[46] Acosta M, Novak N, Rojas V, et al. $BaTiO_3$-based piezoelectrics：Fundamentals, current status, and perspectives［J］. Applied Physics Reviews, 2017, 4(4)：041305

[47] Ohsato H, Kagomiya I, Kim J S. Microwave dielectric ceramics with rare-earth (II)［J］. Integrated Ferroelectrics：An International Journal, 2010, 115：95-109

[48] Ben L, Sinclair D C. Anomalous curie temperature behavior of A-site Gd-doped $BaTiO_3$ ceramics：The influence of strain［J］. Applied Physics Letters, 2011, 98(9)：092907

[49] 魏鑫. 双稀土掺杂钛酸钡陶瓷的介电性质和缺陷化学研究［D］. 吉林：吉林化工学院, 2022

[50] Habib M, Zhou X F, Tang L, et al. Enhancement of piezoelectricity by novel poling method of the rare-earth modified $BiFeO_3$-$BaTiO_3$ lead-free ceramics［J］. Advanced Electronic Materials, 2023, 9(5)

[51] Dyer P N, Richards R E, Russek S R, et al. Ion transport membrane technology for oxygen separation and syngas production［J］. Solid State Ionics, 2000, 134(1-2)：21-33

[52] 朱雪峰, 杨维慎. 混合导体透氧膜反应器［J］. 催化学报, 2009, 30：801-816

[53] Song Y, Zou C, He Y, et al. The chemical mechanism of the effect of CO_2 on the temperature in methane oxy-fuel combustion［J］. International Journal of Heat & Mass Transfer, 2015：622-628

[54] Czyperek M, Zapp P, Bouwmeester H J M, et al. Gas separation membranes for zero-emission fossil power plants：MEM-BRAIN［J］. Journal Membrane of Science, 2010, 359：149-159

[55]Qiu L, Lee T H, Liu L M, et.al. Oxygen permeation studies of $SrCo_{0.8}Fe_{0.2}O_{3-\delta}$［J］. SolidState Ionics, 1995, 76：321-329

[56] Shao Z P, Dong H, Xiong G X, et al. Performance of a mixed-conducting ceramic membrane reactor with high oxygen permeability for methane conversion［J］. Journal of Membrane Science, 2001, 183：181-192

[57] Harada M, Domen K,Hara M, et al. $Ba_{1.0}Co_{0.7}Fe_{0.2}Nb_{0.1}O_{3-\delta}$ dense ceramic as an oxygen permeable membranefor partial oxidation of methane to synthesis gas［J］. Chemisitry Letters, 2006, 35：1236-1237

[58] Harada M, Domen K, Hara M, et al. Oxygen-permeable membranes of $Ba_{1.0}Co_{0.7}Fe_{0.2}Nb_{0.1}O_{3-\delta}$ for preparationof synthesis gas from methane by partial oxidation［J］. Chemisitry Letters, 2006, 35：968-969

[59] Cheng H W, Lu X G, Hu D H, et al. Hydrogen production by catalytic partial oxidation of cokeoven gas in $Ba_{1.0}Co_{0.7}Fe_{0.2}Nb_{0.1}O_{3-\delta}$ membranes with surfacemodification［J］. International Journal of Hydrogen Energy, 2011, 36：528-538

[60] 杨志斌. $Ba_{1.0}Co_{0.7}Fe_{0.2}Nb_{0.1}O_{3-\delta}$材料性能及电化学应用研究［D］. 北京：中国矿业大学(北京), 2012

[61] 李敬. 透氧膜材料 $Ba_{1.0}Co_{0.7}Fe_{0.2}Nb_{0.1}O_{3-\delta}$的合成制备及性能研究［D］. 北京：北京科技大学, 2009

［62］赵鸣，高静，韩佳. ZnO 基压敏陶瓷烧结机理研究进展［J］. 材料导报，2015，29(19)：95-100+122
［63］祝志祥，张强，曹伟，等. 不同稀土氧化物掺杂对 ZnO 压敏电阻性能的影响［J］. 陶瓷学报，2021，42(4)：595-600
［64］李吉乐，陈国华，袁昌来. 掺杂 Nd_2O_3 和 Sm_2O_3 氧化锌压敏陶瓷的显微组织与电性能［J］. 中南大学学报(自然科学版)，2013，44(06)：2252-2258
［65］徐宇兴，张中太，唐子龙，等. La^{3+}掺杂对$(Sr,Ba,Ca)TiO_3$基压敏陶瓷结构和性能的影响［J］. 功能材料，2008，249(06)：909-911+914
［66］Arakawa T, Tsuchi-ya S, Shiokawa J. Catalytic activity of rare-earth orthoferrites and orthochromites［J］. Materials Research Bulletin, 1981, 16(1)：97-103
［67］张盼盼，秦宏伟，张恒等. CO_2 gas sensors based on $Yb_{1-x}Ca_xFeO_3$ nanocrystalline powders［J］. Journal of Rare Earths, 2017, 35(06)：602-609
［68］刘芳. 稀土掺杂 ZnO 纳米纤维的制备及气敏性能研究［D］. 郑州：郑州大学，2013
［69］雷佳. 钛酸钡基 PTC 陶瓷 NTC 效应研究［D］. 广州：华南理工大学，2018
［70］郭晨. 施主掺杂和 $Na_{0.5}Bi_{0.5}TiO_3$ 对钛酸钡系 PTCR 居里温度的影响［D］. 西安：西安电子科技大学，2014
［71］Wang X, Liu S J, Zhang L X, et al. Influence of sintering time and donor concentration on the PTCR effect of La-doped $BaTiO_3$ - $Na_{0.5}Bi_{0.5}TiO_3$ ceramics［J］. Ceramics International, 2018, 44(S1)：S216
［72］Takeuchi N, Fujishita Y, Kobayashi H. Fabrication of high Curie point PTCR materials using Gd-doped $BaTiO_3$-$(Bi_{1/2}Na_{1/2})TiO_3$ system［J］. Journal of the Society of Materials, 2018, 67(4)：474
［73］Cheng X X, Cui H N, Li X X, et al. Investigation of PTCR effect and microdefects in Nb_2O_5-doped $BaTiO_3$-based ceramics by positron annihilation techniques［J］. International Journal of Modern Physics B, 2017, 31：1744060
［74］Guan F, Wu Y Q, Milisavljevic I, et al. Valence-induced effects on the electrical properties of $NiMn_2O_4$ ceramics with different Ni sources［J］. Journal of Amercian Ceramic Society, 2021, 104(10)：2148-5156
［75］Guan F, Lin X J, Dai H, et al. $LaMn_{1-x}Ti_xO_3$-$NiMn_2O_4$ ($0\leqslant x\leqslant 0.7$)：A composite NTC ceramic with controllable electrical property and high stability［J］. Journal of the European Ceramic Society, 2019, 39(8)：2692-2696
［76］关芳. NTC 热敏陶瓷的制备与性能及混凝土测温应用［D］. 济南：济南大学，2021
［77］Chen X Y, Li X H, Gao B, et al. A novel NTC ceramic based on $La_2Zr_2O_7$ for high-temperature thermistor［J］. Journal of the European Ceramic Society, 2022, 42(5)：2561-2564
［78］郭景坤,寇华敏,李江. 高温结构陶瓷研究浅论［M］. 北京：科学出版社,2021
［79］陈秀峰，朱志斌，郭志军，等. 氧化铝陶瓷的发展与应用［J］. 陶瓷，2003，161：4-8
［80］付鹏，徐志军，初瑞清，等.稀土氧化物在陶瓷材料中应用的研究现状及发展前景［J］. 陶瓷，2008，12：7-10
［81］姚义俊，丘泰，焦宝祥，等. Y_2O_3，La_2O_3，Sm_2O_3 对氧化铝瓷烧结及力学性能的影响［J］. 中国稀土学报，2005，02：158-161
［82］毛征宇，徐健建，颜建辉. 稀土 La_2O_3 对 Y_2O_3-ZrO_2 烧结行为和力学性能的影响[J]. 热加工工艺，2015，44(02)：62-65

［83］田伟，杨勇，王政等. 高强韧耐磨纳米 Al_2O_3/TiO_2 涂层的制备及应用［J］. 热处理, 2008, 23(06)：20-23
［84］鲁欣欣. 稀土改性高强韧高热导氮化硅陶瓷［D］. 广州：广东工业大学, 2021
［85］Lomello F, Bonnefont G, Leconte Y, et al. Processing of nano-SiC ceramics：Densification by SPS and mechanical characterization［J］. Journal of the European Ceramic Society, 2012, 32(3)：633-641
［86］Kim Y, Kim K J, Kim H C, et al. Electrodischarge-machinable silicon carbide ceramics sintered with yttrium nitrate［J］. Journal of the American Ceramic Society, 2011, 94(4)：991-993
［87］Siegelin F, Kleebe H J, Sigl L S. Interface characteristics affecting electrical properties of Y-doped SiC［J］. Journal of Materials Research, 2003, 18(11)：2608-2617
［88］李先铭，张宁. PVC 硬脂酸轻稀土热稳定剂的复配与应用研究［J］. 中国稀土学报, 2015, 33(3)：349-354
［89］范俊伟,柳召刚,李梅，等. 对甲基苯甲酸镧铈 PVC 热稳定剂的制备及性能研究［J］. 稀土, 2021, 42(03): 43-54
［90］于晓丽，杨占峰，张玉玺，等. 硬脂酸铈复合热稳定剂的制备及其在 PVC 建筑模板中的应用［J］. 稀土, 2018, 39(02)：18-24
［91］陈明光，曹鸿璋，于晓丽，等. 乙酰丙酮镧复合稳定剂对 PVC 热稳定作用的研究［J］.稀土, 2019, 40(03)：89-95
［92］Feng C, Zhang Y, Liu S, et al. Synergistic effect of La_2O_3 on the flame retardant properties and the degradation mechanism of a novel PP/IFR system［J］. Polymer Degradation and Stability, 2012, 97(5)：707-714
［93］刘喜山，曹博，纪文斐，等. 二维层状无机物/硼酸锌复合体系对聚苯乙烯泡沫阻燃性能的影响［J］. 材料工程, 2019, 47(6)：101-107
［94］郑炳云，杨磊. SiO_2/Zn_2SnO_4/环氧丙烯酸酯涂层的阻燃性能［J］. 化工进展, 2019, 38(2) ：933-939
［95］周文君，王雪芹，何伟壮. PC/ABS/聚硼硅氧烷阻燃合金的性能［J］. 化工进展, 2016, 3(3) ：861-865
［96］Wang X, Kalali E N, Wan J T, et al. Carbon-family materials for flame retardant polymeric materials［J］. Progress in Polymer Science, 2017, 69：22-46
［97］Li Y T, Li B, Dai J F, et al. Synergistic effects of lanthanum oxide on a novel intumescent flame retardant polypropylene system［J］. Polymer Degradation and Stability, 2008, 93：9-16
［98］Nie S B, Song L, Hu Y, et al. The catalyzing carbonization properties of acrylonitrile-butadiene-styrene copolymer (ABS)/rare earth oxide (La_2O_3)/organophilic montmorillonite (OMT) nanocomposites［J］. Journal of Polymer Research, 2010, 17：83-88
［99］Shen L, Chen Y H, Li P L. Synergistic catalysis effects of lanthanum oxide in polypropylene/magnesium［J］. Composites：Part A, 2012, 43：1177-1186
［100］Wang Y L, Tang X P, Tang X D. Study of Synergistic Effects of Cerium Oxide on Intumescent Flame Retardant Polypropylene System［J］. Advanced Materials Research, 2014, 887：90-93
［101］Feng C M, Liang M Y, Jiang J L, et al. Synergism effect of CeO_2 on the flame retardant performance of intumescent flame retardant polypropylene composites and its mechanism［J］. Journal of Analytical and Applied Pyrolysis, 2016, 122：405-414
［102］Zhang H M, Lu X B, Zhang Y. Synergistic effects of rare earth oxides on intumescent flame retardancy of Nylon 1010/ethylene-vinyl-acetate rubber thermoplastic elastomers［J］. Journal of Polymer Research,

2015, 22：21-31

[103] Ren Q, Wan C Y, Zhang Y, Li J. An investigation into synergistic effects of rare earth oxides on intumescent flame retardancy of polypropylene/poly(octylene-co-ethylene) blends [J] . Polymers for Advanced Technologies, 2011, 22：1414-1421

[104] Qiao Z H, Yang W, Song L, et al. Synergistic effects of cerium (IV) phosphate with intumescent flame retardant in styrene butadiene rubber [J] . Plastics, Rubber and Composites, 2011, 40(8)：413-419

[105] Tang G, Wang X, Zhang R, et al. Facile synthesis of lanthanum hypophosphite and its application in glass-fiber reinforced polyamide 6 as a novel flame retardant [J] . Composites：Part, 2013, 54：1-9

[106] Cai Y, Guo Z, Fang Z, et al. Effects of layered lanthanum phenylphosphonate on flame retardancy of glass-fiber reinforced poly (ethylene terephthalate) nanocomposites [J] . Applied Clay Science, 2013, 77：10-17

[107] 高平强, 张岩, 卢翠英. 纳米硼酸镧/聚苯乙烯复合材料制备及阻燃性能研究 [J] . 应用化工, 2017, 46(4) ：698-700

[108] 王智懿. 氯化镧增效复合阻燃剂的研究 [J] . 化工新型材料, 2016, 44(6)：161-163

[109] 孔繁清, 胡源, 闫慧忠, 等. 氢氧化镧增效阻燃聚丙烯的研究 [J] . 稀土, 2011, 32(5)：12-15

[110] 焦运红, 时玲, 王春征, 等. 水热法合成球状锡酸镧及其阻燃聚氯乙烯的研究 [J] . 中国塑料, 2016, 30(5) ：60-65

[111] Feng J, Chen M, Huang Z, et al. Effects of mineral additives on the β - crystalline form of isotactic polypropylene [J] . Journal of Applied Polymer Science, 2002, 85(8)：1742-1748

[112] Jiang L, Xu P, Zhao X, et al. Crystallization modification of poly(lactide) by using nucleating agents and stereocomplexation [J] . ePolymers, 2015, 16(1)：1-13

[113] 刘志阳, 翁云宣, 黄志刚, 等. 聚乳酸成核剂研究进展 [J] . 生物工程学报, 2016, 32(6)：798-806

[114] 张竞, 程晓春, 徐青海, 等. 稀土成核剂对聚乳酸结晶行为和热性能的影响 [J] . 精细石油化工, 2011, 28(5)：28-31

[115] 陈骁, 梁麟枝, 苏华弟, 等. 稀土成核剂对聚乳酸非等温行为的影响 [J] . 塑料, 2013, 42(2)：111-114

[116] Huang P J J, Lin J, Cao J, et al. Ultrasensitive DNAzyme beacon for lanthanides and metal speciation [J] . Analytical chemistry, 2014, 86(3)：1816-1821

[117] 邢志华, 程美池. 稀土盐及配合物药理活性概述 [J] . 中国稀土学报, 2019, 37(3)：273-283

[118] 张楠, 张彬, 唐晓宁, 等. 含稀土铈载铜无机抗菌材料的制备与研究 [J] . 硅酸盐通报, 2015, 34(10)：3022-3027

[119] 周美峰, 何其庄, 费菲. 纳米稀土谷氨酸咪唑三元配合物的合成、表征及抗菌活性研究 [J] . 中国稀土学报, 2007, 05：549-555

[120] 刘凤杰, 黄敏, 韩寒冰, 等. 稀土与 L-酪氨酸和咪唑配合物的合成及抗菌性能研究 [J] .食品科技, 2009, 5：4

[121] Andiappan K, Sanmugam A, Deivanayagam E, et al. Schiff base rare earth metal complexes：Studies on functional,optical and thermal properties and assessment of antibacterial activity [J] . International Journal of Biological Macromolecules, 2018, 124

[122] 黄拿灿, 胡社军. 稀土化学热处理与稀土材料表面改性 [J] . 稀土, 2003, 24(3)：59-63

［123］郇晓曦，皮丕辉. 稀土在涂料中的应用研究［J］. 涂料工业, 2009, 8：55-58
［124］陈佳. 稀土防腐防污涂料的制备与性能研究［D］. 重庆：重庆大学, 2015：1-4
［125］杨树颜，贾志欣. 多功能稀土促进剂（La-GDTC）的制备及其硫化性能研究［J］. 中国稀土学报, 2014, 5：611-618
［126］林国良，郑玉婴. 柠檬酸镧的合成及其对 SBR 橡胶硫化性能的影响［J］. 中国稀土学报, 2015, 1：101-105
［127］施其锋. 水杨酸稀土配合物橡胶防老剂的制备-结构及其在橡胶中的应用［D］. 广州：华南理工大学, 2015：5-7
［128］杨昌金，罗勇悦. 硬脂酸镧作为防老剂的 ENR 硫化胶的热稳定性［J］. 中国稀土学报, 2015, 4：475-479
［129］李志强. 偶联剂改性氧化铈补强天然橡胶的研究［D］. 包头：内蒙古科技大学, 2015
［130］雷海芬，王鹏，张英民，等. 聚乳酸/稀土改性蒙脱土纳米复合材料的制备及性能研究［J］. 功能材料, 2007, 38：1891-1894
［131］Buxbaum G. Industrial inorganic pigments［M］. Weinheim：John Wiley & Sons, 2008
［132］周鑫，何岩彬. 染颜料行业发展综述［J］. 染料与染色，2011，48（5）：1-4
［133］Patel M A, Bhanvase B A, Sonawane S H. Production of cerium zinc molybdatenano pigment by innovative ultrasound assisted approach［J］. Ultrasonicssono Chemistry, 2013, 20(3)：906-913
［134］张华，杜海燕，孙家跃. 稀土颜料的研究进展［J］. 化工新型材料, 2007, 35（9）：27-29
［135］张明. 稀土倍半硫化物的合成及性质研究.博士论文［D］. 大连：大连海事大学, 2011
［136］谢亲民. 稀土黄颜料研究报告［J］. 湖南化工, 1990, 1：29-31
［137］谢明贵. 锆镨黄陶瓷色料的制备与表征.硕士论文［D］. 广州：华南理工大学，2016
［138］张雯. 钒酸铋和镨锆黄的制备与性能研究.硕士论文［D］. 西安：西安科技大学，2017
［139］沈化森，储茂友，黄松涛，等 γ-Ce_2S_3 型红颜料的制备研究［J］. 稀有金属, 2002, 26 (5)：409-412
［140］王友. 高优值系数稀土硫化物热电材料的合成及性能研究.博士论文［D］. 包头：内蒙古科技大学, 2007
［141］吴宪江，于世泳，曾尚红，等. 镨钕掺杂对 Ce_2S_3 红颜料性能的影响［J］. 中国稀土学报, 2011, 29(6)：714-717
［142］任杰，周春根. 硅热还原三硫化二铈制备单硫化铈［J］.有色金属, 2006, 22(2)：33-36
［143］Laronze H, Demourgues A, Tressaud A, et al. Preparation and characterization of alkali- and alkaline earth-based rare earth sulfides［J］. Alloys Compounds, 1998, 275-277：113-117
［144］曹学强. 热障涂层新材料和新结构［M］. 北京：科学出版社, 2016：21-22
［145］温泉,李亚忠,马薏文,等. 热障涂层技术发展［J］. 航空动力,2021,5：60-64
［146］Padture N P. Advanced structural ceramics in aerospace propulsion［J］. Nature materials,2016,15(8)：804-809
［147］Darolia R. Thermal barrier coatings technology：critical review, progress update,,remaining challenges and prospects［J］. International Materials Reviews,2013,58(6)：315-348
［148］Clarke D R,Oechsner M,Padture N P. Thermal-barrier coatings for more efficient gas-turbine engines［J］. MRS bulletin, 2012,37(10)：891-898

［149］Naraparaju R,Hüttermann M, Schulz U,et al. Tailoring the EB-PVD columnar microstructure to mitigate the infiltration of CMAS in 7YSZ thermal barrier coatings［J］. Journal of the European Ceramic Society,2017,37(1)：261-270

［150］宫文彪,李任伟,李于朋. 等. CeO_2/ZrO_2-Y_2O_3 纳米结构热障涂层的高温稳定性及耐腐蚀性能［J］.金属学报,2013,49(05)：593-598

［151］李任伟,宫文彪. CeO_2/ZrO_2-Y_2O_3 纳米热障涂层高温熔盐腐蚀性能及失效机理［J］. 材料热处理学报,2016, 37(03)：145-149

［152］李任伟,黄飞. CeO_2/ZrO_2-Y_2O_3 纳米结构热障涂层的抗烧结性能研究［J］. 东北电力大学学报,2016,36(06)：60-63

［153］Khan M,Zeng Y,Lan Z,et al. Reduced thermal conductivity of solid solution of 20% CeO_2+ZrO_2 and 8% Y_2O_3+ZrO_2 prepared by atmospheric plasma spray technique［J］. Ceramics International, 2019,45(1)：839-842

［154］Fan W,Wang Z Z,Bai Y,et al. Improved properties of scandia and yttria co-doped zirconia as a potentialthermal barrier material for high temperature applications［J］. Journal of the European Ceramic Society,2018,38 (13)：4502-4511

［155］Fan W,Bai Y, Liu Y F,et al. Corrosion behavior of Sc_2O_3-Y_2O_3 co-stabilized ZrO_2 thermal barrier coatings with CMAS attack［J］. Ceramics International, 2019,45：15763-157638

［156］冀晓鹃,宫声凯,徐惠彬,等. 添加稀土元素对热障涂层 YSZ 陶瓷层晶格畸变的影响［J］. 航空学报,2007,28(1)：196-200

［157］Mock C,Walock M J,Ghoshal A,et al. Adhesion behavior of calcia–magnesia–alumino–silicates on gadolinia-yttria-stabilized zirconia composite thermal barrier coatings［J］. Journal of Materials Research,2020,35(17)：2335-2345

［158］Wang Y X,Zhou C G. Microstructure and thermal properties of nanostructured gadolinia doped yttria-stabilized zirconia thermal barrier coatings produced byair plasma spraying［J］. Ceramics International,2016,42(11)：13047-13052

［159］Guo L,Zhang C L,Li M Z,et al. Hot corrosion evaluation of Gd_2O_3-Yb_2O_3 co-doped Y_2O_3 stabilized ZrO_2 thermal barrier oxides exposed to Na_2SO_4+V_2O_5 molten salt［J］. Ceramics International, 2017,43(2)：2780-2785

［160］Wei X D,Hou G L,An Y L,et al. Effect of doping CeO_2 and Sc_2O_3 on structure, thermal properties and sintering resistance of YSZ［J］. Ceramics international,2021, 7(5)：6875-6883

［161］Chen D, Wang Q S,Liu Y B,et al. Microstructure, thermal characteristics, and thermal cycling behavior of the ternary rare earth oxides (La_2O_3, Gd_2O_3, and Yb_2O_3) co-doped YSZ coatings［J］. Surface &Coatings Technology,2020,403：126387-126397

［162］Wan C,Qu Z,Du A,et al. Influence of B site substituent Ti on the structure and thermophysical properties of $A_2B_2O_7$-type pyrochlore $Gd_2Zr_2O_7$［J］. Acta materialia,2009, 57(16)：4782-4789

［163］Liu Z G,Ouyang J H,Zhou Y,et al. Effect of Ti substitution for Zr on the thermal expansion property of fluorite-type $Gd_2Zr_2O_7$［J］. Materials & Design,2009,30(9)：3784-3788

［164］Lee K S, Jung K I, Heo Y S, et al. Thermal and mechanical properties of sintered bodies and EB-PVD layers of Y_2O_3 added $Gd_2Zr_2O_7$ ceramics for thermal barrier coatings [J]. Journal of alloys and compounds, 2010, 507(2): 448-455

[165] Zhang Y, Guo L, Zhao X, et al. Toughening effect of Yb_2O_3 stabilized ZrO_2 doped in $Gd_2Zr_2O_7$ ceramic for thermal barrier coatings [J]. Materials Science and Engineering: A,2015,648: 385-391

[166] Wu J,Padture N P,Klemens P G,et al. Thermal conductivity of ceramics in the ZrO_2-$GdO_{1.5}$ system [J]. Journal of Materials Research, 2002,17(12): 3193-3200

[167] 罗会仟. 超导与诺贝尔奖 [J]. 自然杂志, 2017, 39(6): 427-436

[168] Schawlow A L, Devlin G E. Effect of the energy gap on the penetration depth of superconductors [J]. Physical Review, 1959, 113(1): 120

[169] Pippard A B, Bragg W L. An experimental and theoretical study of the relation between magnetic field and current in a superconductor [J]. Proceedings of the Royal Society of London. Series A. Mathematical and Physical Sciences, 1997, 216(1127): 547-568

[170] 李正中. 固体理论 [M]. 北京：高等教育出版社, 2002

[171] Abrikosov A A. On the magnetic properties of superconductors of the second group [J]. Soviet Physics-JETP, 1957, 5: 1174-1182

[172] 黄昆, 韩汝琦. 固体物理学 [M]. 北京：高等教育出版社, 1998

[173] Shubnikov L V, Hotkevich V I, Shepelev Ju D, et al. Magnitnye svojstvasver hprovodjashhih metallovi splavov [J]. ZhJeTF. 1937, 7(2): 221-237

[174] Goodman B B. The Magnetic Behavior of Superconductors of Negative Surface Energy [J]. IBM Journal of Research and Development, 1962, 6(1): 63-67

[175] Goodman B B. Type II or London superconductors [J]. Reviews of Modern Physics, 1964, 36(1): 12

[176] Caroli C, De Gennes P-G, Matricon J. Sur certaines propriétés des alliages supraconducteurs non magnétiques [J]. J. Phys. Radium, 1962, 23(10): 707-716

[177] Kim Y B, Hempstead C F, Strnad A R. Flux-Flow Resistance in Type-II Superconductors [J]. Physical Review, 1965, 139(4A): A1163-A1172

[178] Ginzburg V L, Landau L D. Zh. eksper. teor [J]. Fiz, 1950, 20(1064): 1960

[179] Cooper L N. Bound electron pairs in a degenerate Fermi gas [J]. Physical Review, 1956, 104(4): 1189

[180] Bardeen J, Cooper L N, Schrieffer J R. Theory of superconductivity [J]. Physical Review, 1957, 108(5): 1175

[181] Vieland L J, Wicklund A W. High Tc Nb3Ga and Nb3Ge by CVD [J]. Physics Letters A, 1974, 49(5): 407-408

[182] Chou F C, Cho J H, Johnston D C. Synthesis, characterization, and superconducting and magnetic properties of electrochemically oxidized $La_2CuO_{4+\delta}$ and $La_{2-x}Sr_xCuO_{4+\delta}$ ($0.01 \leqslant x \leqslant 0.33$, $0.01 \leqslant \delta \leqslant 0.36$) [J]. Physica C: Superconductivity, 1992, 197(3-4): 303-314

[183] Shao H M, Lam C C, Fung P C W, et al. The synthesis and characterization of $HgBa_2Ca_2Cu_3O_{8+\delta}$ superconductors with substitution of Hg by Pb[J]. Physica C: Superconductivity, 1995, 246(3-4): 207-215

[184] Fertig W A, Johnston D C, De Long L E, et al. Destruction of superconductivity at the onset of long-range magnetic order in the compound $ErRh_4B_4$ [J]. Physical Review Letters, 1977, 38(17): 987

［185］Fischer Ø, Ishikawa M, Pelizzone M, et al. Exchange and crystalline field in metallic compounds. coexistence of superconductivity and long range magnetic order［J］. Le Journal de Physique Colloques, 1979, 40(C5)：C5-89-C5-94

［186］Fischer Ø, Treyvaud A, Chevrel R, et al. Superconductivity in the $Re_xMo_6S_8$［J］. Solid state communications, 1993, 88(11-12)：867-870

［187］Ishikawa M, Sergent M, Fischer Ø. Superconductivity and magnetic order in the pseudoternary system $Ho_{1-x}Eu_xMo_6S_8$［J］. Physics Letters A, 1981, 82(1)：30-33

［188］Thomlinson W, Shirane G, Moncton D E, et al. Magnetic order in superconducting $TbMo_6S_8$, $DyMo_6S_8$, and $ErMo_6S_8$［J］. Physical Review B, 1981, 23(9)：4455

［189］De Visser A, Menovsky A, Franse J J M. UPt3, heavy fermions and superconductivity［J］. Physica B+C, 1987, 147(1)：81-160

［190］Franse J J M, De Visser A, Menovsky A, et al. Magnetic and superconducting properties of UPt3［J］. Journal of magnetism and magnetic materials, 1985, 52(1-4)：61-69

［191］Franz W, Steglich F, Wohlleben D. Transport anomalies in $CeCu_2Si_2$［J］. Le Journal de Physique Colloques, 1979, 40(C5)：C5-342-C5-343

［192］Lieke W, Rauchschwalbe U, Bredl C B, et al. Superconductivity in $CeCu_2Si_2$［J］. Journal of Applied Physics, 1982, 53(3)：2111-2116

［193］Machida K, Ozaki M, Ohmi T. Unconventional superconducting class in a heavy Fermion system UPt3［J］. Journal of the Physical Society of Japan, 1989, 58(11)：4116-4131

［194］Ott H R, Rudigier H, Fisk Z, et al. UBe13：An unconventional actinide superconductor［J］. Physical Review Letters, 1983, 50(20)：1595

［195］Steglich F, Aarts J, Bredl C D, et al. Superconductivity in the presence of strong pauli paramagnetism：$CeCu_2Si_2$［J］. Physical Review Letters, 1979, 43(25)：1892

［196］Volovik G E, Gor’kov L P. An unusual superconductivity in UBe13［J］. JETP lett, 1984, 39(12)：550-553

［197］Bednorz J G, Mueller K A. Possible high temperature superconductivity［J］. Z. Phys, 1986, 64：189-193

［198］Hor P H, Meng R L, Wang Y Q, et al. Superconductivity above 90 K in the square-planar compound system A $Ba_2Cu_3O_{6+x}$ with A= Y, La, Nd, Sm, Eu, Gd, Ho, Er and Lu［J］. Physical Review Letters, 1987, 58(18)：1891

［199］Hor P H, Gao L, Meng R L, et al. High-pressure study of the new Y-Ba-Cu-O superconducting compound system［J］. Physical Review Letters, 1987, 58(9)：911

［200］Wu M-K, Ashburn J R, Torng C, et al. Superconductivity at 93 K in a new mixed-phase Y-Ba-Cu-O compound system at ambient pressure［J］. Physical Review Letters, 1987, 58(9)：908

［201］赵忠贤, 陈立泉, 杨乾声, 等. Superconductivity above liquid nitrogen temperature in Ba-Y-Cu oxides［J］. 科学通报：英文版, 1987(10)：661-664

［202］Hazen R M, Prewitt C T, Angel R J, et al. Superconductivity in the high-Tc Bi-Ca-Sr-Cu-O system：Phase identification［J］. Physical Review Letters, 1988, 60(12)：1174

［203］Hazen R M, Finger L W, Angel R J, et al. 100-K superconducting phases in the Tl-Ca-Ba-Cu-O system［J］. Physical Review Letters, 1988, 60(16)：1657

［204］Sheng Z Z, Hermann A M. Bulk superconductivity at 120 K in the Tl-Ca/Ba-Cu-O system［J］. Nature, 1988, 332(6160)：138-139
［205］马亮华, 章复中, 李继森, 等. 零电阻温度 98.9K 的 Y-Ba-Cu-O 系超导体［J］. 稀土，1987，5：3-7
［206］滕云, 马亮华, 章复中, 等. 斜方的 $YBa_2Cu_3O_y$ 超导物质的指标化［J］. 物理测试，1988，6
［207］Decroux M, Junod A, Bezinge A, et al. Structure, Resistivity, Critical Field, Specific-Heat Jump at Tc, Meissner Effect, ac and dc Susceptibility of the High-Temperature Superconductor $La_{2-x}Sr_xCuO_4$［J］. Europhysics Letters, 1987, 3(9)：1035
［208］Williams A, Kwei G H, Von Dreele R B, et al. Joint x-ray and neutron refinement of the structure of superconducting $YBa_2Cu_3O_{7-x}$：Precision structure, anisotropic thermal parameters, strain, and cation disorder［J］. Physical Review B：Condensed Matter, 1988, 37(13)：7960(R)
［209］Momma K, Izumi F. VESTA 3 for three-dimensional visualization of crystal, volumetric and morphology data［J］. Journal of Applied Crystallography, 2011, 44(6)：1272-1276
［210］Koike Y, Kobayashi A, Kawaguchi T, et al. Anomalous x dependence of Tc and possibility of low-temperature structural phase transition in $La_{2-x}Sr_xCu_{0.99}M_{0.01}O_4$ (M, Ni, Zn, Ga)［J］. Solid state communications, 1992, 82(11)：889-893
［211］Mathai A, Gim Y, Black R C, et al. Experimental proof of a time-reversal-invariant order parameter with a π shift in $YBa_2Cu_3O_{7-\delta}$［J］. Physical Review Letters, 1995, 74(22)：4523
［212］Shen Z-X, Dessau D S, Wells B O, et al. Anomalously large gap anisotropy in the a-b plane of $Bi_2Sr_2CaCu_2O_{8+\delta}$［J］. Physical Review Letters, 1993, 70(10)：1553
［213］Wollman D A, Van Harlingen D J, Giapintzakis J, et al. Evidence for d x 2− y 2 Pairing from the Magnetic Field Modulation of Y $Ba_2Cu_3O_7$-Pb Josephson Junctions［J］. Physical Review Letters, 1995, 74(5)：797
［214］Wollman D A, Van Harlingen D J, Giapintzakis J, et al. Tunneling in Pb-YBCO junctions：Determining the symmetry of the pairing state［J］. Journal of Physics and Chemistry of Solids, 1995, 56(12)：1797-1799
［215］谢希德, 陆栋. 固体能带理论［M］. 上海：复旦大学出版社, 2007［2023-06-30］
［216］Timusk T, Statt B. The pseudogap in high-temperature superconductors：an experimental survey［J］. Reports on Progress in Physics, 1999, 62(1)：61
［217］Startseva T, Timusk T, Okuya M, et al. The ab-plane optical conductivity of overdoped $La_{2-x}Sr_xCuO_4$ for x= 0.184 and 0.22：evidence of a pseudogap［J］. Physica C：Superconductivity, 1999, 321(3-4)：135-142
［218］Loeser A G, Shen Z-X, Dessau D S, et al. Excitation gap in the normal state of underdoped $Bi_2Sr_2CaCu_2O_{8+\delta}$［J］. Science, 1996, 273(5273)：325-329
［219］Hou J, Yang P T, Liu Z Y, et al. Emergence of high-temperature superconducting phase in the pressurized $La_3Ni_2O_7$ crystals［J］. arXiv：2307.09865
［220］Zhang G M, Yang Y, Zhang F C. Self-doped Mott insulator for parent compounds of nickelate superconductors［J］. Physical Review B, 2020, 101(2)：020501
［221］Gu Q, Li Y, Wan S, et al. Single particle tunneling spectrum of superconducting $Nd_{1-x}Sr_xNiO_2$ thin films［J］. Nature Communications, 2020, 11(1)：6027
［222］徐亚新. YBCO 高温超导薄膜的溅射法快速制备研究［D］. 成都：电子科技大学, 2013［2023-08-06］
［223］杨坚. YBCO 涂层导体长带与厚膜制备技术及钉扎机制研究［D］. 北京：北京有色金属研究总院, 2013

［2023-08-06］
［224］李伟. MOCVD 法制备 REBCO 超导厚膜及多层膜夹层材料的结构和性能研究［D］. 长春：吉林大学, 2013［2023-08-06］
［225］徐栋, 白加海, 杨东亮, 等. 陶瓷电热材料的研究与应用［J］. 山东陶瓷, 2007, 30(3)：28-32
［226］陈伟庆. 冶金工程实验技术［M］. 北京：冶金工业出版社, 2004：22
［227］刘祥荣, 张树增, 姜锦程. FeAl 基合金的高温抗氧化性能分析［J］. 热加工工艺, 2009, 38(20)：38-40
［228］杨金成, 强军锋. 多热源碳化硅合成炉热源参数与产率关系的研究［J］. 西安科技大学学报, 2006, 26(4)：502-505
［229］冯培忠, 王晓虹. 二硅化钼发热元件的多样化及其发展趋势［J］. 工业加热, 2007, 36(3)：62-64
［230］黄春辉. 稀土配位化学［M］. 北京：科学出版社, 1997
［231］叶信宇. 稀土元素化学［M］. 北京：冶金工业出版社, 2019
［232］黄春辉, 易涛, 徐光宪, 等. 稀土配合物的配位数和配位原子［J］. 大学化学, 1990, 5(6)：5-7
［233］Peppard D F, Mason G W, Lewey S. A tetrad effect in the liquid-liquid extraction ordering of lanthanides(III)［J］. Journal of Inorganic and Nuclear Chemistry, 1969, 31(7)：2271-2272
［234］Nugent L J. Theory of the tetrad effect in the lanthanide(III) and actinide(III) series［J］. Journal of Inorganic and Nuclear Chemistry, 1970, 32(11)：3485-3491
［235］Fidelis I K, Mioduski T J. Stucture and Bonding［M］. New York：Springer-Verlag Berlin Heidelberg, 1981, 22
［236］Sinha S P. Gadolinium Break, Tetrad and Double-double Effects were here, What next?［J］.Helvetica Chimica Acta, 1975, 58(7)：1978-1983
［237］刘光华. 稀土材料学［M］. 北京：化学工业出版社, 2011
［238］洪广言. 稀土化学导论［M］. 北京：科学出版社, 2014
［239］王常珍. 稀土材料理论及应用［M］. 北京：科学出版社, 2016
［240］王序昆, Streitwieser A Jr. 锕系元素有机化合物研究(Ⅱ)——新的钍夹心物的合成和结构鉴定［J］. 高等学校化学学报, 1985 7：613-615
［241］梁利娟, 唐瑜. 稀土配合物在水溶液中的自组装及应用研究［J］.中国稀土学报, 2023, 41(1)：108-125
［242］王浩, 王红宇, 何亮, 等.新型光功能稀土配合物研究及应用进展［J］. 发光学报, 2022, 43(10)：1509-1523
［243］李玉鑫. 稀土配合物基高效发光的设计构筑及荧光变色检测性能［M］. 哈尔滨：黑龙江大学出版社, 2022
［244］Brunet P, Simard M, Wueat J D. Molecular Tectonics. Porous Hydrogen-Bonded Networks with Unprecedented Structural Integrity［J］. Journal of the American Chemical Society ,1997, 119(11)：2737-2738
［245］Wang L M, Sun Q, Wang X, et al. Using hollow carbon nanospheres as a light-induced free radical generator to overcome chemotherapy resistance［J］. Journal of the American Chemical Society, 2015, 137(5)：1947-1955
［246］Kaneko K, Imai J, 陈玉琴. 活性炭纤维对 NO_2 的吸附［J］. 新型碳材料, 1990, 3：75-76,68
［247］孙天凯, 闵辉, 韩宗甦, 等. 发光稀土配合物的生物功能分子传感研究进展［J］. 中国稀土学报, 2023,

41(3)：476-496
[248] 苏锵. 稀土化学 [M]. 郑州：河南科学技术出版社, 1993
[249] 钱长涛, 王春红, 陈耀峰. 稀土金属有机配合物化学 60 年 [J]. 化学学报, 2014, 72(8)：883-905
[250] 沈之荃. 稀土络合催化炔烃和开环聚合新进展 [J]. 高分子通报,1992, 1：41-45
[251] 宋人英，王兴杰，姜深，等. 稀土在锌合金中的作用 [J]. 中国稀土学报，1995，13：479-483
[252] 刘余九，颜世宏. 我国稀土火法冶金技术发展 [J]. 稀土信息，2003，4：2-8
[253] 付兵. 钢中残余元素的影响及其控制研究 [D]. 武汉：武汉科技大学，2010
[254] 张洪杰，孟健，唐定骧. 高性能镁-稀土结构材料的研制、开发与应用 [J]. 中国稀土学报，2004，22：40 - 46
[255] 张景怀，唐定骧，张洪杰，等. 稀土元素在镁合金中的作用及其应用 [J].稀有金属，2008, 32(5)：659
[256] 丁文江. 镁合金科学与技术 [M]. 北京：科学出版社，2007
[257] 师昌绪，李恒德，王淀佐，等. 加速我国金属镁工业发展的建议 [J].材料导报，2001，15(4)：5.
[258] 王渠东，丁文江. 镁合金研究开发现状与展望 [J].世界有色金属，2004，7：8
[259] Natarajan A R, Ellen L S S, Puchala B, et al. On the early stages of precipitation in ilute Mg-Nd alloys [J]. Acta Mater, 2016, 108：367-397
[260] Zhou B J, Wang L Y, Chen B, et al. Study of age hardening in a Mg-2.2 wt.%Nd alloy by *in situ* synchrotron X-ray diffraction and mechanical tests [J]. Materials Science and Engineering A, 2017, 708：319-328
[261] Yan J L, Sun Y S, Xue F, et al. Creep behavior of Mg-2 wt.%Nd binary alloy [J]. Materials Science and Engineering A, 2009, 24：102-107
[262] Ma L, Mishra R K, Balogh M P, et al. Effect of Zn on the microstructure evolution of extruded Mg-3Nd (-Zn)-Zr (wt.%) alloys [J]. Materials Science and Engineering A, 2012, 543：12-21
[263] Zheng X, Dong J, Xiang Y, et al. Formability, mechanical and corrosive properties of Mg-Nd-Zn-Zr magnesium alloy seamless tubes [J]. Materials & Design, 2010, 31：1417-1422
[264] Sanaty-Zadeh A, Luo A A, Stonea D S. Comprehensive study of phase transformation in age-hardening of Mg-3Nd-0.2Zn by means of scanning transmission electron microscopy [J]. Acta Mater, 2015, 94：294-306
[265] Sandlobes S, Fria′k M, Zaefferer S, et al. The relation between ductility and stacking fault energies in Mg and Mg-Y alloys [J].Acta Mater, 2012, 60：3011-3021
[266] Kim J K, Sandlobes S, Raabe D. On the room temperature deformation mechanisms of a Mg-Y-Zn alloy with long-period-stacking-ordered structures [J]. Acta Mater, 2015, 82：414-423
[267] Tong L B, Li X H, Zhang H J. Effect of long period stacking ordered phase on the microstructure, texture and mechanical propertiesof extruded Mg-Y-Zn alloy [J]. Mater. Sci. Eng. A, 2013, 563 ：177-183
[268] Fang X Y, Yia D Q, Nie J F, et al. Effect of Zr, Mn and Sc additions on the grain size of Mg–Gd alloy [J]. J. Alloys Compd, 2009,470：311-316
[269] Srinivasan A, Huang Y, Mendis C L, et al. Investigations on microstructures, mechanical and corrosion properties of Mg-Gd-Zn alloys [J]. Mater. Sci. Eng. A, 2014, 595：224-234

[270] Jafari Nodooshan H R, Liu W C, WuG H, et al. Effect of Gd content on microstructure and mechanical properties of Mg-Gd-Y-Zr alloys under peak-aged condition [J] . Mater. Sci. Eng. A, 2014, 615：79-86
[271] Wang B Z, Liu C M, Gao Y H, et al. Microstructure evolution and mechanical properties of Mg-Gd-Y-Ag-Zr alloy fabricated by multidirectional forging and ageing treatment[J]. Mater. Sci. Eng. A, 2017, 702：22-28
[272] Wang Q F, Du W B, Liu K, et al. Effect of Zn addition on microstructure and mechanical properties of as-cast Mg-2Er alloy [J] . Trans. Nonferrous Met. Soc. China, 2014, 24：3792-3796
[273] Xu C, Zhang J H, Liu S J, et al. Microstructure, mechanical and damping properties of Mg-Er-Gd-Zn alloy reinforced with stacking faults [J] . Mater Des, 2015,79 ：53-59
[274] 潘利文，罗涛，林覃贵，等. 稀土铝合金最新研究进展 [J] . 轻合金加工技术，2016，44：12-16
[275] 李赤枫，王俊. 自生 Mg2Si 颗粒增强 Al 基复合材料的组织细化 [J] . 中国有色金属学报，2004，14 (2) ：233-237
[276] WU X F，ZHANG G G，WU F F. Microstructure and dry sliding wear behavior of cast Al-Mg2Si in-situ metal matrix composite modified by Nd [J] .Rare Metals, 2013, 32(3)：284-289
[277] 任玉艳, 刘桐宇. 稀土对 Al-Mg-Si 材料改性的研究进展[C]. 中国铸造活动周论文集. 郑州：2014：568-572
[278] 檀廷佐, 姚正军. 稀土 Nd 对铸造铝硅合金变质作用的长效性及重熔性研究 [J]. 稀有金属与硬质合金, 2012，40(2) ：41-44
[279] SUI Yudong，WANG Qudong，LIU Teng, et al. Influence of Gd content on microstructure and mechanical properties of cast Al-12Si-4Cu-2Ni-0.8Mg alloys[J]. Journal of Alloys and Compounds, 2015, 644 (25) ：228-235
[280] 赵鸿金, 陆晟, 张兵. 稀土元素 La 对 7055 铝合金铸态组织与力学性能的影响 [J]. 铸造技术, 2015, 36(1)：162-164
[281] LI J H, WIESSNERM, ALBU M. Correlative characterization of primary Al3(Sc,Zr) phase in an Al-Zn-Mg based alloy [J] . Materials Characterization, 2015, 102：62-70
[282] Brachetti-Sibaja SB, Dominguez-Crespo MA, Torres-Huerta AM, et al. Bath Conditions Role in Promoting Corrosion Protection on Aluminum Alloy using Rare Earth Conversion Coatings[J]. J. Electrochem. Soc, 2012, 159：40-57
[283] Bahrami M, Borhani G H, Bakhshi S R, et al. Preparation and evaluation of corrosion behavior of GPTMS-TEOS hybrid coatings containing Zr and Ce on aluminum alloy 6061-T6 [J] . J. Sol-Gel Sci. Technol. 2015,76：552-561
[284] 唐定骧，王成辉. 我国独具特色的稀土电工铝和稀土铝合金 [J] . 四川有色金属，2003，2：19-24
[285] 汪良宣, 赵敏寿, 鲁化一, 等. 稀土在铝及铝合金中的应用 [J] . 中国稀土学报，1995，S1：502-516
[286] 张国成. 稀土应用发展战略研究 [C] . 江西赣州, 2004
[287] 唐定骧，鲁化一，赵敏寿，等. 我国稀土在铝及其他有色金属中的应用 [J] . 中国稀土学报，1995, 13(7)：309-404
[288] 孙伟成，张涉荣，侯爱芹. 稀土在铝合金中的行为 [M] . 北京：兵器工业出版社，1992
[289] 杜挺，乐可襄，李继宗，等. 铈、钇、镧、钕、钐在铁液中与碳的相互平衡 [J] . 北京钢铁研究总

院学报，1987, 7(4)：15
[290] 魏寿昆. 稀土钢冶炼的物理化学问题 [C]. 稀土钢冶炼工艺及加工方法会议文集，1978
[291] 韩其勇. 稀土在钢铁冶炼中的物理化学.稀土在钢铁中的应用 [M]. 北京：冶金工业出版社，1987
[292] 余宗森. 稀土在钢中的应用 [M]. 北京：冶金工业出版社，1987，223-230，275-280
[293] 高瑞珍，陈慧青. 稀土元素对钢的凝固特性及结晶组织的影响 [J]. 稀土，1985，3：27